徹底攻略

基本情報技術者教科書

株式会社わくわくスタディワールド 瀬戸美月 著

令和6年度
(2024年度)

インプレス

・本書は，基本情報技術者試験対策用の教材です。著者，株式会社インプレスは，本書の使用による合格を保証するものではありません。
・本書の内容については正確な記述につとめましたが，著者，株式会社インプレスは本書の内容に基づくいかなる試験の結果にも一切責任を負いかねますので，あらかじめご了承ください。
・本書の試験問題は，独立行政法人 情報処理推進機構の情報処理技術者試験センターが公開している情報に基づいて作成しています。

はじめに

「情報処理の勉強をしてはじめて，自分がやっていた開発は“ウォーターフォールモデル”だって知ったよ」と，ある受験生に言われたことがあります。「今まで打ち合わせで出てくる開発用語が全然わからなかったけど，何言っているのかわかるようになった」と言う人もいました。情報処理技術者試験の勉強はIT全般にわたるので，いろいろなIT関連の仕事に役立ちます。また，実務だけをやっていると現状の手法に疑いをもたなくなりがちですが，勉強の過程で多様な手法があることを知ることで，仕事の幅を広げることができます。

情報処理技術者試験での基本情報技術者の位置付けは，「ITを活用したサービス，製品，システム及びソフトウェアを作る人材に必要な基本的知識・技能をもち，実践的な活用能力を身につけた者」（試験の対象者像より）となっています。ITを実践的に活用するために，必要な基本的な知識や能力が身についているかどうかを試す試験です。基本情報技術者試験は科目Ａ試験と科目Ｂ試験に分かれており，科目Ａ試験ではIT全般に関する知識を，科目B試験ではプログラミングと情報セキュリティに関する技能が問われます。

本書は，基本情報技術者試験の合格に必要な知識を掲載した教科書です。基本情報技術者試験のシラバスの内容や，公開問題などから出題傾向を徹底分析し，基本情報技術者試験で出題される内容を中心に構成しました。最新のシラバスVer.9.0に対応し，試験センターから発表された公開問題やサンプル問題の解説も行っています。

学習するときには，ポイントを暗記するだけより，周辺知識も合わせて勉強するほうが記憶に残りやすく実力もついていきます。すべてを暗記しようと頑張らなくてもいいので，気楽に読み進めていきましょう。辞書として使っていただくのも歓迎です。本書をお供にしながら，基本情報技術者試験の合格に向かって進んでいってください。

最後に，本書の発刊にあたり，企画・編集など本書の完成までに様々な分野で多大なるご尽力をいただきましたインプレスの皆様，編集の小宮様，DTPの秋山様に感謝いたします。また，わくわくスタディワールドの齋藤健一様をはじめ，一緒に仕事をしてくださった皆様，「わく☆すたAIセミナー」「基本情報技術者試験対策研修」など様々な講座での受講生の皆様のおかげで，本書を完成させることができました。皆様，本当に，ありがとうございました。

令和6年2月

わくわくスタディワールド　瀬戸美月

本書の構成

本書は，解説を読みながら問題を解くことで，知識が定着するように構成されています。側注には，理解を助けるヒントを豊富に盛り込んでいますので，ぜひ活用してください。

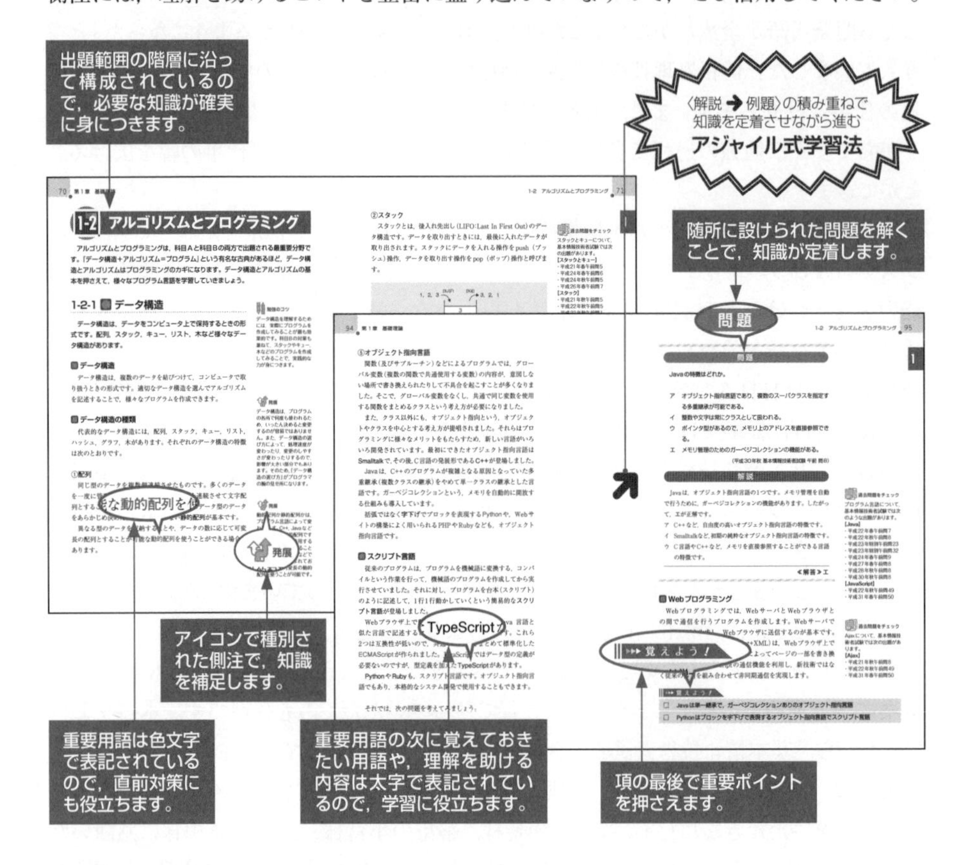

本書で使用している側注のマーク

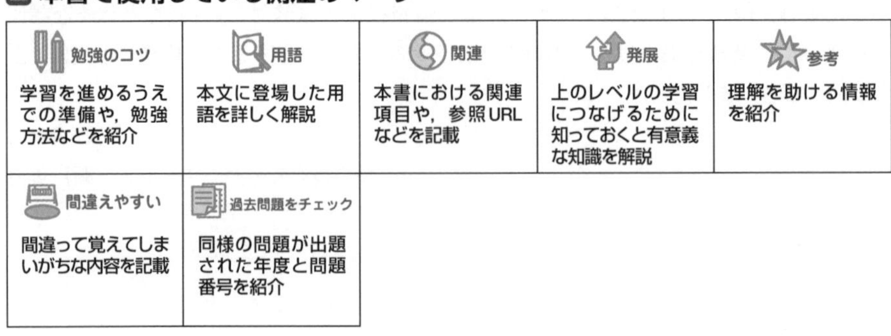

勉強のコツ	用語	関連	発展	参考
学習を進めるうえでの準備や，勉強方法などを紹介	本文に登場した用語を詳しく解説	本書における関連項目や，参照URLなどを記載	上のレベルの学習につなげるために知っておくと有意義な知識を解説	理解を助ける情報を紹介

間違えやすい	過去問題をチェック
間違って覚えてしまいがちな内容を記載	同様の問題が出題された年度と問題番号を紹介

本書の使い方

本書では，わく☆すたAIがこれまでに出題された問題を分析し，試験によく出てくる分野を中心にまとめています。ですから，すべて読んで頭に入れていただければ，試験に合格するための知識は十分に身につきます。本書を活用して，効果的に学習を進めましょう。

随所に設けた問題で理解を深める

随所に設けた演習問題を考えながら読み進めていただくと，知識の定着につながり，効率的に学習できます。なるべく1問1問考えながら学習を進めてみてください。

辞書としての活用もOK

文章を読むのが苦手な方，参考書を読み続けるのがつらいという方は，無理に最初からすべて読む必要はありません。問題集などで問題演習を行いながら，辞書として必要な用語を調べるといった用途に使っていただいてもかまいません。新しい用語も数多く取り入れていますので，用語を調べつつ周辺の知識も身につければ，効率の良い勉強につながります。

模擬試験問題で実力をチェック

巻末の付録として，試験1回分に相当する模擬試験問題とその解答・解説を掲載しました。学習してきたことの力試しに，問題の解き方の演習に，ぜひお役立てください。
本書には，この1冊で科目A試験突破に十分な学習量となるよう，必要なものをたくさん詰め込みました。これだけマスターすれば確実に科目A試験は突破できますので，一歩一歩，学習を進めていきましょう。

CONTENTS

目次

第3章 技術要素 【テクノロジ系】

第4章 開発技術 【テクノロジ系】

第5章 プロジェクトマネジメント 【マネジメント系】

第6章 サービスマネジメント 【マネジメント系】

第7章　システム戦略　【ストラテジ系】

第8章　経営戦略　【ストラテジ系】

第9章 企業と法務 【ストラテジ系】

付録 模擬試験

0-1 基本情報技術者試験　活用のポイント

基本情報技術者試験とは

情報処理技術者試験は，「情報処理の促進に関する法律」に基づき経済産業省が情報処理技術者としての「知識・技能」が一定以上の水準であることを認定している国家試験です。全部で12区分あり，レベルは難易度の低い順にレベル1～レベル4の4段階の試験に分けられます。

基本情報技術者試験は，**ITエンジニアの登竜門**として位置づけられる試験です。レベル1のITパスポート試験からステップアップして受験するレベル2の試験で，この試験に合格するレベルのスキルがあれば，上位者の指導の下に，ITエンジニアの実務を行うことができる，いう位置付けです。英語名は「Fundamental Information Technology Engineer Examination」で，略称で**FE**が利用されます。

基本情報技術者試験は，情報処理技術者試験の中で最も歴史が長く，昭和44年（1969年）から毎年実施されています（名称は，第二種情報処理技術者認定試験，第二種情報処理技術者試験，基本情報技術者試験と変更されています）。第二種として設立された当初からプログラミング問題が出題されており，**プログラマーを認定する唯一の国家試験**でした。現在では，プログラミングだけでなく，**IT関連のほぼ全分野が出題され，IT関連の技術者が身につけておくべき知識がひととおり網羅**されています。基本情報技術者試験の学習を通じて，ITエンジニアとして仕事をしていくときに，「**10年経っても通用するスキル**」を身につけることができます。

基本情報技術者試験の対象者像

情報処理技術者試験の試験要綱によると，基本情報技術者試験の対象者像は「**ITを活用したサービス，製品，システム及びソフトウェアを作る人材に必要な基本的知識・技能をもち，実践的な活用能力を身に付けた者**」となっています。試験要綱の業務と役割から，この試験が対象とする技術者は，大きく次の3つのタイプに分けられます。

① **システムエンジニア**

「システムの設計・開発，汎用製品の最適組合せ（インテグレーション）によって，利用者にとって価値の高いシステムを構築する」役割の技術者です。プログラミングなどのIT関連の技術を得意とし，チームを組んでシステム開発などのプロジェクトを遂行します。

システムエンジニア

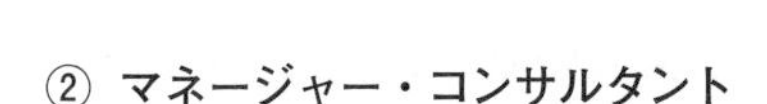

② **マネージャー・コンサルタント**

「組織及び社会の課題に対する，ITを活用した戦略の立案，システムの企画・要件定義に参加する」役割の技術者です。企業でITのマネジメントを行うマネージャーや，経営者に対してコンサルティングを行うコンサルタントなどが該当します。経営戦略や情報戦略を提案し，ITを駆使して業績アップの手助けをします。技術と顧客のビジネスの橋渡しをするといった役割でもあります。

マネージャー・コンサルタント

③ **IT各分野のスペシャリストや運用管理者**

「サービスの安定的な運用の実現に貢献する」役割の技術者です。IT各分野のスペシャリストが集まり，サービスの安定稼働をサポートします。具体的には，ネットワークやサーバなどの管理を行うインフラエンジニアや，情報セキュリティの専門家などが含まれます。

IT各分野のスペシャリストや運用管理者

基本情報技術者試験では，すべてのITエンジニアが知る必要がある，基本となる知識やスキルについて問われます。将来どのような専門分野に進んでいくにしても，まずは基本を身につけることで，応用が効くようになります。

基本情報技術者試験の現実的なメリット

情報処理技術者試験は国家試験ですが，取得すると与えられる免許などはなく，独占的な業務もありません。また，合格に必要な勉強量は多く，簡単に合格できる試験でもありません。そのため，IT業界の中からも，「取っても役に立たない」などという声が聞かれます。実際，「取りさえすれば人生バラ色」とまではいきません。

しかし，質が高い国家試験ですので，現実的に役に立つ場面はいくつもあります。筆者の周りでも，情報処理技術者試験の合格を生かして就職や転職に成功した，社内での地位が向上したり褒賞金がもらえたりした，といった事例はよく耳にします。

情報処理技術者試験に合格すると得られるメリットは，情報処理推進機構のWebサイトに「試験のメリット」として挙げられています※1。これらのうち，基本情報技術者試験に合格すると得られるメリットには次の3つがあります。

①企業からの高い評価

日経BPが2023年に行った調査をもとに作成した記事「いる資格，いらない資格2023」※2では，保有するIT資格の第1位が基本情報技術者となっています（第2位は応用情報技術者，第3位はITパスポート）。IT関連の企業では，新人研修の一環として基本情報技術者試験の受験を推奨することも多く，**「取得しているのが一般的」**な資格でもあります。また，基本情報技術者の取得を社員に奨励している企業は多く，実際に，合格者に一時金や資格手当などを支給する報奨金制度を設けたり，採用の際に試験合格を考慮したりすることがあります。

IT関連の企業に就職や転職をするためにも取得していると有利ですし，就職した後も，手当などで収入アップが見込めることが多い資格です。ちなみに，筆者が新卒で入社した会社でも資格手当があり，二種（現在の基本情報技術者技術者）は月額5,000円でした（学生時代の最終年に合格したので，入社時から月額手当がつきました）。

企業によって金額や優遇の度合いは違いますが，優遇する企業は日本国内のIT企業を中心に，実際に多いです。また，いろいろな企業で取得のための研修費用を出すなど，資格取得を奨励しています。

※1　https://www.ipa.go.jp/shiken/about/merit.html

※2　https://xtech.nikkei.com/atcl/nxt/column/18/02661/112100001/
有料会員が閲覧できる記事となっています。

②大学における活用（入試優遇・単位認定など）

取得者数が多いと大学のアピールポイントにもなりますし，実際に多くの大学で取得者を優遇しています。大学入試で基本情報技術者試験に合格していると優遇する大学も多いです。情報処理技術者試験を活用している大学・短大については，IPAが「大学における活用状況」として掲載しています※3。高校生で取得していると，入試で優遇される大学が数多くあります。

ステップアップとして，応用情報技術者まで取得しているとさらに有利です。このような優遇措置は，情報系の学部よりも経済学部や商学部などに比較的多い傾向があります。

③自己のスキルアップ，能力レベルの確認

基本情報技術者試験の問題は，かなり考えて作成されているため質が高いので，**付け焼き刃の勉強では合格しづらい試験**です。しかし，しっかり勉強して合格すれば，IT人材としての基本的な知識や技能を身につけることができます。

何かを学ぶときには目標がないと続かないものですが，合格を目標にスキルアップするという点で基本情報技術者試験はとても優れています。ITの専門家としての基礎を幅広く学ぶことができ，それらを身に付けると実際に仕事で役立つからです。また，実務をこなしているだけでは経験が偏りがちになるので，足りない部分の知識を補うことにも活用できます。

受験の流れ

ここで，試験の申込み方法や受験方法，結果の確認方法など，受験の流れについて紹介します。今後変わる可能性もあるので，受験時に公式ページで必ず詳細を確認してください。基本情報技術者試験の公式ページは以下のWebサイトになります。

- **IPA 試験情報 基本情報技術者試験（FE）**
  https://www.ipa.go.jp/shiken/kubun/fe.html
- **CBTS（CBT Solutions）受講者専用サイト　基本情報技術者試験（FE）**
  https://cbt-s.com/examinee/examination/fe

試験会場は，CBTS（試験実施業務の委託先）が運営する全国にあるCBT会場の中から選択します。試験会場は，2024年2月現在，次のページで確認できますが，基本情報技術者試験では使用されていない会場もあるようなので，申込時に確認してください。

※3　https://www.ipa.go.jp/shiken/about/jirei/daigaku/index.html

・CBTS テストセンター

https://cbt-s.com/examinee/testcenter/?type=cbt

試験はいつでも受験可能ですが，**リテイクポリシー**があり，前回の受験日の翌日から起算して30日は，再受験はできません。

実際に受験する場合の注意点として，試験会場や地域によっては**受験者が多く**，なかなか空きがないことがあります。受験を決意したら**早めに申込み**，確実に受験できるようにしましょう。

受験申込みと確認

受験申込みや結果確認は，以下のページでログインして行います。このページは他の情報処理技術者試験・情報処理安全確保支援士試験と共通で，初めての方はマイページアカウントを作成する必要があります。

・IPA 情報処理技術者試験・情報処理安全確保支援士試験 マイページへログイン

https://itee.ipa.go.jp/ipa/user/public/login/

ログインすると，次のような画面で，申込み種目を選択できます。

マイページの例

「基本情報技術者試験（FE） CBT試験申込」を選択すると，試験の申込みが可能です。科目A免除の権利がある方は「【FE 免除あり】基本情報技術者試験（試験方式：CBT　科目B：100分）」を，それ以外の方は，「【FE】基本情報技術者試験（試験方式：CBT　科目A：90分　科目B：100分　途中休憩：10分）」を選んで申込みを行います。

受験後は，サイドバーの「受験結果一覧」を選択すると，結果を一覧で確認できます。受験結果（点数）は，「結果詳細」をクリックすることで確認できます。

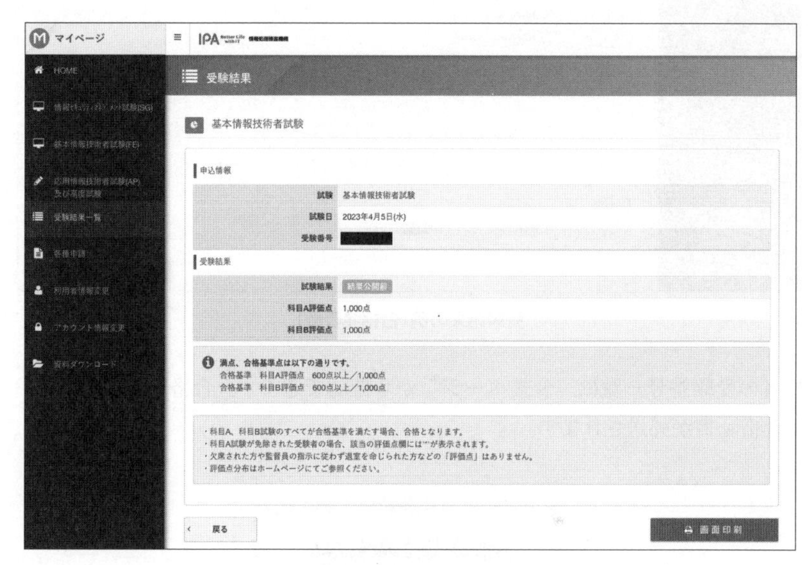

受験結果の例（合格発表前）

受験直後に発表される内容は，点数だけです。点数で合否は予想できますが，正式な合否結果は，受験した翌月にならないと発表されません。合格発表のあとは，次のように画面が変わります。

受験結果の例（合格発表後）

合格者の受験番号一覧は，公式ページ※4から確認できます。合格発表のあとに，合格者には合格証書が郵送されます。

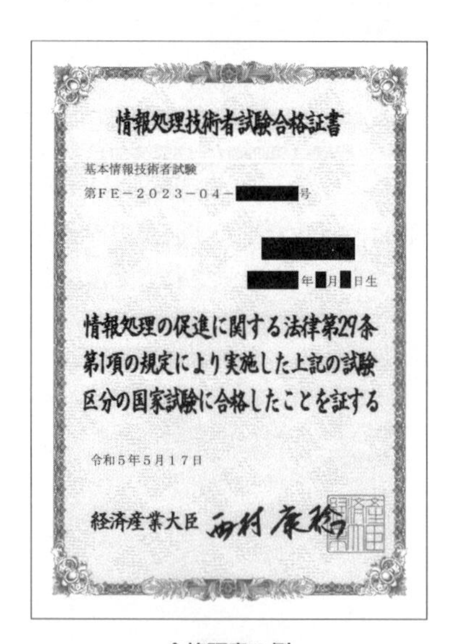
情報処理技術者試験合格証書

基本情報技術者試験
第ＦＥ－２０２３－０４－　　号

年　月　日生

情報処理の促進に関する法律第29条第1項の規定により実施した上記の試験区分の国家試験に合格したことを証する

令和５年５月１７日

経済産業大臣　西村康稔

合格証書の例

※4　https://www.ipa.go.jp/shiken/mousikomi/cbt_sg_fe.html

0-2 基本情報技術者試験の傾向と対策

基本情報技術者試験はCBT方式で実施されます。科目A試験と科目B試験に分かれていて，それぞれに異なる方法で，異なる力が試されます。

基本情報技術者試験の実施方法

基本情報技術者試験をはじめとした情報処理技術者試験は，IPA（Information-technology Promotion Agency, Japan：独立行政法人 情報処理推進機構）が実施しています。

基本情報技術者試験はCBT（Computer Based Testing）方式で実施されています。CBT方式とは，試験会場に設置されたコンピュータを使用する試験です。

試験時間・出題形式・出題数（解答数）

試験は次のような構成で，全問が多肢選択式となっています。

基本情報技術者試験の構成

区分	試験時間	出題形式	出題数・解答数	合格ライン
科目A	90分 （1時間30分）	多肢選択式 （四肢択一）	60問・60問	600点／1000点満点
科目B	100分 （1時間40分）	多肢選択式	20問・20問	600点／1000点満点

科目Aの試験が終了したら，10分休憩した後に科目Bの試験にとりかかります。指定の講座を修了した人向けに科目A免除試験制度※5があり，合格すると科目A免除となります。科目A免除の場合には，科目Bだけ受験できます。

科目A，科目Bとも全問必須で，選択問題はありません。また，配点は単純に1問何点というかたちではなく，IRT（Item Response Theory：項目応答理論）に基づいて解答結果から評価点を算出する形式です。

合格率と突破率

令和2年度からのCBT方式の試験で，発表された各期ごとに合格率を集計すると，次のようになります。

※5 https://www.ipa.go.jp/shiken/about/menjo-fe.html

合格者数と合格率

受験年月	受験者数	合格者数	合格率（%）
令和2年度	60,411	52,993	48.1
令和3年度上期	32,508	13,522	41.6
令和3年度下期	52,831	21,667	41.0
令和4年度上期	46,023	18,215	39.6
令和4年度下期	55,500	19,780	35.6
令和5年4月	10,513	5,928	56.4
令和5年5月	9,724	5,322	54.7
令和5年6月	9,141	4,802	52.5
令和5年7月	9,506	4,712	49.6
令和5年8月	7,812	3,779	48.4
令和5年9月	9,523	4,542	47.7
令和5年10月	12,361	5,235	42.4
令和5年11月	9,974	4,472	44.8
令和5年12月	10,919	4,556	41.7

合格率をグラフにすると，次のようになります。

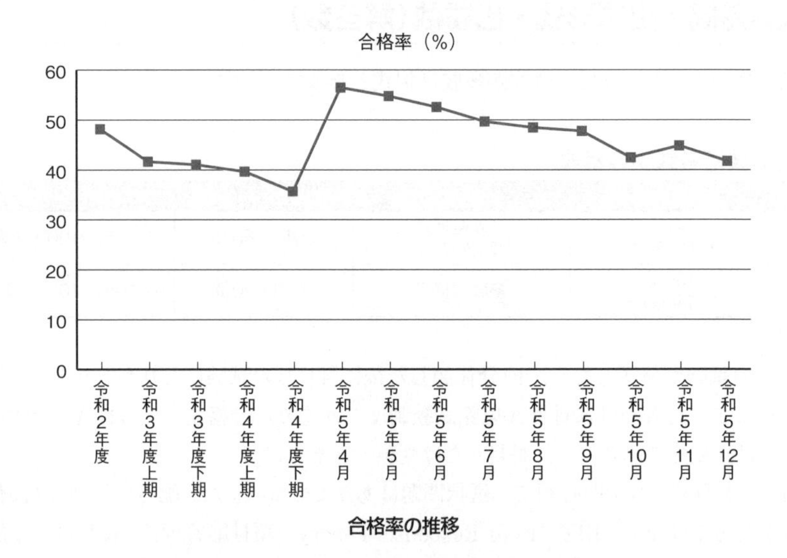

合格率の推移

令和2～4年は午前，午後の形式です。令和5年4月から，科目A，科目Bの方式に変更になっています。令和5年4月の試験制度変更開始の直後は，合格率が大きく上昇しましたが，その後は徐々に低下し，40%程度の以前と同じような合格率となっています。

一時的な合格率上昇の原因は，試験制度の変わり目は，今までの合格者の再受験が増えるからだと考えられます。今後上昇することは予想されないので，今の合格率での難易度を想定して学習していきましょう。

また，科目A，科目Bそれぞれでの得点分布は，令和5年12月の例で見ると，次のようになっています。

科目A，Bの得点分布

評価点	科目A試験	科目B試験
900点～1,000点	10	206
850点～ 899点	65	308
800点～ 849点	253	537
750点～ 799点	651	805
700点～ 749点	1,140	1,092
650点～ 699点	1,729	1,209
600点～ 649点	1,808	1,303
550点～ 599点	1,245	1,193
500点～ 549点	958	1,070
450点～ 499点	732	910
400点～ 449点	474	697
350点～ 399点	254	621
300点～ 349点	130	418
0点～ 299点	68	550
合計	9,517	10,919
合格者	5656	5460
突破率	59.4	50.0

得点分布をグラフにすると，次のようになります。

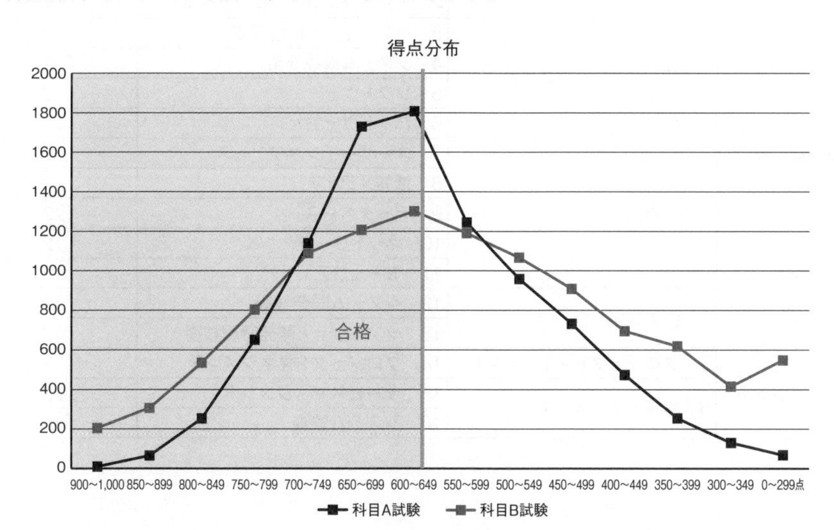

得点分布

科目A,科目Bともに600点が突破ラインで,両方で突破すると合格できます。全体的に,科目Bのほうが得点の分布の幅が広く,点数の差が大きいことが見て取れます。これは,科目Bのほうがプログラミングなどの考える問題が多く,付け焼き刃の学習が効かないからだと考えられます。

次からは,具体的な試験内容について見ていきます。

基本情報技術者試験の内容

基本情報技術者試験では,受験者の能力が期待する技術水準に達しているかを,科目A試験では知識を問うことによって,科目B試験では技能を問うことによって評価します。

科目A試験と科目B試験では,次のような内容が出題されます。

科目A試験

科目A試験はIT全般の知識を問う試験です。全問必須の60問で,IRT方式での1000点満点となり,600点以上で突破できます。

科目A試験は,以下のような分野から出題されます。

基本情報技術者試験　科目Aの出題範囲

分野	大分類	中分類	出題範囲
テクノロジ系	1　基礎理論	1　基礎理論	○2
		2　アルゴリズムとプログラミング	○2
	2　コンピュータシステム	3　コンピュータ構成要素	○2
		4　システム構成要素	○2
		5　ソフトウェア	○2
		6　ハードウェア	○2
	3　技術要素	7　ユーザーインタフェース	○2
		8　情報メディア	○2
		9　データベース	○2
		10　ネットワーク	○2
		11　セキュリティ	◎2
	4　開発技術	12　システム開発技術	○2
		13　ソフトウェア開発管理技術	○2
マネジメント系	5　プロジェクトマネジメント	14　プロジェクトマネジメント	○2
	6　サービスマネジメント	15　サービスマネジメント	○2
		16　システム監査	○2

ストラテジ系	7　システム戦略	17　システム戦略	○2
		18　システム企画	○2
	8　経営戦略	19　経営戦略マネジメント	○2
		20　技術戦略マネジメント	○2
		21　ビジネスインダストリ	○2
	9　企業と法務	22　企業活動	○2
		23　法務	○2

注記1　○は出題範囲であることを，◎は出題範囲のうちの重点分野であることを表す。
注記2　2は，ITSS＋で定められた技術レベルを表す。1，2，3，4の順で，4が最も高度で，上位は下位を包含する。

セキュリティのみが重点分野で，ほかは全分野からまんべんなく出題されることになっています。実際には，CBTでランダムに問題が出題されるため，出題されない分野など，偏りが出ることがあると考えられます。出題数60問のうち，評価は56問で行い，残りの4問は今後出題する問題を評価するために使われます。

ITSS＋で定められている技術レベルは全分野で2です。技術レベル1のITパスポート試験と技術レベル3の応用情報技術者試験の間に位置する難易度となります。

大分類の1～9それぞれが，本書では1～9章に対応します。今までに公開された，サンプル問題や令和5年度の公開問題，科目A免除試験の問題（令和5年6月，7月，12月，令和6年1月）で，科目A試験の全体的な出題傾向を見ると，次のようになります。

分野ごとの出題数

分野	科目A サンプル問題	令和5年 公開問題	令和5年 6月	令和5年 7月	令和5年 12月	令和6年 1月
1	9	2	8	9	8	7
2	10	2	8	8	10	9
3	18	6	17	17	17	18
4	4	2	7	5	7	7
5	3	1	2	3	2	2
6	4	1	3	3	2	3
7	3	2	5	3	2	2
8	5	1	4	6	6	6
9	4	3	6	6	6	6
合計	60	20	60	60	60	60

グラフにすると，次のようになります。問題数が違うので，割合で表しています。

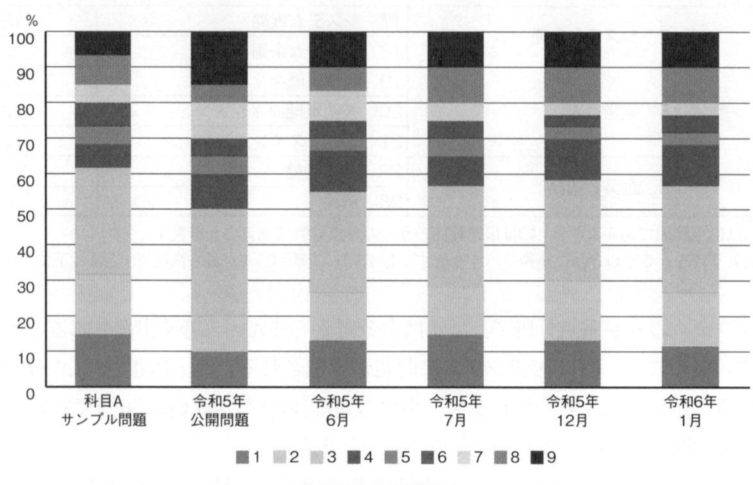

分野ごとの出題分布

すべての試験で，同じような傾向があります。最も出題数が多いのが，重点分野の情報セキュリティを含む，3章の技術要素です。それ以外は，1章，2章が多めで，全体的に出題されています。全体の6割以上が，4章までのテクノロジ系なので，技術の理解が一番の合格のカギとなります。

科目B試験

科目B試験は，基本情報技術者の技能を問う試験です。アルゴリズムとプログラミング分野，と情報セキュリティ分野の2分野から出題されます。全20問で，分野別の出題数は，アルゴリズムとプログラミング分野が16問，情報セキュリティ分野が4問となっています。

出題数20問のうち，評価は19問で行い，残りの1問は今後出題する問題を評価するために使われます。IRT方式での1000点満点となり，600点以上で突破できます。

基本情報技術者試験科目Bのプログラミング分野では，擬似言語で問題が出題されます。擬似言語は，様々なプログラム言語から，普遍的・本質的な部分を抽出したものです。細かい文法にとらわれず，純粋にプログラミング的思考力のみが問われるため，本質的な学習が重要になってきます。プログラミング的思考力は，プログラミングを行うときに必要な思考力とほぼ同じですが，単に「プログラミングを行っていれば自然に身につく」ものではありません。自分が意図した活動を実現するということを，きちんと自分の頭で論理的に考えていくことが大切です。

もう1つ，基本情報技術者試験の擬似言語で問われるのは，単なるプログラミング能力だけではありません。出題範囲に，「プログラミングの諸分野への適用に関すること」が加わっており，**数理・データサイエンス・AIなどの分野を題材としたプログラムを作成する能力**が問われます。実際のサンプル問題を見る限り，従来の業務の手続を自動化するようなプログラムだけでなく，AIやデータサイエンスに関連する問題も多く出題されています。

試験合格のポイント

基本情報技術者試験では，科目Aと科目Bの試験を両方突破する必要があります。科目A試験では，IT全般についての幅広い知識が問われます。科目B試験では，プログラミングとセキュリティについて，思考力を中心に問われます。そのため，次のようなT字型のイメージで2つの勉強を並行して行う必要があります。

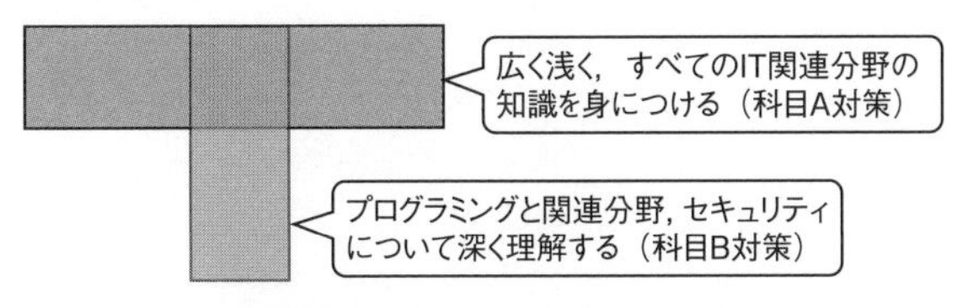

基本情報技術者試験の勉強のイメージ

具体的な勉強は次のように行うのが王道です。

①科目Aレベルの知識について，参考書を一通り読んで学習し，科目A問題で問題演習を行う。演習量の目安は試験5回分程度(問題集1冊分)。
②科目Bについては，知識ではなくスキルを伸ばす。何か1つのプログラム言語をマスターすることがベスト。プログラミング的思考の学習に問題演習を合わせて行う。

大切なのは，これだけの勉強量をいかにこなしていくかです。一夜漬けでは無理なので，日々コツコツと勉強を続ける必要があります。通常はこれだけの分量の勉強をするのに3か月程度はかかりますので，継続して学習することが最も大事です。

本書では，基本情報技術者試験の突破に必要な知識を1冊にまとめました。科目Aの知識や演習問題については，試験範囲を網羅しています。科目B試験については，知識だけでは解けない部分もあるので，別途他の問題集等で学習してください。姉妹書『徹底攻略　基本情報技術者の科目B実践対策』では，数多くの演習問題を用意しています。

巻末には，科目A，科目Bともに1回分の試験に相当する模擬試験を問題演習として収録しておきました。ぜひ，本書を活用して，合格の栄冠を勝ち取ってください。

第1章

基礎理論

基礎理論は，ITの基礎となる理論です。大学で学ぶコンピュータサイエンスという分野の内容で，基本として知っておくと，様々な場面で役に立ちます。基礎理論を直接使う機会は少ないですが，実際の技術を学ぶときに，理解する助けとなり，学習の効率が向上します。

この章は，「基礎理論」と「アルゴリズムとプログラミング」の2つの内容で構成されています。基礎理論では，コンピュータで使用する数学や，情報や通信に関する理論を学びます。アルゴリズムとプログラミングでは，定番のデータ構造やアルゴリズム，プログラム言語やその他の言語でのプログラミングについて学びます。

1-1 基礎理論

基礎理論は，IT全般の基礎となる理論です。基礎理論を理解しておくと，コンピュータシステムの仕組みがよくわかります。また，ネットワークやデータベース，情報セキュリティなどの応用技術の学習にも役立ちます。

1-1-1 離散数学

離散数学とは，コンピューターで数値を扱うための数学です。コンピュータ内部では0と1の2つの数値しか使えないので，データを表現するのに，様々な工夫が必要になります。

> **勉強のコツ**
> 基礎理論の分野は，コンピュータサイエンスの学問的な内容となっています。理解するためには，前提として高校数学の習得が必要です。最初は難しく感じられる部分が多いですが，少しずつ身につけていきましょう。

基数

基数とは，ある集合の要素の個数を表す自然数です。例えば，人間は一般的には，

$\{0, 1, 2, 3, 4, 5, 6, 7, 8, 9\}$

の10種類の数字を使って数値を表現する，**10進数**を使います。

コンピュータでは，電気のONとOFFを組み合わせて，

$\{0, 1\}$

の2種類で数値を表現する，**2進数**が使われます。

コンピュータで数値を計算するためには，10進数から2進数にする必要があります。このように，基数を変える演算を基数変換といいます。

2進数から10進数への基数変換

2進数から10進数への基数変換は，各位の値に**2の何乗か**をかけて全部足すことで求められます。

例えば，2進数の$10111_{(2)}$を10進数に基数変換するには，次のように計算します。

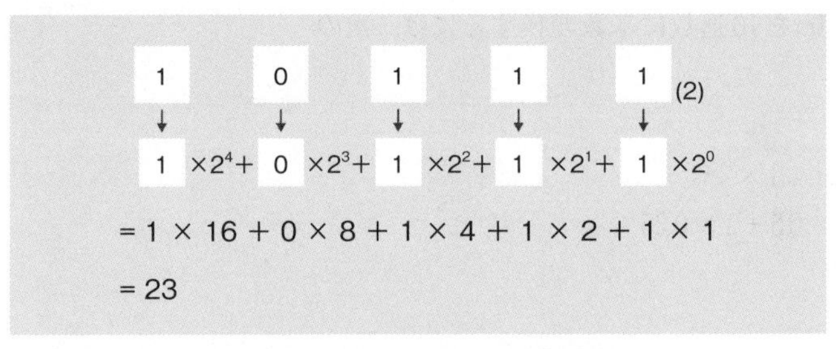

図1.1　2進数から10進数への基数変換

計算結果の23が，10進数に変換した値となります。

10進数から2進数への基数変換

10進数から2進数への基数変換は，10進数の数を順に2で割っていき，余りを下から順に並べることで求められます。

例えば，10進数の23を2進数に基数変換するには，次のように計算します。

2) 23
2) 11 … 1　(23÷2=11…1)
2) 5 … 1　(11÷2= 5…1)
2) 2 … 1　(5÷2= 2…1)
2) 1 … 0　(2÷2= 1…0)
0 … 1　(1÷2= 0…1)

図1.2　10進数から2進数への基数変換

商が0になるまで続けた後，余りを下から並べた，$10111_{(2)}$が，2進数に変換した値となります。

参考

本書では，基数を表すために，2進数では$10111_{(2)}$のように，右下にカッコをつけて表記しています。2進数は他にも，$(10111)_2$のようにも表記することもあります。

また，本書ではカリキュラムに合わせ，「2進数」「10進数」という呼び方にしていますが，基数を使う手法ということで，「2進法」「10進法」という呼び方をすることもあります。

小数の場合

小数の場合にも，基数変換を行うことができます。

2進数から10進数に変換する場合には，小数点第1位は2^{-1}，小数点第2位は2^{-2}というかたちになるので，整数の場合と同様に計算できます。

例えば，2進数の$10.11_{(2)}$を10進数に基数変換するには，次のように計算します。

$$
\begin{aligned}
&1 \times 2^{1} + 0 \times 2^{0} + 1 \times 2^{-1} + 1 \times 2^{-2} \\
&= 1 \times 2 + 0 \times 1 + 1 \times 0.5 + 1 \times 0.25 \\
&= 2.75
\end{aligned}
$$

10進数から2進数へ計算するときには，2で割るのではなく，2を掛けていき，整数部分を上から順に並べることで求められます。

例えば，10進数の0.75を2進数に基数変換するには，次のように計算します。

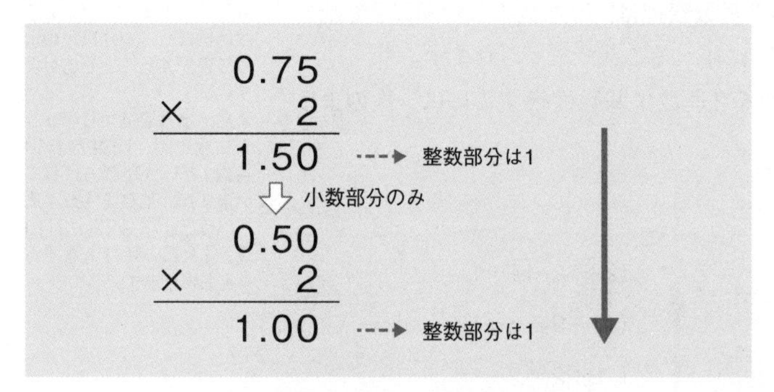

図1.3 10進数から2進数への小数の基数変換

小数部分が0になるまで続けた後，整数部分を上から並べた，$0.11_{(2)}$が，2進数に変換した値となります。

n進数・16進数

基数は，2や10以外の，任意の自然数が使用できます。基数がnの数を，**n進数**と表します。n進数として，2進数や10進数以外で最もよく使われるのが，

{0, 1, 2, 3, 4, 5, 6, 7, 8, 9, A, B, C, D, E, F}

の16種類の数字を使った**16進数**です。$16=2^4$で，2進数の4桁が16進数の1桁に対応するので，2進数との基数変換が簡単にできるからです。

0～16までの，2進数，10進数，16進数の対応をまとめると，

次のようになります（2進数は，最低4桁で，0を埋めています）。

表1.1　10進数を2進数と16進数に変換した場合

10進数	2進数	16進数
0	0000	0
1	0001	1
2	0010	2
3	0011	3
4	0100	4
5	0101	5
6	0110	6
7	0111	7
8	1000	8

10進数	2進数	16進数
9	1001	9
10	1010	A
11	1011	B
12	1100	C
13	1101	D
14	1110	E
15	1111	F
16	10000	10

それでは，ここまでの知識で，実際の試験問題を解いてみましょう。

問題

16進小数 0.C を，10進小数に変換したものはどれか。

ア　0.12　　イ　0.55　　ウ　0.75　　エ　0.84

（令和5年度　基本情報技術者試験　科目A 公開問題　問1）

解説

16進数0.Cを10進数に変換する前に，2進数に変換すると簡単です。

$C_{(16)} = 1100_{(2)}$

なので，

$0.C_{(16)} = 0.1100_{(2)} = 0.11_{(2)}$

となります。

$0.11_{(2)}$を10進数に直すと，

$0.11_{(2)} = 1 \times 2^{-1} + 1 \times 2^{-2} = 0.5 + 0.25 = 0.75$

となります。したがって，**ウ**が正解です。

≪解答≫ウ

過去問題をチェック

基数変換に関する問題は，科目A問題の定番です。最初のほうで出題されることが多いので，解けると試験で調子が出やすくなります。

【基数変換】

- サンプル問題 科目A 問1，問2
- 令和5年度 科目A 問1

数値の表現

コンピュータの中では，データはすべて0と1で表現します。負の数や小数をコンピュータ内で表現するには，工夫が必要です。

負の数の表現

コンピュータの中では，負の数を表現するときに，補数を利用します。補数とは，ある自然数に対して，足すと1桁増える最も小さな数です。

例えば，4ビットの2進数である $0110_{(2)}$ の補数を考えます。2進数4桁の $0110_{(2)}$ の補数は，足すと $10000_{(2)}$ になる2進数なので，次の式で計算できます。

$0110_{(2)}$ + [補数] = $10000_{(2)}$
[補数] = $10000_{(2)} - 0110_{(2)}$
= $1010_{(2)}$

2進数の補数は，次のような2段階の計算で求めることもできます。

①各桁の0と1を反転する

$0110_{(2)} \xrightarrow{\text{(反転)}} 1001_{(2)}$

②①の値に1を足す

$1001_{(2)} + 1_{(2)} = 1010_{(2)}$

補数を使った減算

補数を使って計算することで，コンピュータの内部では減算もすべて加算で行うことができます。減算用の回路を用意する必要がなくなり，演算回路が簡単になるというメリットがあります。

例えば，補数を使って4ビットの2進数 $0110_{(2)} - 0011_{(2)}$ の計算を行う場合を考えます。まず，$0011_{(2)}$ の補数を求めると，次のようになります。

$0011_{(2)} \xrightarrow{\text{(反転)}} 1100_{(2)} \xrightarrow{(+1)} 1101_{(2)}$

求めた補数を足して，桁上がりを無視すると，減算と同じ結果となります。

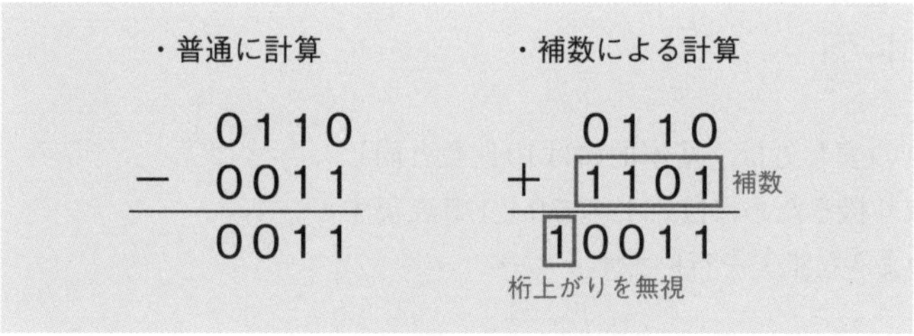

・普通に計算

```
   0110
 − 0011
 ──────
   0011
```

・補数による計算

```
    0110
 + [1101] 補数
 ───────
  [1]0011
  桁上がりを無視
```

図1.4　普通に計算／補数による計算

小数の表現

コンピュータで小数を表現するためには，次のような方法があります。

●固定小数点数

小数点の位置を固定して，桁数を指定して表現する方法です。

●浮動小数点数

小数点の位置を固定せず，指数部と仮数部に分けて表現する方法です。

●BCD（Binary Coded Decimal：2進化10進）

10進数の1桁ごとに，2進数に変換して表現する方法です。

現在のコンピュータで最もよく使われているのが，浮動小数点数です。浮動小数点数では，次のようなかたちで，小数部分を含む実数を表します。

[符号部][指数部]×[仮数部]

10進数での浮動小数点の表し方は，符号は+か−，指数は10の何乗というかたち，仮数は最上位の桁が1桁になるように調整した小数です。例えば，0.75 と−37.5 を，10進数で浮動小数点にすると，次のようになります。

$$0.75 = [+]\,[10^{-1}] \times [7.5]$$
$$-37.5 = [-]\,[10^{1}] \times [3.75]$$

2進数での浮動小数点の表し方は，基本的には10進数と同じです。コンピュータで取り扱うためには，すべて0と1で表現する必要があるので，次のような工夫を行います。

表1.2 2進数での浮動小数点の表し方

符号部	0を正，1を負とします
指数部	一番小さな指数が0となるように数値を加えて調整します
仮数部	最上位の桁は必ず1になるので省略し，2番目の桁からを仮数部とします

実際に使われている浮動小数点には，符号部1ビット，指数部8ビット，仮数部23ビットの合計**32ビット**で表現する**単精度浮動小数点数**や，符号部1ビット，指数部11ビット，仮数部52ビットの合計**64ビット**で表現する**倍精度浮動小数点数**などがあります。

単精度浮動小数点数での，数値の表現形式は，次のようになります。

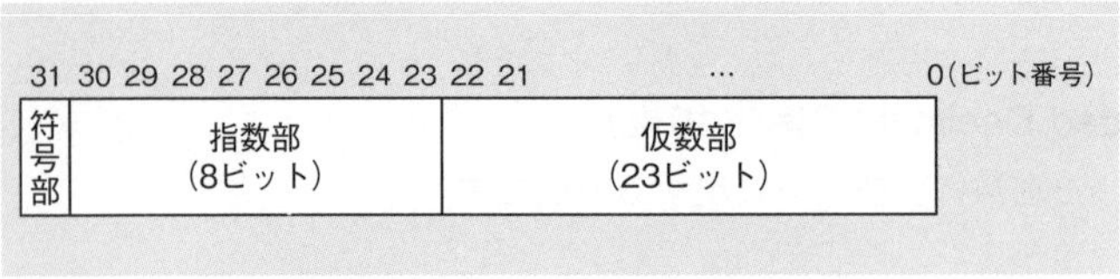

図1.5 32ビット単精度浮動小数点数

指数部には，実際の指数に127を加えた値を2進数で設定します。

例えば，0.625を単精度浮動小数点数で表現する場合を考えてみます。まず，0.625を2進数に直すと，次のようになります。

$$0.625 = 0.5 + 0.125 = 1 \times 2^{-1} + 0 \times 2^{-2} + 1 \times 2^{-3} = 0.101_{(2)}$$

0.101$_{(2)}$は，2進数の浮動小数点では，次のように表されます。

$$0.625 = [+]\ [2^{-1}] \times [1.01]$$

符号部は，正なので0となります。指数部は，－1なので，127を加えて2進数にすると，次のようになります。

$$-1 + 127 = 126 = 01111110_{(2)}$$

仮数部は，最上位の1は省略し，小数部分の01を使用します。残りの桁は0を設定すると，23ビットで01000000000000000000000となります。

これらの値を順番に並べると，次のようになります。

表1.3　0.625を単精度浮動小数点数で表現した場合

符号部	指数部	仮数部
0	01111110	01000000000000000000000

算術演算と精度

コンピュータの内部では，算術演算は，すべて0と1のビットを使って実行します。加算は高速で行えますが，減算，乗算，除算は遅くなるので工夫が必要です。

減算は2の補数を使って加算に直す方法が使われます。乗算，除算では，シフト演算を組み合わせることで，高速な演算を実現できます。

シフト演算

シフト演算とは，ある2進数のすべてのビットを特定のビット数だけ右や左にずらすことです。

例えば，0000001$_{(2)}$という2進数があるとき，左に2ビットだけシフトすると，0000100$_{(2)}$となります。

1ビット左シフトするごとに数が2倍になり，1ビット右シフトするごとに数が1/2になります。2ビット左シフトした場合は，2×2=4倍になります。ずらして格納できなくなったビットは無視されます。

小数の表現方法は，プログラム言語や演算方法などによって変わります。例えば，C言語やJavaで使われるfloat型は単精度浮動小数点数，double型は倍精度浮動小数点数です。COBOLではPICTURE文字列と呼ばれる記法で，BCDを使用しています。
また，用途に合わせて小数の表現方法を変えることがあります。機械学習の分野など，大量のデータについて計算を行うとき，1つひとつのデータの大きさを小さくするために，符号部1ビット，指数部5ビット，仮数部10ビットの合計16ビットで表現する，**半精度浮動小数点数**を用いることもあります。

シフト演算の方法には，**論理シフトと算術シフト**の2種類があります。

●論理シフト

論理シフトは，ずらして空いた部分に，0を補充するシフトです。右シフトでも左シフトでも，空いた部分に0を設定します。

例えば，$1000001_{(2)}$を1ビット論理右シフトすると$0100000_{(2)}$，1ビット論理左シフトすると，$0000010_{(2)}$となります。

●算術シフト

算術シフトは，右シフトを行うときに，空いた部分に**一番左の値と同じもの**を設定するシフトです。これは，2の補数などで負の数を表現する場合に対応したものです。負の数の場合，左端のビットが1になっているので，1を補充することで，マイナスのまま値をシフトできます。左シフトは0を補充するので論理シフトと同じ値になります。

例えば，$1000001_{(2)}$を1ビット算術右シフトすると$1100000_{(2)}$となります。

表現可能な数値の範囲

コンピュータで数値を表現する場合，1つの数値に確保されたビット数はデータ型によって決まっており，限りがあります。また，負の数を表す（符号付き）か，0以上の数に限る（符号なし）かで表現できる数も変わってきます。

例えば，8ビットで負の数も含めた整数を表す8ビット整数型の場合は，最大値は$01111111_{(2)}$で10進数の127になります。最小値は負の数の2の補数表現で$10000000_{(2)}$となり，10進数に直すと−128です。

●オーバーフロー

最大値$01111111_{(2)}$で，より大きい値を表そうと，127に＋1をすると$10000000_{(2)}$となってしまいます。これは，2の補数表現で−128を表すこととなり，計算がおかしくなります。この現象をオーバーフロー（あふれ）といいます。

●アンダーフロー

浮動小数点では，指数部と仮数部を使って小数を表現します。実は，浮動小数点では，**完全な0は表現できません**。単精度浮動小数点数では，指数部を0にしても，2^{-127}までしか小さくなりません。これより小さく，0に近い値は単精度浮動小数点数として表現することができません。この現象を**アンダーフロー**といいます。

発展

計算に使用するデータ型は，用途によって使い分ける必要があります。浮動小数点演算では，10進数を2進数に変換するときに誤差が出るため，計算が狂うことがよくあります。金融計算など，正確な小数点の演算が必要な場合には，COBOLなどのBCD（2進化10進数）を使うか，Javaでjava.math.BigDecimalを使って丸め誤差を制御するなどの方法があります。

演算精度

データをコンピュータ内部で格納するときには，ビットの数が限られており，有効数字が決まっています。有効な桁数を超えた数値を格納できず，実際のデータとの誤差が生じることを，**丸め誤差**といいます。丸め誤差は，有効桁数が多いほうが少なくなります。例えば，浮動小数点のデータの場合，32ビットの単精度浮動小数点よりは，64ビットの倍精度浮動小数点のほうが精度が高く，丸め誤差も小さくなります。

また，単純な数値の誤差だけではなく，演算によって情報が欠落することがあります。情報の欠落の代表的なものに，**桁落ち**と**情報落ち**があります。

●桁落ち

値がほぼ等しい2つの数値の差を求めたとき，有効数字の桁数である**有効桁数が減る**ことによって発生する誤差です。

	256.432	有効桁数6桁
−	256.431	有効桁数6桁
	0.001	有効桁数が1桁になってしまう！

図1.6 桁落ち

●情報落ち

絶対値が非常に大きな数値と小さな数値の足し算や引き算を行ったとき，**小さい数値が計算結果に反映されない**ことによって発生する誤差です。

	256.432	有効桁数6桁
+	0.000011	非常に小さい数
	256.432~~011~~	有効桁数の関係で無視される

図1.7 情報落ち

演算の精度を上げるためには，桁落ちや情報落ちの発生を防ぐように，計算順序などを工夫することが大切です。

間違えやすい

桁落ちと情報落ちは混同されやすいので，正確に覚えておきましょう。有効桁数が減るのが桁落ち，小さい数値の情報が落ちるのが情報落ちです。

集合と命題

集合と命題は，コンピュータで論理を表すときの基本となる考え方です。プログラミングでは，集合を考え，命題を条件で判定するので，集合を正確に理解することが重要になります。

集合

範囲がはっきりしているものの集まりを，**集合**といいます。集合を構成している1つひとつのものを，その集合の**要素**または**元**といいます。

集合を表すには，次の2つの方法があります。

①要素を1つひとつ書き並べる

要素の内容を1つひとつ並べるやり方です。例えば，10進数で使える数字を表すとき，{0, 1, 2, 3, 4, 5, 6, 7, 8, 9}と並べて表現します。

②要素の満たす条件を示す

要素を満たす**条件**を示すやり方です。例えば，10進数で使える数字を，「0から9までの整数」と，条件を記述することで表現します。

命題

正しいか正しくないかが明確に決まる式や文章を，**命題**といいます。命題が正しいことを，**真**であるといい，正しくないことを，**偽**であるといいます。

集合の表し方

集合を視覚的にわかりやすく表すために，**ベン図**という図が用いられます。

例えば，2つの集合A，Bで，Aのどの要素もBであるとき，AはBの**部分集合**であるといいます。部分集合は，ベン図で次のように表されます。

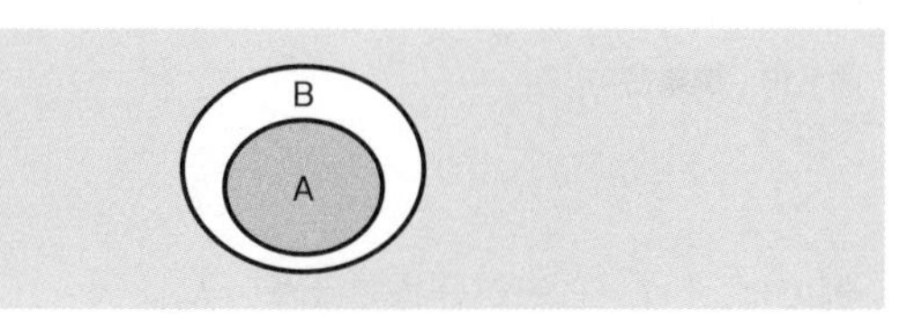

図1.8　部分集合

また，集合を考えるときの対象の範囲全体の集合を，**全体集合**といいます。

集合を組み合わせたときの代表的なものに，次の5つがあります。ベン図だけでなく，AND（・，∩，∧）やOR（+，∪，∨）などの記号を用いて表すこともあります。

ここでは，例として，集合A「コーヒーが好きな人」，集合B「紅茶が好きな人」とします。

①和集合

2つの集合を足したものです。例では，「コーヒーか紅茶が好きな人」になります。

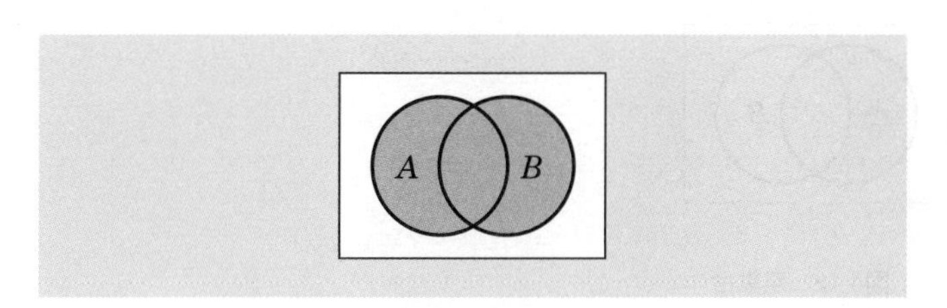

図1.9　和集合

②積集合

2つの集合の両方に当てはまるものです。例では，「コーヒーも紅茶も好きな人」になります。

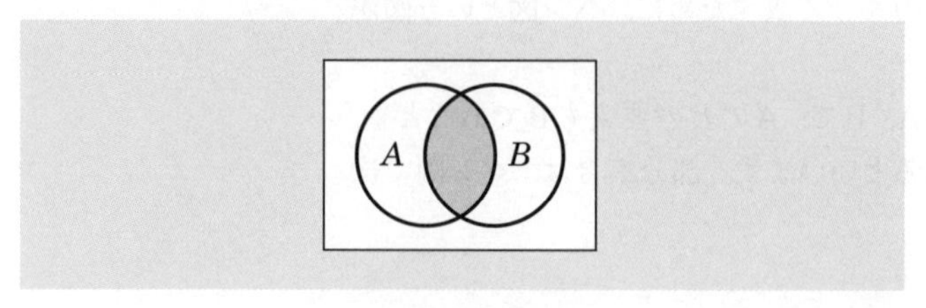

図1.10　積集合

③補集合

全体集合の否定です。例では，「コーヒーが好きではない人」になります。

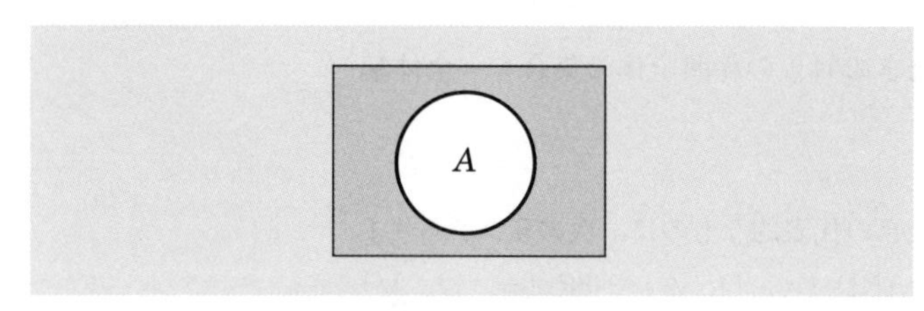

図1.11　補集合

④差集合（A－B）

ある集合から，別の集合の条件にあてはまるものを引いたものです。例では，「コーヒーは好きだけれど紅茶は好きではない人」になります。

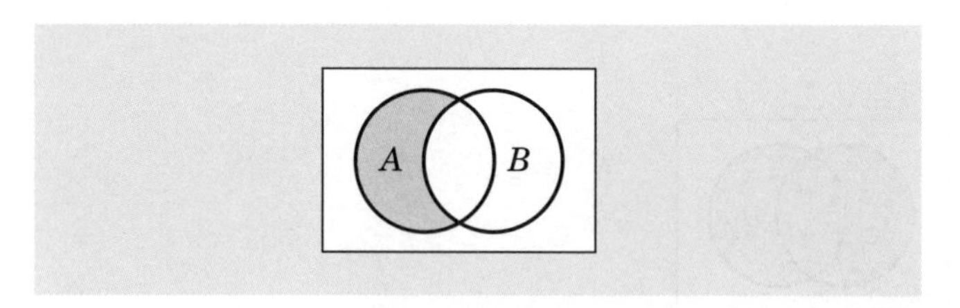

図1.12　差集合

⑤対称差集合

2つの集合のうち，どちらかの条件にあてはまるものから，両方の条件にあてはまるものを引いたものです。前記の例では，「コーヒーか紅茶が好き，しかし両方は好きではない人」になります。

関連

その他の集合演算として，データベースなどで使用する関係演算（直積，射影，選択，商）もあります。詳しくは，「3-3-3　データ操作」で取り扱います。

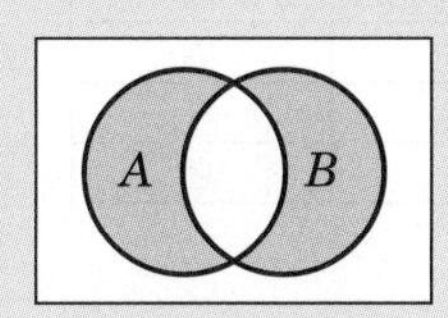

図1.13　対称差集合

論理演算

コンピュータの表現では，数値のほかに論理（真か偽か）も表現できます。論理演算とは，命題を論理で表現し，その組み合わせを演算することです。

論理演算の基本

基本的な論理演算には，次の3つがあります。

●論理和（A or B，A＋B，A∪B，A∨B）

2つの命題A,Bがあるとき，A「または」B，またはその両方，という言葉で表される複合命題を，**論理和**といいます。プログラムでは，or（または OR）で表現されることが多いです。

●論理積（A and B，A・B，A∩B，A∧B）

2つの命題A,Bがあるとき，A「かつ」Bという言葉で表される複合命題を，**論理積**といいます。プログラムでは，and（または AND）で表現されることが多いです。

●否定（not A，$\overline{A}$）

命題Aがあるとき，A「ではない」という言葉で表される命題を，否定といいます。プログラムでは，not（または NOT）で表現されることが多いです。

発展

プログラム言語では，論理を表すデータ型が用意されることが多いです。例えば，Javaではboolean型（論理型）があり，true（真）かfalse（偽）でデータを表現できます。論理型がない言語では，真（TRUE，YES，正しい）を1，偽（FALSE，NO，正しくない）を0で表すことが多いです。

真理値表

論理演算の値の組合せを表現する方法に，**真理値表**があります。論理和，論理積，否定の真理値表は，次のように表現されます。

表1.4 論理和・論理積・否定の真理値表

A	B	A or B	A and B	not A
真	真	真	真	偽
真	偽	真	偽	偽
偽	真	真	偽	真
偽	偽	偽	偽	真

その他の論理演算

論理演算には，論理和，論理積，否定以外にも，次のようなものがあります。

●排他的論理和（A xor B，$A \oplus B$，$A \triangle B$）

2つの命題A,Bがあるとき，A「または」B，という言葉で表され，「AとBの両方」を含まない複合命題を，**排他的論理和**といいます。

●否定論理和（A nor B，$\overline{A \cup B}$）

論理和の否定です。AまたはB「ではない」，つまり，AでもBでもない場合にあてはまります。

●否定論理積（A nand B，$\overline{A \cap B}$）

論理積の否定です。AかつB「ではない」，つまり，AとBの両方ではない場合にあてはまります。

排他的論理和，否定論理和，否定論理積の真理値表は，次のように表現されます。

表1.5 排他的論理和・否定論理和・否定論理積の真理値表

A	B	A xor B	A nor B	A nand B
真	真	偽	偽	偽
真	偽	真	偽	真
偽	真	真	偽	真
偽	偽	偽	真	真

論理演算の法則

論理演算が従う法則には，様々なものがあります。知っておくと便利な法則には，次のようなものがあります。

表1.6　論理演算が従う法則

名称	法則
結合則	(A or B) or C = A or (B or C) (A and B) and C = A and (B and C)
交換則	A or B = B or A，A and B = B and A
分配則	(A or (B and C)) = (A or B) and (A or C) (A and (B or C)) = (A and B) or (A and C)
ド・モルガンの法則	not (A or B) = (not A) and (not B) not (A and B) = (not A) or (not B)

それでは，ここまでの知識で，問題を解いてみましょう。

問題

P，Q，R はいずれも命題である。命題 P の真理値は真であり，命題 (not P) or Q 及び命題 (not Q) or R のいずれの真理値も真であることが分かっている。Q，R の真理値はどれか。ここで，X or Y は X と Y の論理和，not X は X の否定を表す。

	Q	R
ア	偽	偽
イ	偽	真
ウ	真	偽
エ	真	真

（基本情報技術者試験　科目A サンプル問題　問3）

解説

命題とは，真か偽のどちらかに決まる，同時に両方にはならない主張のことです。命題Pの真理値が真ということは，Pの否定である (not P) は偽となります。

そのため，命題 (not P) or Qが真であるということは，偽 or Qが真であるということです。Qが偽の場合は，偽 or 偽で偽となるので，命題Qは真である必要があります。

続いて，命題Qの真理値が真なので，(not Q)は偽となります。そのため，命題(not Q) or Rが真であるということは，偽 or R が真であるということになります。命題Rが真でないと，偽 or Rは真にならないので，命題Rも真である必要があります。

したがって，Qは真，Rも真となり，**エ**が正解です。

≪解答≫エ

▶▶▶覚えよう！

- □ 2の補数は，全ビットを反転して1を足すと求まる
- □ 桁落ちは有効桁数が減ること，情報落ちは小さい数値のほうの情報が落ちること

1-1-2 応用数学

応用数学は，コンピュータを理解するときに役立つ数学を集めた分野です。確率・統計をはじめ，データをコンピュータで取り扱う上で，重要な基礎となります。

勉強のコツ

基本情報技術者試験では，確率・統計のほかに微分積分や指数・対数など，高校レベルの数学も試験範囲です。科目Aでもたまに出題されますし，科目Bのプログラミングの基礎としてとても役に立ちます。そのため，将来的には数学全般を勉強しておいたほうがいいでしょう。ただ，労力をかけても出題自体は1問程度で少ないので，時間がない場合は飛ばしてもOKです。

確率と統計

データサイエンスを中心としたプログラミングでは，数学の様々な分野や数値演算が用いられます。その中で最も関係が深いのが確率と統計です。

確率

事象とは出来事のことで，その出来事が起こる可能性を確率といいます。ある事象が起こる確率を求めるときには，全体の数と事象が起こる場合の数を求めます。それぞれの場合が起こる確率が等しいときには，全体の場合の数のうち，ある特定の事象に対しての場合の数の割合が，その事象が起こる確率になります。

$$\text{ある事象が起こる確率} = \frac{\text{ある事象の場合の数}}{\text{全体の場合の数}}$$

統計

統計では，様々なデータを取り扱います。数多くのデータに対して，そのデータの性質を知り，分析することで様々なことに役立てます。

●代表値

データが数多くあるとき，全体の性質を知るために使う値のことを，**代表値**といいます。代表値には，次のような値があります。

表1.7 代表値の種類と求め方

代表値の種類	求め方
平均値	全体を合計して，データの個数で割った値
中央値（メジアン）	データを順番に並べたときのまん中の値（偶数のときは**まん中の2つの値の平均**）
最頻値（モード）	同じ値を取るデータの数が最も多いもの
最大値	データの中で一番大きい値
最小値	データの中で一番小さい値

●正規分布

全体の性質を知るためには，特定の値だけではなく，そのデータの分布となる散らばり方を知る必要があります。最も使われる分布に，**正規分布**があります。繰り返し実行した場合，それが独立したランダムな事象であれば，その分布は正規分布に従うことが知られています。正規分布は，左右対称で，平均値が最も多くなる分布です。

正規分布の場合，その確率の散らばり具合によって，**標準偏差（σ）**が求められます。その分布が正規分布に従っていた場合には，平均から±1σ（−1σから1σ）の間に**約68%**のデータが含まれることになります。±2σの間には約95%，±3σの間には約99.7%のデータが含まれます。

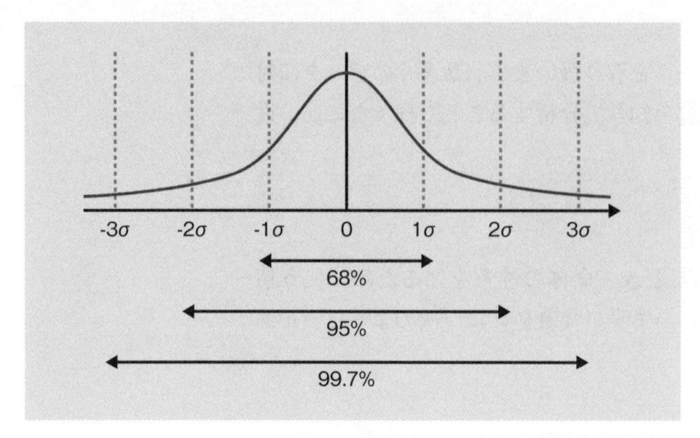

図1.14 正規分布

それでは，次の問題を考えてみましょう。

問題

平均が60，標準偏差が10の正規分布を表すグラフはどれか。

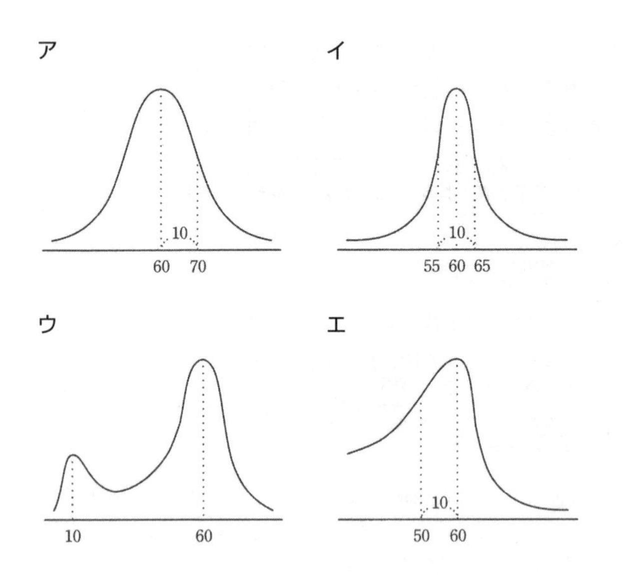

（令和元年秋 基本情報技術者試験 午前 問5）

解説

平均が60の正規分布では，平均値の60が最も頻度が高くなる左右対称のグラフになります。解答群ではアやイのようなかたちです。標準偏差が10ということは±10，つまり50～70の間に全体の68%が入るようなかたちになります。解答群では，アの60～70までが1標準偏差です。したがって，**ア**が正解となります。

イ　平均が60，標準偏差が5の正規分布を表すグラフです。

ウ　二山型の確率分布で，複数の要因が関わるデータなどで見られるかたちです。

エ　ポアソン分布などの，左右対称ではないかたちの確率分布です。

≪解答≫ア

過去問題をチェック

正規分布について，基本情報技術者試験では次の出題があります。

【正規分布】

・平成26年春午前問4

・令和元年秋午前問5

●相関分析

統計学の手法でデータを解析することを統計分析といいます。統計分析で最も使われるものに，2つの変数の間にどの程度の直線的な関係があるのかを数値で表す**相関分析**があります。

相関分析で用いられる，データの分布がどれだけ直線に近いかを示す係数が，**相関係数**です。完全に右上がりの直線上にデータが分布している場合には相関係数が1，まったく相関のない無相関な場合には相関係数が0になります。さらに，右下がりの直線上にデータが分布している場合には相関係数が−1になります。

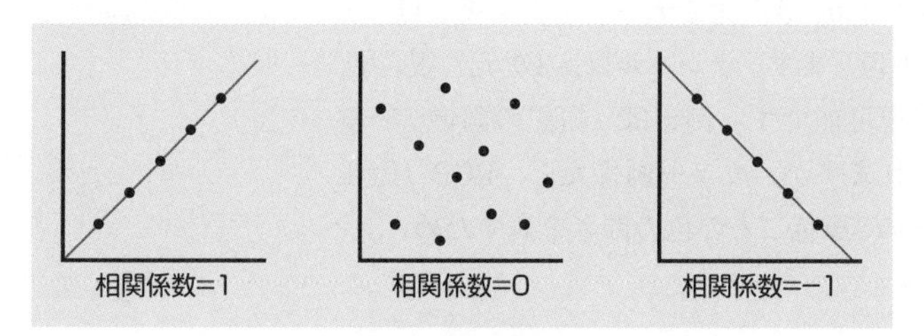

図1.15 相関係数

数値計算

データ分析などで数値計算を行うときには，1組のデータを表す数値の数となる，**次元**を考える必要があります。例えば，画像データなどは縦×横の座標ごとに画像の明るさのデータをもつ2次元データであり，このようなデータを表すためには行列を用います。

様々なデータの次元と，それぞれの次元での例には，次のものがあります。

①スカラ

普通の数値，例えば10など，データが1つだけのものは，スカラと呼ばれます。スカラは0次元のデータであるともいえます。

②ベクトル

[1，2，3，…]など，複数のデータの1次元での並びをベクトルといいます。通常，データは複数あるので，データ分析での単純なデータは，ベクトルになります。例えば，1時間ごとの気温のデータなどはベクトルで表されます。

③行列

縦と横の2次元を使ってデータを表す方法を行列といいます。例えば，画像データなどは，縦と横で表現される座標があり，座標ごとに色の濃さなどを表すので，2次元データとなります。

④テンソル

縦と横に加えて高さがあり，3次元でデータを表す場合は，テンソルというかたちで表現します。テンソルは，3次元に限らず，どのような次元でも表現可能です。例えば，白黒の画像データは2次元の行列で表されますが，カラー画像だと，RGB（Red，Green，Blue）など，光の3原色ごとの色の濃さを表すため，3次元のテンソルになります。

数値解析

数値演算をするとき，正確に値を求められなくても，大体の近い値を求めて**近似解**とすることで役立つ場合も多くあります。近似解は正確な解ではないので**誤差**はありますが，実用的には問題ない場合も多くあります。

近似解を求める代表的な方法には，次のようなものがあります。

①補間法

すでにあるデータを基に未知のデータの値を推定する手法です。基になるデータの点を通る滑らかな曲線を構築し，その曲線上の値を求めます。

②ニュートン法

関数の根（f(x)=0となるxの値）を求めるために使用される手法です。二分法反復的に近似解を求めていきます。最初は適当に値を決め，その値からグラフの接線を求め，より適切な値に更新することで，近似解を求めていきます。

グラフ理論

グラフ理論とは数学の1分野で，ノード（node：節点）とエッジ（edge：枝，辺）から構成されるグラフについての理論です。

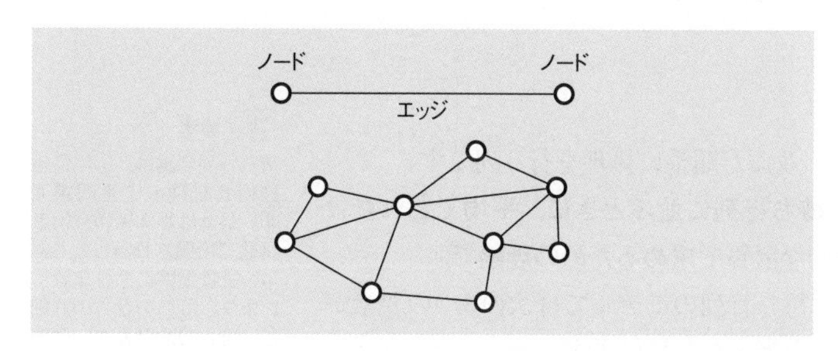

図1.16 グラフ

有向グラフと無向グラフ

グラフには，方向性のある**有向グラフ**と，方向性のない**無向グラフ**の2種類があります。A→Bには行けるがB→Aには行けないことがあるという場合は有向グラフ，どちらからも行けるという場合には無向グラフを用います。

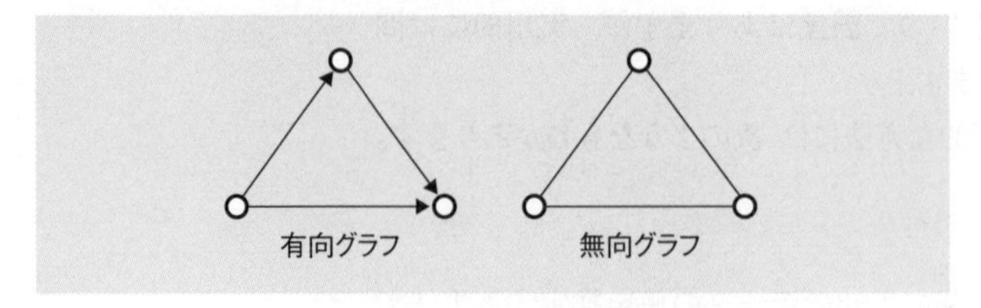

図1.17 有向グラフと無向グラフ

木

グラフの特別なかたちとして，**木**（木構造）があります。木は，**閉路（ループ）をもたないグラフ**で，頂点となる**根**（root）と，途中の**節点**（ノード：node），及び枝葉となる**葉**（leaf）をもちます。

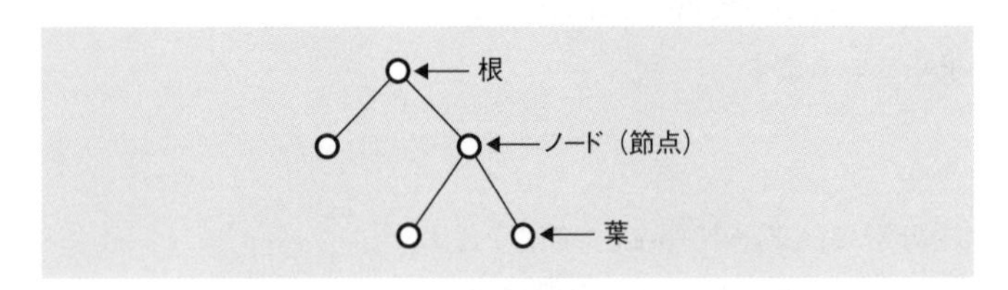

図1.18 木

待ち行列理論

待ち行列（キュー）は，並んだ順番に処理を行う列です。

待ち行列理論とは，**待ち行列に並ぶときに，平均でどれだけ待たされるかを統計学的な計算で求めるための理論**です。

列に並んでいるとき，待ち行列のモデルでは次の3つの要素が待ち時間に影響を与えると考えられています。

参考
待ち行列理論は，応用情報技術者試験の定番問題です。最近は基本情報技術者試験で出題されることもあり，試験範囲にも含まれています。計算の仕方の詳細は必要ありませんが，概要は知っておきましょう。

- **到着率**　どれくらいの頻度でやって来るか
- **サービス時間**　実作業にどれくらい時間がかかるか
- **窓口の数**　1つの列に対して窓口がいくつあるか

これら3つの要素について，次のようなかたちで待ち行列のモデルを表します。

図1.19 待ち行列モデル

M/M/1とは，到着率が一定(D)ではなくランダム(M)で，サービス時間が一定(D)ではなくランダム(M)な場合の待ち行列のモデルです。

それでは，次の問題を考えてみましょう。

問題

多数のクライアントが，LANに接続された1台のプリンタを共同利用するときの印刷要求から印刷完了までの所要時間を，待ち行列理論を適用して見積もる場合について考える。プリンタの運用方法や利用状況に関する記述のうち，M/M/1の待ち行列モデルの条件に反しないものはどれか。

ア 一部のクライアントは，プリンタの空き具合を見ながら印刷要求する。

イ 印刷の緊急性や印刷量の多少にかかわらず，先着順に印刷する。

ウ 印刷待ちの文書データがプリンタのバッファサイズを越えるときは，一時的に受付を中断する。

エ 一つの印刷要求から印刷完了までの所要時間は，印刷の準備に要する一定時間と，印刷量に比例する時間の合計である。

（令和4年1月 基本情報技術者 午前免除試験 問4）

（※平成28年春 応用情報技術者試験 午前 問3）

解説

M/M/1の待ち行列モデルでは，窓口は1つです。待ち行列では，印刷の緊急性や印刷量の多少にかかわらず，先着順に処理を実行します。したがって，**イ**が正解です。

ア 待ち行列モデルでは，空き具合を見ながら調整することはありません。

ウ 待ち行列モデルでは，一時的に受付を中断することはありません。

エ M/M/1待ち行列モデルでは，所要時間には，準備と印刷時間以外に，待ち行列の状況によって変動する待ち時間が加わります。

≪解答≫イ

最適化問題

最適化問題とは，特定の制約がある中での最適解を目指す数学的な問題です。代表的な最適化問題の例には，**線形計画法**やPERT，**最短経路探索**などがあります。

関連
線形計画法については「9-1-2 業務分析・データ利活用」で，PERTについては「5-1-6 プロジェクトの時間」で，最短経路探索については「1-2-2 アルゴリズム」で改めて取り上げます。ここでは，これらの問題が最適化問題と呼ばれるということだけわかれば十分です。

覚えよう！

- □ 正規分布は左右対称で，平均値がもっとも多くなる分布
- □ グラフの各点がノード，ノードを結ぶ線がエッジ

1-1-3 情報に関する理論

情報に関する理論には，AIやオートマトンなど，様々なものがあります。理論を理解することで，コンピュータでの処理を効率良く実現する方法を知ることができます。

情報理論

情報理論は，情報を効率よく，信頼性高く伝達するための理論です。**情報量**とは，1つのデータを格納するのに必要な大きさで，最小の単位は**ビット**です。1ビットは0と1の2進数1つで表され，8ビットを1バイトとします。

情報量は，単位が大きくなると，K（キロ），M（メガ）などの**接頭語**を使って表現します。単位が小さくなった場合にも接頭語を使用します。代表的な接頭語と，示す単位は次のとおりです。

表1.8 代表的な接頭語

接頭語	単位
キロ K	10^3
メガ M	10^6
ギガ G	10^9
テラ T	10^{12}
ペタ P	10^{15}

接頭語	単位
ミリ m	10^{-3}
マイクロ μ	10^{-6}
ナノ n	10^{-9}
ピコ p	10^{-12}

ハフマン符号

ハフマン符号は，デビッド・ハフマンによって開発された情報量の圧縮方法です。データ構造の1つである2分木構造を利用することで，復号によって元の**情報を復元できる可逆圧縮**でありながら**データの全体量を減らす**ことができる方法です。

実際の問題を例に，ハフマン符号について実践していきましょう。

問題

出現頻度の異なるA, B, C, D, Eの5文字で構成される通信データを，ハフマン符号化を使って圧縮するために，符号表を作成した。aに入る符号として，適切なものはどれか。

文字	出現頻度(%)	符号
A	26	00
B	25	01
C	24	10
D	13	a
E	12	111

ア 001　　イ 010　　ウ 101　　エ 110

(平成30年秋　基本情報技術者試験　午前　問4)

解説

ハフマン符号化ではまず，出現頻度が1番少ない記号と2番目に少ない文字(この場合はDとE)を葉として，1つの新しい枝を作ります。図にすると次のようなかたちです。

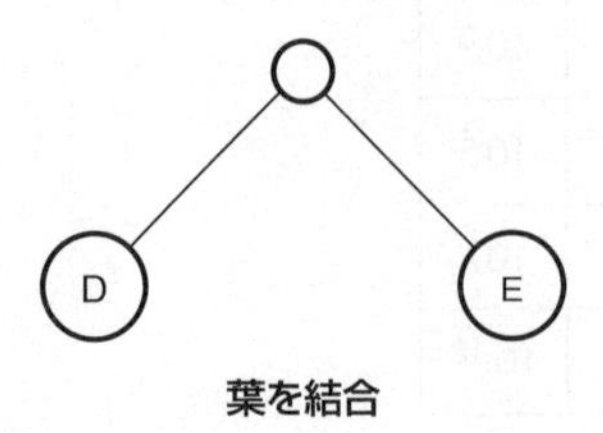

葉を結合

DとEの2つの葉の出現頻度を合わせると13＋12=25（%）です。この値を基準に，次に出現頻度の少ない文字Cと合わせ，さらにAとBを加えて2分木を完成させると次のようになります。

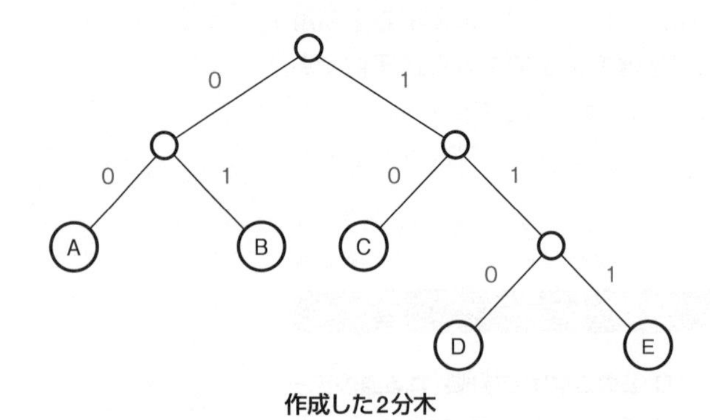

作成した2分木

辺ごとに0と1を上の図のように割り当て，根からたどっていくと，各文字の符号が完成します。このとき，A〜C，Eの符号は表のとおりとなり，Dの符号は110となります。したがって，**エ**が正解です。

≪解答≫エ

文字の表現

コンピュータで文字を表現するときには，文字ごとに**文字コード**を割り当てます。世界共通のアルファベットなどは**ASCIIコード**という，1バイトの文字コードを使用します。

各国ごとの言語には，専用の文字コードがあります。漢字を含めた日本語の文字コードには，JISコード，シフトJISコード，EUC（Extended UNIX Code：拡張UNIXコード）などがあります。

Unicodeは，世界で使われているすべての文字を共通の文字集合で利用できるようにと作られた文字コードです。

形式言語

形式言語とは，文法の体系が決まっている言語です。自然言語と異なり，あいまいさがなく，正確に文法を定義できます。形式言語の文法や定義を表す表記法には，次に示す**BNF記法**や**正規表現**などがあります。

BNF（Backus-Naur Form）記法

BNFは，文法などの形式を定義するために用いられる表記法で，プログラム言語などの定義に利用されています。定義はすべて山括弧＜＞で囲み，区分けのために|を使います。例えば，1桁の数字を定義するときには，次のように表現します。

```
＜数字＞::= 0|1|2|3|4|5|6|7|8|9
```

2文字以上の文法では，左辺と右辺に同じ用語を使って，繰り返しを表現することが特徴です。

実際の問題を例に，BNFについて学習していきましょう。

問題

次のBNFで定義される＜変数名＞に合致するものはどれか。

```
＜数字＞::= 0 | 1 | 2 | 3 | 4 | 5 | 6 | 7 | 8 | 9
＜英字＞::= A | B | C | D | E | F
＜英数字＞::=＜英字＞|＜数字＞| _
＜変数名＞::=＜英字＞|＜変数名＞＜英数字＞
```

ア　_B39　　イ　246　　ウ　3E5　　エ　F5_1

（令和元年秋 基本情報技術者試験 午前 問7）

解説

＜変数名＞の定義は，次のようになっています。

これは，＜変数名＞は＜英字＞，もしくは，＜変数名＞＜英数字＞で表されるということです。左辺と右辺で同じ＜変数名＞を使って繰返しを表しており，最初の＜変数名＞の後には＜英数字＞を続けることができます。

最初の1文字のときには＜英字＞だけなので，＜英字＞＜英数字＞＜英数字＞…という繰り返しになります。

＜英字＞の定義は

＜英字＞::＝ A|B|C|D|E|F

となっており，選択肢のうち，最初の1文字目が＜英字＞に含まれるのはエのFだけとなります。したがって，エが正解です。

≪解答≫エ

正規表現

正規表現とは，文字の並び（文字列）の集合を表現する方法の1つです。例えば，次のような規則の正規表現があるとします。

・[A－Z]は，英字1文字を表す。
・[0－9]は，数字1文字を表す。
・＊は，直前の正規表現の0回以上の繰り返しを表す。
・＋は，直前の正規表現の1回以上の繰り返しを表す。

このとき，正規表現[A－Z]＋[0－9]＊が表現する文字列の集合では，英字を1回以上繰り返した後に，数字を0回以上繰り返します。そのため，ABCDEF，ABC999などは正規表現の条件を満たすので集合に含まれます。456789などは最初が英字で始まらないので，集合に含まれません。

逆ポーランド表記法

木構造のグラフを探索する方法には，大きく分けて**幅優先探索**と**深さ優先探索**の2種類があります。幅優先探索は，根から順に横に幅を広げて浅いところから順に深いところを探索していく方法です。深さ優先探索は，根から葉まで順に，行き止まりになるまで探索する方法です。

深さ優先探索で，それぞれのノード（節点）を順番に読んでいくことを**走査**といいます。走査を行うときの順番には，**先行順**，**中間順**，**後行順**の3種類があります。

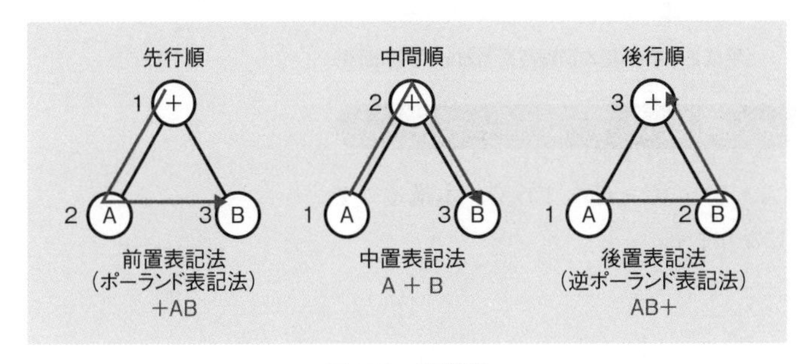

図1.20　走査順

先行順，中間順，後行順でノードの内容を順に表記する方法をそれぞれ，前置表記法（**ポーランド表記法**），中置表記法，後置表記法（**逆ポーランド表記法**）といいます。人間の頭脳が理解しやすいのは中置表記法ですが，コンピュータは逆ポーランド表記法のほうが処理しやすいという違いがあります。そのため，数式は中置表記法で書かれており，コンピュータ内で逆ポーランド表記法に置き換えて演算を行います。

それでは，次の問題を例に，逆ポーランド表記法への変換を学んでいきましょう。

問題

後置表記法（逆ポーランド表記法）では，例えば，式Y＝（A－B）×CをYAB－C×＝と表現する。次の式を後置表記法で表現したものはどれか。

Y＝（A＋B）×（C－（D÷E））

ア	YAB＋C－DE÷×＝	イ	YAB＋CDE÷－×＝
ウ	YAB＋EDC÷－×＝	エ	YBA＋CD－E÷×＝

（平成24年春 基本情報技術者試験 午前 問4）

解説

中置表記法の式Y＝（A＋B）×（C－（D÷E））を，木構造のグラフで表すと，次のようになります。

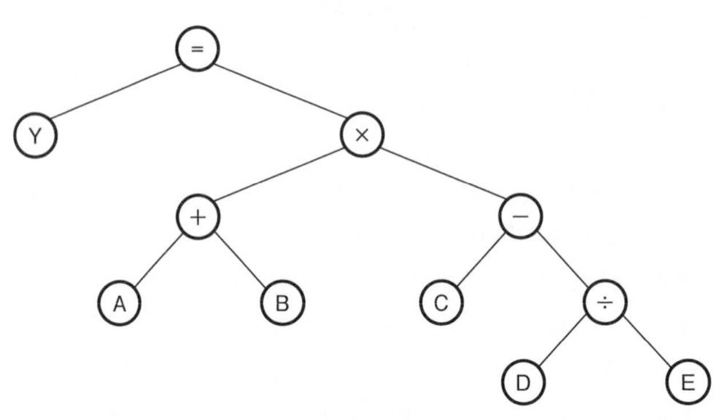

木構造のグラフ

このグラフを逆ポーランド記法（後置表記法）の左部分木－右部分木－根の順で読み込んでいくと，YAB＋CDE÷－×＝の順となります。したがって，**イ**が正解です。

≪解答≫イ

過去問題をチェック
逆ポーランド表記法について，基本情報技術者試験では次の出題があります。
【逆ポーランド表記法】
- 平成21年秋午前問3
- 平成22年春午前問3
- 平成24年春午前問4
- 平成25年春午前問6
- 平成26年秋午前問4

オートマトン

オートマトンとは，次のような3つの特徴をもったシステムのモデルです。

1. 外から，情報が連続して**入力**される
2. 内部に，状態を**保持**する
3. 外へ，情報を**出力**する

特定の条件が起こったときに，ある状態から別の状態に移ることを**遷移**といいます。例えばデートのとき，相手が来るのを待っている状態が待ち状態で，相手が来るという遷移条件が起こると，デートをするデート状態に移ります。

オートマトンのうち，状態や遷移の数に限りがあるものを**有限オートマトン**といいます。

実際の問題をもとに，オートマトンを体験してみましょう。

問題

入力記号，出力記号の集合が{0，1}であり，状態遷移図で示されるオートマトンがある。0011001110を入力記号とした場合の出力記号はどれか。ここで，入力記号は左から順に読み込まれるものとする。また，S_1は初期状態を表し，遷移の矢印のラベルは，入力／出力を表している。

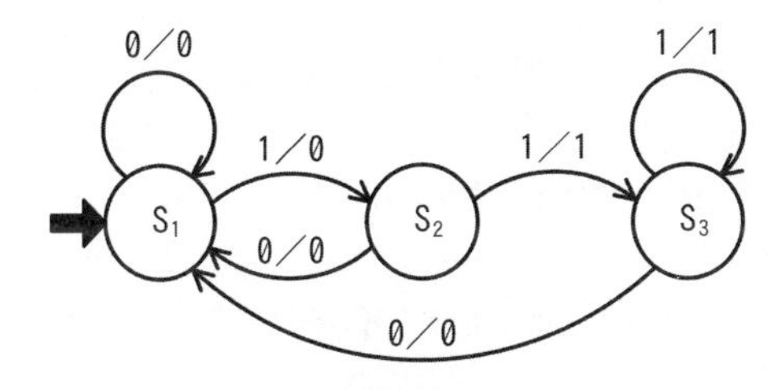

状態遷移図

ア 0001000110	イ 0001001110
ウ 0010001000	エ 0011111110

（基本情報技術者試験 サンプル問題セット　科目A 問4）

解説

入力記号，出力記号の集合が{0，1}ということは，入力記号と出力記号は0と1の2種類の値しかとらないということになります。

「状態遷移図」の図で示されるオートマトンで，S_1を初期状態として，入力信号0011001110を左から順に読み込ませていきます。

初期状態S_1からは，

・$S_1 \xrightarrow{0/0} S_1$　　・$S_1 \xrightarrow{1/0} S_2$

の2本の矢印が出ています。これは，入力信号が0だった場合と1だった場合の2つのパターンです。最初の入力信号は0なので最初のパターンで，入力／出力のかたちは0/0となるので出力は0，状態はS_1のままになります。

2番目も同様に入力信号が0なので出力信号が0，状態はS_1のままです。

3番目は入力信号が1なので，S_1の2番目の1/0に当てはまります。出力信号は今までと同じ0ですが，状態はS_2に切り替わります。

4番目の入力信号も1です。S_2からの2つの矢印のうち，入力信号が1なのは，$S_2 \xrightarrow{1/1} S_3$のほうなので，出力信号が1になり，状態は$S_3$に切り替わります。

5番目の入力信号は0です。S_3からの2つの矢印のうち，入力信号が0なのは，$S_3 \xrightarrow{0/0} S_1$のほうなので，出力信号が0になり，状態は$S_1$に切り替わります。

6番目は入力信号が0で，$S_1 \xrightarrow{0/0} S_1$に当てはまります。出力信号は0で，状態は$S_1$のままです。

7番目は入力信号が1で，$S_1 \xrightarrow{1/0} S_2$に当てはまります。出力信号は0で，状態は$S_2$に切り替わります。

8番目は入力信号が1で，$S_2 \xrightarrow{1/1} S_3$に当てはまります。出力信号は1で，状態は$S_3$に切り替わります。

9番目は入力信号が1で，$S_3 \xrightarrow{1/1} S_3$に当てはまります。出力信号は1で，状態は$S_3$のままです。

10番目は入力信号が0で，$S_3 \xrightarrow{0/0} S_1$に当てはまります。出力信号は0で，状態は$S_1$に切り替わります。

まとめると，出力信号は0001000110となります。したがって，**ア**が正解です。

≪解答≫ア

過去問題をチェック

オートマトンについて，基本情報技術者試験では次の出題があります。

【オートマトン】

・平成28年春午前問2
・平成30年春午前問4
・サンプル問題セット科目A問4

計算量

計算量（オーダ）とは，あるプログラム（アルゴリズム）を実行するのにどれくらいの時間がかかるかを，入力データに対する増加量で表したものです。計算量を表すときには，最も影響が大きいものを優先するO（オーダ）という考え方を用いて，**O-記法**という表記法で表します。

例えば，入力データの数（n）が増加したとき，その計算量もnに比例して増加していくときのことを，$O(n)$と表します。n^2に比例して増加する場合には，$O(n^2)$です。オーダでは，nが非常に大きいときの計算量を考えるので，数値が小さい場合には無視し，定数も無視します。例えば，入力データの数（n）が増加したとき，$3n^2+n+2$に比例して計算量が大きくなるときには，nが大きくなってもあまり増加しない$n+2$の部分や，比例定数3の部分は無視されて，$O(n^2)$となります。

代表的なO（オーダ）とその例は次のとおりです。

表1.9 代表的なO（オーダ）とその例

O（オーダ）	例（アルゴリズム）
$O(1)$	ハッシュ
$O(\log n)$	2分探索
$O(n)$	線形探索
$O(n \log n)$	クイックソート，シェルソート
$O(n^2)$	バブルソート，挿入ソート

AI（Artificial Intelligence）

AI（Artificial Intelligence：人工知能）とは，人間と同様の知能をコンピュータ上で実現させるための技術です。AIの代表的な技術には，次のものがあります。

過去問題をチェック
AIについて，基本情報技術者試験では次の出題があります。
【機械学習】
・平成30年春午前問61
・平成30年秋午前問3
・平成31年春午前問4
・令和元年秋午前問73
【ディープラーニング】
・平成29年秋午前問74
・平成30年春午前問3

①機械学習

機械学習とは，アルゴリズムを使って，データの特性をコンピュータが自動的に学習するものです。機械学習の結果として，予測などを行うためのモデル（計算式など）を作成します。

機械学習には，教師あり学習，教師なし学習，及びその他の機械学習があります。それぞれの特徴をまとめると，次のようになります。

●教師あり学習

教師あり学習は，教師となる正解データ（ラベル）を用意する機械学習です。データを複数のグループに分ける**分類**や，連続的なデータの値を予測する**回帰**を行うことができます。

●教師なし学習

教師なし学習は，データのみからその傾向を学習する手法です。正解データがないため，学習がうまくいっているかどうかを評価することが難しく，発展途上の技術です。データの性質で複数のグループに分ける**クラスタリング**などを行うことができます。

●その他の機械学習

その他の機械学習手法としては，完全な正解がない教師データを使用する半教師あり学習と呼ばれる方法があります。代表的なものに，正解を用意するのではなく，行動を試すための環境を用意し，とるべき行動を自分で学習していく**強化学習**があります。

②ディープラーニング

ディープラーニングは，機械学習のアルゴリズムの1つである**ニューラルネットワーク**が発展してできたものです。人間の脳神経回路を模倣して，認識などの知能を実現する方法であり，ニューラルネットワークを用いて，人間と同じような認識ができるように学習します。

大量のデータから精度の高いモデルを作成することができるため，様々な分野で応用されています。

▶▶▶覚えよう！

- □ 逆ポーランド記法では，木を左部分木→右部分木→根の順で表記
- □ 機械学習の教師あり学習では，正解から特定のパターンを見つけ出す

1-1-4 通信に関する理論

情報を他の場所に伝送するためには，通信が必要です。通信では，途中でデータが変わってしまうことがあるので，誤りの検知や訂正の技術が必須となります。

伝送理論

情報を伝達するときには，伝送路を使って通信を行います。伝送路とはパソコンやサーバーなどをつなぐ経路で，無線や有線のケーブルで接続し，インターネットを経由することもあります。

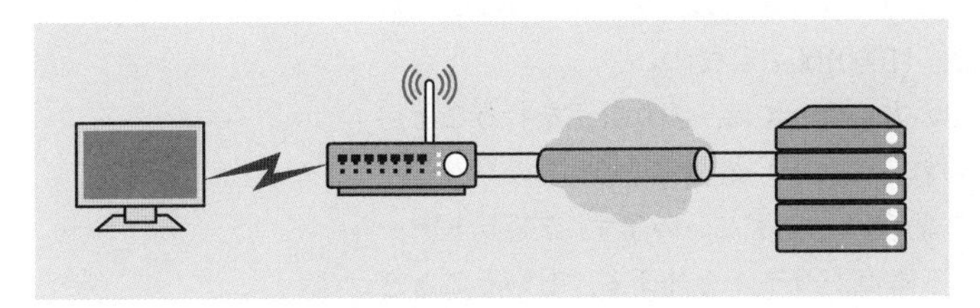

図1.21 伝送路のイメージ

伝送理論とは，情報を確実に伝達する方法に関する理論です。高速化のために通信を多重化したり，デジタルデータをアナログに変換したりします。伝送路での誤りを検出し，訂正することもできます。

誤り検出・訂正

パソコンとサーバーなど，2つの装置の間で通信を行うときには，通信時の回線状況や機器同士のやり取りなど，様々な原因で通信データの送信誤りが起こります。そのため，誤りを検出し，誤ったデータを受けとらないようにする必要があります。さらに，データを訂正することができれば，誤ったデータを正しいデータにすることができます。

代表的な誤り検出・訂正の手法には，次のものがあります。

①パリティ

パリティとは，ビット(0，1)の並びで，**合計が偶数か奇数か**によって通信の誤りを検出する技術です。データの最後に**パリティビット**を付加し，そのビットを基に誤りを検出します。

パリティビットには，次の2種類があります。

偶数パリティ　1の数が偶数になるようにパリティビットを付加
奇数パリティ　1の数が奇数になるようにパリティビットを付加

例えば，7ビットのデータ1100010を考えます。偶数パリティの場合，現在のデータは1の数が奇数なので最後に1を付加して11000101とします。奇数パリティの場合は，すでに1の数が奇数なので最後に0を付加し，11000100とします。

また，パリティは，使い方によっては，誤り訂正を行うことができます。データが送られるごとに，最後に1ビットのパリティビットを付けるやり方を**垂直パリティ**といいます。7ビットデータを送り，それに1ビット垂直パリティを加える，ということを何度か繰り返し，データを送信します。そして最後に，それぞれのビットのデータを横断的に見て，全体で誤りがないかどうかをチェックするのに**水平パリティ**を用います。図に表すと以下のようになります(ここでは，垂直パリティ，水平パリティの両方に，偶数パリティを使用しています)。

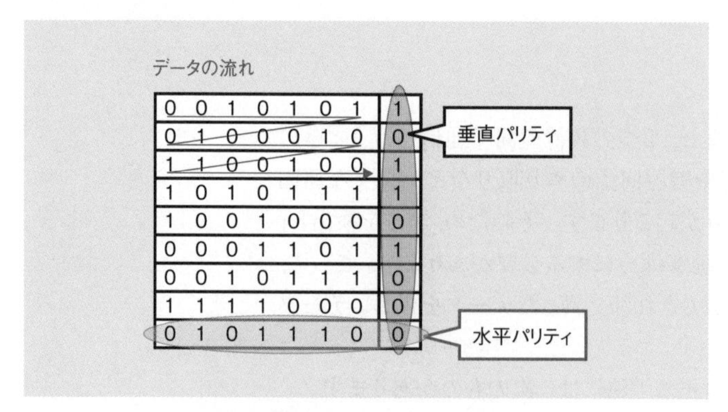

図1.22　垂直パリティと水平パリティ

垂直パリティと水平パリティを組み合わせることにより，どこかに**1ビットの誤り**が発生した場合にその場所を特定でき，ビットを反転させることでエラーを訂正できます。

②ハミング符号

ハミング符号とは，データにいくつかの冗長ビットを付加することによって，1ビットの誤りを検出し，それを訂正できる仕組みです。

③CRC

CRC（Cyclic Redundancy Check）は，連続する誤りを検出するための誤り制御の仕組みです。送信する基となるデータを，あらかじめ決められた多項式（生成多項式）で除算し，その余りをCRCとします。1ビットだけではなく，複数ビットの誤りの検出が可能です。

CRCのエラーチェックは，次の図のように示すことができます。

発展

通信データの場合，ケーブルの不良や混線などによって誤りが一度にまとめて起こることがあります。こういった誤りを**バースト誤り**と呼びます。

バースト誤りに対しては，複数ビットの誤りを検出できるCRCを用いることが多いです。

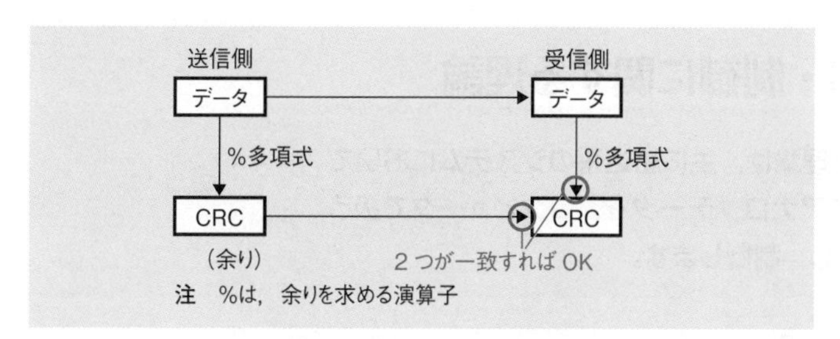

図1.23　CRCのエラーチェック

それでは，次の問題を考えてみましょう。

問題

送信側では，ビット列をある生成多項式で割った余りをそのビット列に付加して送信し，受信側では，受信したビット列が同じ生成多項式で割り切れるか否かで誤りの発生を判断する誤り検査方式はどれか。

ア　CRC方式　　　イ　垂直パリティチェック方式

ウ　水平パリティチェック方式　　エ　ハミング符号方式

（平成29年秋 基本情報技術者試験 午前 問2）

解説

あらかじめ決められた生成多項式で割った余りをチェックすることで，誤りの発生を検知する方式は，CRC (Cyclic Redundancy Check) です。したがって，**ア**が正解となります。

イ データごとに1ビットのパリティビットを付加する方式です。

ウ 複数のデータをまとめてパリティビットを付加する方式です。

エ データにいくつかの冗長ビットを付加することによって，誤りの検出と訂正をできるようにする方式です。

≪解答≫ア

過去問題をチェック

誤り検出・訂正について，基本情報技術者試験では次の出題があります。

【パリティ】

・平成25年春午前問4

・平成26年春午前問2

・平成26年春午前問11

・平成31年春午前問2

【CRC】

・平成22年秋午前問4

・平成29年秋午前問2

覚えよう！

- □ 1の数を足すと奇数になるのが奇数パリティ，偶数になるのが偶数パリティ
- □ CRCでは，複数ビットの誤りが検出できる

1-1-5 計測・制御に関する理論

計測・制御に関する理論は，主に組込系のシステムにおいて使われます。実世界のアナログデータを，コンピュータで扱うデジタルデータに変換し，制御します。

A/D変換，D/A変換

人間世界にあるアナログの情報（音，画像など）をコンピュータで扱うためには，デジタルのデータに変換する必要があります。この変換を**A/D変換**（Analog/Digital変換）といいます。また，そのデジタルのデータを実際に用いる場合（録音したデジタル音声を聞く場合など）は，逆にアナログの情報に変換する必要があります。この逆の変換を**D/A変換**（Digital/Analog変換）といいます。

A/D変換を行うためには，**標本化**，**量子化**，**符号化**という3つの作業が必要です。それぞれの作業は，次のとおりです。

①標本化

連続のデータを一定の間隔をおいてサンプリングすることです。

②量子化

サンプリングしたアナログの値をデジタルに変換することです。

③符号化

デジタル値を2進数に変換することです。

例えば，下図のような音の波があったときに，一定間隔でデータを取得することを標本化，それをデジタルのデータに置き換えることを量子化，それを2進数にすることを符号化といいます。

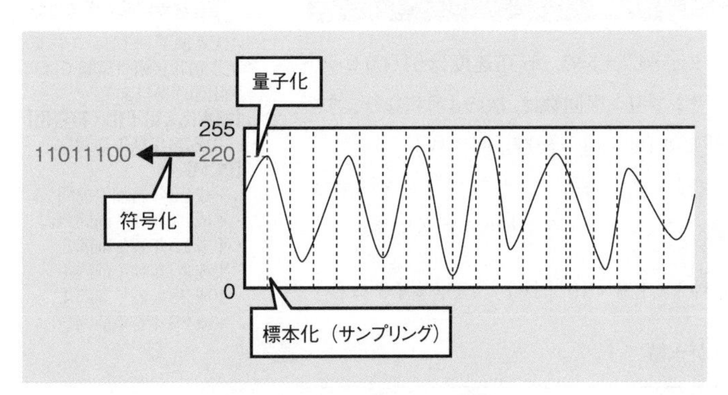

図1.24 標本化，量子化と符号化

PCM

音を標本化し，量子化，符号化したデータを格納する方式として代表的なものにPCM（Pulse Code Modulation）があります。符号化したデータをそのまま活用する方式で，音楽CDなどでは，PCMが用いられています。

それでは，次の問題を考えてみましょう。

問題

PCM伝送方式によって音声をサンプリング（標本化）して8ビットのディジタルデータに変換し，圧縮せずにリアルタイムで転送したところ，転送速度は64,000ビット／秒であった。このときのサンプリング間隔は何マイクロ秒か。

ア 15.6　　イ 46.8　　ウ 125　　エ 128

（平成28年春 基本情報技術者試験 午前 問4）

解説

符号化した1つのデータが8ビットで，転送速度は64,000ビット／秒なので，1秒間に行うサンプリング回数は，次のようになります。

64,000［ビット／秒］÷8［ビット／回］＝8,000［回／秒］

1秒間に8,000回サンプリングするので，サンプリング間隔は，次の式で計算できます。ここで，1マイクロ秒は10^{-6}秒です。

$$\frac{1[\text{秒}]}{8{,}000} = 0.000125[\text{秒}] = 125 \times 10^{-6}[\text{秒}] = 125[\text{マイクロ秒}]$$

したがって，ウの125が正解です。

≪解答≫ウ

過去問題をチェック

AD変換やPCMについて，基本情報技術者試験では次の出題があります。

【標本化・量子化・符号化】
- 平成28年秋午前問5

【PCM】
- 平成23年特別午前問14
- 平成24年春午前問26
- 平成25年春午前問3
- 平成25年秋午前問4
- 平成28年春午前問4
- 平成29年春午前問24

制御の仕組み

ロボットや機械などは，適切に動くように制御する必要があります。制御を行うときの方法としては，あらかじめ定められた順序で制御を行う方法の他に，次のような手法があります。

①フィードバック制御

出力結果と目標値とを比較して，一致するように制御を行う方法です。出力の結果を見て，目標値と離れていた場合に，目標値に近づくように制御します。いったん出力した後に修正するので，急激な変化に対応できないことがあります。

②フィードフォワード制御

フィードフォワード制御は，制御を乱す外的要因が発生したときに，影響として現れる前に，前もって必要な修正動作を行う制御方式です。

制御システムを構成する要素

制御システムとは，ロボットや機械など，他の機器を制御するシステムです。制御システムを構成する要素には以下のようなものがあります。

①センサー

動きや温度などを計測するための機構です。センサーには，温度を測定する温度センサーとしてのサーミスタや，光を測定するフォトダイオード，物体の角度や角速度を測定する**ジャイロセンサー**などがあります。

②アクチュエーター

機械・機構を物理的に動かすための機構です。制御棒やロボットの腕などを実際に動かします。

▶▶▶ 覚えよう！

- □　A/D変換では，標本化，量子化，符号化を順に行う
- □　センサーで検出し，アクチュエーターで動かす

1-2 アルゴリズムとプログラミング

アルゴリズムとプログラミングは，科目Aと科目Bの両方で出題される最重要分野です。『データ構造＋アルゴリズム＝プログラム』という有名な古典があるほど，データ構造とアルゴリズムはプログラミングのカギになります。データ構造とアルゴリズムの基本を押さえて，様々なプログラム言語を学習していきましょう。

1-2-1 データ構造

勉強のコツ

データ構造を理解するためには，実際にプログラムを作成してみることが最も効果的です。科目Bの対策も兼ねて，スタックやキュー，木などのプログラムを作成してみることで，実践的な力が身につきます。

データ構造は，データをコンピュータ上で保持するときの形式です。配列，スタック，キュー，リスト，木など様々なデータ構造があります。

データ構造

データ構造は，複数のデータを結びつけて，コンピュータで取り扱うときの形式です。適切なデータ構造を選んでアルゴリズムを記述することで，様々なプログラムを作成できます。

発展

データ構造は，プログラムの各所で何度も使われるため，いったん決めると変更するのが容易ではありません。また，データ構造の選び方によって，処理速度が変わったり，変更のしやすさが変わったりするので，影響が大きい部分でもあります。そのため，「データ構造の選び方」がプログラマの腕の見せ所になります。

データ構造の種類

代表的なデータ構造には，配列，スタック，キュー，リスト，ハッシュ，グラフ，木があります。それぞれのデータ構造の特徴は次のとおりです。

①配列

同じ型のデータを複数個連続させたものです。多くのデータを一度に管理することができます。文字型を連続させて文字配列とすることで，文字列を表現できます。同じデータ型のデータをあらかじめ決めた数しか収納できない**静的配列**が基本です。

異なる型のデータを収納することや，データの数に応じて可変長の配列とすることが可能な**動的配列**を使うことができる場合もあります。

発展

動的配列か静的配列かは，プログラム言語によって変わります。C++，Javaなどは基本的には静的配列ですが，ライブラリを使用することで動的配列にすることができます。Pythonなどでは，言語に組み込まれており，意識せず可変長の動的配列を使うことが可能です。

②スタック

スタックとは，**後入れ先出し**(LIFO:Last In First Out)のデータ構造です。データを取り出すときには，最後に入れたデータが取り出されます。スタックにデータを入れる操作をpush（プッシュ）操作，データを取り出す操作をpop（ポップ）操作と呼びます。

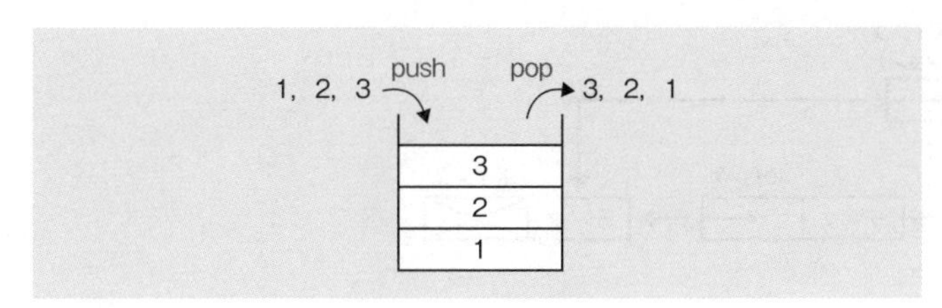

図1.25 スタック

③キュー（待ち行列）

キュー（待ち行列）は，**先入れ先出し**(FIFO：First In First Out)のデータ構造です。データを取り出すときには，最初に入れたデータが取り出されます。キューにデータを入れる操作をenqueue（エンキュー）操作，データを取り出す操作をdequeue（デキュー）操作と呼びます。キューは，プリンタの出力やタスク管理など，順番どおりに処理する必要がある場合に用いられます。データに優先度を付け，優先度を考慮して順番を決定する**優先度付きキュー**もよく用いられます。

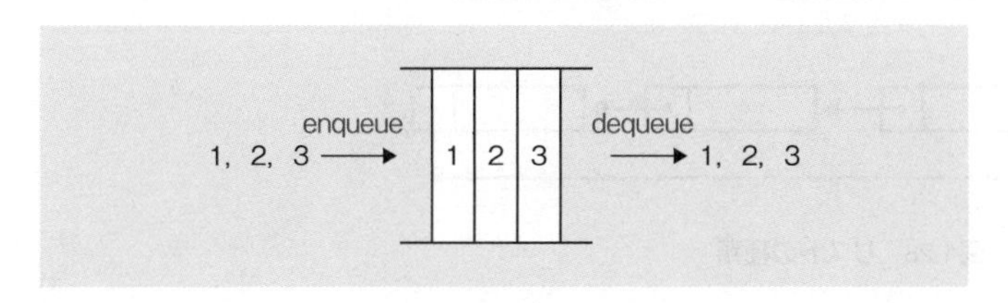

図1.26 キュー

④リスト

リストは，**線形リスト**ともいい，順序づけられたデータの並びです。データ構造としては，データそのものを格納する**データ部**と，データの順番を管理するために参照する**ポインタ部**を合わせて管理します。ポインタとは，データがある位置を参照するた

過去問題をチェック

スタックとキューについて，基本情報技術者試験では次の出題があります。

【スタックとキュー】
- 平成21年春午前問5
- 平成24年春午前問6
- 平成24年秋午前問5
- 平成26年春午前問7

【スタック】
- 平成21年秋午前問5
- 平成22年秋午前問5
- 平成23年秋午前問1
- 平成23年秋午前問5
- 平成25年春午前問1
- 平成25年春午前問6
- 平成26年秋午前問5
- 平成29年秋午前問5
- 平成30年春午前問5
- 平成31年春午前問6
- 令和元年秋午前問8

【キュー】
- 平成27年春午前問5

めのもので，次のデータや前のデータへの情報を格納します。

データの先頭を指し示すために，**先頭ポインタ**を使用し，管理します。また，先頭ポインタだけでなく，**末尾ポインタ**を用いて，最後方のデータに簡単にたどりつけるようにすることもあります。

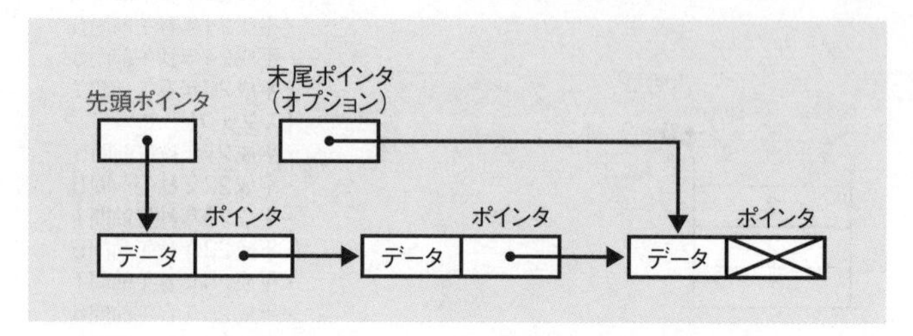

図1.27 データ部とポインタ部

リストには，次のデータへのポインタのみをもつ**単方向リスト**と，前へのポインタと次へのポインタをもつ**双方向リスト**があります。また，最後尾のデータから先頭に戻って環状につなげる**環状リスト**などもあります。

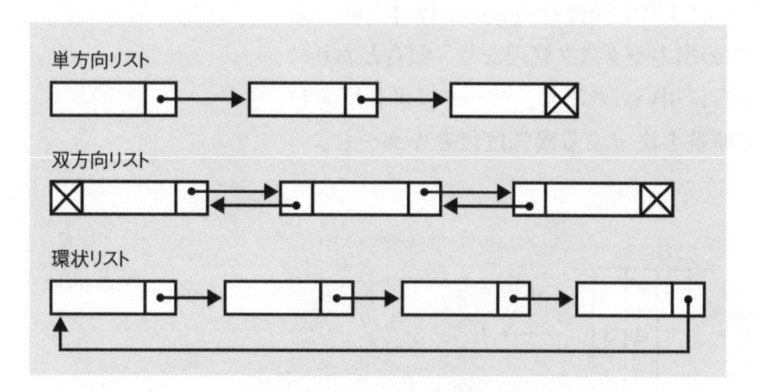

図1.28 リストの種類

それでは，次の問題を考えてみましょう。

1

問題

双方向のポインタをもつリスト構造のデータを表に示す。この表において新たな社員Gを社員Aと社員Kの間に追加する。追加後の表のポインタa～fの中で追加前と比べて値が変わるポインタだけを全て列記したものはどれか。

表

アドレス	社員名	次ポインタ	前ポインタ
100	社員A	300	0
200	社員T	0	300
300	社員K	200	100

追加後の表

アドレス	社員名	次ポインタ	前ポインタ
100	社員A	a	b
200	社員T	c	d
300	社員K	e	f
400	社員G	x	y

ア　a, b, e, f　　イ　a, e, f　　ウ　a, f　　エ　b, e

（令和5年春 基本情報技術者試験公開問題 科目A 問2）

解説

双方向のポインタをもつリスト構造のデータを表す問題文の最初の表を，図に直すと次のようになります。

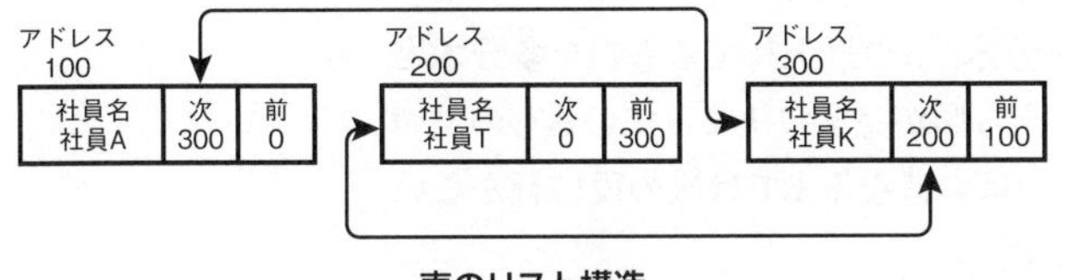

表のリスト構造

新たな社員Gを，社員Aと社員Kの間に追加します。追加後の表のように，アドレス400に社員Gを追加したとき，社員A（アドレス100）と社員K（アドレス300）の間に追加すると，次のようになります。

過去問題をチェック

リストについて，基本情報技術者試験では次の出題があります。

【リスト】

- 平成21年春午前問5
- 平成21年春午前問6
- 平成22年春午前問5
- 平成24年春午前問7
- 平成25年秋午前問6
- 平成27年秋午前問5
- 平成29年春午前問4
- 平成30年春午前問6
- 令和5年度科目A問2

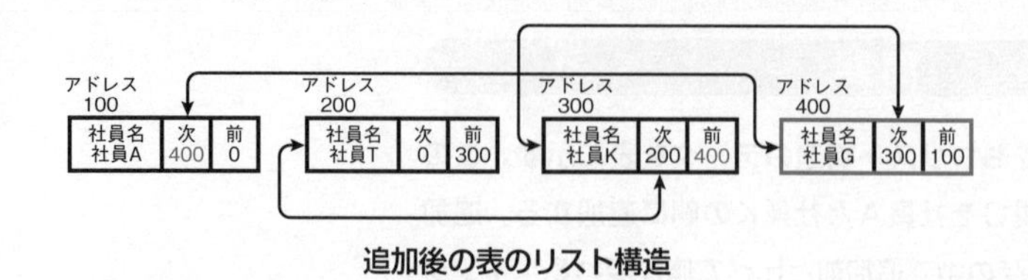

追加後の表のリスト構造

元の表3行での変更は，社員Aの次ポインタ(a)が400になり，社員Kの前ポインタ(f)が400になるだけです。したがって，**ウ**が正解です。

≪解答≫ウ

---

⑤ 木

木(木構造)とは，グラフ理論で定義された，**閉路(ループ)をもたないグラフ**のことです。頂点となる**根**(root)と，途中の**節点**(ノード：node)，及び枝葉となる**葉**(leaf)をもちます。

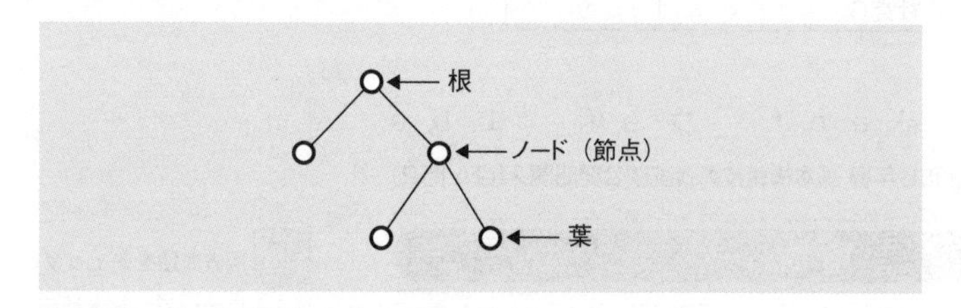

図1.29 木

ノード間は親子関係で表され，根ノード以外の子ノードでは，親ノードは必ず1つです。親ノードに対する子ノードの数が2つまでに限定されるものを**2分木**，3つ以上持てるものを**多分木**と呼びます。また，2分木のうち形が完全に決まっているもの，つまり，1つの段が完全にいっぱいになるまでは次の段に行かないものを完全2分木といいます。

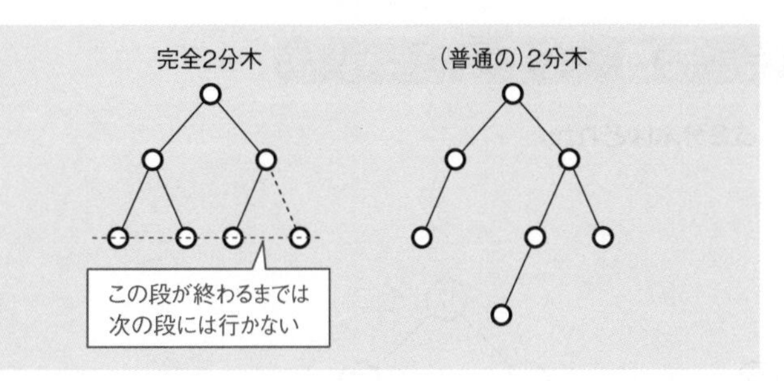

図1.30　2分木

2分木の実用例としては，データの大小関係を，木を使ってたどっていく**2分探索木**や，構文や文法を表現する**構文木**などがあります。完全2分木の実用例としては，2分探索木を完全2分木に変換したAVL木や，根から葉に向けてだけデータを整列させた**ヒープ**などがあります。多分木の例としては，完全多分木で2分探索木の多分木バージョンである**B木**などがあります。まとめると，次のように分類することができます。

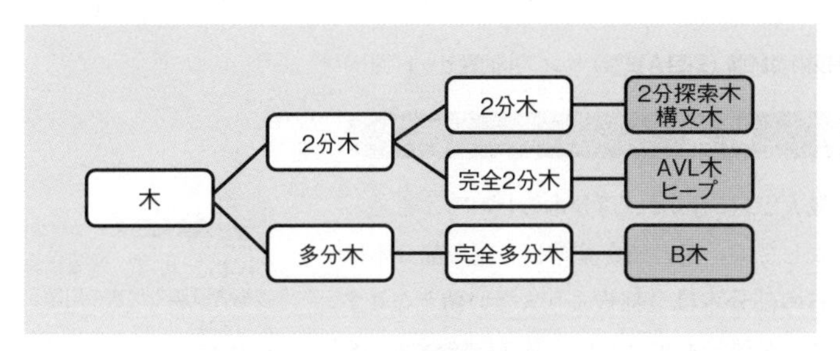

図1.31　木構造の分類

それでは，次の問題を考えてみましょう。

問題

2分探索木になっている2分木はどれか。

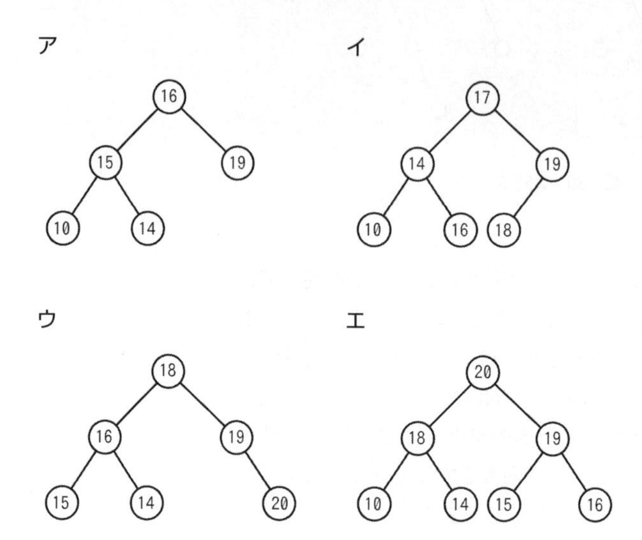

(基本情報技術者試験 (科目A試験) サンプル問題セット 問5)

解説

2分探索木とは,枝が最大2つに分かれる2分木の1つで,木を使ってデータの大小関係を表します。根の値を基準に,左の部分木は全部根より小さい値,右の部分木は全部根より大きい値となります。イの2分木は根が17で,左部分木が{10, 14, 16},右部分木が{18, 19}で,大小関係は問題ありません。部分木内でも,左部分木の幹14より小さい10が左,大きい16が右となっていて,大小関係が正しいです。右部分木も,幹19に対して小さい値18が左となっています。したがって,**イ**が正解です。

ア 左部分木の幹15よりも小さい値14が右に来ているので誤りです。

ウ 左部分木の幹16よりも小さい値14が右に来ているので誤りです。

エ 根20よりも小さい値{15, 19, 16}が右部分木あるので誤りです。
この2分木は,根から葉までで根＞幹＞葉の大小関係をすべ

過去問題をチェック
2分木について,基本情報技術者試験では次の出題があります。
【2分木】
・平成26年春午前問6
・平成28年春午前問5
【2分探索木】
・平成21年春午前問5
・平成23年特別午前問5
・平成25年春午前問5
・平成28年秋午前問6
・平成31年春午前問5
・サンプル問題セット科目A問5

て満たしているので，ヒープであると考えられます。

≪解答≫イ

覚えよう！

- □ スタックは後入れ先出し，キューは先入れ先出し
- □ リストではポインタ部を変えることで，データの並びを変更

1-2-2 アルゴリズム

コンピュータで様々な問題を処理するためには，いろいろなアルゴリズムを用います。定番アルゴリズムを知ることで，プログラミングに必要な基礎力を身につけることができます。

アルゴリズムとは

アルゴリズムは，処理の流れや手順を順に記述したものです。プログラムの骨組みともいえるもので，どのようにプログラムを組むのか，その方法を示します。データの整列や探索など，それぞれの処理内容ごとにアルゴリズムが考案されています。

アルゴリズムには，よく使用される定番アルゴリズムがあり，定番アルゴリズムを知ることで，効率良くプログラムが書けるようになります。

アルゴリズムの表現方法

アルゴリズムを記述するときに使用される方法に，プログラムの基本3構造である順次，選択，繰返しがあります。また，データを格納する変数や，一連の処理を実行する関数を定義することができます。

アルゴリズムの表現方法として一般的なものに，流れ図（フローチャート）があります。

流れ図（フローチャート）

流れ図（フローチャート）では，開始～終了までの間の処理を，命令と分岐，繰返しの記号を利用して記述します。

流れ図で順次，選択，繰返しを記述した例は，次のようになります。

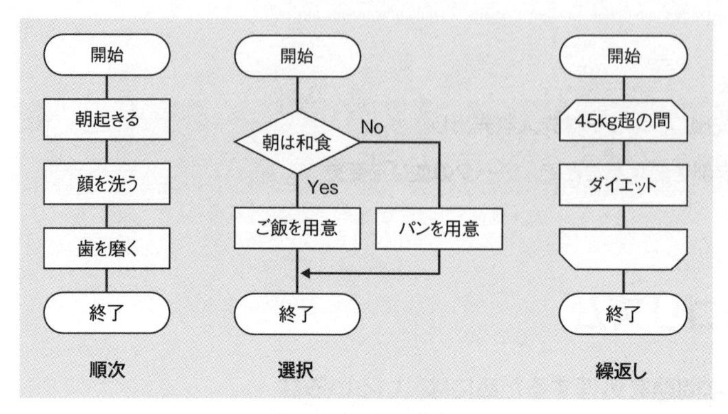

図1.32 流れ図の例

基本情報技術者試験の科目B問題では，アルゴリズムを擬似言語で表現します。科目Bでは表記ルールが定められており，選択をif ～ endif，繰返しをwhile ～ endwhile，またはfor ～ endfor，としてアルゴリズムを表現します。

疑似言語を使って，先ほどの流れ図と同じ順次，選択，繰返しを記述すると，次のようになります。

表1.10 順次，選択，繰返し

朝起きる
顔を洗う
歯を磨く
	if (朝は和食)
	　ご飯を用意
	else
	　パンを用意
	endif
		while (45kg超の間)
		　ダイエット
		endwhile

順次	選択	繰返し

それでは，流れ図の例として，次の問題を解いてみましょう。この問題では，繰返し処理の指定に，「k:1, 1, 8」という記述があります。(注)にあるとおり，変数名が「k」で，初期値が1，増分が1，終値が8です。これは，「変数kの値を1から1つずつ8まで増やしながら処理を繰返す」という意味です。具体的には，kの値は，「1，2，3，4，5，6，7，8」と増え，8回の繰返し処理を行います。擬似言語では，for文で同じことを表現します。

問題

次の流れ図は，10進整数j（0＜j＜100）を8桁の2進数に変換する処理を表している。2進数は下位桁から順に，配列の要素NISHIN（1）からNISHIN（8）に格納される。流れ図のa及びbに入れる処理はどれか。ここで，j div 2はjを2で割った商の整数部分を，j mod 2はjを2で割った余りを表す。

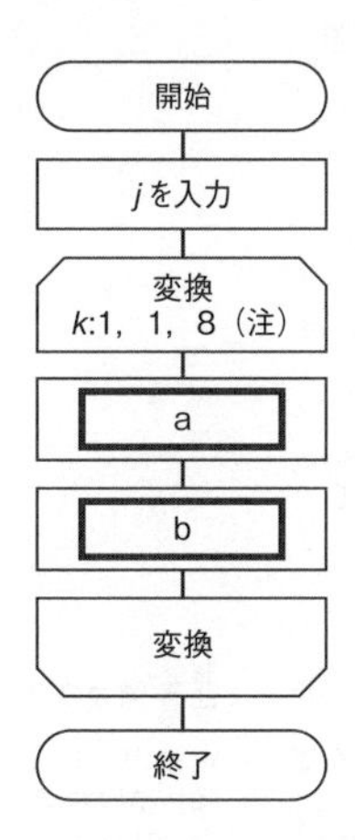

（注）ループ端の繰返し指定は，変数名：初期値，増分，終値を示す。

	a	b
ア	j ← j div 2	NISHIN（k）← j mod 2
イ	j ← j mod 2	NISHIN（k）← j div 2
ウ	NISHIN（k）← j div 2	j ← j mod 2
エ	NISHIN（k）← j mod 2	j ← j div 2

（基本情報技術者試験 サンプル問題セット（科目A）問2）

解説

10進数を2進数に変換するときには，10進数を順に2で割っていき，その余りを下位桁から順に格納していき，次の桁ではその商を利用して同じ計算を繰り返します。例えば，jが167の場合には，次のような計算になります。

	商		余り	
167 ÷ 2 =	83	...	1	←NISHIN(1)に格納
83 ÷ 2 =	41	...	1	←NISHIN(2)に格納

41 ÷ 2 = 20 … 1 ←NISHIN(3)に格納
20 ÷ 2 = 10 … 0 ←NISHIN(4)に格納
10 ÷ 2 = 5 … 0 ←NISHIN(5)に格納
5 ÷ 2 = 2 … 1 ←NISHIN(6)に格納
2 ÷ 2 = 1 … 0 ←NISHIN(7)に格納
1 ÷ 2 = 0 … 1 ←NISHIN(8)に格納

このとき，余りはj mod 2で求められ，これをNISHIN（k）に順に格納します。そのため，空欄aはNISHIN（k）←j mod 2となります。

商はj div 2で求められます。商は，次の計算に利用するため，新たなjとして格納します。そのため，空欄bはj←j div 2となります。したがって，順番と組み合わせが正しい**エ**が正解となります。

≪解答≫エ

探索アルゴリズム

探索のアルゴリズムは，データの並びの中から目的のデータを見つけ出すという最も基本的な定番アルゴリズムです。主な探索アルゴリズムは，線形探索，2分探索，ハッシュ表探索の3つです。

勉強のコツ

定番のアルゴリズムでは，同じ結果を出すために複数の方法が存在します。それぞれの手法には特徴があり，得意な条件とそうでない条件があります。そのアルゴリズムにかかる計算量などを中心に，やり方だけでなくそれぞれの特徴を押さえておきましょう。

①線形探索

データを先頭から順番に探索していく単純なアルゴリズムです。データがランダムに並んでいる場合，探索するデータは先頭にあることも最後尾にあることもありますが，平均すると大体真ん中くらいで見つかると考えられます。そのため，n個のデータで探索を行うと，平均探索回数は$\frac{n+1}{2}$回となり，計算量は**$O(n)$**となります。

②2分探索

2分探索は，**あらかじめ整列させてあるデータ**を使用するアルゴリズムです。最初に真ん中のデータと探索するデータを比較します。2つのデータの関係から大小どちらのグループに目的のデータがあるかを予測し，そのグループの真ん中のデータと比較します。例えば，次のようなデータがある場合を考えます。

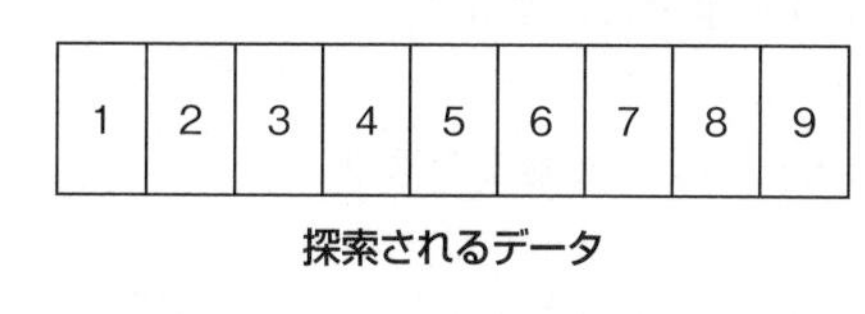

探索されるデータ

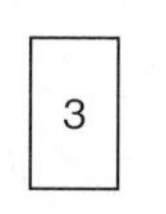

探索するデータ

2分探索で探索する場合には，次のように実行します。

1. 最初に，真ん中のデータ「5」と探索するデータ「3」を比較します。5＞3なので，探索するデータは「5」より前のグループ

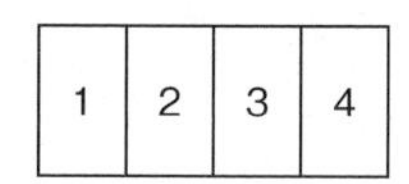

の中にあることがわかります。

2. そこで，前のグループについて再度，真ん中の値を求めます。このとき，「2」と「3」はどちらも真ん中なのでどちらでもいいのですが，今回は前の値「2」をとります。このとき，2＜3なので，探索するデータは「2」より後ろにあることがわかります。

3. 2より後ろのグループ「3 4」の真ん中（前のほう）のデータ「3」と比較し，3＝3でデータが見つかります。

このように，半分にデータを絞って探索を行うため，n回の探索で2^nまでのデータ数に対応できます。したがって，計算量は$O(\log n)$となります。

③ハッシュ表探索

ハッシュ関数とは，あるデータが与えられたときに，そのデータを規則的に復元できない特定の値に変換する関数です。ハッシュ関数 y＝h（x）があった場合，x→yには変換できても，

関連

ハッシュは，セキュリティの改ざん検出など，様々な場面で利用されます。具体的な活用例は「3-5-1　情報セキュリティ」で取り上げていますので，参考にしてください。

y→xには復元できない演算で，**一方向性の関数**となります。ハッシュ関数の典型例には，割り算の余りを求める関数h（x）＝x mod nなどがあります。

ハッシュ関数で求められた値のことを**ハッシュ値**または単に**ハッシュ**といいます。

ハッシュ表探索では，データからハッシュ値を求めることによって探索します。例えば，ハッシュ関数としてh（x）＝x mod 5（modは余りを計算する演算子）を設定し，データの格納場所を次のとおり5つ用意します。

過去問題をチェック

探索アルゴリズムについて，基本情報技術者試験では次の出題があります。

【2分探索】

・平成21年春午前問7
・平成24年秋午前問6
・平成26年秋午前問6
・平成27年春午前問6
・平成29年春午前問7

【ハッシュ表探索】

・平成21年春午前問2
・平成22年春午前問6
・平成22年秋午前問7
・平成25年春午前問7
・平成26年秋午前問2
・平成29年春午前問27
・平成30年春午前問7
・平成31年春午前問18
・令和元年秋午前問10
・サンプル問題セット科目A問7

表1.11 ハッシュ表の例

ハッシュ値	データ
0	25
1	11
2	7
3	13
4	4

ここで，探索するデータが「7」のとき，h(7)=7 mod 5 ＝ 2 となり，ハッシュ値が「2」の場所を見るとデータ「7」が見つかります。

この方法は演算ですぐに格納場所が見つかるので，データ量に関係なく計算量はO(1)となります。ただし，違うデータでハッシュ値が重なる**シノニム**という問題が発生することがあり，その場合には次の位置に格納すると取り決めるなどの工夫が必要です。

整列アルゴリズム

整列のアルゴリズムは，昇順（小さい順）または降順（大きい順）にデータを並び替えるアルゴリズムです。代表的な整列アルゴリズムには以下の7つがあります。

①バブルソート

隣り合う要素を比較して，大小の順が逆であれば，その要素を入れ替える操作を繰り返すアルゴリズムです。隣同士を繰り返しすべて比較するので，計算量は$O(n^2)$となります。

②挿入ソート

整列された列に，新たに要素を**1つずつ適切な位置に挿入**する操作を繰り返すアルゴリズムです。挿入位置を決めるのに線形探索を行うため，計算量は$O(n^2)$となります。

③選択ソート

未整列の部分列から**最大値（または最小値）を検索**して取り出す操作を繰り返すことで整列させていくアルゴリズムです。最小値の探索を毎回行うため，計算量は$O(n^2)$となります。

④クイックソート

最初に整列の基準となる基準値を決めて，それよりも**大きな値を集めた部分列**と**小さな値を集めた部分列**に要素を振り分けます。それぞれの部分列の中でまた基準値を決め，同様の操作を繰り返すアルゴリズムです。ランダムなデータの場合には，計算量は$O(n \log n)$となります。

⑤シェルソート

ある**一定間隔おきに取り出した要素から成る部分列**をそれぞれ整列させ，さらに間隔を狭めて同様の操作を繰り返し，最後に間隔を1にして完全に整列させるというアルゴリズムです。挿入ソートの発展形で，ざっくり整列させてから細かくしていくので効率が良くなります。間隔は，15，7，3，1……と，$2n-1$でnを1つずつ減らして狭めていくので，計算量は$O(n \log n)$となります。

⑥ヒープソート

ヒープは，根から葉に向けてだけデータを整列させた完全2分木です。**未整列部分でヒープを作成**し，その根から最大値（または最小値）を取り出して整列済の列に移すという操作を繰り返して，未整列部分をなくしていくアルゴリズムです。選択ソートの発展形であり，ヒープを使うことで，最大値（または最小値）を検索する作業を効率化しています。そのため，計算量は$O(n \log n)$となります。

⑦マージソート

未整列のデータ列を**前半と後半に分ける分割操作**を，これ以上分割できない，大きさが1の列になるところまで繰り返します。その後，**分割した前半と後半をマージ（併合）**して，整列済のデータ列を作成することを繰り返し，最終的に全体をマージするアルゴリズムです。計算量は$O(n \log n)$と効率的ですが，マージするための領域が必要となるので，作業領域（メモリ量）を多く消費することが欠点です。

それでは，次の問題を解いてみましょう。

問題

クイックソートの処理方法を説明したものはどれか。

ア　既に整列済みのデータ列の正しい位置に，データを追加する操作を繰り返していく方法である。

イ　データ中の最小値を求め，次にそれを除いた部分の中から最小値を求める。この操作を繰り返していく方法である。

ウ　適当な基準値を選び，それよりも小さな値のグループと大きな値のグループにデータを分割する。同様にして，グループの中で基準値を選び，それぞれのグループを分割する。この操作を繰り返していく方法である。

エ　隣り合ったデータの比較と入替えを繰り返すことによって，小さな値のデータを次第に端の方に移していく方法である。

（平成30年秋 基本情報技術者試験 午前 問6）

解説

クイックソートでは，まず適当な基準値を選び，それよりも小さな値のグループと大きな値のグループに分割していきます。この操作を再帰的に繰り返していきます。したがって，**ウ**が正解です。

ア　挿入ソートの説明です。

イ　選択ソートの説明です。

エ　バブルソートの説明です。

≪解答≫ウ

過去問題をチェック

整列アルゴリズムについて，基本情報技術者試験では次の出題があります。

【クイックソート】

- 平成21年秋午前問6
- 平成23年特別午前問8
- 平成27年秋午前問7
- 平成30年秋午前問6

再帰のアルゴリズム

再帰とは，再び帰る，つまり，自分自身をもう一度呼び出すようなアルゴリズムです。関数などで，呼び出した関数自身を呼び出す場合が再帰に当たります。

言葉だけではイメージしづらいので，問題の解説を見ながら再帰を感じてみましょう。

問題

自然数nに対して，次のとおり再帰的に定義される関数*f*(n)を考える。*f*(5)の値はどれか。

f(n)：if n≦1 then return 1 else return n＋*f*(n－1)

ア　6　　イ　9　　ウ　15　　エ　25

（基本情報技術者試験（科目A試験）　サンプル問題セット 問8）

解説

再帰的に定義される関数とは，関数f(n)の中で関数f(n－1)を呼び出すように，自分自身と同じ関数を，新たに呼び出すことができる関数です。

問題文のプログラムでf(5)を実行すると，次のような順序で，再帰的に関数を呼び出します。

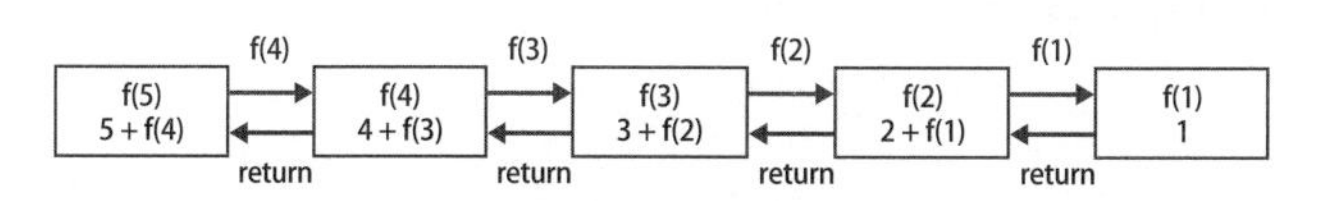

再帰的な関数の実行

f(5)を実行すると，nは5になります。if文のn≦1の条件には当てはまらないのでelse句を実行し，「5＋f(4)」となります。ここで，再帰でもう一度関数をf(4)として呼び出します。

f(4)を実行すると，nは4になります。if文のn≦1の条件には当てはまらないのでelse句を実行し，「4＋f(3)」となります。ここで，再帰でもう一度関数をf(3)として呼び出します。

過去問題をチェック

再帰のアルゴリズムについて，基本情報技術者試験では次の出題があります。

【再帰のアルゴリズム】

- 平成21年春午前問8
- 平成24年春午前問8
- 平成26年春午前問6
- 平成27年秋午前問8
- 平成28年春午前問7
- 平成29年秋午前問6
- 平成31年春午前問6
- 令和元年秋午前問11
- サンプル問題セット科目A問8

f(3)を実行すると，nは3になります。if文のn≦1の条件には当てはまらないのでelse句を実行し，「3＋f(2)」となります。ここで，再帰でもう一度関数をf(2)として呼び出します。

f(2)を実行すると，nは2になります。if文のn≦1の条件には当てはまらないのでelse句を実行し，「2＋f(1)」となります。ここで，再帰でもう一度関数をf(3)として呼び出します。

f(1)を実行すると，nは1になります。if文のn≦1の条件に当てはまったのでthen句を実行し，「return 1」となり，1を呼出元の関数に返します。

呼出元はf(2)なので，f(1)=1となり，「2＋f(1)=2＋1=3」となります。そのため，3を呼出元の関数に返します。

呼出元はf(3)なので，f(2)=3となり，「3＋f(2)=3＋3=6」となります。そのため，6を呼出元の関数に返します。

呼出元はf(4)なので，f(3)=6となり，「4＋f(3)=4＋6=10」となります。そのため，10を呼出元の関数に返します。

呼出元はf(5)なので，f(4)=10となり，「5＋f(4)=5＋10=15」となります。そのため，15が最終的なf(5)の結果です。

したがって，ウが正解となります。

≪解答≫ウ

グラフのアルゴリズム

グラフのアルゴリズムには，木構造のデータを探索するアルゴリズムや，グラフの中の最短経路を探索するアルゴリズムなどがあります。

木の探索

木構造のグラフを探索する方法には，大きく分けて**幅優先探索**と**深さ優先探索**の2種類があります。どちらも，木の頂点からたどり，データを探索していきます。

幅優先探索は，根から順に横に幅を広げて浅いところから順に深いところを探索していく方法です。次のような木は図のように矢印の順に探索が行われ，数字のとおりの探索順となります。

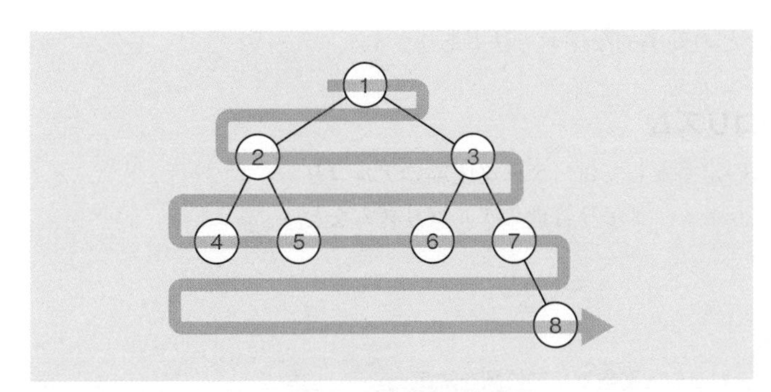

図1.33　幅優先探索の例

深さ優先探索は，根から葉まで順に，行き止まりになるまで探索する方法です。深さ優先探索では，先行順，中間順，後行順の3種類の走査方法があります。3つの走査順のうち，深さ優先探索（先行順）で探索していく場合，次のように矢印の順に探索が行われ，数字のとおりの探索順となります。

関連
深さ優先探索の先行順，中間順，後行順の3種類の走査方法については，「1-1-3　情報に関する理論」の逆ポーランド表記法で解説しています。深さ優先探索の後行順での表記が，逆ポーランド表記法に対応します。

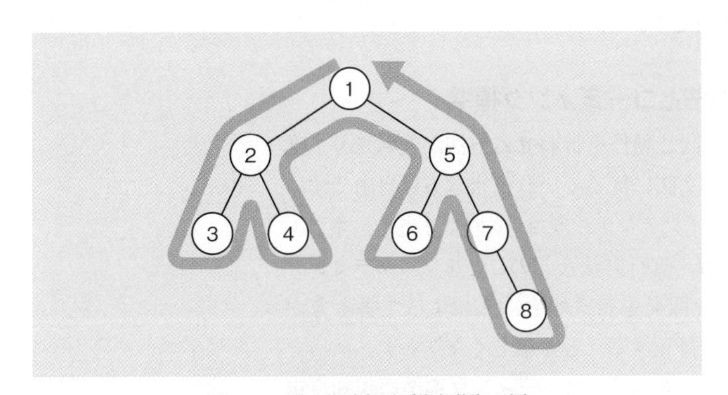

図1.34　深さ優先探索（先行順）の例

文字列処理のアルゴリズム

文字列処理のアルゴリズムには，文字列の探索（照合），置換などがあります。置換は探索の後に行われるので，基本的に文字列探索と同じアルゴリズムです。

文字列の探索を行うアルゴリズムの代表的なものには，前から1文字ずつ順に照合する方法が最も単純です。比較位置を1文字ずつではなく，なるべく多くずらすことで比較回数を減らす

BM（Boyer Moore）法などの効率的な探索方法もあります。

その他の定番アルゴリズム

その他のアルゴリズムの定番としては，データ圧縮のアルゴリズム，図形描画のアルゴリズム，メモリ管理のアルゴリズムなどがあります。

▶▶▶ 覚えよう！

- □ ハッシュ表探索では，ハッシュ関数で格納位置を決定
- □ クイックソートは，基準値をもとに部分列に分割

1-2-3 プログラミング

プログラミングにおいては，標準や規約に従って，コーディングを行うことが大切です。いろいろなプログラムの構造やその動きを知ることが大切です。

プログラミング作法とコーディング標準

プログラミングでは，同じ動作を行わせる方法が複数あり，唯一の正解はありません。文法に従っていれば書き方は自由です。

プログラムの字下げ（インデンテーション）のやり方や，ネスト（{}などの記号）の書き方，改行方法などのことをプログラミング作法といます。チームで開発を行う場合，人によって書き方が違うと，他の人が読んで修正することが難しくなります。

そのため，開発を行うときには，**コーディング標準**や規約を定め，標準的なプログラムコードの形式を決めておきます。命名規則や使用禁止命令などを定めておくことで，保守性を向上させることができます。

それでは，次の問題を考えてみましょう。

1

問題

プログラムのコーディング規約に規定する事項のうち，適切なものはどれか。

ア　局所変数は，用途が異なる場合でもデータ型が同じならば，できるだけ同一の変数を使うようにする。
イ　処理性能を向上させるために，ループの制御変数には浮動小数点型変数を使用する。
ウ　同様の計算を何度も繰り返すときは，関数の再帰呼出しを用いる。
エ　領域割付け関数を使用するときは，割付けができなかったときの処理を記述する。

（基本情報技術者試験（科目A試験）サンプル問題セット 問9）

解説

プログラムのコーディング規約は，プログラムコードの形式を統一するためのものです。メンバー間で形式を揃えることで，プログラムのエラーを減らし，読みやすく，修正しやすくします。

コーディング規約には，例外を見落とさないように，例外時の処理について明記されることがあります。領域割付け関数を使用するときには，割付けができなかったときの処理を記述することを規約とすることで，プログラムのエラーを発生しにくくします。したがって，**エ**が正解です。

ア　局所変数は，見分けやすくするため，用途が異なる場合には名前を変えるほうが望ましいです。
イ　浮動小数点型変数は確保する領域が多くなるため，ループの制御変数は整数のほうが望ましいです。
ウ　同様の計算は関数を使用すると効率的ですが，再帰呼び出しは必要ありません。

≪解答≫エ

過去問題をチェック
コーディング規約について，基本情報技術者試験では次の出題があります。
【コーディング規約】
・平成30年秋午前問7
・サンプル問題セット科目A問9

プログラムの性質

プログラムには，再使用できるか，同じものを呼び出すことができるかなど，次のようなプログラムの性質があります。

①リユーザブル（再使用可能）

一度使用したプログラムを再度使用できるプログラムです。プログラムを一度終了させた後に再度起動させることが可能です。再使用が不可能なプログラムとは，一度終了させたら電源を切って再起動しないと動かないものなので，現在のプログラムはほとんどがリユーザブルです。

②リエントラント（再入可能）

プログラムが使用中でも，再度入ってもう1つ起動させることができるプログラムです。1つのプログラムを複数立ち上げることができ，その複数のプログラムを管理するために，共通の領域のほかにそれぞれのプログラムを独立で管理する領域が必要になります。

③リカーシブ（再帰）

自分自身を呼び出すことができるプログラムのことを，再帰プログラムと呼びます。再帰のアルゴリズムを使うようなプログラムで使用されます。

④リロケータブル（再配置可能）

プログラムをメモリ上で再配置することが可能なプログラムです。メモリのアドレスを指定する際，相対アドレスですべて指定しているプログラムは再配置可能になります。メモリの位置を指定する必要があるOSなどのプログラムのほかは，ほとんどの場合，再配置可能にすることができます。

それでは，次の問題を考えてみましょう。

1

問題

複数のプロセスから同時に呼び出されたときに，互いに干渉することなく並行して動作することができるプログラムの性質を表すものはどれか。

ア リエントラント　　イ リカーシブ
ウ リユーザブル　　エ リロケータブル

(平成31年春 基本情報技術者試験 午前 問8)

解説

プログラムを構造で分類したとき，複数のプロセスから同時に呼び出されたときに，互いに干渉することなく並行して動作することができるプログラムの性質を，リエントラント(再入可能)といいます。したがって，**ア**が正解です。

イ リカーシブ(再帰)は，自分自身を呼び出すことができるプログラムの性質です。

ウ リユーザブル(再利用可能)は，一度使用したプログラムを再度使用できるプログラムの性質です。

エ リロケータブル(再配置可能)は，プログラムをメモリ上で再配置することが可能なプログラムの性質です。

≪解答≫ア

過去問題をチェック
プログラムの性質について，基本情報技術者試験では次の出題があります。
【リエントラント(再入可能)】
・平成22年春午前問8
・平成27年春午前問7
・平成31年春午前問8
【リカーシブ(再帰)】
・平成24年春午前問8
・平成29年秋午前問6

覚えよう！

□ **コーディング規約で，プログラムの形式を統一して保守性向上**
□ **リエントラントは再入可能，リカーシブは再帰**

1-2-4 プログラム言語

プログラム言語は用途に応じて，様々なものがあります。それぞれの特徴だけでなく，「なぜその言語ができたのか」という背景を知っておくと，いろいろな場面で役立ちます。

プログラム言語の変遷

プログラム言語は，人間と機械を結び付けるためにできたものです。コンピュータは機械語しか理解できません。人間が機械語でプログラムを組もうとするととても大変なので，機械語との橋渡しを行うために，いろいろなプログラム言語が登場してきました。

プログラム言語は，人間の役に立つために，そして，時代の需要に合わせるために徐々に進化しています。進化の流れを次表にまとめます。

進化の流れ →

種類	機械語	アセンブリ言語	高級言語	構造化言語	オブジェクト指向言語
特徴	0101011 110101	MOV AX ADD AY	Z＝X＋Y	if (a==b) while (1)	class A private b
言語例	−	CASL II, Z80	FORTRAN, COBOL	C，Pascal	Smalltalk, C++, Java

図1.35　言語の種類

流れを追いつつ，それぞれの言語の特徴を見ていきましょう。

①機械語（マシン語）

コンピュータが解釈できるのは，2進数の機械語のみです。2進数の羅列なので人間にはとてもわかりにくく，実際には16進数で表記させてプログラムしていました。

②アセンブリ言語

機械語と1対1で命令を対応させることで書きやすくした言語です。加算演算命令をADD，データの移動（コピー）命令をMOVなどと表現します。機械語を置き換えただけなので，人間の考え方とはだいぶ異なります。例えば，C＝A＋Bを計算するアセンブリ言語のプログラムは次のようになります。なお，PA，PBはCPU内にある，計算に使用するための領域（レジスタ）です。

```
MOV   PA, A ;  変数Aの値をPAに移動
MOV   PB, B ;  変数Bの値をPBに移動
ADD   PA, PB ; PAとPBを加算し，その結果をPAに格納
MOV   Z, PA ;  PAの値を変数Zに移動
```

このように，1つひとつプログラムを考えるのが大変でした。

③高級言語（高水準言語）

人間にとってわかりやすい形式というコンセプトで書かれた言語です。高水準言語とも呼びます。前述のC＝A＋Bなどは，そのままC＝A＋Bと書けるようになりました。

人間にとってわかりやすくといっても，いろいろな手法があります。英語で文章を書くように事務処理を記述できる言語が**COBOL**です。また，数式で科学技術計算を行うための言語が**FORTRAN**です。

④構造化言語

高級言語でプログラムするとき，適当に行をジャンプすることを繰り返していると，混沌としてわかりづらいプログラム（これをスパゲティプログラムと呼びます）になりがちでした。それを解消しようと，ダイクストラという人が基本3構造を提案しました。プログラムは，**順次，選択，繰返しの基本3構造のみで記述**し，適当にジャンプするためのGOTO命令は極力使わない**構造化プログラミング**という考え方です。

その結果登場したのが，構造化言語です。**C言語**や**Pascal**などが該当します。選択を表すif文，繰返しを表すwhileやfor文が加わりました。さらに，関数やサブルーチンという，同じ処理をする単位にまとめるという考え方も，構造化言語で進化してきました。

⑤オブジェクト指向言語

関数(及びサブルーチン)などによるプログラムでは，グローバル変数(複数の関数で共通使用する変数)の内容が，意図しない場所で書き換えられたりして不具合を起こすことが多くなりました。そこで，グローバル変数をなくし，共通で同じ変数を使用する関数をまとめるクラスという考え方が必要になりました。

また，クラス以外にも，オブジェクト指向という，オブジェクトやクラスを中心とする考え方が提唱されました。それらはプログラミングに様々なメリットをもたらすため，新しい言語がいろいろ開発されています。最初にできたオブジェクト指向言語は**Smalltalk**で，その後，C言語の発展形である**C++**が登場しました。

Javaは，C++のプログラムが複雑となる原因となっていた多重継承(複数クラスの継承)をやめて単一クラスの継承とした言語です。**ガーベジコレクション**という，メモリを自動的に開放する仕組みも導入しています。

括弧ではなく**字下げ**でブロックを表現する**Python**や，Webサイトの構築によく用いられるPHPやRubyなども，オブジェクト指向言語です。

スクリプト言語

従来のプログラムは，プログラムを機械語に変換する，コンパイルという作業を行って，機械語のプログラムを作成してから実行させていました。それに対し，プログラムを台本(スクリプト)のように記述して，1行1行動かしていくという簡易的な**スクリプト言語**が登場しました。

Webブラウザ上で動くスクリプト言語として，Java 言語と似た言語で記述する**JavaScript**とJScriptがあります。これら2つは互換性が低いので，共通する部分をまとめて標準化した**ECMAScript**が作られました。JavaScriptではデータ型の定義が必要ないのですが，型定義を加えた**TypeScript**があります。

Pythonや**Ruby**も，スクリプト言語です。オブジェクト指向言語でもあり，本格的なシステム開発で使用することもできます。

それでは，次の問題を考えてみましょう。

1

問題

Javaの特徴はどれか。

ア オブジェクト指向言語であり，複数のスーパクラスを指定する多重継承が可能である。
イ 整数や文字は常にクラスとして扱われる。
ウ ポインタ型があるので，メモリ上のアドレスを直接参照できる。
エ メモリ管理のためのガーベジコレクションの機能がある。

(平成30年秋 基本情報技術者試験 午前 問8)

解説

Javaは，オブジェクト指向言語の1つです。メモリ管理を自動で行うために，ガーベジコレクションの機能があります。したがって，**エ**が正解です。

ア C++など，自由度の高いオブジェクト指向言語の特徴です。
イ Smalltalkなど,初期の純粋なオブジェクト指向言語の特徴です。
ウ C言語やC++など，メモリを直接参照することができる言語の特徴です。

≪解答≫エ

過去問題をチェック
プログラム言語について，基本情報技術者試験では次のような出題があります。
【Java】
・平成22年春午前問7
・平成22年秋午前問8
・平成23年特別午前問23
・平成23年特別午前問32
・平成24年春午前問9
・平成27年春午前問8
・平成28年秋午前問8
・平成30年秋午前問8
【JavaScript】
・平成22年秋午前問49
・平成31年春午前問50

Webプログラミング

Webプログラミングでは，WebサーバとWebブラウザとの間で通信を行うプログラムを作成します。WebサーバでWebページを生成し，Webブラウザに送信するのが基本です。**Ajax**（Asynchronous JavaScript+XML）は，Webブラウザ上で非同期通信を実施し，通信結果によってページの一部を書き換える手法です。JavaScriptの通信機能を利用し，新技術ではなく従来の技術を組み合わせて非同期通信を実現します。

過去問題をチェック
Ajaxについて，基本情報技術者試験では次の出題があります。
【Ajax】
・平成21年秋午前問8
・平成22年秋午前問49
・平成31年春午前問50

▶▶▶ 覚えよう！

- □ **Javaは単一継承で，ガーベジコレクションありのオブジェクト指向言語**
- □ **Pythonはブロックを字下げで表現するオブジェクト指向言語でスクリプト言語**

1-2-5 その他の言語

コンピュータ上でやりたいことを実現するために，プログラム言語以外の言語を用いることもあります。その代表的なものにマークアップ言語があります。

マークアップ言語

マークアップ言語とは，文章の構造や修飾などを記述するための言語です。代表的なマークアップ言語には，次のものがあります。

①HTML（HyperText Markup Language）

Webページを作成するために開発された言語です。ハイパーテキストと呼ばれる，通常のテキストのほかに別のページへのリンク（ハイパーリンク）を埋め込むことができるテキストを使用します。画像，音声，映像などのデータファイルもリンクで埋め込むことができます。

最新の規格は**HTML5**です。HTML5では，クライアントとサーバの間でソケット（通信路）を確立し，データの送受信がいつでも可能となるWebSocketなどの技術が使用できます。

②XML（Extensible Markup Language）

特定の用途に限らず，**汎用的に使うことができる拡張可能**なマークアップ言語です。文書構造の定義は，**DTD**（Document Type Definition）で行います。

XMLで使用される文字コードは，デフォルトではUnicode（UTF-8またはUTF-16）です。それ以外の文字コードを使用する場合には，宣言する必要があります。

XMLを使用する例としては，Webサービスでメッセージを交換する方式の**SOAP**（Simple Object Access Protocol）や，画像を点とそれを結ぶ線で表現する**SVG**（Scalable Vector Graphics）などがあります。

③XHTML（Extensible HTML）

HTMLをXMLの文法で定義し直したものです。より厳密に記述のチェックを行います。XHTMLはXML文書であるため，次のようなXML宣言を行う必要があります。

```
<?xml version="1.0" encoding="Shift_JIS"?>
```

その他，要素名や属性名はすべて小文字でなければならない，必ず開始タグと終了タグで囲まれていなければならないなど，様々な制約があります。

④スタイルシート

文章のスタイルを記述するためにできた言語で，代表的なものに**CSS**（Cascading Style Sheet：段階スタイルシート）があります。

HTMLやXHTMLの要素をどのように表示するか定義します。**文章の構造と体裁を分離させる**ことを意識し，文章の構造はHTMLで，体裁はCSSで記述します。

それでは，次の問題を考えてみましょう。

問題

XML文書のDTDに記述するものはどれか。

ア　使用する文字コード　　イ　データ
ウ　バージョン情報　　エ　文書型の定義

（平成30年春 基本情報技術者試験 午前 問8）

解説

XML文書のDTD（Document Type Definition）では，文書構造（文書型）の定義を行います。したがって，エが正解です。
ア，イ，ウ　XML文書中で定義します。

≪解答≫エ

過去問題をチェック
マークアップ言語について，基本情報技術者試験では次の出題があります。
【XML】
・平成23年秋午前問8
・平成24年秋午前問8
・平成26年秋午前問8
・平成30年春午前問8
【CSS】
・平成23年秋午前問27
・平成24年春午前問39
・平成24年秋午前問24
・平成28年春午前問24

■その他のデータ記述言語

代表的なマークアップ言語以外で，データの表現を行う形式には，次のようなものがあります。

①JSON（JavaScript Object Notation）

JavaScriptの一部をベースに作られた軽量のデータ交換フォーマットです。次のようなかたちで名前と情報を簡単に表現します。

```
{"name":"Jyoho"}
```

②YAML（YAML Ain't Markup Language）

構造化データなどを表現する形式で，軽量のマークアップ言語としても使用できます。次のように簡潔なかたちで表現します。

```
name: Jyoho
```

▶▶▶覚えよう！

- □ XMLでは，DTDに文書の構造を定義する
- □ Webページの文書の構造はHTML，体裁はCSSで表現

1-3 演習問題

問1 2の補数を得る式 CHECK ▶ □□□

負数を2の補数で表すとき，8ビットの2進正数nに対し－nを求める式はどれか。ここで，＋は加算を表し，ORはビットごとの論理和，XORはビットごとの排他的論理和を表す。

ア (n OR 10000000) + 00000001
イ (n OR 11111110) + 11111111
ウ (n XOR 10000000) + 11111111
エ (n XOR 11111111) + 00000001

問2 全ビットを反転する操作 CHECK ▶ □□□

8ビットの値の全ビットを反転する操作はどれか。

ア 16進表記 00 のビット列と排他的論理和をとる。
イ 16進表記 00 のビット列と論理和をとる。
ウ 16進表記 FF のビット列と排他的論理和をとる。
エ 16進表記 FF のビット列と論理和をとる。

問3 乱数と確率 CHECK ▶ □□□

Random(n)は，0以上n未満の整数を一様な確率で返す関数である。整数型の変数A，B及びCに対して次の一連の手続を実行したとき，Cの値が0になる確率はどれか。

A = Random(10)
B = Random(10)
$C = A - B$

ア $\frac{1}{100}$　イ $\frac{1}{20}$　ウ $\frac{1}{10}$　エ $\frac{1}{5}$

問4 AIにおける機械学習 CHECK ▶ □□□

AIにおける機械学習の説明として，最も適切なものはどれか。

ア 記憶したデータから特定のパターンを見つけ出すなどの，人が自然に行っている学習能力をコンピュータにもたせるための技術
イ コンピュータ，機械などを使って，生命現象や進化のプロセスを再現するための技術
ウ 特定の分野の専門知識をコンピュータに入力し，入力された知識を用いてコンピュータが推論する技術
エ 人が双方向学習を行うために，Webシステムなどの情報技術を用いて，教材や学習管理能力をコンピュータにもたせるための技術

問5 必要なスタックの数 CHECK ▶ □□□

A，C，K，S，Tの順に文字が入力される。スタックを利用して，S，T，A，C，Kという順に文字を出力するために，最小限必要となるスタックは何個か。ここで，どのスタックにおいてもポップ操作が実行されたときには必ず文字を出力する。また，スタック間の文字の移動は行わない。

ア 1　　イ 2　　ウ 3　　エ 4

問6 ハッシュ法 CHECK ▶ □□□

10進法で5桁の数a_1 a_2 a_3 a_4 a_5を，ハッシュ法を用いて配列に格納したい。ハッシュ関数をmod $(a_1 + a_2 + a_3 + a_4 + a_5,\ 13)$とし，求めたハッシュ値に対応する位置の配列要素に格納する場合，54321は配列のどの位置に入るか。ここで，mod (x, 13)は，xを13で割った余りとする。

位置	配列
0	
1	
2	
⋮	⋮
11	
12	

ア 1　　イ 2　　ウ 7　　エ 11

問7 図形回転アルゴリズム CHECK ▶ □□□

配列Aが図2の状態のとき，図1の流れ図を実行すると，配列Bが図3の状態になった。図1のaに入れる操作はどれか。ここで，配列A，Bの要素をそれぞれ A (i, j)，B (i, j) とする。

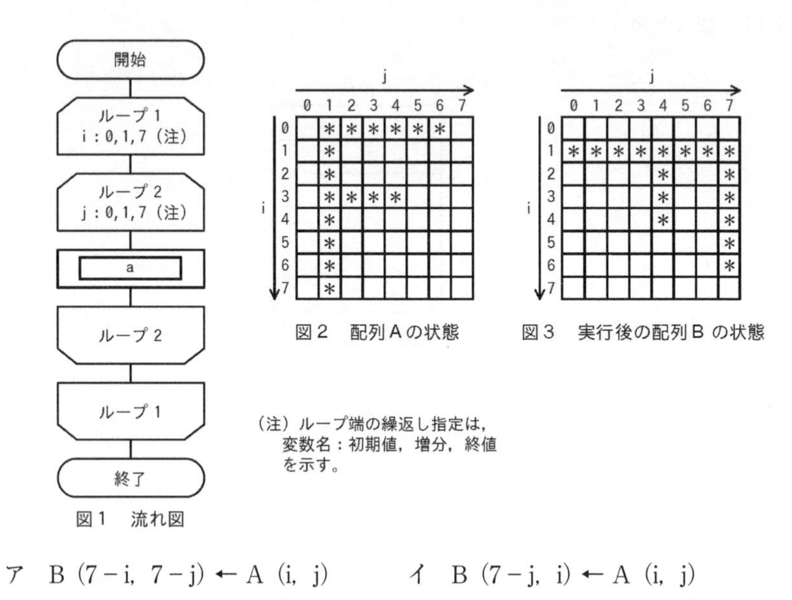

図1 流れ図

図2 配列Aの状態

図3 実行後の配列B の状態

ア B (7－i, 7－j) ← A (i, j)　　イ B (7－j, i) ← A (i, j)

ウ B (i, 7－j) ← A (i, j)　　エ B (j, 7－i) ← A (i, j)

問8 ユークリッドの互除法の流れ図 CHECK ▶ □□□

次の流れ図は，2数A，Bの最大公約数を求めるユークリッドの互除法を，引き算の繰返しによって計算するものである。Aが876，Bが204のとき，何回の比較で処理は終了するか。

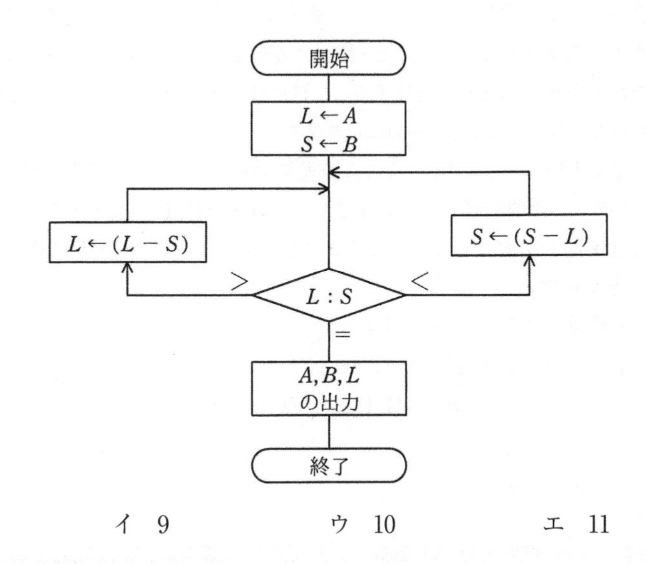

ア　4　　イ　9　　ウ　10　　エ　11

問9 再帰関数の値 CHECK ▶ □□□

関数f (x, y)が次のように定義されているとき，f (775, 527)の値は幾らか。ここで，x mod yはxをyで割った余りを返す。

```
f(x, y): if y = 0 then return x else return f(y, x mod y)
```

ア　0　　イ　31　　ウ　248　　エ　527

問10 動的な動作を実現する技術 CHECK ▶ □□□

JavaScriptの非同期通信の機能を使うことによって，動的なユーザインタフェースを，画面遷移を伴わずに実現する技術はどれか。

ア　Ajax　　イ　CSS　　ウ　RSS　　エ　SNS

演習問題の解答

問1 (基本情報技術者試験(科目A試験)サンプル問題セット 問1)

《解答》エ

負数を2の補数で表すとき，8ビットの2進正数nに対して−nを求める式を考えます。補数とは，ある自然数に対して，足すと1桁増える最も小さな数です。nの8ビットそれぞれのビットを反転させた数をnに加算すると，$11111111_{(2)}$となり，さらに1を加えると桁上がりで$100000000_{(2)}$となるので2の補数になります。

例えば，2進正数nとして$01010111_{(2)}$(10進数の87)があるとします。ビットを反転する演算にはXOR(排他的論理和)が使用でき，n XOR $11111111_{(2)}$とすることで，反転したビット$10101000_{(2)}$が計算できます。この数に1，8ビットの2進数で$00000001_{(2)}$を加えると$10101001_{(2)}$となります。

この数が2の補数で，元のnと足し算すると，

$$01010111_{(2)} + 10101001_{(2)} = 100000000_{(2)}$$

となります。つまり，(n XOR $11111111_{(2)}$) + $00000001_{(2)}$を計算することで，2の補数が求まります。

したがって，**エ**が正解です。

問2 (令和元年秋 基本情報技術者試験 午前 問2)

《解答》ウ

例えば，8ビットの値xに，2進表記で 10101010 を設定し，それぞれの演算を2進表記実行してみると，次のようになります。ここで，⊕は排他的論理和，∨は論理和を表します。

ア　$10101010 \oplus 00000000 = 10101010$
イ　$10101010 \vee 00000000 = 10101010$
ウ　$10101010 \oplus 11111111 = 01010101$
エ　$10101010 \vee 11111111 = 11111111$

アやイのような，16進数表記の00(2進表記では00000000)との排他的論理和や論理和は，元の数値をそのまま返します。

エのような，16進表記のFF(2進表記では11111111)との論理和は，すべてのビットが1

となってしまいます。

ウのような，16進表記のFF（2進数では11111111）との排他的論理和では，0と1の排他的論理和が1，1と1の排他的論理和が0となるため，全ビットを反転する操作となります。

したがって，**ウ**が正解です。

問3 （令和元年秋 基本情報技術者試験 午前 問6）

《解答》ウ

Random（10）は，0以上10未満の整数を一様な確率で返す関数で，0～9までの10通りの値を返します。A＝Random（10），B＝Random（10）で，AとBにはともに，0～9までの10通りの値が一様な確率で入ります。C＝A－Bは，AとBの差なので，Cの値が0になるときには，AとBの値が等しくなります。

AとBはそれぞれ10通りあるので，AとBの組み合わせの数は，10×10＝100通りです。AとBの値が等しくなるパターンは，Aが0でBが0，Aが1でBが1，…，Aが9でBが9と，2つの値が同じになる10通りです。一様な確率なので，Cの値が0になる確率は，

$$\frac{\text{Cが0になる組み合わせ}}{\text{全体の組み合わせ}} = \frac{10}{100} = \frac{1}{10}$$

となります。したがって，**ウ**が正解です。

問4 （平成30年秋 基本情報技術者試験 午前 問3）

《解答》ア

AIにおける機械学習は，アルゴリズムを使って，データの特性をコンピュータが自動的に学習するものです。記憶したデータから特定のパターンを見つけ出すなどの，人が自然に行っている学習能力をコンピュータで実現できます。したがって，**ア**が正解です。

イ　人工生命や遺伝的コンピュータに関する説明です。

ウ　エキスパートシステムと呼ばれる，2000年頃のAIが目指していたシステムです。

エ　eラーニングシステムなど，学習のためのシステムが当てはまります。

問5 （令和元年秋 基本情報技術者試験 午前 問8）

《解答》ウ

A，C，K，S，Tの順に文字が入力されたときに，スタックを利用してS，T，A，C，Kという順に文字を出力するときを考えます。

まずスタックが1つだけのときには，最初のSを出力するために，

```
A, C, K, S
```

と順にスタックに入れる必要があります。このとき，Sを出力した後にTを入力，出力するところまでは可能ですが，3文字目のAを出力するときのスタックの状態は，

```
A, C, K
```

となっており，最後のKを先に出力せずにAを出力することができません。
スタックが2つのときは，Aを出力可能とするために，C，Kとスタックを分けて，

```
A
C, K
```

といったかたちで2つのスタックに入力できます。このとき，S，Tは入力してすぐに出力するので，どちらのスタックに入れても構いません。しかし，3番目にAを取り出した後，残っているスタックの状態が，

```
(空)
C, K
```

となっており，最後のKを先に出力せずにCを出力することができません。ポップ操作の後にもう1つのスタックに値を入れることが可能なら2つでも大丈夫ですが，「スタック間の文字の移動は行わない」とあるので不可能です。
スタックが3つのときには，3つのスタックに，

```
A
C
K
```

といったかたちで別々に値を格納できるので，S，Tと入力してすぐ取り出した後に，A，C，Kの順に取り出すことが可能です。したがって，ウの3が正解となります。

問6 (基本情報技術者試験(科目A試験)サンプル問題セット 問7)

《解答》イ

5桁の数54321に対して，ハッシュ関数でハッシュ値を求めます。a_1=5，a_2=4，a_3=3，a_4=2，a_5=1なので，

$a_1+a_2+a_3+a_4+a_5$=5+4+3+2+1=15

となります。そのため，ハッシュ関数 mod $(a_1+a_2+a_3+a_4+a_5, 13)$の値は，次のようになります。

mod (15, 13) =2

したがって，**イ**が正解です。

問7 (基本情報技術者試験(科目A試験)サンプル問題セット 問6)

《解答》エ

図2と図3を比較し，値をトレースすることで，空欄aに当てはまる式を考えていきます。

図2の配列Aと図3の配列Bでは，"F"の画像が90度右回りに回転しています。A，Bそれぞれの配列で，同じ場所に該当する要素が，どのように対応しているかを順に考えてみます。

iが0の場合，つまり配列Aの1番上の行で，jが1ずつ増えたときの対応を見ていくと，次のようになります。

- A (0, 0) → B (0, 7)
- A (0, 1) → B (1, 7)
- A (0, 2) → B (2, 7)
- A (0, 3) → B (3, 7)
- A (0, 4) → B (4, 7)
- A (0, 5) → B (5, 7)
- A (0, 6) → B (6, 7)
- A (0, 7) → B (7, 7)

これを見ると，Aの2番目の要素番号と，Bの1番目の要素番号が一致しています。そのため，A (i, j) と表したときの2番目のjの要素番号が，B (j, ?) といったかたちで1番目の要素番号に設定されると想定されます(?は次で考えるので未定です)。

もう1つ，jが0の場合，つまり配列Aの1番左の列で，iが1ずつ増えたときの対応を見ていくと，次のようになります。

・A（0, 0）→ B（0, 7）
・A（1, 0）→ B（0, 6）
・A（2, 0）→ B（0, 5）
・A（3, 0）→ B（0, 4）
・A（4, 0）→ B（0, 3）
・A（5, 0）→ B（0, 2）
・A（6, 0）→ B（0, 1）
・A（7, 0）→ B（0, 0）

これを見ると，Aの1番目の要素番号が1増えるごとに，Bの2番目の要素番号が1減っています。2つの値は0＋7=7, 1＋6=7, …といったかたちとなり, 7で一定です。そのため, A（i, j）と表したときの1番目のiの要素番号が，B（j, 7－i）といったかたちで1番目の要素番号に設定されると想定されます。

つまり，空欄aで，B（j, 7－i）← A（i, j）と代入することで，図2から図3への変換を実現できます。したがって，**エ**が正解です。

問8 （平成31年春 基本情報技術者試験 午前 問7）

《解答》エ

最初にAが876，Bが204で，L，Sに代入されるので，最初のwhile文を実行する時点での変数L，Sの値と，条件式L≠Sの判定は次のようになります。

回数	L	S	L≠S
1	876	204	true

次のif文で, L>Sが成り立つので，L←(L－S)が実行されます。L←(L－S) ＝ (876－204) =672となり，次の繰返しでのLは672になります。L>Sの間は，同じようにL←(L－S)を繰り返していくので，2～5回目は，次のようになります。

回数	L	S	L≠S
2	672	204	true
3	468	204	true
4	264	204	true
5	60	204	true

L<Sとなったので,次はS←(S－L)が実行されます。S←(S－L)＝(204－60)＝144です。L<Sの間は,同じようにS←(S－L)を繰り返していくので,6～8回目は,次のようになります。

回数	L	S	L≠S
6	60	144	true
7	60	84	true
8	60	24	true

また,L>Sとなったので,L←(L－S)が実行されます。L>Sの間は,同じようにL←(L－S)を繰り返していくので，9～10回目は，次のようになります。

回数	L	S	L≠S
9	36	24	true
10	12	24	true

また，L<Sとなったので，次はS←(S－L)が実行されます。S←(S－L) ＝ (24－12) =12です。11回目は，次のようになります。

回数	L	S	L≠S
11	12	12	false

L=Sとなったので，while文の条件式を満たさなくなり，処理を終了します。ここまでで，while文の判定は，11回実行されています。したがって，**エ**が正解です。

問9 （平成29年春 基本情報技術者試験 午前 問6）

《解答》イ

自分自身を呼び出す再帰関数のトレース問題です。順に値を設定して計算していきます。

1. f（775, 527）

最初の呼び出しで，x=775，y=527となります。y=0ではないので，else句を実行します。

775 ÷ 527=1…248なので，余り248を設定して f（527, 248）を呼び出します。

2. f（527,248）

2回目の呼び出しで，x=527，y=248となります。y=0ではないので，else句を実行します。527 ÷ 248=2…31なので，余り31を設定してf（248, 31）を呼び出します。

3. f（248, 31）

3回目の呼び出しで，x=248，y=31となります。y=0ではないので，else句を実行します。248 ÷ 31=8…0なので，余り0を設定してf（31, 0）を呼び出します。

4. f（31, 0）

4回目の呼び出しで，x=31，y=0となります。y=0となったので，return xでxの値31を返却して終了します。

したがって，値は31となるので，**イ**が正解です。なお，この計算は，最大公約数を求めるアルゴリズムとなっています。

問10 （平成31年春 基本情報技術者試験 午前 問50）

《解答》ア

JavaScriptの非同期（Asynchronous）通信の機能を使い，通信結果によってページの一部を書き換える手法のことをAjaxといいます。Ajaxでは，動的なユーザインタフェースを，画面遷移を伴わずに実現することができます。したがって，**ア**が正解です。

イ　CSS（Cascading Style Sheet：段階スタイルシート）は，文章のスタイルを記述する言語です。

ウ　RSS（Rich Site Summary）は，Webサイトの更新内容を配信するためのフォーマットです。

エ　SNS（Social Networking Service）は，ユーザーがコミュニケーションを行うためのオンラインでのサービスです。

第2章

コンピュータシステム

コンピュータなどを組み合わせてシステムを構成するときに，実際に使われる機器やソフトウェアについて学ぶ分野がコンピュータシステムです。具体的な機器や規格の内容が多いので，知っておくと実務でいろいろ活用できます。
分野は4つ，「コンピュータ構成要素」「システム構成要素」「ソフトウェア」「ハードウェア」です。コンピュータ構成要素では個々のコンピュータについて，システム構成要素ではコンピュータなどを複数つないだシステムについて学びます。ソフトウェアでは，システム上で動いているソフトウェアについて，ハードウェアではシステムを構成するハードウェアについて学んでいきます。

2-1 コンピュータ構成要素

現在のコンピュータのほとんどは，プログラム内蔵方式のコンピュータです。プログラム内蔵方式では，コンピュータ内部の演算装置，制御装置，記憶装置，入力装置，出力装置を組み合わせて，様々な処理を行うことができます。

2-1-1 プロセッサ

プロセッサは，コンピュータの内部でコンピュータを動作させるためのハードウェアです。プロセッサが使われる装置の代表的なものに，コンピュータの中心であるCPUがあります。

コンピュータの種類

コンピュータには，様々な種類があります。パーソナルコンピュータ（PC）には，机に固定する**デスクトップPC**と，持ち運びができる**ノートPC**があります。携帯端末として，小型の**スマートフォン**や，画面の大きい**タブレット端末**もあり，コンピュータの一種です。

業務用途としては，ワークステーション，スーパーコンピュータなど，大型の機械を使用します。

コンピュータの構成

コンピュータは，登場した当初は，決まった演算を高速で行う機械でした。計算式を変更したり，別の目的で使用したりする場合には，そのたびに機械の配線をつなぎ替える必要がありました。そうした煩雑さを解消し，コンピュータを多様な目的で使用できるようにするために考え出されたのが，**プログラム内蔵方式**です。コンピュータの内部に記憶装置（メモリ）を入れ，プログラムを記憶させることで，プログラムを切り替えて様々な処理を実行させることが可能になりました。

勉強のコツ

基本情報技術者試験におけるコンピュータの構成要素では，それぞれ要素の仕組みと，要素の間の関連についての理解を問われる問題が出題されます。プロセッサの動作原理やメモリとキャッシュメモリの関係など，動きをしっかり理解しておきましょう。

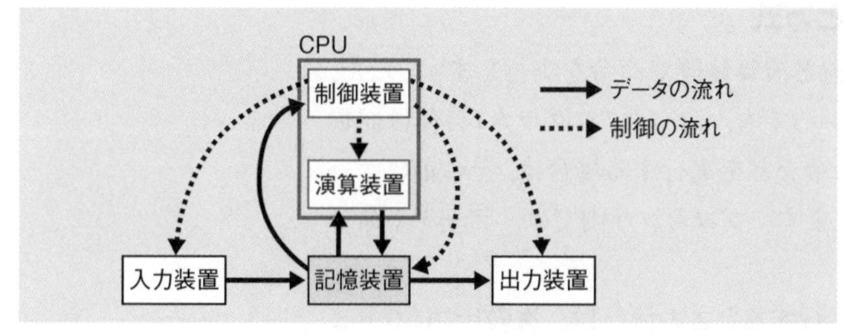

図2.1 プログラム内蔵方式

プログラム内蔵方式では，演算を行う**演算装置**のほかに，プログラムの制御を行う**制御装置**，プログラムやデータを記憶しておく**記憶装置**が必要となります。演算装置と制御装置は，CPU（Central Processing Unit）と呼ばれる，コンピュータの心臓部に当たるハードウェアで実現します。記憶装置はメモリと呼ばれ，入力したデータ，出力するデータ，CPUで演算するデータがすべて格納されています。記憶装置の一部で，CPUと直結した，速度が最速のものをレジスタといいます。

さらに，外部からデータやプログラムを入力するための入力装置や，外部に結果を出力するための出力装置も必要です。さらに，それらの装置をつなぐための経路，バスや入出力デバイスも，コンピュータを構成する大事な要素となります。

プロセッサの種類

プロセッサは，演算装置と制御装置を合わせたものです。代表的なプロセッサには，次のようなものがあります。

①CPU（Central Processing Unit）

コンピュータの中心として汎用的に用いられるプロセッサです。

②GPU（Graphics Processing Unit）

画像処理のための行列演算を行うプロセッサです。画像処理以外の汎用の行列演算でも利用でき，ディープラーニングなどの演算に用いられています。

プロセッサの構造と方式

プロセッサは，制御装置と演算装置で命令を実行します。ただ，一言で「命令を実行」といっても，命令（プログラム）自体は記憶装置にあります。計算命令などを実行する場合は，その前にデータを用意する必要があります。プロセッサ内では，データや命令を**レジスタ**に格納します。

プロセッサで命令を実行するときの流れは，次の5つになります。1つひとつの動作のことをステージといいます。

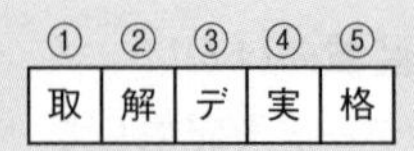

図2.2　5つのステージ

①命令のフェッチ（「取」と略）

実行する命令を記憶装置から1行取り出し，**命令レジスタ**に格納します。命令を取得することを**フェッチ**といいます。どの命令を実行するかを示す，次に実行する命令のメモリ番地は，**プログラムレジスタ**（プログラムカウンター）に格納されています。

②命令の解読（「解」と略）

制御装置にある**命令デコーダ**で命令を解読して，何を行うかを知ります。例えば，「ADD A，B」という命令なら，「AとBを加算してその結果をAに格納する」ということを理解します。

③データの取り出し（「デ」と略）

記憶装置から，命令の実行に使うデータを演算装置にある**アキュムレーター**に取り出します。前述の「ADD A，B」なら，AとBに対応するデータを取得します。

④命令の実行（「実」と略）

演算装置で命令を実行します。実際に計算などを行う部分です。

⑤結果の格納（「格」と略）

演算結果を記憶装置に格納します。

それでは，次の問題を考えてみましょう。

問題

図はプロセッサによってフェッチされた命令の格納順序を表している。aに当てはまるものはどれか。

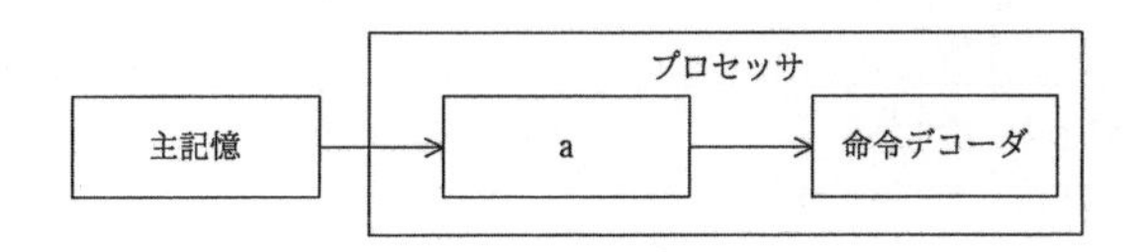

ア　アキュムレータ

イ　データキャッシュ

ウ　プログラムレジスタ（プログラムカウンタ）

エ　命令レジスタ

（平成30年春 基本情報技術者試験 午前 問9）

解説

プロセッサで命令を実行するときには，主記憶から命令を1行読み込み，プロセッサ内の命令レジスタに格納します。その後，命令デコーダで命令を解読し，実行します。そのため，空欄aには命令レジスタが入ります。したがって，**エ**が正解です。

ア　アキュムレータは，演算を行うときに，演算される値を格納する場所です。

イ　データキャッシュは，使用頻度の高いデータを格納しておく場所です。

ウ　プログラムレジスタ（プログラムカウンタ）は，読み込む命令が格納されているアドレスを記憶する場所です。

《解答》エ

プロセッサの高速化技術

プロセッサを高速化する一番単純な方法は，クロック周波数（1秒間に実行されるクロック（ステージ）の数）を上げることです。ただ，その方法だけでは限界があるので，次のような様々な高速化技術が考えられました。

①パイプライン

命令のステージを1つずつずらして，同時に複数の命令を実行させる方法です。下図のようなイメージになります。分岐命令などで順番が変わると，パイプラインハザードが発生し，処理のやり直しとなります。

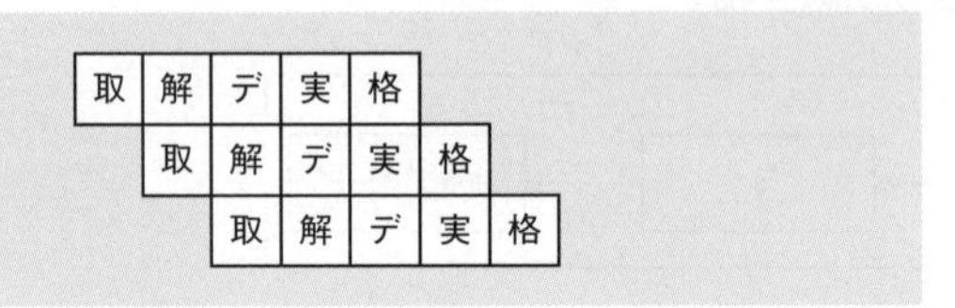

図2.3 パイプライン

②スーパースカラ

パイプラインのステージを複数同時に実行させることで効率化を実現します。下図のようなイメージです。演算の割当てはハードウェアによって動的に行います。

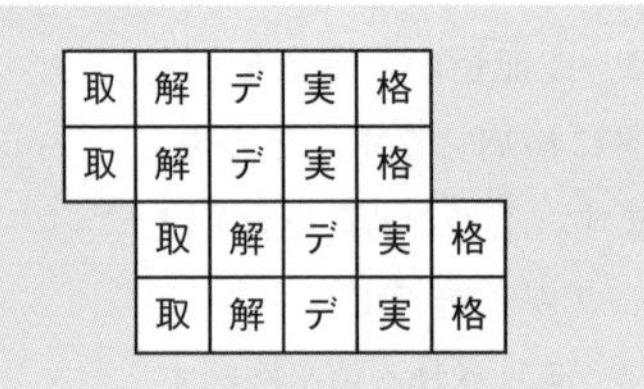

図2.4 スーパースカラ

③スーパーパイプライン

パイプラインをさらに細分化して，一度に実行できる命令数を増やす方法です。下図のようなイメージです。Pentium4では1つの命令を20ステージに分けています。

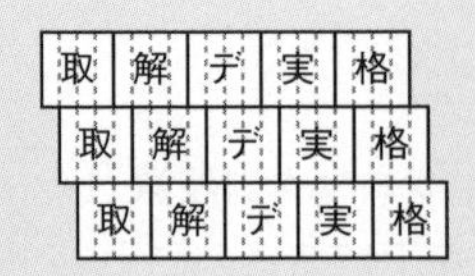

図2.5 スーパーパイプライン

④VLIW（Very Long Instruction Word：超長命令語）

命令語を長くすることで，1つの命令で複数の機能を一度に実行できるようにしたものです。長い命令に複数の機能を含むことで，一度の命令取得で多くの機能を実現できます。

過去問題をチェック
プロセッサの高速化技術について，基本情報技術者試験では次の出題があります。
【パイプライン】
・平成21年春午前問11
・平成21年秋午前問10
・平成22年秋午前問10
・平成28年春午前問10
・平成28年秋午前問10
【密結合マルチプロセッサ】
・平成23年特別午前問15
【マルチコアプロセッサ】
・平成24年春午前問10

マルチプロセッサ

プロセッサ自体を高速化させる技術のほかに，複数のプロセッサを同時に稼働させて高速化を図るマルチプロセッサという方法があります。マルチプロセッサの結合方式には次の2種類があります。

①密結合マルチプロセッサ

複数のプロセッサが，メモリ（主記憶）を共有するものです。外見的には1つに見えるプロセッサの中に複数のプロセッサ（コア）を封入したマルチコアプロセッサという形態も，密結合マルチプロセッサの一種です。マルチコアプロセッサは，現在のCPU高速化技術の主流となっています。

発展
PCでよく用いられているCPUであるIntelのCore i3は，デュアルコア（プロセッサが2つ）のマルチコアプロセッサです。高速なCPUにはクアッドコア（プロセッサが4つ）やヘキサコア（プロセッサが6つ）のものもあります。

②疎結合マルチプロセッサ

複数のプロセッサに別々のメモリを割り当てたものです。複数の独立したコンピュータシステムがあることと同じなので，その間に高速な通信システムを用いてデータのやり取りを行います。クラスタシステムなどは，疎結合マルチプロセッサの一種です。

割込み

現在実行中のプログラムを中断して別の処理を行うことを割込みといいます。割込みには，次の2種類があります。

①内部割込み

実行している**プログラムの内部での割込み**です。ソフトウェアでの割込みなのでソフトウェア割込みということもあります。内部割込みには次のような種類があります。

- **プログラム割込み**……プログラム内で0の割り算やオーバーフローが起こったときに発生

・**ページフォールト** ……… 仮想記憶管理で，存在しないページにアクセスするときに発生

②外部割込み

外部割込みは，プログラムの外部からの割込みです。ハードウェア関連の割込みなのでハードウェア割込みともいいます。外部割込みには次のような種類があります。

・**タイマー割込み** ………… タイマーからの通知で発生
・**機械チェック割込み** …… ハードウェアの異常が検出されたときに発生
・**入出力割込み** …………… キーボードなどの入出力装置から発生

それでは，次の問題を考えてみましょう。

問題

外部割込みの原因となるものはどれか。

ア　ゼロによる除算命令の実行
イ　存在しない命令コードの実行
ウ　タイマによる時間経過の通知
エ　ページフォールトの発生

（基本情報技術者試験（科目A試験）サンプル問題セット 問10）

解説

外部割込みとは，プログラムの外部からの割込みです。ハードウェア関連の割込みなのでハードウェア割込みともいいます。タイマによる時間経過の通知は，外部のタイマからの割込みなので，外部割込みとなります。したがって，**ウ**が正解です。

ア，イ　プログラム割込みの一種で，内部割込みです。
エ　ページフォールトは，仮想記憶に存在しないページを指定したときの割込みで，内部割込みです。

≪解答≫ウ

過去問題をチェック

割込みについて，基本情報技術者試験では次の出題があります。

【内部割込み】
・平成22年秋午前問11
・平成26年秋午前問10
・平成30年春午前問10

【外部割込み】
・平成23年特別午前問9
・平成24年春午前問11
・平成25年春午前問11
・平成29年秋午前問10
・平成31年春午前問9
・サンプル問題セット科目A問10

プロセッサの性能

プロセッサにはいろいろな種類があります。いくつかの性能指標があり，その数値を基に，異なるプロセッサの性能を比較します。代表的な性能指標は，以下のとおりです。

①MIPS（Million Instructions Per Second）

1秒間に何百万個の命令が実行できるかを表します。PCやサーバなどのプロセッサの性能を表すときによく用いられる指標です。ほとんど分岐のないプログラムを実行させたときのピーク値を示すため，実際のアプリケーションを動かした場合の性能とは異なります。

②FLOPS（Floating-point Operations Per Second）

1秒間に浮動小数点演算が何回できるかを表したものです。科学技術計算やシミュレーションを行うスーパーコンピュータ，ゲーム機などの性能を表すのによく用いられます。

③CPI（Cycles Per Instruction）

プロセッサが1つの命令を実行するのに必要となるクロック数です。パイプライン処理やスーパースカラなど，高速化技術を利用することでCPIを小さくして，アプリケーションを高速化することができます。

それでは，次の問題を考えてみましょう。

問題

動作クロック周波数が700MHzのCPUで，命令実行に必要なクロック数及びその命令の出現率が表に示す値である場合，このCPUの性能は約何MIPSか。

命令の種類	命令実行に必要なクロック数	出現率（%）
レジスタ間演算	4	30
メモリ・レジスタ間演算	8	60
無条件分岐	10	10

ア 10　　イ 50　　ウ 70　　エ 100

（平成30年秋 基本情報技術者試験 午前 問9）

過去問題をチェック

プロセッサの性能について，基本情報技術者試験では次の出題があります。

【MIPS】
- 平成21年春午前問9
- 平成21年秋午前問17
- 平成22年秋午前問9
- 平成25年春午前問9
- 平成25年秋午前問9
- 平成27年秋午前問9
- 平成29年春午前問8
- 平成29年秋午前問9
- 平成30年秋午前問9

【CPI】
- 平成22年春午前問9
- 平成26年秋午前問9
- 令和元年秋午前問12

解説

MIPS（Million Instructions Per Second）は，1秒間に何百万個（$=10^6$個）の命令が実行できるかを表します。

表のクロック数とその出現率から，命令実行に必要な平均クロック数を求めると，次の式となります。

$4 \times 0.3 + 8 \times 0.6 + 10 \times 0.1 =$
$1.2 + 4.8 + 1 = 7$ ［クロック／命令］

動作クロック周波数が700MHzのCPUでは，1秒間に700×10^6クロックを実行できます。1命令あたり平均7クロックの命令を実行する場合の性能は，次の式で計算できます。

700×10^6 ［クロック／秒］$\div 7$ ［クロック／命令］
$= 100 \times 10^6$ ［命令／秒］$= 100$ ［MIPS］

したがって，**エ**が正解です。

≪解答≫エ

▶▶▶覚えよう！

- □ 内部割込みはソフトウェア内部，外部割込みはハードウェア
- □ MIPSは，1秒間に何百万個の命令が実行できるかという指標

2-1-2 メモリ

メモリ（記憶装置）は，コンピュータにおいて情報を記憶する装置です。記憶装置には，プロセッサが直接アクセスできる主記憶装置と，それ以外の補助記憶装置があります。

メモリの種類と特徴

メモリは，コンピュータにおいて情報を記憶し，保管を行う装置です。メモリでは，メモリセルごとにデータを格納します。格納場所の番地として**アドレス**があり，アドレスを指定してデータを取り出します。

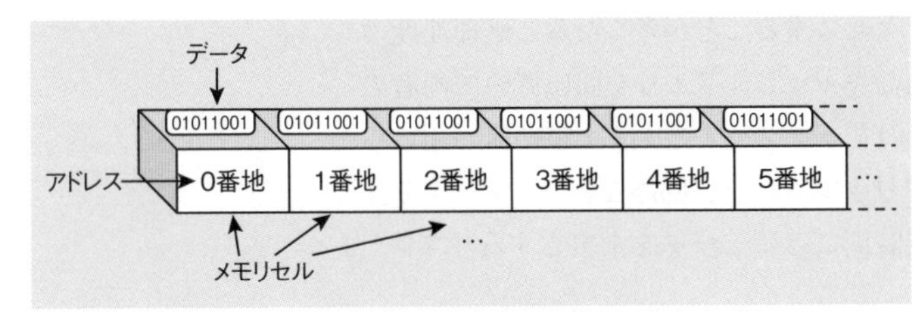

図2.6　メモリのイメージ

メモリには，大きく分けて，読み書きが自由な**RAM**（Random Access Memory）と，読出し専用の**ROM**（Read Only Memory）の2種類があります。

RAM

一般的に使用されている半導体メモリを使ったRAMには，**電源の供給がなくなると内容が消えてしまうという特徴があります**。このような特徴があるため，揮発性メモリと呼ばれることもあります。電源を切った後も保存しておきたい情報は補助記憶装置に退避させておき，必要に応じてメモリに呼び出します。

参考

一般に，主記憶装置のRAMをメモリ，補助記憶装置で情報を永続的に記憶するものをストレージと呼びます。ただし，フラッシュメモリなどを用いた補助記憶装置もあるので，注意が必要です。

SRAMとDRAM

RAMには，一定時間経つとデータが消失してしまう**DRAM**（Dynamic RAM）と，電源を切らない限り内容を保持している**SRAM**（Static RAM）の2種類があります。それぞれの特徴を以下にまとめます。

発展

メモリの「電源の供給がなくなると内容が消えてしまう」という特徴は，いろいろな分野で考慮する必要のあるポイントです。例えば，データベースなどでは，障害時でもコミットしたデータを復旧させるために，あらかじめ更新後ログを取得して，メモリのデータが飛んでも支障が出ないようにしておきます（詳細は，「3-3-4　トランザクション処理」参照）。

表2.1 DRAMとSRAMの特徴

特徴	DRAM	SRAM
リフレッシュ	必要	不要
速度	低速	高速
電力消費	高消費電力	低消費電力
コスト	安価	高価
容量	大容量	小容量
用途	メモリ	キャッシュメモリ

主記憶装置に使うメモリには，コストと容量の関係で**DRAM**が用いられます。DRAMでは，コンデンサに蓄えた電荷の有無で情報を記憶するので，安価で大容量となります。しかし，プロ

セッサがメモリに直接アクセスすることが多くなると処理速度の低下が起こるので，高速なキャッシュメモリを間に置いて両者のギャップを埋めます。このキャッシュメモリには**SRAM**が用いられます。SRAMでは，**フリップフロップ回路**という，データを保持する回路があり，一定時間ごとにデータを上書きするリフレッシュ動作が不要です。

メモリに用いられるDRAMは，現在ではほとんどが，システムのバスと同期して動作する**SDRAM**（Synchronous DRAM）となっています。

それでは，次の問題を考えてみましょう。

問題

DRAMの特徴はどれか。

ア　書込み及び消去を一括又はブロック単位で行う。
イ　データを保持するためのリフレッシュ操作又はアクセス操作が不要である。
ウ　電源が遮断された状態でも，記憶した情報を保持することができる。
エ　メモリセル構造が単純なので高集積化することができ，ビット単価を安くできる。

（基本情報技術者試験（科目A試験）サンプル問題セット 問19）

解説

DRAM（Dynamic Random Access Memory）は，一定時間経つとデータが消失してしまうメモリです。フリップフロップ回路などの複雑な仕組みがなく，メモリセル構造が単純です。そのため，高集積化することができ，ビット単価を安くできます。したがって，**エ**が正解です。

ア　フラッシュメモリの特徴です。
イ　SRAM（Static RAM）の特徴です。
ウ　ROM（Read Only Memory）の特徴です。

≪解答≫エ

過去問題をチェック

メモリについて，基本情報技術者試験では次の出題があります。

【DRAM】
・平成21年秋午前問22
・平成24年春午前問12
・平成25年春午前問23
・平成25年秋午前問23
・平成26年秋午前問12
・平成27年春午前問22
・平成27年秋午前問21
・平成30年秋午前問21
・令和元年秋午前問20
・サンプル問題セット科目A問19

【SDRAM】
・平成29年秋午前問21

【SRAM】
・平成22年春午前問25
・平成26年春午前問20
・平成28年秋午前問22
・平成31年春午前問21

【ECC】
・平成27年春午前問10
・平成30年秋午前問11
・サンプル問題セット科目A問11

メモリのエラー訂正

メモリでは，データの読み書きのときにエラーが発生することがあります。1ビットのエラーの場合には訂正できる**ECC**(Error Checking and Correcting)という仕組みがあります。訂正可能なメモリをECCメモリといい，データ幅ごとに冗長ビットを付加することで，信頼性を向上させます。

ROM

ROMは，基本的に読出し専用の記憶装置ですが，種類によっては全消去，書込み，追記が可能なことがあります。電気の供給がなくても記憶を保持できるため，コンピュータの電源投入時に最初に実行されるプログラムは，ROMに格納されています。

ROMには，書換えが不可能な**マスクROM**と，書込みが可能な**PROM** (Programmable ROM)があります。書込みが可能なPROMは，記憶を保持する機器として様々な場面で利用されています。

過去問題をチェック

ROMについて，基本情報技術者試験では次の出題があります。

【ROM】
- 平成26年秋午前問12
- 平成29年秋午前問21

【フラッシュメモリ】
- 平成21年秋午前問9
- 平成22年春午前問24
- 平成22年秋午前問26
- 平成23年秋午前問25
- 平成24年春午前問70
- 平成26年春午前問21
- 平成30年春午前問22

フラッシュメモリ

フラッシュメモリはPROMの一種で，ブロック単位での消去や書込みを行います。USBメモリやSSD (Solid State Drive)など様々な記憶媒体に使われています。

発展

フラッシュメモリは，本来はROMなので，何度も書換えを行うと劣化し，書換え回数に上限があります。

キャッシュメモリ

キャッシュメモリは，プロセッサ(CPU)と主記憶装置(メモリ)の性能差を埋めるために両者の間で用いる記憶装置です。高速である必要があるため，**SRAM**が用いられます。CPUのチップ内に取り込まれ，内蔵されることが一般的です。

発展

最近のCPUには，キャッシュメモリを多段構成にして，CPUに近い順に1次キャッシュ，2次キャッシュとするものが多く見られます。

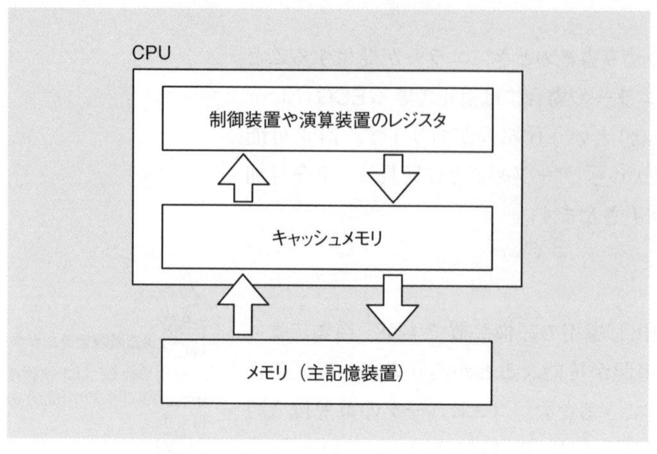

図2.7 キャッシュメモリのイメージ

キャッシュメモリのヒット率

キャッシュメモリを用いてCPUとメモリがやり取りするとき，データがキャッシュメモリ上にある確率のことを，キャッシュメモリのヒット率といいます。ヒット率がわかることで，キャッシュメモリに存在する場合もしない場合も含めた，平均的なアクセス時間である実効アクセス時間を計算することができます。実効アクセス時間を求める式は，以下のようになります。

実効アクセス時間＝
キャッシュメモリへのアクセス時間×ヒット率
＋メモリへのアクセス時間×（1－ヒット率）

それでは，次の問題を考えてみましょう。

問題

A～Dを，主記憶の実効アクセス時間が短い順に並べたものはどれか。

	キャッシュメモリ			主記憶
	有無	アクセス時間（ナノ秒）	ヒット率（%）	アクセス時間（ナノ秒）
A	なし	－	－	15
B	なし	－	－	30
C	あり	20	60	70
D	あり	10	90	80

ア　A，B，C，D　　　イ　A，D，B，C

ウ　C，D，A，B　　　エ　D，C，A，B

（基本情報技術者試験（科目A試験）サンプル問題セット 問12）

解説

キャッシュメモリを使ったアクセスでは，キャッシュメモリにヒットしなかった場合に，主記憶にアクセスします。そのため，実効アクセス時間は，次の式で求めることができます。

実効アクセス時間＝
　キャッシュメモリへのアクセス時間×ヒット率
　＋主記憶へのアクセス時間×（1－ヒット率）

A～Dそれぞれの実効アクセス時間を求めると，次のようになります。

A：15［ナノ秒］

B：30［ナノ秒］

C：20 × 0.6 + 70 ×（1－0.6）=12 + 28=40［ナノ秒］

D：10 × 0.9 + 80 ×（1－0.1）=9 + 8=17［ナノ秒］

実効アクセス時間を短い順に並べると，A，D，B，Cとなります。したがって，イが正解です。

≪解答≫イ

過去問題をチェック

キャッシュメモリについて，基本情報技術者試験では次の出題があります。

【キャッシュメモリ】
- 平成21年春午前問12
- 平成21年春午前問20
- 平成22年秋午前問12
- 平成24年春午前問13
- 平成25年秋午前問10
- 平成28年春午前問11
- 平成30年春午前問11

【実効アクセス時間（ヒット率）】
- 平成22年春午前問10
- 平成23年特別午前問11
- 平成24年秋午前問10
- 平成25年春午前問12
- 平成26年春午前問10
- 平成27年秋午前問10
- 平成31年春午前問10
- サンプル問題セット科目A問12

キャッシュメモリのデータ更新方式

プロセッサがキャッシュメモリのデータを更新した場合，その内容をメモリに反映させる必要があります。しかし，メモリにアクセスするのには時間がかかり，毎回アクセスしていると効率が悪くなります。そのため，更新方式に次の2種類が用意されています。

①ライトスルー方式

プロセッサがキャッシュメモリに書込みを行ったとき，その内容を**同時にメモリにも転送する**方式です。データの一貫性は保たれますが，単位時間あたりの処理量が悪くなるという制約があります。

②ライトバック方式

プロセッサがキャッシュメモリに書き込んでも，すぐにはメモリに転送しない方式です。キャッシュメモリのデータがメモリに追い出されるなど，**条件を満たした場合にのみメモリに書き込まれ**ます。単位時間あたりの処理量は良くなりますが，データの一貫性が保たれないことがあります。

メモリインタリーブ

キャッシュメモリ以外の，CPUとメモリのデータ転送を高速化する技術にメモリインタリーブがあります。メモリインタリーブでは，データを複数のメモリバンクに順番に分割して配置しておきます。データを読み出すときには，その複数のメモリバンクにほぼ同時にアクセスすることで，効率良くデータを取り出します。

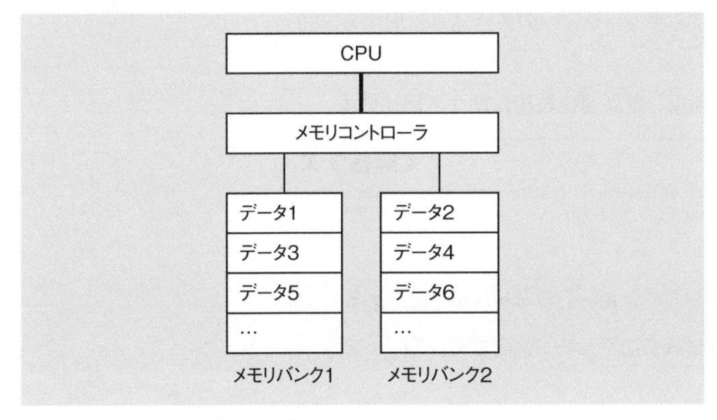

図2.8　メモリインタリーブのイメージ

それでは，次の問題を考えてみましょう。

問題

コンピュータの高速化技術の一つであるメモリインタリーブに関する記述として，適切なものはどれか。

ア　主記憶と入出力装置，又は主記憶同士のデータの受渡しをCPU経由でなく直接やり取りする方式
イ　主記憶にデータを送り出す際に，データをキャッシュに書き込み，キャッシュがあふれたときに主記憶へ書き込む方式
ウ　主記憶のデータの一部をキャッシュにコピーすることによって，レジスタと主記憶とのアクセス速度の差を縮める方式
エ　主記憶を複数の独立して動作するグループに分けて，各グループに並列にアクセスする方式

（令和5年度 基本情報技術者試験 公開問題 科目A 問3）

過去問題をチェック
メモリインタリーブについて，基本情報技術者試験では次の出題があります。
【メモリインタリーブ】
・平成21年秋午前問10
・平成23年特別午前問12
・令和5年度科目A問3

解説

メモリインタリーブとは，CPUと主記憶間のデータ転送を高速化する技術です。データをメモリバンクと呼ばれる複数の独立して動作するグループに分けて配置しておき，各メモリバンクに並列にアクセスします。したがって，**エ**が正解です。

ア　DMA（Direct Memory Access）に関する記述です。

イ ライトバック方式によるキャッシュへの書き込みに関する記述です。

ウ キャッシュメモリを利用した高速化技術に関する記述です。

≪解答≫エ

▶▶▶覚えよう！

- □ **ライトスルーはメモリまでスルー，ライトバックはためる**
- □ **メモリインタリーブは複数のグループに分けて配置**

2-1-3 ■ バス

バス（Bus）とは，コンピュータ内部でデータをやり取りするための伝送路です。

バスの種類

1ビットずつ順番にデータを転送するバスを**シリアルバス**，データの複数ビットをひとかたまりにして複数本の伝送路で送るバスを**パラレルバス**といいます。

高周波信号で高速にデータを送ると，電波の干渉が起こるため，シリアルバスが適しています。パラレルパスでは，伝送路を信号線などで必要な本数分を用意し，並列でやり取りできる仕組みを構成する必要があります。

それでは，次の問題を考えてみましょう。

2

問題

1Mバイトのメモリを図のようにMPUに接続するとき，最低限必要なアドレスバスの信号線の本数nはどれか。ここで，メモリにはバイト単位でアクセスするものとし，1Mバイトは1,024kバイト，1kバイトは1,024バイトとする。

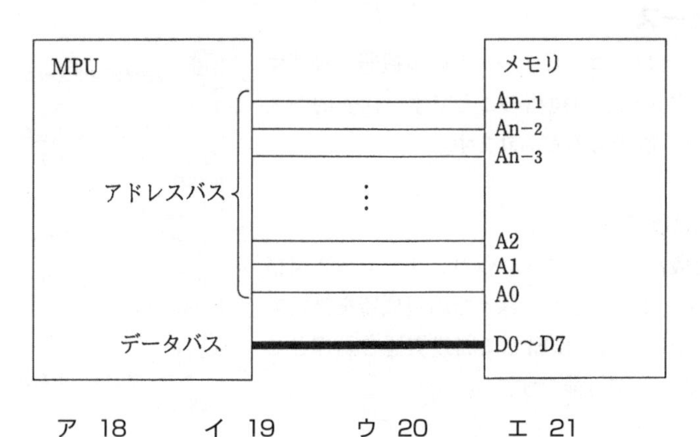

ア 18　　イ 19　　ウ 20　　エ 21

（平成28年秋 基本情報技術者試験 午前 問11）

解説

1Mバイトのメモリを図のようにMPUに接続するとき，アドレスバスでメモリの番地を区別する必要があります。1Mバイトは1,024kバイト（$=2^{10}$kバイト），1kバイトは1,024バイト（$=2^{10}$バイト）なので，まとめると，次のようになります。

1［Mバイト］$=2^{10}$［Mバイト／kバイト］$\times 2^{10}$［kバイト／バイト］
　$=2^{20}$［バイト］

アドレスバスは2進数で表すので，2^{20}［バイト］のアドレスを区別するためには，20本の信号線が必要となります。したがって，**ウ**が正解です。

≪解答≫ウ

▶▶▶ 覚えよう！

□ **1ビットずつ送るのがシリアルバス，複数ビットで送るのがパラレルバス**

2-1-4 入出力デバイス

入出力デバイスとは，入出力装置や補助記憶装置などの機器です。それらとコンピュータをつなぎ，データをやり取りするのが入出力インタフェースです。

入出力インタフェース

入出力インタフェースとは，コンピュータや周辺機器を接続するための，形状や通信方式などの規格のことです。代表的な入出力インタフェースには，次のものがあります。

過去問題をチェック
入出力インタフェースについて，基本情報技術者試験では次の出題があります。
【USB】
・平成21年秋午前問11
・平成29年春午前問10
・平成29年秋午前問11
・平成30年秋午前問12
【Bluetooth】
・平成25年春午前問13
【BLE】
・サンプル問題セット科目A問25

①USB（Universal Serial Bus）

コンピュータの周辺機器を接続するためのシリアルバス規格の1つです。マウスやキーボードなど，様々な周辺機器を接続できます。USBケーブルから電力を供給して周辺機器を動作させるバスパワーを利用することが可能です。

表2.2 USBの規格

規格	スピードモード	最大データ転送速度
USB 1.1	フルスピード	12Mビット／秒
USB 2.0	ハイスピード	480Mビット／秒
USB 3.0	スーパースピード	5Gビット／秒
USB 3.1	スーパースピードプラス	10Gビット／秒

USBでは，通信速度などの規格だけでなく，形状にも様々な種類があります。同じバージョンのUSBでも，プラグ側コネクタの形状によって，接続できるものに違いがあります。代表的なプラグ側コネクタの断面図は，次のようになります。

発展
USBが供給する電力（バスパワー）は限られているので，電力供給不足で周辺機器が動かないことがあります。外付けハードディスクやDVDプレーヤーなど，電力を多く消費する機器を使用する場合は，バスパワー不足に注意する必要があります。

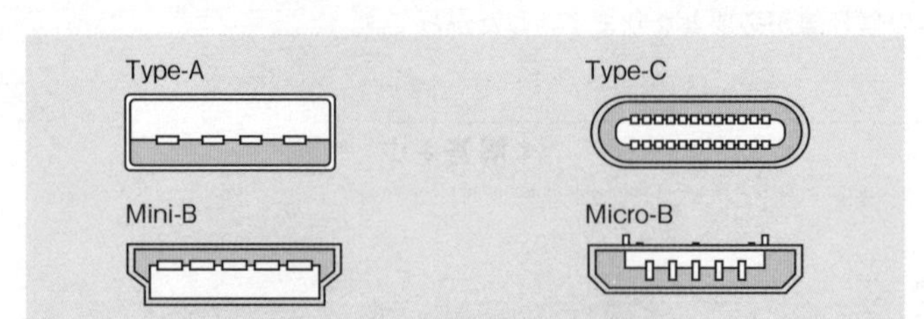

図2.9 プラグ側コネクタの形状

②IEEE 1394

AV機器などとコンピュータを接続するシリアルバス規格の1つです。アップルが提唱したFireWireを標準化したものです。PCのポートからDVDドライブ，DVDドライブのポートからハードディスクというように順番に接続する**デイジーチェーン接続**を採用しています。

③HDMI（High-Definition Multimedia Interface）

ディスプレイや映像機器などで，高品位な映像や音声をやり取りするためのインタフェースの規格です。

④DisplayPort

液晶ディスプレイなどの出力装置のために設計された映像出力インタフェースの規格です。

⑤Bluetooth

デジタル機器用の近距離無線通信規格の1つです。IEEE 802.15.1で規格化されています。2.4GHz帯を利用して，マウスやキーボード，携帯ヘッドセットなどの周辺機器を接続します。Bluetoothはバージョン4.0で大幅に省電力化されました。この省電力化された規格を，**BLE**(Bluetooth Low Energy)といいます。

⑥ZigBee

センサーネットワークで用いられる低電力で低速の規格です。IEEE 802.15.4で規格化されています。

用語

センサーネットワークとは，複数のセンサー付きの無線端末が互いに強調して環境や物理的状況のデータを採取する無線ネットワークです。具体例としては，電力や温度などのモニタで数か所を計測して節電する省エネシステムなどに利用されています。

■接続形態

周辺装置を接続する際の接続方法には，様々な接続形態（トポロジ）には，様々なかたちがあります。代表的なものには，次のものがあります。

①スター接続

ハブなどの機器を中心に接続する形態です。

②デイジーチェーン接続

機器を順番につないでいく接続形態です。

③メッシュ接続

すべての機器に直接つながる接続形態です。

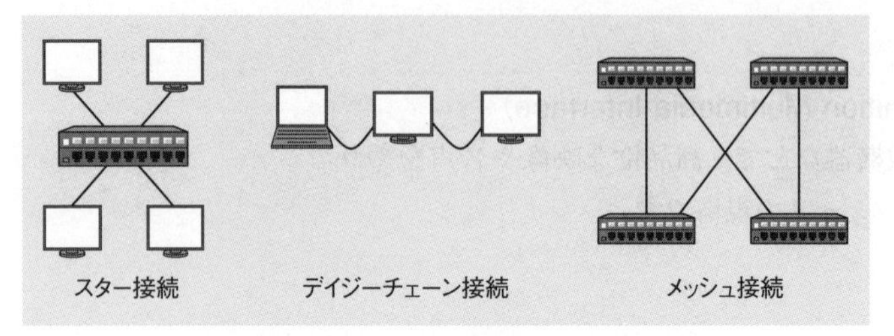

図2.10 接続形態

それでは，次の問題を考えてみましょう。

問題

次に示す接続のうち，デイジーチェーンと呼ばれる接続方法はどれか。

ア PCと計測機器とをRS-232Cで接続し，PCとプリンタとをUSBを用いて接続する。

イ Thunderbolt接続ポートが2口ある4kディスプレイ2台を，PCのThunderbolt接続ポートから1台目のディスプレイにケーブルで接続し，さらに，1台目のディスプレイと2台目のディスプレイとの間をケーブルで接続する。

ウ キーボード，マウス，プリンタをUSBハブにつなぎ，USBハブとPCとを接続する。

エ 数台のネットワークカメラ及びPCをネットワークハブに接続する。

（令和元年秋 基本情報技術者試験 午前 問14）

過去問題をチェック

接続形態について，基本情報技術者試験では次の出題があります。

【デイジーチェーン接続】

・平成22年秋午前問13
・令和元年秋午前問14

解説

デイジーチェーン接続とは，PCのポートからDVDドライブ，DVDドライブのポートからハードディスクというように，機器を順番につないでいく接続方法です。PCのThunderbolt接続ポートから1台目のディスプレイにケーブルで接続し，さらに，1台目のディスプレイと2台目のディスプレイとの間をケーブルで接続する方法は，デイジーチェーン接続となります。したがって，**イ**が正解です。

ア　RS-232CとUSBでの接続を，それぞれ別に行う方法です。
ウ　USBハブを中心としたスター接続に該当します。
エ　ネットワークハブを中心としたスター接続に該当します。

≪解答≫イ

入出力制御の方式

入出力制御は通常，CPUを通して行われますが，それだけでは効率がよくありません。そのため，以下のような入出力制御の方式が用意されています。

①DMA（Direct Memory Access）制御方式

DMAコントローラを用いて，メモリと入出力装置間やメモリとメモリ間のデータ転送を，CPUを通さずに行います。

②チャネル制御方式

専用ハードウェアのチャネル装置を用いて，CPUを通さずにデータ転送を行います。DMAではCPUの指示で処理を行いますが，チャネル制御方式では，チャネル装置が独自に動作します。

デバイスドライバ

デバイスドライバとは，デバイスにインタフェースを提供するソフトウェアです。プリンタやキーボードなどのPCに接続された周辺機器を制御するために，機器ごとに導入し，アプリケーションプログラムからハードウェアを制御できるようにします。

過去問題をチェック
デバイスドライバについて，基本情報技術者試験では次の出題があります。
【デバイスドライバ】
・平成27年秋午前問11
・平成31年春午前問17

覚えよう！

□　デイジーチェーン接続は，機器を順番につないでいく方式
□　デバイスドライバは機器のインタフェースとなるソフトウェア

2-1-5 入出力装置

プログラム内蔵方式の装置では，入力装置でデータを入力し，出力装置でデータを出力します。記憶装置のデータを永続的に保存しておくために補助記憶装置を使用します。

入力装置

入力装置には，キーボード，マウス，トラックボール，タブレットなどがあります。タッチスクリーンなど，画面に直接触れて入力するものも入力装置です。その他，スキャナーやバーコード読取り装置など，入力したデータを変換するものもあります。生体認証装置やICカード読取り装置なども入力装置です。

出力装置

出力装置には，ディスプレイやプリンター，プロジェクターなどがあります。

ディスプレイの種類

ディスプレイには，以下のように様々な種類があります。

①プラズマディスプレイ

ガス放電によって発生する光を利用して映像を表示するディスプレイです。

②STN（Super-Twisted Nematic）液晶ディスプレイ

液晶ディスプレイは，自身では発光せず，バックライトを使って映像を表示する方式です。STN液晶では，X軸方向とY軸方向の2方向から電圧をかけて，交点の液晶を駆動させる単純マトリクス方式を利用します。

③TFT（Thin Film Transistor）液晶ディスプレイ

液晶ディスプレイの一種です。TFT液晶では，単純マトリクス方式に加え，各液晶にアクティブ素子を配置させたアクティブマトリクス方式を使用します。

④有機EL（Electro-Luminescence）ディスプレイ

ELは電圧をかけると発光する物理現象で，有機発光素子を利用したものが有機ELディスプレイです。低電力で高い輝度を得ることができます。

⑤電気泳動型電子ペーパー

電圧を印加した電極に，着色した帯電粒子を集めて表示するものです。電子書籍端末などのディスプレイに利用されています。

ディスプレイの解像度

ディスプレイの解像度は，dpi（dots per inch）で表されます。1インチ（2.54cm）あたりのドット数で，数字が大きいほど，細かい画像が表示できます。

プリンターの種類

プリンターは，データを出力（印刷）する機械です。FAXやスキャナーなどと合わせた複合機と呼ばれるものもあります。

代表的なプリンターの種類は次のとおりです。

過去問題をチェック

出力装置について，基本情報技術者試験では次の出題があります。

【プラズマディスプレイ】
- 平成21年春午前問14
- 平成24年春午前問14

【有機ELディスプレイ】
- 平成22年春午前問13

【dpi】
- 平成24年秋午前問12
- 平成31年春午前問11

【3Dプリンタ】
- 平成31年春午前問12

①インクジェットプリンター

縦横に並べたドットに対応する細いピンを，インクリボンに叩き付けて印刷するドットインパクト方式のプリンターです。

②レーザープリンター

帯電させた感光体にレーザー光を照射しトナーを付着させ，熱や圧力をかけて定着させる乾式電子写真方式のプリンターです。

3Dプリンター

3D（3次元）で立体物を造形するプリンタです。熱溶解積層（Fused Deposition Modeling：FDM）方式や光造形方式などの造形方法があります。

補助記憶装置（ストレージ）

主記憶装置を補助する装置を補助記憶装置といいます。**ストレージ**とも呼ばれ，外付けや内蔵の機器となります。補助記憶装置には，以下の図に示すように様々な記憶媒体があります。

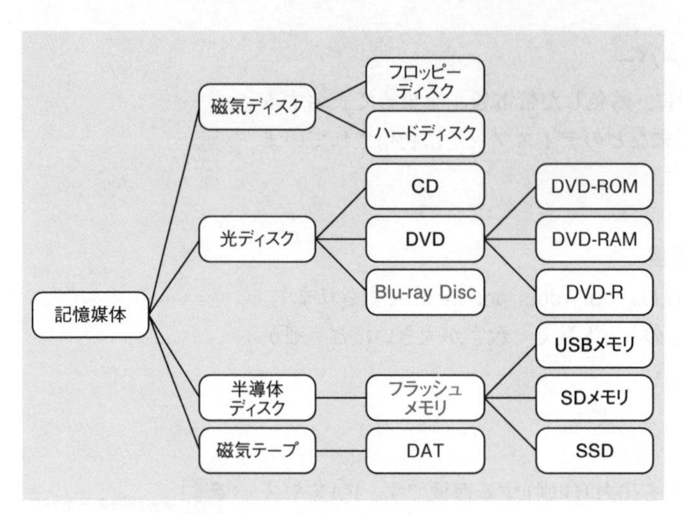

図2.11 補助記憶媒体の種類

それでは，代表的なものについて見ていきましょう。

①磁気ディスク装置

磁性体を塗布したディスク（円盤）を重ねた記憶媒体で，代表的なものがハードディスクです。ハードディスクでは，数Tバイト程度の大容量のデータを格納することができます。

ディスクを回転させてデータを読みとるので，待ち時間が発生しスピードが遅くなります。平均待ち時間は，平均位置決め時間と平均回転待ち時間の合計で，回転待ち時間は平均して**半回転分**となります。

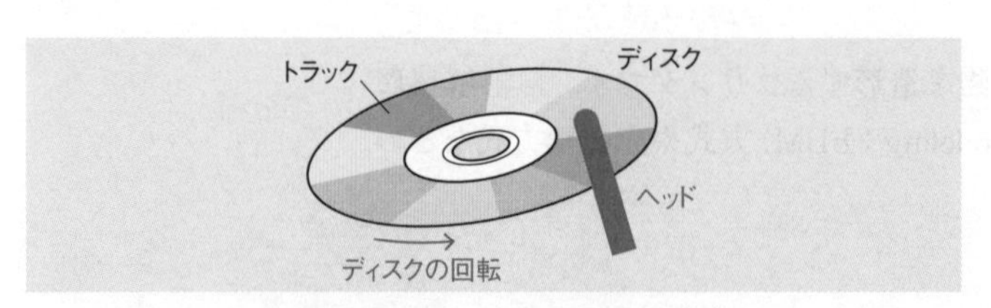

図2.12 磁気ディスク装置のイメージ

②CD（Compact Disc）

デジタル情報を記録するための光ディスクの一種です。データの変更ができないCD-ROMや，追記のみ可能なCD-R，書換え可能なCD-RWなどがあります。

③DVD（Digital Versatile Disc）

CDとほぼ同じ形式であり，CDよりはるかに大きい記憶容量をもつ光ディスクです。CDは700Mバイト程度が限界であるのに対し，DVDは片面1層で4.7Gバイト，両面2層で17.08Gバイトの容量をもちます。データの変更ができないDVD-ROMや，追記のみ可能なDVD-RやDVD+R，書換え可能なDVD-RWやDVD-RAM，DVD+RWなどがあります。

④Blu-ray Disc

青紫色半導体レーザーを使用する光ディスクです。DVDより大容量で，一層で25Gバイト，二層で50Gバイトを実現しています。データの変更ができないBD-ROMや，追記のみ可能なBD-R，書換え可能なBD-REがあります。

⑤フラッシュメモリ

フラッシュメモリは，書換え可能で，電源を切ってもデータが消えないPROMです。記憶媒体としても，**USBメモリ**や**SDメモリカード**，**SSD**（Solid State Drive）など様々な形態で用いられています。SDメモリカードには，上位規格としてSDHC（SD High Capacity）とSDXC（SD eXtended Capacity）があります。

⑥DAT（Digital Audio Tape）

磁気テープの規格の1つです。デジタル音声データを録音するための規格ですが，データのバックアップなどでも用いられます。

それでは，次の問題を考えてみましょう。

問題

回転数が4,200回／分で，平均位置決め時間が5ミリ秒の磁気ディスク装置がある。この磁気ディスク装置の平均待ち時間は約何ミリ秒か。ここで，平均待ち時間は，平均位置決め時間と平均回転待ち時間の合計である。

ア 7　　イ 10　　ウ 12　　エ 14

（平成27年春 基本情報技術者試験 午前 問12）

解説

回転数が4,200回／分の磁気ディスク装置では，1回転する時間は，次の式で求められます。

$$\frac{60[秒／分]}{4{,}200[回／分]}=\frac{1[秒]\times 1{,}000[ミリ秒／秒]}{70[回]}\fallingdotseq 14.2[ミリ秒／回]$$

小数点以下を四捨五入すると，約14ミリ秒になります。平均回転待ち時間は，最大で1回転分で，平均すると半回転する時間になります。平均位置決め時間が5ミリ秒なので，平均待ち時間は，次の式で求められます。

平均待ち時間＝平均位置決め時間＋平均回転待ち時間

$$=5[ミリ秒]+\frac{14}{2}[ミリ秒]=5+7=12[ミリ秒]$$

したがって，ウが正解です。

≪解答≫ウ

過去問題をチェック

磁気ディスク装置について，基本情報技術者試験では次の出題があります。

【磁気ディスク装置】

- 平成22年春午前問12
- 平成22年秋午前問14
- 平成23年秋午前問14
- 平成26年春午前問12
- 平成27年春午前問12

▶▶▶ 覚えよう！

- □ 解像度を表すdpiは，1インチに含まれるドット数
- □ 磁気ディスクの平均回転待ち時間は半回転分

2-2 システム構成要素

システム構成要素では，複数のコンピュータやサーバ，プリンタなどが集まったときの全体の構成となるシステムについて学びます。2-1の「コンピュータ構成要素」で，1つひとつのハードウェアとして取り上げた機器の組合せ方や，組み合わせることで性能や信頼性がどうなるかということを考えていきます。

2-2-1 システムの構成

システム構成要素は，コンピュータシステムの分野では最も出題頻度が高い項目です。計算問題が多く，稼働率の計算が一番のポイントになります。直列・並列システム，またその組合せについて，計算練習を行っておきましょう。

複数台のコンピュータを接続してシステムを構成するには，複数台のサーバを用意して並列に動かすなど，いろいろな工夫が必要になります。

システムの処理形態・利用形態

システムでは，1台で処理を行う**集中処理**と，複数台で分担する**分散処理**の方法があります。1台での処理のほうが効率的ですが，障害が発生したときにシステムが完全に止まってしまいます。分散処理を行うことで，処理を分担することができ，1台が故障しても他の機器で代わりに実行することができます。

また，システムの利用形態には，ユーザと対話型で処理を行うときなどに必要な**リアルタイム処理**と，夜間などにまとめて行う**バッチ処理**の2種類があります。

システム構成

システム構成の基本は，2つのシステムを接続する**デュアルシステム**と**デュプレックスシステム**です。3つ，4つとシステムを増やす場合も，この考え方が基礎になります。

①デュアルシステム

2つのシステムを用意し，**並列して同じ処理を走らせて，結果を比較する**方式です。結果を比較することで高い信頼性が得られます。また，1つのシステムに障害が発生しても，もう1つのシステムで処理を続行することができます。

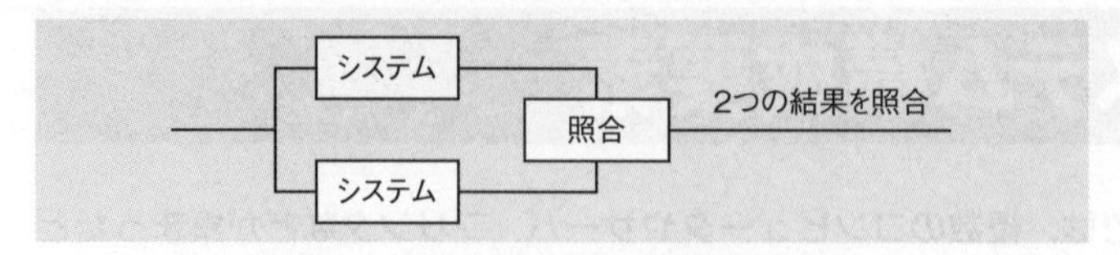

図2.13 デュアルシステムのイメージ

②デュプレックスシステム

2つのシステムを用意しますが，普段は1つのシステムのみ稼働させて，もう一方は待機させておきます。このとき，稼働させるシステムを**主系**(現用系)，待機させるシステムを**従系**(待機系)と呼びます。

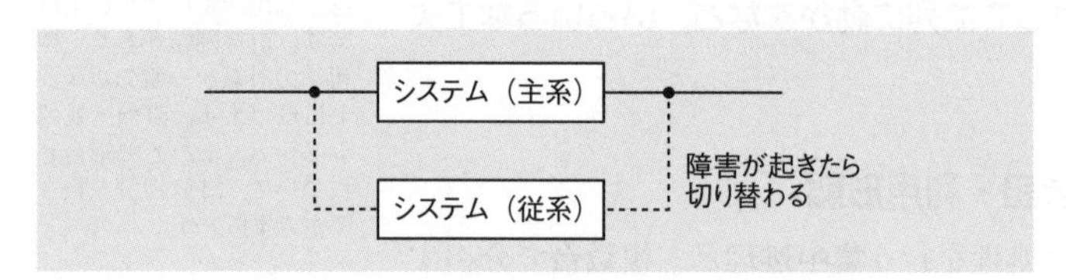

図2.14 デュプレックスシステムのイメージ

デュプレックスシステムには，従系の待機のさせ方によって次の3つのスタンバイ方式があります。

●ホットスタンバイ

従系のシステムを**常に稼働可能な状態で待機**させておきます。具体的には，サーバを立ち上げておき，アプリケーションやOSなどもすべて主系のシステムと同じように稼働させておきます。そのため，主系に障害が発生した場合には，すぐに従系への切替えが可能です。故障が起こったときに自動的に従系に切り替えて処理を継続することを**フェールオーバー**といいます。

●ウォームスタンバイ

従系のシステムを本番と同じような状態で用意してあるのですが，すぐに稼働はできない状態で待機させておきます。具体的には，サーバは立ち上がっているものの，アプリケーションは稼働していないか別の作業を行っているかで，切替えに少し時間がかかります。

●コールドスタンバイ

従系のシステムを，機器の用意だけをして稼働せずに待機させておきます。具体的には，電源を入れずに予備機だけを用意しておいて，障害が発生したら電源を入れて稼働し，主系の代わりになるように準備します。主系から従系への切替えに最も時間がかかる方法です。

それでは，次の問題を考えてみましょう。

発展

ホット，ウォーム，コールドという言葉は，システムの待機系以外でも，よく使われます。災害時の対応で，別の場所に情報処理施設（ディザスタリカバリサイト）を用意しておくときの形態に，ホットサイト，ウォームサイト，コールドサイトという呼び方を用います。

過去問題をチェック

システム構成について，基本情報技術者試験では次の出題があります。

【デュアルシステム】
- ・平成23年秋午前問15
- ・平成24年秋午前問14
- ・平成29年秋午前問13
- ・平成31年春午前問13

【ホットスタンバイ】
- ・平成21年秋午前問15
- ・平成28年秋午前問14
- ・平成30年春午前問14

問題

冗長構成におけるデュアルシステムの説明として，適切なものはどれか。

ア　2系統のシステムで並列処理をすることによって性能を上げる方式である。

イ　2系統のシステムの負荷が均等になるように，処理を分散する方式である。

ウ　現用系と待機系の2系統のシステムで構成され，現用系に障害が生じたときに，待機系が処理を受け継ぐ方式である。

エ　一つの処理を2系統のシステムで独立に行い，結果を照合する方式である。

（平成31年春 基本情報技術者試験 午前 問13）

解説

冗長構成におけるデュアルシステムとは，2つのシステムを用意し，並列して同じ処理を走らせて，結果を比較する方式です。1つの処理を2系統のシステムで独立に行い，結果を照合します。したがって，エが正解です。

ア　クラスタリングを行うシステムの説明です。

イ　ロードシェアリングシステムの説明です。

ウ　デュプレックスシステムの説明です。

≪解答≫エ

ハイパフォーマンスコンピューティング

高精度な高速演算を必要とするような分野で利用されるシステム方式に，**HPC**（High Performance Computing：ハイパフォーマンスコンピューティング）があります。HPCを可能にするために，スーパコンピュータや複数のコンピュータをLANなどで結び，CPUなどの資源を共有して単一の高性能なコンピュータとして利用できるように構成します。

様々なシステム構成

基本的なシステムのほかにも，近年では様々なシステム構成が見られます。ここに代表的なものを示します。

①クラスタリング

複数のコンピュータを結合してひとまとまりにしたシステムです。クラスタシステム，または単にクラスタとも呼ばれます。負荷分散（ロードバランス）や，HPCの手法としてよく使われます。

②シンクライアント

ユーザが使うクライアントの端末には必要最小限の処理を行わせ，ほとんどの処理をサーバ側で行う方式です。

③ピアツーピア

端末同士で対等に通信を行う方式です。P2Pともいわれます。クライアントサーバ方式と異なり，サーバを介さずクライアント同士で直接アクセスするのが特徴です。

④エッジコンピューティング

端末の近くにサーバを分散配置することで，ネットワークの負荷分散を行う手法です。

クライアントサーバシステム

クライアントサーバシステムとは，クライアントとサーバでそれぞれ役割分担して，協力して処理を行うシステムです。3層クライアントサーバシステムでは，その役割を次の3つに分けています。それぞれの役割をクライアントとサーバのどちらが行うか

用語

クラスタとは，「葡萄の房」という意味です。葡萄の房のようにたくさんの実をひとまとまりにしているところに由来します。

発展

シンクライアントの導入は，性能上の理由以外でも行われます。データがクライアント上に残らないことが情報漏えいの防止につながるため，セキュリティの観点から導入する企業が増えています。

発展

ピアツーピアは，サーバへのアクセス集中が起こらないため処理を拡大しやすく，IP電話や動画配信サービスなどで応用されています。

参考

クライアントサーバ（略してクラサバ）は，もともとホストマシンが中心だった頃に出てきた言葉です。ホストマシンとその端末の構成ではすべての処理をホストマシンが行っていましたが，クライアントサーバシステムでは，クライアントも処理に協力し，サーバと分担して行います。

は，システムの形態によって異なります。

①プレゼンテーション層

ユーザインタフェースを受けもつ層です。

②ファンクション層（アプリケーション層／ロジック層）

メインの処理やビジネスロジックを受けもつ層です。

③データベースアクセス層

データ管理を受けもつ層です。

例えば，一般的なWebシステムの場合には，3つの役割を次のように分担します。

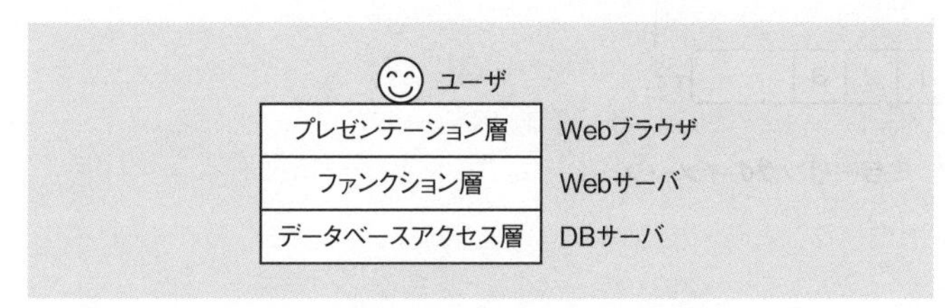

図2.15　3層クライアントサーバシステム

RAID

RAID（レイド）（Redundant Arrays of Inexpensive Disks）は，複数台のハードディスクを接続して全体で1つの記憶装置として扱う仕組みです。その方法はいくつかありますが，複数台のディスクを組み合わせることによって信頼性や性能が上がります。RAIDの代表的な種類としては，以下のものがあります。

①RAID0

複数台のハードディスクにデータを分散することで高速化したものです。これを**ストライピング**と呼びます。性能は上がりますが，信頼性は1台のディスクに比べて低下します。

発展

3層クライアントサーバシステムのように3つの役割に分けて考える方法には，ほかにMVC（Model View Controller）があります。MVCはWebシステムなどのソフトウェアを設計・実装するときの技法で，次の3つの要素に分割します。
モデル層：データと手続き（ビジネスロジック）
ビュー層：ユーザに表示
コントローラ層：ユーザの入力に対して応答し処理

過去問題をチェック

クライアントサーバシステムについて，基本情報技術者試験では次の出題があります。

【クライアントサーバシステム】
- 平成21年春午前問31
- 平成21年秋午前問14
- 平成25年秋午前問28
- 平成27年春午前問27
- 平成29年秋午前問26

【3層クライアントサーバシステム】
- 平成22年春午前問14
- 平成24年秋午前問13
- 平成27年秋午前問13
- 平成28年秋午前問13

発展

PCショップなどでは，大きく「レイド」「RAID対応」などと書かれており，ファイルサーバなどの用途でRAID対応の機器が売られています。
NAS（Network Attached Storage）はネットワーク対応のディスクドライブですが，RAIDで信頼性を上げられるものも多くあります。

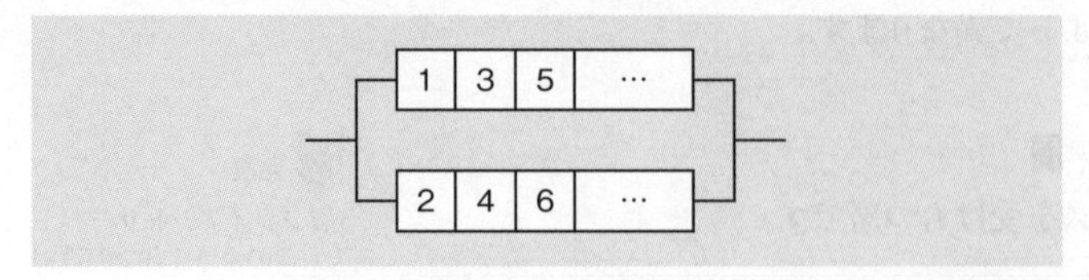

図2.16 ストライピングのイメージ

②RAID1

複数台のハードディスクに同時に同じデータを書き込みます。これをミラーリングと呼びます。2台のディスクがあっても一方は完全なバックアップです。そのため，信頼性は上がりますが，性能は特に上がりません。

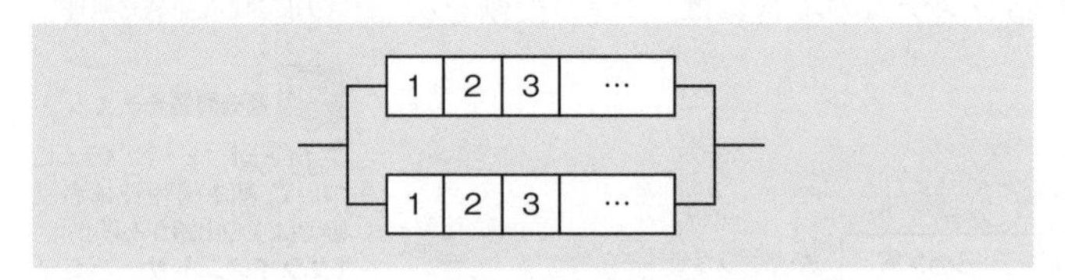

図2.17 ミラーリングのイメージ

③RAID3，RAID4

複数台のディスクのうち1台を誤り訂正用のパリティディスクにし，誤りが発生した場合に復元します。次の図のように，パリティディスクにほかのディスクの**偶数パリティ**を計算したものを格納しておきます。

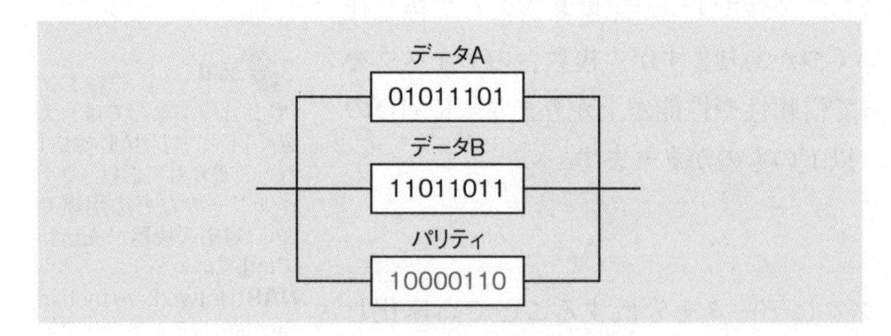

図2.18 パリティディスクの役割

この状態でデータBのディスクが故障した場合，データAとパリティディスクから偶数パリティを計算することで，データBが復元できます。データAのディスクが故障した場合も同様に，データBとパリティディスクから偶数パリティでデータAが復元できます。これをビットごとに行う方式が**RAID3**，ブロックごとにまとめて行う方式が**RAID4**です。

④RAID5

RAID4のパリティディスクは誤り訂正専用のディスクであり，通常時は用いません。しかし，データを分散させたほうがアクセス効率も上がるので，**パリティをブロックごとに分散**し，通常時もすべてのディスクを使えるようにした方式がRAID5です。

発展
RAID3，RAID4は，RAID5と信頼性が同等でも性能の面で劣るため，RAID5が用いられる場合がほとんどです。また，RAID5はRAID1に比べてもディスクの使用効率が高いので，非常によく用いられるRAID方式です。

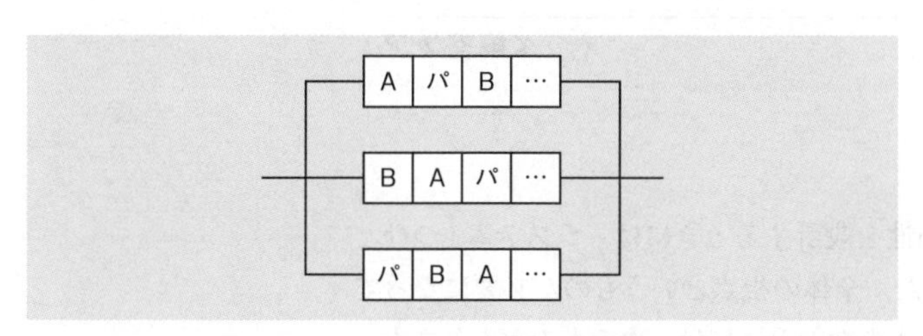

図2.19　パリティをブロックごとに分散

⑤RAID6

RAID5では，1台のディスクが故障してもほかのディスクの排他的論理和を計算することで復元できます。しかし，ディスクは同時に2台壊れることもあります。そこで，冗長データを2種類作成することで，2台のディスクが故障しても支障がないようにした方式がRAID6です。

それでは，次の問題を考えてみましょう。

問題

RAIDの分類において，ミラーリングを用いることで信頼性を高め，障害発生時には冗長ディスクを用いてデータ復元を行う方式はどれか。

ア　RAID1　　イ　RAID2　　ウ　RAID3　　エ　RAID4

（令和元年秋 基本情報技術者試験 午前 問15）

過去問題をチェック
RAIDについて，基本情報技術者試験では次の出題があります。
【RAID】
・平成21年春午前問13
・平成29年春午前問11
・平成29年秋午前問12
・令和元年秋午前問15

解説

RAID（Redundant Arrays of Inexpensive Disks）の分類で，ミラーリングを用いることで信頼性を高める方法はRAID1です。障害発生時には冗長ディスクを用いてデータ復元を行います。したがって，アが正解です。

イ 誤り訂正符号（ECC）でデータを復元する方式です。

ウ ビットごとに，パリティを用いてデータを復元する方式です。

エ ブロックごとにまとめて，パリティを用いてデータを復元する方式です。

≪解答≫ア

信頼性設計

システム全体の信頼性を設計するときには，システム1つひとつを見る場合とは違った，全体の視点というものが必要になってきます。代表的な信頼性設計の手法には，次のものがあります。

①フォールトトレランス（フォールトトレラント）

システムの一部で障害が起こっても，全体でカバーして機能停止を防ぐという設計手法です。

②フォールトアボイダンス

個々の機器の障害が起こる確率を下げて，全体として信頼性を上げるという考え方です。

③フェールセーフ

システムに障害が発生したとき，安全側に制御する方法です。信号が故障したときにはとりあえず赤を点灯させるなど，障害が新たな障害を生まないように制御します。処理を停止させることもあります。

④フェールソフト

システムに障害が発生したとき，障害が起こった部分を切り離すなどして最低限のシステムの稼働を続ける方法です。このとき，機能を限定的にして稼働を続ける操作を縮退運転といいます。

⑤フールプルーフ

利用者が間違った操作をしても危険な状況にならないようにするか，そもそも間違った操作ができないようにする設計手法です。具体的には，画面上で押してはいけないボタンは押せないようにするなどの方法があります。

それでは，次の問題を考えてみましょう。

問題

フォールトトレラントシステムを実現する上で不可欠なものはどれか。

ア　システム構成に冗長性をもたせ，部品が故障してもその影響を最小限に抑えることによって，システム全体には影響を与えずに処理が続けられるようにする。

イ　システムに障害が発生したときの原因究明や復旧のために，システム稼働中のデータベースの変更情報などの履歴を自動的に記録する。

ウ　障害が発生した場合，速やかに予備の環境に障害前の状態を復旧できるように，定期的にデータをバックアップする。

エ　操作ミスが発生しにくい容易な操作にするか，操作ミスが発生しても致命的な誤りにならないように設計する。

（平成30年春 基本情報技術者試験 午前 問13）

過去問題をチェック

信頼性設計については，科目A試験の定番です。基本情報技術者試験では次の出題があります。

【フォールトトレラントシステム】
- 平成21年春午前問15
- 平成24年春午前問16
- 平成25年春午前問14
- 平成25年秋午前問13
- 平成30年春午前問13

【フェールセーフ】
- 平成26年春午前問15
- 平成27年秋午前問56

【フェールソフト】
- 平成23年秋午前問17

【縮退運転】
- 平成27年春午前問13
- サンプル問題セット科目A問13

【フールプルーフ】
- 平成23年特別午前問17
- 平成24年秋午前問45
- 平成28年秋午前問46

解説

フォールトトレラントシステムとは，システムの一部で障害が起こっても，全体でカバーして機能停止を防ぐという設計手法です。システム構成に冗長性をもたることが不可欠で，部品が故障してもその影響を最小限に抑えることができます。したがって，**ア**が正解です。

ア　DBMS（DataBase Management System）での，障害復旧に不可欠なものです。

ウ　バックアップによる障害時の復旧に関する内容です。

エ　フールプルーフの説明で，障害を起こさないようにするフォールトアボイダンスシステムの設計思想です。

《解答》ア

▶▶▶ 覚えよう！

- □ RAID0はストライピング，RAID1はミラーリング
- □ フェールセーフは安全に落とすこと，フェールソフトは縮退運転してでも処理を継続すること

2-2-2 システムの評価指標

システムの性能や信頼性，経済性などについて総合的に評価するための指標のことを，システムの評価指標といいます。キャパシティプランニングでは，必要なハードウェアやソフトウェアの構成を決定します。

システムの性能指標

システムの性能を評価する性能指標や手法には，次のようなものがあります。

①レスポンスタイム（応答時間）

システムにデータを入力し終わってから，データの応答が開始されるまでの時間です。「速く返す」ことを表す指標です。また，データの入力が始まってから，応答が完全に終わるまでの時間のことをターンアラウンドタイムと呼びます。

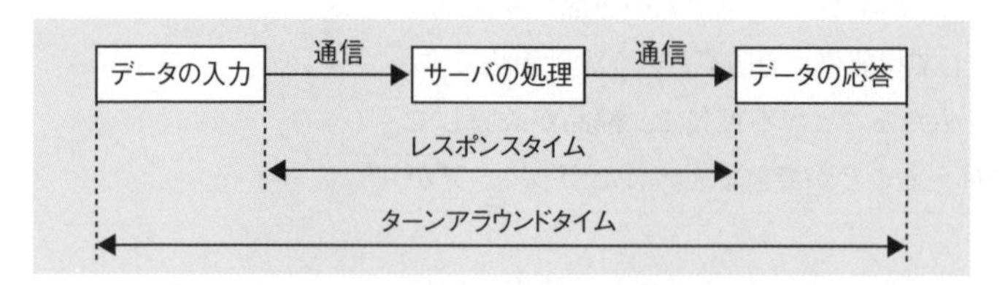

図2.20 レスポンスタイムとターンアラウンドタイム

②スループット

単位時間当たりにシステムが処理できる処理数です。「数多く返す」ことを表す指標です。Webシステムの応答性能を求めるときにはレスポンスタイムが，処理性能を求めるときにはスループットがよく用いられます。

③ベンチマーク

システムの処理速度を計測するための指標です。特定のプログラムを実行し，その実行結果を基に性能を比較します。有名なベンチマークとしては，TPC（Transaction Processing Performance Council：トランザクション処理性能評議会）が作成しているTPC-C（オンライントランザクション処理のベンチマーク）があります。ほかに，SPEC（Standard Performance Evaluation Corporation：標準性能評価法人）が作成しているSPECint（整数演算を評価），SPECfp（浮動小数点演算を評価）があります。

④モニタリング

システムを実際に稼働させて，その性能を測定する手法です。システムの性能改善時に用いられます。

過去問題をチェック

システムの性能指標について，基本情報技術者試験では次の出題があります。

【ターンアラウンドタイム】
・平成21年春午前問18
・平成22年春午前問15
・平成25年春午前問16
【スループット】
・平成22年春午前問19
・平成22年秋午前問18
・平成25年春午前問16
・平成26年春午前問14
・平成27年秋午前問16
・平成28年春午前問13
【ベンチマーク】
・平成24年春午前問18
・平成25年秋午前問16
・平成29年春午前問13

キャパシティプランニング

キャパシティプランニングとは，システムに求められるサービスレベルから，システムに必要なリソースの処理能力や容量，数量などを見積もり，システム構成を計画することです。次の3つの手順で行われます。

①ワークロード情報の収集

ワークロードとは，コンピュータ資源の利用状況，負荷状況のことです。CPU利用率などで現行システムの測定を行い，ヒアリングなどで関係者の意見を聞きます。

②サイジング

サイジングとは，システムに必要な規模や性能を見極めて，構成要素を用意することです。サーバの台数やCPUの性能，ストレージの容量などを見積もります。

③評価・チューニング

サイジングで見積もった量が適切かどうか，テスト環境などで評価を行い，チューニングを繰り返します。TPCやSPECなど，ベンチマークの数値を参考にすることもあります。

キャパシティプランニングで，サーバの性能を上げるための方法には，サーバのハードウェアを高性能なものにする**スケールアップ**と，サーバの数を増やすことで性能を上げる**スケールアウト**の2通りがあります。また逆に，ハードウェアの性能を落とすことを**スケールダウン**，サーバの数を減らすことを**スケールイン**といいます。

それでは，次の問題を考えてみましょう。

問題

システムのスケールアウトに関する記述として，適切なものはどれか。

ア　既存のシステムにサーバを追加導入することによって，システム全体の処理能力を向上させる。
イ　既存のシステムのサーバの一部又は全部を，クラウドサービスなどに再配置することによって，システム運用コストを下げる。
ウ　既存のシステムのサーバを，より高性能なものと入れ替えることによって，個々のサーバの処理能力を向上させる。
エ　一つのサーバをあたかも複数のサーバであるかのように見せることによって，システム運用コストを下げる。

（平成30年春 基本情報技術者試験 午前 問15）

過去問題をチェック

キャパシティプランニングについて，基本情報技術者試験では次の出題があります。

【キャパシティプランニング】
・平成25年秋午前問15
・平成30年秋午前問14

【スケールアウト】
・平成29年春午前問12
・平成30年春午前問15

解説

システムのスケールアウトとは，サーバの数を増やすことで性能を上げる方法です。既存のシステムにサーバを追加導入することによって，システム全体の処理能力を向上させることができます。したがって，**ア**が正解です。

イ クラウドサービス利用によるコスト削減に関する記述です。

ウ スケールアップに関する記述です。

エ 仮想化技術で，1台の物理サーバに複数の仮想サーバを構築することに関する記述です。

≪解答≫ア

信頼性指標

信頼性指標は，信頼性を表す指標です。代表的なものを以下に挙げます。

①MTBF（Mean Time Between Failure：平均故障間隔）

故障が復旧してから次の故障までにかかる時間の平均です。連続稼働できる時間の平均値にもなります。

②MTTR（Mean Time To Repair：平均復旧時間）

故障したシステムの復旧にかかる時間の平均です。

③稼働率

ある特定の時間に**システムが稼働している確率**です。次の式で計算されます。

$$稼働率 = \frac{MTBF}{MTBF + MTTR}$$

システム信頼性の評価基準

システムの信頼性を総合的に評価する基準として，RASISという概念があります。次の5つの評価項目を基に，信頼性を判断します。最初の3項目だけで，RASということもあります。

①Reliability（信頼性）

故障や障害の発生しにくさ，安定性を表します。具体的な指標としては，MTBFがあります。

②Availability（可用性）

稼働している割合の多さ，稼働率を表します。具体的な指標としては，稼働率が用いられます。

③Serviceability（保守性）

障害時のメンテナンスのしやすさ，復旧の早さを表します。具体的な指標としては，MTTRが用いられます。

④Integrity（保全性・完全性）

障害時や過負荷時におけるデータの書換えや不整合，消失の起こりにくさを表します。一貫性を確保する能力です。

⑤Security（機密性）

情報漏えいや不正侵入などの起こりにくさを表します。セキュリティ事故を防止する能力です。

■信頼性計算

信頼性，特に稼働率の計算については，複雑なものがたくさん出題されます。基本的な計算方法を押さえておきましょう。

①並列システム

機器を並列に並べたシステムは，どれか1つが稼働していれば全体で稼働していることになるので，稼働率が向上します。図のようなA，B，2つの機器がある並列システムで，それぞれの稼働率がa，bだとします。このシステムは，A，Bのいずれも動かないとき以外は稼働するので，Aの不稼働率(1－a)とBの不稼働率(1－b)を用いて，稼働率は1－(1－a)(1－b)となります。

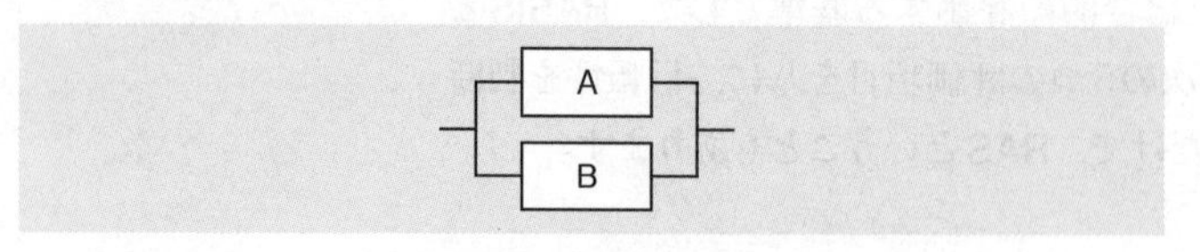

図2.21　並列システム

②直列システム

機器を直列に並べたシステムは，すべて稼働していなければ全体で稼働しないので，稼働率が低下します。図のようなA，B，2つの機器がある直列システムで，それぞれの稼働率がa，bだとします。このシステムは，A，Bのどちらも動くときだけ稼働するので，稼働率は**a×b**となります。

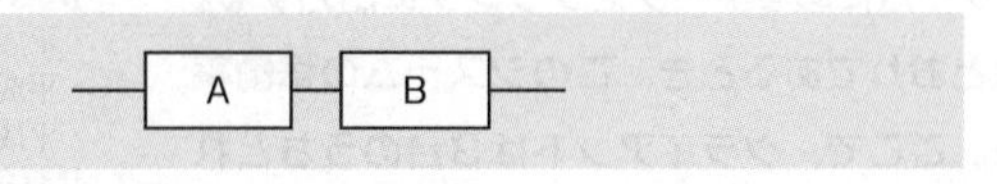

図2.22　直列システム

③3つ以上の組合せのシステム

3つ以上を組み合わせてシステム全体の稼働率を求める場合には，次の2つの方法があります。

1. 部分ごとにグループに分け，全体を考える
2. 1つひとつの組合せをすべて考える

それでは，次の問題を考えてみましょう。

問題

図のように，1台のサーバ，3台のクライアント及び2台のプリンタがLANで接続されている。このシステムはクライアントからの指示に基づいて，サーバにあるデータをプリンタに出力する。各装置の稼働率が表のとおりであるとき，このシステムの稼働率を表す計算式はどれか。ここで，クライアントは3台のうちどれか1台が稼働していればよく，プリンタは2台のうちどちらかが稼働していればよい。

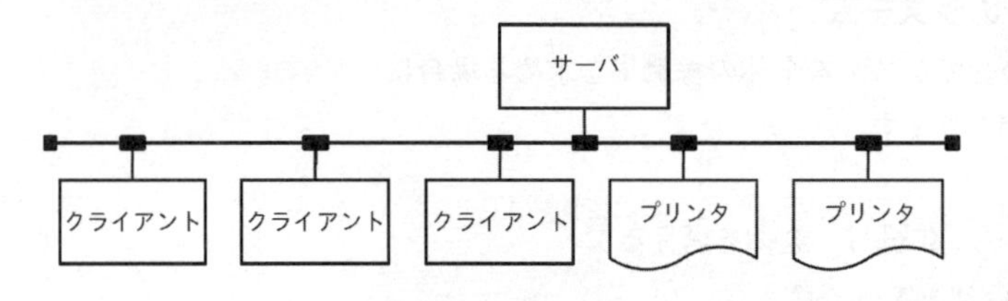

装置	稼働率
サーバ	a
クライアント	b
プリンタ	c
LAN	1

ア ab^3c^2　　イ $a(1-b^3)(1-c^2)$

ウ $a(1-b)^3(1-c)^2$　　エ $a(1-(1-b)^3)(1-(1-c)^2)$

（基本情報技術者試験（科目A試験）サンプル問題セット 問14）

解説

サーバは1台だけなので，稼働率はaとなります。

クライアントは3台で，どれか1台でも稼働していればよいとあります。3台全部故障しているとき以外は稼働しているので，稼働率は$1-(1-b)^3$となります。

プリンタは2台で，どちらかが稼働していればよいとあります。2台とも故障しているとき以外は稼働しているので，稼働率は$1-(1-c)^2$となります。

合わせると，全体の稼働率は$a(1-(1-b)^3)(1-(1-c)^2)$となります。したがって，**エ**が正解です。

過去問題をチェック

信頼性指標については，科目Aの定番です。基本情報技術者試験では次の出題があります。

【RAS】
・平成21年春午前問17
・平成24年秋午前問16
・平成27年春午前問16

【MTBFとMTTR】
・平成23年特別午前問16
・平成23年秋午前問18
・平成25年春午前問15
・平成25年秋午前問14
・平成27年秋午前問14
・平成28年春午前問15
・平成28年秋午前問15
・平成29年秋午前問15

【稼働率】
・平成21年春午前問16
・平成21年秋午前問16
・平成22年春午前問16
・平成22年秋午前問19
・平成23年秋午前問19
・平成24年春午前問17
・平成24年秋午前問15
・平成26年秋午前問14
・平成27年春午前問15
・平成27年秋午前問15
・平成28年春午前問14
・平成29年春午前問14
・平成30年秋午前問15
・平成31年春午前問14
・令和元年秋午前問16
・サンプル問題セット科目A問14

≪解答≫エ

▶▶▶ 覚えよう！

- □　稼働率＝MTBF／（MTBF＋MTTR）
- □　稼働率，直列システムはa×b，並列システムは1－（1－a）（1－b）

2-3 ソフトウェア

ソフトウェアは，コンピュータ上で動くプログラムです。ソフトウェアには，ワープロや表計算など，特定の作業を目的としたアプリケーションプログラムと，ハードウェアの管理や基本的な機能を提供するオペレーティングシステム，そしてその中間で制御を行うミドルウェアがあります。

2-3-1 オペレーティングシステム

オペレーティングシステム（OS：Operating System）は，ハードウェアを抽象化したインタフェースをアプリケーションプログラムに提供するソフトウェアです。

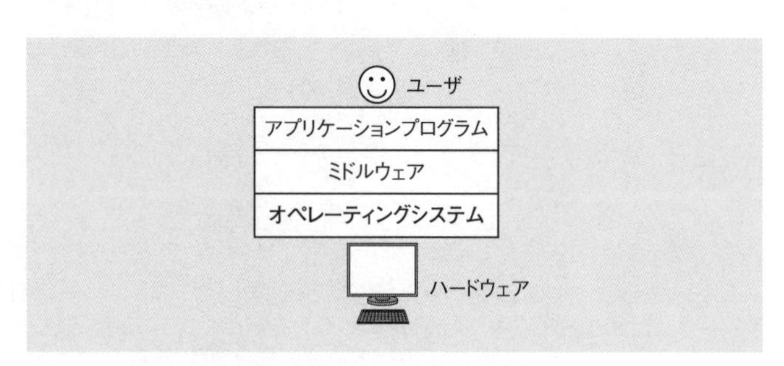

図2.23 システムの中のOSのイメージ

OSの種類と特徴

PC向けの代表的なOSには，マイクロソフトのWindowsシリーズや，アップルのMacOSなどがあります。

サーバ向けのOSとしては，オープンソースのLinuxなどのUNIX系OSや，マイクロソフトのWindows Serverなどがあります。また，近年ではiPhoneのiOSや，Android OSなど，スマートフォン向けのOSも注目をされています。

電化製品などのハードウェアに組み込まれる組込み系OSでは，期待される応答時間内にタスクや割込みを処理するための仕組みとして，**リアルタイムOS**を利用します。

勉強のコツ

ソフトウェアの中でも，最もよく出題されるのがオペレーティングシステム（OS）に関する問題です。普段使っているWindowsやMacなどのOSがどんなことをしているのか，その管理機能を中心に押さえておきましょう。また，オープンソースソフトウェアについてもよく出題されます。どちらも，細かい機能より，なぜそれが必要なのかを考えると頭に入りやすくなります。

OSの機能

OSの主な目的に，複数のアプリケーションプログラムを同時に動かしたときのリソースを管理し，コンピュータの利用効率を向上させることがあります。そのため，OSは次のような管理機能をもっています。

①ジョブ管理

1つのまとまった仕事の単位であるジョブを，それを構成するタスクごとに管理します。

②タスク管理

タスク（または**プロセス**）は，動作中のプログラムの実行単位です。近代的なOSは，一度に複数のタスクを実行できるマルチタスクOSですが，1つのCPUでは一度に1つのタスクしか処理できないので，いつどのタスクを実行させるかということを管理します。さらに1つのタスクは1つ以上の**スレッド**から構成され，CPUの利用はスレッド単位で行われます。

用語

タスクとプロセスは，ほぼ同じ意味で用いられます。単位の大きさは，ジョブ≧タスク（プロセス）≧スレッドとなります。

③記憶管理

コンピュータ上の記憶を管理します。コンピュータの記憶は主記憶装置に格納されていますが，主記憶が足りないときには仮想記憶を用いて容量を大きくします。そのため，記憶管理には，**実記憶管理**と**仮想記憶管理**の2種類があります。

④データ管理，入出力管理

補助記憶装置へのアクセスをデータ管理で，入出力装置へのアクセスを入出力管理で行います。

以降で，それぞれの管理機能について詳しく見ていきます。

ジョブ管理

ジョブ管理では，複数のタスクの起動や終了を制御し，それぞれのタスクの実行や終了の状態を管理します。バッチ処理などで，ジョブスケジューラーを用いて，処理を順番に実行します。

参考

ジョブ管理は，UNIXやWindowsなどのOSではシェルスクリプトによって行われます。こちらは，OSの機能ではなくミドルウェアとなります。

タスク管理

タスク管理(プロセス管理)では，タスクの生成，実行，消滅を管理します。タスクの実行では，タスクを**実行可能状態**，**実行状態**，**待ち状態**の3つの状態に分けて管理します。

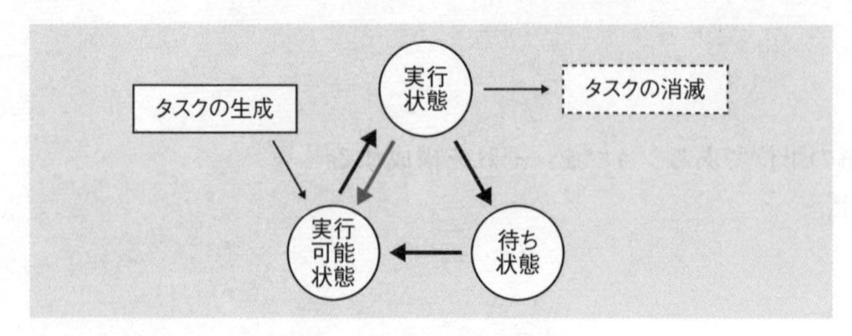

図2.24 タスクの状態遷移

タスクは生成されるとまず，**実行可能状態**になります。そこでCPUに空きができると**実行状態**に移り，処理を実行します。実行が完了するとタスクは消滅します。

実行中に入出力が必要な処理など，CPU以外を使用する処理が始まると**待ち状態**に移り，入出力が完了するとまた**実行可能状態**になります。

実行状態でタスクを実行中に，**タイムクォンタム**(割り当てられた時間)を使い切ると，割込みが発生して**実行可能状態**に戻ります。実行状態のタスクより優先度の高いタスクが実行可能状態となった場合に，処理を中断させる**プリエンプション**が発生します。プリエンプションが発生した場合にも，**実行可能状態**に戻ります。

タスクのスケジューリング方式

タスクは，複数のタスクをスケジューリングし，**マルチプログラミング**(マルチタスク)で実行されます。マルチプログラミングで，一度に実行可能なタスクの数のことを**多重度**といいます。タスクのスケジューリングでは，時間や優先度などで割込みを発生し，実行順序を制御します。

代表的なタスクのスケジューリング方式には，次のものがあります。

①到着順方式

タスクを**到着順**で，プリエンプションを発生させずに処理します。ノンプリエンプティブなスケジューリング方式とも呼ばれます。

②ラウンドロビン方式

1つひとつのタスクに同じ時間を割り当て，一定時間ごとに順番に処理を回していく方式です。タイマーで割込みが発生します。

③プリエンプション方式

タスクに**優先度**をつけて，プリエンプションを発生させる方式です。優先度が低いタスクが実行状態にあるときに，優先度の高いタスクが実行可能状態になると，タスクを入れ替えます。プリエンプティブなスケジューリング方式とも呼ばれます。

それでは，次の問題を考えてみましょう。

問題

優先度に基づくプリエンプティブなスケジューリングを行うリアルタイムOSで，二つのタスクA，Bをスケジューリングする。Aの方がBよりも優先度が高い場合にリアルタイムOSが行う動作のうち，適切なものはどれか。

ア　Aの実行中にBに起動がかかると，Aを実行可能状態にしてBを実行する。
イ　Aの実行中にBに起動がかかると，Aを待ち状態にしてBを実行する。
ウ　Bの実行中にAに起動がかかると，Bを実行可能状態にしてAを実行する。
エ　Bの実行中にAに起動がかかると，Bを待ち状態にしてAを実行する。

（令和元年秋 基本情報技術者試験 午前 問18）

過去問題をチェック

タスク管理について，基本情報技術者試験では次の出題があります。

【マルチプログラミング】
・平成25年春午前問19
・平成28年秋午前問18

【状態遷移】
・平成23年秋午前問20
・平成25年秋午前問18
・平成30年春午前問16
・平成30年秋午前問16

【プリエンプティブ】
・平成25年秋午前問18
・平成28年春午前問16
・平成29年秋午前問18
・令和元年秋午前問18

【ノンプリエンプティブ】
・平成27年春午前問19

【ラウンドロビン】
・平成30年秋午前問18

解説

プリエンプティブなスケジューリングを行うリアルタイムOSでは，優先度の高いタスクが来たときに，実行中の優先度の低いタスクを中断（プリエンプション）させ，実行可能状態にします。AのほうがBより優先度が高い場合では，Bの実行中にAに起動がかかると，Bを中断させてAを実行します。このとき，Bは実行可能状態になり，Aの実行が終わり次第実行できるようにします。したがって，**ウ**が正解です。

ア，イ　Aのほうが優先度が高いので，何も起こりません。

エ　待ち状態は入出力の待ちが発生した場合に遷移します。プリエンプションでは実行可能状態に移ります。

≪解答≫ウ

データ管理

データ管理では，補助記憶装置へのアクセスを装置に依存しないインタフェースでアプリケーションプログラムに提供します。複数のファイルを1つにまとめたり，元に戻したりするアーカイバを用いて，データのバックアップや配布を行います。

入出力管理

入出力管理では，入出力制御，入出力時の障害管理など，データ管理の指示に従って，物理的に入出力処理を行います。CPUが状態レジスタまたはビジー信号などを読み出して，入出力装置の状態を監視する**ポーリング制御**を行うこともあります。

スプーリングは，メモリやディスク装置などの仮の格納領域である**バッファ**に出力内容を保存し，出力装置が処理を受け付けられるようになったら出力を行う方法です。印刷時の印刷スプーリングが一般的な例となります。

それでは，次の問題を考えてみましょう。

問題

図の送信タスクから受信タスクにT秒間連続してデータを送信する。1秒当たりの送信量をS，1秒当たりの受信量をRとしたとき，バッファがオーバフローしないバッファサイズLを表す関係式として適切なものはどれか。ここで，受信タスクよりも送信タスクの方が転送速度は速く，次の転送開始までの時間間隔は十分にあるものとする。

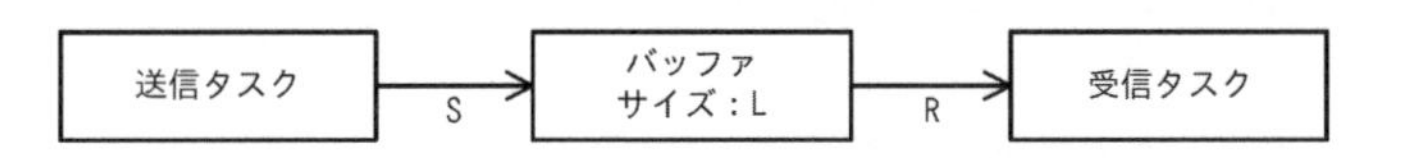

ア　L＜(R－S)×T　　　イ　L＜(S－R)×T

ウ　L≧(R－S)×T　　　エ　L≧(S－R)×T

(基本情報技術者試験（科目A試験）サンプル問題セット 問15)

解説

図のデータ送信で，1秒当たりの送信量をS，1秒当たりの受信量をRとしたとき，1秒当たりでバッファに増えるデータ量はS－Rとなります。送信タスクから受信タスクにT秒間連続してデータを送信すると，バッファには(S－R)×Tのデータが保存されます。バッファサイズLを超えてオーバフローしないためには，保存されたデータはL以下である必要があり，L≧(S－R)×Tが成り立つようにします。したがって，**エ**が正解です。

≪解答≫エ

過去問題をチェック

入出力管理について，基本情報技術者試験では次の出題があります。

【バッファサイズ】
- 平成29年春午前問17
- 令和元年秋午前問17
- サンプル問題セット科目A問15

【バッファの機能】
- 平成28年春午前問17

【スプーリング】
- 平成22年春午前問19
- 平成26年秋午前問18
- 平成27年春午前問17
- 平成27年秋午前問16
- 平成29年春午前問16
- 平成30年秋午前問17

【ポーリング制御】
- 平成29年秋午前問17

主記憶管理

記憶領域の管理方法には，プログラムの大きさに応じて可変の区画を割り当てる**可変区画方式**と，主記憶とプログラムを固定長の単位に分割して管理する**固定区画方式**の2種類があります。固定区画方式の固定長の1単位のことをページと呼びます。固定区画方式のほうがメモリ効率が悪いですが，一定の大きさで管理するので，メモリプール管理でのメモリの獲得や返却の処理速度は速く，一定となります。

可変区画方式では，プログラムが断片化すると効率が悪くな

過去問題をチェック

主記憶管理について，基本情報技術者試験では次の出題があります。

【固定長方式】
- 平成21年秋午前問18
- 平成24年春午前問23

【動的再配置】
- 平成27年秋午前問18
- 平成29年秋午前問19

【メモリリーク】
- 平成25年秋午前問17
- 平成29年秋午前問16

るため，**動的再配置**を行って，分散する空き領域をまとめます。

プログラムの中でメモリ（主記憶）を使用するとき，使い終わった領域は解放させないと，メモリが足りなくなることがあります。使用が終わったメモリを解放しないことを**メモリリーク**といい，メモリの解放をプログラマが自分で記述するCやC++を使用する場合にはよく起こります。

Java言語などでは，メモリリークに対応するため，自動でメモリを解放する**ガベージコレクション**という機能を備えています。

主記憶装置の領域には限りがあるため，必要なプログラム以外は補助記憶装置に置いてアクセスします。補助記憶装置とのやり取りは，次の方法で行います。

①オーバレイ方式（セグメント方式）

あらかじめプログラムを分けて補助記憶装置に格納しておき，必要な部分だけ主記憶装置に置く方法です。仮想記憶をサポートする以前のOSで使われており，プログラマが考えて指定します。

②スワッピング

メモリの内容を補助記憶装置のスワップファイルに書き出して，ほかのタスクがメモリを使えるように解放することです。メモリからスワップに取り出すことを**スワップアウト**，スワップからメモリに戻すことを**スワップイン**といいます。

仮想記憶管理

仮想記憶とは，コンピュータに実装される主記憶装置（メモリ）よりも大きな領域をメモリ空間として利用できるようにする技術です。**補助記憶装置に仮想記憶領域を用意**し，OSが自動的にデータを出し入れします。

仮想記憶の方式は，固定長のページ単位で管理を行う**ページング方式**が一般的です。プログラムを固定長のページに分けて，ページごとに補助記憶装置の仮想記憶領域に取り出します。主記憶から仮想記憶に取り出すことを**ページアウト**，仮想記憶から主記憶に戻すことを**ページイン**といいます。

また，主記憶上に必要なページが存在しないことを**ページフォールト**といいます。ページフォールトが発生すると，空き領域がある場合には**ページイン**を実行します。空き領域がない場合には，**ページアウト**を行ってページを空けてから，**ページイン**を実行します。

ページフォールトが頻繁に起こってページインとページアウトが繰り返されることを**スラッシング**といい，システムの応答速度が急激に低下します。

それでは，次の問題を考えてみましょう。

問題

ページング方式の仮想記憶において，ページフォールトの発生回数を増加させる要因はどれか。

ア　主記憶に存在しないページへのアクセスが増加すること

イ　主記憶に存在するページへのアクセスが増加すること

ウ　主記憶のページのうち，更新されたページの比率が高くなること

エ　長時間アクセスしなかった主記憶のページをアクセスすること

(平成29年秋 基本情報技術者試験 午前 問20)

解説

ページング方式の仮想記憶において，ページフォールトが発生するのは，アクセスしたページが主記憶に存在しない場合です。主記憶に存在しないページへのアクセスが増加することは，ページフォールトの発生回数を増加させる要因となります。したがって，**ア**が正解です。

イ　主記憶にあるページが中心となると，ページフォールトの発生回数は減少します。

ウ　主記憶のページが更新されても，ページフォールトには影響しません。

過去問題をチェック

仮想記憶管理について，基本情報技術者試験では次の出題があります。

【ページング方式】
- 平成23年特別午前問20
- 平成26年春午前問16
- 平成29年春午前問15
- 平成29年秋午前問20

【スラッシング】
- 平成22年秋午前問21
- 平成24年春午前問21
- 平成25年春午前問19
- 平成27年春午前問18
- 平成28年秋午前問17

【LRU】
- 平成21年春午前問20
- 平成23年特別午前問21
- 平成24年春午前問22
- 平成24年秋午前問19
- 平成25年春午前問20
- 平成26年秋午前問16
- 平成27年春午前問20
- 平成27年秋午前問17
- 平成28年秋午前問19

【FIFOとLRU】
- 平成29年春午前問19

エ 長時間アクセスがなくても，主記憶に残っていればページフォールトは発生しません。

≪解答≫ア

ページング方式におけるページの置換えのアルゴリズムには，以下のようなものがあります。

①FIFO（First In First Out）方式

最初にページインしたページを最初にページアウトさせる方式です。

②LRU（Least Recently Used）方式

最後に**使用されてからの経過時間が最も長い**ページを最初にページアウトさせる方式です。

③LFU（Least Frequently Used）方式

使用頻度が最も低いページを最初にページアウトさせる方式です。

覚えよう！

- □ プリエンプションが起こると，実行状態→実行可能状態へ
- □ FIFOは先入れ先出し，LRUは使用されていないものを置き換え

2-3-2 ミドルウェア

ミドルウェアは，OSとアプリケーションソフトウェアの中間に位置するソフトウェアです。

ミドルウェアの役割と機能

ミドルウェアは，OSとアプリケーションソフトウェアの中間に位置するソフトウェアです。ミドルウェアの代表的なものには，DBMSや運用管理ツールなどがあります。

シェルの役割と機能

シェルは，利用者からの指示をコマンドで受け付けて解釈し，プログラムを起動，制御するプログラムです。また，カーネルの機能を呼び出す役割をもっています。

シェルでは，コマンドインタプリタを利用し，コマンドを順次使用します。UNIXのシェルスクリプトでは，連続したコマンドの実行を行うとき，あるコマンドの標準出力を，直接別のコマンドの標準入力につなげる機能のことを，**パイプ**といい，「|」の記号で表します。また，入出力の切替え機能のことを**リダイレクト**といい，「<」や「>」の記号で表します。

それでは，次の問題を考えてみましょう。

問題

UNIXにおいて，あるコマンドの標準出力を，直接別のコマンドの標準入力につなげる機能はどれか。

ア　パイプ
イ　バックグラウンドジョブ
ウ　ブレース展開
エ　リダイレクト

（平成28年春 基本情報技術者試験 午前 問18）

解説

UNIXにおいて，あるコマンドの標準出力を，直接別のコマンドの標準入力につなげる機能のことを，パイプ（|）といいます。次のような形で，コマンド1の出力内容を，コマンド2に渡します。

```
コマンド1 | コマンド2
```

したがって，**ア**が正解です。

イ　コマンドラインとは別に，非同期で動作するジョブのことです。
ウ　中括弧（ブレース）で囲んだ中に，カンマ区切りで文字列を列挙すると，列挙した順に展開することです。
エ　入出力の切替え機能のことで，「<」や「>」の記号で表します。

≪解答≫ア

API

API（Application Programming Interface）は，アプリケーションから利用できる，OSなどのシステムの機能を利用する関数などのインタフェースです。例えば，OSの画面を表示するAPIを呼び出して文字を表示させることなどが可能です。また，Webサイトで利用するAPIのことをWebAPIといいます。

ライブラリ

プログラムやマクロなどを，再利用しやすいようにまとめて管理しているものを**ライブラリ**といいます。プログラム言語ごとに，様々なライブラリがあります。

プログラムを構成するモジュールの結合を，プログラムの実行時に行う方式のことを**動的リンキング**といい，動的リンキングを行うライブラリのことを，**DLL**（Dynamic Link Library）といいます。

開発フレームワーク

開発フレームワークとは，システム開発を標準化して効率的に進めるための全体的な枠組みです。ソフトウェアをどのように開発すべきかを，再利用可能なクラスなどによって示し，特定の用途に使えるようにしています。例えば，Webアプリケーションを開発するためのWebアプリケーションフレームワークがあります。

覚えよう！

- □ UNIXのシェルでは，パイプやリダイレクトでデータを受け渡す
- □ APIは，OSなどのシステムが提供するインタフェース

2-3-3 ファイルシステム

ファイルは，階層化されたディレクトリで管理されます。また，ファイルシステムにはいろいろな種類があります。

ディレクトリ管理とファイル管理

ディレクトリとは，コンピュータ上でファイルを整理して管理するための，階層構造をもつグループです。最上位のディレクトリを**ルートディレクトリ**と呼び，そこからツリー状にディレクトリを構成します。一般の利用者は利用可能な最上位のディレクとなる**ホームディレクトリ**が設定され，現在操作を行っているディレクトリを**カレントディレクトリ**といいます。

ファイルはルートディレクトリからのパス名で識別されます。ルートディレクトリからのパス名を**絶対パス名**，カレントディレクトリからの相対の位置を示すパス名を**相対パス名**といいます。

それでは，次の問題を考えてみましょう。

用語

パスとは，記憶装置内でファイルやディレクトリの所在を示す文字列のことです。UNIX系のOSでは「/(スラッシュ)」で，Windows系のOSでは「\ (バックスラッシュ)」(日本語のOSでは“¥”)で表されます。相対パスでは，起点となるディレクトリを「.」で，1つ上のディレクトリを「..」で表します。絶対パスで/etc/passwdというファイルを，/usr/test/というディレクトリを起点として相対パスで呼び出すには，「../../etc/passwd」と表現します。

過去問題をチェック

ディレクトリ管理について，基本情報技術者試験では次の出題があります。

【絶対パス名】
- 平成21年春午前問21
- 平成26年秋午前問19
- 平成30年春午前問17
- サンプル問題セット科目A問18

【カレントディレクトリ】
- 平成21年秋午前問19
- 平成29年春午前問18

【ホームディレクトリ】
- 平成22年春午前問21

問題

ファイルシステムの絶対パス名を説明したものはどれか。

ア　あるディレクトリから対象ファイルに至る幾つかのパス名のうち，最短のパス名

イ　カレントディレクトリから対象ファイルに至るパス名

ウ　ホームディレクトリから対象ファイルに至るパス名

エ　ルートディレクトリから対象ファイルに至るパス名

（基本情報技術者試験（科目A試験）サンプル問題セット 問18）

解説

ファイルシステムの絶対パス名とは，カレントディレクトリ（現在示しているディレクトリ）に関係ない，絶対的なパス名です。ルートディレクトリから対象ファイルに至るパスを全部記述します。したがって，エが正解です。

ア　最短のパス名に特に名前はありません。上位ディレクトリを示す記号（../や..¥）などを使用すると，最短以外のパスも示すことができます。

イ　相対パス名の説明です。

ウ　ホームディレクトリからのパス名に関する説明です。

≪解答≫エ

ファイル編成とアクセス手法

データのレコードを格納するファイル編成の方法には，順編成ファイル，**直接編成ファイル**，索引編成ファイルなどがあります。順編成ファイルはレコードを順番に並べた編成です。索引編成ファイルは，データの他に索引をもち，索引からレコードにアクセスする編成です。

直接編成ファイルは，レコードに直接アクセス可能な編成方式です。具体的には，レコードから**ハッシュ法**などで**キー値**を求め，キー値から直接レコードが格納されているアドレスにアクセスします。キー値が一様に分布しており，衝突が発生しない場合に適した手法です。

バックアップ

バックアップを取得する際，バックアップ対象をすべて取得することを**フルバックアップ**といいます。それに対し，前回のフルバックアップとの増分や差分のみを取得することを**増分バックアップ**，**差分バックアップ**といいます。増分バックアップでは，前回のフルバックアップまたは増分バックアップ以後に**変更されたファイルだけ**をバックアップします。差分バックアップでは，前回の**フルバックアップ以後に変更されたファイル**を全部バックアップします。図で示すと次のようになります。

過去問題をチェック
バックアップについて，基本情報技術者試験では次の出題があります。
【増分バックアップ】
・平成25年春午前問21
・令和元年秋午前問19

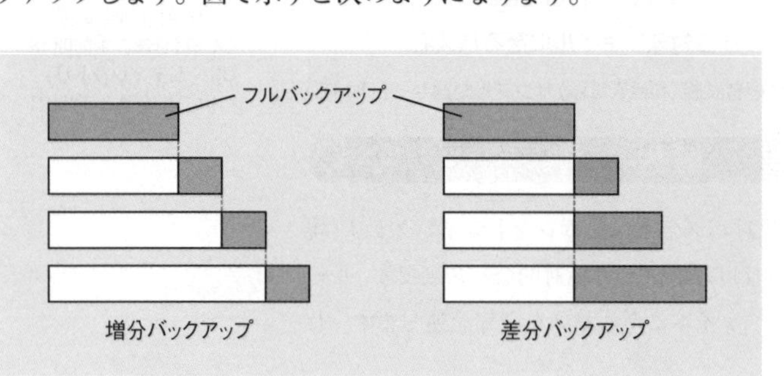

図2.25 増分バックアップと差分バックアップ

フルバックアップを取得する周期が短いほうが，復旧にかかる時間は短くなります。また，増分バックアップでは，1回のバックアップにかかる時間は短くて済みますが，復旧時にはすべての増分ファイルを順番に使用する必要があるため，復旧に時間がかかります。

▶▶▶覚えよう！

- □ **絶対パス名はルートディレクトリから，相対パス名はカレントディレクトリから**
- □ **増分バックアップは前回からの差，差分バックアップはフルバックアップとの差**

2-3-4 開発ツール

開発ツールは，設計やプログラミングなど，ソフトウェア開発の各工程を助けるためのツールです。

開発ツールの種類と特徴

開発ツールには，設計を支援するツール，プログラミングやテストを支援するツールなど，様々な開発ツールがあります。

代表的な開発ツールは次のとおりです。

①CASEツール

CASE（Computer Aided Software Engineering）ツールとは，ソフトウェア開発の各工程を通して自動化，効率化を目的とするツールです。

システム開発の上流工程である，要件定義や設計を支援するツールを**上流CASEツール**といいます。下流工程である，プログラミングやテストを支援するツールを下流CASEツールといいます。

関連
システム開発の工程に関しては，4章全体で詳しく学習します。

設計情報からソフトウェア製品の一部を自動生成するツールや，E-R図からデータベースを生成するツールなど，ソフトウェア開発を効率化する様々なツールがあります。

②テストツール

ソフトウェアのテストを支援するツールです。プログラムのソースコードを解析して誤りを検出する**静的テストツール**と，プログラムを実行させて不具合を確認する**動的テストツール**に分けられます。

③IDE

IDE（Integrated Development Environment：統合開発環境）は，開発作業全体を一貫して工程を支援するツールです。

参考
IDEの代表的なものには，マイクロソフトのVisual Studio Codeやアップルの Xcode，オープンソースのEclipseなどがあります。

④トレーサー

テスト実行時に実行経路を表示するツールです。

⑤インスペクター

テスト実行時にデータ内容を表示するためのツールです。

⑥バージョン管理ツール

ソフトウェアのバージョン管理を行うツールです。最新のデータ以外に，古いデータとその差分を残して，成果物を一元管理します。プログラム以外にもドキュメントや，データ定義などを管理することができます。するデータベースであるリポジトリで，データを管理します。管理するデータベースである**リポジトリ**からデータを取り出すことを**チェックアウト**，データを登録することを**チェックイン**といいます。

参考
バージョン管理ツールの代表的なものには，オープンソースのGitやSubversion，マイクロソフトのVSS（Visual SourceSafe）などがあります。

過去問題をチェック
開発ツールについて，基本情報技術者試験では次の出題があります。
【CASEツール】
・平成21年秋午前問20
【テストツール】
・平成23年秋午前問23
・平成25年春午前問22
・平成26年春午前問19
・平成28年春午前問21
・平成31年春午前問48

⑦アサーションチェッカ

プログラムの途中にアサーション（論理的に成立すべき条件）を登録して，満たしているかチェックするツールです。

⑧スナップショット

ある一時点のストレージの状態（ファイルとディレクトリの集合など）をそのまま記録するツールです。

言語処理ツール

プログラム言語を処理するツールが，言語処理ツールです。
言語処理ツールには主に次のものがあります。

①コンパイラ

ソースコードを，コンピュータが実行可能なオブジェクトコー

用語
ソースコードとは，プログラム言語で書かれたプログラムのことです。コンパイルして機械が解釈できるようにしたものをオブジェクトコードといいます。オブジェクトコードのままではプログラムが断片的なので，リンカで結びつけて実行コードを作り，ローダでメモリに配置します。

ドに変換するツールです。次の順序で，コンパイルを行います。

1. 字句解析（文字列を演算子や数値などに分解）
2. 構文解析（文法の構造を解析）
3. 意味解析（実行する内容を解析）
4. **最適化**（プログラムを効率化）

プログラムを解析し，実行時の処理効率を高めたオブジェクトコードを生成するよう最適化を行います。最適化を行うことで，プログラムの**実行時間を短縮**することができます。

②リンカ

相互参照の解決などを行い，複数のオブジェクトコードから1つの実行コードを生成するツールです。プログラムの実行時にリンクを行うことを**動的リンキング**，あらかじめすべてリンクしておくことを**静的リンキング**といいます。

③ローダ

リンカで結びつけた実行コードを，主記憶装置（メモリ）に配置するツールです。

④インタプリタ

ソースコードを順番に，解釈しながら実行するツールです。

⑤クロスコンパイラ

コンパイラが動作している環境以外に向けて実行ファイルを作成するツールです。組込みシステムでは，通常のコンピュータでクロスコンパイルを行い，実行ファイルを組み込みます。

⑥アセンブラ

アセンブリ言語を機械語に翻訳するツールです。

それでは，次の問題を考えてみましょう。

問題

インタプリタの説明として，適切なものはどれか。

ア　原始プログラムを，解釈しながら実行するプログラムである。
イ　原始プログラムを，推論しながら翻訳するプログラムである。
ウ　原始プログラムを，目的プログラムに翻訳するプログラムである。
エ　実行可能なプログラムを，主記憶装置にロードするプログラムである。

（基本情報技術者試験（科目A試験）サンプル問題セット 問16）

解説

インタプリタとは，プログラム言語を処理するツールの1つで，原始プログラムを順番に解釈しながら実行します。したがって，**ア**が正解です。

イ　推論は論理プログラミングで実行する内容です。
ウ　別のプログラム言語に変換するプログラムジェネレータなどが該当します。
エ　ローダの説明です。

≪解答≫ア

過去問題をチェック

言語処理ツールについて，基本情報技術者試験では次の出題があります。単純に1つの用語を聞くだけではなく，2つの方式の比較や処理の順序が問われることも多いです。

【コンパイラ】
・平成21年春午前問22
・平成22年秋午前問10
・平成22年秋午前問55
・平成24年秋午前問79
・平成27年秋午前問19
・平成30年秋午前問19

【コンパイラの最適化】
・平成22年秋午前問22
・平成23年秋午前問22
・平成26年春午前問18
・平成28年春午前問19
・平成30年春午前問18

【インタプリタ】
・平成31年春午前問19
・サンプル問題セット科目A問16

【リンカ】
・平成24年秋午前問20
・平成28年春午前問20
・平成30年秋午前問20

【コンパイラ・インタプリタ】
・平成23年特別午前問23

【コンパイラ・リンカ・ローダ】
・平成21年春午前問22

覚えよう！

□　コンパイラはまとめて解析して最適化
□　インタプリタは1行ずつ解釈して実行

2-3-5 オープンソースソフトウェア

OSSは，ソースコードを公開しているソフトウェアです。オープンソースには定義があり，いくつかの種類があります。

OSSの定義

OSS（Open Source Software：オープンソースソフトウェア）

とは，ソースコードを公開しているソフトウェアです。公開しているからといって，必ず無料とは限らず，ライセンスがないわけではありません。

オープンソースの推進団体OSI（Open Source Initiative）では，オープンソースライセンスの条件として，以下のような10の定義を挙げています。

関連
オープンソースの定義については，原文が下記のWebサイトで公開されています。
https://opensource.org/osd

1. 自由に再頒布できること（**有料で販売**する場合も含む）
2. ソースコードを公開すること
3. 派生物の作成と，それを同じライセンスで頒布することを許可すること
4. 基本ソースとパッチ（差分情報）というかたちで頒布することを義務づけてもかまわない。
5. 個人やグループに対する差別をしないこと
6. 利用する分野に対する差別をしないこと
7. ライセンス分配に追加ライセンスを必要としないこと
8. 特定製品でのみ有効なライセンスにしないこと
9. 他のソフトウェアを制限するライセンスにしないこと
10. ライセンスは技術的な中立を保つこと

それでは，次の問題を考えてみましょう。

問題

OSIによるオープンソースソフトウェアの定義に従うときのオープンソースソフトウェアに対する取扱いとして，適切なものはどれか。

ア　ある特定の業界向けに作成されたオープンソースソフトウェアは，ソースコードを公開する範囲をその業界に限定することができる。

イ　オープンソースソフトウェアを改変して再配布する場合，元のソフトウェアと同じ配布条件となるように，同じライセンスを適用して配布する必要がある。

ウ　オープンソースソフトウェアを第三者が製品として再配布する場合，オープンソースソフトウェアの開発者は第三者に対してライセンス費を請求することができる。

エ　社内での利用などのようにオープンソースソフトウェアを改変しても再配布しない場合，改変部分のソースコードを公開しなくてもよい。

（平成31年春 基本情報技術者試験 午前 問20）

過去問題をチェック

OSSについて，基本情報技術者試験では次の出題があります。

【OSSの定義】
・平成21年春午前問23
・平成31年春午前問20

【OSSのライセンス違反】
・平成21年秋午前問21
・平成25年秋午前問21

【オープンソースライセンス】
・平成26年秋午前問20

解説

オープンソースの推進団体OSI（Open Source Initiative）によるオープンソースソフトウェアの定義では，ソースコードは公開される必要があります。また，ライセンスによって変更されたソースコードの配布を制限することができます。しかし，オープンソースソフトウェアを改変しても再配布しない場合，改変部分のソースコードを公開する必要はありません。したがって，**エ**が正解です。

ア　個人やグループに対する差別をしないことが明記されており，特定の業界での使用を制限できません。

イ　再配布の自由があり，同じライセンスを適用して配布するという制限はありません。

ウ　再配布の自由があり，ライセンス費を請求するなどで，ソフトウェアの販売を制限することはできません。

≪解答≫エ

OSSのライセンス

OSSのライセンスには次のように多様な形態があり，どの形態のライセンスを採用するかは，OSSの原作者が自由に決めることができます。

①コピーレフト

著作権を保持したまま，二次的著作物も含めて，すべての人が著作物を利用・改変・再頒布できなければならないという考え方です。

②GPL（General Public License）

OSSのライセンス体系の1つで，コピーレフトの考え方に基づきます。GPLのソフトを再配布する場合にはGPLのライセンスを踏襲する必要があります。

③BSD（Berkeley Software Distribution）ライセンス

OSSのライセンス体系の1つで，GPLに比べて制限の少ないライセンスです。無保証であることの明記と，著作権及びライセンス条文を表示する以外は自由です。

代表的なOSS

広く利用されているOSSには，以下のものがあります。

①Linux

OSSのUNIX系OSです。いろいろな配布パッケージ（ディストリビューション）で配布されています。

②Eclipse

ソフトウェアの統合開発環境として提供されています。

③Apache Hadoop

多数のサーバで構成された大規模な分散処理を実現します。

④MySQL

リレーショナルデータベースを構築するOSSです。同様の

OSSにPostgreSQLがあります。

⑤ディープラーニングライブラリ

ディープラーニングを高速に実現するためのライブラリに，**PyTorch**やTensorFlowなどがあります。

⑥画像処理ライブラリ

画像の変換やフィルタ処理など，様々な画像処理を行うライブラリに**OpenCV**があります。OpenCVでは，画像処理に関する機械学習なども実現できます。

過去問題をチェック

代表的なOSSについて，基本情報技術者試験では次の出題があります。

【Eclipse】
・平成24年秋午前問21
・平成27年秋午前問20
・平成30年春午前問19

【Apache Hadoop】
・平成30年春午前問20

▶▶▶ 覚えよう！

- □ **OSSは有料配布も，ソフトの改変もOK**
- □ **Eclipseは統合開発環境，Hadoopは分散処理**

2-4 ハードウェア

ハードウェアでは，コンピュータの構成部品である電子・電気回路や，機械・制御と構成部品，設計について学びます。

2-4-1 ハードウェア

コンピュータのハードウェアとは，物理的な構成部品である電子・電気回路，CPUなどと，それらの集合であるハードディスクやPC本体などを指します。

勉強のコツ

回路記号自体は，試験問題に書かれているので覚える必要はありません。
電気回路の問題は，実際に0や1を入れてみて回路図をトレースすることが大切です。

電気・電子回路

コンピュータの基本的な論理回路には，AND回路，OR回路，NOT回路があります。NOTを○で表現し，ANDやORを組み合わせた**NAND**回路（NOT + AND），**NOR**回路（NOT + OR）があります。さらに，排他的論理和を表すXOR回路もあります。

以下に，それぞれの回路記号を表します。

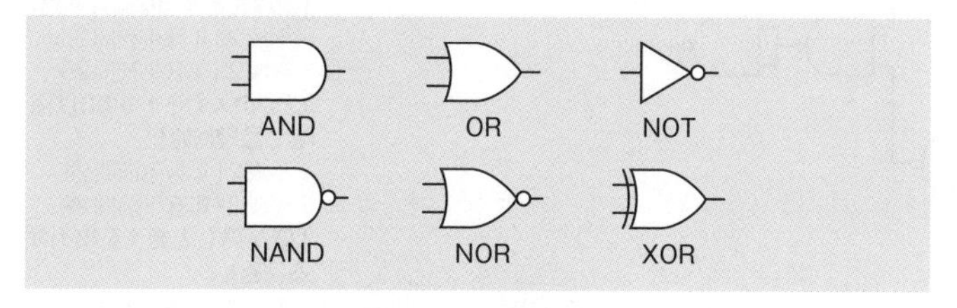

図2.26 回路記号

NAND回路は，ほかの回路に比べて回路構成が簡単なので作りやすいという特徴があります。また，ほかの5つの論理回路をNANDだけで表現することが可能なので，NAND回路のみを組み合わせてほかの論理回路を作るということも多くあります。

それでは，次の問題を考えてみましょう。

問題

2入力NAND素子を用いて4入力NAND回路を構成したものはどれか。

ア

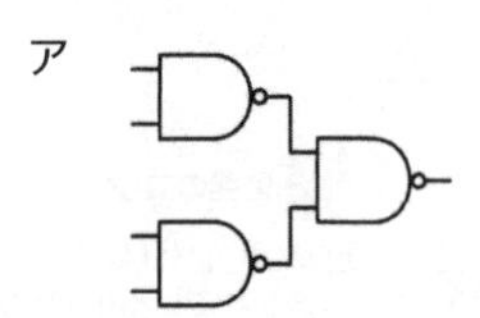

イ

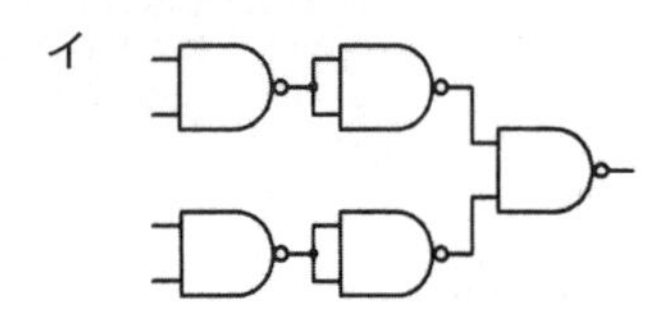

ウ

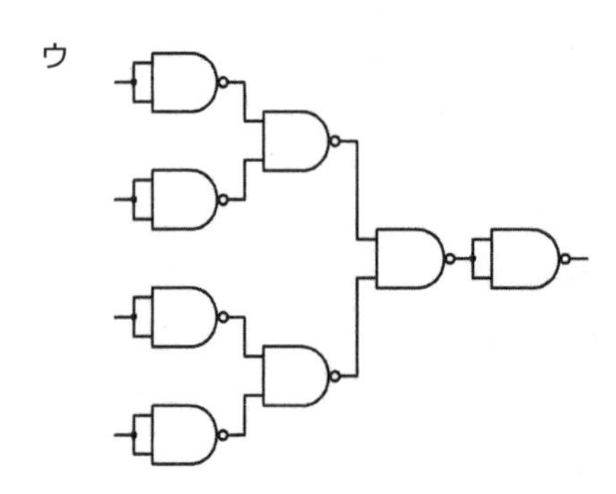

エ

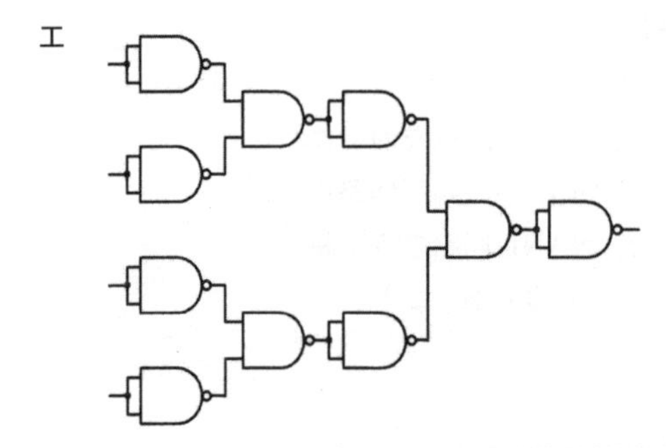

(平成30年秋 基本情報技術者試験 午前 問22)

過去問題をチェック

論理回路については，科目Aの定番です。基本情報技術者試験では次の出題があります。

【多数決回路】
- 平成28年秋午前問23
- 平成30年春午前問23

【NANDの組合せ回路】
- 平成24年秋午前問22
- 平成27年秋午前問23
- 平成30年秋午前問22

【LED点灯回路】
- 平成22年春午前問23
- 平成24年春午前問25
- 平成28年秋午前問21

【半加算器】
- 平成21年春午前問25
- 平成23年特別午前問25
- 平成29年春午前問22

【論理回路と等価な論理式】
- 平成22年秋午前問24
- 平成27年春午前問23
- 平成29年秋午前問23

【等価な論理回路】
- 平成25年春午前問24
- 平成26年秋午前問21
- 平成28年春午前問23

【論理式と等価な論理回路】
- 平成23年秋午前問26
- 平成25年秋午前問25

【2つの入力と1つの出力をもつ論理回路】
- 平成21年秋午前問24
- 平成31年春午前問22

【値が同じとき1を出力する回路】
- 平成22年春午前問26
- 平成26年春午前問22

解説

2入力NAND素子は，AND（Dの形）の後にNOT（○）をつけて否定し，2つの入力がともに1（真）の場合のみ0（偽）となります。4入力NANDでは，4つの入力が全部1（真）の場合のみ0（偽）となるようにします。

1つの入力を2つに分けてNAND素子を使用すると，入力が0の場合に1，1の場合に0となるので，単純なNOT回路と同じになります。イのように，NAND素子＋NOT回路を直列接続すると，NANDの○（NOT）がNOT回路と打ち消しあって，AND回路と同様の結果となります。

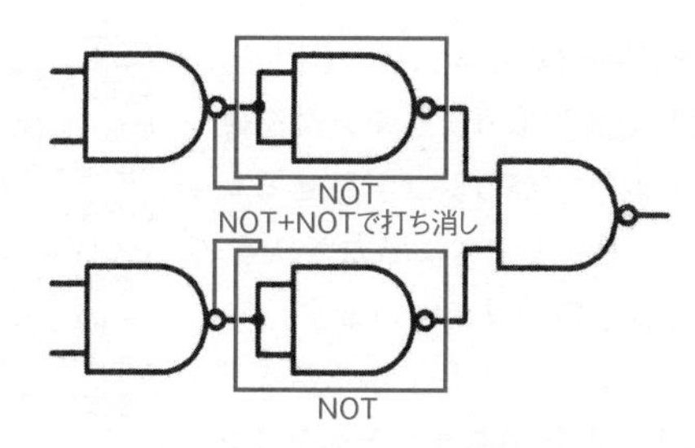

図2.27 NAND＋NOTでの打ち消し

AND回路を2つ結合して，さらにAND演算を行うと，4つの入力でのAND回路となります。イのように，2つのAND回路を接続して4入力AND回路とし，最後にNOT（○）をつけて否定することで，4入力NAND回路となります。したがって，イが正解です。

ア 上下2つごとの回路への入力のどちらかが，2つとも1になったときに1となる回路です。

ウ 上下2つごとの回路への入力のどちらかが，2つとも0になったときに0となる回路です。

エ 4つの入力が全部0の場合のみ1となる回路です。

≪解答≫イ

過去問題をチェック

フリップフロップ回路について，基本情報技術者試験では次の出題があります。

【フリップフロップ】

・平成22年春午前問25
・平成24年秋午前問23
・平成26年春午前問20
・平成26年秋午前問22
・平成28年秋午前問22
・平成31年春午前問21

フリップフロップ回路

フリップフロップ回路とは，**1ビットの情報を記憶**することができる論理回路です。SRAMでよく利用されます。フリップフロップ回路には，次の回路のような，NAND回路を2つ組み合わせたSR（Set Reset）型フリップフロップなどがあります。

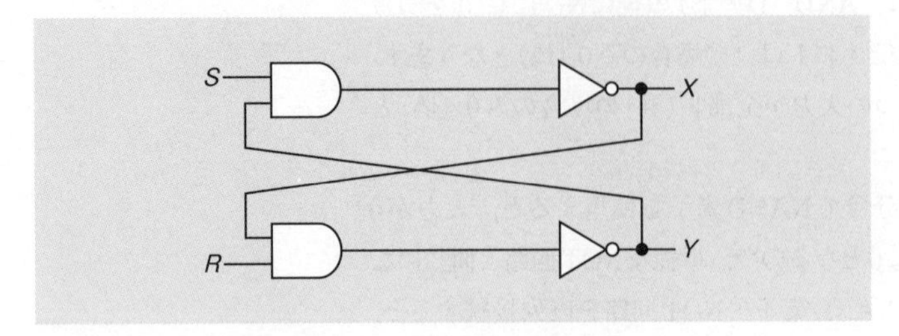

図2.28 フリップフロップ回路の例

機械・制御

ハードウェアで周期的にデータを読み取るときには，CPUの**レジスタ**に格納し，**クロック**を使用して読み取りタイミングを確認します。1ビットずつデータを読み取りながらシフトさせるレジスタを**シフトレジスタ**といいます。データとともに出力される，読み取り用のタイミング信号のことを**ストローブ**といいます。

機械で押しボタンスイッチを推すときには，押してから数ミリ秒の間，複数回のON，OFFが発生する現象があり，**チャタリング**と呼ばれます。

過去問題をチェック

機械・制御について，基本情報技術者試験では次の出題があります。

【シフトレジスタの値】
・令和元年秋午前問21

【チャタリング】
・平成23年特別午前問26
・平成27年秋午前問22

構成部品

ハードウェアの構成部品には，次のようなものがあります。

①IC（Integrated Circuit：集積回路）

半導体を集積した回路です。

②カスタムIC

利用者が要求する特定の用途に特化したICです。製造するときに回路設計を決定する**ASIC**（Application Specific Integrated Circuit）などがあります。

③LSI（Large Scale Integration：大規模集積回路）

ICよりも集積度を高めた集積回路です。

④システムLSI

組込みシステム製品の電子回路を1チップに集約した半導体製品です。シングルチップマイコンとも呼ばれ，入出力機能が内蔵されています。

その設計手法は，SoC（System on a Chip）と呼ばれます。

複数の半導体を組み合わせて1つにすることで占有面積を縮小でき，システムを小型化，高速化することが可能になります。

⑤FPGA（Field Programmable Gate Array）

製造後に構成を変更できる集積回路です。特定のシステムに適用するように，利用者が回路構成を変更することができます。

⑥MEMS（Micro Electro Mechanical Systems）

センサー，アクチュエータなどや電子回路を1つのシリコン基板などに集積化したデバイスです。

過去問題をチェック
構成部品について，基本情報技術者試験では次の出題があります。
【シングルチップマイコン】
・平成21年春午前問10
【SoC】
・平成21年秋午前問23

消費電力

組込み機器のハードウェアでは，電池やバッテリーなどで動くものが多くあります。そのため，ハードウェア開発では消費電力を考えることが重要となります。

電池には，アルカリマンガン電池などの放電のみが可能な**一次電池**と，**リチウムイオン電池**などの充電も可能な**二次電池**があります。

電力の単位は**W**（ワット）で，電流（A:アンペア）×電圧（V：ボルト）で計算できます。電力量の単位は，Wh（ワット時）が使われます。これは，1時間ごとの電力の量です。

コンセントなどからの電力は，**交流**で供給されます。コンピュータや電子機器は，**直流**で使用されるので，交流と直流の変換が必要となります。最初から直流で電力を供給する**直流給電**を利用すると，変換で生じる電力消失を軽減できます。

それでは，次の問題を考えてみましょう。

問題

データセンタなどで採用されているサーバ，ネットワーク機器に対する直流給電の利点として，適切なものはどれか。

ア　交流から直流への変換，直流から交流への変換で生じる電力損失を低減できる。

イ　受電設備からCPUなどのLSIまで，同じ電圧のまま給電できる。

ウ　停電の危険がないので，電源バックアップ用のバッテリを不要にできる。

エ　トランスを用いて容易に昇圧，降圧ができる。

（平成31年春 基本情報技術者試験 午前 問23）

過去問題をチェック

電力について，基本情報技術者試験では次の出題があります。

【電力量】
・平成26年秋午前問23

【必要な入力電力】
・平成25年秋午前問24

【出力電圧の変化】
・平成25年秋午前問22
・平成29年春午前問20

【二次電池】
・平成30年秋午前問23

【直流給電の利点】
・平成31年春午前問23

解説

サーバ，ネットワーク機器で使用する電気は直流で，交流の電流を直流に変換して使用しています。直流給電を行うと，交流から直流への変換，直流から交流への変換が必要なくなるため，その途中で生じる電力損失を低減することができます。したがって，**ア**が正解です。

イ　同じ直流でも，電圧を変える必要はあります。

ウ　停電は起こるので，バッテリは必要です。

エ　トランスは交流電圧を変えるもので，直流には使えません。

≪解答≫ア

▶▶▶覚えよう！

□　NAND回路で，様々な回路が表現できる

□　2つの安定状態をもつフリップフロップ回路

2-5 演習問題

問1 内部割込み CHECK ▶ □□□

内部割込みに分類されるものはどれか。

ア 商用電源の瞬時停電などの電源異常による割込み
イ ゼロで除算を実行したことによる割込み
ウ 入出力が完了したことによる割込み
エ メモリパリティエラーが発生したことによる割込み

問2 CPUが1秒間に実行できる命令数 CHECK ▶ □□□

1GHzのクロックで動作するCPUがある。このCPUは，機械語の1命令を平均0.8クロックで実行できることが分かっている。このCPUは1秒間に平均何万命令を実行できるか。

ア 125　　イ 250　　ウ 80,000　　エ 125,000

問3 ECCで必要な冗長ビット CHECK ▶ □□□

メモリのエラー検出及び訂正にECCを利用している。データバス幅2^nビットに対して冗長ビットが$n+2$ビット必要なとき，128ビットのデータバス幅に必要な冗長ビットは何ビットか。

ア 7　　イ 8　　ウ 9　　エ 10

問4 キャッシュメモリ CHECK ▶ □□□

キャッシュメモリに関する記述のうち，適切なものはどれか。

ア キャッシュメモリにヒットしない場合に割込みが生じ，プログラムによって主記憶からキャッシュメモリにデータが転送される。
イ キャッシュメモリは，実記憶と仮想記憶とのメモリ容量の差を埋めるために採用される。
ウ データ書込み命令を実行したときに，キャッシュメモリと主記憶の両方を書き換える方式と，キャッシュメモリだけを書き換えておき，主記憶の書換えはキャッシュメモリから当該データが追い出されるときに行う方式とがある。
エ 半導体メモリのアクセス速度の向上が著しいので，キャッシュメモリの必要性は減っている。

問5 デバイスドライバ CHECK ▶ □□□

デバイスドライバの説明として，適切なものはどれか。

ア PCに接続された周辺機器を制御するソフトウェア
イ アプリケーションプログラムをPCに導入するソフトウェア
ウ キーボードなどの操作手順を登録して，その操作を自動化するソフトウェア
エ 他のPCに入り込んで不利益をもたらすソフトウェア

問6 3Dプリンタの機能 CHECK ▶ □□□

3Dプリンタの機能の説明として，適切なものはどれか。

ア 高温の印字ヘッドのピンを感熱紙に押し付けることによって印刷を行う。
イ コンピュータグラフィックスを建物，家具など凹凸のある立体物に投影する。
ウ 熱溶解積層方式などによって，立体物を造形する。
エ 立体物の形状を感知して，3Dデータとして出力する。

問7 エッジコンピューティング CHECK ▶ □□□

エッジコンピューティングの説明として，最も適切なものはどれか。

ア 画面生成やデータ処理をクライアント側で実行することによって，Webアプリケーションソフトウェアの操作性や表現力を高めること

イ データが送信されてきたときだけ必要なサーバを立ち上げて，処理が終わり次第サーバを停止してリソースを解放すること

ウ 複数のサーバやPCを仮想化して統合することによって一つの高性能なコンピュータを作り上げ，並列処理によって処理能力を高めること

エ 利用者や機器に取り付けられたセンサなどのデータ発生源に近い場所にあるサーバなどでデータを一次処理し，処理のリアルタイム性を高めること

問8 性能悪化に関する調査項目 CHECK ▶ □□□

アプリケーションの変更をしていないにもかかわらず，サーバのデータベース応答性能が悪化してきたので，表のような想定原因と，特定するための調査項目を検討した。調査項目cとして，適切なものはどれか。

想定原因	調査項目
・同一サーバに他のシステムを共存させたことによる負荷の増加 ・接続クライアント数の増加による通信量の増加	a
・非定型検索による膨大な処理時間を要するSQL文の実行	b
・フラグメンテーションによるディスクI/Oの増加	c
・データベースバッファの容量の不足	d

ア 遅い処理の特定

イ 外的要因の変化の確認

ウ キャッシュメモリのヒット率の調査

エ データの格納状況の確認

問9 LRU方式で置き換えられるページ CHECK ▶ □□□

ページング方式の仮想記憶において，ページ置換えアルゴリズムにLRU方式を採用する。主記憶に割り当てられるページ枠が4のとき，ページ1, 2, 3, 4, 5, 2, 1, 3, 2, 6の順にアクセスすると，ページ6をアクセスする時点で置き換えられるページはどれか。ここで，初期状態では主記憶にどのページも存在しないものとする。

ア 1　　イ 2　　ウ 4　　エ 5

問10 増分バックアップ CHECK ▶ □□□

バックアップ方式の説明のうち，増分バックアップはどれか。ここで，最初のバックアップでは，全てのファイルのバックアップを取得し，OSが管理しているファイル更新を示す情報はリセットされるものとする。

ア 最初のバックアップの後，ファイル更新を示す情報があるファイルだけをバックアップし，ファイル更新を示す情報は変更しないでそのまま残しておく。
イ 最初のバックアップの後，ファイル更新を示す情報にかかわらず，全てのファイルをバックアップし，ファイル更新を示す情報はリセットする。
ウ 直前に行ったバックアップの後，ファイル更新を示す情報があるファイルだけをバックアップし，ファイル更新を示す情報はリセットする。
エ 直前に行ったバックアップの後，ファイル更新を示す情報にかかわらず，全てのファイルをバックアップし，ファイル更新を示す情報は変更しないでそのまま残しておく。

問11 コンパイラが最初に行う処理 CHECK ▶ □□□

手続型言語のコンパイラが行う処理のうち，最初に行う処理はどれか。

ア 意味解析　　イ 構文解析　　ウ 最適化　　エ 字句解析

問12 フリップフロップ回路を利用したもの CHECK ▶ □□□

メモリセルにフリップフロップ回路を利用したものはどれか。

ア DRAM　　イ EEPROM　　ウ SDRAM　　エ SRAM

演習問題の解答

問1
(平成30年春 基本情報技術者試験 午前 問10)

《解答》イ

内部割込みは，実行しているプログラムの内部からの割込みです。ゼロで除算を実行したことによる割込みはプログラム割込みと呼ばれ，内部割込の一種です。したがって，**イ**が正解です。

ア　ハードウェア割込みで，外部割込みに該当します。

ウ　入出力割込みで，外部割込みの一種です。

エ　ハードウェア割込みで，外部割込みに該当します。

問2
(令和元年秋 基本情報技術者試験 午前 問12)

《解答》エ

1GHzのクロックで動作するCPUでは，1秒間に1×10^9クロックを実行できます。CPUで機械語の1命令を平均0.8クロックで実行できる場合に，1秒間に平均何万命令(10,000 = 10^4)を実行できるかは，次の式で計算できます。

1×10^9［クロック／秒］÷ 0.8［クロック／命令］

=1.25×10^9［命令／秒］=125,000［万命令／秒］

したがって，**エ**が正解です。

問3
(基本情報技術者試験(科目A試験)サンプル問題セット 問11)

《解答》ウ

ECCでのメモリのエラー検出及び訂正に必要な冗長ビットを求めます。問題文に，データバス幅2^nビットに対して冗長ビットが$n + 2$ビット必要とあります。128ビット = 2^7ビットなので，n=7とすると，

$n + 2 = 7 + 2 = 9$［ビット］

が必要な冗長ビットとなります。したがって，**ウ**が正解です。

問4 （平成30年春 基本情報技術者試験 午前 問11）

《解答》ウ

キャッシュメモリは，プロセッサとメモリの性能差を埋めるために両者の間で用いるメモリです。データ書込み方式には，キャッシュメモリと主記憶の両方を書き換えるライトスルー方式と，キャッシュメモリだけを書き換えておき，主記憶の書換えはキャッシュメモリから当該データが追い出されるときに行うライトバック方式があります。したがって，**ウ**が正解です。

ア キャッシュメモリにヒットしない場合には，主記憶からデータを取得します。割込みは発生しません。

イ キャッシュメモリは，プロセッサとメモリの性能差を埋めるために採用されています。

エ プロセッサの性能も向上しているので，キャッシュメモリは現在も必要です。

問5 （平成31年春 基本情報技術者試験 午前 問17）

《解答》ア

デバイスドライバとは，プリンタやキーボードなどの周辺機器ごとに用意するソフトウェアです。PCにインストールし，周辺機器を制御します。したがって，**ア**が正解です。

イ インストール用のソフトウェアなどの説明です。

ウ マクロなどの，自動化ソフトウェアの説明です。

エ マルウェアなど，悪意のあるソフトウェアの説明です。

問6 （平成31年春 基本情報技術者試験 午前 問12）

《解答》ウ

3Dプリンタは，3D（3次元）で立体物を造形するプリンタです。熱溶解積層（Fused Deposition Modeling：FDM）方式や光造形方式などの造形方法があります。したがって，**ウ**が正解です。

ア 感熱式の2Dプリンタ（2次元で紙などに印刷するプリンタ）の機能です。

イ プロジェクターなどでの映像の投影機能です。

エ 3Dスキャナの機能です。

問7 (令和5年度 基本情報技術者試験 公開問題 科目A 問4)

《解答》エ

エッジコンピューティングとは，端末の近くにサーバを分散配置することで，ネットワークの負荷分散を行う手法です。利用者や機器に取り付けられたセンサなどのデータ発生源に近い場所にあるサーバなどでデータを一次処理することは，エッジコンピューティングに該当します。したがって，**エ**が正解です。

ア　クライアントサーバシステムでのリッチクライアントの説明です。

イ　オンデマンドコンピューティングの説明です。

ウ　HPC（High Performance Computing：ハイパフォーマンスコンピューティング）の説明です。

問8 (平成31年春 基本情報技術者試験 午前 問15)

《解答》エ

表の調査項目cの想定原因は，「フラグメンテーションによるディスクI/Oの増加」です。フラグメンテーションは，データの断片化が起こっている状態で，読取りの効率が悪化します。データの格納状況を確認することで，フラグメンテーションの有無を確認できます。したがって，**エ**が正解です。

ア　bで，特定のSQL文を実行する処理を調査します。

イ　aで，他のシステムの共存による変化を調査します。

ウ　dで，キャッシュメモリにあるバッファのヒット率を調査します。

問9 (平成27年春 基本情報技術者試験 午前 問20)

《解答》エ

ページ置換えアルゴリズムのLRU（Least Recently Used）方式を採用すると，最後に使用されてからの経過時間が最も長いページを最初にページアウトさせます。主記憶に割り当てられるページ枠が4のとき，ページ1，2，3，4を順に割り当てたときのページは以下となります。

枠	1	2	3	4
ページ	1	2	3	4

次にページ5を入れると，最初に挿入されて以降使用されていないページ1が置き換えら

れ，次のようになります。

枠	1	2	3	4
ページ	5	2	3	4

次にページ枠にある2が使用されます。

次のページ1を挿入するときには，ページ2を使用しているので挿入された後に使っていないページ3が置き換えられます。

枠	1	2	3	4
ページ	5	2	1	4

次のページ3を挿入するときには，挿入された後に使っていないページ4が置き換えられます。

枠	1	2	3	4
ページ	5	2	1	3

この状態でページ2を使用した後に，ページ6を使用します。最初に挿入されてから使ってないページ5が経過時間が最も長いので，置き換えられます。したがって，**エ**が正解です。

問10 （令和元年秋 基本情報技術者試験 午前 問19）

《解答》ウ

バックアップを取得する際，バックアップ対象をすべて取得することをフルバックアップといいます。増分バックアップでは，前回のフルバックアップまたは増分バックアップ以後に変更されたファイルだけをバックアップします。そのため，ファイル更新を示す情報はリセットします。したがって，**ウ**が正解です。

ア　差分バックアップの説明です。

イ　フルバックアップの説明です。

エ　増分バックアップや差分バックアップを想定していないフルバックアップの説明です。

問11 (平成30年秋 基本情報技術者試験 午前 問19)

《解答》**エ**

手続型言語のコンパイラでは，次の手順で処理を行います。

1. 字句解析（文字列を演算子や数値などに分解）
2. 構文解析（文法の構造を解析）
3. 意味解析（実行する内容を解析）
4. 最適化（プログラムを効率化）

最初に行う作業は字句解析となります。したがって，**エ**が正解です。

問12 (平成31年春 基本情報技術者試験 午前 問21)

《解答》**エ**

フリップフロップ回路は，1ビットの情報を記憶することができる論理回路です。メモリセルにフリップフロップ回路を利用すると，記憶を保持できるので，SRAM（Static Random Access Memory）で用いられています。したがって，**エ**が正解です。

ア　DRAM（Dynamic Random Access Memory）では，フリップフロップ回路を利用しないので，一定時間経つとデータが消失します。

イ　EEPROM（Electrically Erasable Programmable Read-Only Memory）は，書き換え可能なROMです。電気的に書き換えを行うので，フリップフロップ回路は使用しません。

ウ　SDRAM（Synchronous DRAM）は，DRAMと同様に，フリップフロップ回路は使用しません。

第3章

技術要素

いろいろな情報技術について，実際の応用例での知識が問われるのが技術要素です。幅広い分野をまんべんなく学ぶことで，ITの全体像が見えてきます。
分野は5つ。「ユーザーインタフェース」「情報メディア」「データベース」「ネットワーク」「セキュリティ」です。
ユーザーインタフェースと情報メディアでは，ユーザーから見た技術について学びます。そして，データベース，ネットワーク，セキュリティでは，現在のITの基幹となっている3つの応用技術について学びます。
科目Aでは最も多く出題される重要なポイントで，ボリュームがあって学習に時間がかかりますが，理解すると確実な得点源になります。

3-1 ユーザーインタフェース

ユーザーインタフェースは，人間とコンピュータとの間で情報をやり取りするときに使うものです。人間の特性を応用し，より直感的に認識できるような工夫をします。

3-1-1 ユーザーインタフェース技術

ユーザーインタフェースでは，1つひとつの操作画面などを使いやすくするだけでなく，情報アーキテクチャの考え方が重要になってきます。

勉強のコツ
ユーザーインタフェースの分野は，基本的に科目Ａで出題されるのみなので，問題を中心に用語を押さえておけば大丈夫です。ユーザビリティやインタフェース設計は，考え方を押さえておくと頭に残りやすいです。普段から画面やブラウザなどを意識して，どのようなインタフェースが使いやすいかを感じてみましょう。

情報アーキテクチャ

情報アーキテクチャとは，情報をわかりやすく伝えたり，情報を探しやすくしたりするための表現技術です。例えば，Webサイト設計では次の3種類の要素が用いられます。

①サイト構造

Webサイトを分類し，階層構造で表現します。サイト構造を表現したページが，**サイトマップ**です。

②ナビゲーション

Webサイト上で，ユーザが求める情報を探し出し，適切に利用できるようにします。トップページからの道筋を示すことで今の位置がわかる**パンくずリスト**などがあります。

③ラベル

メニューやボタンに付けられた，ユーザにとってわかりやすい名前です。

ユーザーインタフェース（UI）

UI（User Interface：ユーザーインタフェース）は，利用者（ユーザ）と製品・サービスを結びつける接点です。UIのためのインタフェースには，様々な種類があります。代表的なインタフェースには，次のとおりです。

①自然言語インタフェース

通常の言葉である自然言語で機械とやり取りするインタフェースです。

②感性インタフェース

感性や心理情報をもとに機器が応答するインタフェースです。

③ノンバーバルインタフェース

言葉やテキストを使わずに，アイコンなどで情報を伝えるインタフェースです。

④VUI（Voice User Interface）

ユーザがキーボードではなく音声で入力できるようにするインタフェースです。

⑤マルチモーダルインタフェース

視覚と聴覚など，複数の方法を使用して，機器とやり取りできるインタフェースです。

ユーザーインタフェースを考える際の設計方針として，**ヒューリスティックス**があります。ヒューリスティックスとは「経験則」の意味で，今までの経験に基づいて共通する原則を生み出し，それを利用しようとするものです。

ユーザーインタフェース分野の第一人者であるヤコブ・ニールセンが提唱する，ユーザーインタフェースに関する10か条のヒューリスティックスを以下に示します。

1. システム状態の視認性
2. システムと現実世界の一致
3. ユーザの主導権と自由
4. 一貫性と標準
5. エラー防止
6. 想起より認識
7. 使用の柔軟性と効率性
8. 美的で最小限の設計

発展

ヤコブ・ニールセンのユーザインタフェースに関する10か条のヒューリスティックスは，「10 Usability Heuristics for User Interface Design」として，以下に原文が掲載されています。
https://www.nngroup.com/articles/ten-usability-heuristics/

過去問題をチェック

ユーザーインタフェースについて，基本情報技術者試験では次の出題があります。

【ヒューマンインタフェース】
・平成21年春午前問28
・平成26年春午前問23

【インタフェースの種類】
・平成30年秋午前問24

9. ユーザに対するエラー認識，判断，回復の援助
10. ヘルプとドキュメント化

GUI

GUI（Graphical User Interface）は，利用者がマウスなどを用いてコンピュータへの命令を行うためのインタフェースです。

代表的なGUIの部品には，次のものがあります。

①ラジオボタン

互いに排他的ないくつかの選択項目から1つを選択

②チェックボックス

複数の選択肢の中から，任意の数を選択

③リストボックス

複数の選択肢がリスト形式で表示され，1つまたは複数を選択可能

④プルダウンメニュー

選択肢が隠れており，メニューを開くことで選択肢を表示し，1つを選択

⑤ポップアップメニュー

あるアクション（クリックなど）に応じて表示される，選択肢のリスト

⑥テキストボックス

ユーザーがテキストを入力・編集する領域

それでは，次の問題を考えてみましょう。

問題

GUIの部品の一つであるラジオボタンの用途として，適切なものはどれか。

ア　幾つかの項目について，それぞれの項目を選択するかどうかを指定する。

イ　幾つかの選択項目から一つを選ぶときに，選択項目にないものはテキストボックスに入力する。

ウ　互いに排他的な幾つかの選択項目から一つを選ぶ。

エ　特定の項目を選択することによって表示される一覧形式の項目から一つを選ぶ。

（平成31年春 基本情報技術者試験 午前 問24）

過去問題をチェック

GUIについて，基本情報技術者試験では次の出題があります。

【GUI画面設計】
・平成21年秋午前問27
【ラジオボタン】
・平成21年春午前問26
・平成31年春午前問24
【プルダウンメニュー】
・平成25年秋午前問26

解説

GUI（Graphical User Interface）の部品の1つであるラジオボタンとは，Webページなどで使用される，○印で表示される選択欄です。互いに排他的ないくつかの選択項目から1つを選ぶときに使用します。したがって，**ウ**が正解です。

ア　チェックボックスが適切な用途です。

イ　プルダウンメニューに新たに文字が入力できる，コンボボックスが適切な用途です。

エ　プルダウンメニューが適切な用途です。

≪解答≫ウ

覚えよう！

□　**ラジオボタンやプルダンメニューは1つ，チェックボックスは複数選択**

3-1-2 UX/UIデザイン

UX/UIデザインでは，情報デザインの考え方を理解し，使いやすいユーザーインタフェースを作成することが大切です。

UXデザイン

顧客が製品やサービスを通じて得られる体験である**UX**（User eXperience）を考慮したデザインがUXデザインです。利用者にとって理想的な体験をしてもらえるようなシステムやサービスを開発するために必要なUXデザインの考え方に，**UXデザインの5段階モデル**があります。ユーザー体験を構成する要素は次の5つです。

表3.1　UXデザインの5段階モデルの構成要素

5段階モデル	例
表層	ビジュアルデザイン
骨格	レイアウト・ナビゲーションデザイン
構造	モデリング
要件	要件定義
戦略	目的・目標設定

それぞれの要素が段階的に，そして密接につながっています。

情報デザイン

情報を可視化し，構造化し，構成要素間の関係をわかりやすく整理するための手法が**情報デザイン**です。デザインの原則には4つあり，次のことを意識する必要があります。

①近接

関連する要素を近づけてグループにします。

②整列

要素にルールを持たせてレイアウトにします。

③反復

要素ごとに同じルールを繰り返します。

④対比

要素の優先度を明快にデザインで示します。

画面設計

画面設計では，画面構成について考えます。情報の検索，情報の関係性を考え，利用者にとってわかりやすい場面にすることが大切です。

画面に入力されたデータは，誤りがあることがあるので，様々なチェックを行う必要があります。代表的なチェックには，次のものがあります。

①フォーマットチェック

日付や数値などで，データの形式が正しいかどうかをチェックします。数値かどうかをチェックすることを特に**ニューメリックチェック**ということもあります。

②チェックデジット

一定の規則に従ってデータから検査文字を算出し，付加されている検査文字と比較することによって，入力データに誤りがないかどうかをチェックします。

③論理チェック

販売数と在庫数と仕入数の関係など，関連のある項目の値に矛盾がないかどうかをチェックします。

④重複チェック

キーの値が同じレコードが複数件含まれていないかどうかをチェックします。

それでは，次の問題を考えてみましょう。

問題

次のような注文データが入力されたとき，注文日が入力日以前の営業日かどうかを検査するチェックはどれか。

注文データ

伝票番号（文字）	注文日（文字）	商品コード（文字）	数量（数値）	顧客コード（文字）

ア　シーケンスチェック　　**イ　重複チェック**

ウ　フォーマットチェック　　**エ　論理チェック**

（基本情報技術者試験（科目A試験）サンプル問題セット 問20）

解説

図の注文データから，注文日が入力日以前の営業日かどうかを検査するには，注文日を使用します。プログラム実行時の入力日から，最終営業日（入力日以前の最後の営業日）を求めて，「注文日≦最終営業日」かどうかを判定します。このときのチェックは，論理的に真偽が判定できるので，論理チェックと呼ばれます。したがって，**エ**が正解です。

ア　伝票番号などを使用し，データが順番に記録されているかを確認することです。

イ　伝票番号などを使用し，データが重複して存在していないかを確認することです。

ウ　注文日などで，規定の形式（日付が年月日順に並んでいるかなど）になっているかを確認することです。

≪解答≫エ

過去問題をチェック

画面設計について，基本情報技術者試験では次の出題があります。

【注文日のチェック】
- 平成23年秋午前問28
- 平成28年秋午前問24
- 平成30年春午前問24
- サンプル問題セット科目A問20

【チェックディジット】
- 平成24年春午前問57
- 平成25年秋午前問3
- 平成29年秋午前問24

【ニューメリックチェック】
- 平成22年秋午前問57

コード設計

データを扱う上で，適切なコード体系を設計し，長期にわたって利用できるようにすることは大切です。コード体系の種類には以下のものがあります。

①順番コード（シーケンスコード）

連続した番号を順番に付与します。必要なデータ数に合わせて，**桁数**を決める必要があります。

②桁別コード

桁ごとに意味をもたせるコードです。先頭から，大分類，中分類，小分類などの階層をもたせます。

③区分コード（分類コード）

グループごとにコードの範囲を決め，値を割り当てます。データを分類するときに使用します。

④表意コード（ニモニックコード）

区分コードのうち，グループを連想できるようなコードのことです。

発展

桁別コードの主な例としては，図書館の分類コードや，学年＋組＋出席番号での学籍番号などがあります。区分コードは，ゼッケン番号を付けるときに，男性は1000番から，女性は6000番から順番にコードを割り振る場合などに用います。桁別コードと比べて桁数を短くできます。

過去問題をチェック

コード設計について，基本情報技術者試験では次の出題があります。

【コード体系】
・令和元年秋午前問23

【コードに必要な桁数】
・平成29年春午前問23

ユニバーサルデザインとアクセシビリティ

ユニバーサルデザインとは，文化・言語・国籍・年齢・性別・障害・能力といった差異を問わずに利用できるデザインです。**アクセシビリティ**とは，アクセスのしやすさや使いやすさのことです。WAI（Web Accessibility Initiative）では，ユニバーサルデザインを実現するために，Webアクセシビリティにおけるガイドラインを作成しています。

スマートフォンやタブレットなどのスマート端末でのアクセシビリティを向上させる手法に，端末の大きさに応じてWebデザインを変更する**レスポンシブWebデザイン**があります。

ユーザビリティ評価

ユーザビリティ（使用性）とは，ユーザにとっての使いやすさの度合いです。標準規格（JIS Z 8521）では，「有効さ」「効率」「満足度」の3つの概念で表されます。ユーザビリティを評価するための方法には，次のようなものがあります。

①ユーザビリティテスト

実際にユーザに使ってもらいながら問題点を洗い出します。利用者の満足度を評価するときに使用します。

②ヒューリスティック評価

ユーザビリティの専門家が，これまでの経験に基づいて評価を行います。

③チェックリスト評価

ユーザビリティ基準表を使用し，基準を満たしているかどうかをチェックしていきます。

過去問題をチェック

ユーザビリティについて，基本情報技術者試験では次の出題があります。

【ユーザビリティ】

・平成21年春午前問27

・平成22年秋午前問27

▶▶▶ 覚えよう！

- □ 論理チェックは矛盾がないかチェック，チェックディジットで誤り検出
- □ ヒューリスティック評価は，専門家が経験に基づいて判断

3-2 情報メディア

情報メディアでは，文字，静止画，動画，音声などをデジタルデータに変換します。マルチメディア技術を応用することで，CGやVRなどが実現できるようになりました。

3-2-1 マルチメディア技術

マルチメディア技術には，音声処理，静止画・動画処理の技術があり，それらを統合する技術もあります。

勉強のコツ

音声処理，画像処理，3D処理などが頻繁に出題されます。原理は第1章の基礎理論と深く関わっているので，合わせて勉強していきましょう。

マルチメディア

マルチメディアとは，複数の種類の情報をまとめて扱うメディアです。文字，画像，動画，音声などをデジタルデータに変換することで，様々な取り扱いが可能になりました。

音声処理

音声はアナログデータなので，これをデジタルデータにするにはA/D変換が必要になります。A/D変換を行って**サンプリング**(標本化)，量子化，符号化したデータを単純に並べた形式が，**PCM**（Pulse Code Modulation）です。

PCMではデータの容量が大きくなるため，多くの場合，**MP3**（MPEG Audio Layer-3）などの**圧縮技術**を使用して圧縮されます。

関連

PCMでの具体的なA/D変換の実現方法については，「1-1-5　計測・制御に関する理論」で取り扱っています。

過去問題をチェック

音声処理について，基本情報技術者試験では次の出題があります。

【記録できる音声の長さ】

- 平成21年秋午前問30
- 平成23年秋午前問29
- 平成28年秋午前問25
- 平成31年春午前問25

静止画処理

静止画（画像）を表現するときの基本は，縦と横の画素（ピクセル）ごとに色を指定する**ビットマップ**です。テキストを表現するときには，ビットマップフォント以外に，曲線などの形状データで画像やテキストを表現する**アウトラインフォント**が使われます。

静止画のカラー（色）は，光の3原色（Red，Green，Blue）や色の3原色（Cyan，Magenta，Yellow）を使って表現されます。また，画素の数や階調，解像度により，画像の美しさに差が出てきます。静止画の形式には次のようなものがあります。

発展

画像を表現するとき，ディスプレイ上では光を用いて表示するので，光の3原色が用いられます。赤，緑，青の3原色の組合せで様々な色を表現できます。例えば，3原色をそれぞれ8ビット（256段階）で表した場合には，24ビットで2^{24}＝16,777,216色を表現することができます。

①BMP（Microsoft Windows Bitmap Image）

単純にX軸，Y軸の座標と色を設定する画像形式。

②GIF（Graphics Interchange Format）

可逆（元に戻せる）圧縮の画像形式。

③JPEG（Joint Photographic Experts Group）

非可逆圧縮にすることで容量を小さくした画像形式。

④PNG（Portable Network Graphics）

GIFの機能を拡張した形式。GIFは256色までしか扱えず，ライセンスに制約があるなどの問題がありますが，PNGでは解消されています。

動画処理

動画は画像や音声の集合体で，ほかのデータと比べてサイズが大きいという特徴があります。そのため，基本的に圧縮されることになります。代表的な動画の保存形式は，**MPEG**（Moving Picture Experts Group）で，いくつかのバージョンがあります。

動画処理の代表的な規格には主に次のようなものがあります。

①MPEG-1

1.5Mビット／秒程度の圧縮方式で，主にCD-ROMなどを対象とします。

②MPEG-2（H.262）

数M～数十Mビット／秒程度の圧縮方式で，主にDVDやBlu-rayなどを対象とします。

③MPEG-4

数十kビット～数百kビット／秒程度の低ビットレートの圧縮方式で，主に携帯機器を対象とします。H.263をベースに拡張が図られています。

④H.264

MPEG-4規格のパート10として標準化され，Blu-rayなどで使用されています。**AVC**（Advanced Video Coding）またはMPEG-4 AVCとも呼ばれます。

⑤H.265

4K/8K放送などで用いられる動画圧縮方式で，従来のH.264に比べて約2倍の圧縮性能を実現しています。**HEVC**（High Efficiency Video Coding）とも呼ばれます。H.265の技術を活用している画像のフォーマットに，**HEIF**（High Efficiency Image File Format）があり，1つのファイルに複数の画像やアニメーションなど様々な情報を内包することが可能です。

それでは，次の問題を考えてみましょう。

問題

H.264/MPEG-4 AVCの説明として，適切なものはどれか。

ア　5.1チャンネルサラウンドシステムで使用されている音声圧縮技術
イ　携帯電話で使用されている音声圧縮技術
ウ　ディジタルカメラで使用されている静止画圧縮技術
エ　ワンセグ放送で使用されている動画圧縮技術

（令和元年秋 基本情報技術者試験 午前 問24）

解説

H.264/MPEG-4 AVCとは，代表的な動画の保存形式MPEG（Moving Picture Experts Group）の1つです。数十kビット～数百kビット／秒程度の低ビットレートの圧縮方式で，主に携帯機器を対象としています。地上波のテレビ放送が見られる，ワンセグ放送で使用されています。したがって，**エ**が正解です。

ア　AC-3（Dolby Digital 5.1）の説明です。
イ　CELP（Code-Excited Linear Prediction）などの，音声符号化，圧縮技術の説明です。

過去問題をチェック

動画処理について，基本情報技術者試験では次の出題があります。

【MPEG-4】
・平成21年秋午前問29
【H.264/MPEG-4 AVC】
・平成30年春午前問25
・令和元年秋午前問24
【動画配信に必要な帯域幅】
・平成26年秋午前問25

ウ JPEG（Joint Photographic Experts Group）の説明です。

≪解答≫エ

情報の圧縮・伸張

マルチメディアでは，メディアの種類に応じた圧縮・伸張方法が利用されます。効率的なデータ保存，ネットワーク負荷の軽減など，圧縮の目的で使い分けます。代表的な圧縮方式には，静止画の場合にはJPEG，動画の場合にはMPEGがあります。また，複数のファイルをまとめて圧縮する方式に，ZIPなどがあります。

過去問題をチェック
情報の圧縮・伸張について，基本情報技術者試験では次の出題があります。
【静止画データの圧縮符号化】
・平成21年春午前問30

▶▶▶ 覚えよう！

- □ 画像では可逆圧縮がGIF，PNG。非可逆圧縮がJPEG
- □ 動画ではMPEG-4の圧縮率が高く，携帯端末で利用

3-2-2 マルチメディア応用

マルチメディアの応用に欠かせない技術として，CGが挙げられます。CGを応用して，VRやARなどが開発されました。

コンピュータグラフィックス（CG）

CG（Computer Graphics：コンピュータグラフィックス）は，コンピュータ上で画像を生成する技術です。CGは2次元のCG（2DCG）と3次元のCG（3DCG）に分けられます。

2DCGで図形を描写するとき，画像の境界近くがギザギザになることがあります。周辺の要素との平均化演算などを行うことで，斜線や曲線のギザギザを目立たなくする技術をアンチエイリアシングと呼びます。

3DCGの制作技法

3DCGでは，コンピュータの演算によって3次元空間を2次元（平面上）の画面に変換します。そのため，次のような様々な技法があります。

①テクスチャマッピング

形状が決められた物体の表面に，別に用意された画像ファイル（テクスチャ）を貼り付ける方法です。

②クリッピング

画像表示領域にウィンドウを定義し，ウィンドウの内側だけを切り出す処理です。

③モーフィング

画像をなめらかに変化させるために，2つの画像の中間を補う画像を作成する技法です。

④シェーディング

立体感を生じさせるために，物体の表面に陰影を付ける処理です。

⑤隠線消去及び隠面消去

指定された視点から見える部分だけを描くようにする方法です。

⑥ポリゴン

閉じた立体となる多面体を構成したり，2次曲面や自由曲面を近似するのに用いられたりする基本的な要素です。

⑦モーションキャプチャ

現実の人物や物体の動きをデジタルで記録し，解析する技術です。アニメーションやゲームなどのキャラクタに人間らしい動きをさせたりするために利用されます。

⑧レンダリング

データとして与えられた情報を計算によって画像化することです。

それでは，次の問題を考えてみましょう。

問題

3次元グラフィックス処理におけるクリッピングの説明はどれか。

ア　CG映像作成における最終段階として，物体のデータをディスプレイに描画できるように映像化する処理である。
イ　画像表示領域にウィンドウを定義し，ウィンドウの外側を除去し，内側の見える部分だけを取り出す処理である。
ウ　スクリーンの画素数が有限であるために図形の境界近くに生じる，階段状のギザギザを目立たなくする処理である。
エ　立体感を生じさせるために，物体の表面に陰影を付ける処理である。

（令和5年度 基本情報技術者試験 公開問題 科目A 問5）

過去問題をチェック
CGについて，基本情報技術者試験では次の出題があります。
【アンチエイリアシング】
・平成21年秋午前問31
・平成23年秋午前問30
・平成30年秋午前問25
【テクスチャマッピング】
・平成22年春午前問28
・平成27年春午前問25
【クリッピング】
・平成21年秋午前問31
・平成22年秋午前問28
・平成25年春午前問25
・平成28年春午前問25
・令和5年度科目A問5
【モーフィング】
・平成25年秋午前問27
【隠線消去及び隠面消去】
・平成29年秋午前問25
【ポリゴン】
・平成24年春午前問27
【モーションキャプチャ】
・平成26年春午前問24

解説

3次元グラフィックス処理におけるクリッピングとは，特定の部分だけを切り出す処理です。画像表示領域にウィンドウを定義し，ウィンドウの外側を除去し，内側の見える部分だけを取り出すことで実現します。したがって，イが正解です。
ア　レンダリングの説明です。
ウ　アンチエイリアシングの説明です。
エ　シェーディングの説明です。

≪解答≫イ

マルチメディアテクノロジー

近年発達しているマルチメディアのテクノロジーには，次のようなものがあります。

過去問題をチェック
マルチメディアテクノロジーについて，基本情報技術者試験では次の出題があります。
【AR】
・平成30年春午前問26

①拡張現実（AR）

拡張現実（**AR**：Augmented Reality）とは，人間が知覚する現実の環境をコンピュータにより拡張する技術です。利用例としては，レンズ越しに動画やナビを表示させたりするウェアラブルデバイスなどがあります。

②仮想現実（VR）

仮想現実（VR：Virtual Reality，バーチャルリアリティ）とは，実際の形はないか形が異なるものを，ユーザの感覚を刺激することによって理工学的に作り出す技術のことです。利用例としては，振動や匂いなどで臨場感を出す映画やゲーム，遊園地のアトラクションなどが挙げられます。

3Dの制作技法やマルチメディアテクノロジーは，実際に例を見てみるのが一番です。残念ながら紙面では表現に限界がありますので，ぜひ3DCGソフトやVR機器などで体験してみてください。

③複合現実（MR）

複合現実（MR：Mixed Reality）とは，現実空間と仮想空間を組み合わせて表現する技術です。センサーやカメラで現実空間の状態を3次元で認識し，仮想空間を組み合わせて表示させます。仮想空間にあるものを自分の手で操作，変更できるなど，ARと比べて双方向でのやりとりができることが特徴です。

覚えよう！

- □ クリッピングは，ウィンドウの内側だけを切り出す
- □ ARは，現実の環境をコンピュータにより拡張する

3-3 データベース

データベースは，データを1か所に集めて管理しやすくしたものです。データベースを運用・管理するためのシステムがDBMSです。データベースを理解する上では，DBMSの中に入るデータとDBMSの管理を分けて考えるところがポイントです。

3-3-1 データベース方式

勉強のコツ

データベースについては，全体的にまんべんなく出題されます。基本的な用語や正規化の考え方，トランザクション管理を中心に押さえておきましょう。

データベースの方式には様々なものがありますが，現在は関係データベースが中心です。また，3層スキーマ（3層データモデル）にすることでデータの独立性を高めます。

データベース

データベースとは，もともとは「データの基地」という意味で，データを1か所に集めて管理しやすくしたものです。

データベースを運用・管理するためのシステムがデータベース管理システム（**DBMS**：DataBase Management System）です。データベースを理解する上では，DBMSの中に入るデータとDBMSの管理を分けて考えるところがポイントです。

データベースの種類と特徴

データベースの種類の代表的なものには，次のものがあります。

①階層型データベース（Hierarchical DataBase：HDB）

階層型の構造で表すデータベースです。データを親子関係で表現します。最も古くからある手法であり，データ同士の関係はポインタで表します。

②網型データベース（Network DataBase：NDB）

ネットワーク（網状）につながるデータベースです。階層型で表現できない，子が複数の親をもつ状態を表現します。

③関係データベース（Relational DataBase：RDB）

テーブル間の関連でデータを表現するデータベースです。数学の理論を基にしているので，上記の2種類とは考え方がまったく異なります。現在のデータベースの主流です。

④オブジェクト指向データベース（Object Oriented Data Base：OODB）

オブジェクト指向に対応したデータベースです。データと操作を一体化して扱います。

データモデルとスキーマ

システム開発でデータベースを作成する際には，最初にモデリング（要件定義）を行い，概念データモデルを作成します。これを，外部（システムの利用者やほかのプログラム）に向けたものが論理データモデル（外部モデル），内部（コンピュータやハードウェア）に向けたものが物理データモデル（内部モデル）です。

データモデルを具体的に表現したものがスキーマです。**概念スキーマ**，**外部スキーマ**，**内部スキーマ**があります。まとめると，次のようなイメージです。

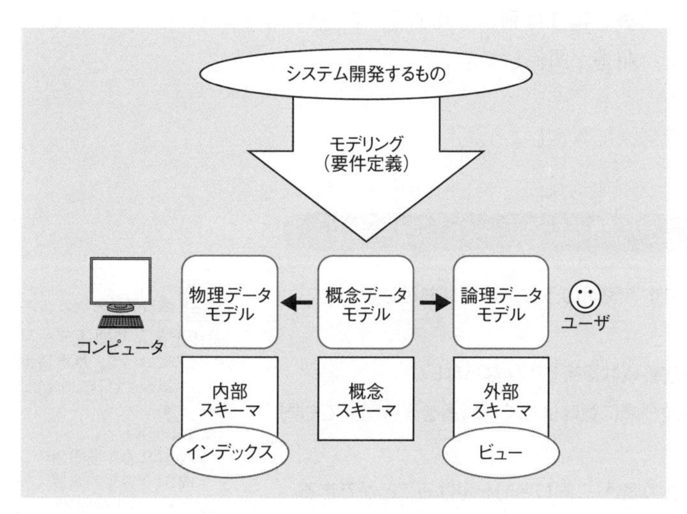

図3.1　データベースのモデル

データベースのスキーマを3層に分ける構造を**3層スキーマアーキテクチャ**（3層スキーマ構造）といい，スキーマを3層に分ける理由は，**データの独立性を高め**，**変更に強くするため**です。

ユーザからの要求は日々変化しますが，そのたびにデータベースを変更していたら大変です。そのため，データベース構造の概念スキーマと外部スキーマを分け，ユーザからの変更要求は外部スキーマで吸収します。具体的には，概念スキーマに対応するテーブルはそのままにして，外部スキーマでビューを定義し，ユーザに見せるための表を作ります。

また，データベースの性能改善を行うときにデータベースそのものに影響を与えないよう，概念スキーマと内部スキーマを分け，変更は内部スキーマで行います。具体的には，内部スキーマでインデックスを定義し，検索を高速化します。

関連

ビューについては「3-3-3 データ操作」で，インデックスについては「3-3-4 トランザクション処理」で改めて学習します。ここでは，流れをつかんでください。

過去問題をチェック

スキーマについて，基本情報技術者試験では次の出題があります。

【スキーマ】
- ・平成26年秋午前問26
- ・平成27年春午前問26
- ・平成27年秋午前問25

関係モデルと関係データベース

関係モデルは，関係データベースと対応したデータモデルです。関係モデルでは，データやデータ間の関連を，**関係**（リレーション）と，関係に付随する性質である**属性**で表します。属性は，関係に所属する性質の集合なので，順番は関係ありません。

関係データベースでは，DBMSを使用して関係や属性を実装します。このとき，関係は**表**，属性は**列**になります。表や列は，物理的に格納されるので，順番が関係してきます。

それでは，次の問題を考えてみましょう。

問題

関係モデルの属性に関する説明のうち，適切なものはどれか。

ア　関係内の属性の定義域は重複してはならない。

イ　関係内の属性の並び順に意味はなく，順番を入れ替えても同じ関係である。

ウ　関係内の二つ以上の属性に，同じ名前を付けることができる。

エ　名前をもたない属性を定義することができる。

（平成31年春 基本情報技術者試験 午前 問26）

過去問題をチェック

関係モデルや関係データベースについて，基本情報技術者試験では次の出題があります。

【関係モデル】
- ・平成31年春午前問26
- ・平成31年春午前問28
- ・令和元年秋午前問27
- ・サンプル問題セット科目A問24

【関係データベース】
- ・平成28年春午前問26
- ・平成22年春午前問29
- ・平成23年秋午前問31
- ・平成25年秋午前問29

解説

関係モデルでは，関係に付随する性質を，属性として持つことができます。例えば，関係"教員"に対し，"教員名"，"担当教科"などが属性となります。関係モデルの関係では実装した表（テーブル）とは異なり，属性の並び順に意味はなく，順番を入れ替えても同じ関係となります。したがって，**イ**が正解です。

ア　定義域は集合で，具体的に教員名の集合などが当てはまります。定義域の内容は重複しても問題ありません。

ウ　属性の名前は属性を区別するものなので，重複は許されません。

エ　属性の名前は必ず必要です。

≪解答≫イ

DBMS（データベース管理システム）

DBMSの目的は，データを1つにまとめて管理することでデータの整合性を保ち，データを安全に保管することです。そのために，DBMSは次のような機能を備えています。

過去問題をチェック

DBMSについて，基本情報技術者試験では次の出題があります。

【DBMSの機能】
- 平成23年特別午前問35
- 平成27年春午前問30
- 平成30年春午前問27

①メタデータ管理

データとその特性(メタデータ) を管理します。データやメタデータの管理をまとめたものを,**データディクショナリ**といいます。

用語

メタデータとは，データについてのデータです。本の情報を例にすると，「基本情報技術者教科書」がデータであり，それが「書籍名」であるということがメタデータです。DBMSでは，テーブル構造としてメタデータを管理します。

②質問（クエリ）処理

質問（クエリ）を処理します。クエリは，SQLで実行する命令や，命令を集めたものです。

③トランザクション管理

複数のトランザクションの同時実行を管理します。そのために排他制御や障害回復などを行います。

④セキュリティ管理

データベースの内容を暗号化する，データベースへのアクセス権を制限するなどで，データのセキュリティを守ります。

▶▶▶ 覚えよう！

- □　**3層スキーマアーキテクチャは，データの独立性を高めるため**
- □　**関係モデルでは，関係と属性でデータを表現**

3-3-2 データベース設計

データベース設計では,データの分析を行った後に,概念設計,論理設計,物理設計を行います。概念設計ではE-R図やUMLを作成し,論理設計では正規化を行います。

データ分析

データベース設計を行う前に,データの分析を行って,必要なデータを洗い出します。データ分析では,対象業務にとって必要なデータは何か,各データがどのような意味と関連をもっているかなどの分析と整理を行います。

このとき,異音同義語,同音異義語の発生を抑えるために,データ型や日付の表示方法などに**命名規約**を作成して,データ項目を標準化します。さらに,**データディクショナリ**を作成し,データの項目をまとめておきます。

データベースの設計

データベースの設計には,**概念設計**,**論理設計**,**物理設計**の3種類があります。概念設計ではDBMSに依存しないデータの関連を表現し,論理設計ではテーブルを設計します。物理設計では,磁気ディスク装置上の配置など,データベースの物理的構造を設計します。

データベースの概念設計

データベースの概念設計では,DBMSに実装する前に,**概念データモデル**を作成し,構成要素や属性,関連などについて考えていきます。

データモデルを作成するときには,**E-R図**(Entity-Relationship Diagram)や**UML**(Unified Modeling Language)を使用します。E-R図は,エンティティ(実体)とリレーションシップ(関連)を表す専用の図です。UMLは,一般的なシステム開発で使用する図の集まりですが,クラス図で,E-R図と同様のことを表現します。

データモデルでは,リレーションシップに**多重度**を記述します。多重度は,実体を関連付けるときの数の関係で,関連した実体1つに対して,該当する実体がいくつ対応するのかを記述します。

UMLの表記ルールでは，多重度を次のように表現します。

表3.2　UMLの多重度

多重度	意味
＊（または0..＊）	ゼロ以上の数字すべて
1..＊	1以上
0..1	ゼロまたは1
1	1
a..b（a，bは任意の数字）	aからbまで

E-R図では，0や1は直線，多（＊）は矢印（→）で表現します。また，E-R図とUMLのどちらでも，スーパータイプとサブタイプの関係を，△を使って表現します。スーパータイプとは，サブタイプを総括した概念です。

例えば，次の図のようなデータモデルがあったとします。

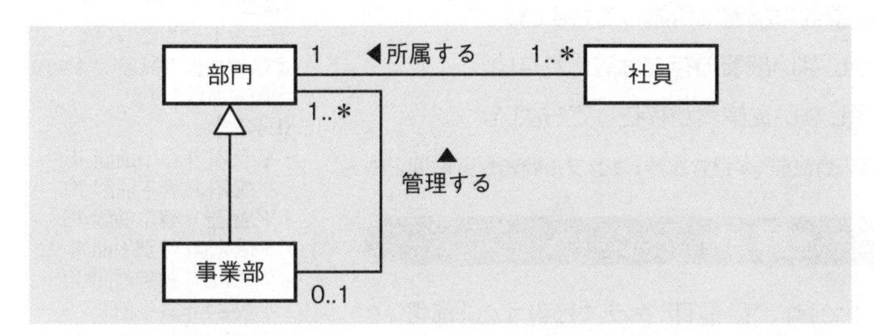

図3.2　データモデルの例（平成29年秋　基本情報技術者試験　午前問28より）

この図で△が示すのは，“部門”がスーパータイプ，“事業部”がサブタイプだということです。部門の1つに事業部があるという表現です（他の事業部もあると考えられますが，図では示されていません）。

“部門”と“社員”のリレーションシップ（所属する）では，“部門”に対する“社員”が「1..＊（1以上）」，“社員”に対する“部門”が「1」です。これは，社員は必ず1つの部門に所属し，部門には1人以上の社員がいるという意味になります。

“部門”と“事業部”のリレーションシップ（管理する）では，“部門”に対する“事業部”が「0..1」，“事業部”に対する“部門”が「1..＊（1以上）」です。これは，それぞれの部門に対して，部門を管理する事業部がゼロまたは1個であることを指します。事業部が管理する部門は，1個以上です。

このように，図を読み解くことで，データの関係を理解することができます。

それでは，次の問題を考えてみましょう。

問題

UMLを用いて表した図の概念データモデルの解釈として，適切なものはどれか。

ア　従業員の総数と部署の総数は一致する。

イ　従業員は，同時に複数の部署に所属してもよい。

ウ　所属する従業員がいない部署の存在は許されない。

エ　どの部署にも所属しない従業員が存在してもよい。

（基本情報技術者試験（科目A試験）サンプル問題セット 問22）

解説

図の概念データモデルでは，“従業員”クラスに対する“部署”クラスの多重度が1..*となっています。これは，従業員は1以上の部署に所属するという関係なので，従業員は，同時に複数の部署に所属してもよいことになります。したがって，イが正解です。

ア　従業員が複数の部署に所属してもいいので，総数が一致するとは限りません。図より，“部署”クラスに対する“従業員”クラスの多重度が0..*なので，従業員が所属しない部署や，複数所属する部署も考えられます。

ウ　図より，“部署”クラスに対する“従業員”クラスの多重度が0..*なので，従業員が所属していない部署（所属0）の存在も許されています。

エ　“従業員”クラスに対する“部署”クラスの多重度が1..*なので，従業員は必ず1つ以上の部署に所属する必要があります。

≪解答≫イ

関連

UMLは，システム開発全般で使用する図です。UMLの種類などについての詳細は，「4-1-1　システム要件定義・ソフトウェア要件定義」で学習します。

過去問題をチェック

データモデルについて，基本情報技術者試験では次の出題があります。

【E-R図】
- 平成21年春午前問46
- 平成21年春午前問49
- 平成22年春午前問46
- 平成23年特別午前問46
- 平成23年秋午前問63
- 平成24年春午前問28
- 平成24年秋午前問26
- 平成27年春午前問47
- 平成28年秋午前問26
- 平成28年秋午前問50

【データモデルの解釈(UML)】
- 平成23年秋午前問33
- 平成29年秋午前問28
- 令和元年秋午前問25
- サンプル問題セット科目A問22

【データモデルの多重度(UML)】
- 平成23年特別午前問29
- 平成25年春午前問26
- 平成30年秋午前問26

【データモデルを実装(UML)】
- 平成27年春午前問28
- 平成29年春午前問26

データベースの論理設計

データベースの論理設計では，データの重複や矛盾が発生しないテーブル（表）設計を行います。データの**正規化**を行い，主キー，外部キーなどを設定し，一貫性制約などの制約を設定します。

データの正規化

データの正規化とは，正しい規則に従ってテーブルを分割することです。

正規化の目的

正規化の目的は，**更新時異状の排除**です。更新時異状とは，データを更新したときに，データに矛盾が生じるような状態が起こることです。正規化を行うことで，データの重複を排除し，データの整合性を保ちます。

正規化の目的は「更新時」異状の排除です。逆に言うと，更新しないのなら正規化は行わなくてもかまいません。正規化を行うことで速度は遅くなることの方が多いので，性能のためにあえて正規化しないということもよくあります。

候補キーと主キー

候補キーとは，関係モデルの関係の中で，「すべての属性を一意に特定する属性または属性の組で最小のもの」です。1つの属性の値で行が特定できない場合には，複数の属性を組み合わせて候補キーとします。候補キーは，1つの関係に複数あることがあります。

データベースのテーブル設計では，候補キーの中から1つ選んで，**主キー**を設定します。主キーは，**テーブルの行を一意に特定する列または列の組で，値が空白でないもの**です。主キーは，行を確実に特定するため，値が空白（NULL）ではない必要があります。

関数従属性

関数従属性とは，ある属性Aの値が決まったら別の属性Bの値も一意に決定できることです。A→Bと表記します。例えば，商品番号→商品名という関数従属性があるときには，商品番号“1001”が決まれば商品名“冷やし中華”も決まります。

正規化の手順

正規化の実際の流れは，次のとおりです。

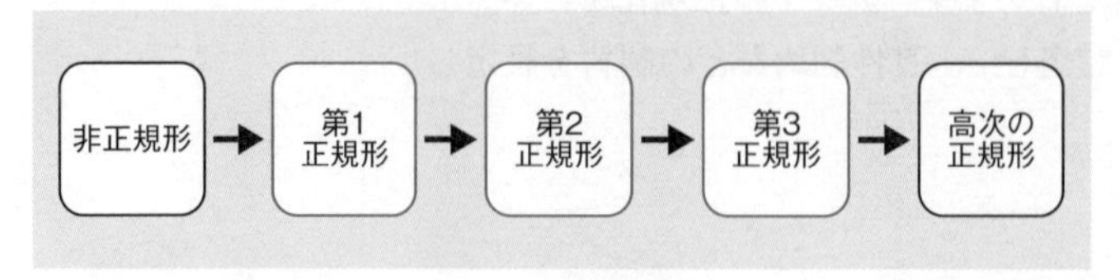

図3.3　正規化の流れ

非正規形のテーブルを第1正規形にし，続いて第2正規形，第3正規形とテーブルを分割していきます。それぞれの正規形の条件は以下のとおりです。

①第１正規形

ドメインがシンプルであることです。シンプルとは，データベースの1マスにデータが1つだけ入っている状態です。そのために，1つのマスに複数のデータが対応する，**繰返し属性を排除**して単純な表にします。

②第２正規形

第1正規形で，すべての非キー属性に，**部分関数従属が存在しないこと**です。部分関数従属とは，候補キーの一部だけに関数従属していることで，部分関数従属している属性を排除して，別のテーブルにします。

③第３正規形

第2正規形で，すべての非キー属性がいかなる候補キーにも**推移的関数従属が存在しないこと**です。推移的関数従属とは，A→B→Cのような形で，Aが決まればBが決まるが，Bが決まればAに関係なくCが決まるという関係です。このとき，Aは候補キー，Bは候補キー以外，Cは非キー属性である必要があります。そのため，候補キー以外の属性に関数従属している属性を排除し，別のテーブルにします。

それでは，次の問題を考えてみましょう。

問題

次の関数従属を満足するとき，成立する推移的関数従属はどれか。ここで，“A→B”はBがAに関数従属していることを表し，“A→{B，C}”は，“A→B”かつ“A→C”が成立することを表す。

〔関数従属〕

{注文コード，商品コード}→{顧客注文数量，注文金額}
注文コード →{注文日，顧客コード，注文担当者コード}
商品コード →{商品名，仕入先コード，商品販売価格}
仕入先コード →{仕入先名，仕入先住所，仕入担当者コード}
顧客コード →{顧客名，顧客住所}

ア　仕入先コード → 仕入担当者コード → 仕入先住所
イ　商品コード → 仕入先コード → 商品販売価格
ウ　注文コード → 顧客コード → 顧客住所
エ　注文コード → 商品コード → 顧客注文数量

（令和5年度 基本情報技術者試験 公開問題 科目A 問6）

解説

推移的関数従属とは，{候補キー}→{候補キー以外}→{非キー属性}というかたちで，推移的な関数従属が存在することです。

〔関数従属〕から，注文コード→顧客コード，商品コード→仕入先コードの関数従属が存在するので，{注文コード，商品コード}の2つの属性があれば他のすべての属性について，一意に特定することができます。そのため，候補キーは{注文コード，商品コード}です。

推移的関数従属となるのは，注文コード→顧客コード→{顧客名，顧客住所}や，商品コード→仕入先コード→{仕入先名，仕入先住所，仕入担当者コード}の関係です。このうち，選択肢にあるのは，注文コード→顧客コード→顧客住所になります。したがって，**ウ**が正解です。

≪解答≫ウ

外部キー

外部キーとは，異なるテーブルと関連付けるためのキーです。正規化などでテーブルが分割されたとき，分割されて取り出す部分の主キーを元のテーブルに残すことで，テーブル間の関連を示すことができます。元のテーブルに残った列が**外部キー**，取り出して新しく作成したテーブルでは，外部キーと同じ列が**主キー**となります。

データベースの制約

データベースでは，正規化によって複数のテーブルにデータを分けますが，それぞれのテーブルにはリレーションシップ（関連）があります。そのリレーションシップを維持するため，テーブル間に制約をかけます。

最も重要な制約は，**参照制約**です。2つのテーブル間のリレーションシップでの参照整合性を満たすため，**外部キー**を設定し，テーブルにないデータの追加・削除に制限をかけます。

その他の制約としては，1つの列に同じ値を入れることができない**一意性制約**，データに空値（NULL値）を許さない**非ナル制約**があります。**主キー制約**は，一意性制約と非ナル制約を合わせたものです。また，データの範囲などの形式を制限するものを**検査制約**（CHECK制約，形式制約）といいます。

過去問題をチェック

論理設計について，基本情報技術者試験では次の出題があります。

【第3正規形】
- 平成21年春午前問32
- 平成22年春午前問30
- 平成22年秋午前問29
- 平成26年秋午前問28
- 平成27年秋午前問27

【推移的関数従属】
- 令和5年度科目A問6

【成立している関数従属】
- 平成28年秋午前問27

【3つのテーブルで定義する組合せ】
- 平成26年春午前問26
- 平成29年春午前問25

【主キー】
- 平成21年秋午前問32
- 平成25年秋午前問30

【外部キー】
- 平成22年秋午前問33
- 平成23年特別午前問34
- 平成24年秋午前問31
- 平成28年春午前問29

データベースの物理設計

データベースの物理設計では，磁気ディスク上に記憶される形式など，データベースの物理的構造を設計します。アクセス効率，記憶効率を考えてデータベースの最適化を図ります。データの保存にハードディスクだけでなくRAIDやSSDを用いるなど，システム構成を変更することも物理設計の対象です。

覚えよう！

- □ 主キーは行を一意に特定する最小の属性の組，NULLもダメ
- □ 第2正規形では部分関数従属，第3正規形では推移関数従属を排除

3-3-3 データ操作

データ操作では,データベースの内容を操作します。関係データベースで操作を行うのはSQLです。SQLでは関係代数での演算を行うので,集合についての理解が必要です。

データベースの操作

関係モデル(関係データベース)でのデータの操作には,次のような操作があります。

- データの挿入,更新,削除
- 集合演算(和,差,積,直積)
- 関係演算(選択,射影,結合,商)

直積は,2つの関係(リレーション)を掛け合わせた,すべての組合せです。例えば,関係Rと関係Sの直積R×Sは,次のようになります。

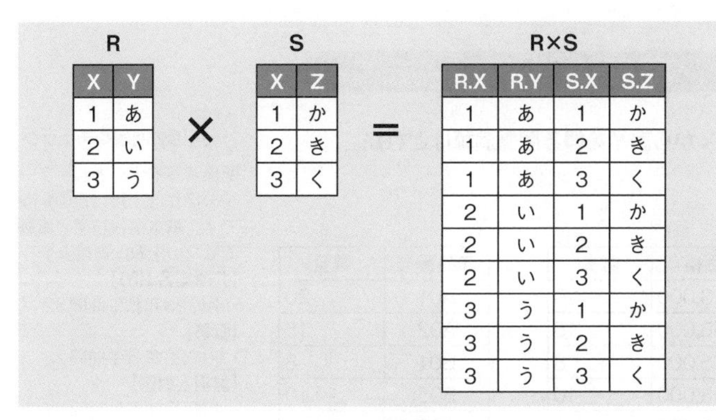

R

X	Y
1	あ
2	い
3	う

×

S

X	Z
1	か
2	き
3	く

=

R×S

R.X	R.Y	S.X	S.Z
1	あ	1	か
1	あ	2	き
1	あ	3	く
2	い	1	か
2	い	2	き
2	い	3	く
3	う	1	か
3	う	2	き
3	う	3	く

図3.4 直積

関係演算の**選択**(selection)は**行を取り出す操作**,**射影**(projection)は**列を取り出す操作**です。

結合(join)は,**2つの関係を共通の属性で結び付ける操作**です。**直積**から,2つの関係で共通の属性(先ほどのRとSなら属性X)が等しいものを**選択**します。その後,共通の属性は必要ないので,片方だけ(例えばRのXであるR.X)にして,必要な列を**射影**で

関連

和,差,積は,「1-1-1 離散数学」で学んだ集合演算と同じです。和がA+B(OR演算),差がA－B,積がA・B(AND演算)に対応します。和演算は,2つの表の値を合わせるので,併合(merge)を行う演算でもあります。

発展

商演算は,リレーションの割り算です。R÷Sは,表Sのすべての属性の値を同時に満たす表Rの行を選び出し,Sの属性を取り除いた列を取り出す演算です。すべての商品を買ってくれている人などを抽出するときなどに使います。

発展

結合には,両方に共通する行を選択する自然結合(内部結合)のほかに,片方のテーブルだけに存在する行も選択する外部結合があります。

取り出したものが**自然結合**となります。
RとSの自然結合の場合，次のようになります。

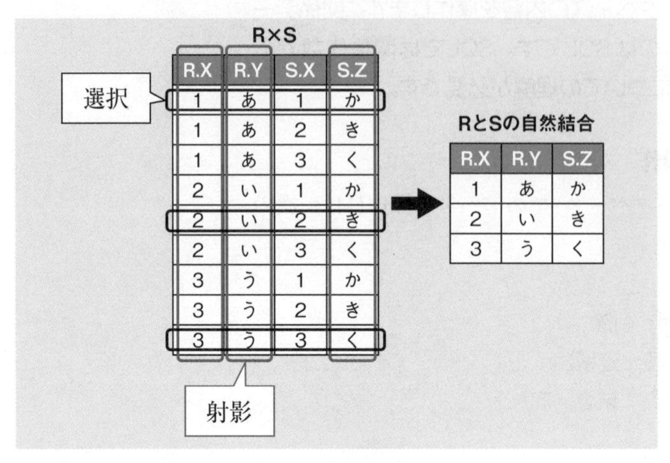

図3.5　自然結合

それでは，次の問題を考えてみましょう。

問題

関係モデルにおいて表Xから表Yを得る関係演算はどれか。

X

商品番号	商品名	価格	数量
A01	カメラ	13,000	20
A02	テレビ	58,000	15
B01	冷蔵庫	65,000	8
B05	洗濯機	48,000	10
B06	乾燥機	35,000	5

Y

商品番号	数量
A01	20
A02	15
B01	8
B05	10
B06	5

ア　結合（join）　　イ　射影（projection）
ウ　選択（selection）　　エ　併合（merge）

（基本情報技術者試験（科目A試験）サンプル問題セット 問24）

過去問題をチェック
関係演算を中心としたデータの操作は，科目Aの定番です。基本情報技術者試験では次の出題があります。
【共通集合（積）】
・平成23年秋午前問32
【直積】
・平成28年秋午前問28
【選択と射影】
・平成25年春午前問27
・平成28年春午前問27
・平成30年秋午前問28
【射影】
・平成22年秋午前問30
・平成24年春午前問31
・平成26年春午前問27
・平成31年春午前問28
・令和元年秋午前問27
・サンプル問題セット科目A問24
【結合】
・平成21年春午前問34
・平成23年秋午前問35

解説

関係モデルにおける関係演算のうち，表Xから表Yを得るときのように，特定の列だけを抽出する操作を射影(projection)といいます。したがって，**イ**が正解です。

ア　結合(join)では，2つ以上の表を共通の属性で結びつけます。

ウ　選択(selection)では，特定の行だけを抽出します。

エ　併合(merge)では，2つの実行結果を合わせて表示します。

≪解答≫イ

データベース言語

データベース言語は，データベースの定義や操作を行うための言語です。データベースへの問合せを**クエリ**といい，データの検索や更新などの要求を，DBMSに送信します。

データベース言語の種類

データベース言語には，次の2種類があります。

- データ定義言語(DDL：Data Definition Language)
- データ操作言語(DML：Data Manipulation Language)

データ定義言語では，テーブルやビューなど，スキーマを定義します。データ操作言語では，データの検索や挿入，更新，削除を行います。

データベース言語(SQL)

関係データベースのデータベース言語がSQLです。SQLには，単独で使用する独立言語方式だけでなく，プログラム言語から呼び出す親言語方式もあります。

データ定義言語(SQL-DDL)

SQLでのデータ定義言語(SQL-DDL)では，CREATE文で新しく定義を作成します。変更するのがALTER文，削除するのがDROP文です。

例えば，顧客番号を主キーとした顧客テーブルを作成するCREATE TABLE文は，次のようになります。関係データベースの制約については，色文字で示しています。

```
CREATE TABLE 顧客 (
  顧客番号        INTEGER PRIMARY KEY,
  氏名            NCHAR(20) NOT NULL,
  住所            NCHAR(50),
  担当支店コード  CHAR(2),
  メールアドレス  NCHAR(30) UNIQUE,
  FOREIGN KEY (担当支店コード)
     REFERENCES 支店(支店コード)
)
```

顧客テーブルを作成するCREATE TABLE文

CREATE TABLE文では，列名とデータ型を定義します。INTEGERは整数型，CHARは文字列型で，文字数を定義します。NCHARは可変長の文字列型で，最大文字数を定義します。

PRIMARY KEYは，主キーに設定する**主キー制約**です。NOT NULLは，値が必須となる**非ナル制約**です。UNIQUEは，値が重複しない必要がある**一意性制約**です。

外部キーの定義は**参照制約**です。FOREIGN KEY（列名）REFERENCES参照対象の表名（対象の列名）のかたちで，外部キーを定義します。

ビュー（導出表）は，表や他のビューから導出した，見せるための表です。表示されるデータは元の表にあり，更新すると元の表が更新されます。

例えば，先ほどの顧客テーブルをもとに，支店番号 '10'（東京支店）の顧客の氏名のみを表示するビュー"東京支店顧客ビュー"を作成するCREATE VIEW文は，次のようになります。

```
CREATE VIEW 東京支店顧客ビュー
 AS SELECT 氏名 FROM 顧客
    WHERE 支店コード = '10'
```

東京支店顧客ビューを作成するCREATE VIEW文

その他，複数のデータに順にアクセスする仕組みである**カーソル**や，データベースへの問合せを一連の処理としてまとめ，

DBMSに保存しておくストアドプロシージャも，SQL-DDLで定義します。検索速度を上げるために設定する索引であるインデックスも定義できます。

それでは，次の問題を考えてみましょう。

問題

RDBMSにおけるビューに関する記述のうち，適切なものはどれか。

ア　ビューとは，名前を付けた導出表のことである。
イ　ビューに対して，ビューを定義することはできない。
ウ　ビューの定義を行ってから，必要があれば，その基底表を定義する。
エ　ビューは一つの基底表に対して一つだけ定義できる。

（基本情報技術者試験（科目A試験）サンプル問題セット 問21）

解説

RDBMSにおけるビューとは，見せるために名前をつけた仮の表です。導出表ともいい，元の表（基底表）から必要なデータを選択し，表示します。したがって，**ア**が正解です。

イ　ビューに対して，ビューを定義することもできます。
ウ　ビューは基底表をもとに作成するので，先に定義することはできません。
エ　ビューの定義には，数の制限はありません。

≪解答≫ア

過去問題をチェック

SQL-DDLに関する記述について，基本情報技術者試験では次の出題があります。

【参照制約】
・平成29年秋午前問27

【ビュー】
・平成21年春午前問33
・平成23年特別午前問31
・平成24年春午前問29
・平成24年秋午前問29
・サンプル問題セット科目A問21

データ操作言語（SQL-DML：SELECT）

データ操作言語（SQL-DML）のうち最もよく使われるのは，検索して表示するためのSELECT文です。構文は次のとおりです。

```
SELECT * ¦ [ALL¦DISTINCT] <列名1> [, <列名2>, …]
    FROM <表名1> [, <表名2>, …, ]
        [JOIN <表名2> ON <結合条件>]
    [WHERE <検索条件> (AND <検索条件2> …)]
    [GROUP BY グループ化する列の位置(または列名) ]
    [HAVING グループ化した後の行を抽出する条件]
    [ORDER BY整列の元となる列 [ ASC ¦ DESC] ]
```

*[ ]内はオプション
* | はORを示し，いずれか1つを選択する

SELECT文の構文

SELECT文の最初に，**射影**して表示する列名を記述します。このとき，重複を許さない場合には**DISTINCT**を用います。

表の結合は，使用する表名を**FROM**句で列挙して，結合に使う列名を**WHERE**句で指定する場合と，FROM句内で**JOIN**句を用いる場合の2通りがあります。複数の表を使用する場合には，表を区別するために，「表名.列名」のかたちで列を表現することができます。

WHERE句では，行を選択する条件を記述します。

GROUP BY句は，グループ化，つまり指定された列の値が同じ複数の行を1つにまとめるものです。グループ化すると複数の行が1つになるので，元の行のデータは取り出せなくなります。**グループ化後の選択条件**は，HAVING句に記述します。

ORDER BY句は，指定された列を使って整列します。

発展
テーブルの結合にJOIN句を用いる場合，(内部結合)の場合には，INNER JOINまたは単にJOINと記述します。外部結合の場合には，LEFT(OUTER)JOINまたは，RIGHT (OUTER) JOINとして，列を残すほうのテーブルを左か右か指定して記述します。

それでは，次の問題を考えてみましょう。

問題

"学生"表と"学部"表に対して次のSQL文を実行した結果として，正しいものはどれか。

学生

氏名	所属	住所
応用花子	理	新宿
高度次郎	人文	渋谷
午前桜子	経済	新宿
情報太郎	工	渋谷

学部

学部名	住所
工	新宿
経済	渋谷
人文	渋谷
理	新宿

〔SQL文〕

```
SELECT 氏名 FROM 学生, 学部
    WHERE 所属 = 学部名 AND 学部.住所 = '新宿'
```

ア

氏名
応用花子

イ

氏名
応用花子
午前桜子

ウ

氏名
応用花子
情報太郎

エ

氏名
応用花子
情報太郎
午前桜子

（平成31年春 基本情報技術者試験 午前 問29）

解説

“学生”表と“学部”表に対して〔SQL文〕を実行した結果を考えます。「SELECT 氏名 FROM 学生, 学部」とあるので，“学生”と“学部”の2つの表を結合し，“氏名”を表示します。結合条件は，「WHERE 所属 = 学部名」とあるので，“学生”表の“所属”と，“学部”表の“学部名”が一致するものを結合します。2つの表を結合すると，次のようになります。

氏名	所属	学生.住所	学部名	学部.住所
応用花子	理	新宿	理	新宿
高度次郎	人文	渋谷	人文	渋谷
午前桜子	経済	新宿	経済	渋谷
情報太郎	工	渋谷	工	新宿

過去問題をチェック

SQL文については，科目Aの定番です。基本情報技術者試験では次の出題があります。

【営業担当者を求めるSELECT文】
- 平成23年特別午前問30

【SELECT文の実行結果】
- 平成24年春午前問30
- 平成26年春午前問25
- 平成28年秋午前問29
- 平成31年春午前問29

【同じ結果が得られるSELECT文】
- 平成22年春午前問31
- 平成26年春午前問28

【ORDER BY句】
- 平成25年春午前問28
- 平成31年春午前問27

【UPDATE文】
- 平成22年秋午前問31

【AVG関数】
- 平成21年秋午前問33
- 平成25年春午前問28
- 平成31年春午前問27
- 令和元年秋午前問26

【MAX関数】
- 平成27年秋午前問28

続いて，WHERE句のAND条件として，「学部.住所 = '新宿'」があるので，"学部"表の"住所"が'新宿'となっている，1行目と4行目を選択します。氏名だけ表示すると，'応用花子'と'情報太郎'の2名となります。したがって，ウが正解です。

ア　WHERE句の条件が,「学生.住所='新宿' AND 学部.住所='新宿'」と，両方が新宿となっている場合の結果です。

イ　WHERE句の条件が,「学生.住所= '新宿'」となっている場合の結果です。

エ　WHERE句の条件が,「学生.住所= '新宿' OR 学部.住所= '新宿'」と，どちらかが新宿となっている場合の結果です。

≪解答≫ウ

その他のデータ操作言語（SQL-DML：INSERT，UPDATE，DELETE）

SELECT文以外のSQL-DMLには，INSERT文（挿入），UPDATE文（更新），DELETE文（削除）の3つがあります。構文は，次のとおりです。

```
INSERT INTO <表名> (<列名1>, <列名2>, …)
  VALUES(<値1>, <値2>, …)
または
INSERT INTO <表名> (<列名1>, <列名2>, …)
  SELECT ～ (以降，通常のSELECT文)
```

```
UPDATE <表名> SET <列名1> = <値1>
  [,<列名2> = <値2> …] WHERE <検索条件>
```

```
DELETE FROM <表名> WHERE <検索条件>
```

INSERT文，UPDATE文，DELETE文の構文

SQLの構文

押さえておきたいSQLの構文としては，以下のものがあります。

①集計関数

SUM［合計］，**AVG**［平均］，MAX［最大］，MIN［最小］と，行をカウントするCOUNT（*）またはCOUNT（列名）があります。

②比較演算子

1行ずつ比較する演算子には，<，>，<=，>=，<>があります。複数行を比較するIN（含まれる）も比較演算子です。また，次の構文で，値1から値2までの範囲を指定することができます。

```
BETWEEN 値1 AND 値2
```

③評価を行う演算子

結果をTRUE（真）かFALSE（偽）で返します。**EXISTS**（1行でも存在する），**NOT EXISTS**（1行もない）がよく使われます。

④あいまいな条件を比較する演算子

あいまいな条件の比較には**LIKE**を使用します。例えば，氏名LIKE '吉井%'の場合は，「吉井」で始まる氏名を検索します。

⑤SELECT文を合わせるUNION句

2つのSELECT文の結果を合わせる集合演算（和演算）を行う句に**UNION**句があります。2つのSELECT文の結果に同じ行があったとき，両方とも出力する場合にはUNION ALL，合わせて1つにまとめる場合には単にUNIONを使用します。

■ 埋込型SQL

埋込型SQLとは，SQLをプログラミング言語などに埋め込んで使用する方法です。

カーソルは，一連のデータに順にアクセスするための仕組みです。プログラムとともに用いられることが多く，1行ずつ読み出して処理を行うのに向いています。カーソルの定義は，次の構文で行います。

```
DECLARE カーソル名 CURSOR FOR SELECT ~
```

カーソル文を定義した後，OPENでカーソルをオープン，FETCHで1行ずつ取り込み，CLOSEでカーソルを閉じます。

ストアドプロシージャとは，データベースへの問合せを一連の処理としてまとめ，DBMSに保存したものです。条件分岐や順次処理などが使用でき，複数のSQLでの一連の処理をまとめて登録できます。使用するときには，プロシージャ名で呼び出すと，一連の処理を実行してくれます。

クライアントサーバシステムでは，あらかじめDBMSにストアドプロシージャを登録しておくことで，プロシージャ名だけで処理が実行でき，通信量の節約になります。

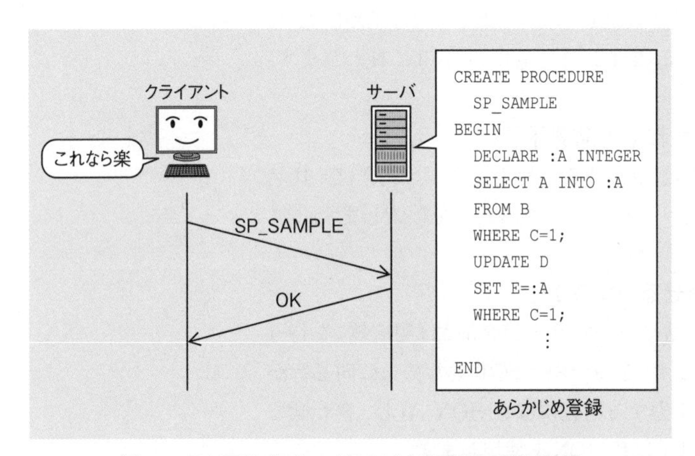

図3.6 ストアドプロシージャによる通信量の削減効果

それでは，次の問題を考えてみましょう。

問題

クライアントサーバシステムにおいて，利用頻度の高い命令群をあらかじめサーバ上のDBMSに格納しておくことによって，クライアントサーバ間のネットワーク負荷を軽減する仕組みはどれか。

ア　2相コミットメント
イ　グループコミットメント
ウ　サーバプロセスのマルチスレッド化
エ　ストアドプロシージャ

（平成29年秋 基本情報技術者試験 午前 問26）

解説

DBMS（DataBase Management System）の機能に，条件分岐や順次処理など，複数のSQLでの一連の処理をまとめて登録できるストアドプロシージャがあります。サーバーにストアドプロシージャを定義しておき，実行時に呼び出すことで，ネットワーク負荷を軽減することができます。したがって，**エ**が正解です。

ア　コミットを2段階に分けて，分散データベースで調停を行う仕組みです。
イ　複数のトランザクションのコミットをまとめてログファイルに書き出す仕組みです。
ウ　マルチスレッド化することで，複数のトランザクションの同時実行ができ，処理効率が向上します。

≪解答≫エ

過去問題をチェック

埋込型SQLについて，基本情報技術者試験では次の出題があります。

【カーソル】
・平成30年春午前問28

【ストアドプロシージャ】
・平成21年春午前問31
・平成25年秋午前問28
・平成27年春午前問27
・平成29年秋午前問26

覚えよう！

- ☐ **ビューは見せるための表で，CREATE VIEW文で定義**
- ☐ **AVGは平均，MAXは最大，COUNTで行数を数える**

3-3-4 トランザクション処理

トランザクション処理を考えるときのポイントは，信頼性と性能の2つです。データベースの中のデータが失われたり改ざんされたりしないように適切に管理する必要があります。性能を向上させ，短い時間で応答するための工夫も大切です。

トランザクション管理

トランザクションとは，分けることのできない一連の処理単位です。例えば銀行の処理なら，Aさんの口座からBさんの口座に振り込む場合，次のような一連の処理が発生します。

Aさんの口座の残高を減らす→Bさんの口座の残高を増やす

これらの処理を1つ目で終わらせると，お金が消えた状態になってしまいます。そのため，2つの処理をまとめて1つのトランザクションとします。

トランザクションには，技術的に満たすべき4つの性質があり，頭文字を取ってACID特性といいます。

①原子性（atomicity）

トランザクションは，完全に終わる（コミット），もしくは元に戻す（ロールバック）のどちらかでなければなりません。

②一貫性（consistency）

トランザクションで処理されるデータは，実行前と後で整合性をもち，一貫したデータを確保しなければなりません。

③独立性（isolation）

トランザクションAで変更中のデータを，トランザクション Bで処理してはなりません。

④耐久性（durability）

いったんコミットしたら，そのデータは障害時にも回復できなければなりません。

それでは，次の問題を考えてみましょう。

問題

トランザクションが，データベースに対する更新処理を完全に行うか，全く処理しなかったかのように取り消すか，のどちらかの結果になることを保証する特性はどれか。

ア 一貫性（consistency）　　イ 原子性（atomicity）
ウ 耐久性（durability）　　エ 独立性（isolation）

（令和5年度 基本情報技術者試験 公開問題 科目A 問7）

解説

トランザクションが，データベースに対する更新処理を完全に行う（コミット）か，まったく行わない（ロールバック）のどちらかであることを保証する性質を，原子性（atomicity）といいます。したがって，**イ**が正解です。

ア データが実行前後で整合性を持つという特性です。
ウ データが障害時にも回復できるという特性です。
エ 複数のトランザクションが独立して実行できるという特性です。

≪解答≫イ

過去問題をチェック
ACID特性について，基本情報技術者試験では次の出題があります。
【ACID特性】
・平成24年秋午前問30
・平成26年春午前問29
・平成28年春午前問28
・平成29年秋午前問29
・令和5年度科目A問7

同時実行制御（排他制御）

2つのトランザクションを同時に実行し，同じデータを更新してしまいデータに矛盾が発生することがあります。それを防ぐためには，同時実行制御を行います。同時実行制御の代表的な方法が**排他制御**で，一度に1つのトランザクションしかデータの更新が行えないようします。そのための代表的な方法が**ロック**です。

ロックとは，データへの参照や更新を一時的に制限する仕組みです。参照・更新するデータにロックをかけ，使用が終わったときにロックを解除します。ロックの方法には以下のものがあります。

①共有ロック／専有ロック

データを参照するだけの場合には，複数のトランザクションで同時に実行しても問題ありません。そのために**共有ロック**をかけて，データの参照は自由に行えるようにします。データを更新する場合には，ほかのトランザクションに見えないように**専有ロック**(排他ロック)をかけ，参照もできないようにします。

②行ロック／表ロック

ロックは，ロックをかける対象の範囲を指定できます。1行ごとにロックをかけるのが行ロック，表全体にロックをかけるのが表ロックです。ロックをかける範囲の大きさのことを，**ロックの粒度**といいます。ロックの粒度が大きいと，一度に複数の範囲にかけられますが，トランザクションの待ちが多く発生し，性能悪化の原因となります。

③2相ロッキングプロトコル

複数のテーブルにロックをかける際，トランザクションの途中で外したりすると，他のトランザクションにデータを更新されて矛盾が発生することがあります。そのため，ロックするときにはずっとかけ続け(単調増加)，解除するときは外し続ける(単調減少)という方法を，**2相ロッキングプロトコル**といいます。これにより，データベースの矛盾は起こりにくくなります。

2つのトランザクションで複数のデータを参照するとき，ロックのために互いのデータが使用可能になるのを待ち続けて，互いに動けない状態になることが**デッドロック**です。

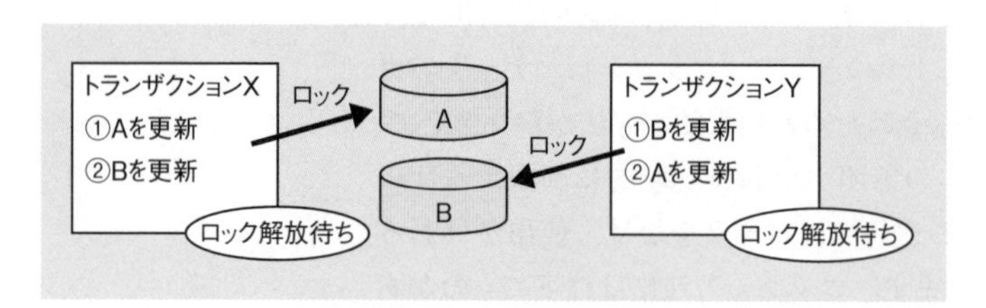

図3.7 デッドロック

デッドロックが起こらないようにするためには，複数のトランザクションにおいて**データの呼出し順序を同じにする**方法が効果的です。

それでは，次の問題を考えてみましょう。

問題

2相ロッキングプロトコルに従ってロックを獲得するトランザクションA，Bを図のように同時実行した場合に，デッドロックが発生しないデータ処理順序はどれか。ここで，readとupdateの位置は，アプリケーションプログラムでの命令発行時点を表す。また，データWへのreadは共有ロックを要求し，データX，Y，Zへのupdateは各データへの専有ロックを要求する。

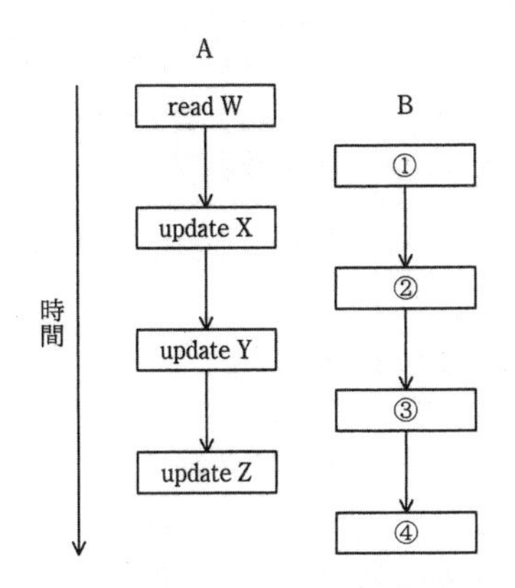

	①	②	③	④
ア	read W	update Y	update X	update Z
イ	read W	update Y	update Z	update X
ウ	update X	read W	update Y	update Z
エ	update Y	update Z	update X	read W

（令和元年秋 基本情報技術者試験 午前 問29）

解説

2相ロッキングプロトコルとは，複数のテーブルにロックをかけるときに，かけたり外したりするのではなく，ロックするときにはずっとかけ続け，解除するときはずっと外しつづけるやり方です。また，2つのトランザクションで複数のデータを参照するとき，ロッ

過去問題をチェック
排他制御について，基本情報技術者試験では次の出題があります。
【排他制御】
・平成22年春午前問32
・平成24年春午前問33
・平成25年春午前問30
・平成28年春午前問30
・平成29年春午前問28
【ロックの動作】
・平成26年秋午前問30
【ロックの粒度】
・平成30年春午前問30
・平成30年秋午前問29
【デッドロック】
・平成23年秋午前問34
・平成24年春午前問33
・平成25年秋午前問31
・令和元年秋午前問29

クのために互いのデータが使用可能になるのを待ち続けて，互いに動けない状態になることがデッドロックです。

デッドロックが起こらないようにするためには，複数のトランザクションにおいてデータの呼出し順序を同じにする方法が効果的です。図のAでは, read Wは共有ロックで, 複数のトランザクションで同時に使用できます。その後のupdateを，X→Y→Zの順番で行えば，Aとのデッドロックは発生しません。

read Wを除いたupdateが, X→Y→Zの順番になっているのは，選択肢の中ではウだけです。したがって，**ウ**が正解です。

ア update Y → update Xの部分でデッドロックが発生する恐れがあります。

イ update Z → update Xの部分でデッドロックが発生する恐れがあります。

エ update Z → update Xの部分でデッドロックが発生する恐れがあります。

≪解答≫ウ

障害回復

データベースの障害には，大きく分けて次の3つがあります。

①トランザクション障害

デッドロックのような，トランザクションに不具合が起こる障害です。トランザクション障害ではDBMSは正常に動いており，データの不具合はないため，DBMSでロールバック命令などを実行することで対処できます。

②ソフトウェア（電源）障害

ソフトウェアの実行中止などで，DBMSのデータに不具合が起こる障害です。

③ハードウェア（媒体）障害

ハードディスクの故障などでデータが損傷するような障害で，バックアップデータを用いて復元する必要があります。

②と③の障害では，障害で失ったデータを回復するために，**ログファイル**を利用します。

ログファイルによる障害回復処理

データベース障害に備えるために，データベース用のハードディスクとは別のディスクにログファイルを用意します。用意するログファイルは，**更新前ログ**と**更新後ログ**の2つです。

データベースを更新したらその都度，更新する前のデータを更新前ログに，更新した後のデータを更新後ログに記述します。トランザクションがコミットしたら，その情報をログファイルに書き込みます。これは，データベースの内容は実際にはメモリ上でのみ更新されており，ハードディスク上のデータは不定期にしか更新されないためです。

メモリからハードディスク上のデータベースに書込みを行うポイントが，**チェックポイント**です。チェックポイント後に更新されたデータは，障害が発生してメモリ上のデータが消えると失われてしまいます。そのためにログファイルを用意しておき，障害発生に備えます。

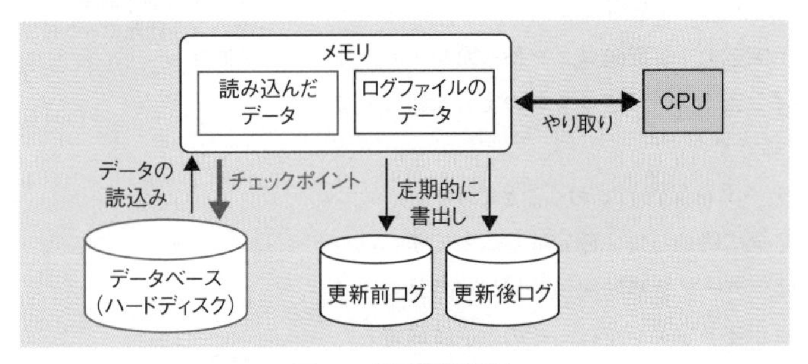

図3.8　障害回復処理

データベースに障害が発生したときにトランザクションのコミットが完了していた場合には，更新後ログを使って，チェックポイント後のデータを復元させます。この動作を**ロールフォワード**と呼びます。また，コミットが完了しないうちに障害が発生したときには，ハードディスクに書き込まれていた実行途中のデータをトランザクションの実行前の状態に戻す必要があります。そのためには，更新前ログを用いて復元させます。この動作を**ロー**

ルバックといいます。ロールバック，ロールフォワードを用いて障害回復を行うためには，更新前ログと更新後ログの両方が必要です。

それでは，次の問題を考えてみましょう。

問題

データベースが格納されている記憶媒体に故障が発生した場合，バックアップファイルとログを用いてデータベースを回復する操作はどれか。

ア アーカイブ　　　　　　　　イ コミット
ウ チェックポイントダンプ　　エ ロールフォワード

（平成30年秋 基本情報技術者試験 午前 問30）

解説

データベースが格納されている記憶媒体に故障が発生した場合には，最初にバックアップファイルを用いて，バックアップ時の状態まで復元します。その後は，更新後ログを使ったロールフォワードで，コミットが終了したトランザクションの実行を復元します。したがって，**エ**が正解です。

ア 保存領域を用意し，データを保管しておくことです。
イ トランザクションが完全に終わって，確定することです。
ウ チェックポイントとは，データを補助記憶装置に書き込むタイミングです。チェックポイントダンプは，そのときに取得した内容になります。

≪解答≫エ

過去問題をチェック
障害回復処理について，基本情報技術者試験では次の出題があります。
【ログファイル】
・平成21年秋午前問34
・平成23年特別午前問33
・平成24年春午前問32
・平成29年秋午前問30
・平成30年春午前問29
【ロールバック】
・平成22年秋午前問56
【ロールフォワード】
・平成21年春午前問35
・平成28年秋午前問30
・平成29年春午前問28
・平成30年秋午前問30
・平成30年秋午前問56
・平成31年春午前問57
・サンプル問題セット科目A問46

データベースの性能向上

データベースの性能を向上させる方法として一般的なものがインデックスです。インデックスとは，検索速度を上げるために設定する索引であり，元のテーブルとは別に，キーとデータの場所（ポインタ）の組を一緒に格納します。

過去問題をチェック
データベースの性能向上について，基本情報技術者試験では次の出題があります。
【インデックス】
・平成24年秋午前問27
・平成26年秋午前問27
・平成27年秋午前問26
【オプティマイザ】
・平成26年春午前問25
【再編成】
・平成22年秋午前問32
・平成26年秋午前問29

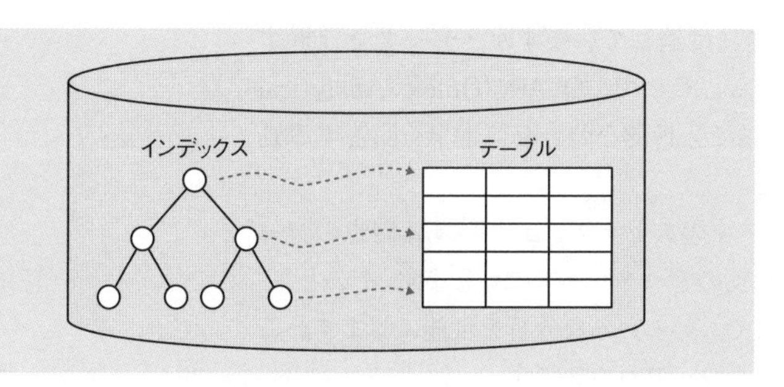

図3.9 インデックス

インデックスはテーブルを更新するたびに更新する必要があるので，インデックスを設定すると，かえって処理速度が遅くなることがあります。また，インデックスのデータ構造としては，B木やB^+木，B^*木などの木構造やハッシュ関数を用いた**ハッシュインデックス**などが用いられます。

データベースのアクセス経理を効率よく最適化するためのツールに**オプティマイザ**があります。また，データベースのアクセス効率を低下させないために，定期的にデータの**再編成**を行い，物理的な配置を整理することが大切です。

▸▸▸ 覚えよう！

- □ ACIDは原子性，一貫性，独立性，耐久性
- □ 更新前ログでロールバック，更新後ログでロールフォワード

3-3-5 データベース応用

今まで扱ってきたデータベースは，主に業務システム開発で利用されています。データ分析では，ビッグデータを扱うため，データベースの手法が変わってきます。

OLTPとOLAP

業務システムで利用される，トランザクションを中心とした処理のことをOLTP（Online Transaction Processing）といいま

す。日々の業務を行うのには適していますが，データを分析するのには向いていません。そこで，**OLAP**（Online Analytical Processing）という，複雑で分析的な問合せに素早く回答する処理方法が考えられました。

OLAPでは，OLTPデータのスナップショット（ある時点のデータベースの内容）を取り，別のデータベースに移します。そのとき，データを再構成することで，いろいろな分析を可能にします。このデータの集まりが**データウェアハウス**です。

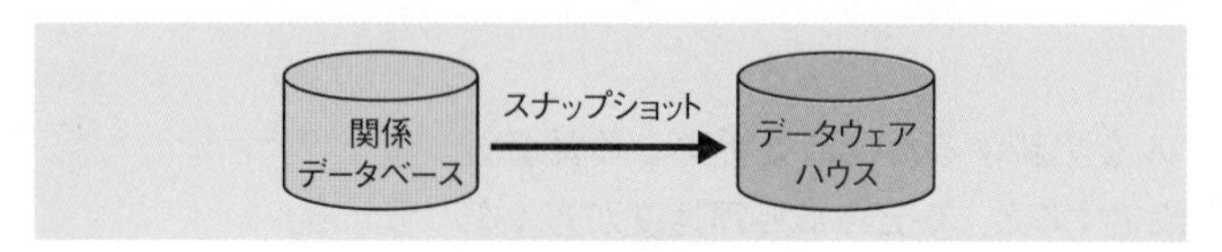

図3.10 データウェアハウス

データウェアハウスなどに，統計学，パターン認識，人工知能などのデータ解析手法を適用することで新しい知見を取り出す技術のことを**データマイニング**といいます。

■ビッグデータ

ビッグデータとは，通常のDBMS（関係データベースなど）で取り扱うことが困難な大きさのデータの集まりのことです。単にデータ量が多いだけでなく，様々な種類があり，非構造化データ（構造化できないデータ）や定型的でないデータも含まれます。

ビッグデータを用いた分析では，データを集めた時点で必要なデータベースの構造やデータの用途が決まっていないことも多いです。そのため，扱うデータは元のままのかたちで，すべて**データレイク**に保存します。加工する前のデータをデータレイクに保存しておくことで，様々な視点での分析や利用が可能になります。

それでは，次の問題を考えてみましょう。

問題

ビッグデータのデータ貯蔵場所であるデータレイクの特徴として，適切なものはどれか。

ア　あらゆるデータをそのままの形式や構造で格納しておく。
イ　データ量を抑えるために，データの記述情報であるメタデータは格納しない。
ウ　データを格納する前にデータ利用方法を設計し，それに沿ってスキーマをあらかじめ定義しておく。
エ　テキストファイルやバイナリデータなど，格納するデータの形式に応じてリポジトリを使い分ける。

（基本情報技術者試験（科目A試験）サンプル問題セット 問23）

解説

ビッグデータのデータ貯蔵場所であるデータレイクとは，分析などで加工する前のデータを保管しておく場所です。あらゆるデータをそのままの形式や構造で格納しておくことで，様々な視点での分析や利用が可能になります。したがって，**ア**が正解です。

イ　メタデータも格納すると，データを利用しやすくできます。
ウ　データレイクにスキーマ定義は必要ありません。データ利用方法をあらかじめ定義する前に格納することができます。
エ　バイナリデータも区別せず，データレイクに格納することができます。リポジトリを使い分ける必要はありません。

≪解答≫ア

NoSQL

ビッグデータは，通常の関係データベースでSQLを使用する処理に向いていません。そのため，様々な新しいデータベースが考案されており，それらのDBMSを総称して**NoSQL**と呼びます。NoSQLに分類される主なデータベースには，次のものがあります。

キーバリューストア（KVS：Key-Value Store）

データベース様々な形式のデータを1つのキーに対応付けて管理するデータベースです。値の型は定義されていないので，様々な型の値を格納することができます。

ドキュメント型データベース

データ項目の値として，階層構造のデータをドキュメントという単位で管理することができるデータベースです。JSON形式のデータなどが格納されます。

グラフ指向データベース

グラフ構造をデータベースで実現するデータベースです。具体的には，グラフの1つひとつのデータをノードとして，ノードとノードの関係をリレーションとして定義します。

分散データベース

データベース中の大量のデータを，複数のデータベースに分散配置したものが分散データベースです。分散データベースでは，複数のDBMSが並行して稼働します。

分散データベースでは，ユーザにデータの分散を意識させないようにするために**透過性**が求められます。分散データベースの透過性とは，複数のデータベースがあたかも1つのサーバ上で稼働しているかのようにアクセスできることです。

例えば，物理的に複数の場所に置かれたシステムであっても，全体で1つのシステムとして動く必要があります。そのために必要な仕組みが，**2相コミット**です。

過去問題をチェック

データベース応用の分野について，基本情報技術者試験では次の出題があります。

【データマイニング】
- 平成23年特別午前問35
- 平成24年春午前問64
- 平成27年秋午前問64
- 平成29年春午前問29

【データレイク】
- サンプル問題セット科目A問23

【キーバリューストア】
- 平成31年春午前問30

【分散データベースの透過性】
- 平成21年秋午前問35

【2相コミット】
- 平成29年春午前問28

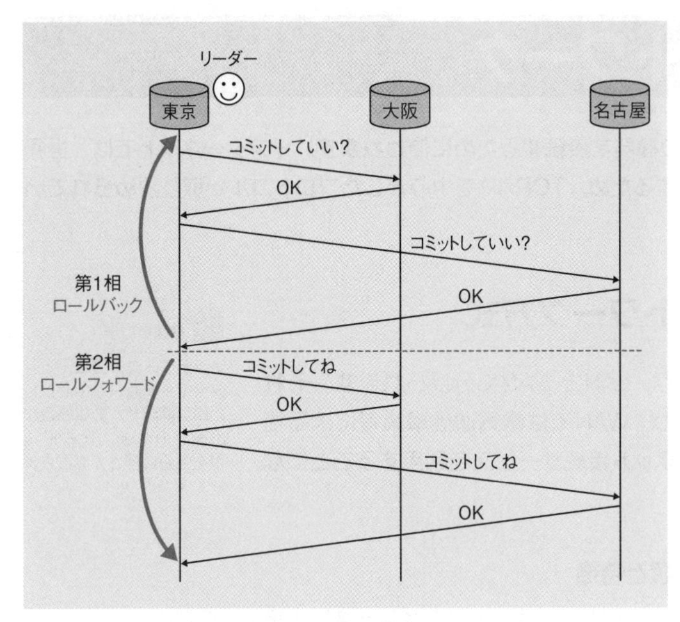

図3.11 2相コミット

2相コミットでは，コミットを2段階に分けて考えます。ユーザからの要求はリーダー（調停者）が受け，リーダーがほかのすべてのデータベースに「コミットしていい？」と問い合わせます。これが第1相で，この段階で1つでもNGが返ってきたら，全体をロールバックします。

全員からOKが返ってきたら，第2相に移ります。この段階では，「コミットしてね」と，すべてのシステムにコミットを強制します。この段階で失敗した場合は，ログファイルを使ってロールフォワードさせ，すべてのシステムをコミットさせます。

覚えよう！

- □ データマイニングは，データから新しい知見を発見
- □ ビッグデータはデータレイクに保管しNoSQLで管理

3-4 ネットワーク

ネットワークは複数の機器を接続するために使われます。インターネットでは，世界中の機器が確実に接続するため，TCP/IPを中心としたプロトコルが取り決められています。

3-4-1 ネットワーク方式

ネットワークの方式は，LANとWANに分けられます。それぞれに有線と無線があり，WANでは電気通信事業者による提供サービスやインターネット接続サービスを利用することになります。

勉強のコツ

ネットワーク分野は，インターネット通信を中心とした用語問題や，計算問題が出題されます。TCP/IP技術を中心に押さえておきましょう。

ネットワークの種類と特徴

ネットワークはもともと，同じメーカーのコンピュータ同士を専用のケーブルでつないで通信するためのものでした。そのため，かつては様々な規格が存在し，メーカーの異なる機種同士を接続するのが困難でした。現在では，**標準化された規格やプロトコル**のおかげで，機器の違いを意識せず，通信することが可能になりました。

LANとWAN

ネットワークの種類には，大きく分けて**LAN**（Local Area Network）と**WAN**（Wide Area Network）があります。LANは，1つの施設内で用いられるネットワークです。WANは，広い範囲を結ぶネットワークです。といっても2つの違いは広さではなく，管理する人によって区別されます。ユーザが主体となって運営・管理するのがLAN，**電気通信事業者が関わる必要があるのがWAN**です。

回線交換とパケット交換

初期のネットワークは，2つのコンピュータを直接結ぶ専用線によるものでした。接続する端末が増えるにつれ，多くの人が使える仕組みが必要になりましたが，その仕組みは**回線交換とパ**

ケット交換の2種類に大別されます。

固定電話の回線などで使用されているのが，回線交換です。帯域（ネットワーク回線）を使用する端末を交換機で切り替えます。切り替えた帯域は占有できます。

一方，ネットワークを流れるデータを**パケット**という1つのかたまりにして，それに宛先を付けて送ることで回線を共有する方法がパケット交換です。インターネットが代表例です。

パケットを使った通信では，次のようなかたちで，データを分割し，それぞれにヘッダをつけて送信します。

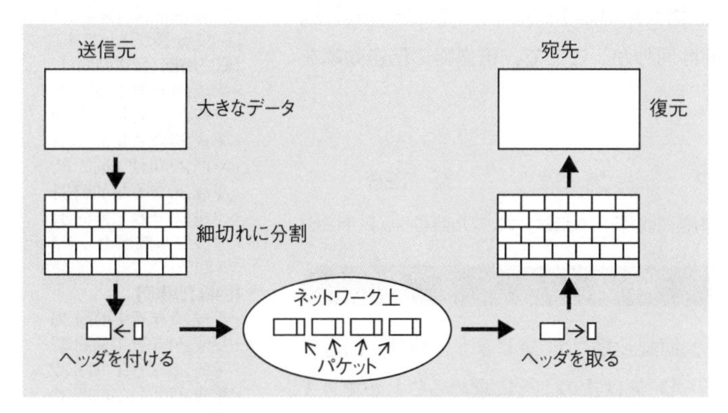

図3.12 パケットを使った通信の様子

回線に関する計算

通信回線で，1秒当たりに送れるデータ量が**回線速度**です。回線速度が速いと，データの**転送時間**（伝送時間）は短くなります。通信回線の容量に対するデータ伝送の割合が**回線利用率**で，回線速度が速いと，回線利用率は低くなります。

しかし，通信回線は100％の性能を出せるとは限らないので，回線速度以外に**伝送効率**を考えることが大切です。転送時間とデータ量，回線速度の関係は以下のようになります。

$$\text{転送時間} = \frac{\text{データ量［バイト］} \times 8\ \text{［ビット／バイト］}}{\text{回線速度［ビット／秒］} \times \text{伝送効率}}$$

データ量はバイト，回線速度はビットで表されることが多いので，1バイト＝8ビットで変換する必要があります。

動画などを配信する場合に，動画の再生スピードよりも転送速度のほうが遅い場合があります。このような場合に動画を途切れないようにする技術がバッファリングです。再生開始前にデータのバッファリングを行って再生するため，それを保管しておくための必要時間分のバッファリング容量が必要となります。

それでは，次の問題を考えてみましょう。

問題

1.5Mビット／秒の伝送路を用いて12Mバイトのデータを転送するのに必要な伝送時間は何秒か。ここで，伝送路の伝送効率を50%とする。

ア 16　　イ 32　　ウ 64　　エ 128

（基本情報技術者試験（科目A試験）サンプル問題セット 問26）

解説

データ量は12Mバイト，回線速度は1.5Mビット／秒で，伝送効率が50%＝0.5なので，伝送時間は次のように求めることができます。

$$\text{伝送時間}[\text{秒}]=\frac{12\times10^6[\text{バイト}]\times8[\text{ビット／バイト}]}{1.5\times10^6[\text{ビット／秒}]\times0.5}=128[\text{秒}]$$

したがって，伝送時間は128秒となり，エが正解です。

≪解答≫エ

過去問題をチェック

回線に関する計算について，基本情報技術者試験では次の出題があります。

【転送時間（伝送時間）】
- 平成21年春午前問36
- 平成24年春午前問34
- 平成27年春午前問31
- 平成27年秋午前問30
- 平成30年春午前問31
- 平成30年秋午前問31
- サンプル問題セット科目A問26

【回線利用率】
- 平成21年春午前問36
- 平成24年秋午前問32
- 平成25年春午前問32
- 平成27年秋午前問30
- 平成29年春午前問30
- 令和元年秋午前問30

【バッファリング】
- 平成26年秋午前問31
- 平成29年秋午前問31

▶▶▶ 覚えよう！

- □ LANは施設内に自分で設置。WANは電気通信事業者が用意
- □ 通信速度［ビット／秒］とデータ量［バイト］は×8が必要

3-4-2 データ通信と制御

データ通信を理解する上でポイントとなるのは，プロトコルと階層化の考え方です。階層化したプロトコル群の代表的なものに，OSI基本参照モデルとTCP/IPプロトコルスイートがあります。

プロトコルと階層化

プロトコルとは，コンピュータとコンピュータがネットワークを利用して通信するために決められた約束ごとです。プロトコルをきちんと決めておくことによって，メーカーやCPU，OSなどが異なるコンピュータ同士でも，同じプロトコルを使えば互いに通信することができます。

発展

プロトコルは，実際にはコンピュータのプログラムとして実装されます。階層化は，機能を分割して独立させるという，プログラムを開発するときのモジュール分割と同じ考え方です。

人間の会話に例えると，日本語や英語などの言語がプロトコルに相当します。そして，会話を通して話の内容（データ）を相手に伝えていきます。このとき，下図のように，受け手（Bさん）が日本語を知らず英語しかわからない場合には，話し手（Aさん）はデータを英語にして相手に伝えていく必要があります。

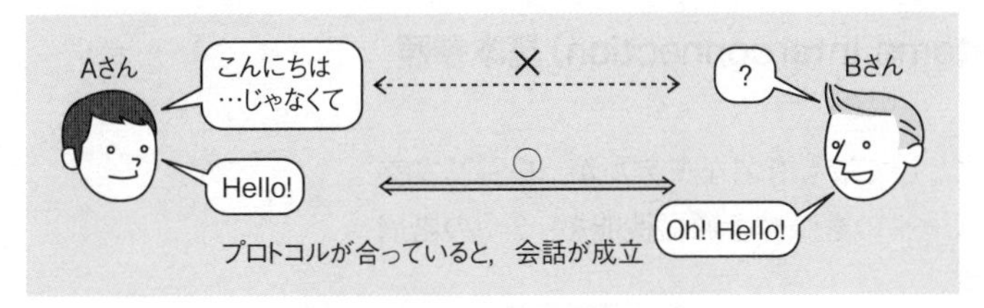

図3.13 プロトコルを使った会話

コンピュータの場合は，会話の前後から意味を推測するといった高度なことはできないので，このプロトコルをしっかり決めておく必要があります。

また，1つのプロトコルにいろいろな役割を詰め込みすぎると，プロトコルは複雑になりすぎてしまいます。そのため，プロトコルをいくつかの機能に分けて**階層化**するという考え方が提唱されました。

関連

それぞれのプロトコルについては，「3-4-3 通信プロトコル」で詳しく解説します。

会話の例で階層化を説明すると，直接会話をするのではなく携帯電話を使って2人が会話をする場合ということになります。

つまり，このとき，言語層と通信装置層という2つの階層ができるのです。

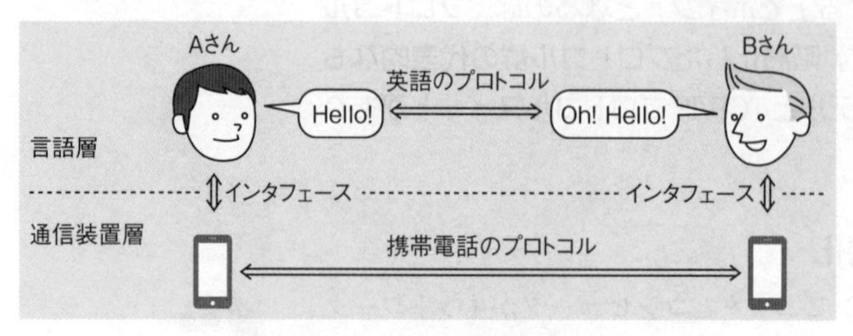

図3.14 プロトコルの階層化

上の図では，会話をしているのはAさんとBさんなのですが，外から見ると，Aさんは携帯電話に話しかけているように見えます。この，Aさんと携帯電話の境界となる部分のことをインタフェースといいます。インタフェースを通じて，言語層から通信装置層にデータを渡し，通信装置の階層でのプロトコルを使って，データをBさんの携帯電話に伝送します。そこからまた，インタフェースを通じて，Bさんに会話内容を伝えるのです。

OSI（Open Systems Interconnection）基本参照モデル

ネットワークの階層化として最も有名なモデルが，**OSI基本参照モデル**です。コンピュータのもつべき通信機能を，7つの階層に分けて定義しています。

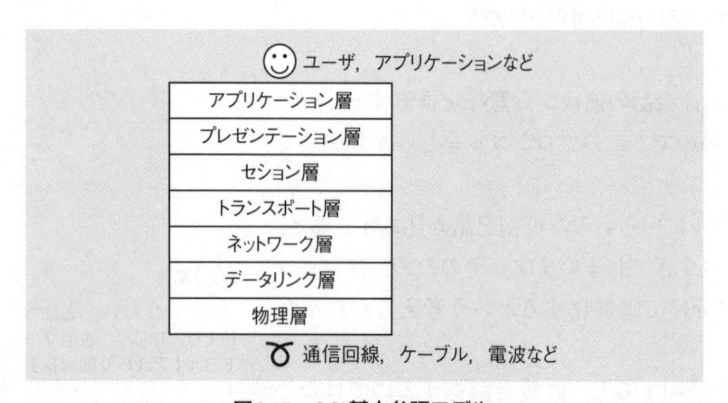

図3.15 OSI基本参照モデル

階層の一番上のアプリケーション層の上にあるのが，ユーザや，通信に関係ないアプリケーションなど，実際にデータを利用する人やシステムです。そして，一番下の物理層の下にあるのが，通信回線やケーブル，電波など，実際に電気信号を伝える物理的な媒体です。

実際の通信では，次図のような流れで，Aさん（送信者）からBさん（受信者）にデータを届けます。

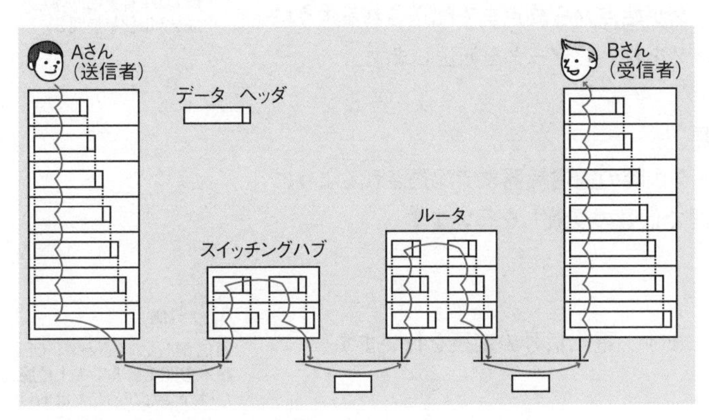

図3.16 OSI基本参照モデルでのデータの流れ

通信経路の途中には，スイッチングハブやルータなど通信を中継する機器があります。それらの機器は7階層すべての役割をもつわけではなく，その機器に必要な階層（ルータならネットワーク層まで，スイッチングハブならデータリンク層まで）の機能をもち，パケットを中継します。

それぞれの層の機能や役割は，以下のとおりです。

第7層　アプリケーション層

通信に使うアプリケーション（サービス）そのものです。

第6層　プレゼンテーション層

データの**表現方法**を変換します。例えば，画像ファイルをテキスト形式に変換したり，データを圧縮したりします。

第5層　セション層

通信するプログラム間で**会話**を行います。セションの開始や終了を管理したり，同期をとったりします。

第4層　トランスポート層

コンピュータ内でどの通信プログラム（サービス）と通信するのかを管理します。また，通信の**信頼性**を確保します。

第3層　ネットワーク層

ネットワーク上でデータが**始点から終点まで**配送されるように管理します。ルーティングを行い，データを転送します。

第2層　データリンク層

ネットワーク上でデータが**隣の通信機器まで**配送されるように管理します。通信機器間で信号の受渡しを行います。

第1層　物理層

物理的な接続を管理します。電気信号の変換を行います。

過去問題をチェック

OSI基本参照モデルについて，基本情報技術者試験では次の出題があります。

【ネットワーク層】

・平成22年秋午前問34
・平成24年秋午前問34
・平成25年春午前問33
・平成27年秋午前問31

発展

通信が行われるとき，OSI基本参照モデルでの上位層だけがつながることはありません。逆に，下位層だけつながることはあります。そのため，ネットワークのトラブルシューティングでは，下位層から順に接続を確認していき，どの層で障害が発生しているかを特定します。

■ネットワーク接続

OSI基本参照モデルでは，階層ごとに機能や役割が違います。そのため，ネットワークに接続するときに必要となる機器も異なります。LAN間でネットワーク接続を行う機器のことを，**LAN間接続装置**といいます。

それぞれの階層で必要なLAN間接続装置は以下のとおりです。

①リピータ（第1層　物理層）

電気信号を増幅して整形する装置です。リピータの機能で複数の回線に中継する**リピータハブ**が一般的です。すべてのパケットを中継するので，接続数が多くなってくるとパケットの衝突が発生し，ネットワークが遅くなります。

②ブリッジ（第2層　データリンク層）

データリンク層の情報（**MACアドレス**）に基づき，通信を中継するかどうかを決める装置です。複数の回線をブリッジ機能で中継する**スイッチングハブ**（**レイヤー2スイッチ**）が一般的です。

ブリッジでは，アドレス学習機能とフィルタリング機能を備えています。送信元のMACアドレスをアドレステーブルに学習し，宛先のMACアドレスがアドレステーブルにある場合に，そのポートのみにデータを送信します。

③ルータ（第3層　ネットワーク層）

ネットワーク層の情報（**IPアドレス**）に基づき，通信の中継先を決める装置です。ルーティングテーブルによって中継先を決める動作をルーティングといいます。スイッチングハブの機能にルーティングの機能を加えた**レイヤー3スイッチ**もあります。

④ゲートウェイ（第4～7層　トランスポート層以上）

トランスポート層以上でデータを中継する必要がある場合に用います。例えば，PCの代理でインターネットにパケットを中継するプロキシサーバーや，電話の音声をデジタルデータに変換して送出するVoIPゲートウェイなどは，ゲートウェイの一種です。

それでは，次の問題を考えてみましょう。

過去問題をチェック

LAN間接続装置については，科目Aの定番です。基本情報技術者試験では次の出題があります。

【リピータ】
- 平成23年特別午前問38
- 平成24年春午前問35
- 平成25年秋午前問34
- 平成26年秋午前問32
- 平成27年春午前問33
- 平成30年秋午前問32

【ブリッジ】
- 平成22年秋午前問35
- 平成28年春午前問32

【スイッチングハブ（レイヤー2スイッチ）】
- 平成24年秋午前問35
- 平成29年秋午前問32

【ルータ】
- 平成21年春午前問37
- 平成21年秋午前問37
- 平成22年秋午前問36
- 平成28年秋午前問31
- 平成29年春午前問33

【レイヤー3スイッチ】
- 令和元年秋午前問32

【リピータ／ブリッジ／ルータ】
- 平成23年秋午前問37
- 平成26年春午前問30

【ゲートウェイ】
- 平成29年春午前問31
- 平成31年春午前問31

関連

ブリッジやスイッチングハブで使用されるMACアドレスについては続く「メディアアクセス制御」で解説しています。

ルータやレイヤー3スイッチで使用されるIPアドレスについては，「3-4-3　通信プロトコル」で詳しく学習します。

問題

LAN間接続装置に関する記述のうち，適切なものはどれか。

ア　ゲートウェイは，OSI基本参照モデルにおける第1～3層だけのプロトコルを変換する。

イ　ブリッジは，IPアドレスを基にしてフレームを中継する。

ウ　リピータは，同種のセグメント間で信号を増幅することによって伝送距離を延長する。

エ　ルータは，MACアドレスを基にしてフレームを中継する。

（平成30年秋 基本情報技術者試験 午前 問32）

解説

LAN間接続装置のうち，リピータは，物理層での接続装置です。同種のセグメント間で中継を行い，信号を整形，増幅することによって，伝送距離を延長します。したがって，**ウ**が正解です。

ア ゲートウェイは，OSI基本参照モデルにおける第4～7層のプロトコルを変換します。
イ ブリッジは，MACアドレスを基にしてフレームを中継します。
エ ルータは，IPアドレスを基にしてフレームを中継します。

≪解答≫ウ

メディアアクセス制御（MAC）

データリンク層で，データの送受信方法や誤り検出方法などを規定する仕組みを，**MAC**（Media Access Control：メディアアクセス制御）といいます。MACでは，各通信機器に固定で設定されているハードウェアアドレスである**MACアドレス**を使用して，通信を行います。MACアドレスは，同じネットワーク内で通信相手を識別するために使用されます。

MACアドレスは全部で48ビット，先頭24ビットがOUIと呼ばれるベンダIDで，製造メーカーを区別します。後続24ビットは固有製造番号，メーカー内で割り当てられます。

複数台のコンピュータでネットワークを共有するときは，競合しないように通信を管理することが重要です。そこで，トークンという送信権を設定し，トークンをもったもののみが通信できるトークンパッシングという方式が考えられました。

しかし，送信権の管理は複雑なので機器が高価になります。そこで，LANの標準規格であるイーサネットではもっと単純に，衝突したらそれを検出して再送するという仕組みが考えられました。これが，CSMA/CD（Carrier Sense Multiple Access with Collision Detection）方式です。

CSMA/CD方式では次の手順で通信を管理します。

1. Carrier Sense …………誰も使っていなければ使用可
2. Multiple Access ………全員向けに送る
3. Collision Detection …衝突が起こったら検出

衝突を検出したら，また衝突が発生しないように，**ランダムな時間待機**をしてから再送を試みます。

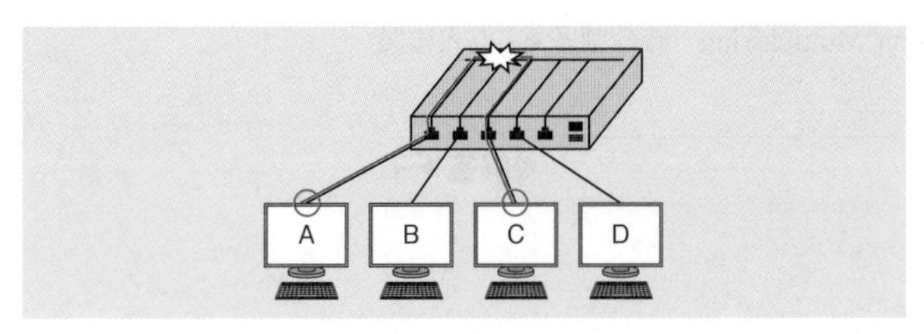

図3.17 CSMA/CD方式

それでは，次の問題を考えてみましょう。

問題

CSMA/CD方式のLANに接続されたノードの送信動作として，適切なものはどれか。

ア 各ノードに論理的な順位付けを行い，送信権を順次受け渡し，これを受け取ったノードだけが送信を行う。
イ 各ノードは伝送媒体が使用中かどうかを調べ，使用中でなければ送信を行う。衝突を検出したらランダムな時間の経過後に再度送信を行う。
ウ 各ノードを環状に接続して，送信権を制御するための特殊なフレームを巡回させ，これを受け取ったノードだけが送信を行う。
エ タイムスロットを割り当てられたノードだけが送信を行う。

（令和元年秋 基本情報技術者試験 午前 問31）

過去問題をチェック
メディアアクセス制御について，基本情報技術者試験では次の出題があります。
【MACアドレスの構成】
・平成21年秋午前問36
・平成24年秋午前問33
【CSMA/CD方式】
・平成23年特別午前問37
・平成27年春午前問32
・令和元年秋午前問31

解説

CSMA/CD（Carrier Sense Multiple Access with Collision Detection）方式では，最初に「Carrier Sense」を行い，各ノードは伝送媒体が使用中かどうかを調べます。使用中でなければ，「Multiple Access」で全ノードに向けて送信します。衝突が発生したら，「Collision Detection」で衝突を検出し，ランダムな時間の経過後に再度送信を行います。したがって，**イ**が正解です。

ア 優先度による送信権（トークン）を利用した方式です。
ウ トークンを利用した，トークンリング方式に関する記述です。

エ TDM（Time Division Multiplexing：時分割多重）方式に関する記述です。

≪解答≫イ

無線LANの方式

無線LANは有線LANと違って電波を使用するので，衝突は検出できません。そのため，衝突を避けるための仕組み**CSMA/CA**（Carrier Sense Multiple Access with Collision Avoidance）方式が用いられます。CSMA/CA方式では，衝突を回避するために，送信の前に毎回待ち時間を挿入します。

無線LANにはいくつか規格があります。代表的なものを次表に示します。

表3.3 無線LANの規格

規格	周波数帯	公称速度	世代
IEEE 802.11a	5GHz帯	54Mビット／秒	
IEEE 802.11b	2.4GHz帯	11Mビット／秒	
IEEE 802.11g	2.4GHz帯	54Mビット／秒	
IEEE 802.11n	2.4GHz／5GHz帯	600Mビット／秒	Wi-Fi 4
IEEE 802.11ac	5GHz帯	1.3Gビット／秒	Wi-Fi 5
IEEE 802.11ax	2.4GHz／5GHz	9.6Gビット／秒	Wi-Fi 6
IEEE 802.11ax	2.4GHz／5GHz／6GHz	9.6Gビット／秒	Wi-Fi 6E
IEEE 802.11be	2.4GHz／5GHz／6GHz	46Gビット／秒	Wi-Fi 7

IEEE 802.11nやIEEE 802.11acでは，複数のアンテナで送受信を行う**MIMO**（Multiple Input Multiple Output）という技術と，複数の周波数帯を結合する**チャネルボンディング**という技術を使用することで高速化を実現しています。

無線LANの代表的な機能には以下のものがあります。

①SSID（Service Set Identifier）

無線LANでネットワークを識別するIDです。複数のアクセスポイントに同じSSIDを設定することができるので，ローミング（アクセスポイントが変わっても接続が維持されること）が可能です。通常，アクセスポイントはビーコン信号を発信してSSIDを周囲に知らせるのですが，知らせないようにするステルス機能があります。

また，どのアクセスポイントにも接続できる「ANY」という特殊なSSIDがあり，ここからの接続を受け付けないANY接続拒否の設定も可能です。

②暗号化

無線LANの暗号化の規格としては，WEP（Wired Equivalent Privacy）があります。しかし，アルゴリズムに脆弱性があるため，より強度なWPA（Wi-Fi Protected Access）が規定されています。現在の最新バージョンは**WPA3**で，WPA2かWPA3の使用が推奨されます。

③認証

無線LANでは，通信相手を認証し，制限を行います。最も単純なものにMACアドレス認証があり，MACアドレスを基にアクセスを制御します。また，認証規格である**IEEE 802.1X**を使い，複数の認証方式の中から選択して認証を行うことも多くあります。

覚えよう！

- □ リピータは物理層，ブリッジはデータリンク層，ルータはネットワーク層
- □ CSMA/CD方式では使用中かどうかを調べ，全員向けに送り，衝突を検出したらランダムな時間経過後に再度送信

3-4-3 通信プロトコル

インターネットで使用される代表的なプロトコルがTCP/IPです。OSI基本参照モデルと対応し，それぞれのプロトコルで，各層の役割を実現します。

TCP/IPプロトコル

OSI基本参照モデルは7階層から成りますが，これは理論上のモデルです。実際の通信は，次の**TCP/IPプロトコル**のように，4階層に分けて行われています。

TCP/IPプロトコル	OSI基本参照モデル
アプリケーション層	アプリケーション層
	プレゼンテーション層
	セション層
トランスポート層	トランスポート層
インターネット層	ネットワーク層
ネットワークインタフェース層	データリンク層
	物理層

図3.18 TCP/IPプロトコルとOSI基本参照モデル

インターネットで最初に定義された最も重要な2つのプロトコルである**TCP**（Transmission Control Protocol）と**IP**（Internet Protocol）を中心に，4階層に分けられます。全体を合わせて，TCP/IP階層モデルまたはTCP/IPプロトコル群と呼ばれることもあります。

4階層にまとめられますが，TCPがトランスポート層，IPがインターネット層＝ネットワーク層に対応するので，OSI基本参照モデルの7階層と切り口は同じです。

実際のコンピュータでは，通常，トランスポート層とインターネット層は，TCP/IPとしてOSに内蔵されています。そして，アプリケーション層のプログラムをサービスとしてインストールします。ネットワークインタフェース層に該当するのは，ドライバなどの，ハードウェアとのインタフェースです。

ネットワークを流れるフレームの様子

TCP/IPネットワークを流れるフレームでは，データ部分がアプリケーション層で生成されます。その後，トランスポート層（TCPなど）のヘッダを付加し，さらにインターネット層（IPなど）のヘッダを加えます。最後に，ネットワークインタフェース層（イーサネットなど）でヘッダやトレーラ（FCS：フレームチェックシーケンス）を付加して完成です。そのため，ネットワーク上を流れる完成データとなる**フレーム**は，次図のような構成になります。

イーサネットヘッダ			IPヘッダ			TCPヘッダ		アプリケーションデータ	FCS
宛先MACアドレス	送信元MACアドレス	上位層プロトコル(IP)	送信元IPアドレス	宛先IPアドレス	上位層プロトコル(TCP)	送信元ポート番号	宛先ポート番号		

図3.19 フレーム

この例では，イーサネットヘッダの上位層プロトコルがIPで，IPヘッダが続きます。IPヘッダの上位層プロトコルはTCPで，TCPヘッダが続きます。アプリケーションデータの種類は，**ポート番号**で区別します。

ポート番号はアプリケーションプロトコルごとに決まっており，**ウェルノウンポート番号**と呼ばれます。例えば，HTTPでは80番，SMTPでは25番などです。トランスポート層で暗号化するTLSを利用するとポート番号が変わり，HTTPS（HTTP over TLS）では443番となります。

関連
HTTP，SMTPについてはこの節の「アプリケーション層のプロトコル」で，TLSについては「3-5-1 情報セキュリティ」で取り上げています。

ネットワークインタフェース層のプロトコル

ネットワークインタフェース層（物理層，データリンク層）の代表的な規格に，WANで使用される**PPP**（Point-to-Point Protocol）や，主にLANで使用されるイーサネットがあります。

PPPは，2点間を接続してデータ通信を行うためのプロトコルで，ダイヤルアップネットワークで使用されてきました。通信相手の認証や，IPアドレスの取得などを行います。FTTH（Fiber To The Home）などのインターネット回線でPPPを利用するときには，イーサネット上でパケットを送る必要があります。そこで，**PPPoE**（PPP over Ethernet）という，イーサネットの上でPPPを使用するプロトコルを使用しています。近年では，PPPoEに代わって，IPv6接続でのFTTHの通信を高速化するための規格であるIPoE（Internet Protocol over Ethernet）も使われています。

ネットワークインタフェース層のプロトコルでは，MACアドレスを使用します。MACアドレスに関するプロトコルには，次のものがあります。

①ARP（Address Resolution Protocol）

IPアドレスからMACアドレスを得るためのプロトコルです。通常，ネットワーク上で通信を開始するときには，IPアドレスは知っていてもMACアドレスはわかりません。そこで，「このIPアドレスに該当する人は，MACアドレスを教えてください」というARP要求パケットを**ブロードキャスト**（全員向けのパケット）で送出します。IPアドレスが該当する場合は，ARP応答パケットを**ユニキャスト**（相手だけに向けたパケット）で送出します。

②RARP（Reverse Address Resolution Protocol）

MACアドレスからIPアドレスを得るためのプロトコルです。ストレージがないなど，自分のIPアドレスを保持しておけない機器が利用します。

■インターネット層のプロトコル

インターネット層（ネットワーク層）のプロトコルの中心は，IP（Internet Protocol）です。インターネット上の住所となるIPアドレスによって，世界中のインターネットに接続されている機器の中から相手を見つけ，パケットを送ります。また，エラー通知や情報通知を行うICMP（Internet Control Message Protocol）がIPをサポートします。

ICMPを使う仕組みとして代表的なプロトコルにpingがあります。特定のIPアドレスに向けてpingを実行することで，相手のホストが動いているかどうかを確認します。

IPアドレス

IPアドレスは，**ネットワークアドレス＋ホストアドレス**で構成されます。IPv4（IP version4）アドレスの場合は**合計で32ビット**です。実際の通信に利用されるIPアドレスは**2進数**ですが，わかりやすくするために，IPv4では8ビットごとに区切って10進数に変換しています。

IPアドレスは，同じネットワークであれば同じネットワークアドレスが割り当てられ，そのネットワーク内で一意のホストアドレスが割り当てられます。ホストアドレスのうち，最小（すべてのビットが0）の場合は**ネットワークアドレス**，最大（すべてのビットが1の場合）は**ブロードキャストアドレス**と定義されているので，割り振ることができません。

ネットワークアドレスの長さは**クラス**を基準に定められます。クラスは，次の表のようにIPアドレスの範囲から設定されます。

クラス	IPアドレスの範囲	ネットワークアドレス	ホストアドレス
クラスA	0.0.0.0～127.255.255.255	8ビット	24ビット
クラスB	128.0.0.0～191.255.255.255	16ビット	16ビット
クラスC	192.0.0.0～223.255.255.255	24ビット	8ビット
クラスD	224.0.0.0～239.255.255.255	IPマルチキャスト用	

図3.20 クラスとIPアドレス

近年では，クラスを固定してネットワークアドレスを割り当てるとIPアドレスが足りなくなるため，クラスに依存せずにネットワークアドレスを割り当てる**CIDR**（サイダー）（Classless Inter-Domain Routing）という技術が用いられるようになってきました。IPアドレスをCIDRで表記する場合は，ネットワークアドレスが占める範囲のビット数を"/"（スラッシュ）の後に付記します。例えば，200.200.200.1/28なら，先頭から28ビットがネットワークアドレス，残りの4ビットがホストアドレスであることを示します。また，これと同じことを**サブネットマスク**を用いて表現することもあります。サブネットマスクで分割したネットワークを，**サブネットワーク**といいます。

サブネットマスクは，ネットワークアドレスの部分を1，ホストアドレスの部分を0で示したアドレス表記で，CIDRでの/28は255.255.255.240となります。以下の図で確認してください。

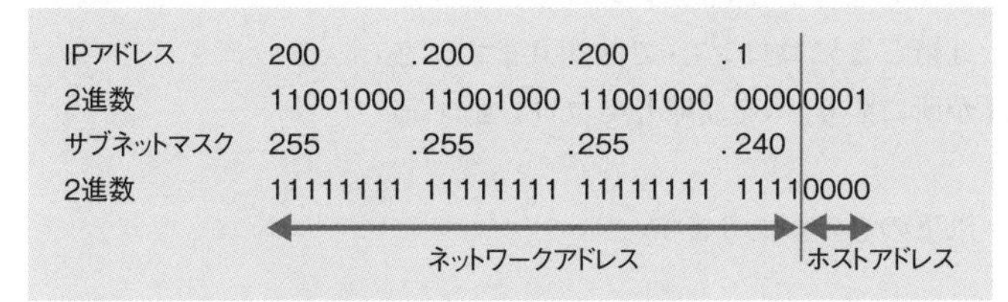

図3.21 サブネットマスク

それでは，次の問題を考えてみましょう。

問題

192.168.0.0/23（サブネットマスク255.255.254.0）のIPv4ネットワークにおいて，ホストとして使用できるアドレスの個数の上限はどれか。

ア 23　　イ 24　　ウ 254　　エ 510

（平成31年春 基本情報技術者試験 午前 問32）

解説

192.168.0.0/23（サブネットマスク255.255.254.0）では，先頭から23ビット目までがネットワークアドレスです。IPv4アドレスは全

過去問題をチェック

IPについては，科目Aの定番です。基本情報技術者試験では次の出題があります。

【アドレスクラス】
・平成21年春午前問38
・平成22年春午前問38
・平成29年春午前問34

【サブネットマスク】
・平成22年秋午前問37
・平成24年秋午前問36
・平成28年秋午前問33

【ネットワークアドレス】
・平成26年秋午前問34
・平成27年秋午前問34
・平成29年秋午前問35
・平成30年春午前問32

【ブロードキャストアドレス】
・平成28年春午前問34

【サブネットワーク】
・平成21年秋午前問39

【IPアドレスの設定】
・平成22年秋午前問37

【割り振ってはいけないIPアドレス】
・平成26年秋午前問34
・平成30年春午前問32

【接続可能なホストの最大数】
・平成26年春午前問35

【アドレスの個数の上限】
・平成31年春午前問32

【IPv6】
・平成21年秋午前問41
・平成26年春午前問32
・平成27年春午前問34
・平成27年秋午前問33

体で32ビットなので,残りの9ビットがホストアドレスになります。

ホストアドレス全体の個数は，2^9で，すべてのビットが0の場合はネットワークアドレス，すべてのビットが1の場合はブロードキャストアドレス(全員向けのアドレス)となって割り当てられません。そのため，割り当てられる個数は，次の式で計算できます。

$2^9 - 2 = 512 - 2 = 510$

したがって，エが正解です。

≪解答≫エ

IPv6（Internet Protocol version 6）

現在のIPv4アドレスの枯渇を根本的に解決するための対策に，IPv6があります。IPv6ではIPアドレスを128ビットとし，十分なアドレス空間が用意されています。IPv6アドレスを表記する場合は16進数を使用し，4桁ごとにコロン(:)で区切ります。さらに，0が続く場合には1か所に限り，0を省略してコロン2つ(::)で表すことができます。

IPv6の特徴としては，以下のものがあります。

●IPアドレスの自動設定

DHCPサーバがなくても，IPアドレスを自動設定できます。

●ルータの負荷軽減

固定長ヘッダとなり，ルータはエラー検出を行う必要がなくなったので，負荷を軽減できます。

●セキュリティの強化

IPsecのサポートが可能(推奨)であるため，セキュリティが確保され,ユーザ認証やパケット暗号化を行うことができます。

●3種類のアドレス

1つのインタフェースに割り当てられるユニキャストアドレスのほかに，複数のノードに割り当てられる**マルチキャストアドレス**や，複数のノードのうち，ネットワーク上で最も近い1つだけと通信する**エニーキャストアドレス**の3つのタイプのアドレスを設定できます。

それでは，次の問題を考えてみましょう。

問題

IPv4にはなく，IPv6で追加・変更された仕様はどれか。

ア　アドレス空間として128ビットを割り当てた。
イ　サブネットマスクの導入によって，アドレス空間の有効利用を図った。
ウ　ネットワークアドレスとサブネットマスクの対によってIPアドレスを表現した。
エ　プライベートアドレスの導入によって，IPアドレスの有効利用を図った。

（平成27年秋 基本情報技術者試験 午前 問33）

解説

IPv4では，アドレス空間として32ビットが割り当てられていました。IPアドレスの使用が増え，足りなくなったので，IPv6では128ビットのアドレス空間を用意し，接続できる台数を増やしました。したがって，アが正解です。
イ，ウ　サブネットマスクは，IPv4で使用されています。
エ　プライベートアドレスは，IPv4にもあります。

≪解答≫ア

参考
IPアドレスは，IPv4では最大で2^{32}（約42億）個でしたが，IPv6では最大で2^{128}（約340澗（かん））個まで対応できます。澗とは，10^{36}のことで，1兆倍の1兆倍の1兆倍にあたり，事実上無限大と考えていいほど大きい数字です。

トランスポート層のプロトコル

トランスポート層の主なプロトコルは，**TCP**（Transmission Control Protocol）と**UDP**（User Datagram Protocol）の2つです。TCPでは，信頼性を確保するために，必ず1対1で通信し，3段階でコネクションを確立します。また，シーケンス（処理の流れ）をチェックして，パケットの再送管理やフロー制御などを行います。機能が多い分，速度が下がるので，信頼性よりリアルタイム性が要求される場合にはUDPを使います。

どちらもポート番号を使って，同じIPアドレスのコンピュータ内でサービス（プログラム）を区別します。インターネットでの通信は「送信元IPアドレス，宛先IPアドレス，送信元ポート番号，宛先ポート番号」の4つで区別されます。クライアントからサーバに送る**リクエスト**（行き）パケットに対して，**レスポンス**（戻り）のパケットでは，送信元と宛先が入れ替わりますが，値は必ず同じになります。

それでは，次の問題を考えてみましょう。

問題

PCとWebサーバがHTTPで通信している。PCからWebサーバ宛てのパケットでは，送信元ポート番号はPC側で割り当てた50001，宛先ポート番号は80であった。WebサーバからPCへの戻りのパケットでのポート番号の組合せはどれか。

	送信元（Webサーバ）のポート番号	宛先（PC）のポート番号
ア	80	50001
イ	50001	80
ウ	80と50001以外からサーバ側で割り当てた番号	80
エ	80と50001以外からサーバ側で割り当てた番号	50001

（基本情報技術者試験（科目A試験）サンプル問題セット 問29）

解説

PCとWebサーバがHTTPで通信しているとき，行き（リクエスト）のパケットと戻り（レスポンス）のパケットでは，IPアドレスとポート番号は，送信元と宛先が逆になるだけで同じになります。PCからWebサーバ宛てのパケットで，送信元ポート番号が50001，宛先ポート番号は80なら，戻りのパケットでは送信元ポート番号が80，宛先ポート番号は50001になります。したがって，**ア**が正解です。

≪解答≫ア

過去問題をチェック
トランスポート層のプロトコルについて，基本情報技術者試験では次の出題があります。
【TCPが属する層】
・平成23年秋午前問38
【コネクション識別に必要な情報】
・平成25年春午前問35
・平成27年秋午前問35
【アプリケーション識別に使用されるもの】
・平成23年特別午前問36
【戻りのパケットでのポート番号】
・平成28年春午前問35
・平成31年春午前問34
・令和元年秋午前問34
・サンプル問題セット科目A問29
【UDP】
・平成29年秋午前問34
・平成31年春午前問33
・サンプル問題セット科目A問28

アプリケーション層のプロトコル

アプリケーション層のプロトコルは通信を行うアプリケーションです。通信の用途によっていろいろなプロトコルが用意されています。以下に代表的なものを挙げます。

①HTTP（HyperText Transfer Protocol）

Webブラウザと Webサーバとの間で，HTML（HyperText Markup Language）などのコンテンツの送受信を行うプロトコルです。HTTP/1.1では，1つのTCPコネクションに対して1つの通信しか行えませんでしたが，HTTP/2では，複数の通信を並行して行うことができるようになりました。

②SMTP（Simple Mail Transfer Protocol）

インターネットでメールを転送するプロトコルです。

③POP（Post Office Protocol）

ユーザがメールサーバから自分のメールを取り出すときに使います。メールをクライアントにダウンロードします。

④IMAP（Internet Message Access Protocol）

メールサーバ上のメールにアクセスして操作するためのプロトコルです。メールをサーバ上に保存したまま管理します。

⑤DNS（Domain Name System）

インターネット上のホスト名・ドメイン名とIPアドレスを対応付けて管理します。分散データベースシステムで，ルートサーバから階層的にデータを管理しています。ゾーン情報（元となるDNSレコード）をもつプライマリサーバと，その完全なコピーとなるセカンダリサーバとの間でゾーン転送を行い，データの同期を実行します。

⑥FTP（File Transfer Protocol）

ネットワーク上でファイルの転送を行うプロトコルです。データ転送用と制御用に異なるウェルノウンポート番号（TCP21番と20番）が割り当てられます。

⑦DHCP（Dynamic Host Configuration Protocol）

コンピュータがネットワークに接続するときに必要なIPアドレスなどの情報を自動的に割り当てるプロトコルです。割り当てられるコンピュータが，探索パケットをブロードキャストし，それを受け取ったDHCPサーバがIPアドレスを提供することでIPアドレスを取得します。

⑧NTP（Network Time Protocol）

ネットワーク上の機器を正しい時刻に同期させるためのプロトコルです。

それでは，次の問題を考えてみましょう。

過去問題をチェック

アプリケーション層のプロトコルについて，基本情報技術者試験では次の出題があります。

【FTP】
・平成26年秋午前問33

【DNS】
・平成26年春午前問31
・平成30年秋午前問33

【DHCP】
・平成23年特別午前問39
・平成27年秋午前問32
・平成28年秋午前問32

【NTP】
・平成22年春午前問37
・平成23年特別午前問40
・平成25年春午前問36
・平成26年秋午前問35
・平成28年秋午前問34

問題

TCP/IPネットワークでDNSが果たす役割はどれか。

ア　PCやプリンタなどからのIPアドレス付与の要求に対して，サーバに登録してあるIPアドレスの中から使用されていないIPアドレスを割り当てる。
イ　サーバにあるプログラムを，サーバのIPアドレスを意識することなく，プログラム名の指定だけで呼び出すようにする。
ウ　社内のプライベートIPアドレスをグローバルIPアドレスに変換し，インターネットへのアクセスを可能にする。
エ　ドメイン名やホスト名などとIPアドレスとを対応付ける。

（平成30年秋 基本情報技術者試験 午前 問33）

解説

DNS（Domain Name System）は，インターネット上のドメイン名やホスト名とIPアドレスを対応付けて管理する仕組みです。TCP/IPネットワークでドメイン名を変換することで，IPアドレスでの通信が可能になります。したがって，**エ**が正解です。

ア　DHCP（Dynamic Host Configuration Protocol）が果たす役割です。
イ　RPC（Remote Procedure Call）が果たす役割です。

ウ NAT（Network Address Translation）などのアドレス変換機能が果たす役割です。

≪解答≫エ

▶▶▶ 覚えよう！

- □ ホストアドレスのうち，ネットワークアドレスとブロードキャストアドレスは割り振れない
- □ DNSは名前解決，DHCPはIPアドレス自動取得

3-4-4 ネットワーク管理

ネットワークは，導入した後も障害が発生したり，PCの台数が増えて性能が落ちたりするなど，いろいろな変化があります。そのため，適切な管理が重要です。

ネットワーク運用管理

ネットワークの運用においては，以下のような管理が行われます。

①構成管理

ネットワークの構成情報を維持し，変更を記録します。ネットワーク構成図を作成し，そのバージョンを管理します。

②障害管理

障害の検出，切り分け，障害原因の特定などを管理します。障害時の記録をとり，対応を管理して次に役立てます。

③性能管理

ネットワークのトラフィック量や転送時間を管理します。トラフィックを監視して不具合がないかチェックするほか，構成変更による負荷分散なども管理します。

ネットワーク管理ツール

ネットワーク管理に用いる一般的なツールには以下のものがあります。

①ping

相手先のホストにパケットが到達したかどうかを確かめるツールです。IPアドレス，ホスト名のいずれでも実行できます。

②ipconfig

Windowsのネットワーク設定を確認します。IPアドレスやデフォルトゲートウェイ，サブネットマスクなどを見ることができます。UNIXでの同様のツールは**ifconfig**です。

③arp

MACアドレスを調べるためのコマンドです。ARPを行った後の結果を格納するARPテーブルを表示し，IPアドレスとMACアドレスの対応を確認できます。

それでは，次の問題を考えてみましょう。

関連

その他のツールとしては，ルーティングの経路を調べるtracerouteや，ネットワーク接続や統計情報などを確認するnetstatなどがあります。

関連

ネットワークの運用管理は，以前は独立した分野でしたが，最近ではITILの管理アプローチなどが一般化したこともあり，ITサービスマネジメントの一環として行われることも多くなっています。

ITILについては，「6-1 サービスマネジメント」を参照してください。

問題

IPv4ネットワークにおいて，ネットワークの疎通確認に使われるものはどれか。

ア BOOTP　イ DHCP　ウ MIB　エ ping

（令和５年度 基本情報技術者試験 公開問題 科目A 問８）

過去問題をチェック

ネットワーク管理ツールについて，基本情報技術者試験では次の出題があります。

【ping】
- 平成23年秋午前問40
- 平成26年春午前問34
- 平成30年春午前問33
- 令和5年度科目A問8

【arp】
- 平成30年春午前問33

解説

pingはネットワークの疎通確認を行うためのツールです。指定されたホストがネットワーク上で利用可能かどうかを確認するために，ICMP（Internet Control Message Protocol）パケットを送信します。したがって，**エ**が正解です。

ア BOOTP（Bootstrap Protocol）は，コンピュータがネットワーク上で起動する際にIPアドレスを自動的に取得するためのプロトコルです。

イ DHCP（Dynamic Host Configuration Protocol）は，ネットワーク上のデバイスに自動的にIPアドレスやDNSサーバ情報などのネットワーク設定を割り当てるためのプロトコルです。

BOOTPは，DHCP（Dynamic Host Configuration Protocol）の前身となるプロトコルです。BOOTPではIPアドレスを割り当てるだけだったのが，DHCPでサブネットマスクやデフォルトゲートウェイ，DNSサーバーなども設定できるようになりました。

ウ MIB (Management Information Base)は，ネットワーク管理情報のデータベースで，SNMP (Simple Network Management Protocol)とともに使用されます。

≪解答≫エ

SNMP

IPネットワーク上でネットワーク機器を監視，制御するためのプロトコルに**SNMP** (Simple Network Management Protocol)があります。SNMPは，TCP/IPプロトコルではアプリケーション層に該当し，トランスポート層には**UDP**を使用します。集中的にモニタリングして監視を行うためのサーバやPCを**マネージャ**といい，管理情報を取得します。ルータやスイッチ，サーバなどの監視されるネットワーク機器は**エージェント**と呼ばれます。SNMPでやり取りされる情報は**MIB** (Management Information Base：管理情報ベース)というデータベースに格納されます。

仮想ネットワーク

過去問題をチェック
仮想ネットワークについて，基本情報技術者試験では次の出題があります。
【SDN】
・平成29年春午前問35
・平成31年春午前問35

物理的なサーバやネットワーク機器により構成されるネットワーク管理では，需要の変化に柔軟に対応することが難しく，また変更の記録も手作業となるため作業負荷が大きくなります。そこで，仮想化技術を利用し，サーバやネットワーク機器などをソフトウェアで管理することで，より効率的なネットワーク管理が可能となります。このようなネットワークを仮想ネットワークといいます。仮想ネットワークを実現する方法には，次のようなものがあります。

①SDN (Software Defined Network)

ネットワークの構成や機能，性能などをソフトウェアだけで動的に設定できるネットワークです。SDNで利用する代表的な方式に，**OpenFlow**があります。

OpenFlowは，ONF (Open Networking Foundation)が標準化を進めているSDNの規格です。各フレームがもつMACアドレスやIPアドレス，ポート番号などのような特徴をフローという単位で扱い，経路を柔軟に制御できるようにします。

OpenFlowの代表的な特徴に，制御用のネットワークとパケット処理用のネットワークが分離されている点があります。制御用のネットワークは**コントロールプレーン**，パケット処理用のネットワークは**データプレーン**と呼ばれます。

コントロールプレーンでは，OpenFlowコントローラと呼ばれる機器を用意し，経路制御などの管理機能を実行します。データプレーンでは，OpenFlowスイッチと呼ばれる機器がパケットのデータ転送を行います。コントロールプレーンとデータプレーンは物理的に分離させる必要はなく，仮想ネットワークを構築することで対応可能です。

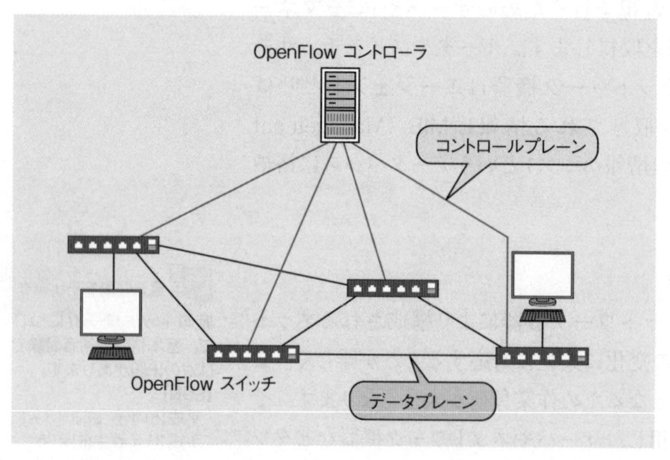

図3.22 OpenFlowのデータプレーンとコントロールプレーン

②NFV（Network Functions Virtualization）

ETSI（欧州電気通信標準化機構）によって提案された，ソフトウェアによってネットワーク機器を実現する技術です。仮想化技術を利用し，**ネットワーク機能をサーバー上にソフトウェアとして実現**することによって，柔軟なネットワーク基盤を構築します。SDNを補完する技術で，専用の機器を使用せず，一般的なサーバーでネットワーク機器を使用することが可能となります。

▶▶▶ 覚えよう！

- □ pingで通信相手との接続を確認
- □ OpenFlowではデータプレーンとコントロールプレーンを分離

3-4-5 ネットワーク応用

ネットワークは日々進化しており，新しい通信サービスもどんどん増えてきています。電子メールやWebの仕組みを基本に，インターネットで利用されている仕組みを理解することが大切です。

電子メール

電子メールを送るためのプロトコルとして最初に登場したのは**SMTP**（Simple Mail Transfer Protocol）です。しかしSMTPは，送信側と受信側，両方の機器に電源が入っていることを前提に転送を行うプロトコルなので，通常のPCなどでは送受信が円滑に行われません。そのため，電源を落とさないメールサーバにメールを保管しておき，必要に応じてPCからアクセスしてメールを受信する**POP**（Post Office Protocol）などが登場しました。

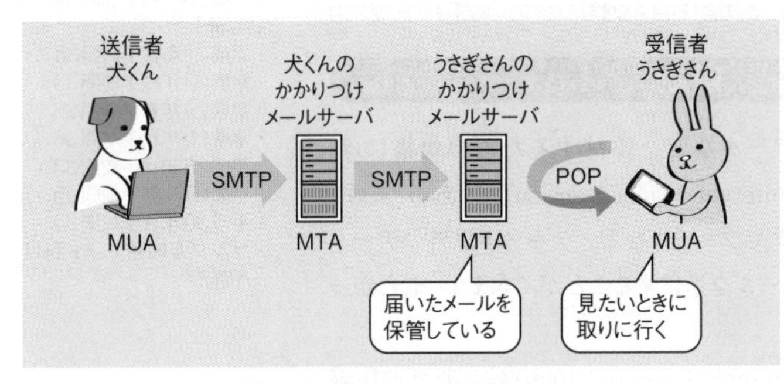

図3.23 電子メール通信の流れ

MUA（Mail User Agent）は，メールの送信元やあて先の機器のことです。MTA（Mail Transfer Agent）は，メールを転送するサービスを提供します。メールは，MUAを出発し，MTAをいくつか経由して，最終的にMUAに到達します。

POPでは，受信するとメールサーバからメールが消えてしまうので，サーバに保管しておく**IMAP**（Internet Message Access Protocol）が登場しました。

SMTPでメールを送信するときには，メールヘッダのTo，Cc（Carbon copy），Bcc（Blind carbon copy）にあるメールアドレス1件1件に対して，別々にメールを送ります。このとき，メールアドレスの情報を公開しないため，Bccの情報は削除されます。

MIME

インターネット上でのメールは，そのままではテキストデータしか扱えません。そのため，画像や動画，プログラムなど様々な種類のバイナリデータを送れるようにするためのデータ形式であるとして，MIME（マイム）(Multipurpose Internet Mail Extensions) が登場しました。

MIMEでは，バイナリデータをテキストデータに変換する際に，BASE64を使用します。

用語

BASE64は，バイナリデータを6ビットごとに区切り，英数字など64種類のテキストに変換するアルゴリズムです。
6ビットを8ビットに変換するので，データ量は約4/3倍（約133%）になります。

それでは，次の問題を考えてみましょう。

問題

TCP/IPを利用している環境で，電子メールに画像データなどを添付するための規格はどれか。

ア JPEG　イ MIME　ウ MPEG　エ SMTP

（基本情報技術者試験（科目A試験）サンプル問題セット 問27）

解説

電子メールに画像データなどを添付するための規格には，MIME (Multipurpose Internet Mail Extension) があります。MIMEでは，画像データやファイルなど，テキスト以外のデータをテキストに変換してメールを送信することができます。したがって，イが正解です。

ア JPEG (Joint Photographic Experts Group) は，非可逆圧縮にすることで容量を小さくした画像形式です。

ウ MPEG (Moving Picture Experts Group) は，動画の保存形式で，様々な種類があります。

エ SMTP (Simple Mail Transfer Protocol) は，メールサーバ間で電子メールを転送するプロトコルです。

≪解答≫イ

過去問題をチェック

電子メールについて，基本情報技術者試験では次の出題があります。

【電子メールプロトコルの組合せ】
・平成21年春午前問39

【Bcc】
・平成30年春午前問34

【MIME】
・平成21年秋午前問38
・平成23年秋午前問39
・平成24年春午前問36
・平成25年秋午前問36
・平成26年春午前問33
・平成27年春午前問35
・平成30年秋午前問34
・サンプル問題セット科目A問27

Web

Webページを記述するハイパーテキストを表現するためのデータ形式はHTML (HyperText Markup Language) です。

HTMLをやり取りするためのプロトコルが**HTTP**（HyperText Transfer Protocol）です。

HTTPの通信でやり取りされるメッセージは，クライアントからサーバへの**リクエスト**と，サーバからクライアントへの**レスポンス**の2種類です。次のような流れで，クライアントとWebサーバ間の通信を行います。

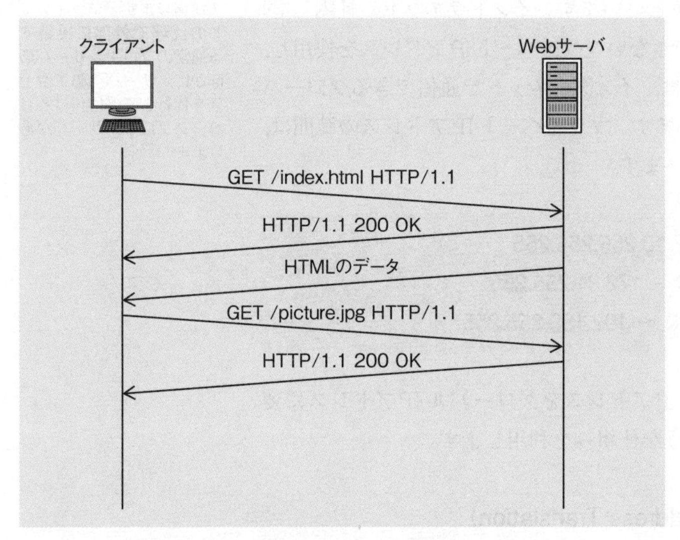

図3.24　HTTPによる通信

GETなどは**メソッド**と呼ばれ，クライアントからサーバへリクエストを送るときに使用されます。200などは**ステータスコード**と呼ばれ，サーバが応答するときに，正常に通信ができたかどうかを返すものです。200の場合はOKを示すので，その後にHTMLのデータを送信します。

Webサーバでは，複数の通信でクライアントを特定するため，**cookie**を送信します。また，Webページなどに小さい画像を埋め込み，利用者のアクセス動向などの情報を収集する**Webビーコン**という仕組みもあります。

Webページを動的に作成する方法には，**CGI**（Common Gateway Interface）などがあります。CGIでは，クライアントからのWebサーバへの要求に応じてアプリケーションプログラムを実行して，その結果をブラウザに返すことで，インタラクティブなページを実現します。

イントラネットでのアドレス変換

IPアドレスは，基本的にはエンドツーエンドで変わらないものですが，近年はIPv4アドレスの枯渇問題により，IPアドレスを節約するためにアドレス変換を実施することが一般的になりました。

アドレス変換のほかに，外部へのアクセスを1台のプロキシサーバで代行する方法があります。クライアントの代理で外部に接続する通常のプロキシサーバのほかに，サーバへのアクセスを代行して受け付けるリバースプロキシサーバがあります。

インターネットの技術を企業内ネットワークの構築に応用したものを，イントラネットといいます。イントラネットの社内LANでは，内部でしか使用できない**プライベートIPアドレス**を使用し，外部と接続するときには，インターネットで通信できる**グローバルIPアドレス**を使用します。プライベートIPアドレスの範囲は，以下のように決まっています。

クラスA 10.0.0.0 ～ 10.255.255.255
クラスB 172.16.0.0 ～ 172.31.255.255
クラスC 192.168.0.0 ～ 192.168.255.255

また，プライベートIPアドレスをグローバルIPアドレスに変換するために，次のような仕組みを利用します。

①NAT（Network Address Translation）

プライベートIPアドレスをグローバルIPアドレスに1対1で対応させます。あらかじめ決められたIPアドレス同士を対応させる静的NATのほかに，接続ごとに動的に対応させる動的NATも可能です。同時接続できるのは，IPアドレスの数の端末のみです。

②NAPT（Network Address Port Translation）

IPアドレスだけでなく**ポート番号も合わせて変換**する方法です。1つのIPアドレスに対して異なるポート番号を用いることで，1対多の通信が可能になります。**IPマスカレード**と呼ばれることもあります。

それでは，次の問題を考えてみましょう。

問題

過去問題をチェック

アドレス変換について，基本情報技術者試験では次の出題があります。

【NAT】

・平成22年春午前問36
・平成29年秋午前問33

【NAPT】

・平成22年秋午前問38
・平成24年春午前問37
・平成25年春午前問34
・平成28年春午前問33
・平成29年春午前問32
・令和元年秋午前問33

LANに接続されている複数のPCをインターネットに接続するシステムがあり，装置AのWAN側インタフェースには1個のグローバルIPアドレスが割り当てられている。この1個のグローバルIPアドレスを使って複数のPCがインターネットを利用するのに必要な装置Aの機能はどれか。

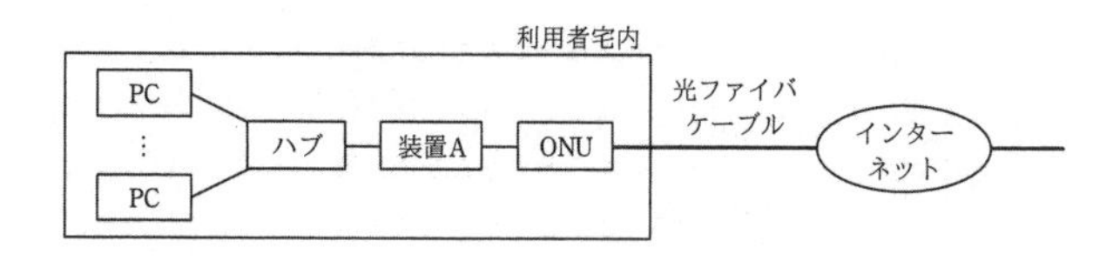

ア　DHCP　　　　イ　NAPT（IPマスカレード）
ウ　PPPoE　　　　エ　パケットフィルタリング

（令和元年秋 基本情報技術者試験 午前 問33）

解説

図にあるハブは物理層での中継装置で，複数のPCの通信をまとめて装置Aに送ります。装置Aの先にはONU（Optical Network Unit）があり，光ファイバーケーブルに適した形式にパケットを変換します。その間に必要な装置について考えます。

LANに接続されている複数のPCでは，通常1台ごとにプライベートIPアドレスが割り当てられています。インターネットに接続するときにはグローバルIPアドレスが必要ですが，1個だけだと1台しか接続できません。IPアドレスにポート番号も合わせることでアドレス変換を行う仕組みに，NAPT（Network Address Port Translation）があります。IPマスカレードと呼ばれることもあります。1つのIPアドレスに対して異なるポート番号を用いることで，1対多の通信が可能になります。したがって，**イ**が正解です。

ア　DHCP（Dynamic Host Configuration Protocol）は，インターネット上のホスト名・ドメイン名とIPアドレスを対応付けて管理する仕組みです。

ウ　PPPoE（Point-to-Point Protocol over Ethernet）機能は，ルータがアクセスポイントで認証を行うための機能です。

エ　ファイアウォールなどにある，特定のパケットのみをルールによって許可する機能です。

≪解答≫イ

通信サービス

公衆通信サービスは，電気通信事業者が提供するネットワークです。代表的なものは，次のとおりです。

①専用線サービス

接続形態が必ず1対1の専用のネットワークです。高いセキュリティや接続の安定性を確保したい場合に利用します。

②回線交換サービス

電話回線に代表される，回線を交換し，1対1で通信を行うサービスです。携帯電話などでの移動体通信サービスも含まれます。

③IP-VPN

通信事業者が提供する専用のIPネットワークで，VPN（Virtual Private Network）を構築します。

④広域イーサネット

通信事業者が提供する専用のイーサネット接続サービスです。

⑤FTTH（Fiber To The Home）

高速の光ファイバを建物内に引き込むサービスです。回線の終端にはONU（Optical Network Unit）が設置され，これによって光と電気信号を変換します。

モバイルシステム

無線アクセスによる，モバイル通信サービスを用いたモバイルシステムが普及しています。代表的なシステムは次のとおりです。

①LTE（Long Term Evolution）

携帯電話網での通信方式です。3GPP（Third Generation Partnership Project）で標準化されており，すべての通信をパケット交換方式で処理します。

②仮想移動体通信事業者（MVNO：Mobile Virtual Network Operator）

電気通信事業者のうち，モバイル通信サービスを提供する事業者が移動体通信事業者です。そのうち仮想移動体通信事業者（MVNO）は，無線通信回線設備を設置・運用せずに，自社ブランドで通信サービスを提供する事業者のことです。移動体通信事業者では，通信サービスを利用できるようにするためにSIMカードを提供します。

③LPWA（Low Power，Wide Area）

バッテリ消費量が少なく，1つの基地局で広範囲をカバーできる無線通信技術です。IoTでの活用が行われており，複数のセンサが同時につながるネットワークに適しています。

④BLE（Bluetooth Low Energy）

Bluetooth 4.0で策定された規格です。従来のBluetoothとの互換性を維持しながら，低消費電力での動作を可能にします。Bluetoothと同じ2.4GHz帯を利用します。LANとWANの間となるPAN（Personal Area Network）と呼ばれるネットワークで，IoT機器に用いられます。

それでは，次の問題を考えてみましょう。

問題

IoTで用いられる無線通信技術であり，近距離のIT機器同士が通信する無線PAN（Personal Area Network）と呼ばれるネットワークに利用されるものはどれか。

ア BLE（Bluetooth Low Energy）
イ LTE（Long Term Evolution）
ウ PLC（Power Line Communication）
エ PPP（Point-to-Point Protocol）

（基本情報技術者試験（科目A試験）サンプル問題セット 問25）

解説

IoTで用いられる無線通信技術では，無線LANや無線WANの他に，無線PAN（Personal Area Network）と言われる近距離無線通信技術があります。BLE（Bluetooth Low Energy）は，低電力で低速な無線通信を実現する技術で，無線PANで利用できます。したがって，**ア**が正解です。

イ 携帯電話網で使用される通信回線の種類の1つです。
ウ 電力線を通信回線として利用する技術です。
エ シリアル通信（1ビットずつの通信）で2点間のデータ通信を行うためのプロトコルです。

≪解答≫ア

▶▶▶覚えよう！

□ MIMEで音声・画像などを電子メールに添付
□ NAPTはIPアドレス＋ポート番号でアドレス変換

3-5 セキュリティ

セキュリティはもともと，ネットワークの一部として考えられていました。そのため，ネットワーク技術と密接な関係があります。また，セキュリティは会社の経営や組織の運営などと深く関わるため，セキュリティマネジメントの考え方も重要になります。

3-5-1 情報セキュリティ

情報セキュリティというと，「暗号化する」「ファイアウォールを設置する」などといった技術的なことを思い浮かべがちですが，実は，情報セキュリティには経営寄りの考え方が不可欠です。

勉強のコツ

科目Aでは，用語問題だけでなく仕組みや考え方を問う問題が多く出題されます。暗号技術を中心に仕組みを理解しておきましょう。情報セキュリティについては科目Bでも出題されます。情報セキュリティマネジメントが出題の中心なので，機密性・完全性・可用性をはじめとした，情報セキュリティの考え方をしっかり理解しておきましょう。

情報セキュリティの目的と考え方

セキュリティとは，家の施錠や防犯カメラの設置なども含めた，安全を守る対策全般のことです。このうち**情報セキュリティ**で取り上げられるのは，コンピュータの中のデータや顧客情報や技術情報など，**情報に対するセキュリティ**です。“情報”は一般の防犯とは別の守りにくさがあるため，特別に取り扱う必要があるのです。

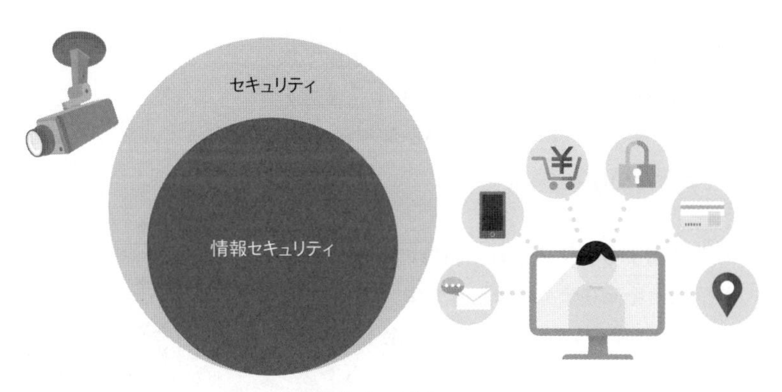

図3.25 情報セキュリティ

情報セキュリティは技術だけで確保できるものではありません。組織全体のマネジメントも含めて全体的に対策を考える必要があります。

企業などで構築する，情報セキュリティを確保するためのシステムのことを，**ISMS**（Information Security Management System：情報セキュリティマネジメントシステム）といいます。ISMSでは，情報セキュリティ基本方針を基に，次のような**PDCAサイクル**を繰り返します。

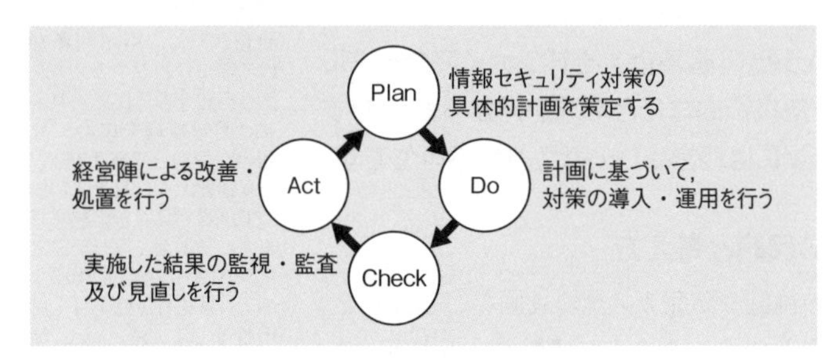

図3.26 ISMSのPDCAサイクル

情報セキュリティに関する要求事項を定めた標準**JIS Q 27001:2023**（ISO/IEC 27001:2022）では，ISMSについて次のように説明しています。

> **ISMSの採用は，組織の戦略的決定である。組織のISMSの確立及び実施は，その組織のニーズ及び目的，セキュリティ要求事項，組織が用いているプロセス，並びに組織の規模及び構造によって影響を受ける。**

つまり，「組織の戦略によって決定され，組織の状況によって変わる」というのが情報セキュリティの考え方です。

また，情報セキュリティについては，**情報の機密性，完全性及び可用性を維持すること**と定義されています。これら3つの要素は次のような意味をもち，それぞれの英字の頭文字をとって**CIA**と呼ばれることもあります。

JIS Q 27000:2019（情報セキュリティマネジメントシステム－用語）での機密性，完全性，可用性の定義は，次のとおりです。

参考

企業の目的は，事業を継続して利益を出すことです。損失がもたらされると困るものを保護し，利益を確保して事業を継続させなければなりません。そのために情報セキュリティが必要になります。
その際の視点として，情報を隠す機密性だけでなく，完全性や可用性を見落とさないようにしようというのが，情報セキュリティの3要素（CIA）の考え方です。

①機密性 (Confidentiality)

認可されていない個人，エンティティまたはプロセスに対して，情報を使用させず，また，開示しない特性

用語

エンティティとは，独立体，認証される1単位を指します。具体的には，認証される単位であるユーザや機器，グループなどのことです。

②完全性 (Integrity)

正確さ及び完全さの特性

③可用性 (Availability)

認可されたエンティティが要求したときに，アクセス及び使用が可能である特性

さらに，次の4つの特性を含めることがあります。

④真正性 (Authenticity)

エンティティは，それが主張どおりであることを確実にする特性

⑤責任追跡性 (Accountability)

あるエンティティの動作が，その動作から動作主のエンティティまで一意に追跡できることを確実にする特性

⑥否認防止 (Non-Repudiation)

主張された事象または処置の発生，及びそれを引き起こしたエンティティを証明する能力

⑦信頼性 (Reliability)

意図する行動と結果とが一貫しているという特性

それでは，次の問題を考えてみましょう。

問題

JIS Q 27000:2019（情報セキュリティマネジメントシステム－用語）における真正性及び信頼性に対する定義a～dの組みのうち，適切なものはどれか。

〔定義〕

a. 意図する行動と結果とが一貫しているという特性

b. エンティティは，それが主張するとおりのものであるという特性

c. 認可されたエンティティが要求したときに，アクセス及び使用が可能であるという特性

d. 認可されていない個人，エンティティ又はプロセスに対して，情報を使用させず，また，開示しないという特性

	真正性	信頼性
ア	a	c
イ	b	a
ウ	b	d
エ	d	a

（平成30年秋 基本情報技術者試験 午前 問39改）

過去問題をチェック

情報セキュリティの特性について，基本情報技術者試験では次の出題があります。

【完全性】

平成26年春午前問39

・平成28年秋午前問37

【可用性】

・平成24年春午前問43

【真正性】

・平成30年春午前問39

【真正性と信頼性】

・平成30年秋午前問39

解説

JIS Q 27000:2019（情報セキュリティマネジメントシステム－用語）における真正性及び信頼性に対する定義では，次のように書かれています。

> 3.6 真正性（authenticity） エンティティは，それが主張するとおりのものであるという特性。
>
> 3.55 信頼性（reliability） 意図する行動と結果とが一貫しているという特性。

この内容は，〔定義〕と比較すると，真正性がb，信頼性がaと一致します。したがって，組み合わせが正しい**イ**が正解です。

その他の定義は，cが3.7 可用性（availability），dが3.10 機密性（confidentiality）と一致します。

≪解答≫イ

情報セキュリティの重要性

企業の資産には，商品や不動産など形のあるものだけでなく，顧客情報や技術情報など形のないものもあります。業務に必要なこうした価値のある情報を**情報資産**といいます。ISMSでは，組織がもつ情報資産にとっての**脅威**を洗い出し，**脆弱性**を考慮することによって，最適なセキュリティ対策を考えます。

脅威とは，システムや組織に損害を与える可能性がある**インシデント**の潜在的な原因です。**脆弱性**とは，脅威がつけ込むことができる，資産がもつ弱点です。

用語

インシデントとは，望まないセキュリティ事象（出来事）であり，事業継続を危うくする確率の高いものです。具体的には，セキュリティ事故や攻撃などを指します。インシデントを起こす潜在的な原因が脅威であり，ISMSでは脅威に対応します。

脅威

脅威の種類には，次のようなものがあります。

①物理的脅威

直接的に情報資産が被害を受ける脅威。事故，災害，故障，破壊，盗難，不正侵入 ほか

②技術的脅威

ITなどの技術による脅威。不正アクセス，盗聴，なりすまし，改ざん，エラー，クラッキング ほか

③人的脅威

人によって起こされる脅威。誤操作，紛失，破損，盗み見，不正利用，ソーシャルエンジニアリング ほか

人的脅威のうち，**ソーシャルエンジニアリング**は，人間の心理的，社会的な性質につけ込んで秘密情報を入手する手法です。緊急事態を装って組織内部の人間からパスワードや機密情報を入手する，受信者の業務に関係がありそうな内容の不正なメールを送るなどは，ソーシャルエンジニアリングに該当します。

過去問題をチェック

人的脅威について，基本情報技術者試験では次の出題があります。

【ソーシャルエンジニアリング】

- 平成26年春午前問41
- 平成26年秋午前問36
- 平成27年秋午前問39
- 平成28年秋午前問50
- サンプル問題セット科目A問30

マルウェア・不正プログラム

マルウェアとは，悪意のあるソフトウェアの総称です。不正プログラムとも呼ばれ，ウイルスはマルウェアに含まれます。マルウェアがインストールされると，コンピュータに様々な影響を与えます。

主なマルウェアには，次のようなものがあります。

①ルートキット（rootkit）

セキュリティ攻撃を成功させた後に，その痕跡を消して見つかりにくくするためのツールです。

②バックドア

正規の手続き（ログインなど）を行わずに利用できる通信経路です。攻撃成功後の不正な通信などに利用されます。

③スパイウェア

ユーザに関する情報を取得し，それを自動的に送信するソフトウェアです。キーボードの入力を監視し，それを記録するキーロガーや，ユーザーの承諾なしに新たなプログラムなどを無断でダウンロードし導入する**ダウンローダ**などが該当します。

④ウイルス（コンピュータウイルス）

狭い意味では，自己伝染機能，潜伏機能，発病機能がある悪意のあるソフトウェアです。マルウェア一般の総称として用いられることもあります。

⑤トロイの木馬

悪意のないプログラムと見せかけて，不正な動きをするソフトウェアです。自己伝染機能はありません。

⑥ランサムウェア

システムを暗号化するなどしてアクセスを制限し，その制限を解除するための**代金（身代金）を要求するソフトウェア**です。ランサムウェアに感染する前にデータのバックアップを取っておき，復元できるようにする対策が有効です。

⑦アドウェア

広告を目的とした無料のソフトウェアです。通常は無害ですが，中にはユーザに気づかれないように情報を収集するような悪意のあるマルウェアが存在します。

⑧マクロウイルス

表計算ソフトやワープロソフトなどに組み込まれている，マクロと呼ばれる簡易プログラムに感染するウイルスです。

⑨ボット

インターネット上で動く自動化されたソフトウェア全般を指します。不正目的のボットが**ボットネット**として協調して活動し，様々な攻撃を行います。例えば，離れたところから遠隔操作を行うことができる遠隔操作ウイルスはボットに該当します。近年では，攻撃者が用意した**C&Cサーバ**(Command & Control Server)を利用してボットに指令を出すことが増えています。

⑩ワーム

独立したプログラムで，自身を複製して他のシステムに拡散する性質をもったマルウェアです。感染するときに，**宿主となるファイルを必要としない**ことが特徴です。

⑪偽セキュリティ対策ソフト型ウイルス

「ウイルスに感染しました」，「ハードディスク内にエラーが見つかりました」といった偽の警告画面を表示して，それらを解決するためとして有償版製品の購入を迫るマルウェアです。クレジットカード番号などを入力させて金銭を騙し取ることが目的です。**サポート詐欺**と呼ばれることもあります。

⑫エクスプロイトコード (exploit code)

新たな脆弱性が発見されたときにその再現性を確認し，攻撃が可能であることを検証するためのプログラムです。単にエクスプロイトということもあります。ソフトウェアやハードウェアの脆弱性を利用するために作成されたプログラムなので，悪意のある用途にも使用でき，改変することで容易にマルウェアが作成できます。そのため，脆弱性の検証用であっても，エクスプロイトコードの公開には注意が必要となります。

それでは，次の問題を考えてみましょう。

問題

ボットネットにおけるC&Cサーバの役割として，適切なものはどれか。

ア Webサイトのコンテンツをキャッシュし，本来のサーバに代わってコンテンツを利用者に配信することによって，ネットワークやサーバの負荷を軽減する。
イ 外部からインターネットを経由して社内ネットワークにアクセスする際に，CHAPなどのプロトコルを中継することによって，利用者認証時のパスワードの盗聴を防止する。
ウ 外部からインターネットを経由して社内ネットワークにアクセスする際に，時刻同期方式を採用したワンタイムパスワードを発行することによって，利用者認証時のパスワードの盗聴を防止する。
エ 侵入して乗っ取ったコンピュータに対して，他のコンピュータへの攻撃などの不正な操作をするよう，外部から命令を出したり応答を受け取ったりする。

（基本情報技術者試験（科目A試験）サンプル問題セット 問31）

過去問題をチェック
マルウェアについて，基本情報技術者試験では次の出題があります。
【ルートキット】
・平成28年秋午前問41
【バックドア】
・平成22年秋午前問44
・平成26年春午前問43
・令和元年秋午前問39
【スパイウェア】
・平成28年春午前問38
・平成30年秋午前問58
【キーロガー】
・平成27年春午前問37
【ボットネットのC&Cサーバ】
・平成29年秋午前問36
・平成30年秋午前問41
・サンプル問題セット科目A問31
【トロイの木馬とワーム】
・平成29年秋午前問41

解説

ボットとは，人間が行うようなことを代わりに行うプログラムです。ボットネットでは，ボット同士が連携して動作を行います。C&C（Command and Control）サーバとは，ボットネットに対して指示を出し，情報を受け取るためのサーバです。ボットに感染させることで侵入して乗っ取ったコンピュータに対して，C&Cサーバが命令を出すことで，他のコンピュータへの攻撃などの不正な操作が行われます。したがって，**エ**が正解です。

ア キャッシュサーバやCDN（Contents Delivery Network）の役割です。
イ CHAP（Challenge Handshake Authentication Protocol）は，ユーザ認証のときに使用されるプロトコルです。乱数とパスワードを合わせた値をハッシュ関数で演算し，認証先に送信します。毎回異なる乱数を用いることで，パスワードを盗聴することでの不正アクセスを防ぐことができます。

ウ ワンタイムパスワードを利用した，パスワードのリプレイアタックへの対策となります。

≪解答≫エ

不正のメカニズム

米国の犯罪学者であるD.R.クレッシーが提唱している不正のトライアングル理論では，人が不正行為を実行するに至るまでには，次の不正リスクの3要素が揃う必要があると考えられています。

●機会

不正行為の実行が可能，または容易となる環境

●動機

不正行為を実行するための事情

●正当化

不正行為を実行するための良心の呵責を乗り越える理由

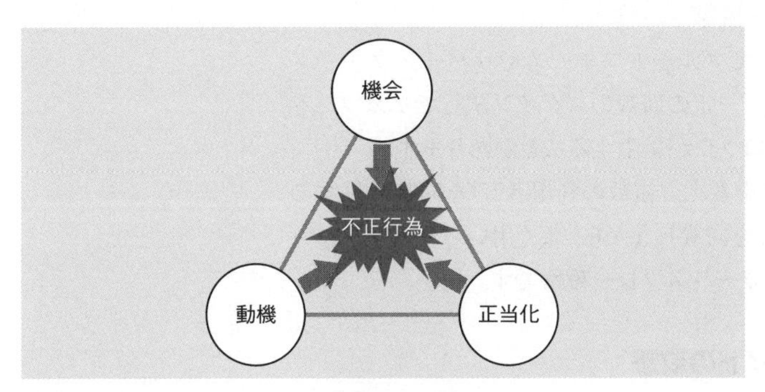

図3.27 不正のトライアングル

攻撃手法

情報セキュリティの攻撃手法には，様々なものがあります。代表的なものを，パスワードに関する攻撃，Webサイトの攻撃，通信に関する攻撃，その他の攻撃に分けて紹介していきます。

攻撃1. パスワードに関する攻撃

パスワードに関する攻撃は，パスワードクラックともいい，様々な攻撃手法があります。代表的な攻撃手法には，次のようなものがあります。

①ブルートフォース攻撃（総当たり攻撃）

同じユーザーに対して，適当な文字列を組み合わせて力任せにログインの試行を繰り返す攻撃です。ブルートフォース攻撃とは逆に，同じパスワードを使って様々なユーザに対してログインを試行する**リバースブルートフォース攻撃**もあります。

②辞書攻撃

辞書に出てくるような定番の用語を順に使用してログインを試みる攻撃です。

③パスワードリスト攻撃

他のサイトで取得したパスワードのリストを利用して不正ログインを行う攻撃です。

④パスワードスプレー攻撃

同じユーザーに対してブルートフォースやリバースブルートフォース攻撃を行うと，一定の回数のログイン試行でアカウントを停止する**アカウントロック**が発生することがあります。

攻撃の時刻と攻撃元を変え，複数の利用者IDを同時に試すことで，アカウントロックを回避しながら，よく用いられるパスワードを試す攻撃が，**パスワードスプレー攻撃**です。

過去問題をチェック

パスワードに関する攻撃について，基本情報技術者試験では次の出題があります。

【ブルートフォース攻撃】
- 平成27年秋午前問37
- 平成28年秋午前問44
- 平成29年春午前問38
- 平成30年秋午前問37
- サンプル問題セット科目A問30

【パスワードリスト攻撃】
- 平成28年秋午前問44
- 平成31年春午前問37

攻撃2. Webサイトの攻撃

攻撃で最も多いのが，Webサイトを狙った攻撃です。Webサイト自体を狙った攻撃と，Webサイトの利用者を狙った攻撃の両方があります。

①クロスサイトスクリプティング攻撃

クロスサイトスクリプティング（XSS：Cross Site Scripting）攻撃は，悪意のあるスクリプト（プログラム）を，標的となるサイトに埋め込む攻撃です。悪意のある人が用意したサイトにアクセスした人のブラウザを経由して，XSSの脆弱性のあるサイトに対してスクリプトが埋め込まれます。そのスクリプトをユーザが実行することによって，Cookie（クッキー）情報などが漏えいするなどの被害が発生します。

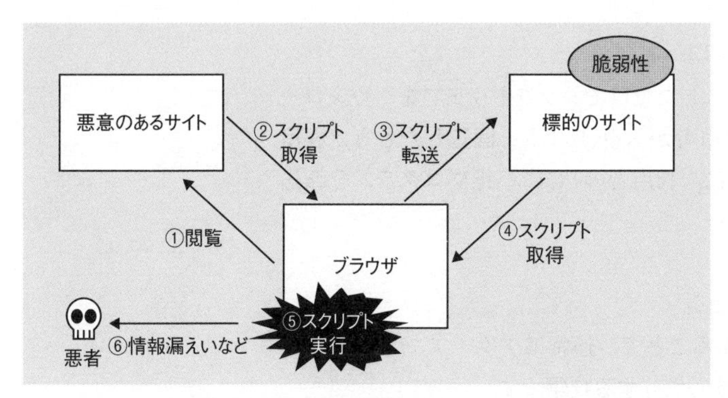

図3.28　クロスサイトスクリプティング攻撃

対策としては，スクリプトを実行できなくするために，制御文字を**エスケープ処理**して無効化する方法があります。単純にスクリプトを実行する反射型と呼ばれる攻撃以外に，データベースなどに格納したスクリプトを実行する格納型の攻撃もあるので，**出力データすべてでエスケープ処理を施す**ことが大切です。

②クロスサイトリクエストフォージェリ攻撃

クロスサイトリクエストフォージェリ（CSRF：Cross Site Request Forgeries）攻撃は，Webサイトにログイン中のユーザのスクリプトを操ることで，Webサイトに被害を与える攻撃です。

XSSとの違いは，XSSではクライアント上でスクリプトを実行するのに対して，CSRFではサーバ上に不正な書き込みなどを行って被害を起こします。

対策としては，不正な処理を検知するため，Cookieとは別に**秘密情報**をやり取りし，正常な情報かどうかを判断する方法があります。

③クリックジャッキング

罠ページの上に別のWebサイトを表示させ，透明なページを重ね合わせることで不正なクリックを誘導する攻撃です。HTTPのヘッダの設定でフレームの使用を制限することで，重ね合わせを防ぐことができます。

④ドライブバイダウンロード

Webサイトにアクセスしただけで，ソフトウェアをダウンロードさせる攻撃です。利用者がWebサイトを閲覧したとき，利用者に気付かれないように，利用者のPCに不正プログラムを転送させます。

⑤SQLインジェクション

不正なSQLを投入することで，通常はアクセスできないデータにアクセスしたり更新したりする攻撃です。

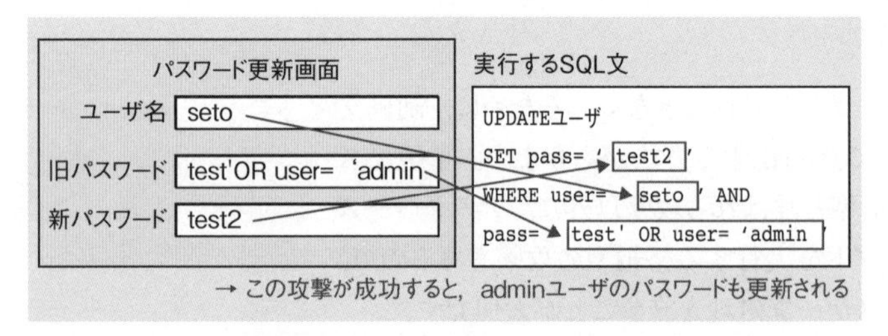

図3.29　SQLインジェクションの例

SQLインジェクションでは，「'」(シングルクォーテーション)などの制御文字をうまく組み入れることによって，意図しない操作を実行できます。

対策としては，制御文字を置き換える**エスケープ処理**や，事前にあらかじめSQL文を組み立てておき，プレースホルダーと呼ばれる位置に値を設定して制御文字を無効化するバインド機構などが有効です。

⑥ディレクトリトラバーサル

Webサイトのパス名(Webサーバ内のディレクトリやファイル名)に上位のディレクトリを示す記号(../や..¥)を入れることで，

公開が予定されていないファイルを指定する攻撃です。サーバ内の機密ファイルの情報の漏えいや，設定ファイルの改ざんなどに利用されるおそれがあります。

対策としては，パス名などを直接指定させない，アクセス権を必要最小限にするなどがあります。

それでは，次の問題を考えてみましょう。

問題

ドライブバイダウンロード攻撃に該当するものはどれか。

ア　PCから物理的にハードディスクドライブを盗み出し，その中のデータをWebサイトで公開し，ダウンロードさせる。

イ　電子メールの添付ファイルを開かせて，マルウェアに感染したPCのハードディスクドライブ内のファイルを暗号化し，元に戻すための鍵を攻撃者のサーバからダウンロードさせることと引換えに金銭を要求する。

ウ　利用者が悪意のあるWebサイトにアクセスしたときに，Webブラウザの脆(ぜい)弱性を悪用して利用者のPCをマルウェアに感染させる。

エ　利用者に気付かれないように無償配布のソフトウェアに不正プログラムを混在させておき，利用者の操作によってPCにダウンロードさせ，インストールさせることでハードディスクドライブから個人情報を収集して攻撃者のサーバに送信する。

（令和5年度 基本情報技術者試験 公開問題 科目A 問9）

過去問題をチェック

Webサイトの攻撃について，基本情報技術者試験では次の出題があります。

【ドライブバイダウンロード】
- 平成30年春午前問36
- 令和5年度科目A問9

【SQLインジェクション】
- 平成24年秋午前問40
- 平成25年春午前問40
- 平成27年春午前問42
- 平成27年秋午前問42
- 平成28年春午前問37
- 平成29年秋午前問39
- 平成30年春午前問41
- サンプル問題セット科目A問36

【ディレクトリトラバーサル】
- 平成24年春午前問45
- 平成26年秋午前問44
- 平成29年春午前問37

解説

ドライブバイダウンロード攻撃は，Webブラウザなどを通して，ユーザに気づかれないようにソフトウェアなどをダウンロードさせる攻撃です。利用者が悪意のあるWebサイトにアクセスしただけで，Webブラウザの脆弱性を悪用して利用者のPCをマルウェアに感染させることができます。したがって，**ウ**が正解です。

ア　物理的な盗難とWeb上でのデータ漏洩を組み合わせた攻撃

です。
イ ランサムウェア攻撃に該当します。
エ スパイウェアなどのマルウェアのカテゴリに該当します。

≪解答≫ウ

攻撃3. 通信に関する攻撃

通信に関する攻撃方法としては，次のものがあります。

①中間者攻撃

中間者攻撃とは，攻撃者がクライアントとサーバとの通信の間に割り込み，クライアントと攻撃者との間の通信を，攻撃者とサーバとの間の通信として中継することによって，正規の相互認証が行われているように見せかける攻撃です。Man-in-the-middle Attack，またはMITM攻撃と略されることもあります。

②DNSキャッシュポイズニング攻撃

DNSサーバのキャッシュに不正な情報を注入することで，不正なサイトへのアクセスを誘導する攻撃です。

対策としては，DNSサーバをキャッシュサーバとコンテンツサーバの2台のサーバに分けて，キャッシュサーバでは外部からのアクセスを受け付けないようにする方法が有効です。

③SEOポイズニング

SEOポイズニング（Search Engine Optimization poisoning）は，Web検索サイトの順位付けアルゴリズムを悪用する攻撃です。SEOを利用して，検索結果の上位に，悪意のあるWebサイトを意図的に表示させます。

④セッションハイジャック

Webサーバに同じ人がアクセスしていることを確認するための情報として，セッションIDが利用されることがよくあります。別のユーザのセッションIDを不正に利用することで，そのユーザになりすましてアクセスする手口が，セッションハイジャックです。

過去問題をチェック

通信に関する攻撃について，基本情報技術者試験では次の出題があります。

【DNSキャッシュポイズニング】
- 平成24年秋午前問37
- 平成29年春午前問36
- 平成29年秋午前問37
- 令和元年秋午前問35

【SEOポイズニング】
- 平成28年春午前問36
- 令和元年秋午前問41

【第三者中継】
- 平成30年秋午前問45

⑤踏み台攻撃

関係のない第三者が，サーバなどを中継に利用することです。外部ネットワークから別の外部ネットワークへの接続に利用されることを第三者中継といいます。メールサーバでの**第三者中継**のことを**オープンリレー**，DNSサーバでの第三者中継のことを**オープンリゾルバ**といって区別することもあります。第三者中継によって攻撃の拠点にされることを，踏み台にされるともいいます。

対策としては，第三者中継をサーバの設定で禁止する，メールサーバで認証を行うなどの方法があります。

⑥DoS攻撃

DoS攻撃（Denial of Service attack：サービス不能攻撃）は，サーバなどのネットワーク機器に大量のパケットを送るなどしてサービスの提供を不能にする攻撃です。

踏み台と呼ばれる複数のコンピュータから一斉に攻撃を行う**DDoS攻撃**（Distributed DoS attack）もあります。

対策としては，ファイアウォールなどを活用して不正なパケットをフィルタリングする，不正な攻撃をサーバで検知して防ぐなどがあります。

攻撃4．その他の攻撃

攻撃には他にも，様々なものがあります。実際の攻撃だけではなく，攻撃の準備につながる攻撃もあります。代表的なものは，次のとおりです。

過去問題をチェック

その他の攻撃について，基本情報技術者試験の科目Aでは次の出題があります。

【フィッシング】
・平成25年春午前問38

【ポートスキャン・ポートスキャナ】
・平成26年秋午前問45
・平成29年春午前問45
・平成30年春午前問37

①標的型攻撃

特定の企業や組織を狙った攻撃です。標的とした企業の社員に向けて，関係者を装ってウイルスメールを送付するなどしてウイルスに感染させます。また，その感染させたPCからさらに攻撃の手を広げて，最終的に企業の機密情報を盗み出します。**APT**（Advanced Persistent Threat：先進的で執拗な脅威）と呼ばれることもあります。

標的型攻撃の典型的な手法は，まず標的型攻撃メールを送り，そのメールにマルウェアを添付して実行させます。このときのメールは通常の仕事関連のメールと同様の形式で送られてくるため，攻撃だと気づきにくいことが特徴です。標的型攻撃メールの例としては，不正なメールのやり取りで取引先になりすまして偽の電子メールを送り，金銭をだまし取る**BEC**（Business E-mail Compromise：ビジネスメール詐欺）があります。

②フィッシング

信頼できる機関を装い，偽のWebサイトに誘導する攻撃です。例えば，銀行を装って「本人情報の再確認が必要なので入力してください」などという偽装メールを送り，個人情報を入力させるといった手口があります。

③ポートスキャン

Webサーバで稼働しているサービスのポート番号を列挙して，不要なサービスが稼働していないことを確認する手法をポートスキャンといいます。ポートスキャンのためのツールが**ポートスキャナ**です。

■情報セキュリティに関する技術

情報セキュリティに関する技術には，暗号技術や認証技術があります。認証技術には，利用者認証や生体認証，公開鍵基盤を利用した認証があります。

■技術１．暗号技術

暗号化とは，普通の文章（平文（ひらぶん））を読めない文章（暗号文）にすることです。ただし，誰も読めなくなってしまったら役に立たないので，特定の人や機器だけは読めるようにする必要があります。

読めなくすることを暗号化，元に戻すことを復号といいます。

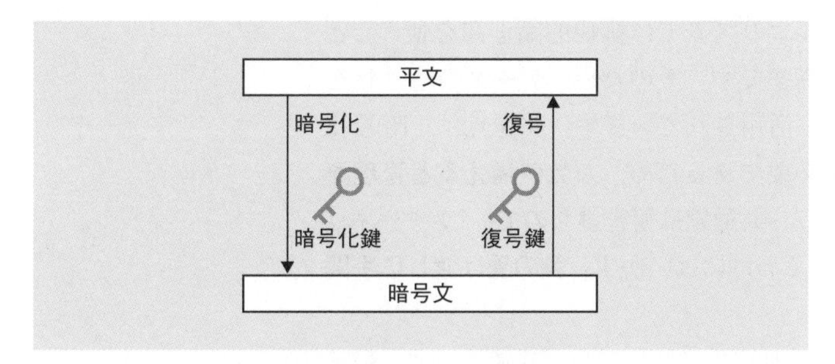

図3.30　暗号化と復号

暗号化と復号のために必要なのは，暗号化や復号の方法である**暗号化アルゴリズム**と，暗号化や復号を行うときに使う鍵です。暗号化するときの鍵は**暗号化鍵**，復号するときの鍵は**復号鍵**と呼ばれます。

暗号化の方式には，共通鍵暗号方式と公開鍵暗号方式の2種類があります。

①共通鍵暗号方式

共通鍵暗号方式は，暗号化鍵と復号鍵が共通の方式です。その共通の鍵を**共通鍵**といい，通信相手とだけの秘密にしておく必要がある秘密鍵です。

共通鍵暗号方式での暗号化の流れは，次のようになります。

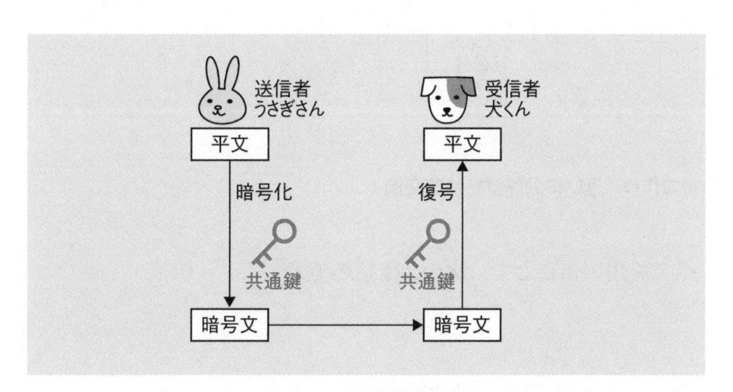

図3.31　共通鍵暗号方式

うさぎさんが共通鍵を使って暗号化を行い，犬くんは受け取った暗号文を共通鍵で復号します。共通鍵を知られない限り，他の人は暗号文の内容を読むことはできません。

共通鍵での暗号化アルゴリズムでは排他的論理和を使うことが多く，**処理は単純で高速**です。そのため，データの暗号化を中心とした様々な分野で活用されています。問題点は，暗号化する経路の数だけ鍵が必要であるため，人数**が増えると管理が大変**になることです。また，共通鍵は秘密鍵なので，インターネット上で気軽にやり取りするわけにはいかず，**鍵の受け渡しに手間**がかかります。

共通鍵暗号方式での代表的な暗号化アルゴリズムには，**AES**（Advanced Encryption Standard）があります。

②公開鍵暗号方式

暗号化鍵と復号鍵が異なる暗号方式です。鍵が2種類となり，暗号化を行うために**公開鍵**と**秘密鍵**の**キーペア**（鍵ペア）を作成します。公開鍵は他の人に公開し，秘密鍵は自分だけの秘密にしておきます。

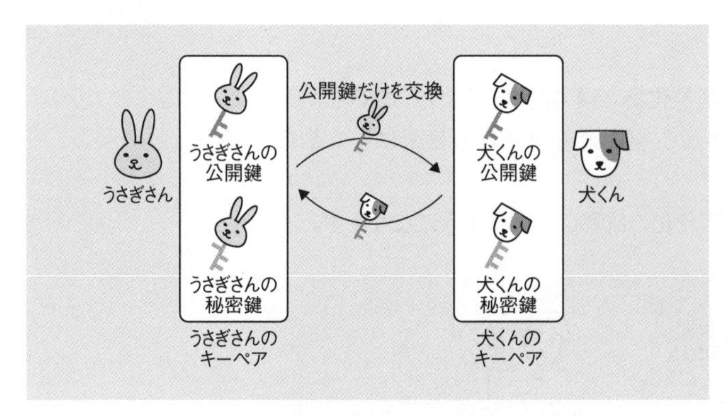

図3.32 鍵を2つずつ作り，互いに公開鍵だけを交換

公開鍵暗号方式のキーペアを用いることで，次の2種類の処理が可能になります。

1. **公開鍵**で暗号化し，同じ人の**秘密鍵**で復号する
2. **秘密鍵**で暗号化し，同じ人の**公開鍵**で復号する

これらの性質を使い，公開鍵暗号方式では，守秘，鍵共有，署名を実現します。

公開鍵だけを交換すればいいので，安全に鍵交換ができるのが特徴です。鍵の種類も人数分×2を用意すればいいため，人数が増えてもそれほど鍵が増えません。

公開鍵暗号方式での守秘の実現

守秘の実現（暗号化）では，受信者が自分の秘密鍵で復号できるように，受信者の公開鍵で暗号化しておきます。送信者が相手（受信者）の公開鍵で暗号化すると，秘密鍵をもっている相手以外は読めなくなるので守秘が実現できます。

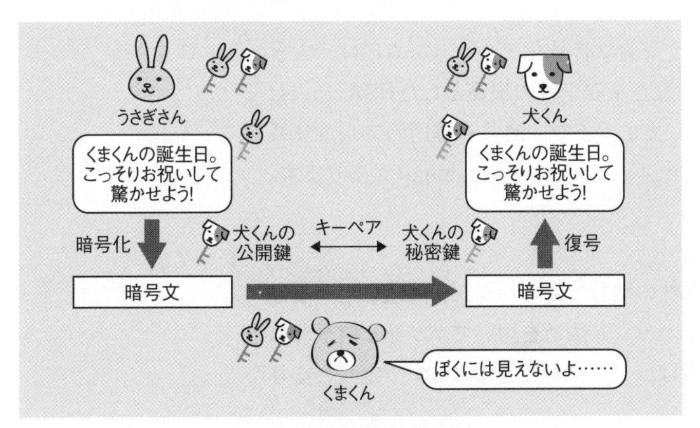

図3.33　公開鍵暗号方式の暗号化

また，共通鍵暗号方式で利用する鍵や鍵の種（Seed：鍵の基になる情報）を同じような方法で暗号化して送ることで鍵共有が実現できます。

公開鍵暗号方式での署名

キーペアを逆に使い，送信者が自分の秘密鍵で暗号化することで，本人であることを証明できます。自分の署名を行い，真正性を実現することになるのです。

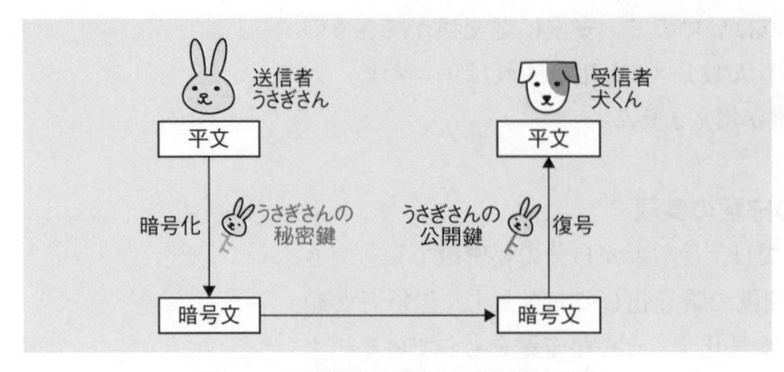

図3.34 公開鍵暗号方式での署名の実現

公開鍵暗号方式での代表的な暗号化アルゴリズムには，大きい数での素因数分解の困難さを安全性の根拠としたRSA（Rivest Shamir Adleman）があります。また，鍵共有専門のアルゴリズムとして，DH鍵交換（Diffie-Hellman key exchange）があります。

ハッシュ

ハッシュとは，一方向性の関数であるハッシュ関数を用いる方法です。データに対してハッシュ関数を用いてハッシュ値を求めます。ハッシュ値の長さは，データの長さによらず一定長となります。

ハッシュの代表的な用途は，送りたいデータと合わせてハッシュ値を送ることで改ざんを検出することです。改ざんとは，データを書き換えることで，元のデータが少しでも異なるとハッシュ値が変わってしまうので，改ざんを検出することが可能となります。

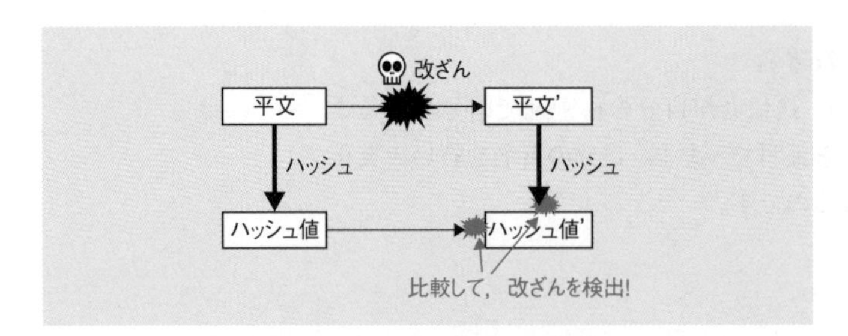

図3.35 ハッシュで改ざんを検出

ハッシュ関数において，ハッシュ値が一致する2つのメッセージを発見することの困難さを**衝突発見困難性**といい，ハッシュ関数の強度を示す指標となります。

衝突発見困難性の高い，代表的なハッシュ関数には，SHA-2 (Secure Hash Algorithm 2) に分類される**SHA-256**，SHA-384，SHA-512があります。

デジタル署名

公開鍵暗号方式は，署名として利用することで，確かに本人だということ（真正性）を確認できます。さらに，ハッシュも組み合わせることで，データの改ざんを検出することもできます。この2つの方法を組み合わせた方式を**デジタル署名**といいます。

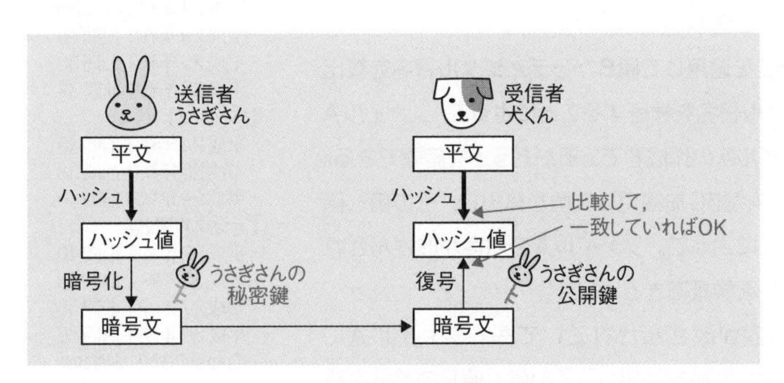

図3.36 デジタル署名

それでは，次の問題を考えてみましょう。

問題

ファイルの提供者は，ファイルの作成者が作成したファイルAを受け取り，ファイルAと，ファイルAにSHA-256を適用して算出した値Bとを利用者に送信する。そのとき，利用者が情報セキュリティ上実現できることはどれか。ここで，利用者が受信した値Bはファイルの提供者から事前に電話で直接伝えられた値と同じであり，改ざんされていないことが確認できているものとする。

ア 値BにSHA-256を適用して値Bからディジタル署名を算出し，そのディジタル署名を検証することによって，ファイルAの作成者を確認できる。

イ 値BにSHA-256を適用して値Bからディジタル署名を算出し，そのディジタル署名を検証することによって，ファイルAの提供者がファイルAの作成者であるかどうかを確認できる。

ウ ファイルAにSHA-256を適用して値を算出し，その値と値Bを比較することによって，ファイルAの内容が改ざんされていないかどうかを検証できる。

エ ファイルAの内容が改ざんされていても，ファイルAにSHA-256を適用して値を算出し，その値と値Bの差分を確認することによって，ファイルAの内容のうち改ざんされている部分を修復できる。

（令和元年秋 基本情報技術者試験 午前 問40）

解説

ファイルAにSHA-256を適用して算出した値Bは，提供者が作成したファイルAのハッシュ値です。利用者がファイルAにSHA-256を適用して値を算出した値は，ファイルAが改ざんされていなければ，値Bと一致するはずです。そのため，値Bと比較することによって，ファイルAの内容が改ざんされていないかどうかを検証できます。したがって，**ウ**が正解です。

ア，イ デジタル署名の作成，検証には，ハッシュ関数SHA-256だけではなく，公開鍵暗号方式での署名が必要になります。

エ ハッシュ値では，改ざんを検出できるだけで，改ざんされている部分は特定できません。

過去問題をチェック

暗号技術について，基本情報技術者試験の午前・科目Aでは次の出題があります。

【共通鍵暗号方式】
- 平成22年秋午前問41
- 平成30年秋午前問38

【公開鍵暗号方式】
- 平成21年春午前問40
- 平成21年秋午前問42
- 平成22年春午前問42
- 平成23年特別午前問42
- 平成24年春午前問41
- 平成24年秋午前問38
- 平成25年春午前問39
- 平成27年春午前問40
- 平成27年秋午前問38
- 平成29年春午前問40
- 平成29年秋午前問38
- 平成31年春午前問39

【ハッシュ】
- 平成24年春午前問40
- 平成25年秋午前問38
- 平成29年秋午前問40

【デジタル署名】
- 平成22年春午前問40
- 平成22年秋午前問39
- 平成27年春午前問38
- 平成30年秋午前問36
- 令和元年秋午前問38
- 令和元年秋午前問40

≪解答≫ウ

技術2. 認証技術

認証とは，対象の真正性を確認することです。認証には，人の認証だけではなく，機器の認証やデータの認証があります。認証技術の基本は，先ほどの**デジタル署名**です。デジタル署名を活用することで，様々な認証が可能になります。

代表的な認証技術には，次のものがあります。

①メッセージ認証

送信するメッセージ（データ）が正しいことを確認する技術です。代表的なメッセージ認証の方式に，**HMAC**（Hash-based Message Authentication Code）があります。HMACでは，送信するメッセージにパスワード（秘密鍵，パスフレーズ）を加えたものに対してハッシュ値を求めます。この求めた値を**メッセージ認証符号**（**メッセージダイジェスト**）といいます。メッセージ認証符号を相手に送り，通信相手もハッシュ値を計算することで，メッセージの内容が正しいことを確認できます。オンラインバンキングでの送金内容が正しいことを確認する**送金内容認証**などでも用いられます。

②時刻認証（タイムスタンプ）

時刻認証サービスを利用して書類のハッシュ値に時刻を付加し，TSAのデジタル署名を行った**タイムスタンプ**を付与する認証です。タイムスタンプによって，その時刻に書類が存在していたこと（存在性），その時刻の後に改ざんされていないこと（完全性）が証明できます。

それでは，次の問題を考えてみましょう。

問題

メッセージ認証符号の利用目的に該当するものはどれか。

ア　メッセージが改ざんされていないことを確認する。
イ　メッセージの暗号化方式を確認する。
ウ　メッセージの概要を確認する。
エ　メッセージの秘匿性を確保する。

（基本情報技術者試験（科目A試験）サンプル問題セット 問32）

過去問題をチェック

認証技術について，基本情報技術者試験では次の出題があります。

【メッセージ認証】

・平成23年秋午前問41
・平成26年春午前問36
・平成28年秋午前問38
・平成31年春午前問38
・サンプル問題セット科目A問32

【タイムスタンプ】

・平成29年春午前問41

解説

メッセージ認証とは，送信する内容（データ）が正しいことを確認する技術です。メッセージのハッシュ値にパスワードを付加したメッセージ認証符号を送ることで，メッセージが改ざんされていないことを確認することができます。したがって，アが正解です。

イ　暗号化通信を行う場合に確認することです。
ウ　メッセージの要約などを利用して実現します。
エ　暗号化通信などを行う場合の目的です。

≪解答≫ア

技術3．利用者認証

利用者認証では，人の認証を行います。本人認証を行うときに使用する要素（内容）には大きく記憶，所持，生体の3種類があり，これを認証の3要素といいます。

●認証の3要素

1. 記憶………ある情報をもっていることによる認証
　例：パスワード，暗証番号など
2. 所持………あるものをもっていることによる認証
　例：ICカード，電話番号，秘密鍵など
3. 生体………身体的特徴による認証
　例：指紋，虹彩，静脈など

認証の3要素は，どの要素がすぐれているというものではなく，それぞれの認証には一長一短があります。例えば，パスワードは漏えいしたら他の人に使われますし，ICカードなどは盗難にあうおそれがあります。また，生体認証は他の人が代わりをすることは難しいですが，本人が認証を拒否されてしまうことがよくあります。

そのため，3要素のうちの2種類以上を組み合わせて認証の強度を上げる手法を，**多要素認証**（または2要素認証，二要素認証，複数要素認証）といいます。

発展

2段階認証とは，認証を2段階で行う認証方式です。2要素認証とは少し異なる概念ですが，重なる部分も多くあります。例えば，Googleの2段階認証プロセスでは，パスワードでの認証の成功後に，携帯電話などに送られるコードの入力やスマートフォン上のアプリに回答することで認証します。これは，"記憶"であるパスワードと，携帯電話などを"所持"していることによる2要素認証に該当します。
ここで安全性を高めるために必要なのは"2要素認証"の条件を満たすことで，認証の段階自体は1段階でも2段階でもかまいません。2段階認証では1段階目の認証の可否で攻撃者に手がかりを与えてしまうので，理想は"1段階・2要素認証"だとされています。

利用者認証のときに合わせて行うテストで，利用者がコンピュータでないことを確認するために使われる手法に，**CAPTCHA**（Completely Automated Public Turing test to tell Computers and Humans Apart）があります。コンピュータには認識困難な画像で，人間は文字として認識できる情報を読み取らせることで，コンピュータで自動処理しているのではないことを確かめます。

過去問題をチェック

利用者認証について，基本情報技術者試験では次の出題があります。

【2要素認証】
- 平成27年秋午前問45

【2要素での利用者認証】
- 平成26年春午前問38
- 平成28年秋午前問40

【パスワードによる利用者認証】
- 平成23年秋午前問42
- 平成26年春午前問42
- 平成28年春午前問40

技術4. 生体認証技術

生体認証（**バイオメトリクス認証**）は，指や手のひらなどの体の一部や動作の癖などを利用して本人確認を行う認証手法です。忘れたり紛失したりすることがないため利便性が高いので，様々な場面で利用されています。

生体認証の代表的なものには，指紋を利用する**指紋認証**，手のひらを利用する**静脈認証**，目を利用する虹彩（アイリス）認証，顔で認証する**顔認証**，声で認証する音声認証などの**身体的特徴**をもとにした認証があります。また，それ以外にも**行動的特徴**を抽出して行う認証方法もあり，代表的なものに，サイン（筆跡）や声紋，キーストロークなどがあります。

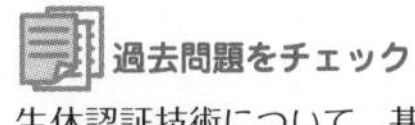

生体認証技術について，基本情報技術者試験では次の出題があります。

【行動的特徴】
- 平成22年秋午前問40
- 平成24年秋午前問39
- 平成27年春午前問41

【生体認証システムで考慮すべき点】
- 平成21年春午前問43
- 平成26年春午前問45
- 平成30年春午前問45

生体認証では，入力された特徴データと登録されている特徴データを照合して判定を行います。このとき，2つのデータが完全に一致することはほぼないので，あらかじめ設定されたしきい値以上の場合を一致とします。そのため，本人を拒否する可能性をなくすことができず，その確率を**本人拒否率**（FRR：False Rejection Rate）と呼び，誤って他人を受け入れてしまう確率を

他人受入率（FAR：False Acceptance Rate）と呼びます。

技術5. 公開鍵基盤（PKI）

公開鍵基盤（**PKI**：Public Key Infrastructure）は，公開鍵暗号方式を利用した社会基盤です。政府や信頼できる第三者機関の**認証局**（**CA**：Certificate Authority）に証明書を発行してもらい，身分を証明してもらうことで，個人や会社の信頼を確保します。

過去問題をチェック
公開鍵基盤について，基本情報技術者試験では次の出題があります。
【認証局（CA）】
・平成26年春午前問37
・平成28年春午前問39
・平成28年秋午前問39
【デジタル証明書の導入効果】
・平成27年春午前問45

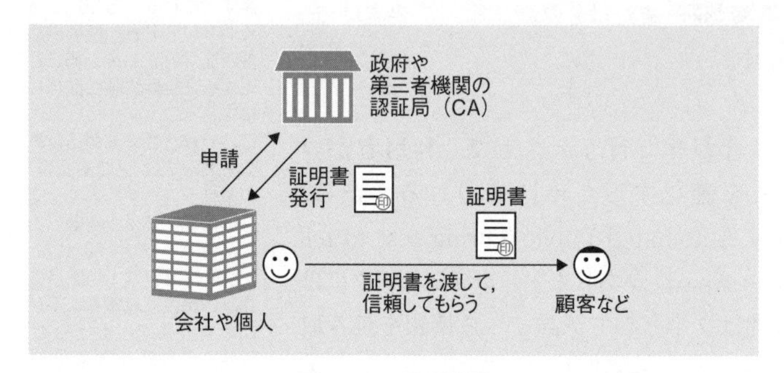

図3.37 PKIの概要

PKIのために，CAではデジタル証明書を発行します。デジタル証明書ではCAがデジタル署名を行うことによって，申請した人や会社の公開鍵などの証明書の内容が正しいことを証明します。デジタル証明書を受け取った人は，CAの公開鍵を用いてデジタル署名を復元し，デジタル証明書のハッシュ値と照合して一致すると，デジタル証明書の正当性を確認することができます。一般にデジタル証明書は，Webサーバなどのサーバで使用される**サーバ証明書**と，クライアントが使用する**クライアント証明書**に区別されます。

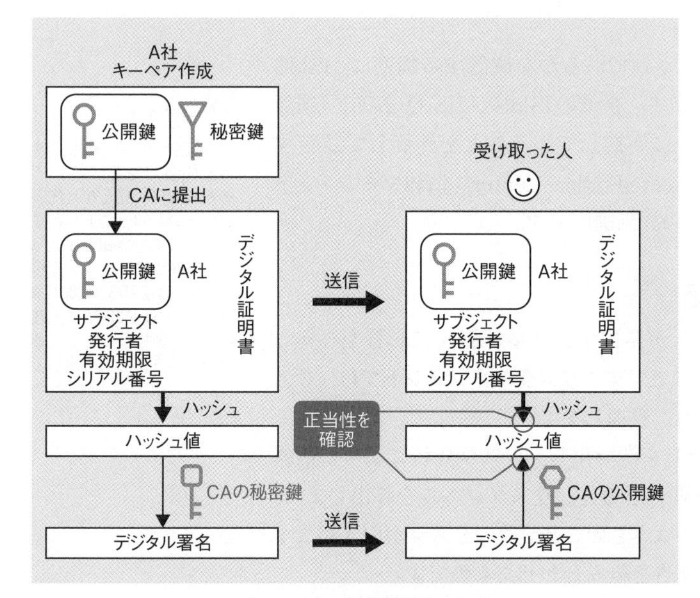

図3.38 デジタル証明書の役割

覚えよう！

- □ デジタル署名は送信者の秘密鍵で署名，公開鍵で検証
- □ 認証の3要素は，記憶・所持・生体

3-5-2 情報セキュリティ管理

情報セキュリティは，技術を導入するだけでは確保できません。万全にするには，どのように計画し，実践及び改善していくかといった情報セキュリティマネジメントが重要です。

情報セキュリティ管理

組織において情報セキュリティを管理するためには，ISMSを構築し，仕組みで管理を継続します。ISMSの構築方法や要求事項などは**JIS Q 27001:2023**（ISO/IEC27001:2023）に示されています。また，どのようにISMSを実践するかという実践規範は**JIS Q 27002:2014**（ISO/IEC 27002:2022）に示されています。ISMSでは，情報セキュリティ基本方針を基に，PDCAサイクルを繰り返します。

ISMSがきちんと運営されているかを確認する制度に，**ISMS適合性評価制度**があります。企業のISMSがJIS Q 27001（国際規格はISO/IEC 27001）に準拠していることを評価して認定する，ISMS-AC（ISMS Accreditation Center：情報マネジメントシステム認定センター）の評価制度です。

勉強のコツ

JIS規格やISO規格は，すべての番号を覚えている必要はありませんが，代表的なものを知っておくと役に立ちます。情報セキュリティ関連では，ここに登場するJIS Q 27001（要求事項）とJIS Q 27002（実践規範）が最もよく出てくるので，押さえておきましょう。

リスク分析と評価

リスクとは，もしそれが発生すれば情報資産に影響を与える不確実な事象や状態のことです。**リスクマネジメント**では，リスクに関して組織を指揮し，管理します。

リスク特定で情報資産を洗い出し，**リスク分析**によって情報資産に対する脅威と脆弱性を考え，**リスクレベル**を算出します。リスクレベルはリスクの大きさのこと，そのリスクが引き起こす**結果**と，その**起こりやすさ**を組み合わせたものです。

その後，リスクレベルに基づき，それぞれのリスクに対してリスク評価を行います。リスク評価には，**定性的評価**と**定量的評価**の2種類があります。定性的評価はリスクの大きさを金額以外で評価する手法で，定量的評価はリスクの大きさを金額で表す手法です。

リスク特定とリスク分析を行い，リスク評価を行うまでの一連の流れを**リスクアセスメント**といいます。リスクマネジメントでは，リスクアセスメントにリスク対応も含めた一連のリスクに対するプロセスで，PCDAサイクルを行って改善していきます。

それでは，次の問題を考えてみましょう。

問題

JIS Q 27000:2019（情報セキュリティマネジメントシステム－用語）における“リスクレベル”の定義はどれか。

ア　脅威によって付け込まれる可能性のある，資産又は管理策の弱点
イ　結果とその起こりやすさの組合せとして表現される，リスクの大きさ
ウ　対応すべきリスクに付与する優先順位
エ　リスクの重大性を評価するために目安とする条件

（令和４年春 応用情報技術者試験 午前 問43）

過去問題をチェック
リスク分析と評価について，基本情報技術者試験では次の出題があります。
【リスクレベル】
・平成31年春午前問41
【リスクアセスメント】
・平成26年秋午前問39
・平成29年秋午前問43

解説

JIS Q 27000:2019（情報セキュリティマネジメントシステム－用語）では，“リスクレベル”の定義は次のように書かれています。

> 3.39　リスクレベル（level of risk）
> **結果（3.12）とその起こりやすさ（3.40）の組合せとして表現される，リスク（3.61）の大きさ。**

したがって，**イ**が正解です。
ア　脆弱性（3.77）の定義です。
ウ，エ　リスク評価を行う際に基準とする内容となります。

≪解答≫イ

リスク対応

リスクを評価した後で，それぞれのリスクに対してどのように対応するかを決めるのがリスク対応です。リスク対応の考え方には，大きく分けて**リスクコントロール**と**リスクファイナンシング**（リスクファイナンス）があります。リスクコントロールは，技術的な対策など，なんらかの行動によって対応することで，リスクファイナンシングは資金面で対応することです。

リスク対応には次のような方法があります。なお，リスク対応

発展
リスク対応は，実際には予算との兼ね合いで行われます。リスク評価で金額が多いものは優先してリスクを最適化しますが，被害額が小さいもの，または発生しても許容できる範囲であれば，リスクを保有し，対応を行わないケースも多く見られます。

の選択肢は排他的なものではありません。また，すべての周辺状況において適切であるとは限りません。

①リスクを取るまたは増加させる（リスクテイク）

ある機会を追求するために，リスクを取るまたは増加させます。方法としては次の2つがあります。

・起こりやすさを変える
・結果を変える

一般的なリスクを減らすようなセキュリティ対策はこれに当たり，リスク最適化，リスク低減または強化ともいわれます。

②リスクの回避

リスク源を除去する，つまり，リスクを生じさせる活動を，開始または継続しないと決定することによって，リスクを回避します。例えば，メーリングリストのリスクを考慮して運用をやめる，などです。

③リスクの共有（リスク移転，リスク分散）

1つ以上の他者とリスクを共有します。保険をかけるなどで，リスク発生時の費用負担を外部に転嫁するなどの方法があります。

リスク対応について，基本情報技術者試験では次の出題があります。
【リスクファイナンシング】
・平成31年春午前問40
【リスク移転】
・平成21年春午前問41
・平成22年秋午前問43
・平成25年秋午前問39
【リスク受容基準】
・平成30年秋午前問58

④リスクの保有（リスク受容）

情報に基づいた意思決定によって，リスクを保有することを受け入れます。具体的な対策をしない対応です。リスク分析を始める前にリスク受容基準を決めておき，結果を見てから基準を変えないようにします。

情報セキュリティ組織・機関

過去問題をチェック

情報セキュリティ組織・機関について，基本情報技術者試験では次の出題があります。
【CSIRT】
・平成29年秋午前問42
・平成30年秋午前問40

進化する情報セキュリティ攻撃から組織を守るためには，組織の中に情報セキュリティを確保する仕組みを作り，組織同士で連携する必要があります。そのための仕組みとしては次のようなものがあります。

①情報セキュリティ委員会

組織の中における，情報セキュリティ管理責任者（CISO：Chief Information Security Officer）をはじめとした経営層の意思決定組織が情報セキュリティ委員会です。組織の情報セキュリティのルールである，情報セキュリティポリシーを決定します。

②CSIRT

CSIRT（シーサート）（Computer Security Incident Response Team）とは，主にセキュリティ対策のためにコンピュータやネットワークを監視し，問題が発生した際にはその原因の解析や調査を行う組織です。CSIRTでは，インシデントが発生したときに適切に対処するインシデントハンドリングを行います。

日本には，他のCSIRTとの情報連携や調整を行うJPCERT/CC（Japan Computer Emergency Response Team Coordination Center：JPCERTコーディネーションセンター）があります。JPCERT/CCでは，**CSIRTマテリアル**を作成し，組織的なインシデント対応体制の構築を支援しています。

③IPAセキュリティセンター

IPAセキュリティセンターは，IPA（情報処理推進機構）内に設置されているセキュリティセンターです。ここでは情報セキュリティ早期警戒パートナーシップという制度を運用しており，コンピュータウイルス，不正アクセス，脆弱性などの届出を受け付けています。経済産業省と共同で，経営者のセキュリティ対策の指針となる，サイバーセキュリティ経営ガイドラインを公開しています。

サイバーセキュリティ経営ガイドラインなどIPAが関連した標準については，「9-2-2 セキュリティ関連法規」で取り上げています。

④JVN

JVN（Japan Vulnerability Notes）は，日本で使用されているソフトウェアなどの脆弱性関連情報とその対策情報を提供する脆弱性対策情報ポータルサイトです。JPCERT/CCとIPAが共同で運営しています。

⑤内閣サイバーセキュリティセンター

内閣サイバーセキュリティセンター（NISC：National center

of Incident readiness and Strategy for Cybersecurity）は，内閣官房に設置された組織です。サイバーセキュリティ基本法に基づき，内閣にサイバーセキュリティ戦略本部が設置され，同時に内閣官房にNISCが設置されました。サイバーセキュリティ戦略の立案と実施の推進などを行っています。

⑥J-CRAT（サイバーレスキュー隊）

J-CRAT（Cyber Rescue and Advice Team against targeted attack of Japan）は，IPAが経済産業省の支援のもとに設立した，相談を受けた組織の被害の低減と攻撃の連鎖の遮断を支援する活動を行う団体です。「標的型サイバー攻撃特別相談窓口」で，広く一般からの相談や情報提供を受け付けており，調査結果を用いた助言を実施します。基本的にはメールや電話などでのやり取りですが，場合によっては，現場組織に赴いて支援を行うこともあります。

▶▶▶覚えよう！

- □ リスクアセスメントでは，リスク特定，リスク分析，リスク評価を行う
- □ CSIRTは，インシデント対策を行う組織

3-5-3 セキュリティ技術評価

情報システムのセキュリティレベルを評価するための評価基準として，ISO/IEC 15408などがあります。具体的な評価方法として，ファジングやペネトレーションテストがあります。

セキュリティ評価基準

情報セキュリティに“完璧な対策”はありません。資金面での限界もありますし，日々新しい攻撃が考案されている現状からも，「すべてのことに対応する」のは現実的ではありません。しかし，最低限の対策は，会社の信用を高めたり，リスクを減少させたりするために必要です。完璧ではなくても，「同業他社や世間一般と同じぐらいのレベル」で守らなければなりません。

そこで，「いったいどこまで対策をすればよいのか」を示すた

めに，情報セキュリティに関する様々な規格や制度が制定されています。

ISO/IEC 15408

情報セキュリティマネジメントではなくセキュリティ技術を評価する規格にISO/IEC 15408（JIS規格ではJIS X 5070）があります。これは，IT関連製品や情報システムのセキュリティレベルを評価するための国際規格です。CC（Common Criteria：**コモンクライテリア**）とも呼ばれ，主に次のような概念を掲げています。

①ST（Security Target：セキュリティターゲット）

セキュリティ基本設計書のことです。製品やシステムの開発に際して，STを作成することは最も重要であると規定されています。利用者が自分の要求仕様を文書化したものです。

②EAL（Evaluation Assurance Level：評価保証レベル）

製品の保証要件を示したもので，製品やシステムのセキュリティレベルを客観的に評価するための指標です。EAL1（機能テストの保証）からEAL7（形式的な設計の検証及びテストの保証）まであり，数値が高いほど保証の程度が厳密です。

JISEC（ITセキュリティ評価及び認証制度）

JISEC（Japan Information Technology Security Evaluation and Certification Scheme）とは，IT関連製品のセキュリティ機能の適切性・確実性をISO/IEC15408に基づいて評価し，認証する制度です。評価は第三者機関（評価機関）が行い，認証はIPA（情報処理推進機構）が行います。

JCMVP（暗号モジュール試験及び認証制度）

JCMVP（Japan Cryptographic Module Validation Program）は，暗号モジュールの認証制度です。暗号化機能，ハッシュ機能，署名機能などのセキュリティ機能を実装したハードウェアやソフトウェアなどから構成される暗号モジュールが，セキュリティ機能や内部の重要情報を適切に保護していることについて，評価，認証します。この制度は，製品認証制度の1つとして，IPAによって運用されています。

PCI DSS

PCI DSS（Payment Card Industry Data Security Standard：PCIデータセキュリティスタンダード）は，クレジットカード情報の安全な取扱いのために，JCB，American Express，Discover，マスターカード，VISAの5社が共同で策定した，クレジットカード業界におけるグローバルセキュリティ基準です。

PCI DSSは，カード会員情報を格納及び処理するすべての組織を対象としており，安全なネットワークの構築や維持，カード会員データの保護などに関する要件を具体的に定めています。

PCI DSSの最新版は現在，v4.0です。内容は，PCI Security Standards Councilのホームページで公開されています。
https://www.pcisecuritystandards.org/lang/ja-ja/
使用許諾契約書に同意することで全文を確認できますので，興味のある方は読んでみてください。

CVSS（Common Vulnerability Scoring System：共通脆弱性評価システム）

NIST（National Institute of Standards and Technology）が開発した，情報セキュリティ対策の自動化と標準化を目指した技術仕様を**SCAP**（Security Content Automation Protocol：セキュリティ設定共通化手順）といいます。SCAPの中にある，脆弱性の深刻度を評価するための評価手法がCVSSです。

CVSSは，情報システムの脆弱性に対するオープンで包括的，汎用的な評価手法です。CVSSを用いると，脆弱性の深刻度を同一の基準の下で定量的に比較できるようになります。また，ベンダー，セキュリティ専門家，管理者，ユーザ等の間で，脆弱性に関して共通の言葉で議論できるようになります。

関連

CVSSについては，IPAセキュリティセンターのWebサイトに詳しい説明があります。
https://www.ipa.go.jp/security/vuln/scap/cvss.html
詳しい内容は，こちらを参考にしてください。

CVSSでは，次の3つの視点から評価を行います。

①基本評価基準（Base Metrics）

脆弱性そのものの特性を評価する視点

②現状評価基準（Temporal Metrics）

脆弱性の現在の深刻度を評価する視点

③環境評価基準（Environmental Metrics）

製品利用者の利用環境も含め，最終的な脆弱性の深刻度を評価する視点

脆弱性診断

システムを評価するために脆弱性を発見する診断のことを脆弱性診断といいます。脆弱性診断の代表的な手法として，次のものがあります。

①ペネトレーションテスト

システムに実際に攻撃して侵入を試みることで，脆弱性診断を行う手法です。疑似攻撃を行うことになるため，あらかじめ攻撃の許可を得ておくことや，攻撃によりシステムに影響がないよう準備することなどが必要です。

②ファジング

ファジングとは，ソフトウェア製品において，開発者が認知していない脆弱性を検出する検査手法です。検査対象のソフトウェア製品に，**ファズ**（Fuzz）と呼ばれる，問題を引き起こしそうなデータを大量に送り込み，その応答や挙動を監視することで脆弱性を検出します。

IPAセキュリティセンターでは，「ファジング活用の手引き」などの「ファジング」に関する情報を紹介しています。
https://www.ipa.go.jp/security/vuln/fuzzing/contents.html

それでは，次の問題を考えてみましょう。

3

問題

ファジングに該当するものはどれか。

ア サーバにFINパケットを送信し，サーバからの応答を観測して，稼働しているサービスを見つけ出す。

イ サーバのOSやアプリケーションソフトウェアが生成したログやコマンド履歴などを解析して，ファイルサーバに保存されているファイルの改ざんを検知する。

ウ ソフトウェアに，問題を引き起こしそうな多様なデータを入力し，挙動を監視して，脆(ぜい)弱性を見つけ出す。

エ ネットワーク上を流れるパケットを収集し，そのプロトコルヘッダやペイロードを解析して，あらかじめ登録された攻撃パターンと一致するものを検出する。

（基本情報技術者試験（科目A試験）サンプル問題セット 問34）

過去問題をチェック

脆弱性診断について，基本情報技術者試験では次の出題があります。

【ペネトレーションテスト】
- 平成24年秋午前問44
- 平成27年春午前問46
- 平成29年秋午前問45

【ファジング】
- 平成31年春午前問45
- サンプル問題セット科目A問34

解説

ファジングとは，ソフトウェアに対して問題を起こしそうな様々な種類のデータ（Fuzz）を入力し，その動作を確認することで脆弱性を検出する手法です。したがって，**ウ**が正解となります。

ア ポートスキャンに該当し，セキュリティ犯罪の前段階で行うことです。

イ ログや履歴を用いた解析に該当します。

エ IDSのシグネチャなどでの，パケットキャプチャによる攻撃の検知に該当します。

≪解答≫ウ

耐タンパ性

耐タンパ性とは，ソフトウェアやハードウェアが備える，内部構造や記憶しているデータなどの解析の困難さのことです。解析をしようとすると，それを検知してシステム自体を破壊するなどの方法で，耐タンパ性を確保します。

具体例としては，信号の読出し用プローブの取付けを検出するとICチップ内の保存情報を消去するような回路を設けて，IC

チップ内の情報を容易に解析できないようにするなどの手法があります。

▶▶▶ 覚えよう！

- □ ペネトレーションテストで実際に攻撃して侵入を試みる
- □ ファジングで，ソフトウェアの脆弱性を検出

3-5-4 情報セキュリティ対策

情報セキュリティ対策というと，技術面での対策を思い浮かべがちですが，それだけでは十分ではありません。人的セキュリティ，物理セキュリティの対策を行い，総合的に情報資産を守っていく必要があります。

情報セキュリティ対策の種類

情報セキュリティ対策には，大きく次の3種類があります。

①人的セキュリティ対策

教育，訓練や契約などにより，人に対して行うセキュリティ対策です。管理的セキュリティと呼ばれることもあります。

②技術的セキュリティ対策

暗号化，認証，アクセス制御など，技術によるセキュリティ対策です。

③物理的セキュリティ対策

建物や設備などを対象とした，物理的なセキュリティ対策です。入退室管理やバックアップセンタ設置などを行います。

人的セキュリティ対策

人的セキュリティ対策では，技術以前に，どのような情報をどのように守るのかを決める必要があります。管理の仕組みや，管理の方針を決めておくことが大切です。

人的セキュリティ対策では，次のようなことを行います。

①アカウント管理

ユーザーとアカウントを1対1で対応させ，ユーザーにアクセス権を与えます。このとき，**最小権限の原則**で，ユーザーに必要な最低限の権限だけを設定することが重要です。データベースのアクセスなどでは，**参照権限**と**更新権限**を分け，更新できる人を限定する対策が有効です。

また，**責務の分離の原則**で，1人に権限を集中させず，何人かに分けて権限を与えることも，セキュリティ対策となります。例えば，データの入力を行うユーザーと，承認を行うユーザーを分けるなどです。不正を防ぐため，承認権限がある人には，入力権限を与えないようにします。

②個人情報保護対策

個人情報とは，氏名，住所，メールアドレスなど，それ単体もしくは組み合わせることによって個人を特定できる情報のことです。

個人情報保護の基本的な考え方は，個人情報は本人の財産なので，それが勝手に別の人の手に渡ったり，間違った方法で使われたり，内容を勝手に変えられたりしないように適切に管理する必要があるということです。そのために，個人情報の保護に関する法律（個人情報保護法）では，個人情報の利用目的の特定と公表などについて定められています。個人情報に関しても，法律や標準に従って，適正な管理を行う必要があります。

③内部不正対策

組織における不正行為は，内部関係者によって行われる**内部不正**が多いため，それを防ぐ対策が必要です。内部不正として一番多いのが，社員が**退職**するときです。退職する社員のアカウントを速やかに無効化するなど，タイムリーな対応が大切です。

IPAでは『**組織における内部不正防止ガイドライン**』を公表し，内部不正を防止するための証拠確保などの具体的な方法を示しています。

■技術的セキュリティ対策

技術的な対策には，攻撃を防いで内部に侵入させないための**入口対策**と，侵入された後にその被害を外部に広げないための

出口対策があります。また，1つの対策だけでなく複数の対策を組み合わせる**多層防御**も大切です。

具体的な技術的セキュリティ対策には，次のものがあります。

①DMZ

ファイアウォールは，ネットワークを中継する場所に設置され，アクセス制御のルールに基づいて，パケットの中継や遮断の機能をもつものです。

インターネットから内部ネットワークへのアクセスは，ファイアウォールによって制御されます。しかし，完全に防御するだけでなく，外部に公開する必要があるWebサーバやメールサーバなどの機器もあります。そこで，インターネットと内部ネットワークの間に，**中間のネットワーク**として**DMZ**（Demilitarized Zone：非武装地帯）を設定します。

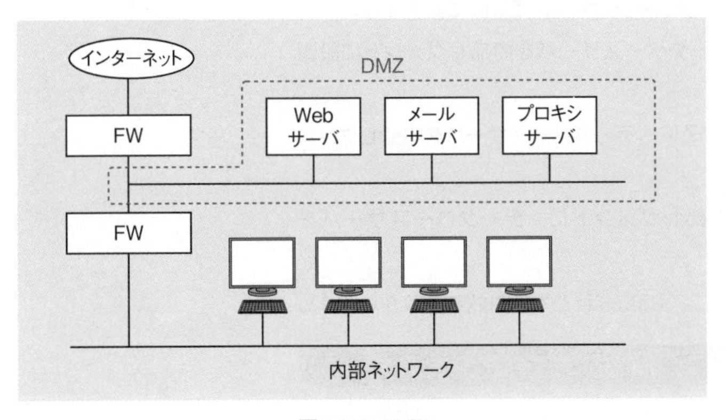

図3.39 DMZ

DMZを中間に設置することで，内部ネットワークの安全性が高まります。また，DMZに，PCからインターネットへの通信を中継するサーバである**プロキシサーバ**を置き，Webアクセスなどを中継することもできます。

それでは，次の問題を考えてみましょう。

問題

1台のファイアウォールによって，外部セグメント，DMZ，内部セグメントの三つのセグメントに分割されたネットワークがあり，このネットワークにおいて，Webサーバと，重要なデータをもつデータベースサーバから成るシステムを使って，利用者向けのWebサービスをインターネットに公開する。インターネットからの不正アクセスから重要なデータを保護するためのサーバの設置方法のうち，最も適切なものはどれか。ここで，Webサーバでは，データベースサーバのフロントエンド処理を行い，ファイアウォールでは，外部セグメントとDMZとの間，及びDMZと内部セグメントとの間の通信は特定のプロトコルだけを許可し，外部セグメントと内部セグメントとの間の直接の通信は許可しないものとする。

ア　Webサーバとデータベースサーバを DMZに設置する。
イ　Webサーバとデータベースサーバを内部セグメントに設置する。
ウ　Webサーバを DMZに，データベースサーバを内部セグメントに設置する。
エ　Webサーバを外部セグメントに，データベースサーバを DMZに設置する。

（令和元年秋 基本情報技術者試験 午前 問42）

解説

インターネットとの通信では，外部セグメントと内部セグメントの間に，中間のネットワークとしてDMZ（Demilitarized Zone：非武装地帯）を設定します。

Webサーバなど利用者が直接アクセスするサーバをDMZに設置することで，ファイアウォールでのアクセス制御が可能になります。

データベースサーバは，Webサーバからアクセスされるので，直接外部とつながる必要はありません。そのため，内部セグメントに設置し，DMZのWebサーバからのアクセスだけを許可するようにすると安全です。したがって，**ウ**が正解です。

ア　データベースサーバをDMZに設置すると，直接攻撃されるおそれがあります。

イ Webサーバを内部セグメントに設置すると，利用者がアクセスできなくなります。

エ Webサーバを外部セグメントに設置すると，ファイアウォールでの攻撃の防御が全くできなくなります。

≪解答≫ウ

②マルウェア対策

マルウェアの対処方法は，基本的に次の3つです。

- **マルウェア対策ソフトをインストールする**
- **マルウェア定義ファイルを最新状態に更新し続ける**
- **OSやアプリケーションを最新版にアップデートする**

これらが守られていないと，マルウェアの被害にあう可能性が高くなります。しかし，完全に対応することは難しく，脆弱性の発見にマルウェア定義ファイルの更新が間に合わないと，**ゼロデイ攻撃**にあう場合があります。

マルウェアの判定方法には，既知のマルウェアのハッシュ値を取得してアプリケーションのハッシュ値と比較する**パターンマッチング**や，不審な振る舞いをするアプリケーションを検知する**ビヘイビア法**などがあります。

マルウェアの挙動を解析する方法には，ソースコードなどを解析する**静的解析**や，サンドボックスなどの安全な場所を用意し，マルウェアを実際に動作させて挙動を確認する**動的解析**があります。

それでは，次の問題を考えてみましょう。

問題

マルウェアの動的解析に該当するものはどれか。

ア 検体のハッシュ値を計算し，オンラインデータベースに登録された既知のマルウェアのハッシュ値のリストと照合してマルウェアを特定する。

イ 検体をサンドボックス上で実行し，その動作や外部との通信を観測する。

ウ 検体をネットワーク上の通信データから抽出し，さらに，逆コンパイルして取得したコードから検体の機能を調べる。

エ ハードディスク内のファイルの拡張子とファイルヘッダの内容を基に，拡張子が偽装された不正なプログラムファイルを検出する。

（基本情報技術者試験（科目A試験）サンプル問題セット 問35）

解説

マルウェアの動的解析とは，実際にマルウェアを動作させ，その動作を監視することによって解析を行う手法です。他のシステムに影響を与えないよう，仮想環境などを用意して隔離したサンドボックスを用意し，その中で検体を実行し，挙動を観察することは動的解析に該当します。したがって，**イ**が正解です。

ア パターンマッチング方式のマルウェア検出で，静的解析に該当します。

ウ 逆コンパイルによるソースコード解析で，静的解析に該当します。

エ 拡張子を偽装するマルウェアの検出で，静的解析に該当します。

≪解答≫イ

③NAT ／ NAPT（IPマスカレード）

内部ネットワークにプライベートIPアドレスを使用することで，外から内部ネットワークの存在を隠蔽することができます。プロキシサーバを経由することによっても同様の効果を得られます。

NAT ／ NAPTの技術については，「3-4-5　ネットワーク応用」で説明しています。IPアドレスを有効活用する技術ですが，セキュリティ確保にも役立ちます。

④ログ管理

ログを収集し，その完全性を管理します。デジタルフォレンジックスを意識し，証拠となるようにログを残すことが大切です。また，複数のサーバのログを一元管理することで，不審なアクセスを見つけやすくなります。複数のログからアクセスの順序を確認するために，NTP（Network Time Protocol）サーバを使用して，時刻同期を行っておく必要があります。

⑤OSの脆弱性管理

OSでは，ドライバやアプリケーションを最新の状態にすることが重要です。そのために，自動アップデートを設定し，最新版に更新します。

PCの起動時にOSやドライバのデジタル署名を検証する技術に，セキュアブートがあります。許可されていないものを実行しないようにすることによって，OS起動前のマルウェアの実行を防ぐことができます。

セキュリティ製品・サービス

セキュリティを守るためには，様々な製品やサービスがあります，代表的なセキュリティ製品・サービスは，次のとおりです。

①ファイアウォール（FW）

ファイアウォールでは，あらかじめ設定された**ルール**に基づいて，パケットを中継するかどうかを決めていきます。主な方式に，IPアドレスとポート番号を基にアクセス制御を行うパケットフィルタリング型と，HTTP，SMTPなどのアプリケーションプログラムごとに細かく中継可否を設定できるアプリケーションゲートウェイ型があります。最初のパケット（リクエスト）を記憶しておき，その返答（レスポンス）は通過させるステートフルインスペクションの機能がある機器もあります。

それでは，次の問題を考えてみましょう。

用語

デジタルフォレンジックスとは，法科学の一分野です。不正アクセスや機密情報の漏えいなどで法的な紛争が生じた際に，原因究明や捜査に必要なデータを収集・分析し，その法的な証拠性を明らかにする手段や技術の総称です。
ログを法的な証拠として成立させるためには，ログが改ざんされないような工夫をする必要があります。

過去問題をチェック

技術的セキュリティ対策について，基本情報技術者試験では次の出題があります。

【DMZ】
・平成26年秋午前問40
・平成29年春午前問43
・令和元年秋午前問42

【マルウェア対策】
・平成23年秋午前問43
・平成24年秋午前問43
・平成26年秋午前問42
・平成27年秋午前問43
・平成28年秋午前問43
・令和元年秋午前問36
・サンプル問題セット科目A問35

【デジタルフォレンジックス】
・平成26年春午前問43
・平成28年春午前問44

【セキュアブート】
・平成30年秋午前問43

3

問題

社内ネットワークとインターネットの接続点にパケットフィルタリング型ファイアウォールを設置して，社内ネットワーク上のPCからインターネット上のWebサーバのポート番号80にアクセスできるようにするとき，フィルタリングで許可するルールの適切な組合せはどれか。

ア

送信元	宛先	送信元ポート番号	宛先ポート番号
PC	Webサーバ	80	1024以上
Webサーバ	PC	80	1024以上

イ

送信元	宛先	送信元ポート番号	宛先ポート番号
PC	Webサーバ	80	1024以上
Webサーバ	PC	1024以上	80

ウ

送信元	宛先	送信元ポート番号	宛先ポート番号
PC	Webサーバ	1024以上	80
Webサーバ	PC	80	1024以上

エ

送信元	宛先	送信元ポート番号	宛先ポート番号
PC	Webサーバ	1024以上	80
Webサーバ	PC	1024以上	80

（平成29年春 基本情報技術者試験 午前 問42）

解説

社内ネットワーク上のPCからインターネット上のWebサーバ（ポート番号80）にアクセスするとき，送信元のPCでは，送信元のポート番号はOSが適当に割り振り，1024以上の番号になります。Webサーバでは，アクセスを受けるためにポート番号80番で待ち受けているので，宛先ポート番号は80番になります。そのため，パケットフィルタリング型ファイアウォールでは，PCからWebサーバへの，送信元ポート番号が1024以上，宛先ポート番号が80のパケットを通過させます。

レスポンス(戻り)でのWebサーバからPCへのパケットは，送信元と宛先のIPアドレスとポート番号が全部入れ替わります。そのため，WebサーバからPCへの，送信元ポート番号が80，宛先ポート番号が1024以上のパケットを通過させます。

したがって，組み合わせの正しい**ウ**が正解です。

≪解答≫ウ

②IDS ／ IPS

IDS（侵入検知システム：Intrusion Detection System）は，ネットワークやホストをリアルタイムで監視して侵入や攻撃を検知し，管理者に通知するシステムです。ネットワークに接続されてネットワーク全般を管理する**NIDS**（ネットワーク型IDS）と，ホストにインストールされ特定のホストを監視する**HIDS**（ホスト型IDS）があります。また，IDSは侵入を検知するだけで防御はできないので，防御も行えるシステムとして，**IPS**（侵入防御システム：Intrusion Prevention System）も用意されています。

発展

ファイアウォールとIDSの違いは，ファイアウォールでは，IPヘッダやTCPヘッダなどの限られた情報しかチェックできないのに対して，IDSでは検知する内容を自由に設定できることです。不正なアクセスのパターンを集めた**シグネチャ**を登録しておき，それと照合することで不正アクセスを検出できます。また，正常パターンを登録しておき，それ以外を異常と見なす**アノマリ検出**も可能です。

③WAF

Webアプリケーションで発生する脆弱性を防ぐ対策として，**WAF**（Web Application Firewall）があります。WAFは，アプリケーションゲートウェイ型のファイアウォールの一種で，**HTTP**に特化して，詳細なチェックを行います。WAFには，脆弱性を取り除ききれなかったWebアプリケーションに対する攻撃を防御する効果があります。

WAFでは，HTTPのヘッダをチェックするために，暗号化してあるパケットを元に戻す必要があります。HTTPS（HTTP over TLS/SSL）での通信では，SSL/TLSで暗号化されているので，**SSLアクセラレータ**などの機器を使用して，あらかじめ暗号化されたパケットを復号しておく必要があります。

それでは，次の問題を考えてみましょう。

問題

図のような構成と通信サービスのシステムにおいて，Webアプリケーションの脆(ぜい)弱性対策のためのWAFの設置場所として，最も適切な箇所はどこか。ここで，WAFには通信を暗号化したり，復号したりする機能はないものとする。

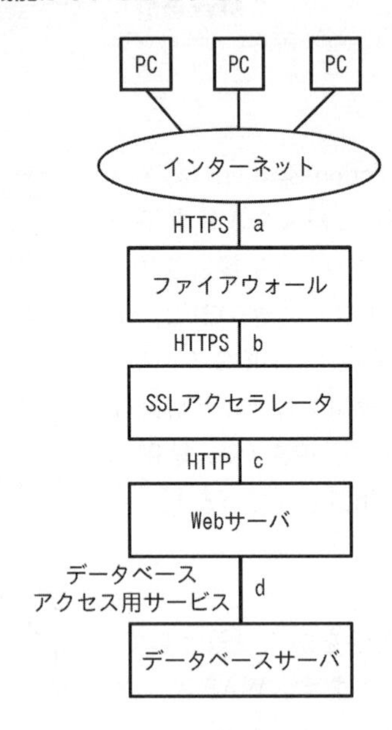

ア a　　イ b　　ウ c　　エ d

（令和５年度 基本情報技術者試験 公開問題 科目A 問10）

解説

WAF（Web Application Firewall）では，Webアプリケーションで使用するプロトコルであるHTTPについて，脆弱性を検査します。このとき，HTTPS（HTTP over TLS/SSL）では，通信がTLS/SSLで暗号化されており，内容を確認することができません。そのため，SSLアクセラレータで復号して，HTTPとなった後で確認することが適切です。したがって，WAFの設置場所としては，cが最適となり，**ウ**が正解です。

関連

TLS/SSLの技術については，「3-5-5　セキュリティ実装技術」で説明します。SSLアクセラレータは，SSLでの暗号化や復号を行う専門の装置です。

≪解答≫ウ

④SIEM

複数のサーバやネットワーク機器のログを収集分析して一元管理し，不審なアクセスを検知する仕組みとして，**SIEM**（Security Information and Event Management）があります。様々な機器から集められたログを総合的に分析し，管理者による分析と対応を支援します。

⑤MDM

MDM（Mobile Device Management：モバイル端末管理）とは，組織内の端末を全体的に一元管理することです。会社貸与，個人所有のどちらでも，MDMを適切に行うことが重要となります。

MDMツールには，端末の紛失・盗難時にスマートデバイスをロックする**リモートロック機能**や，出荷時の状態に戻す**リモートワイプ機能**などがあります。

過去問題をチェック

セキュリティ製品・サービスについて，基本情報技術者試験では次の出題があります。

【パケットフィルタリング型ファイアウォール】
・平成21年秋午前問44
・平成23年特別午前問44
・平成25年春午前問42
・平成25年秋午前問45
・平成27年秋午前問44
・平成29年春午前問42
・平成30年春午前問44

【WAF】
・平成22年春午前問44
・平成25年秋午前問41
・平成26年秋午前問41
・平成28年春午前問43
・平成28年秋午前問42
・令和5年度科目A問10

【IDS】
・平成30年秋午前問42

【SIEM】
・令和元年秋午前問43

物理的セキュリティ対策

物理的セキュリティ対策では，環境を物理的に変えることで，セキュリティを守ります。代表的な方法には，次のものがあります。

①クリアデスクとクリアスクリーン

ユーザーが使用するPCは，重要情報が詰まっているので，内容が漏えいすると危険です。離席時にはPCの画面を見えないようにする**クリアスクリーン**や，帰宅時に机の上のものをPCなども含めてすべてロッカーにしまって施錠する**クリアデスク**などの対策を行う必要があります。

過去問題をチェック

物理的セキュリティ対策について，基本情報技術者試験では次の出題があります。

【UPSの導入効果】
・サンプル問題セット科目A問33

【磁気ディスクの廃棄】
・平成25年春午前問41
・平成28年春午前問45

②入退室管理

扱う情報のレベルに応じて，情報セキュリティ区域（安全区域）など，情報を守るための区域を特定します。その区域には認可された人だけが入室できるようなルールを設定し，そのための入退室管理を行います。

入退室管理では，ICカードなどを用いて入退室を管理・記録します。ICカードによる入退室では，機械的にログを取得し，入退室管理を行えます。しかし，直前に入退室する人の後ろについて認証をすり抜ける**ピギーバック**（共連れ）が行われると，ログに残らなくなるため，ルールで禁止し教育する方法や対応する入室のない退室を検出してエラーとするなどの対策が必要です。アンチパスバックとは，入室時の認証に用いられなかったIDカードでの退室を許可しない，または退室時の認証に用いられなかったIDカードでの再入室を許可しない方法です。

③施設管理

電源・空調設備などの施設の管理を行います。停電時に数分間電力を供給し，システムを安定して停止させることができる**UPS**（Uninterruptible Power Supply：無停電電源装置）や，停電時に自力で電力を供給できるようにする**自家発電装置**などを利用した電源管理を行います。

④廃棄

PCやハードディスクなどを廃棄する場合には，その廃棄する機器から情報漏えいなどが起こらないようにすることが大切です。そのため，廃棄するハードディスクなどのメディアは**物理的に破壊**する，**意味のないデータを上書き**して元のデータを消すなどの対策が有効です。

▶▶▶覚えよう！

- □ 最小権限の原則で，必要なもの以外は許可しない
- □ WAFは，HTTPに特化したアプリケーション型ファイアウォール

3-5-5 セキュリティ実装技術

セキュリティ実装技術には，セキュアプロトコル，認証プロトコル，ネットワークセキュリティ，アプリケーションセキュリティなど，様々なものがあります。

セキュアプロトコル

セキュアプロトコルは，通信データの盗聴や不正接続を防ぐためのプロトコルです。代表的なものは，次のとおりです。

①SSL/TLS

SSL（Secure Sockets Layer）は，セキュリティを要求される通信のためのプロトコルです。SSL3.0を基に，**TLS**（Transport Layer Security）1.0が考案されました。現在の最新バージョンは，TLS1.3です。

提供する機能は，**認証**，**暗号化**，**改ざん検出**の3つです。最初に，通信相手を確認するために認証を行います。このとき，サーバが**サーバ証明書**をクライアントに送り，クライアントがその正当性を確認します。クライアントがクライアント証明書を送ってサーバが確認することもあります。

さらに，サーバ証明書の公開鍵を用いて，クライアントはデータの暗号化に使う共通鍵の種を，サーバの公開鍵で暗号化して送ります。その種を基にクライアントとサーバで共通鍵を生成し，その共通鍵を用いて暗号化通信を行います。また，データレコードにハッシュ値を付加して送り，データの改ざんを検出します。

発展

SSLが発展してTLSになっており，正確なバージョンとしては，SSL1.0，SSL2.0，SSL3.0，TLS1.0，TLS1.1，TLS1.2，TLS1.3というかたちで順に進化しています。現在のブラウザなどではTLSが使われていることが多いのですが，SSLという名称が広く普及したので，あまり区別せず，TLSをSSLと呼ぶこともあります。

関連

SSL/TLSは様々なアプリケーションプロトコルと組み合わせて使用します。最も代表的なものが，HTTPと組み合わせるHTTPS（HTTP over SSL/TLS）です。

②IPsec（Security Architecture for Internet Protocol）

IPパケット単位でのデータの改ざん防止や秘匿機能を提供するプロトコルです。AH（Authentication Header）では完全性確保と認証を，ESP（Encapsulated Security Payload）ではAHの機能に加えて暗号化をサポートします。また，IKE（Internet Key Exchange）により，共通鍵の鍵交換を行います。

③S/MIME（Secure MIME）

MIME形式の電子メールを暗号化し，デジタル署名を行う標準規格です。認証局（CA）で正当性が確認できた公開鍵を用います。まず共通鍵を生成し，その共通鍵でメール本文を暗号化します。そして，その共通鍵を受信者の公開鍵で暗号化し，メールに添付します。このような暗号化方式のことをハイブリッド暗号といいます。組み合わせることで，共通鍵で高速に暗号化でき，公開鍵で安全に鍵を配送できるようになります。また，デジタル署名を添付することで，データの真正性と完全性も確認できます。

関連

MIME（Multipurpose Internet Mail Extension）については，「3-4-5　ネットワーク応用」で取り扱っています。

④PGP（Pretty Good Privacy）

S/MIMEと同様の，電子メールの暗号方式です。違いは，認証局を利用するのではなく，「信頼の輪」の理念に基づき，自分の友人が信頼している人の公開鍵を信頼するという形式をとります。小規模なコミュニティ向きです。

⑤SSH（Secure Shell）

ネットワークを通じて別のコンピュータにログインしたり，ファイルを移動させたりするプロトコルです。公開鍵暗号方式によって共通鍵の交換を行うハイブリッド暗号を使用します。

⑥無線LAN暗号化

無線LANの暗号化の規格としては，WEP（Wired Equivalent Privacy）があります。しかし，アルゴリズムに脆弱性があるため，より強度な**WPA**（Wi-Fi Protected Access）が規定されています。

現在の最新バージョンは**WPA3**で，WPA2かWPA3の使用が推奨されます。

それでは，次の問題を考えてみましょう。

問題

WPA3はどれか。

ア　HTTP通信の暗号化規格
イ　TCP/IP通信の暗号化規格
ウ　Webサーバで使用するディジタル証明書の規格
エ　無線LANのセキュリティ規格

（令和元年秋 基本情報技術者試験 午前 問37）

過去問題をチェック

セキュアプロトコルについて，基本情報技術者試験では次の出題があります。

【HTTPS（SSL/TLS）】
・平成25年春午前問44
・平成26年秋午前問43

【IPsec】
・平成21年秋午前問41
・平成31年春午前問43

【S/MIME】
・平成25年春午前問43

【WPA3】
・令和元年秋午前問37

解説

WPA3（Wi-Fi Protected Access 3）は，無線LAN製品の普及を図る業界団体であるWi-Fi AllianceがWEPの脆弱性対策として策定したセキュリティ規格です。無線LAN通信を暗号化することができ，システム運用中に動的に鍵を変更できます。したがって，エが正解です。

ア HTTPS (HTTP over TLS) などが当てはまります。

イ IPsec (Security Architecture for Internet Protocol) などが当てはまります。

ウ デジタル証明書の規格はX.509です。

《解答》エ

認証プロトコル

ユーザや機器を認証するためのプロトコルが，認証プロトコルです。代表的なものは，次のとおりです。

①SPF（Sender Policy Framework）

電子メールの認証技術の1つで，差出人のIPアドレスなどを基にメールのドメインの正当性を検証します。DNSサーバにSPFレコードとしてメールサーバのIPアドレスを登録しておき，送られたメールと比較します。

②DKIM（Domain Keys Identified Mail）

電子メールの認証技術の1つで，デジタル署名を用いて送信者の正当性を立証します。署名に使う公開鍵をDNSサーバに公開しておくことで，受信者は正当性を確認できます。

③SMTP-AUTH（SMTP Authentication：SMTP認証）

送信メールサーバで，ユーザ名とパスワードなどを用いてユーザを認証する方法です。通常のSMTPのポート番号ではなく，サブミッションポートと呼ばれる特別なポートを利用する場合が多いです。

④OP25B（Outbound Port 25Blocking）

迷惑メールの送信に自社のネットワークを使われないようにするための対策です。外部のメールサーバと直接，25番ポートでSMTP通信を行うことを禁止します。

⑤OAuth

あらかじめ信頼関係を構築したサービス間で，ユーザの合意のもと，セキュリティを確保した上でユーザの権限を受け渡しする手法です。現在のバージョンはOAuth2.0で，Webアプリだけでなく，モバイルアプリなど様々な用途で利用可能です。

⑥DNSSEC（DNS Security Extensions）

DNSの応答の正当性を保証するための仕様です。DNSのドメイン登録情報にデジタル署名を付加することで，正当な応答レコードであることと，内容が改ざんされていないことを保証します。

⑦EAP（Extensible Authentication Protocol：拡張認証プロトコル）

PPPを拡張した認証プロトコルです。LANの認証で使用されるIEEE 802.1Xの認証にはEAPが用いられます。EAPでは拡張認証に様々な方式を利用でき，認証方式によって，クライアント認証，サーバ認証のそれぞれの認証方式を決定します。

それでは，次の問題を考えてみましょう。

過去問題をチェック

認証プロトコルについて，基本情報技術者試験では次の出題があります。

【SPF】
・平成30年春午前問40

【SMTP-AUTH】
・平成29年春午前問44
・令和元年秋午前問44
・サンプル問題セット科目A問37

問題

電子メールをドメインAの送信者がドメインBの宛先に送信するとき，送信者をドメインAのメールサーバで認証するためのものはどれか。

ア　APOP　　　イ　POP3S
ウ　S/MIME　　エ　SMTP-AUTH

（基本情報技術者試験（科目A試験）サンプル問題セット 問37）

解説

電子メールを送信するとき，ドメインAの送信者は，まずドメインAのメールサーバにSMTP（Simple Mail Transfer Protocol）を用いてメールを送信します。このとき，ドメインAのメールサーバがSMTPで行う認証のことを，SMTP-AUTH（SMTP Authentication：SMTP認証）といいます。したがって，**エ**が正解です。

ア 電子メールを受信するときに使用するPOP（Post Office Protocol）で認証する仕組みが，APOP（Authenticated POP）です。サーバから送られてきた文字列（チャレンジコード）とパスワードを合わせたものに，ハッシュ関数MD5（Message Digest algorithm 5）を用いてハッシュ化した値（レスポンスコード）を求めます。レスポンスコードをサーバに返答し，メールサーバが確認することで認証が完了します。MD5に脆弱性が見つかっているため，現在では推奨されない認証方式です。

イ POP3（POP version 3）は，電子メールを受信するプロトコルのバージョン3で，パスワードは平文で送信されます。POP3S（POP3 over SSL/TLS）は，POP3の通信を，SSL/TLSを用いて暗号化したもので，安全にパスワードや通信内容を受信できます。

ウ S/MIME（Secure/Multipurpose Internet Mail Extensions）は，公開鍵暗号方式を用いて，電子メールの暗号化や，デジタル署名を行う規格です。

≪解答≫エ

■ネットワークセキュリティ

過去問題をチェック

ネットワークセキュリティについて，基本情報技術者試験では次の出題があります。

【プロキシサーバ】
・令和元年秋午前問34
【ハニーポット】
・平成31年春午前問44

ネットワークセキュリティでは，ファイアウォールやIDSなどの機器を使って，ネットワーク全体を監視します。機器を組み合わせ，全体的に守ることが大切です。ネットワークセキュリティで使用される機器には，次のものがあります。

①プロキシサーバ

プロキシサーバとは，クライアント（PCなど）の代わりにサーバに情報を中継するサーバです。複数のPCなどからWebサーバなどへのアクセス要求を受け取り，それを中継してWebサーバなどに送ります。

②リバースプロキシ

プロキシサーバとは逆に，Webサーバなどの代わりのサーバ(リバースプロキシサーバ)が，クライアント(PCなど)からサーバへのアクセス要求を代理で集中して受け付け，サーバに中継することを**リバースプロキシ**といいます。

③ハニーポット

ハニーポットは一種のおとり戦法で，不正アクセスを受けるために存在するシステムです。何か有益そうな場所を用意しておき，それにつられてやってきた者を観察し，不正アクセスのやり方を学習します。マルウェアなどを入手したり，不正アクセスの動向を調査したりするのに利用します。

■アプリケーションセキュリティ

アプリケーションセキュリティは，アプリケーションに対する攻撃の種類に応じて個別に行う必要があります。そのために，主な攻撃とその対策を押さえておくことが重要です。

また，アプリケーションセキュリティでは，次のような考え方が大切になってきます。

過去問題をチェック
アプリケーションセキュリティについて，基本情報技術者試験では次の出題があります。
【セキュリティバイデザイン】
・平成30年春午前問42

①セキュリティバイデザイン

セキュリティバイデザインとは，情報セキュリティを企画・設計段階から確保するための方策です。NISC(内閣サイバーセキュリティセンター)が推奨しています。実装や運用に入る前の，企画・要件定義や設計の段階から情報セキュリティを意識し，セキュリティ設計を行います。アプリケーションだけでなく，IoT機器でも，セキュリティバイデザインを意識することが大切です。

②プライバシーバイデザイン

プライバシーバイデザインとは，プライバシーについて，システムを使用する段階からではなく，そのシステムの企画・設計段階から考慮する方策です。個人情報保護法やマイナンバー法などを順守するためにも，企業のプロセス全体を見直し，プライバシーを考慮した設計にする必要があります。

③セキュアプログラミング

アプリケーションに対しては，システム開発時に脆弱性を作り込まないようにする**セキュアプログラミング**が重要になります。クロスサイトスクリプティングやSQLインジェクションなど，多くのセキュリティ攻撃は，セキュアプログラミングをしっかりと行うことで避けられます。例えば，以下のようなことに気をつけてプログラムを組むことが必要です。

- 入力値の内容チェックを行い，必要なら**エスケープ処理**を行う
- SQL文の組み立ては，すべて**バインド機構**を利用する
- エラーをそのままブラウザに表示しない

関連
エスケープ処理やバインド機構については，「3-5-1 情報セキュリティ」のクロスサイトスクリプティングやSQLインジェクションの説明で取り扱っています。

覚えよう！

- □ TLS（HTTPS）で暗号化，認証，改ざん検知を実現
- □ SMTP-AUTHで送信者を，SPFやDKIMで送信メールサーバを認証

3-6 演習問題

問1 適切なコード体系 CHECK ▶ □□□

コードから商品の内容が容易に分かるようにしたいとき，どのコード体系を選択するのが適切か。

ア 区分コード　イ 桁別コード　ウ 表意コード　エ 連番コード

問2 AR（Augmented Reality） CHECK ▶ □□□

AR（Augmented Reality）の説明として，最も適切なものはどれか。

ア 過去に録画された映像を視聴することによって，その時代のその場所にいたかのような感覚が得られる。
イ 実際に目の前にある現実の映像の一部にコンピュータを使って仮想の情報を付加することによって，拡張された現実の環境が体感できる。
ウ 人にとって自然な3次元の仮想空間を構成し，自分の動作に合わせて仮想空間も変化することによって，その場所にいるかのような感覚が得られる。
エ ヘッドマウントディスプレイなどの機器を利用し人の五感に働きかけることによって，実際には存在しない場所や世界を，あたかも現実のように体感できる。

問3 データモデルの多重度 CHECK ▶ □□□

UMLを用いて表した図のデータモデルのa，bに入れる多重度はどれか。

〔条件〕

(1) 部門には1人以上の社員が所属する。

(2) 社員はいずれか一つの部門に所属する。

(3) 社員が部門に所属した履歴を所属履歴として記録する。

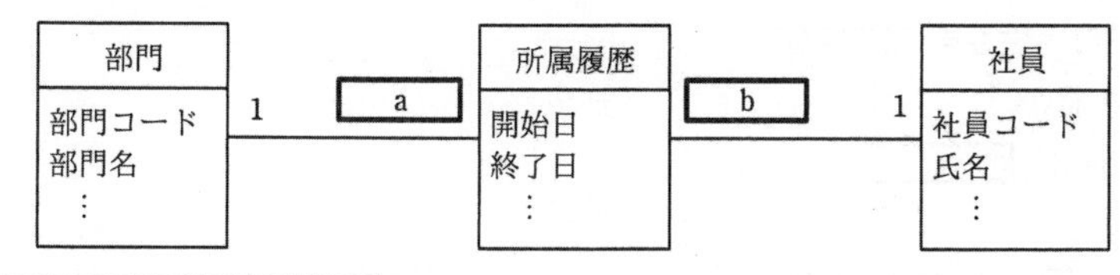

	a	b
ア	0..*	0..*
イ	0..*	1..*
ウ	1..*	0..*
エ	1..*	1..*

問4 平均点を算出するSQL文 CHECK ▶ □□□

"得点"表から，学生ごとに全科目の点数の平均を算出し，平均が80点以上の学生の学生番号とその平均点を求める。aに入れる適切な字句はどれか。ここで，実線の下線は主キーを表す。

得点(学生番号，科目，点数)

〔SQL文〕

```
SELECT 学生番号, AVG(点数)
FROM 得点
GROUP BY [ a ]
```

ア 科目 HAVING AVG(点数) >= 80
イ 科目 WHERE 点数 >= 80
ウ 学生番号 HAVING AVG(点数) >= 80
エ 学生番号 WHERE 点数 >= 80

問5 ロックの粒度 CHECK ▶ □□□

ロックの粒度に関する説明のうち，適切なものはどれか。

ア データを更新するときに，粒度を大きくすると，他のトランザクションの待ちが多くなり，全体のスループットが低下する。
イ 同一のデータを更新するトランザクション数が多いときに，粒度を大きくすると，同時実行できるトランザクション数が増える。
ウ 表の全データを参照するときに，粒度を大きくすると，他のトランザクションのデータ参照を妨げないようにできる。
エ 粒度を大きくすると，含まれるデータ数が多くなるので，一つのトランザクションでかけるロックの個数が多くなる。

問6 キーバリューストア CHECK ▶ □□□

ビッグデータの処理で使われるキーバリューストアの説明として，適切なものはどれか。

ア “ノード”，“リレーションシップ”，“プロパティ”の3要素によってノード間の関係性を表現する。
イ 1件分のデータを“ドキュメント”と呼び，個々のドキュメントのデータ構造は自由であって，データを追加する都度変えることができる。
ウ 集合論に基づいて，行と列から成る2次元の表で表現する。
エ 任意の保存したいデータと，そのデータを一意に識別できる値を組みとして保存する。

問7 回線利用率 CHECK ▶ □□□

10Mビット／秒の回線で接続された端末間で，平均1Mバイトのファイルを，10秒ごとに転送するときの回線利用率は何％か。ここで，ファイル転送時には，転送量の20％が制御情報として付加されるものとし，1Mビット＝10^6ビットとする。

ア 1.2　　イ 6.4　　ウ 8.0　　エ 9.6

問8 レイヤ3スイッチだけがもつ機能 CHECK ▶ □□□

メディアコンバータ，リピータハブ，レイヤ2スイッチ，レイヤ3スイッチのうち，レイヤ3スイッチだけがもつ機能はどれか。

ア データリンク層において，宛先アドレスに従って適切なLANポートにパケットを中継する機能
イ ネットワーク層において，宛先アドレスに従って適切なLANポートにパケットを中継する機能
ウ 物理層において，異なる伝送媒体を接続し，信号を相互に変換する機能
エ 物理層において，入力信号を全てのLANポートに対して中継する機能

問9 トランスポート層のプロトコル CHECK ▶ □□□

トランスポート層のプロトコルであり，信頼性よりもリアルタイム性が重視される場合に用いられるものはどれか。

ア HTTP　　イ IP　　ウ TCP　　エ UDP

問10 OpenFlowを使ったSDN CHECK ▶ □□□

OpenFlowを使ったSDN（Software-Defined Networking）の説明として，適切なものはどれか。

ア RFIDを用いるIoT（Internet of Things）技術の一つであり，物流ネットワークを最適化するためのソフトウェアアーキテクチャ
イ 様々なコンテンツをインターネット経由で効率よく配信するために開発された，ネットワーク上のサーバの最適配置手法
ウ データ転送と経路制御の機能を論理的に分離し，データ転送に特化したネットワーク機器とソフトウェアによる経路制御の組合せで実現するネットワーク技術
エ データフロー図やアクティビティ図などを活用し，業務プロセスの問題点を発見して改善を行うための，業務分析と可視化ソフトウェアの技術

問11 携帯電話網で使用される通信規格 CHECK ▶ □□□

携帯電話網で使用される通信規格の名称であり，次の三つの特徴をもつものはどれか。

(1) 全ての通信をパケット交換方式で処理する。
(2) 複数のアンテナを使用するMIMOと呼ばれる通信方式が利用可能である。
(3) 国際標準化プロジェクト3GPP（3rd Generation Partnership Project）で標準化されている。

ア LTE（Long Term Evolution）
イ MAC（Media Access Control）
ウ MDM（Mobile Device Management）
エ VoIP（Voice over Internet Protocol）

問12 人間から不正に情報を入手する行為 CHECK ▶ □□□

緊急事態を装って組織内部の人間からパスワードや機密情報を入手する不正な行為は，どれに分類されるか。

ア ソーシャルエンジニアリング　イ トロイの木馬
ウ 踏み台攻撃　エ ブルートフォース攻撃

問13 デジタル署名の検証鍵と使用方法 CHECK ▶ □□□

メッセージにRSA方式のディジタル署名を付与して2者間で送受信する。そのときのディジタル署名の検証鍵と使用方法はどれか。

ア 受信者の公開鍵であり，送信者がメッセージダイジェストからディジタル署名を作成する際に使用する。
イ 受信者の秘密鍵であり，受信者がディジタル署名からメッセージダイジェストを算出する際に使用する。
ウ 送信者の公開鍵であり，受信者がディジタル署名からメッセージダイジェストを算出する際に使用する。
エ 送信者の秘密鍵であり，送信者がメッセージダイジェストからディジタル署名を作成する際に使用する。

問14 生体認証システムで考慮すべき点 CHECK ▶ □□□

生体認証システムを導入するときに考慮すべき点として，最も適切なものはどれか。

ア 本人のディジタル証明書を，信頼できる第三者機関に発行してもらう。
イ 本人を誤って拒否する確率と他人を誤って許可する確率の双方を勘案して装置を調整する。
ウ マルウェア定義ファイルの更新が頻繁な製品を利用することによって，本人を誤って拒否する確率の低下を防ぐ。
エ 容易に推測できないような知識量と本人が覚えられる知識量とのバランスが，認証に必要な知識量の設定として重要となる。

問15 リスクファイナンシング CHECK ▶ □□□

リスク対応のうち，リスクファイナンシングに該当するものはどれか。

ア システムが被害を受けるリスクを想定して，保険を掛ける。
イ システムの被害につながるリスクの顕在化を抑える対策に資金を投入する。
ウ リスクが大きいと評価されたシステムを廃止し，新たなセキュアなシステムの構築に資金を投入する。
エ リスクが顕在化した場合のシステムの被害を小さくする設備に資金を投入する。

問16 ファイアウォールで通過を許可するTCPパケットのポート番号の組合せ CHECK ▶ □□□

社内ネットワークとインターネットの接続点に，ステートフルインスペクション機能をもたない，静的なパケットフィルタリング型のファイアウォールを設置している。このネットワーク構成において，社内のPCからインターネット上のSMTPサーバに電子メールを送信できるようにするとき，ファイアウォールで通過を許可するTCPパケットのポート番号の組合せはどれか。ここで，SMTP通信には，デフォルトのポート番号を使うものとする。

	送信元	宛先	送信元ポート番号	宛先ポート番号
ア	PC	SMTPサーバ	25	1024以上
	SMTPサーバ	PC	1024以上	25
イ	PC	SMTPサーバ	110	1024以上
	SMTPサーバ	PC	1024以上	110
ウ	PC	SMTPサーバ	1024以上	25
	SMTPサーバ	PC	25	1024以上
エ	PC	SMTPサーバ	1024以上	110
	SMTPサーバ	PC	110	1024以上

問17 UPSで期待できるセキュリティ効果 CHECK ▶ □□□

UPSの導入によって期待できる情報セキュリティ対策としての効果はどれか。

ア　PCが電力線通信(PLC)からマルウェアに感染することを防ぐ。
イ　サーバと端末間の通信における情報漏えいを防ぐ。
ウ　電源の瞬断に起因するデータの破損を防ぐ。
エ　電子メールの内容が改ざんされることを防ぐ。

問18 SQLインジェクション対策 CHECK ▶ □□□

SQLインジェクション攻撃による被害を防ぐ方法はどれか。

ア　入力された文字が，データベースへの問合せや操作において，特別な意味をもつ文字として解釈されないようにする。
イ　入力にHTMLタグが含まれていたら，HTMLタグとして解釈されない他の文字列に置き換える。
ウ　入力に上位ディレクトリを指定する文字(../)が含まれているときは受け付けない。
エ　入力の全体の長さが制限を超えているときは受け付けない。

演習問題の解答

問1 (令和元年秋 基本情報技術者試験 午前 問23)
《解答》ウ

コードから商品の内容が容易に分かるようにしたいときには，意味を連想できるようなコードである表意コード（ニモニックコード）が適切です。したがって，**ウ**が正解となります。
ア　グループごとにコードの範囲を決め，値を割り当てるコード体系です。
イ　桁ごとに意味をもたせるコードです。
エ　連続した番号を順番に付与するコードです。

問2 (平成30年春 基本情報技術者試験 午前 問26)
《解答》イ

AR（Augmented Reality：拡張現実）とは，人間が知覚する現実の環境をコンピュータにより拡張する技術です。実際に目の前にある現実の映像の一部に仮想の情報を付加することによって，拡張された現実の環境が体感できます。したがって，**イ**が正解です。
ア　映像を視聴することによる没入感などの説明です。
ウ，エ　VR（Virtual Reality：仮想現実）の説明です。

問3 (平成30年秋 基本情報技術者試験 午前 問26)
《解答》エ

UMLを用いて表した図のデータモデルについて，空欄a，bそれぞれの多重度を考えます。

【空欄a】
“部門”に対する“所属履歴”の多重度を考えます。〔条件〕(1)に，「部門には1人以上の社員が所属する」とあるので，部門には必ず所属履歴が1以上必要です。したがって，空欄aは1..*になります。

【空欄b】
“社員”に対する“所属履歴”の多重度を考えます。〔条件〕(2)に，「社員はいずれか1つの部門に所属する」とあるので，所属は必ず1つです。所属履歴については，(3)に，「社員が部門に所属した履歴を所属履歴として記録する」となるので，複数となる場合があります。したがって，空欄bは1..*になります。

したがって，組み合わせが正しい**エ**が正解です。

問4 （令和元年秋 基本情報技術者試験 午前 問26）

《解答》ウ

問題文の内容と“得点”表から,〔SQL文〕の空欄aに当てはまるSQL文について考えます。

「“得点”表から，学生ごとに全科目の点数の平均を算出」とあるので，学生ごとに集計を行います。表の列から，学生番号を使用して，「GROUP BY 学生番号」とすると学生ごとのグループに分けることができます。

「平均が80点以上の学生」は，グループ化して集計した後の値を利用して条件判定します。こういった場合はHAVING句を使用し，「HAVING AVG(点数)>=80」とすることで，平均が80点以上の学生のみ表示させることができます。ここで，AVGは平均を求めるSQLの集計関数，「>=」は以上(≧)を表すSQL句です。

合わせると，空欄aは，GROUP BYの後で，「学生番号 HAVING AVG(点数) >= 80」とすると適切です。したがって，**ウ**が正解となります。

問5 （平成30年秋 基本情報技術者試験 午前 問29）

《解答》ア

ロックの粒度とは，ロックをかける範囲の広さのことです。データを更新するときに，ロックをかける範囲を広げると，他のトランザクションが使用するデータと重なる可能性が高くなります。そのため，待ちが多くなり，全体のスループットが低下することになります。したがって，**ア**が正解です。

イ　同一のデータを更新する場合は，ロックの粒度は関係ありません。

ウ　表を参照するときには，共有ロックをかけることで，他のトランザクションの同じ表へのデータ参照を妨げずにすみます。

エ　粒度を大きくし，行のロックを表のロックにすると，複数の行へのロックが一度にかけられます。そのため，1つのトランザクションでかけるロックの個数は少なくなります。

問6 （平成31年春 基本情報技術者試験 午前 問30）

《解答》エ

ビッグデータの処理で使われるキーバリューストアとは，データをキーと値という単位で格納する，NoSQLデータベースの一種です。任意の保存したいデータと，そのデータを一意に識別できる値(キー)を組みとして保存します。したがって，**エ**が正解です。

ア　グラフ型データベースの説明です。
イ　ドキュメント型データベースの説明です。
ウ　関係データベースの説明です。

問7　（令和元年秋 基本情報技術者試験 午前 問30）
《解答》エ

平均1Mバイトのファイルを，転送量の20%の制御情報を付加して送ると，データ量は1＋0.2=1.2倍になります。そのため，10Mビット／秒の回線で接続された端末間で，10秒ごとに転送するときの回線利用率は次の式で計算できます。

$$回線利用率=\frac{1\times10^6[バイト]\times1.2\times8[ビット／バイト]}{10\times10^6[ビット／秒]\times10[秒]}=9.6[\%]$$

したがって，**エ**が正解です。

問8　（令和元年秋 基本情報技術者試験 午前 問32）
《解答》イ

レイヤ3スイッチは，レイヤ3（ネットワーク層）以下で中継が可能なスイッチです。他のメディアコンバータ，リピータハブは物理層，レイヤ2スイッチはデータリンク層までの中継装置です。レイヤ3スイッチでは，ネットワーク層において，宛先IPアドレスに従って適切なLANポートにパケットを中継する機能を持っています。したがって，**イ**が正解です。
ア　レイヤ2スイッチがもつ機能です。レイヤ3スイッチでも可能です。
ウ　メディアコンバータがもつ機能です。
エ　リピータハブがもつ機能です。

問9　（基本情報技術者試験（科目A試験）サンプル問題セット 問28）
《解答》エ

トランスポート層のプロトコルの代表的なものには，TCP（Transmission Control Protocol）とUDP（User Datagram Protocol）の2種類があります。このうち，信頼性よりもリアルタイム性が重視される場合に用いられるものはUDPになります。したがって，**エ**が正解です。
ア　HTTP（HyperText Transfer Protocol）は，アプリケーション層のプロトコルで，Webブラウザとwebサーバとの間で，コンテンツの送受信を行います。

イ IP（Internet Protocol）は，インターネット層のプロトコルで，IPアドレスによって，インターネット通信を行います。

ウ TCPはトランスポート層のプロトコルで，信頼性を重視する場合に用いられます。

問10 （平成31年春 基本情報技術者試験 午前 問35）

《解答》ウ

SDN（Software-Defined Networking）とは，ネットワークの構成や機能，性能などをソフトウェアだけで動的に設定できるネットワークです。SDNで利用する代表的なネットワーク技術に，OpenFlowがあります。OpenFlowでは，データ転送に特化したデータプレーンと，ソフトウェアによる経路制御を行うコントロールプレーンを論理的に分離します。したがって，**ウ**が正解です。

ア EPC（Electronic Product Code）globalアーキテクチャなどが該当します。

イ CDN（Contents Delivery Network）の説明です。

エ DFD（Data Flow Diagram）やUML（Unified Modeling Language）などを利用した業務可視化に関する内容です。

問11 （平成30年秋 基本情報技術者試験 午前 問35）

《解答》ア

携帯電話網で使用される通信規格のうち，MIMO（Multiple Input Multiple Output）が利用可能なものに，LTE（Long Term Evolution）があります。LTEは3GPPで標準化されており，すべての通信をパケット交換方式で処理します。したがって，**ア**が正解です。

イ MAC（Media Access Control：媒体アクセス制御）は，データリンク層で行われる，イーサネットなどでのヘッダ制御です。

ウ MDM（Mobile Device Management：モバイル端末管理）は，企業でモバイル端末を管理する仕組みです。

エ VoIP（Voice over Internet Protocol）は，IP電話などで利用する，音声を符号化してパケットに変換し，IPネットワーク上でリアルタイム伝送を行う技術です。

問12 （基本情報技術者試験（科目A試験）サンプル問題セット 問30）

《解答》ア

緊急事態を装って組織内部の人間からパスワードや機密情報を入手するような，技術的ではなく社会的な手法を使った行為を，ソーシャルエンジニアリングといいます。したがって，**ア**が正解です。

イ　トロイの木馬は，ダウンロードされると不正な動作を開始するプログラムです。

ウ　踏み台攻撃は，第三者のサーバを踏み台にして，攻撃を仕掛ける手法です。

エ　ブルートフォース攻撃は，正解のパスワードを力任せで見つけるために，繰返し適当な文字列を作成して，攻撃を繰り返す方法です。

問13

(令和元年秋 基本情報技術者試験 午前 問38)

《解答》ウ

メッセージに公開鍵暗号方式であるRSA方式のデジタル署名を付与するときには，まずメッセージからハッシュ関数を使用してメッセージダイジェストを求めます。メッセージダイジェストに，送信者の秘密鍵で署名を行ったものが，デジタル署名です。

受けとったデジタル署名を検証するのが検証鍵です。送信者の秘密鍵の鍵ペアとなる送信者の公開鍵を使用し，受信者がデジタル署名からメッセージダイジェストを算出します。したがって，**ウ**が正解です。

ア，エ　メッセージダイジェストからデジタル署名を作成する際に使用するのは送信者の秘密鍵です。

イ　デジタル署名からメッセージダイジェストを算出するには，送信者の公開鍵を使用します。

問14

(平成30年春 基本情報技術者試験 午前 問45)

《解答》イ

生体認証システムとは，指紋，静脈などの身体的な特徴による認証を行うシステムです。生体認証システムでは，100%完全な認証が難しく，判定のしきい値を適切に調整する必要があります。そのとき，本人を誤って拒否する確率（本人拒否率）と他人を誤って許可する確率（他人受入率）は一方を減らすともう一方が増えるという関係なので，双方を勘案して装置を調整する必要があります。したがって，**イ**が正解です。

ア　PKI（Public Key Infrastructure：公開鍵基盤）での考慮すべき点です。

ウ　マルウェア定義ファイルの頻繁な更新では，最新のマルウェアの検知ができるようになります。そのため，マルウェアの検知率の向上につながります。

エ　パスワードなどの知識による認証システムを導入するときの考慮すべき点です。

問15 (平成31年春 基本情報技術者試験 午前 問40)

《解答》ア

リスク対応の方法は，大きく分けてリスクコントロールとリスクファイナンシングがあります。リスクコントロールは，技術的な対策など，なんらかの行動によって対応することですが，リスクファイナンシングは資金面で対応することです。

システムが被害を受けるリスクを想定して，保険を掛けることは，資金面の対応なので，リスクファイナンシングに該当します。したがって，**ア**が正解です。

イ，ウ，エ　リスクコントロールに該当します。

問16 (平成30年春 基本情報技術者試験 午前 問44)

《解答》ウ

ステートフルインスペクションとは，パケットの通信のステート(状態)を確認してパケットを制御することです。リクエスト(行き)のパケットを記憶しておき，レスポンス(戻り)のパケットは自動で通過させます。ステートフルインスペクション機能をもたない，静的なパケットフィルタリング型のファイアウォールでは，リクエストとレスポンスの両方のフィルタリング設定が必要です。

社内のPCからインターネット上のSMTP (Simple Mail Transfer Protocol) サーバに電子メールを送信できるようにするとき，PCの送信元ポート番号は，OSが適当に割り当てた1024以上のポート番号になります。宛先はSMTPサーバなので，SMTPに割り当てられたポート番号25を使用します。戻りのパケットでは，送信元と宛先が全部逆になります。したがって，**ウ**が正解です。

ア　送信元と宛先のポート番号が逆です。

イ，エ　ポート番号110は，メール受信プロトコルであるPOP3 (Post Office Protocol version 3) で使用されます。

問17 (基本情報技術者試験(科目A試験)サンプル問題セット 問33)

《解答》ウ

UPS (Uninterruptible Power Supply：無停電電源装置) とは，停電などによって電力会社からの電力の供給が断たれた場合にも電力を供給し続けるための電源装置です。UPSの導入によって，電源の瞬断に起因するデータの破損を防ぐことができるので，**ウ**が正解です。

ア　PLC (Power Line Communications) は，電力線を通信ケーブルとして利用する技術です。PLCそのものがマルウェアに感染することは考えづらいですが，PLC経由でPC

にマルウェアが送られてくることはあります。マルウェア感染を防ぐためには，PCにマルウェア対策ソフトなどを入れておく情報セキュリティ対策が有効です。

イ 情報漏えいを防ぐためには，サーバと端末間で通信の暗号化することが有効です。

エ 電子メールの改ざんは，ディジタル署名を付加して送信すること検知できます。

問18 （基本情報技術者試験（科目Ａ試験）サンプル問題セット 問36）

《解答》ア

SQLインジェクション攻撃とは，不正なSQLを投入することで，通常はアクセスできないデータにアクセスしたり更新したりする攻撃です。入力された文字が，SQL文で特別な意味をもつ文字として解釈されないようにするバインド機構を利用することで，攻撃を防ぐことが可能となります。したがって，**ア**が正解です。

イ エスケープ処理の説明で，クロスサイトスクリプティング攻撃を防ぐ方法です。

ウ ディレクトリトラバーサル攻撃を防ぐ方法です。

エ バッファオーバフロー攻撃を防ぐ方法です。

第4章

開発技術

システム開発やその管理の手法について学ぶ分野が「開発技術」です。「システム開発技術」と「ソフトウェア開発管理技術」の2つで構成されます。
システム開発技術では，システム開発のそれぞれの工程で実行されることについて学びます。ソフトウェア開発管理技術では，開発プロセスなどソフトウェア開発を管理するための技術について学びます。
開発技術は，用途や種類によって様々で，特徴に応じて使い分ける必要があります。大きくは従来からの構造化設計の手法と，オブジェクト指向の手法の2種類がありますが，用語だけでなく，それぞれの開発手法の考え方を理解しておくことが大切です。

4-1 システム開発技術

システム開発には様々な手法や技術があり，絶対的な正解はありません。しかし，人や会社が協力し合って開発するには，開発のやり方について，ある程度の標準化や共通の物差しが必要になってきます。それがソフトウェアライフサイクルプロセスです。

4-1-1 システム要件定義・ソフトウェア要件定義

システム要件定義プロセスでは，「システム」の要件定義を行います。ソフトウェア要件プロセスでは，システムの中の「ソフトウェア」についての要件定義を行います。

勉強のコツ

科目Aでは，主に用語について出題されます。ソフトウェアライフサイクルプロセスで定義されている用語を中心に押さえておきましょう。
科目Bのプログラミングでは，用語は必要ありませんが，開発の考え方を知っておくと役に立ちます。オブジェクト指向の考え方，テストやデバッグの手法などは，具体的なプログラムと合わせて押さえておきましょう。

システム開発全体の流れ

システム開発には，様々なプロセスや作業があります。ソフトウェアライフサイクルプロセス（**SLCP**：Software Life Cycle Process）は，ソフトウェアの開発プロジェクトにおいて，取得者（発注者）と供給者（受注者）の間で開発作業についての誤解が生じないように，ソフトウェア開発に関連する作業内容を詳細に規定したものです。**ISO/IEC 12207:2017**（JIS X 0160:2021）で定義されています。

ソフトウェアライフサイクルプロセスは，ソフトウェア開発及び取引の明確化のために，次の7つのプロセスグループに分けられています。

参考

旧バージョンのISO/IEC 12207:2008（JIS X 0160:2012）は，日本独自の仕様を加えて，SLCP-JCF（Software Life Cycle Process Japan Common Frame：共通フレーム）としてまとめられていました。以前は共通フレーム独自の出題が多かったのですが，今後は国際規格に基づいた内容が出題されると考えられます。

a) 合意プロセス
b) 組織のプロジェクトイネーブリングプロセス
c) プロジェクトプロセス
d) テクニカルプロセス
e) ソフトウェア実装プロセス
f) ソフトウェア支援プロセス
g) ソフトウェア再利用プロセス

e）～g）がソフトウェア固有プロセスグループで，それ以外がシステム関連プロセスのグループです。

システム関連とソフトウェア固有のプロセスの流れを，V字型開発（ウォーターフォール開発）の例で記述すると，次のようになります。

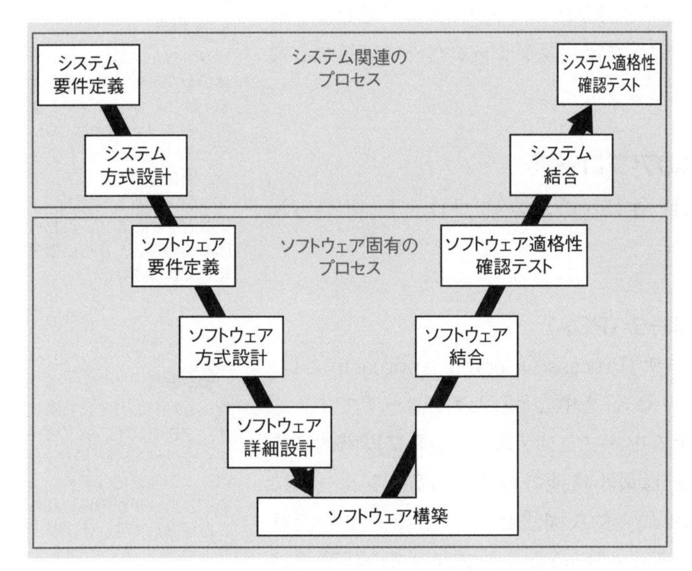

図4.1 システム関連とソフトウェア関連のプロセス

ポイントは，左側のプロセスで設計したものを右側のプロセスでテストするために，要件定義や設計の段階でテストケースを作成しておくことです。以降で各プロセスの詳細を見ていきます。

システム要件の定義

システム要件では，システム化の目標と対象範囲をまとめ，機能及び能力，業務・組織及び利用者の要件などを定義します。また，その他の要件として，システム構成要件，設計制約条件，**UX**（User Experience）を考慮した要件の定義，**適格性確認要件**（開発するシステムが利用可能な品質であることを確認する基準）を定義し，開発環境を検討します。システム要件を明らかにするために，開発するシステムの具体的な利用方法について分析します。

ソフトウェア要件定義

ソフトウェア要件定義では，システムの中でのソフトウェア部分について要件定義を行います。品質特性やセキュリティの仕様，安全性の仕様，人間工学的な仕様，ソフトウェア品目とその周辺のインタフェース，データ定義及びデータベースに対する要件などを確立し，文書化します。

用語
ソフトウェア品目とは，全体のソフトウェアを構成する1つひとつのコンテンツのことです。例えば，OS，データベースソフトウェア，通信ソフトウェア，アプリケーションソフトウェアなどを指します。これらは多くの場合，さらに細分化して管理されます。

ソフトウェア開発のアプローチ

ソフトウェア開発では，主に次の3つのアプローチが用いられます。

①プロセス中心アプローチ（POA）

プロセス中心アプローチ（Process Oriented Approach）とは，ソフトウェアの機能（プロセス）を中心としたアプローチです。プロセスに着目し，システムをサブシステムに，さらに段階的に詳細化していき，最終的には最小機能の単位であるモジュールに分割します。それを示す代表的な図法としては，データの流れを表現する**DFD**（Data Flow Diagram）やプロセスの状態遷移を表現する**状態遷移図**などが用いられます。また，言語としてはC言語などの構造化言語がよく用いられます。

参考
従来から行われている開発が，プロセス中心アプローチに当たります。データベースの設計にはデータ中心アプローチが用いられることが多いです。オブジェクト指向言語での開発では，オブジェクト指向アプローチが用いられます。

②データ中心アプローチ（DOA）

データ中心アプローチ（Data Oriented Approach）とは，業務で扱うデータに着目したアプローチです。まず，業務で扱うデータ全体について，**E-R図**を用いてモデル化し，全体のE-Rモデルを作成します。個々のシステムはこのデータベースを中心に設計することによって，データの整合性や一貫性が保たれ，システム間のやり取りが容易になります。プログラミングとデータベースを分離するデータ独立という考え方です。

③オブジェクト指向アプローチ（OOA）

オブジェクト指向アプローチ（Object Oriented Approach）とは，プログラムやデータをオブジェクトとしてとらえ，それを組み合わせてシステムを構築するアプローチです。それを示す図法としては，クラス図やシーケンス図などの**UML**（Unified

Modeling Language)が用いられます。プログラム言語としてはJavaなどのオブジェクト指向言語が用いられます。

DFD（データフローダイアグラム）

DFD（Data Flow Diagram）は，プロセスを中心に，データの流れを記述する図です。以下の4つの要素で構成されます。

①プロセス

入力データに対して何かの処理を施し，データを出力します。必ず，入力と出力のデータフローが存在します。

②データストア

データの保管場所です。データベースに限らず，ファイルなどのデータを保管する媒体全体を指します。

③外部実体（ターミネータ，情報源）

システム外に存在するものです。データを入力する作業者や，出力する媒体，外部システムなどを指します。

④データフロー

ほかの部品間でのデータの移動経路を矢印で表したものです。移動するデータについて矢印の上に記述することもあります。4つの構成要素を図で表すと，次のようになります。

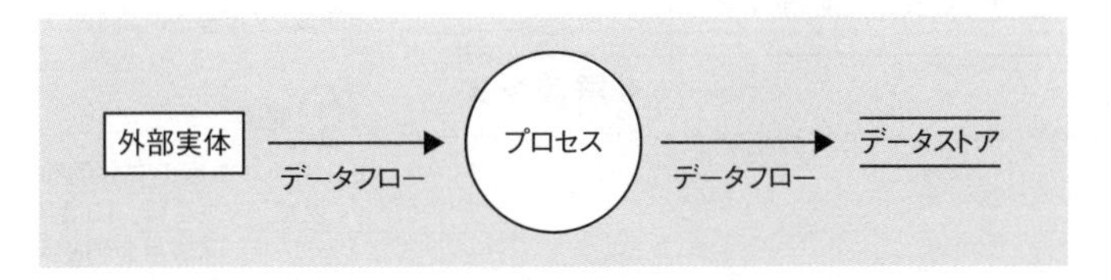

図4.2　DFD

それでは，次の問題を考えてみましょう。

問題

図は，構造化分析法で用いられるDFDの例である。図中の“○”が表しているものはどれか。

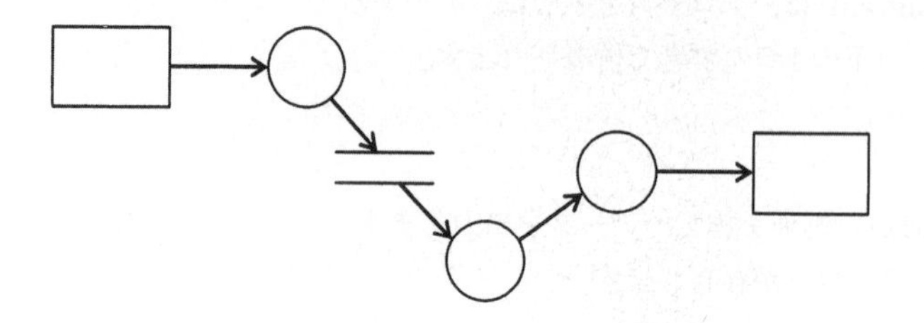

ア　アクティビティ　　イ　データストア
ウ　データフロー　　エ　プロセス

（令和元年秋 基本情報技術者試験 午前 問45）

解説

DFD（Data Flow Diagram）は，プロセスを中心に，データの流れを記述する図です。“○”はプロセスを表し，入力データに対して何かの処理を施し，データを出力します。したがって，**エ**が正解です。

ア　アクティビティは，UMLのアクティビティ図などで表現されます。
イ　データストアは，図の“＝”が表しているものです。
ウ　データフローは，図の“→”で表しています。

≪解答≫エ

過去問題をチェック

DFDについて，基本情報技術者試験では次の出題があります。

【DFD】

・平成22年春午前問45
・平成22年秋午前問45
・令和元年秋午前問45

E-R図

E-R図（Entity-Relationship Diagram）は，データ中心アプローチで用いられる，エンティティ（実体）とリレーションシップ（関連）を表す図です。リレーションシップには，多重度（対応関係）を記述します。UMLのクラス図で表現されることも多いです。

UML（統一モデリング言語）

UML（Unified Modeling Language）は，オブジェクト指向で

過去問題をチェック

E-R図について，基本情報技術者試験では次の出題があります。

【E-R図の説明】

・平成21年春午前問46
・平成22年春午前問46
・平成23年特別午前問46
・平成27年春午前問47

関連

E-R図や多重度の具体的な内容については，「3-3-2 データベース設計」で取り上げています。

発展

UMLは本来，様々な流派のオブジェクト指向の開発方法論を統一することを目的としていました。しかし，手法自体は統一できず，結局，図の表記法だけが統一され，現在のUMLとなっています。

使われる表記法です。従来から用いられているフローチャートや状態遷移図なども取り込み，様々な作図に対応しています。現行の最新バージョンであるUML2.5では，次の13種類のダイアグラム（図）が定義されています。

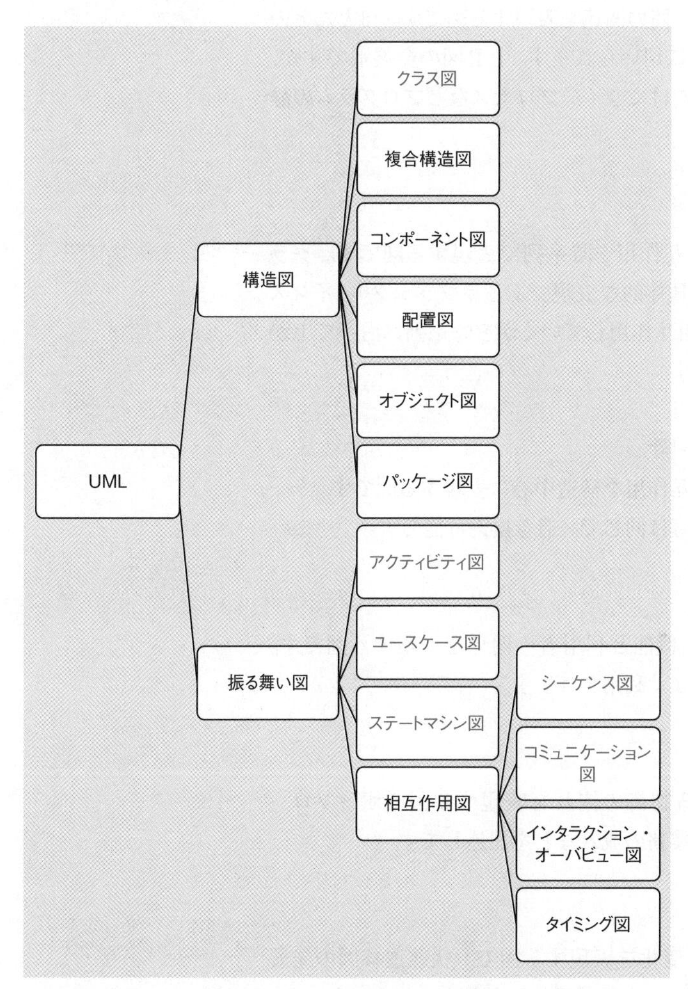

図4.3　UML 2.5のダイアグラム

UMLは，静的な構造を表す構造図と，動的な流れを記述する振る舞い図に大別されます。振る舞い図の相互作用図は，同じ内容を時系列やイベントなど基準を変えて表現します。

UMLでは，すべての図を使い切るということではなく，必要に応じて適切な図を使い分けます。オブジェクト指向分析・設計でよく使われる図としては，次のものがあります。

①クラス図

クラスの仕様とクラス間の関連を表現する図です。ほとんどのオブジェクト指向開発に用いられます。E-R図の発展形ですが，データのエンティティだけでなく，プロセスなどプログラムの静的な構造を表現します。

②シーケンス図

インスタンス間の相互作用を時系列で表現する図です。クラスではなく，クラスの具体的な表現であるオブジェクト（インスタンス）がどのように相互作用していくかを時系列に沿って上から下に表現していきます。

③コミュニケーション図

オブジェクト間の相互作用を構造中心に表現する図です。シーケンス図と表現する内容は同じで，置き換え可能です。

④ユースケース図

システムが提供する機能と利用者の関係を表現する図です。ユーザとの要件定義でよく利用されます。

⑤アクティビティ図

一連の処理における制御の流れを表現する図です。フローチャートの発展形で，業務の流れなどを記述します。

⑥ステートマシン図

オブジェクトの状態変化を表現する図で，状態遷移図の発展形です。組込み系の開発でよく利用されます。

それでは，次の問題を考えてみましょう。

問題

UMLにおける振る舞い図の説明のうち，アクティビティ図のものはどれか。

ア　ある振る舞いから次の振る舞いへの制御の流れを表現する。
イ　オブジェクト間の相互作用を時系列で表現する。
ウ　システムが外部に提供する機能と，それを利用する者や外部システムとの関係を表現する。
エ　一つのオブジェクトの状態がイベントの発生や時間の経過とともにどのように変化するかを表現する。

（平成31年春 基本情報技術者試験 午前 問46）

解説

UML（Unified Modeling Language）における振る舞い図であるアクティビティ図は，一連の処理における制御の流れを表現する図です。ある振る舞いから次の振る舞いへの制御の流れを表現することができます。したがって，**ア**が正解です。
イ　シーケンス図の説明です。
ウ　ユースケース図の説明です。
エ　コミュニケーション図の説明です。

≪解答≫ア

過去問題をチェック
UMLについて，基本情報技術者試験では次の出題があります。
【クラス図】
・平成25年秋午前問46
・平成26年春午前問46
【シーケンス図】
・平成21年秋午前問45
・平成29年秋午前問46
【シーケンス図とコミュニケーション図】
・平成30年秋午前問46
【アクティビティ図】
・平成24年秋午前問46
・平成30年春午前問64
・平成31年春午前問46

覚えよう！
- □　**プロセス中心ではDFD，データ中心ではE-R図，オブジェクト指向ではUML**
- □　**アクティビティ図は制御の流れ，シーケンス図は時系列の相互作用**

4-1-2 設計

設計には，システム設計，ソフトウェア設計があります。システム全体からソフトウェアの詳細まで，段階的に設計を行っていきます。

システム設計

システム設計では，システム設計，利用者用文書類(暫定版)の作成，システム設計の評価，システム設計の共同レビューを実施します。

システム設計では，システム要件を**ハードウェア**，**ソフトウェア**，**手作業**に振り分け，それらを実現するために必要なシステムの構成品目を決定します。ソフトウェアやハードウェアの基本設計となるアーキテクチャや，システムに必要なシステム要素などを決定していきます。

ソフトウェア設計

ソフトウェア設計では，ソフトウェア要件定義書を基に，開発側の視点からソフトウェアの構造とソフトウェア要素の設計を行います。ソフトウェア要素をソフトウェアユニット(プログラム)まで分割し，各ソフトウェアユニットの機能，ソフトウェアユニット間の処理の手順や関係を明確にします。

ソフトウェア設計は，要件をソフトウェアユニットまで分解する**ソフトウェア方式設計**と，プログラムの1行ごとの処理まで明確になるよう詳細化する**ソフトウェア詳細設計**に分けることもできます。

それでは，次の問題を考えてみましょう。

問題

開発プロセスにおいて，ソフトウェア方式設計で行うべき作業はどれか。

ア　顧客に意見を求めて仕様を決定する。
イ　ソフトウェア品目に対する要件を，最上位レベルの構造を表現する方式であって，かつ，ソフトウェアコンポーネントを識別する方式に変換する。
ウ　プログラムを，コード化した1行ごとの処理まで明確になるように詳細化する。
エ　要求内容を図表などの形式でまとめ，段階的に詳細化して分析する。

（平成30年春 基本情報技術者試験 午前 問47）

解説

開発プロセスにおいて，ソフトウェア方式設計では，システムの中でのソフトウェアに関して方式を設計します。ソフトウェア品目に対する要件を，最上位レベルの構造を表現する方式であって，かつ，ソフトウェアコンポーネントを識別する方式に変換します。したがって，**イ**が正解です。

ア　開発プロセスの前に，要件定義プロセスで行うべき内容です。
ウ　ソフトウェア詳細設計で行うべき内容です。
エ　ソフトウェア要件定義で行うべき内容です。

≪解答≫イ

ソフトウェア品質

ソフトウェア製品の品質特性に関する規格に**JIS X 25010**（ISO/ IEC 25010）（システム及びソフトウェア製品の品質要求及び評価（SQuaRE）－システム及びソフトウェア品質モデル）があります。要件定義やシステム設計の際には，品質特性と，それに対応する品質副特性を考慮する必要があります。

品質モデルには，利用者の品質モデルと製品品質モデルの2種類があります。

品質特性の考え方は，「すべての特性を満たすようにソフトウェアの品質を上げましょう」ではありません。品質特性は，信頼性と効率性といったトレードオフの関係になるもの，満たすとコストがかかるものなど様々です。顧客の要望を聞き，どの品質特性を優先させるかを考えてシステムを設計することが肝心です。

利用時の品質モデル

システムとの対話による成果に関係する，次の5つの特性をまとめています。

有効性……目標を達成する上での正確さ及び完全さの度合い

効率性……目標を達成するための正確さ及び完全さに関連して，使用した資源の度合い

満足性……製品またはシステムが明示された利用状況において使用されるとき，利用者ニーズが満足される度合い

品質副特性：実用性，信用性，快感性，快適性

リスク回避性……経済状況，人間の生活または環境に対する潜在的なリスクを緩和する度合い

品質副特性：経済リスク緩和性，健康・安全リスク緩和性，環境リスク緩和性

利用状況網羅性……有効性，効率性，リスク回避性及び満足性を伴って製品またはシステムが使用できる度合い

品質副特性：利用状況完全性，柔軟性

製品品質モデル

システム及び／またはソフトウェア製品の品質特徴（品質に関係する測定可能な特徴とそれに伴う品質測定量）を8つに分類しています。

機能適合性……ニーズを満足させる機能を提供する度合い

品質副特性：機能完全性，機能正確性，機能適切性

性能効率性……資源の量に関係する性能の度合い

品質副特性：時間効率性，資源効率性，容量満足性

互換性……他の製品やシステムなどと情報交換できる度合い

品質副特性：共存性，相互運用性

使用性 ……………… 明示された利用状況で，目標を達成するために利用できる度合い
品質副特性：適切度認識性，習得性，運用操作性，ユーザエラー防止性，ユーザインタフェース快美性，アクセシビリティ

信頼性 ……………… 機能が正常動作し続ける度合い
品質副特性：成熟性，可用性，障害許容性（耐故障性），回復性

セキュリティ ……… システムやデータを保護する度合い
品質副特性：機密性，インテグリティ，否認防止性，責任追跡性，真正性

保守性 ……………… 保守作業に必要な努力の度合い
品質副特性：モジュール性，再利用性，解析性，修正性，試験性

移植性 ……………… 別環境へ移してもそのまま動作する度合い
品質副特性：適応性，設置性，置換性

ソフトウェア設計手法

ソフトウェア設計手法には，プロセス中心アプローチに対応したプロセス中心設計，データ中心アプローチに対応したデータ中心設計があります。オブジェクト指向アプローチに対応したオブジェクト指向設計もあります。

それ以外の方法として，段階的に詳細化を行う**構造化設計**や，ドメイン（事業）を中心に考える**ドメイン駆動設計**（DDD：Domain-Driven Design）があります。

構造化設計

構造化設計とは，機能を中心にプログラムの構造を考える設計手法です。機能分割を行い，段階別詳細化をすることで階層構造を作成します。このとき，プログラムの最小単位であるモジュールにまで分割します。

構造化設計は，構造化プログラミングの考え方に基づいた設計手法です。構造化プログラムでは，構造化定理と呼ばれる「1つの入口と1つの出口をもつプログラムは，順次・選択・反復の3つの論理構造によって記述できる」という考え方により，プロ

3つの論理構造は，基本3構造とも呼ばれ，プログラムを考える際の基本的な考え方です。実際の構造については，「1-2-2 アルゴリズム」で解説しています。

グラム上の手続きをいくつかの単位に分け，モジュールに分割します。

オブジェクト指向設計

オブジェクト指向は，オブジェクト同士の相互作用としてシステムをとらえる考え方です。システムの静的な構造や動的な振舞い，システム間の協調などをモデル化して，プログラミングするための仕様を記述します。オブジェクト指向でシステム開発をすることによって，プログラムの**保守性**と**再利用性**を上げることができます。

オブジェクト指向における代表的な考え方を次に挙げます。

①クラス

クラスは，オブジェクト指向の基本単位です。**メンバ変数**（属性，プロパティ，変数，データ）と**メソッド**（関数，操作）が記述されます。クラス図では，クラス名と属性，操作は次のように表現されます。

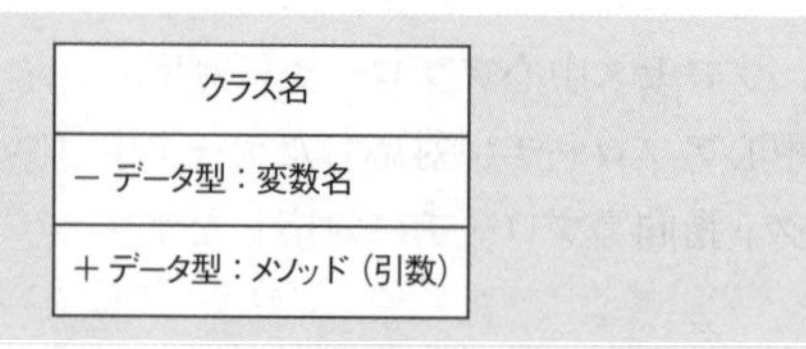

図4.4　クラス図の例

クラス自体は抽象的なデータ型で，クラスから生成したインスタンス（オブジェクト）が実際の処理を行います。

②カプセル化

クラスに定義された属性や操作にアクセス権を指定することで，クラスの外からのアクセスを制限することを**カプセル化**といいます。カプセル化を行うことで，内部の属性や操作を変更してもクラスの外部には影響を与えずに済みます。

③継承（インヘリタンス）

あるクラスを基にして別のクラスを作ることを継承といいま

す。継承の基となったクラスを**スーパークラス**，継承してできたクラスを**サブクラス**といいます。

④多相性（ポリモーフィズム）

同一の呼出しに対して，受け取った側のクラスの違いに応じて多様な振る舞いを見せる性質です。多態性，多様性とも呼ばれます。例えば，「図形を描画する」という同じメソッドを呼び出しても，そのクラスが三角だったら△を描画し，四角だったら□を描画するといったように，クラスによって別の振る舞いを起こすような動作です。

多相性を実現するために，サブクラスのメソッド（操作）を上書きすることを，オーバーライドといいます。

⑤オブジェクトコンポジション

オブジェクトをまとめる，あるいは取り込むことによって，より複雑な新しい機能を作ることです。機能を再利用するための，継承以外の方法であり，継承を**is-a**関係というのに対し，コンポジションは**has-a**関係と呼ばれます。また，取り込んだオブジェクトに処理を任せることを委譲といいます。

それでは，次の問題を考えてみましょう。

用語

多相性の実現において，実際に実装する技術は継承であり，スーパークラスとサブクラスを使用します。このとき，スーパークラスがそれ自体で処理を実行できないようにするため，スーパークラスはインスタンスをもてないように実装します。ここで利用するクラスが抽象クラスであり，抽象クラスは，継承してサブクラスを作成しないと，インスタンスを作成して実行することができません。

過去問題をチェック

オブジェクト指向は，定番の出題分野です。基本情報技術者試験の科目Aでは，次の出題があります。

【オブジェクト指向の基本概念の組み合わせ】
・平成21年春午前問47
・平成23年秋午前問46
・平成29年春午前問48

【クラス】
・平成22年秋午前問46

【クラスとインスタンス（オブジェクト）】
・平成22年秋午前問47
・平成29年秋午前問47
・平成30年秋午前問47

【カプセル化】
・平成21年秋午前問46
・平成23年特別午前問48
・平成24年秋午前問47
・平成26年春午前問47
・平成28年秋午前問47
・サンプル問題セット科目A問38

【継承（サブクラス）】
・平成27年春午前問48
・平成30年春午前問46
・平成30年春午前問46

【多相性（オーバーライド）】
・平成26年秋午前問47
・平成29年秋午前問7
・平成30年春午前問46

【委譲】
・平成30年秋午前問49

問題

オブジェクト指向におけるクラスとインスタンスとの関係のうち，適切なものはどれか。

ア　インスタンスはクラスの仕様を定義したものである。
イ　クラスの定義に基づいてインスタンスが生成される。
ウ　一つのインスタンスに対して，複数のクラスが対応する。
エ　一つのクラスに対して，インスタンスはただ一つ存在する。

（平成30年秋 基本情報技術者試験 午前 問47）

解説

オブジェクト指向では，まずクラスを定義します。クラスの定義に基づいて，インスタンスを必要な数だけ生成します。したがって，イが正解です。

ア クラスがインスタンスの仕様を定義したものです。

ウ，エ 1つのクラスに対して複数のインスタンスが対応します。

≪解答≫イ

モジュールの設計

モジュールの設計では，モジュールを適切に分割していきます。モジュール分割を行った後のモジュールは，それぞれのモジュールの独立性が高いほどよいとされています。モジュールの独立性を高めることで，あるモジュールを変更してもほかへの影響が最小限にとどまるため保守性が上がります。また，独立したモジュールは別のソフトウェアで利用しやすくなるので，再利用性が上がります。

モジュールの独立性を確認する基準として，**モジュール強度**と**モジュール結合度**があります。モジュール強度は強いほど，モジュール結合度が弱いほどモジュールの独立性は高いと判断されます。

①モジュール強度

モジュール強度はモジュール凝集度，結束性とも呼ばれ，モジュール内の結び付きの強さを示す度合いです。以下の7つの強度があり，強いほど優れた設計であると判断されます。

表4.1 モジュール強度の分類

	モジュール強度	説明
強 ↑	機能的強度	1つの機能だけを実現するモジュール
	情報的強度	特定のデータを扱う複数の機能を1つのモジュールにまとめたもの
	連絡的強度	モジュールの要素間で同じデータの受渡しや参照が行われるもの
	手順的強度	順番に行う複数の機能をまとめたもの
	時間的強度	時間的に連続した複数の機能をまとめたもの
	論理的強度	論理的に関連のある複数の機能をまとめたもの
↓ 弱	暗合的強度	関係のない複数の機能をまとめたもの

②モジュール結合度

モジュール結合度は，2つのモジュール間の結合の度合いです。次の6つの結合度があり，弱いほど優れた設計であると判断されます。

表4.2 モジュール結合度の分類

	モジュール結合度	説明
弱	データ結合	単一データの変数を引数として受け渡すもの
↑	スタンプ結合	データ構造（構造体，レコードなど）を引数として受け渡すもの
	制御結合	制御情報を引数として与えるもの
	外部結合	単一データの変数をグローバル変数として宣言し，参照するもの
↓	共通結合	データ構造をグローバル変数として宣言し，参照するもの
強	内容結合	ほかのモジュールの内部を直接参照しているもの

それでは，次の問題を考えてみましょう。

モジュール強度・結合度について，基本情報技術者試験では次の出題があります。

【モジュール強度】
・平成23年秋午前問45

【モジュール結合度】
・平成28年春午前問47
・平成29年秋午前問48
・令和元年秋午前問46
・サンプル問題セット科目A問39

問題

モジュール結合度が最も弱くなるものはどれか。

ア 一つのモジュールで，できるだけ多くの機能を実現する。

イ 二つのモジュール間で必要なデータ項目だけを引数として渡す。

ウ 他のモジュールとデータ項目を共有するためにグローバルな領域を使用する。

エ 他のモジュールを呼び出すときに，呼び出したモジュールの論理を制御するための引数を渡す。

（基本情報技術者試験（科目A試験）サンプル問題セット 問39）

解説

モジュール結合度は，2つのモジュール間の結合の度合いです。結合度の種類は6種類に分けられ，弱いほどよいとされています。最も弱い結合はデータ結合で，単一データの変数を引数として受け渡すものです。2つのモジュール間で必要なデータ項目だけを引数として渡すことは，データ結合に該当します。したがって，**イ**

が正解です。

ア 1つのモジュールの機能は，できるだけ少なく，単一の機能とするのが理想です。

ウ 外部結合に該当します。

エ 制御結合に該当します。

≪解答≫イ

部品化と再利用

ソフトウェアは，モジュールなどの部品として作成することも可能です。これを**部品化**といいます。ソフトウェアの部品化を行うと，最初は通常の開発よりも工数がかかりますが，部品は再利用しやすいため，2回目以降の開発の工数を削減することができます。

従来の部品化の例としては，標準ライブラリ関数やクラスライブラリなどがあります。再利用の方法はオブジェクト指向の仕組みによりさらに発展し，アプリケーションの基本的な部分を提供する枠組みである**フレームワーク**などができています。

アーキテクチャパターン

再利用は単なる部品だけでなく，ソフトウェアの設計や構造など，さらに大きな単位で考えられるようになりました。**アーキテクチャパターン**は，ソフトウェアの構造（アーキテクチャ）に関するパターンを集約したものです。アーキテクチャパターンの1つに，**MVC**（Model View Controller）があります。MVCでは，機能を業務ロジック（Model），画面出力（View），それらの制御（Controller）の3つのコンポーネントに分けていきます。

デザインパターン

デザインパターンは，設計のノウハウを集結させて再利用を可能にしたものです。デザインパターンの有名なものには，GoF（Gang of Four）と呼ばれる4人が作成した23個のパターンがあります。デザインパターンを使うことで，オブジェクト指向での開発を効率的に行うことができ，プログラムの状態を会話で説明することが容易になります。

レビュー

設計の後では，レビューを行います。レビューとは，システム開発の工程ごとに成果物の品質を検証することです。会議として実施されることが多いです。

レビューでは，まず文書を作成してからレビュー方式の決定，レビューの評価基準の決定へと進み，レビュー参加者を選出してレビューを実施します。その後，レビュー結果を文書へ反映します。

主なレビュー方式には，以下のものがあります。

参考

レビューは，設計だけでなく，要件定義やプログラミング，テストの各段階で実施します。設計の段階では設計レビュー，プログラミングの段階ではコードレビュー，テスト段階ではテスト仕様レビューなど，段階によって行う内容は異なりますが，基本的な考え方は同じです。

過去問題をチェック

レビューについて，基本情報技術者試験では次の出題があります。

【ウォークスルー】
・平成23年特別午前問47
【インスペクション】
・平成27年秋午前問46
・平成29年春午前問47

①ウォークスルー

開発に携わった人が集まり，相互に検討を行う場です。非公式に問題点を探し，解決策を検討します。

②インスペクション

成果物に対して，実際に動作させず人間の目で検証します。責任者としてモデレータが任命され，インスペクション作業全体を統括します。

覚えよう！

□ データとメソッドを一体化して隠蔽するカプセル化
□ モジュール結合度は最も弱いデータ結合がベスト

4-1-3 実装・構築

実装・構築のプロセスでは，ソフトウェアユニットを実際に作成し，ユニットごとのテストを行います。

ソフトウェアユニットの作成

ソフトウェアユニットの作成において，それぞれが好き勝手にプログラムを書くと，形式が統一されず読みにくくなってしまいます。そこで，あらかじめコーディング標準を決め，プログラミングコードの形式を揃えておきます。また，コーディング支援手法にも様々なものがあります。

関連

ソフトウェアコード作成で使用するプログラム言語については「1-2-4 プログラム言語」で，コード作成やテストで使用するツールについては「2-3-4 開発ツール」で解説しています。

ソフトウェアユニットのテスト

ソフトウェアユニットのテストは，ソフトウェア設計で定義したテスト仕様に従って行い，要求事項を満たしているかどうかを確認します。**モジュール**（ソフトウェアユニット）単体でのテストになるので，ほかのモジュールと関連する部分に次のような仮のモジュールを用意します。

発展

コーディング支援手法とは，ソフトウェアコードの作成を簡易にするための手法，またはツールです。例えば，開発ソフトに組み込むツールを使用し，定型文を簡略化してコーディングする手法や，コピー&ペーストで使えるコードをまとめたスニペット集を利用するなどの手法があります。GitHub CopilotなどのAIを活用したコーディング支援もあります。

①ドライバ

テストするモジュールの**上位モジュール**が未完成の場合，つまり，そのモジュールを呼び出すモジュールが未完成の場合の仮のモジュールです。引数を渡してテスト対象モジュールを呼び出し，戻り値を表示・印刷します。

②スタブ

テストするモジュールの**下位モジュール**が未完成の場合，つまり，そのモジュールから呼び出すモジュールが未完成の場合の仮のモジュールです。テスト対象モジュールから引数を渡して呼び出され，戻り値を返します。

それでは，次の問題を考えてみましょう。

問題

テストで使用されるスタブ又はドライバの説明のうち，適切なものはどれか。

ア　スタブは，テスト対象モジュールからの戻り値の表示・印刷を行う。

イ　スタブは，テスト対象モジュールを呼び出すモジュールである。

ウ　ドライバは，テスト対象モジュールから呼び出されるモジュールである。

エ　ドライバは，引数を渡してテスト対象モジュールを呼び出す。

（令和元年秋 基本情報技術者試験 午前 問48）

過去問題をチェック

ドライバやスタブについて，基本情報技術者試験では次の出題があります。

【ドライバ】
- 平成24年春午前問47
- 平成28年秋午前問49

【スタブ】
- 平成25年春午前問47
- 平成25年秋午前問50

【ドライバ又はスタブ】
- 令和元年秋午前問48

解説

テストで使用されるドライバやスタブは，モジュールテストで他のモジュールと関連する部分に準備する，仮のモジュールです。ドライバは，テストするモジュールの上位モジュールが未完成の場合に使用するもので，引数を渡してテスト対象モジュールを呼び出します。したがって，エが正解です。

ア　ドライバが行う内容です。

イ　ドライバの説明です。

ウ　スタブの説明です。

≪解答≫エ

テストの手法

テストの手法は，ホワイトボックステストとブラックボックステストの2種類に大きく分けられます。ホワイトボックステストは，ソースコードなどのシステム内部の構造を理解した上で行うテストです。ブラックボックステストは，外部から見て仕様書どおりの機能をもつかどうかをテストするものです。それぞれの代表的なテスト設計手法は，次のとおりです。

1. ホワイトボックステスト

①制御パステスト

プログラム中のソースコードがすべて実行されるようにテストデータを与えるテストです。最も代表的なホワイトボックスのテスト設計手法で，どの程度のソースコードが網羅されたかをカバレッジ（網羅率）で示します。テストする経路によって，次のような様々な網羅方法があります。

・**命令網羅**

すべての命令を最低1回は実行するように設計します。

・**判定条件網羅**（分岐網羅）

すべての分岐で，その分岐経路のすべてを1回は実行するように設計します。

・**条件網羅**

すべての条件で，その可能な結果のすべてを1回は実行するように設計します。

・**判定条件・条件網羅**

判定条件網羅と条件網羅の両方を満たすように設計します。

・**複数条件網羅**

すべての条件判定の組合せを網羅するように設計します。テストケースの数は最も多くなります。

判定条件網羅と条件網羅の違いは，例えば，

```
if (a>0 and b>0)
```

という命令があったとき，andで合わせた全体が真か偽かを考えるのが判定条件網羅，それぞれの条件，つまりa>0やb>0のそれぞれについて真偽を考えるのが条件網羅です。

②データフロー・パステスト

制御部分ではなく使用されるデータに焦点を当てて行うテストです。ソースコード内で扱うデータや変数について，定義→生成→使用→消滅の各ステップが正しく順番どおりに行われているかを調べます。

2. ブラックボックステスト

①同値分割

入力値と出力値を，システムとして動作が同じと見なせる値の範囲(同値クラス)に分類し，各同値クラスを代表する値に対してテストを行う方法です。

②限界値分析

同値クラスの両端の値(境界値)をテストする方法です。エラーは分岐の境界で起こりやすいので，そこを重点的にテストします。

③決定表(デシジョンテーブル)

考慮すべき条件と，その条件に対する結果のマトリックスを作成する方法です。主に，テスト項目を作成するために用いられます。

それでは，次の問題を考えてみましょう。

問題

単一の入り口をもち，入力項目を用いた複数の判断を含むプログラムのテストケースを設計する。命令網羅と判定条件網羅の関係のうち，適切なものはどれか。

ア　判定条件網羅を満足しても，命令網羅を満足しない場合がある。
イ　判定条件網羅を満足するならば，命令網羅も満足する。
ウ　命令網羅を満足しなくても，判定条件網羅を満足する場合がある。
エ　命令網羅を満足するならば，判定条件網羅も満足する。

（令和元年秋 基本情報技術者試験 午前 問49）

解説

命令網羅と判定条件網羅は，ホワイトボックステストでのテストケース設計方法です。命令網羅は，すべての命令を最低1回は実行するように設計します。判定条件網羅（分岐網羅）では，すべての分岐で，その分岐経路のすべてを1回は実行するように設計します。単一の入り口をもつプログラムでは，複数の判断を行う分岐経路を通過させるために，すべての命令を最低1回は通ることになります。そのため，判定条件網羅を満足するならば，命令網羅も満足することになります。したがって，**イ**が正解です。

ア　判定条件網羅を満足するなら，命令網羅も満足します。
ウ　判定条件も命令なので，命令網羅を満足していない場合には，判定条件網羅は満足しません。
エ　判定条件の分岐で，命令を実行しない部分がある場合には，命令網羅を満足しても，判定条件網羅を満足しません。

≪解答≫イ

過去問題をチェック

ホワイトボックステストとブラックボックステストについて，基本情報技術者試験では次の出題があります。

【ホワイトボックステスト】
・平成23年特別午前問49
・平成25年春午前問22
【複数条件網羅】
・平成27年春午前問50
【命令網羅】
・平成27年春午前問50
・平成28年春午前問49
【命令網羅と判定条件網羅】
・令和元年秋午前問49
【ブラックボックステスト】
・平成22年秋午前問48
・平成23年秋午前問47
・平成24年春午前問48
・平成24年秋午前問48
・平成26年春午前問49
・平成26年秋午前問48
・平成29年秋午前問49
・平成30年春午前問48
・平成31年春午前問47
・サンプル問題セット科目A問40
【同値分割と境界値分析】
・平成28年秋午前問48

▶▶▶ 覚えよう！

□　**呼び出すモジュールは上位がドライバ，下位がスタブ**
□　**ブラックボックステストは，仕様に基づいてテストケースを決定**

4-1-4 統合・テスト

統合・テストのプロセスでは，ソフトウェアユニットやコンポーネントを統合します。その後，統合したソフトウェアやシステムのテストを行います。

テストの管理手法

テストの実行後には，テストの結果を分析して管理する必要があります。テストを管理する方法には，次のようなものがあります。

過去問題をチェック
テストの管理手法について，基本情報技術者試験では次の出題があります。
【信頼度成長曲線】
・平成27年春午前問49
【バグ管理図】
・平成21年春午前問48
【エラー埋込法】
・令和元年秋午前問47

①信頼度成長曲線（ゴンペルツ曲線）

ソフトウェア開発のテスト工程では，エラー（バグ）を発見して修正する作業が順次行われるので，テスト項目の消化とともに，発見されるエラーの増加割合は減少していきます。そのことをソフトウェア信頼度成長モデルといいます。その総エラー数の増加度合いは，経験的に次図のような曲線に従うとされており，この曲線のことを信頼度成長曲線（ゴンペルツ曲線），または**バグ曲線**と呼びます。

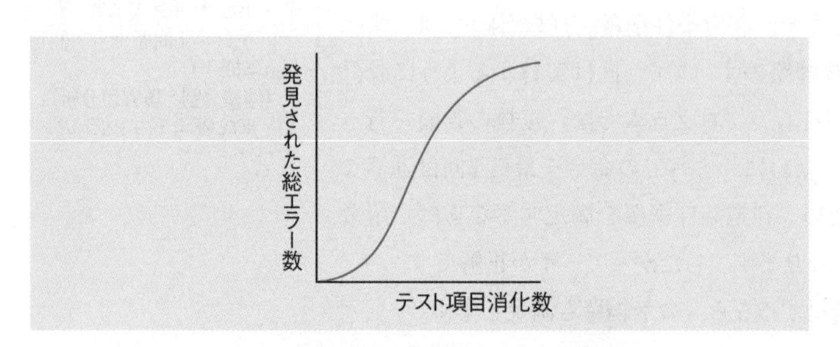

図4.5 信頼度成長曲線（ゴンペルツ曲線）

テスト項目に対して発見される総エラー数がこの曲線に沿わない場合はテストに問題があると見なし，検討します。発見されるエラー数が少なすぎる場合は，プログラムの品質が高いことも考えられますが，テストケースが適切でないという疑いもあります。発見された総エラー数が上図の曲線のように収束に向かっていくことをテスト終了の要件にすることも多いです。

②バグ管理図

バグの管理では，時間の経過に伴うバグ検出数や未消化テスト項目数，未解決バグ数をプロットし，バグ管理図を作成します。未消化テスト項目数と累積誤り検出数を並記するテスト工程品質管理図を作成することもあります。

③エラー埋込法

プログラムに意図的にエラーを埋め込んだ状態でテストを行う方法です。**埋込みエラーと真のエラーは同じ割合で発見される**という仮定で，発見された埋込エラー数から，まだ発見されていない真のエラー数を推測します。

チューニング

システム統合テスト以降のテストでは，単に不具合がないかというデバッグだけでなく，性能などの要件についてもテストを行い，システムの**チューニング**を行います。

テストの種類

システム統合以降の，システム統合テスト，システム適格性確認テストでは，システム全体を検証するために次のようなテストを行います。

①機能テスト

ユーザから要求された機能要件をシステムが満たしているかを検証するテストです。

②非機能要件テスト

機能要件以外の，システムの非機能要件を満たしているかを検証するテストです。

③性能テスト

システムの性能要件が確保されているかを検証するテストです。

用語

チューニングとは，目的とする状態に調整することです。システムのチューニングの場合，性能(パフォーマンス)を最適な状態にするパフォーマンスチューニングなどが行われます。ボトルネックを見つけ出し，その原因を推定して，ボトルネックを解消するサイクルを実施します。そのときに行われるテストはシステムにストレスをかけるので，ストレステストとも呼ばれます。

関連

非機能要件については，「7-2-2　要件定義」で取り扱っています。

④負荷テスト

短時間に大量のデータを与えるなどの高い負荷をかけたときにシステムが正常に機能するかを検証するテストです。

⑤セキュリティテスト

システムのセキュリティ要件を満たしているかを検証するテストです。**ファジング**などの手法があります。

関連

ファジングについては，「3-5-3 セキュリティ技術評価」で取り扱っています。

⑥リグレッションテスト（回帰テスト，退行テスト）

システムを変更したときに，その変更によって予想外の影響が現れていないかを確認するテストです。変更した部分以外のプログラムも含めてテストを行います。

⑦状態遷移テスト

イベントが発生したときに，システムが想定した状態に正しく遷移するか確かめるためのテストです。状態遷移図や状態遷移表を使用します。

それでは，次の問題を考えてみましょう。

問題

システム結合テストにおける状態遷移テストに関する記述として，適切なものはどれか。

ア　イベントの発生によって内部状態が変化しない計算処理システムのテストに適した手法

イ　システムの内部状態に着目しないブラックボックステスト用の手法

ウ　設計されたイベントと内部状態の組合せどおりにシステムが動作することを確認する手法

エ　データフロー図，決定表を使用してシステムの内部状態を解析する手法

（平成28年春 基本情報技術者試験 午前 問48）

過去問題をチェック

テストの種類について，基本情報技術者試験では次の出題があります。

【リグレッションテスト】

・平成23年秋午前問48

・平成26年秋午前問49

【状態遷移テスト】

・平成28年春午前問48

解説

システム結合テストにおける状態遷移テストは，プロセスの状態遷移について行うテストです。プロセスの状態は，イベントで遷移するので，状態遷移図などを用いて，状態とイベントによる遷移が設計されます。状態遷移テストでは，設計されたイベントと内部状態の組合せどおりにシステムが動作することを確認することとなります。したがって，**ウ**が正解です。

ア　状態遷移テストは，内部状態が変化するシステムに対するテストです。

イ　システムの内部状態に着目して行います。

エ　内部状態の解析には，状態遷移図や状態遷移表を使用します。

≪解答≫ウ

覚えよう！

- □ バグ摘出数は，多すぎても少なすぎてもダメ
- □ 想定外の場所も，リグレッションテストで検証

4-1-5 導入・受入れ支援

システムまたはソフトウェアの導入では，実環境にハードウェアを用意し，ソフトウェア製品を導入（インストール）します。受入れ支援では，システムの取得者がシステムまたはソフトウェアを受け入れることを，システムの供給者が支援します。

システムまたはソフトウェアの導入

システムまたはソフトウェアの導入では，システムまたはソフトウェアの導入計画を作成し，導入を実施します。システムまたはソフトウェアの導入時には，新旧システムの移行をどのように実施するのかを考え，データ保全や業務への影響を検討し，スケジュールや体制を考えます。古くなったシステムやハードウェア，ソフトウェアを新しいものや別のものに置き換えることをリプレースといいます。また，ソフトウェア導入にあたっては，利用者を支援する作業も行います。

システムまたはソフトウェアの受入れ支援

システムまたはソフトウェアの受入れは，**取得者（利用者）が主体**になって行い，供給者（開発者）はそれを支援するというのが基本です。

システムまたはソフトウェアの受入れ支援では，供給者が取得者の受入れレビューと受入れテストの支援，ソフトウェア製品の納入，取得者への**教育訓練及び支援**を行います。利用者支援のため，業務やコンピュータ操作手順，業務応用プログラム運用手順などを利用者マニュアルとして文書化します。

導入，受入れ時のテスト

導入，受入れ時には，実際の稼働を想定して様々なテストを行います。**運用テスト**は，実際に利用者が利用する環境で，実際にシステムを運用してみるテストです。**受入れテスト**は，取得者が完成したシステムを受け入れるかどうかを確認するテストです。

妥当性確認テストは，システムまたはソフトウェアが契約で示されたとおりに完成していることを相互に確認するテストです。受入れ基準などを作成し，問題がなければ**検収**します。

それでは，次の問題を考えてみましょう。

問題

運用テストにおける検査内容として，適切なものはどれか。

ア　個々のソフトウェアユニットについて，仕様を満足していることを確認する。

イ　ソフトウェア品目の中で使用しているアルゴリズムの妥当性を確認する。

ウ　ソフトウェアユニット間のインタフェースが整合していることを確認する。

エ　利用者に提供するという視点で，システムが要求を満足していることを確認する。

（平成24年秋 基本情報技術者試験 午前 問49）

解説

運用テストは，システム開発の最終段階で行う，運用を想定したテストです。利用者に提供するという視点で，システムが要求を満足していることを確認します。したがって，**エ**が正解です。

ア　ソフトウェアユニットのテスト（単体テスト）の検査内容です。

イ　妥当性確認テストで確認する内容です。

ウ　ソフトウェア統合テスト（結合テスト）で確認する内容です。

≪解答≫エ

覚えよう！

□　**ソフトウェアの受入れは，取得者が主体になって行い，開発者はそれを支援する**

4-1-6 保守・廃棄

保守では，問題の発生や改善，機能拡張要求などへの対応として，現行ソフトウェアの修正や変更を行います。廃棄では，システムやソフトウェアを起動不能や解体などによって最終の状態にします。

保守

保守はバグや不具合の修正（**是正保守**）だけとは限りません。ソフトウェア保守の形態には，日々のチェックを行う**日常点検**や，定期的に行う**定期保守**があります。また，障害や不具合などが起こる前に行う**予防保守**と，起こった後に行う**事後保守**にも分類できます。予防的に改良を加えて完全にする完全化保守，システムの変化に適応させる適応保守を行うこともあります。さらに，修理を現場で行う**オンサイト保守**と，ほかの場所から行う**遠隔保守**にも分けられます。

修正の実施

保守を行うときには，不具合の修正についてコストが発生します。あらかじめ予算を想定して，早めに対処することが大切です。

それでは，次の問題を考えてみましょう。

問題

条件に従うとき，アプリケーションプログラムの初年度の修正費用の期待値は，何万円か。

〔条件〕

(1) プログラム規模：2,000kステップ
(2) プログラムの潜在不良率：0.04件／kステップ
(3) 潜在不良の年間発見率：20%／年
(4) 発見した不良の分類
影響度大の不良：20%，影響度小の不良：80%
(5) 不良1件当たりの修正費用
影響度大の不良：200万円，影響度小の不良：50万円
(6) 初年度は影響度大の不良だけを修正する

ア 640　イ 1,280　ウ 1,600　エ 6,400

（平成31年春 基本情報技術者試験 午前 問49）

解説

〔条件〕をもとに，アプリケーションプログラムの初年度の修正費用の期待値を求めます。プログラム規模が2,000kステップで，プログラムの潜在不良率が0.04件／kステップ，潜在不良の年間発見率：20%／年なので，初年度に発見される潜在不良は，次の式で計算できます。

2,000[kステップ]×0.04[件／kステップ]×0.2＝16[件]

発見した不良を影響度大の不良が20%，影響度小の不良が80%で分類し，「初年度は影響度大の不良だけを修正する」とあるので，影響度大の不良を1件当たり200万円で修正すると，修正費用の期待値は次のとおりです。

16[件]×0.2×200[万円/件]=640[万円]

したがって，**ア**が正解です。

≪解答≫ア

廃棄

廃棄は，システムまたはソフトウェア実体の存在を終了させるプロセスです。廃棄では，システムもしくはソフトウェアを最終の状態にし，廃棄しても運用に支障のない状態にして，起動不能にしたり，解体したり，取り除いたりします。組織の運用の完整性（完全に整っている状態，integrity）を保ちながら，システムの既存ソフトウェア製品またはソフトウェアサービスを廃止にすることが目標です。

覚えよう！

- □ **障害後の事後保守だけでなく，事前に行う予防保守もある**

4-2 ソフトウェア開発管理技術

ソフトウェア開発のプロセスや手法には様々なものがあります。ソフトウェア開発では，知的財産権の適用管理や，開発環境の管理，構成管理・変更管理などの管理技術についても必要になります。

4-2-1 開発プロセス・手法

開発プロセスの代表的なものには，ウォーターフォールモデルなど従来の構造化手法を中心とした開発モデルと，アジャイルなどのオブジェクト指向を中心とした開発モデルがあります。

ソフトウェア開発モデル

ソフトウェア開発の効率化や品質向上のために用いられるのがソフトウェア開発モデルです。代表的なものを以下に挙げます。

①ウォーターフォールモデル

最も一般的な，古くからある開発モデルです。開発プロジェクトを時系列に，「要件定義」「設計」「プログラミング」「テスト」というかたちでいくつかの作業工程に分解し，それを順番に進めていきます。なるべく後戻りしないように，各工程の最後にレビューを行うなどして信頼性を上げます。

②プロトタイピングモデル

開発の早い段階で試作品となる**プロトタイプ**を作成します。それをユーザが確認し評価することで，システムの仕様を確定していく方法です。

③スパイラルモデル

システム全体をいくつかの部分に分け，分割した単位で開発のサイクルを繰り返します。発展形として，オブジェクト指向開発において，分析と設計，プログラミングを何度か行き来しながらトライアンドエラーで完成させていくラウンドトリップという手法もあります。

勉強のコツ

ソフトウェア開発プロセスや開発管理技術には，こうすれば完璧という「正解」はありません。開発する内容や状況に合わせて，現実的に最適な方式を使用していくのです。そのため，この分野のポイントは，「いろいろな手法があるんだな」ということと，それぞれの手法の基本的な考え方を理解することです。

過去問題をチェック

ソフトウェア開発モデルについて，基本情報技術者試験では次の出題があります。

【ウォーターフォールモデル】
- 平成21年春午前問45
- 平成21年秋午前問49
- 平成23年秋午前問50

【プロトタイプ】
- 平成22年春午前問50

【スパイラルモデル】
- 平成23年秋午前問50

④アジャイル

迅速に無駄なくソフトウェア開発を行う手法の総称です。代表的な手法にXP（eXtreme Programming）やスクラムがあります。

⑤段階的モデル（Incremental Model）

大きなシステムをいくつかの独立性の高いサブシステムに分け，そのサブシステムごとに開発，リリースしていく手法です。段階的にリリースするので，すべての機能がそろっていなくてもシステムの動作を確認できます。

⑥進展的モデル（Evolutionary Model）

開発プロセスの一連の作業を複数回繰り返し行います。要求に従ってソフトウェアを作成してその出来を評価し，改訂された要求に従って再度ソフトウェアを作成する，という作業を繰り返します。成長モデル，進化型モデルともいいます。

⑦DevOps

開発担当者と運用担当者が連携して協力する開発手法です。開発（Development）と運用（Operations）の合成語です。

⑧MLOps

AIで使用される機械学習モデルをビジネス適用するために，必要な開発や運用，及び分析を効率化するための手法です。機械学習（ML：Machine Learning）と運用（Operations）の合成語です。

■アジャイル

アジャイルは，迅速かつ適応的にソフトウェア開発を行う軽量な開発手法で，従来の開発手法とは考え方に違いがあります。特に価値については，アジャイルソフトウェア開発宣言で次のように表されています。

4

> プロセスやツールよりも個人と対話を
> 包括的なドキュメントよりも動くソフトウェアを
> 契約交渉よりも顧客との協調を
> 計画に従うことよりも変化への対応を

アジャイル開発の代表的な手法には次のものがあります。

①XP（エクストリームプログラミング）

事前計画よりも柔軟性を重視する，難易度の高い開発や状況が刻々と変わるような開発に適した手法です。

XPでは，「コミュニケーション」「シンプル」「フィードバック」「勇気」「尊重」の5つに価値が置かれます。その価値の下に，いくつかのプラクティス（習慣，実践）が定められています。代表的なプラクティスには，次のようなものがあります。

●イテレーション

アジャイル開発を繰り返す単位です。短いサイクルで繰り返すことで，反復し，柔軟に対処しながら開発を行います。

●ペアプログラミング

2人1組で実装を行い，1人がコードを書き，もう1人がそれをチェックしナビゲートするという手法です。2人のペアを変えながら開発を行うことで，コミュニケーションを円滑にします。教育的な効果もあります。

●テスト駆動開発（Test-Driven Development：TDD）

実装より先にテストを作成します。

●リファクタリング

完成済のコードを，動作を変更させずに改善します。

●継続的インテグレーション（Continuous Integration：CI）

品質改善や納期短縮のための習慣です。開発者がソースコードの変更を頻繁にリポジトリに登録し，ビルドとテストを定期的に実行することで，テストの効率化や段階的な機能追加を実現できます。

●バーンダウンチャート

時間と作業量の関係をグラフ化したものです。プロジェクトの状況を可視化することができます。

●レトロスペクティブ（ふりかえり）

イテレーションごとにチームの作業方法を見返し，作業を改善していく手法です。

それでは，次の問題を考えてみましょう。

問題

XP（eXtreme Programming）において，プラクティスとして提唱されているものはどれか。

ア　インスペクション　　イ　構造化設計

ウ　ペアプログラミング　　エ　ユースケースの活用

（令和元年秋 基本情報技術者試験 午前 問50）

解説

XP（eXtreme Programming）は，事前計画よりも柔軟性を重視する，難易度の高い開発や状況が刻々と変わるような開発に適した手法です。XPにおいて，プラクティスとして提唱されているものに，ペアプログラミングがあります。2人1組で実装を行い，1人がコードを書き，もう1人がそれをチェックしナビゲートするという手法です。したがって，**ウ**が正解です。

ア　インスペクションは，成果物に対して，実際に動作させず人間の目で検証するレビュー手法です。

イ　構造化設計は，ウォーターフォールモデルで使用される設計手法です。

エ　ユースケースは，利用者の利用方法を表現する手法で，要求分析などで用いられます。プラクティスとして提唱されてはいません。

≪解答≫ウ

②スクラム

開発チームが一体となって，共通のゴールに向けて働くことを目的とした方法論です。プロジェクトの途中で，顧客が要求や必要事項を変えられるということを想定しています。スクラムの特徴としては，次のものがあります。

スクラムでは，次の3つの役割に分けたスクラムチームを結成します。

- **プロダクトオーナー**
  作成するプロダクトに最終的に責任をもつ人
- **開発者**
  利用可能な**インクリメント**を作成する人
- **スクラムマスター**
  プロジェクトの推進に責任をもつ人

インクリメントとは，リリース可能な成果物のことです。

スクラムの工程の単位はスプリントです。スプリントの最初に**スプリントプランニング**を行い，スプリント中はデイリースクラムで毎日の進捗を確認します。スプリントの後は**レビュー**を行い，ステークホルダからフィードバックを得ます。レビュー後に**レトロスペクティブ**（ふりかえり）を行い，チームの改善に役立てます。

また，プロダクトバックログ，**スプリントバックログ**という2種類のバックログ（必要なものの一覧）を作成し，製品に必要な要素や，スプリントで実現する仕様をまとめて管理します。

それでは，次の問題を考えてみましょう。

問題

アジャイル開発手法のスクラムにおいて，開発チームの全員が1人ずつ“昨日やったこと”，“今日やること”，“障害になっていること”などを話し，全員でプロジェクトの状況を共有するイベントはどれか。

ア　スプリントプランニング　　イ　スプリントレビュー
ウ　デイリースクラム　　エ　レトロスペクティブ

（令和5年度 基本情報技術者試験 公開問題 科目A 問12）

過去問題をチェック
アジャイルについて，基本情報技術者試験では次の出題があります。
【プラクティス】
・平成30年秋午前問50
【ペアプログラミング】
・平成27年春午前問51
・平成30年春午前問50
・令和元年秋午前問50
【リファクタリング】
・平成26年春午前問50
・平成29年春午前問50
【スクラム】
・サンプル問題セット科目A問41
・令和5年度科目A問12

解説

デイリースクラムは，アジャイル開発手法のスクラムにおいて，開発チームの全員が日常的に行う短いミーティングです。“昨日やったこと”,“今日やること”,“障害になっていること”を話し合い，全員でプロジェクトの状況を共有するイベントとなります。したがって，**ウ**が正解です。

ア　スプリントプランニングは，次のスプリントで行う作業を計画することです。
イ　スプリントレビューは，スプリントの終わりに開発チームがステークホルダに成果物をデモンストレーションし，フィードバックを受けるミーティングです。
エ　レトロスペクティブは，スプリントの終わりに行われ，開発チームがそのスプリントの過程や成果，問題点などを振り返り，改善点を議論するミーティングです。

≪解答≫ウ

ローコード／ノーコード開発

専門的なコーディングの知識や経験がなくてもソフトウェアの開発が可能となる手法です。**ノーコード開発**はプログラムコードを書かずに開発する手法で，**ローコード開発**は少ないプログラムコードで開発する手法です。簡単に開発できる半面，自由度は低く，機能が制限されることがあります。

リバースエンジニアリング

既存のソフトウェアを解析して，仕様や構成部品などの情報を得ることを，**リバースエンジニアリング**といいます。オブジェクトコードをソースコードに変換する逆コンパイラや，関数の呼出関係を表現したグラフである**コールグラフ**などを使用して解析します。プログラムからUMLのクラス図などを生成することもリファクタリングです。

リバースエンジニアリングを行い，元のソフトウェア権利者の許可なくソフトウェアを開発，販売すると，元のソフトウェアの**知的財産権を侵害するおそれ**があります。また，利用許諾契約によってはリバースエンジニアリングを禁止している場合もあるので注意が必要です。

用語

リバースエンジニアリングと似た名前の用語にリファクタリングがあります。こちらは，既存のプログラムに対して，外部から見た振舞いを変更しないようにプログラムを改善することです。よりよいコードに書き換えることで，保守性の高いプログラムにすることができます。

過去問題をチェック

リバースエンジニアリングについて，基本情報技術者試験では次の出題があります。

【リバースエンジニアリング】
- 平成21年春午前問49
- 平成22年春午前問49
- 平成24年春午前問50
- 平成26年秋午前問50
- 平成27年秋午前問49
- 平成28年秋午前問50
- 平成29年秋午前問50

マッシュアップ（Mashup）

マッシュアップとは，複数の提供者による**API**（Application Programming Interface）を組み合わせることで，新しいサービスを提供する技術です。主にWebプログラミングで用いられており，複数のWebサービスのAPIを組み合わせて，あたかも1つのWebサービスのように提供します。

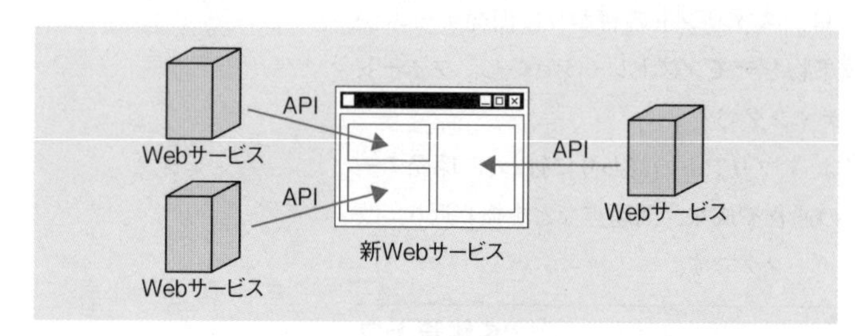

図4.6 マッシュアップのイメージ

発展

マッシュアップの具体例としては，Google Mapsの地図情報を活用し，地図を表示しながら店舗や観光地の口コミ情報を掲載するサイトなどがあります。GoogleやAmazon，Yahoo!などで公開されているAPIを用いることで，様々なWebサービスを簡単に組み合わせることができます。

プロセス成熟度

開発と保守のプロセスを評価，改善するために，システム開発組織のプロセスの成熟度をモデル化したものが**CMMI**（Capability Maturity Model Integration：能力成熟度モデル統合）です。

CMMIでは，組織を次の5段階のプロセス成熟度モデルに照らし合わせ，等級をつけて評価します。

表4.3 CMMIのレベル

レベル	段階	概要
レベル1	初期	場当たり的で秩序がない状態。成功は，担当する人員の力量に依存する
レベル2	管理された	基本的なプロジェクト管理が確実に行われる状態。反復可能
レベル3	定義された	標準の開発プロセスがあり，利用されている状態
レベル4	定量的に管理された	品質と実績のデータをもち，プロセスの実情を定量的に把握している状態
レベル5	最適化している	プロセスの状態を継続的に改善するための仕組みが備わっている状態

▶▶▶覚えよう！

- □ リファクタリングは，コードの動作を変更させずに改善すること
- □ リバースエンジニアリングで解析して仕様を知る

4-2-2 知的財産適用管理

知的財産に関する知的財産権には，著作権や産業財産権である特許権など，様々なものがあります。

著作権管理

開発するプログラムの著作権は，著作権法で保護されます。プログラムの著作権(人格権・財産権)は，契約の内容が優先されます。契約書などでの取決めがない場合には，以下のようになります。

- **個人が作成した場合**は，プログラマが著作者です。2人以上が共同で作成した場合は，**共同著作者**となります。
- 従業員が**職務で作成した場合**は，**雇用者である法人**が創作者となり，著作権をもちます。ただし，契約・勤務規則などで別途取決めがある場合は異なることもあります。
- 委託によって作成された場合は，何も取決めがなければ，**作成者(受託者)**が著作権をもちます。そのため，契約などで受託者から委託者へ著作権の移転が行われるケースが多く見られます。プログラムを外注する際は注意が必要です。

特許管理

ソフトウェア開発工程で発生した「発明」は，ソフトウェア特許として保護することができます。特許権を得るには，特許の出願を行って審査を受ける必要があります。

また，ソフトウェア開発時に他者のもつ特許を利用したい場合は，使用許諾を受ける必要があります。特許されている発明を実施するための権利を**実施権**といい，**専用実施権**と**通常実施権**の2種類があります。専用実施権は，ライセンスを受けた者だけが独占的に実施できる権利，通常実施権は実施するだけの権利です。

先使用権は，他人が特許を出願する前にその発明を使用していた場合に認められる権利です。他人が特許権を取得しても，その発明を継続して利用することができます。

用語

特許の実施権の許諾を受けた者がさらに第三者にその特許の実施権を許諾する権利のことをサブライセンス(再実施権)といいます。特許権者の承認を得た場合に限り，サブライセンスを許諾することが可能です。

ライセンス管理

ソフトウェア開発時に，自社が権利をもっていないソフトウェアを利用する必要がある場合には，そのライセンスを受ける必要があります。また，獲得したライセンスについては，使用実態や使用人数がライセンス契約で許された内容を超えないよう管理しなければなりません。

特許権者同士が相互に実施権を許諾する方式を，**クロスライセンス**といいます。特定の特許だけでなく，技術分野や製品分野を特定して包括的にライセンスを認め合うことを，**包括的クロスライセンス**といいます。

それでは，次の問題を考えてみましょう。

問題

包括的な特許クロスライセンスの説明として，適切なものはどれか。

ア インターネットなどでソースコードを無償公開し，誰でもソフトウェアの改良及び再配布が行えるようにすること
イ 技術分野や製品分野を特定し，その分野の特許権の使用を相互に許諾すること
ウ 自社の特許権が侵害されるのを防ぐために，相手の製造をやめさせる権利を行使すること
エ 特許登録に必要な費用を互いに分担する取決めのこと

(平成25年春 基本情報技術者試験 午前 問49)

解説

クロスライセンスとは，特許権者同士が相互に実施権を許諾する方式です。包括的クロスライセンスでは，特定の特許だけでなく，技術分野や製品分野を特定して包括的にライセンスを締結します。したがって，**イ**が正解です。

ア オープンソースライセンスの説明です。
ウ 特許権侵害行為の差し止め請求の説明です。
エ 特許共同出願時に契約書で取り決める内容です。

≪解答≫イ

技術的保護

知的財産権を確保するための技術的保護の手法には，メディアの無断複製を防止する**コピーガード**や，コンテンツの不正利用を防ぐ**DRM** (Digital Rights Management:デジタル著作権管理) などがあります。また，不正コピーが使われないように，インストール後にライセンスの登録を行う**アクティベーション**が必要なソフトウェアもあります。

覚えよう！

- □ 会社で作成したプログラムは，その会社(法人)に著作権が帰属する

4-2-3 開発環境管理

快適に効率的な開発を行うためには，開発要件に合わせて開発環境を整える必要があります。

開発環境構築

効率的な開発のためには，開発用ハードウェア，ソフトウェア，ネットワーク，シミュレータなどの開発ツールと，そのソフトウェアライセンスを準備する必要があります。また，開発環境のセキュリティも確保すべきです。さらに，組込システムなど，ソフトウェアを実行する機器に適切な開発環境がない場合には，CPUのアーキテクチャが異なる通常のPCなどで開発を行う**クロス開発**のためのツールを用意する必要があります。

管理対象

開発環境管理では，以下の管理を行います。

①開発環境稼働状況管理

開発環境を構築して準備するとともに，**コンピュータ資源の稼働状況**を適切に把握，管理する必要があります。

②設計データ管理

設計にかかわるデータの**バージョン管理**や，プロジェクトでの共有管理を行います。また，アクセス権や更新履歴を管理し，誰がいつ何の目的で利用したのか，不適切な持出しや改ざんがないかなどを管理する必要があります。

リバースエンジニアリングを行うツールを利用し，コードなどの実装内容から設計データを生成することで，設計データを最新の状態に保つことができます。

③ツール管理

開発に利用するツールやバージョンが異なると，ソフトウェアの**互換性**に問題が生じることがあります。そのため，**ソフトウェアの構成品目とバージョン**を管理し，ツールに起因するバグやセキュリティホールの発生などを抑えます。

④ライセンス管理

ライセンスの内容を理解し，定期的にインストール数と保有ライセンス数を照合確認することで，適切に使用しているかどうか確認します。

それでは，次の問題を考えてみましょう。

問題

モデリングツールを使用して，本稼働中のデータベースの定義情報からE-R図などで表現した設計書を生成する手法はどれか。

ア　コンカレントエンジニアリング
イ　ソーシャルエンジニアリング
ウ　フォワードエンジニアリング
エ　リバースエンジニアリング

（平成28年秋 基本情報技術者試験 午前 問50）

解説

既存のソフトウェアを解析して，仕様や構成部品などの情報を得ることをリバースエンジニアリングといいます。モデリングツールを使用して，本稼働中のデータベースシステムの定義情報からE-R図などで表現した設計書を生成する手法は，リバースエンジニアリングに該当します。したがって，**エ**が正解です。

ア　複数の開発プロセスを同時並行で進める手法です。
イ　人間の心理的，社会的な性質につけ込んで秘密情報を入手する手法です。
ウ　通常のシステム開発の手法で，設計内容からソフトウェアの実装を行っていくことです。

≪解答≫エ

覚えよう！

□　**リバースエンジニアリングでコードから設計を取得**

4-2-4 構成管理・変更管理

システム開発では，構成管理や変更管理，リリース管理を適切に行い，開発を支援することも大切です。

構成管理

構成管理では，プロジェクトにおいて管理するソフトウェア品目やそれらのバージョンを識別する体系を確立します。ソースコードや文書などの成果物とその変更履歴を管理し，任意のバージョンの製品を再現可能にする方法論を**SCM**（Software Configuration Management：ソフトウェア構成管理）といいます。**バージョン管理システム**はSCMのためのツールです。

ソフトウェアやその構成部品，依存関係などを一覧にしたものを，**SBOM**（Software Bill of Materials：ソフトウェア部品表）といいます。

用語
バージョン管理システムとは，ソフトウェアや文書などのファイルの変更履歴を管理するためのシステムです。「2-3-4 開発ツール」で説明しています。

それでは，次の問題を考えてみましょう。

問題

ソフトウェア開発において，構成管理に**起因しない**問題はどれか。

ア　開発者が定められた改版手続に従わずにプログラムを修正したので，今まで正しく動作していたプログラムが，不正な動作をするようになった。
イ　システムテストにおいて，単体テストレベルのバグが多発して，開発が予定どおりに進捗しない。
ウ　仕様書，設計書及びプログラムの版数が対応付けられていないので，プログラム修正時にソースプログラムを解析しないと，修正すべきプログラムが特定できない。
エ　一つのプログラムから多数の派生プログラムが作られているが，派生元のプログラムの修正が全ての派生プログラムに反映されない。

（平成28年春 基本情報技術者試験 午前 問50）

解説

構成管理では，プロジェクトにおいて管理するソフトウェア品目やそれらのバージョンを識別する体系を確立します。システムテストにおいて，単体テストレベルのバグが多発することは，単体テストがきちんと行われていなかったことが原因だと考えられます。ソフトウェア品目やバージョンとは関係がないので，構成管理に起因しない問題だと考えられます。したがって，**イ**が正解です。

ア 改版手続の問題なので，構成管理に起因します。
ウ バージョンが管理されていないことが問題なので，構成管理に起因します。
エ 更新の反映に関する内容で，構成管理で管理する内容に起因します。

≪解答≫イ

変更管理

変更管理では，対象としているソフトウェア品目について，状況や履歴を管理し文書化します。また，そのソフトウェア品目の機能的及び物理的な完全性を保証する必要があります。そして，リリース管理を行い，ソフトウェアやそれに関連する文書の新しいバージョンを出荷します。ソフトウェアのソースコードや文書は，開発後もソフトウェアの寿命がある間は保守しなければなりません。

▸▸▸覚えよう！

□ **構成管理では，ソフトウェアの成果物や変更履歴を管理**

4-3 演習問題

問1 UMLで相互作用を時系列に表す図 CHECK ▶ □□□

UML2.5において，オブジェクト間の相互作用を時系列に表す図はどれか。

ア アクティビティ図　　イ コンポーネント図
ウ シーケンス図　　エ 状態遷移図

問2 ユーザーから見えなくすること CHECK ▶ □□□

オブジェクト指向プログラムにおいて，データとメソッドを一つにまとめ，オブジェクトの実装の詳細をユーザから見えなくすることを何と呼ぶか。

ア インスタンス　　イ カプセル化　　ウ クラスタ化　　エ 抽象化

問3 流れ図の初期値 CHECK ▶ □□□

次の流れ図において，

①→②→③→⑤→②→③→④→②→⑥

の順に実行させるために，①においてmとnに与えるべき初期値aとbの関係はどれか。ここで，a，bはともに正の整数とする。

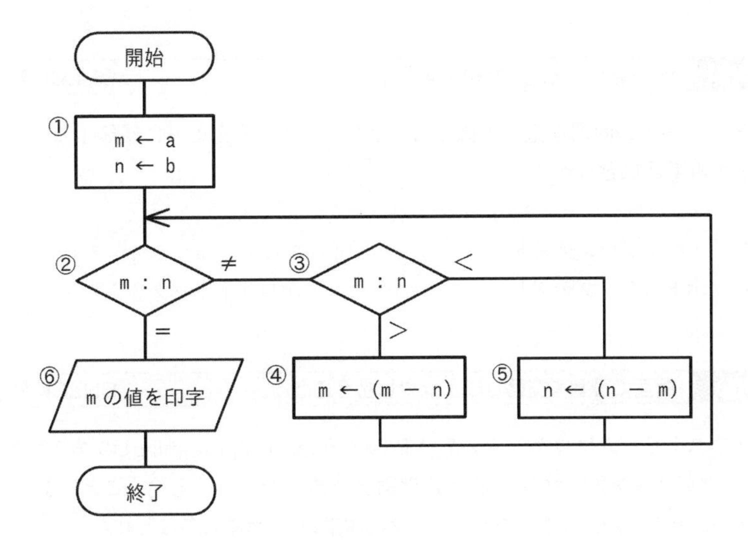

ア　a = 2b　　イ　2a = b　　ウ　2a = 3b　　エ　3a = 2b

問4 エラー埋込法のエラー数の関係 CHECK ▶ □□□

エラー埋込法において，埋め込まれたエラー数をS，埋め込まれたエラーのうち発見されたエラー数をm，埋め込まれたエラーを含まないテスト開始前の潜在エラー数をT，発見された総エラー数をnとしたとき，S，T，m，nの関係を表す式はどれか。

ア $\frac{m}{S} = \frac{n-m}{T}$　　イ $\frac{m}{S} = \frac{T}{n-m}$

ウ $\frac{m}{S} = \frac{n}{T}$　　エ $\frac{m}{S} = \frac{T}{n}$

問5 内部構造を考慮しないテスト CHECK ▶ □□□

モジュールの内部構造を考慮することなく，仕様書どおりに機能するかどうかをテストする手法はどれか。

ア トップダウンテスト　　イ ブラックボックステスト

ウ ボトムアップテスト　　エ ホワイトボックステスト

問6 相互に役割を交替しチェックし合うこと CHECK ▶ □□□

エクストリームプログラミング（XP：eXtreme Programming）のプラクティスのうち，プログラム開発において，相互に役割を交替し，チェックし合うことによって，コミュニケーションを円滑にし，プログラムの品質向上を図るものはどれか。

ア 計画ゲーム　　イ コーディング標準

ウ テスト駆動開発　　エ ペアプログラミング

問7 スクラムにおけるスプリントのルール CHECK ▶ □□□

アジャイル開発のスクラムにおけるスプリントのルールのうち，適切なものはどれか。

ア　スプリントの期間を決定したら，スプリントの1回目には要件定義工程を，2回目には設計工程を，3回目にはコード作成工程を，4回目にはテスト工程をそれぞれ割り当てる。
イ　成果物の内容を確認するスプリントレビューを，スプリントの期間の中間時点で実施する。
ウ　プロジェクトで設定したスプリントの期間でリリース判断が可能なプロダクトインクリメントができるように，スプリントゴールを設定する。
エ　毎回のスプリントプランニングにおいて，スプリントの期間をゴールの難易度に応じて，1週間から1か月までの範囲に設定する。

問8 構成管理の対象項目 CHECK ▶ □□□

ソフトウェア開発プロジェクトで行う構成管理の対象項目として，適切なものはどれか。

ア　開発作業の進捗状況　　イ　成果物に対するレビューの実施結果
ウ　プログラムのバージョン　　エ　プロジェクト組織の編成

4

演習問題の解答

問1 （平成29年秋 基本情報技術者試験 午前 問46改）

《解答》ウ

UML2.5において，オブジェクト間の相互作用を表す図には，シーケンス図とコミュニケーション図があります。このうち，時系列で表現する図はシーケンス図となります。したがって，**ウ**が正解です。

ア 一連の処理における制御の流れを表現する図です。

イ 構造を表す図で，システムを構成する部品を表現します。

エ オブジェクトの状態変化を表現する図です。UML2.5では，ステートマシン図となります。

問2 （基本情報技術者試験（科目A試験）サンプル問題セット 問38）

《解答》イ

オブジェクト指向プログラムでは，データとメソッドを1つにまとめてクラスにします。クラスのデータやメソッドにアクセス権を設定し，オブジェクトの実装の詳細をユーザから見えなくすることを，カプセル化といいます。したがって，**イ**が正解です。

ア インスタンスは，クラスで定義したデータ型を実体化して使えるようにしたものです。

ウ クラスタ化はオブジェクト指向の用語ではなく，複数のサーバなどを1つの集合にして全体として稼働させることです。

エ 抽象化は，具体的な概念を抽象的に表現することです。継承で，スーパークラスを作成するときに用いられます。

問3 （令和５年度 基本情報技術者試験 公開問題 科目A 問11）

《解答》エ

図の流れ図を順に実行させながら，初期値aとbがどのようになるのかをトレースすると，次のようになります。

① mの値：a，nの値：b

② 次に③に行く必要があるため，m≠n，つまりa≠bとなる。

③ 次に⑤に行く必要があるため，m＜n，つまりa＜bとなる。

⑤ mの値：a，nの値：b−a

② 次に③に行く必要があるため，m≠n，つまりa≠b−aとなる。

③ 次に④に行く必要があるため，m＞n，つまりa＞b−aとなる。

④　mの値：2a－b，nの値：b－a
②　次に⑥に行く必要があるため，m=n，つまり2a－b=b－aとなる。
⑥　終了。このときにmの値2a－bが印字される。

最後でmとnが等しくなるため，次の条件を満たす必要があります。

2a－b=b－a

3a=2b

したがって，**エ**が正解です。

問4
(令和元年秋 基本情報技術者試験 午前 問47)

《解答》ア

エラー埋込法においては，エラーを埋め込んで，埋め込まれたエラーの発見数から，エラーの発見割合を見積もります。埋め込まれたエラー数をS，埋め込まれたエラーのうち発見されたエラー数をmとすると，$\frac{m}{S}$がエラーの発見割合です。潜在エラー数をT，発見された総エラー数をnとしたとき，発見された潜在エラー数は，埋め込まれたエラーを除くとn－mとなります。発見割合は$\frac{n-m}{T}$となり，埋込エラーの発見割合$\frac{m}{S}$と等しくなります。したがって，**ア**が正解です。

問5
(基本情報技術者試験(科目A試験)サンプル問題セット 問40)

《解答》イ

テストの手法のうち，モジュールの内部構造を考慮することなく，外部から見て仕様書どおりの機能をもつかどうかをテストする手法は，ブラックボックステストといいます。したがって，**イ**が正解です。

ア　トップダウンで，最初に全体をテストしてから徐々に詳細化して行うテストです。
ウ　ボトムアップで，最初にモジュール1つ1つをテストしてから順に結合して行うテストです。
エ　モジュールの内部構造を考慮して行うテストです。

問6
(平成30年春 基本情報技術者試験 午前 問50)

《解答》エ

エクストリームプログラミングのプラクティスに，2人1組で実装を行い，1人がコードを書き，もう1人がそれをチェックしナビゲートするペアプログラミングという手法があります。相互に役割を交替し，チェックし合うことによって，コミュニケーションを円滑にし，プログラムの品質向上を図ることができます。したがって，**エ**が正解です。

ア　計画ゲーム（Planning Game）は，徐々に作業を計画することです。

イ　コーディング標準（Coding Standards）は，プログラミングの指針となる標準を定めたものです。

ウ　テスト駆動開発（Test-Driven Development：TDD）は，実装より先にテストを作成する手法です。

問7　（基本情報技術者試験（科目Ａ試験）サンプル問題セット 問41）

《解答》ウ

アジャイル開発のスクラムとは，開発チームが一体となって，共通のゴールに向けて働くことを目的とした方法論です。スクラムの工程の単位がスプリントです。プロジェクトで設定したスプリントの期間でリリース判断が可能なプロダクトインクリメント（成果物）ができるように，スプリントゴールを設定します。したがって，**ウ**が正解です。

ア　スプリントの1期間で，ひととおりの工程を実施します。

イ　スプリントレビューは，スプリントの終了後に行います。

エ　スプリントの期間は一定にし，スプリントゴールを調整します。

問8　（平成24年春 基本情報技術者試験 午前 問51）

《解答》ウ

ソフトウェア開発プロジェクトで行う構成管理とは，プロジェクトにおいて管理するソフトウェア品目やそれらのバージョンを識別する体系を確立することです。対象項目としては，プログラムのバージョンとなります。したがって，**ウ**が正解です。

ア　進捗管理（プロジェクトスケジュールマネジメント）で管理する内容です。

イ　プロジェクト品質マネジメントで管理する内容です。

エ　プロジェクト資源マネジメントで管理する内容です。

第5章

プロジェクトマネジメント

この章から，マネジメント系の分野です。
本章では，開発プロジェクトを中心としたプロジェクトマネジメントの手法について学びます。
分野は，「プロジェクトマネジメント」の1つだけです。PMBOKで取り上げられているツールや方法論を中心に，プロジェクトを成功させるために必要な様々な考え方について取り上げます。手薄になりがちな分野ですが，覚えることも少なく，考え方を理解すると確実な得点源になります。それぞれの領域の目的をしっかり押さえておきましょう。

5-1 プロジェクトマネジメント

プロジェクトマネジメントでは，毎回異なるプロジェクトを無事完了させるために，プロジェクトマネージャが様々な行動をする必要があります。そのときに活用できる方法が，PMBOKにまとめられています。

5-1-1 プロジェクトマネジメント

プロジェクトマネジメントでは，プロジェクトの目標を達成するために，PDCAマネジメントサイクルで管理します。PMBOKをベストプラクティスとして，目の前のプロジェクトにテーラリングしていきます。

勉強のコツ

プロジェクトマネジメントのベストプラクティス集であるPMBOKには，実際の現場での経験則が詰まっています。そのため，プロジェクトで働いた経験があれば，理解しやすい分野です。PMBOKに出てくる様々なプロジェクトマネジメントの手法についての知識が出題の中心なので，用語を中心に理解しておきましょう。

プロジェクトとは

プロジェクトとは，目標達成のために行う有期の活動です。つまり，定常的な業務と異なり，そのプロジェクトならではの独自性をもち，ゴールがあります。そして，有期性（明確な始まりと終わりがあること）もプロジェクトの特徴です。プロジェクトが終わりになるのは，プロジェクト目標が達成されたときか，プロジェクトが中止されたときです。

プロジェクトマネジメント

プロジェクトマネジメントとは，プロジェクトの要求事項を満たすため，知識，スキル，ツール及び技法をプロジェクト活動に適用することです。プロジェクトの目標を達成するために，計画し（Plan），計画どおりに作業を進め（Do），計画と実績の差異を検証し（Check），差異の原因に対する処置を行う（Act），PDCAマネジメントサイクルで管理します。

発展

テーラリングは，PMBOK第7版で重視されており，シラバスVer9.0で追加された言葉です。プロジェクトの状況に合わせて，慎重に適合させていくことが求められます。

プロジェクトマネジメントのアプローチやプロセスなどを目の前のタスクに適応させるテーラリングを実施し，適切なツールや技法を決めます。ステークホルダ（利害関係者）のニーズと期待に応えつつ，競合する要求のバランスを取ります。プロジェクトは，プロジェクトマネジメントを行うことによって，組織が意図する成果を創造するのです。

用語

ステークホルダとは，直接／間接的に利害関係をもつ人全体のことです。取引先やスポンサー，顧客，従業員などはすべてステークホルダです。詳細は「5-1-3 プロジェクトのステークホルダ」で取り上げています。

PMBOK

プロジェクトマネジメントの専門家が,「実務でこうすればプロジェクト成功の可能性が高くなる」という方法論やスキルなどを集めて作成された標準が**PMBOK**(Project Management Body of Knowledge:プロジェクトマネジメント知識体系)です。プロジェクトマネジメントの原理・原則を明らかにし,業界や場所,規模などを問わず適用されます。

プロジェクトマネジメントのコミュニティにとって最も重要と特定された4つの価値は,**責任・尊重・公正・誠実**です。PMBOKでは,プロジェクトの成果を実現するために,次の8個のパフォーマンス領域を特定しています。

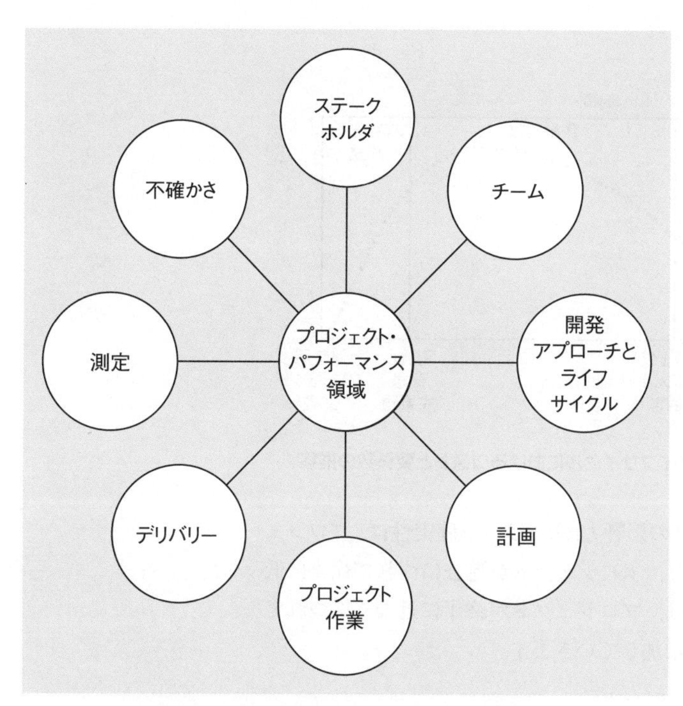

図5.1 プロジェクト・パフォーマンス領域

PMBOK第6版までは,プロジェクトマネジメントで使用されていたプロセスの実施について記載されていました。第7版ではまったく異なり,プロジェクトチームが使用するアプローチに関係なく,成果を達成することに重点が置かれています。プロジェ

参考

PMBOKの最新版は,2021年に改訂された第7版です。第7版は,プロセス中心ではなく"原理・原則"中心になり,大幅にコンパクトになっています。また,プロジェクトマネジメントの標準規格として,JIS Q 21500:2018(プロジェクトマネジメントの手引)があります。こちらはPMBOKの内容とほぼ同じですが,包括的な概念について記述されています。

参考

プロジェクトマネジメントを行うためには,プロジェクトマネジメントの知識以外にも必要とされる知識がたくさんあります。**人間関係のスキル**や**マネジメントする分野の知識**などはその代表例です。PMBOKは,それらの知識は必要であるという前提で,プロジェクトマネジメントに関する知識だけがまとめられたものになります。

クト・パフォーマンス領域は，プロジェクトの成果の効果的な提供に不可欠なものです。

プロジェクトライフサイクル

プロジェクトライフサイクルとは，プロジェクトのフェーズ（段階）の集合です。プロジェクトの規模や複雑さは様々ですが，ライフサイクルはプロジェクト開始，組織編成と準備，作業実施，プロジェクト終結の4段階で表現することができます。また，プロジェクトライフサイクルにおける典型的なコストと要員数は，**プロジェクト開始時に少なく，作業を実行するにつれて頂点に達し，プロジェクトが終了に近づくと急激に落ち込む**，次の図のように推移します。

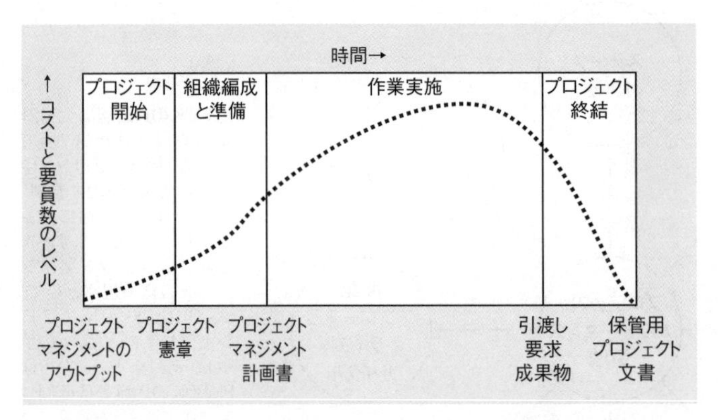

図5.2 プロジェクトライフサイクルにおけるコストと要員数の推移

また，ステークホルダの影響力，リスク，不確実性は，プロジェクト開始時に最大であり，プロジェクトが進むにつれて徐々に低下します。変更コストは，プロジェクトが終了に近づくにつれて次の図のように大幅に増加していきます。

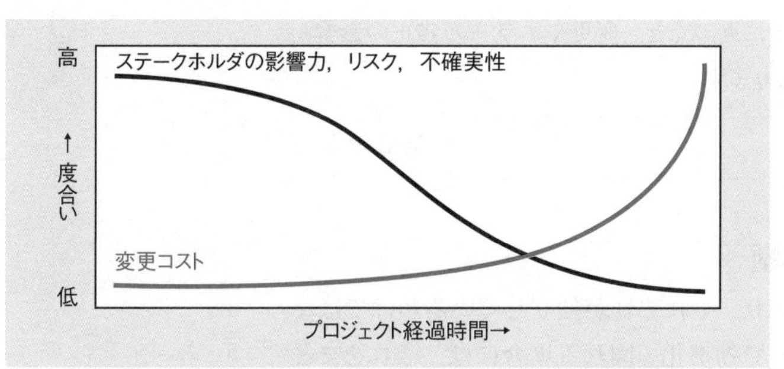

図5.3 ステークホルダの関わり方と変更コストの推移

それでは，次の問題を考えてみましょう。

問題

プロジェクトライフサイクルの一般的な特性はどれか。

ア 開発要員数は，プロジェクト開始時が最多であり，プロジェクトが進むにつれて減少し，完了に近づくと再度増加する。
イ ステークホルダがコストを変えずにプロジェクトの成果物に対して及ぼすことができる影響の度合いは，プロジェクト完了直前が最も大きくなる。
ウ プロジェクトが完了に近づくほど，変更やエラーの修正がプロジェクトに影響する度合いは小さくなる。
エ リスクは，プロジェクトが完了に近づくにつれて減少する。

(基本情報技術者試験(科目A試験)サンプル問題セット 問42)

過去問題をチェック

プロジェクトやプロジェクトマネジメント全体について，基本情報技術者試験では次の出題があります。

【プロジェクトの特性】
・平成25年秋午前問51
【PDCAサイクル】
・平成26年春午前問51
【プロジェクトライフサイクル】
・サンプル問題セット科目A問42

解説

プロジェクトライフサイクルとは，プロジェクトのフェーズの集合です。プロジェクトライフサイクルにおける一般的な特性では，リスクは，プロジェクト開始時に最大であり，プロジェクトが進むにつれて徐々に減少します。したがって，**エ**が正解です。

ア 必要な開発要員数はプロジェクト開始時に少なく，作業を実行するにつれて増加し，プロジェクトが終了に近づくと急激に減少します。
イ 影響の度合いは，プロジェクト開始直後が最も大きくなります。

ウ プロジェクトが完了に近づくと，変更やエラーの修正の影響の度合いは大きくなります。

≪解答≫エ

プロジェクトの体制

プロジェクトが複数あり，それぞれが独立しているわけではなく，一緒に管理することで効率化を図れる場合には，それをまとめて**プログラム**という単位にします。複数のプロジェクトを合わせてプログラムとして管理することを**プログラムマネジメント**といいます。1つのプロジェクトを管理する人が**プロジェクトマネージャ**，関連する複数のプロジェクトを調整して管理するのが**プログラムマネージャ**です。

また，複数のプロジェクトやプログラムを一元的にマネジメントし，全体として最適化を図る役割を担う部署のことを**PMO**(Project Management Office)といいます。PMOでは，プロジェクトに関するプロセスを標準化し，ツールや技法などをプロジェクトと共有します。

▶▶▶覚えよう！

- □ **プロジェクトは有期性と独自性をもった活動**
- □ **プロジェクトの必要人員は，途中の作業実施時が最も多い**

5-1-2 プロジェクトの統合

プロジェクトの統合での目的は，プロジェクトマネジメント活動を統合的に管理，調整することです。プロジェクトの定義や統一，調整など，必要なプロセスを実施します。

統合の対象群が含むプロセス

プロジェクトの統合に関する対象群は，プロジェクトに関連する様々な活動及びプロセスを特定し，定義し，組み合わせ，一体化し，調整し，管理し，更に終結させるプロセスです。

プロジェクト憲章の作成，プロジェクト全体計画の作成，プロジェクト作業の指揮，プロジェクト作業の管理，変更の管理，プロジェクトフェーズまたはプロジェクトの終結，得た教訓の収集のプロセスがあります。

個々のプロセスは相互に関係しているので，その中で競合する目標と代替案などのトレードオフを行い，相互依存関係のマネジメントを実施します。

用語

トレードオフとは，一方を追求すれば他方を犠牲にせざるを得ないという状態／関係です。プロジェクトマネジメントでは，トレードオフを調整することが，様々な場面で求められます。

プロジェクト憲章

プロジェクト憲章は，プロジェクトやフェーズを公式に認可する文書です。プロジェクト立ち上げ時に実行される，**ステークホルダ**のニーズと期待を満足させる初期の要求事項を文書化するプロセスが，プロジェクト憲章の作成です。

プロジェクト憲章には，次のような内容が記述されます。

- **プロジェクトの目的や妥当性**
- **測定可能なプロジェクト目標とその成功基準**
- **予算，スケジュールなどの概要**

プロジェクトやフェーズの終結

プロジェクトを公式に終了するためにすべてのプロジェクトマネジメントプロセス群のすべてのアクティビティを完結するプロセスが，プロジェクトやフェーズの終結です。プロジェクトマネージャは，すべての作業が完了し，その目標を達成したことを確認します。

▶▶▶ 覚えよう！

□ プロジェクト憲章でプロジェクトは正式に認可される

5-1-3 プロジェクトのステークホルダ

ステークホルダに関するプロセスでは，プロジェクトに影響を受けるか，あるいは影響を及ぼす個人，グループまたは組織を明らかにします。

ステークホルダ

ステークホルダ(利害関係者)とは，プロジェクトに積極的に関与しているか，またはプロジェクトの実行や完了によって利益にプラスまたはマイナスの影響を受ける個人や組織です。具体的には，顧客やユーザ，スポンサー，プロジェクトチームのメンバ，メンバが所属する組織，商品の納入を行う業者などです。

それでは，次の問題を考えてみましょう。

問題

プロジェクトに関わるステークホルダの説明のうち，適切なものはどれか。

ア　組織の内部に属しており，組織の外部にいることはない。
イ　プロジェクトに直接参加し，間接的な関与にとどまることはない。
ウ　プロジェクトの成果が，自らの利益になる者と不利益になる者がいる。
エ　プロジェクトマネージャのように，個人として特定できることが必要である。

(平成27年春 基本情報技術者試験 午前 問52)

解説

プロジェクトに関わるステークホルダとは，直接／間接的に利害関係をもつ人全体のことです。取引先やスポンサー，顧客，従業員などはすべてステークホルダです。そのため，プロジェクトの成果が利益になる者だけではなく，不利益になる者も含まれます。したがって，**ウ**が正解です。

ア　組織の外部にいる者も含まれます。
イ　間接的な関与だけの者も含まれます。
エ　顧客など，個人として特定できないグループも含まれます。

≪解答≫ウ

ステークホルダの対象群が含むプロセス

ステークホルダに関する対象群は，プロジェクトスポンサー，顧客及びその他のステークホルダを特定し，マネジメントするために必要なプロセスです。ステークホルダの特定，ステークホルダのマネジメントのプロセスがあります。

ステークホルダ登録簿

ステークホルダを適切に管理するため，ステークホルダの利害や環境に関する情報を文書化します。そのため，**ステークホルダ登録簿**を作成し，ステークホルダの氏名や評価情報などを記載します。

▶▶▶覚えよう！

□ ステークホルダには，顧客やメンバ，関係組織など，様々な人がいて，利害関係が対立する

5-1-4 プロジェクトのスコープ

スコープに関するプロセスでは，プロジェクトに必要な作業を過不足なく含めることが目的です。作業及び成果物のうち必要とするものだけを特定し，定義します。

スコープ

スコープとは，プロジェクトや活動の範囲です。目標，成果物，作業内容と，プロジェクトに含まれるかどうかを定義する全体的な範囲や境界を指します。

スコープの対象群が含むプロセス

プロジェクトのスコープに関する対象群は，作業及び成果物のうち必要とするものだけを特定し，定義するために必要なプロセスです。

スコープの定義，WBSの作成，活動の定義，スコープの管理のプロセスがあります。

スコープ規定書

プロジェクトスコープマネジメントでは，スコープ定義において，専門家の判断やプロダクト分析，ワークショップなどの結果を参考にしながらスコープを定義します。定義したスコープは，**スコープ規定書**に記述します。

プロジェクトスコープとクリープ

プロジェクトでは，プロジェクトスコープに従って，スコープの変更や，予定と異なるスコープになることを最小限に抑えるためコントロールする必要があります。プロジェクトのスコープは，時間の経過とともに拡大していく傾向があります。

プロジェクトスコープのクリープは，計画された範囲外の追加のタスクや要件が，変更管理プロセスを経ずに徐々にプロジェクトに組み込まれる現象です。プロジェクトのコストと期間が増大し，プロジェクトの管理を困難にする原因となります。

プロジェクトスコープのクリープを防ぐためには，明確なプロジェクト要件の定義，強力なプロジェクト管理，そして変更管理プロセスの徹底が重要です。

それでは，次の問題を考えてみましょう。

問題

プロジェクトマネジメントにおいて，目的１をもつプロセスと目的２をもつプロセスとが含まれる対象群はどれか。

〔目的〕

目的１：プロジェクトの目標，成果物，要求事項及び境界を明確にする。

目的２：プロジェクトの目標や成果物などの変更によって生じる，プロジェクトの機会となる影響を最大化し，脅威となる影響を最小化する。

ア　コミュニケーション　　　イ　スコープ
ウ　調達　　　エ　リスク

（平成31年春 基本情報技術者試験 午前 問51）

解説

目的1にある，プロジェクトの境界のことをスコープといいます。スコープの対象群のプロセスでは，プロジェクトに必要な作業を過不足なく含めることが目的です。そのため，変更管理プロセスを行い，プロジェクトの目標や成果物などの変更によって生じる，スコープの変化を最小限にします。したがって，**イ**が正解です。

ア プロジェクトのコミュニケーションでは，プロジェクト情報の生成，収集，配布，保管，検索，最終的な廃棄を適宜，適切かつ確実に行うことが目的です。

ウ プロジェクトの調達では，作業の実行に必要な資源やサービスを外部から購入，取得するために必要な契約やその管理を適切に行うことが目的です。

エ プロジェクトのリスクは，プロジェクトにマイナスとなる事象の発生確率と影響を低減することが目的です。そのため，目的2には合致していますが，目的1は含まれません。

≪解答≫イ

過去問題をチェック

スコープに関して，基本情報技術者試験では次の出題があります。

【スコープ】

・平成28年春午前問52
・平成31年春午前問51

5

WBS

WBS（Work Breakdown Structure）は，成果物を中心に，プロジェクトチームが実行する作業を階層的に要素分解したものです。WBSを使うと，プロジェクトのスコープ全体を系統立ててまとめて定義することができます。

WBSでは，上位のWBSレベルから下位のWBSレベルへと，より詳細な構成要素に分解します。最も詳細に分解した最下位のWBSを**ワークパッケージ**といいます。ワークパッケージには，実際に行う作業であるアクティビティを割り当てます。

WBSの構造は，プロジェクトライフサイクルのフェーズを要素分解の第1レベルに置く方法，主要な成果物を第1レベルに置く方法，組織単位・契約単位で分ける方法など，いろいろな形態で利用することができます。

WBSの構造は次の図のようになります。

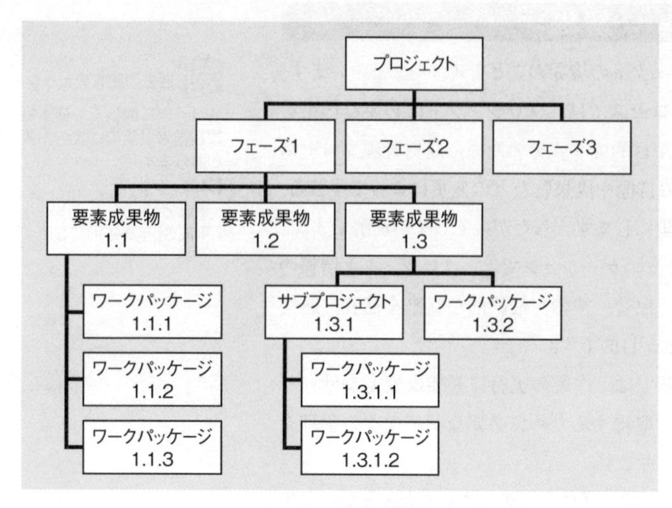

図5.4 WBSの構造

WBSは毎回一から作るのではなく，これまでのプロジェクトで作成されたWBSを参考にすることで，より効率的にプロジェクトを運営できます。過去のプロジェクトの実績に基づき，典型的な作業の階層構造や作業項目をまとめたひな形を**WBSテンプレート**といいます。WBSテンプレートを作ることで，中長期的にスケジュール作成の効率と精度を高めることができるようになります。

それでは，次の問題を考えてみましょう。

問題

ソフトウェア開発プロジェクトにおいてWBS(Work Breakdown Structure)を使用する目的として，適切なものはどれか。

ア　開発の期間と費用がトレードオフの関係にある場合に，総費用の最適化を図る。
イ　作業の順序関係を明確にして，重点管理すべきクリティカルパスを把握する。
ウ　作業の日程を横棒(バー)で表して，作業の開始や終了時点，現時点の進捗を明確にする。
エ　作業を階層的に詳細化して，管理可能な大きさに細分化する。

(平成30年秋 基本情報技術者試験 午前 問51)

解説

WBS (Work Breakdown Structure)は，成果物を中心に，プロジェクトチームが実行する作業を階層的に要素分解したものです。WBSを使うと，プロジェクトの作業を階層的に詳細化して，管理可能な大きさに細分化することができます。したがって，エが正解です。

ア　EVM (Earned Value Management)を使用する目的に該当します。
イ　アローダイアグラムを使用する目的です。
ウ　ガントチャートを使用する目的です。

≪解答≫エ

過去問題をチェック
WBSについて，基本情報技術者試験では次の出題があります。
【WBS】
・平成22年秋午前問51
・平成24年秋午前問51
・平成25年春午前問51
・平成25年秋午前問52
・平成26年春午前問52
・平成26年秋午前問51
・平成27年春午前問53
・平成28年春午前問51
・平成30年秋午前問51

▶▶▶覚えよう！

☐　**スコープはプロジェクトに必要なものを過不足なく定義**
☐　**WBSで段階的に詳細化**

5-1-5 プロジェクトの資源

プロジェクトの資源に関するプロセスは，プロジェクトチームのメンバーが各々の役割と責任を全うすることでチームとして機能し，プロジェクトの目標を達成することを目的に行われます。

資源の対象群が含むプロセス

プロジェクトの資源に関する対象群は，人員，施設，機器，材料，インフラストラクチャ，ツールなど，適切なプロジェクト資源を特定し，得るために必要なプロセスです。プロジェクトチームの編成，資源の見積り，プロジェクト組織の定義，プロジェクトチームの開発，資源の管理，プロジェクトチームのマネジメントがあります。複数のプロジェクトにまたがる資源のマネジメントについては，PMOが取り扱います。

資源の見積りでは，適切な人員を見積もります。資源を見積もる工数の単位として，1人が1日に行える作業量を**1人日**，1人が1か月で行う作業量を**1人月**といいます。

それでは，次の問題を考えてみましょう。

問題

システムを構成するプログラムの本数とプログラム１本当たりのコーディング所要工数が表のとおりであるとき，システムを95日間で開発するには少なくとも何人の要員が必要か。ここで，システムの開発にはコーディングのほかに，設計及びテストの作業が必要であり，それらの作業にはコーディング所要工数の８倍の工数が掛かるものとする。

	プログラムの本数	プログラム1本当たりのコーディング所要工数（人日）
入力処理	20	1
出力処理	10	3
計算処理	5	9

ア 8　　イ 9　　ウ 12　　エ 13

（平成31年春 基本情報技術者試験 午前 問54）

過去問題をチェック

資源に関する内容については，計算問題が中心です。基本情報技術者試験では次の出題があります。

【超過する人月数】
・平成21年秋午前問52

【追加する要員数】
・平成27年秋午前問53

【ピーク時の要員】
・平成28年秋午前問54

【必要な今後の工数】
・平成24年春午前問53

【必要な要員数】
・平成22年秋午前問53
・平成26年秋午前問54
・平成31年春午前問54

解説

表のプログラムの本数とプログラム1本当りのコーディング所要工数から，コーディングの工数を求めると，次のようになります。

入力処理：20[本]×1[人日／本]=20[人日]
出力処理：10[本]×3[人日／本]=30[人日]
計算処理：5[本]×9[人日／本]=45[人日]

合計すると，20＋30＋45＝95[人日]です。「システムの開発にはコーディングのほかに，設計及びテストの作業が必要であり，それらの作業にはコーディング所要工数の8倍の工数が掛かるものとする」とあるので，コーディング所要工数を8倍したものを足したものが全体の所要工数です。そのため，システムを95日間で開発するのに必要な人数は，次の式で計算できます。

$$\frac{95[\text{人日}] + 95[\text{人日}] \times 8}{95[\text{日}]} = 1 + 8 = 9[\text{人}]$$

したがって，**イ**が正解です。

≪解答≫イ

RAM

RAM（Responsibility Assignment Matrix：**責任分担マトリックス**）とは，プロジェクトチームのメンバの役割や責任の分担を明らかにした表です。責任分担マトリックスの表現方法の1つに，RACIチャートがあります。RACIチャートとは，R（Responsible：実行責任者），A（Accountable：説明責任者），C（Consulted：相談先），I（Informed：報告先）の4つの責任について，利害関係者の分担をマトリックス表にしたものです。

RACIチャートの例を次に示します。

表5.1　RACIチャートの例

アクティビティ	要員				
	菊池	佐藤	鈴木	田中	山下
①	R	C	A	C	C
②	R	R	I	A	C
③	R	I	A	I	I
④	R	A	C	A	I

教育技法

プロジェクトの人材育成では，知識中心ではなく，より実践的な教育技法が用いられます。代表的なものに，日常業務の中で先輩や上司が個別指導する**OJT**（On the Job Training）や，具体的な事例を取り上げて詳細に分析し，解決策を見出していく**ケーススタディ**，その応用で，制限時間内で多くの問題を処理させる**インバスケット**などがあります。

▶▶▶ 覚えよう！

☐　**1人が1か月で行える作業量が1人月**

5-1-6 プロジェクトの時間

プロジェクトの時間に関するプロセスは，プロジェクトを所定の時期に完了させることが目的です。プロジェクトだけでなく，プロジェクトに関わる要員それぞれの進捗管理も重要です。

時間の対象群が含むプロセス

プロジェクトの時間に関する対象群は，プロジェクト活動のスケジュールを立て，進捗状況を監視してスケジュールを管理するために必要なプロセスです。活動の順序付け，活動期間の見積もり，スケジュールの作成，スケジュールの管理のプロセスがあります。

アクティビティ

プロジェクトのWBSで定義されたワークパッケージを，より小さく，よりマネジメントしやすい単位に要素分解したものが**アクティビティ**です。チームメンバや専門家などと協力してアクティビティを分解し，必要なすべてのアクティビティを網羅したアクティビティリストを作成します。そして，すべて**マイルストーン**を特定し，マイルストーン・リストを作成します。さらに，アクティビティの順序関係をまとめ，プロジェクトのスケジュールをアローダイアグラムで表現します。

マイルストーンとは，プロジェクトにおいて重要な意味をもつ時点やイベントのことで，節目の工程となるものです。

スケジュールの作成方法

アクティビティごとに，資源がいつどれだけ必要になるか，作業量や期間はどの程度かを見積もり，スケジュールを作成します。

スケジュール作成の代表的な手法には以下のものがあります。

①クリティカルパス法

アクティビティの順序関係を表したアローダイアグラムから，プロジェクト完了までにかかる最長の経路である**クリティカルパス**を計算し，それを基準にそれぞれのアクティビティがプロジェクト完了を延期せずにいられる余裕がどれだけあるかを計算します。

具体的には，最初にスケジュール・ネットワークの経路の往路時間計算（**フォワードパス**）を求め，作業期間の合計が最も大きい経路をクリティカルパスとし，その期間をプロジェクト全体の所要時間とします。そして，その所要時間から逆算して復路時間計算（**バックワードパス**）を行います。フォワードパスにより，すべてのアクティビティの**最早開始日**と**最早終了日**を，バックワードパスにより**最遅開始日**と**最遅終了日**を求めることができます。

それでは，次の問題を考えてみましょう。

問題

あるプロジェクトの日程計画をアローダイアグラムで示す。クリティカルパスはどれか。

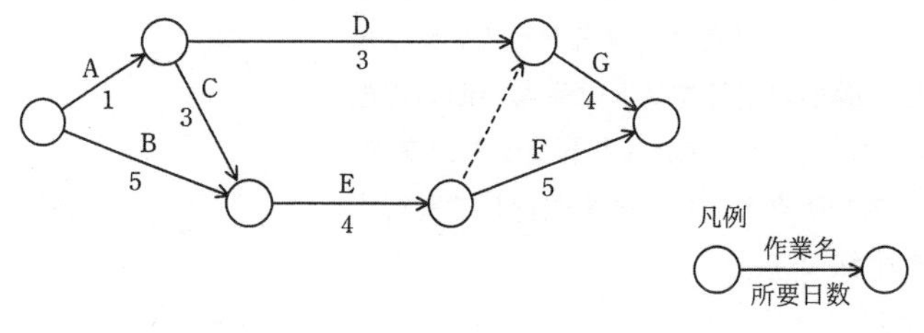

ア A, C, E, F　　イ A, D, G
ウ B, E, F　　エ B, E, G

（令和元年秋 基本情報技術者試験 午前 問52）

発展

クリティカルパス法とよく似た手法にPERT（Program Evaluation and Review Technique）があります。PERTでは，三点見積りという，時間見積りを確率的に行う方法を用いて，全体スケジュールの所要期間を計算します。PMBOKでは，三点見積りはアクティビティ所要時間見積り手法として紹介されています。

参考

クリティカルパスは，プロジェクト完了までにかかるそれぞれの経路の所要時間の合計から最長の経路を選択して求めるものです。このクリティカルパスでの所要時間が，プロジェクト全体で必要な最短の時間となります。

過去問題をチェック

クリティカルパスの計算は，出題の定番です。基本情報技術者試験では次の出題があります。

【クリティカルパス】

- 平成21年春午前問51
- 平成21年秋午前問51
- 平成24年春午前問52
- 平成26年春午前問53
- 平成26年秋午前問52
- 平成27年春午前問54
- 平成29年秋午前問53
- 平成30年秋午前問52
- 平成31年春午前問53
- 令和元年秋午前問52
- サンプル問題セット科目A問44

解説

クリティカルパスは，アローダイアグラムの始点から終点までで，作業期間の合計が最も大きい経路です。図では，B→E→Fの5＋4＋5＝14［日］が，クリティカルパスとなります。したがって，**ウ**が正解です。

ア A→C→E→Fでは，1＋3＋4＋5＝13［日］となり，クリティカルパスより少ない合計となります。

イ A→D→Gでは，1＋3＋4＝8［日］となり，クリティカルパスより少ない合計となります。

エ B→E→Gでは，5＋4＋4＝13［日］となり，クリティカルパスより少ない合計となります。

≪解答≫ウ

②クリティカルチェーン法

クリティカルパス法では，資源（人員など）に関する制限を考慮せずに計算していました。しかし実際には資源に限度があるので，その資源に合わせてクリティカルパスを修正する手法がクリティカルチェーン法です。クリティカルチェーン上にないアクティビティが遅延してもクリティカルチェーンに影響しないように，クリティカルチェーンにつながっていくアクティビティの直後に合流バッファを追加します。

参考

クリティカルチェーンを題材にした小説に『クリティカルチェーン　なぜ，プロジェクトは予定どおりに進まないのか？』（エリヤフ・ゴールドラット著／ダイヤモンド社刊）があります。プロジェクトマネジメントの方法を肌で感じられる本としておすすめです。

③スケジュール短縮手法

スケジュールの予定がスケジュール目標に間に合わない場合にスケジュールを短縮させる方法に，クラッシングとファストトラッキングがあります。クラッシングとは，コストとスケジュールのトレードオフを分析し，最小の追加コストで最大の期間短縮を実現する手法を決定することです。ファストトラッキングは，順を追って実行するフェーズやアクティビティを並行して実行するというスケジュール短縮手法です。

それでは，次の問題でクラッシングを実践してみましょう。

問題

図に示すとおりに作業を実施する予定であったが，作業Aで１日の遅れが生じた。各作業の費用増加率を表の値とするとき，当初の予定日数で終了するために掛かる増加費用を最も少なくするには，どの作業を短縮すべきか。ここで，費用増加率とは，作業を１日短縮するために要する増加費用のことである。

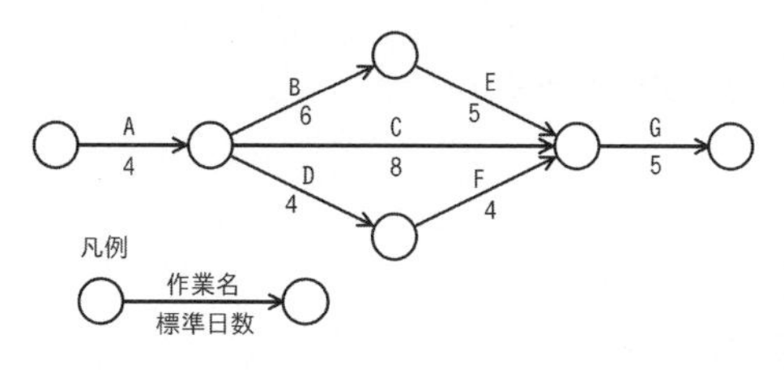

作業名	費用増加率
A	4
B	6
C	3
D	2
E	2.5
F	2.5
G	5

ア B　　イ C　　ウ D　　エ E

（令和５年度 基本情報技術者試験 公開問題 科目A 問13）

解説

図の作業工程では，クリティカルパスはA→B→E→Gで，4＋6＋5＋5で合計20日となります。作業Aの進捗の遅れを取り戻すためには，クリティカルパス上の作業B，E，Gのいずれかの工程を短縮する必要があります。

表より，費用増加率は，Eの2.5が3つの作業の中では最も少ないため，増加費用を最も少なくできます。したがって，短縮すべき作業はEとなり，エが正解です。

≪解答≫エ

過去問題をチェック

スケジュール短縮手法について，基本情報技術者試験では次の出題があります。

【クラッシング】
- 平成22年春午前問51
- 平成24年秋午前問52
- 平成28年春午前問53
- 平成28年秋午前問52
- 平成30年春午前問51

【ファストトラッキング】
- 平成23年特別午前問51

④プレシデンスダイアグラム法

プレシデンスダイアグラム法（PDM）とは，プロジェクトのアクティビティの関係を表すものです。アクティビティの依存関係には，次の4つの関係があります。

・終了－開始関係（FS：Finish to Start）

先行しているアクティビティが終了しないと，次のアクティビ

ティが開始できない関係

・**終了ー終了関係（FF：Finish to Finish）**
先行しているアクティビティが終了しないと，次のアクティビティを終了できない関係

・**開始ー開始関係（SS：Start to Start）**
先行しているアクティビティが開始しないと，次のアクティビティが開始できない関係

・**開始ー終了関係（SF：Start to Finish）**
先行しているアクティビティが開始しないと，次のアクティビティが終了できない関係

また，先行しているアクティビティに対して，次のアクティビティの開始を前倒しできる時間を**リード**，開始を遅らせることができる時間を**ラグ**といいます。

それでは，次の問題を考えてみましょう。

問題

ある会場で資格試験を実施する際のアクティビティである“受付”と“試験”の依存関係のうち，プレシデンスダイアグラム法（PDM）の開始－終了関係はどれか。

ア　受付の開始から30分経過したら，試験を開始する。
イ　受付の終了から10分経過したら，試験を開始する。
ウ　受付の終了から45分経過したら，試験を終了する。
エ　試験の開始から20分経過したら，受付を終了する。

（平成31年春 基本情報技術者試験 午前 問52）

解説

プレシデンスダイアグラム法（PDM：Precedence Diagramming Method）とは，プロジェクトのアクティビティの関係を表すものです。アクティビティの依存関係には，4つの関係があり，開始－終了関係（SF：Start to Finish）とは，先行しているアクティビティが開始しないと，次のアクティビティが終了できない関係です。

過去問題をチェック
プレシデンスダイアグラム法について，基本情報技術者試験では次の出題があります。
【プレシデンスダイアグラム法】
・平成31年春午前問52
・令和元年秋午前問51

アクティビティである“受付”と“試験”の依存関係では，受付が開始しないと，試験が終了しない関係となります。開始後のラグ20分で，試験の開始から20分経過したら，受付を終了する関係は，開始－終了関係です。したがって，**エ**が正解となります。

ア　開始－開始関係です。

イ　終了－開始関係です。

ウ　終了－終了関係です。

≪解答≫エ

ガントチャート

ガントチャートは，作業の進捗状況を表す図です。プロジェクト管理などにおいて工程管理に用いられます。縦軸でそれぞれの要素を表し，横棒で実施される期間や実施状況を色分けなどして表します。ガントチャートは，次のように一種の棒グラフのかたちで示されます。

アクティビティ	開始	終了	1	2	3	4	5	6	7	8	9
要件定義	1月	1月									
概要設計	2月	3月									
詳細設計	4月	5月									
プログラミング	6月	8月									
テスト	7月	9月									

図5.5　ガントチャートの例

▶▶▶ 覚えよう！

- □　**クリティカルパスは日程に余裕のない経路**
- □　**クラッシングでは，クリティカルパス上の作業を最小のコストで短縮**

5-1-7 プロジェクトのコスト

プロジェクトのコストに関するプロセスは，プロジェクトを決められた予算内で完了させせることを目的に行われます。プロジェクトだけでなく，プロジェクトに関わる要員それぞれのコスト管理も重要です。

コストの対象群が含むプロセス

プロジェクトのコストに関する対象群は，予算を作成し，進捗状況を監視してコストを管理するために必要なプロセスです。コストの見積もり，予算の作成，コストの管理のプロセスがあります。

コスト見積手法

代表的なコスト見積手法としては，次のものがあります。

①ファンクションポイント法（FP法）

ソフトウェアの機能（ファンクション）を基本にして，その処理内容の複雑さからファンクションポイントを算出します。帳票，画面，ファイルなどのソフトウェアの機能を洗い出し，その数を見積もります。その後，機能を次の5種類のファンクションタイプに分け，それぞれの難易度を容易・普通・複雑の3段階で評価して点数化し，それを合計して基準値とします。

ファンクション	ファンクションタイプ	容易	普通	複雑
トランザクションファンクション	外部入力（EI）	3	4	6
	外部出力（EO）	4	5	7
	外部参照（EQ）	3	4	6
データファンクション	内部論理ファイル（ILF）	7	10	15
	外部インタフェースファイル（EIF）	5	7	10

表5.2 ファンクションの評価基準の例

次に，システム特性に対してその複雑さを14の項目で0～5の6段階で評価し，それを合計して**調整値**を求めます。基準値と調整値を基に，次の式でファンクションポイントを算出します。

ファンクションポイント＝基準値×（0.65＋調整値／100）

ファンクションポイント法は，プログラミングに入る前にユーザ要件が決まり，必要な機能が見えてきた段階で見積もりが行えるという特徴があります。

②LOC法

LOC（Lines Of Code）法は，ソースコードの行数でプログラムの規模を見積もる方法です。オンライン系とバッチ系に分けて機能を洗い出します。従来からある方法ですが，担当者によって見積り規模に大きな偏差が出ることから，客観的に計算できるファンクションポイント法が普及してきました。

③COCOMO

COCOMO（Constructive Cost Model）は，ソフトウェアで予想されるソースコードの行数に，エンジニアの能力や要求の信頼性などによる補正係数をかけ合わせ，開発に必要な工数，期間などを算出します。現在は，ファンクションポイントやCMMIなどの概念を取り入れて発展させた**COCOMO Ⅱ**が提唱されています。

④三点見積法（PERT分析）

見積もりの不確実性を考慮して，コストの精度を高めます。具体的には，最も起こる可能性のある最頻値（C_M）と，最良のケースを想定した楽観値（C_O），最悪のケースを想定した悲観値（C_P）の3種類を見積もります。これらの3種類の見積りを加重平均し，次の式でコストの期待値（C_E）を求めます。

$$C_E = \frac{C_O + 4 \times C_M + C_P}{6}$$

⑤標準タスク法

標準タスク法とは，WBS（Work Breakdown Structure）に基づいて，成果物単位や処理単位に工数を見積もり，ボトムアップ的に積み上げていく方法です。ボトムアップ見積もりとも言われます。

5

それでは，次の問題を考えてみましょう。

問題

ソフトウェア開発の見積方法の一つであるファンクションポイント法の説明として，適切なものはどれか。

ア 開発規模が分かっていることを前提として，工数と工期を見積もる方法である。ビジネス分野に限らず，全分野に適用可能である。

イ 過去に経験した類似のソフトウェアについてのデータを基にして，ソフトウェアの相違点を調べ，同じ部分については過去のデータを使い，異なった部分は経験に基づいて，規模と工数を見積もる方法である。

ウ ソフトウェアの機能を入出力データ数やファイル数などによって定量的に計測し，複雑さによる調整を行って，ソフトウェア規模を見積もる方法である。

エ 単位作業項目に適用する作業量の基準値を決めておき，作業項目を単位作業項目まで分解し，基準値を適用して算出した作業量の積算で全体の作業量を見積もる方法である。

（基本情報技術者試験（科目Ａ試験）サンプル問題セット 問43）

過去問題をチェック

ソフトウェア開発の見積方法について，基本情報技術者試験では次の出題があります。

【ファンクションポイント法】
- 平成21年秋午前問53
- 平成23年特別午前問52
- 平成24年秋午前問53
- 平成25年秋午前問55
- 平成26年春午前問54
- 平成26年秋午前問53
- 平成28年秋午前問53
- 平成29年春午前問52
- 平成29年秋午前問51
- 平成30年秋午前問54
- 令和元年秋午前問53
- サンプル問題セット科目Ａ問43

【標準タスク法】
- 平成25年秋午前問54
- 平成29年秋午前問52

解説

ソフトウェア開発の見積方法のうち，ファンクションポイント法では，客観的なソフトウェアの機能（ファンクション）を基本にして，その処理内容の複雑さから見積金額を求めます。入出力データ数やファイル数などから基準値を求め，複雑さによる調整値を使用して，ファンクションポイントを算出します。したがって，ウが正解です。

ア COCOMO（Constructive Cost Model）に関する説明です。ソフトウェアで予想されるソースコードの行数などをもとに算出します。

イ 類推による見積手法に関する内容です。

エ ボトムアップでの見積手法に関する内容です。

≪解答≫ウ

EVM（Earned Value Management）

アーンドバリューマネジメント（EVM）は，予算とスケジュールの両方の観点からプロジェクトの遂行を定量的に評価するプロジェクトマネジメントの技法です。PMBOKでは，コストとスケジュールを同時に管理する手法として使われています。

アーンドバリューマネジメントでは，次の3つの値を用いて測定し，監視します。

発展

EVMの長所は，スケジュールだけでなくコストも同時に管理できる点です。そのため，スケジュールは遅れていないが残業が発生してコストがかかっているといった事象もチェックすることができます。また，定量的に管理するため，進捗がどれくらい遅れそうかという予測も立てやすくなります。

①PV（Planned Value：計画値）

遂行すべき作業に割り当てられた予算です。計画から求められます。

②EV（Earned Value：出来高）

実施した作業の価値です。完了済の作業に対して当初割り当てられていた予算を算出します。

③AC（Actual Cost：実コスト）

実施した作業のために実際に発生したコストです。実測値から求められます。

これらの3つの値を使って，次のような差異や効率指数を計算することができます。

- **SV（Schedule Variance：スケジュール差異）**
  SV＝EV－PVで，進捗の遅れをコストで表します。
  SVが＋ならスケジュールは進んでおり，－なら遅れています。
- **CV（Cost Variance：コスト差異）**
  CV＝EV－ACで，コストの超過を表します。
  CVが＋ならコストは黒字，－なら赤字です。
- **SPI（Schedule Performance Index：スケジュール効率指数）**
  SPI＝EV／PVで，進捗状況を指数で表します。
  SPI＞1なら進んでおり，SPI＜1なら遅れています。
- **CPI（Cost Performance Index：コスト効率指数）**
  CPI＝EV／ACで，コストの効率を指数で表します。
  CPI＞1なら黒字，CPI＜1ならコスト超過です。

5

プロジェクトの費用管理と進捗管理

アーンドバリューマネジメントでは，プロジェクトの進捗を更新するためにプロジェクトの状況を監視し，スケジュールに対する変更をマネジメントします。スケジュール作成で行われたクリティカルパス法などの分析により，基本と中間地点である**マイルストーン**を決定します。それを基に差異分析を行い，スケジュールを調整します。プロジェクトの費用管理と進捗管理を同時に行うため，横軸に開発期間，縦軸に予算消化率を設定してグラフ化した**トレンドチャート**を用います。

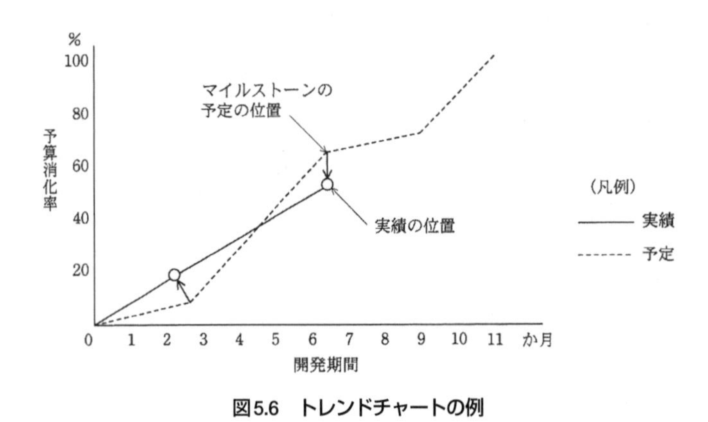

図5.6　トレンドチャートの例

それでは，次の問題を考えてみましょう。

問題

システム開発の進捗管理などに用いられるトレンドチャートの説明はどれか。

ア　作業に関与する人と責任をマトリックス状に示したもの
イ　作業日程の計画と実績を対比できるように帯状に示したもの
ウ　作業の進捗状況と，予算の消費状況を関連付けて折れ線で示したもの
エ　作業の順序や相互関係をネットワーク状に示したもの

（平成29年春 基本情報技術者試験 午前 問54）

解説

トレンドチャートとは，時間の経過に伴うデータの変化を視覚的に表現するグラフです。アーンドバリューマネジメントでの進捗管理に用いられ，作業の進捗状況と，予算の消費状況を関連付けて折れ線で示します。したがって，ウが正解です。

ア　責任分担マトリックスの説明です。

イ　ガントチャートの説明です。

エ　アクティビティ図などの説明です。

≪解答≫ウ

覚えよう！

□　帳票や画面など機能を基に見積もるファンクションポイント法

□　アーンドバリューマネジメントは進捗とコストの両方を定量的に評価

5-1-8 プロジェクトのリスク

プロジェクトのリスクに関するプロセスでは，プロジェクトに関するリスクについてマネジメントの計画，特定，分析，対応，監視・コントロール等を実施します。プロジェクトにプラスとなる事象を増加させ，マイナスとなる事象を低減することが目的です。

リスクの対象群が含むプロセス

プロジェクトのリスクに関する対象群は，脅威及び機会を特定し，マネジメントするために必要なプロセスです。リスクの特定，リスクの評価，リスクへの対応，リスクの管理のプロセスがあります。

リスクマネジメントに関しては，「3-5-2　情報セキュリティ管理」でも取り上げています。セキュリティに特化した場合でも，プロジェクト全般でも，リスクに対する考え方は同じなので，こちらも参考にしてください。

リスクの特定

リスクとは，もしそれが発生すれば，プロジェクト目標に影響を与える不確実な事象あるいは状態のことです。**将来において起こるものが対象**になります。すでに起こっていて明らかなものは課題（または問題）と呼ばれ，リスクとは区別して管理します。

リスクの特定では，可能性のあるリスクを洗い出します。リスクの情報収集方法としては，参加者が自由にアイディアを出す**ブレーンストーミング**や，専門家の間でアンケートを使用して質問を繰り返すことで合意を形成する**デルファイ法**，根本原因分析などが挙げられます。

リスクの分析

リスクの分析では，リスクの発生確率とその影響度を策定し，プロジェクトへの影響を分析します。大まかにリスクの優先順位付けを行う定性的リスク分析と，リスクの影響を数量的に分析する定量的リスク分析があります。

リスクの対応

リスクの対応では，リスク分析の結果を基に，プロジェクト目標にプラスとなる**好機**を高め，マイナスとなる**脅威**を減少させるための選択肢と方法を策定します。

プラスのリスクもしくは好機に対する戦略

- **活用**……好機が確実に到来するようにする
- **共有**……能力の高い第三者に好機の実行権を与える
- **強化**……好機の発生確率や影響力を増加させる
- **受容**……特に何もしないが，実現したときには利益を享受する

マイナスのリスクもしくは脅威に対する戦略

- **回避**……脅威を完全に取り除くために，プロジェクトマネジメント計画を変更する
- **転嫁**……脅威によるマイナスの影響や責任の一部または全部を第三者に移転する。保険，担保などの方法がある
- **軽減**……リスク事象の発生確率や影響度を減少させる
- **受容**……脅威に対して特別な対策は行わないが，状況に応じて次のような対応を取る
  能動的な受容：脅威の発生に備えて時間や資金に予備を設けるなど
  受動的な受容：何もせず，起きたときに対応する

それでは，次の問題を考えてみましょう。

問題

PMBOKによれば，プロジェクトのリスクマネジメントにおいて，脅威に対して適用できる対応戦略と好機に対して適用できる対応戦略がある。脅威に対して適用できる対応戦略はどれか。

ア　活用　　イ　強化　　ウ　共有　　エ　受容

（平成26年秋 基本情報技術者試験 午前 問55）

解説

リスクマネジメントにおいて，マイナスのリスクである脅威に対して適用できる対応戦略には，回避，転嫁，軽減，受容の4つがあります。解答群に含まれているのは受容だけとなります。したがって，エが正解です。

ア，イ，ウ　プラスのリスクである好機に対する戦略には，活用，共有，強化，受容があります。

≪解答≫エ

過去問題をチェック

リスクについて，基本情報技術者試験では次の出題があります。

【リスク識別に使用するデルファイ法】

・平成22年秋午前問54

【好機と脅威への対応】

・平成26年秋午前問55

【リスク受容（保有）】

・平成21年秋午前問60
・平成30年秋午前問58

覚えよう！

- □ リスクは，まだ起こっていないもの
- □ リスクを保険などで第三者に移すのは転嫁

5-1-9 プロジェクトの品質

プロジェクトの品質に関するプロセスの目的は，プロジェクトが取り組むニーズを満足させることです。プロジェクトでは，必要に応じて行われる継続的プロセス改善活動とともに，方針，手順を通して品質マネジメントを実施します。

品質の対象群が含むプロセス

プロジェクトの品質に関する対象群は，品質の保証及び管理を計画し，確定するために必要なプロセスです。品質の計画，品質保証の遂行，品質管理の遂行のプロセスがあります。

プロジェクト品質マネジメントのプロセス

プロジェクトの品質に関するプロセスでは，以下のことを行います。

①品質の計画

品質要求事項や品質標準を定め，プロジェクトでそれを順守するための方法を文書化します。

②品質保証の遂行

適切な品質標準と運用基準の適用を確実に行うために，品質の要求事項と品質管理測定の結果を監査します。

③品質管理の遂行

パフォーマンスを査定し，必要な変更を提案するために品質活動の実行結果を監視し，記録します。QC7つ道具や新QC7つ道具などを使用します。

関連
QC7つ道具や新QC7つ道具の具体的な内容は，「9-1-2　業務分析・データ利活用」で取り上げています。

品質管理の手法

代表的な品質管理の手法には，以下のものがあります。

①管理図

管理図は，プロセスが安定しているかどうか，またはパフォーマンスが予測どおりであるかどうかを判断するための図です。許容される上方管理限界と下方管理限界を設定します。

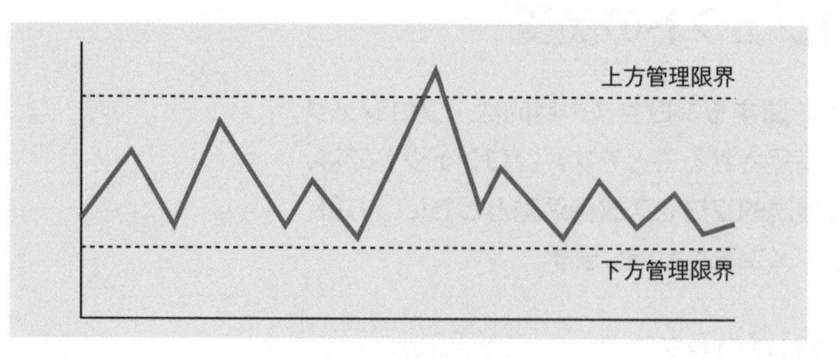

図5.7　管理図の例

②パレート分析

複数の事象などを，現れる頻度によって分類し，管理効率を高める手法です。項目別に層別して，出現頻度の高い順に並べる**パレート図**を作成して行います。

③ベンチマーク

実施中または計画中のプロジェクトを類似性の高いプロジェクトと比べることによって，ベストプラクティスを特定したり，改善策を考えたり，測定基準を設けたりすることです。

④レビュー，テスト

ウォークスルー，インスペクションなどのレビューや，段階的なテストは，品質を向上させるための大切な手法です。

⑤品質の指標の利用

JIS X 25010（ISO/IEC 25010）で定められているソフトウェア品質特性の指標は，ソフトウェア開発時の品質の指標としてよく用いられます。

それでは，次の問題を考えてみましょう。

問題

プロジェクトで発生した課題の傾向を分析するために，ステークホルダ，コスト，スケジュール，品質などの管理項目別の課題件数を棒グラフとして件数が多い順に並べ，この順で累積した課題件数を折れ線グラフとして重ね合わせた図を作成した。この図はどれか。

ア　管理図　　イ　散布図　　ウ　特性要因図　　エ　パレート図

（平成29年秋 基本情報技術者試験 午前 問54）

解説

管理項目別の課題件数を棒グラフとして件数が多い順に並べ，この順で累積した課題件数を折れ線グラフとして重ね合わせた図は，パレート図になります。パレート図はQC7つ道具の1つで，項目別に層別して，出現頻度の高い順に並べるとともに，累積和

5

関連

パレート図については，「9-1-2　業務分析・データ利活用」でQC7つ道具の1つとして取り上げています。また，レビューやソフトウェア品質については「4-1-2　設計」，テストについては「4-1-3　実装・構築」「4-1-4　統合・テスト」で説明しています。

過去問題をチェック

品質管理の手法について，基本情報技術者試験では次の出題があります。

【管理図】
- 平成23年秋午前問54

【パレート図】
- 平成21年秋午前問28
- 平成23年特別午前問54
- 平成24年春午前問74
- 平成29年秋午前問54

を示して，累積比率を折れ線グラフで表す図です。したがって，エが正解です。

ア 連続した量や数値などのデータを時系列に並べ，異常かどうかの判断基準を管理限界線として引いて管理する図です。

イ 2つの特性を横軸と縦軸とし，観測値をプロットします。相関関係や異常点を探るのに用いられます。

ウ ある特性をもたらす一連の原因を階層的に整理するものです。矢印の先に結果を記入して，因果関係を図示します。

≪解答≫エ

覚えよう！

- □ 管理限界ないか判断する管理図
- □ 出現頻度の高い順に並べるパレート図

5-1-10 プロジェクトの調達

プロジェクトの調達に関するプロセスの目的は，作業の実行に必要な資源やサービスを外部から購入，取得するために必要な契約やその管理を適切に行うことです。

調達の対象群が含むプロセス

プロジェクトの調達とは，プロジェクトの実行に必要な資源やサービスを外部から購入，取得することです。

プロジェクトの調達に関する対象群は，製品，サービスまたは結果を計画し，入手し，供給者との関係をマネジメントするために必要なプロセスです。調達の計画，供給者の選定，調達の運営管理のプロセスがあります。

それぞれのプロセスでは，次のことを行います。

①調達の計画

プロジェクト調達の意思決定を文書化し，取り組み方を明確にして，供給候補を特定します。

②供給者の選定

供給候補から回答を得て，供給者を選定し，契約を締結します。

③調達の運営管理

調達先との関係をマネジメントし，契約のパフォーマンスを監視して，必要に応じて変更と是正を行います。

関連
プロジェクトに限らない，具体的な調達の手法については，「7-2-3　調達計画・実施」で取り上げています。

▶▶▶覚えよう！

□　**調達では，供給候補から供給者を選定**

5-1-11 ● プロジェクトのコミュニケーション

プロジェクトのコミュニケーションは，プロジェクト情報の生成，収集，配布，保管，検索，最終的な廃棄を適宜，適切かつ確実に行うためのプロセスから構成されます。人と情報を結び付ける役割を果たすことが目的です。

■コミュニケーションの対象群が含むプロセス

プロジェクトコミュニケーションに関するプロセスには，プロジェクトに関連する情報の計画，マネジメント及び配布に必要なプロセスがあります。また，コミュニケーションの計画，情報の配布，コミュニケーションのマネジメントがあります。

コミュニケーションマネジメント計画書を作成し，ステークホルダのコミュニケーションに関するニーズに応えるための仕組みを構築します。人数が増えるとコミュニケーションコストが飛躍的に増大するので，効率的な方法を考える必要があります。

コミュニケーションをとる場合の伝達方法を**コミュニケーションチャネル**といいます。近年は，SNSや動画配信なども重要なコミュニケーションチャネルと見なされています。

コミュニケーションの手段は，大きく次の3つに分類できます。

- **双方向コミュニケーション**　　：複数方向で伝達される手段
- **プッシュ型コミュニケーション**：情報を一方的に送信する手段
- **プル型コミュニケーション**　　：受信者が自分で受け取りにいく手段

それでは，次の問題を考えてみましょう。

問題

10人のメンバで構成されているプロジェクトチームにメンバ2人を増員する。次の条件でメンバ同士が打合せを行う場合，打合せの回数は何回増えるか。

〔条件〕
- **打合せは1対1で行う。**
- **各メンバが，他の全てのメンバと1回ずつ打合せを行う。**

ア 12　　イ 21　　ウ 22　　エ 42

（令和元年秋 基本情報技術者試験 午前 問54）

解説

10人のメンバで構成されているプロジェクトチームにメンバ2人を増員したとき，〔条件〕に従うと増員した各メンバが他のすべてのメンバと1回ずつ打合せを行う必要があります。メンバ2人がそれぞれ既存の10人と各10回打合せを行い，その後増員した2人で打合せを行うと，増加する打合せ回数は，次の式で計算できます。

10［回／人］×2［人］+1［回］=21［回］

したがって，**イ**が正解です。

≪解答≫イ

過去問題をチェック

コミュニケーションに関する内容について，基本情報技術者試験では次の出題があります。

【プル型コミュニケーション】
・平成25年春午前問54

【必要な顔合わせ会時間】
・平成28年春午前問54

【増える打合せ回数】
・令和元年秋午前問54

覚えよう！

- □ プル型コミュニケーションは自分から情報を取りにいく
- □ 人数が増えるとコミュニケーションコストが増大する

5-2 演習問題

問1 目的及び範囲を明確にするプロセス CHECK ▶ □□□

プロジェクトの目的及び範囲を明確にするマネジメントプロセスはどれか。

ア　コストマネジメント　　イ　スコープマネジメント
ウ　タイムマネジメント　　エ　リスクマネジメント

問2 ピーク時の要員数 CHECK ▶ □□□

開発期間10か月，開発工数200人月のプロジェクトを計画する。次の配分表を前提とすると，ピーク時の要員は何人か。ここで，各工程の開始から終了までの要員数は一定とする。

項目＼工程名	要件定義	設計	開発・テスト	システムテスト
工数配分(％)	16	33	42	9
期間配分(％)	20	30	40	10

ア　18　　イ　20　　ウ　21　　エ　22

問3 残っている作業量 CHECK ▶ □□□

表は，1人で行うプログラム開発の開始時点での計画表である。6月1日に開発を開始し，6月11日の終了時点でコーディング作業の25%が終了した。6月11日の終了時点で残っている作業量は全体の約何%か。ここで，開発は，土曜日と日曜日を除く週5日間で行うものとする。

作業	計画作業量(人日)	完了予定日
仕様書作成	2	6月 2日(火)
プログラム設計	5	6月 9日(火)
テスト計画書作成	1	6月10日(水)
コーディング	4	6月16日(火)
コンパイル	2	6月18日(木)
テスト	3	6月23日(火)

ア 30　　イ 47　　ウ 52　　エ 53

問4 開始から終了までの最少所要日数 CHECK ▶ □□□

アローダイアグラムの日程計画をもつプロジェクトの，開始から終了までの最少所要日数は何日か。

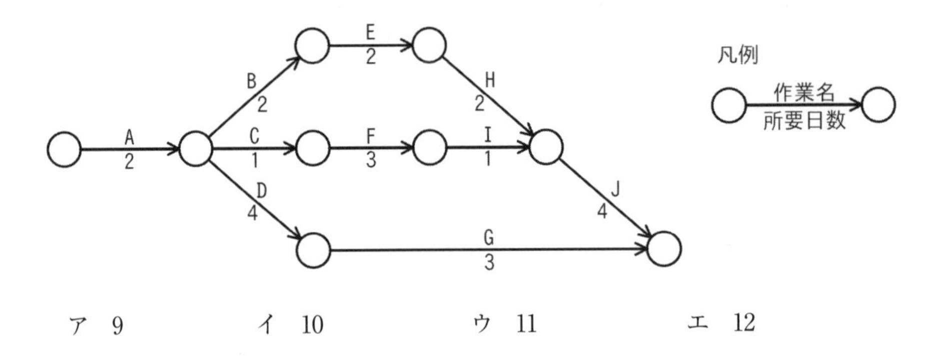

ア 9　　イ 10　　ウ 11　　エ 12

問5 ファンクションポイント値 CHECK ▶ □□□

あるソフトウェアにおいて，機能の個数と機能の複雑度に対する重み付け係数は表のとおりである。このソフトウェアのファンクションポイント値は幾らか。ここで，ソフトウェアの全体的な複雑さの補正係数は0.75とする。

ユーザファンクションタイプ	個数	重み付け係数
外部入力	1	4
外部出力	2	5
内部論理ファイル	1	10

ア 18　　イ 24　　ウ 30　　エ 32

問6 品質が安定しつつあるグラフ CHECK ▶ □□□

テスト工程での品質状況を判断するためには，テスト項目消化件数と累積バグ件数との関係を分析し，評価する必要がある。品質が安定しつつあることを表しているグラフはどれか。

ア
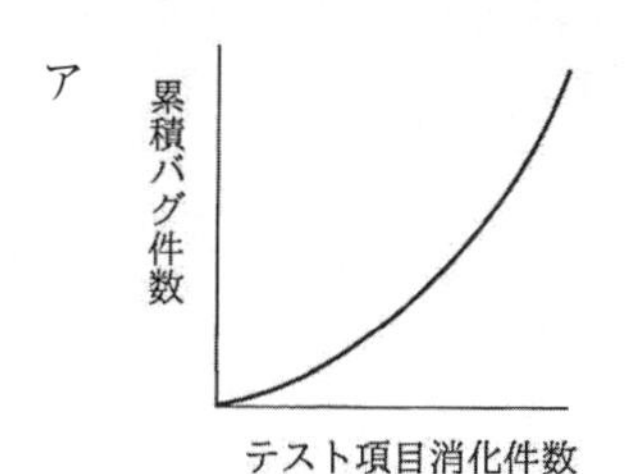

イ
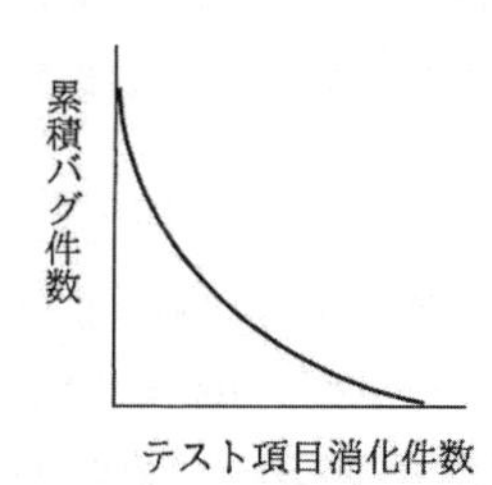

ウ
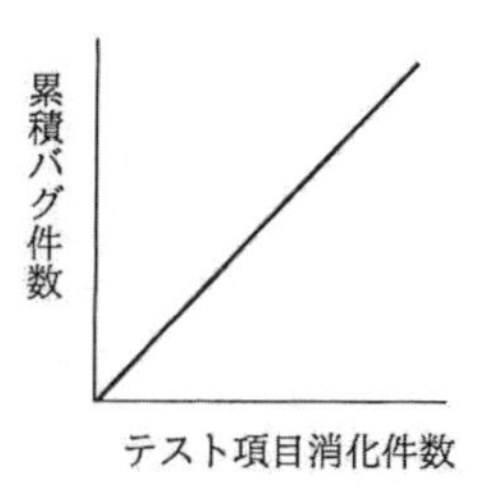

エ
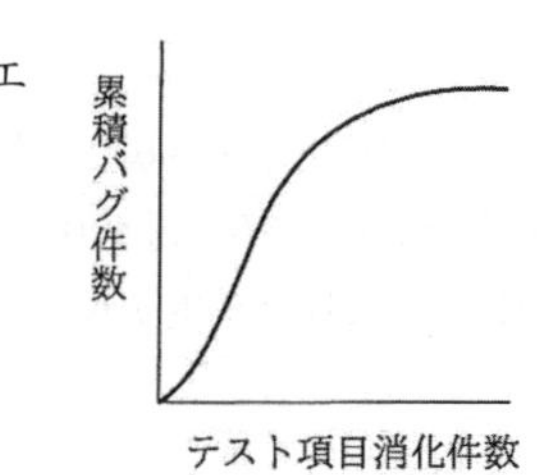

演習問題の解答

問1 （平成28年春 基本情報技術者試験 午前 問52）

《解答》イ

プロジェクトのスコープは，プロジェクトの目的や範囲などを定義したものです。スコープマネジメントでは，プロジェクトの目的及び範囲を明確にし，スコープとして定義します。したがって，**イ**が正解です。

ア　コストマネジメントは，プロジェクトを決められた予算内で完了させることを目的に行われます。

ウ　タイムマネジメントは，プロジェクトを所定の時期に完了させることを目的に行われます。

エ　リスクマネジメントは，プロジェクトにマイナスとなる事象の発生確率と影響を低減することを目的に行われます。

問2 （平成28年秋 基本情報技術者試験 午前 問54）

《解答》エ

開発期間10か月，開発工数200人月のプロジェクトで，配分表をもとに割り振ると，各工程の工数，期間及び算出される要員数は次のようになります。

要件定義

工数：200[人月]×16／100＝32[人月]
期間：10[か月]×20／100＝2[か月]
必要な要員数：32[人月]／2[か月]＝16[人]

設計

工数：200[人月]×33／100＝66[人月]
期間：10[か月]×30／100＝3[か月]
必要な要員数：66[人月]／3[か月]＝22[人]

開発・テスト

工数：200[人月]×42／100＝84[人月]
期間：10[か月]×40／100＝4[か月]
必要な要員数：84[人月]／4[か月]＝21[人]

システムテスト

工数：200[人月]×9／100＝18[人月]

期間：10[か月]×10／100＝1[か月]

必要な要員数：18[人月]／1[か月]＝18[人]

最も必要な要員の多いピークは設計工程で，22人となります。したがって，**エ**が正解です。

問3 (平成30年秋 基本情報技術者試験 午前 問53)

《解答》イ

表から，プログラム開発の計画作業量を合計すると，2＋5＋1＋4＋2＋3＝17[人日]となります。6月1日に開発を開始し，6月11日の終了時点でコーディング作業の25%が終了したということは，仕様書作成，プログラム設計，テスト計画書作成は終わっていると考えられます。コーディングは4[人日]なので，25%が終わっているということは，4×25／100＝1[人日]分が終了していることになります。終了した作業量を合計すると，2＋5＋1＋1＝9[人日]となり，残っている作業量は17－9＝8[人日]です。全体の割合は，8／17×100≒47.05…[%]で，約47%となります。したがって，**イ**が正解です。

問4 (基本情報技術者試験（科目A試験）サンプル問題セット 問44)

《解答》エ

図のアローダイアグラムでは，Aの後に分岐し，B→E→Hでは2＋2＋2=6日，C→F→Iでは1＋3＋1=5日かかるので，B→E→Hのほうが時間がかかるパスとなります。全体ではA→B→E→H→Jで，2＋2＋2＋2＋4=12日です。別の経路となる，A→D→Gでは2＋4＋3=9日なので，クリティカルパスは12日のほうになります。したがって，**エ**が正解です。

問5 (平成30年春 基本情報技術者試験 午前 問54)

《解答》ア

ファンクションポイントは，ユーザファンクションタイプの機能1つごとに，重み付け係数を掛け合わせて求めます。表の内容をもとに，補正前のファンクションポイント値を求めると，次のようになります。

1×4＋2×5＋1×10＝4＋10＋10＝24

複雑さの補正係数は0.75なので，補正したファンクションポイント値は，24×0.75＝18

となります。したがって，**ア**が正解です。

問6 (平成29年春 基本情報技術者試験 午前 問53)

《解答》エ

テスト工程での品質状況を判断するとき，理想的なバグ曲線は，テスト項目消化件数が増えるにつれ，累積バグ件数の増加が少なくなっていく曲線です。エのように，累積バグ件数が収束しているグラフは，バグの洗い出しが終了に近づき，品質が安定していることを指しています。したがって，**エ**が正解です。

ア 洗い出されるバグ件数が増加し続けているので，品質は安定していません。

イ 累積バグ件数は累積なので，必ず平準または増加傾向となります。

ウ 洗い出されるバグ件数が一定なので，品質は安定に近づいていません。

第6章

サービスマネジメント

ITサービスに関連するマネジメントについて学ぶ分野がサービスマネジメントです。
内容は2つ,「サービスマネジメント」と「システム監査」です。サービスマネジメントでは，ITILを中心に，システム運用管理，ITサービスマネジメントの手法や考え方について学びます。
システム監査では，システムを監査し，情報システムが適切にコントロールされていることを確保する方法や，その考え方について学びます。
マネジメント系の分野は地味な内容で目立たないのですが，出題数も多く狙い目です。考え方を押さえながらきちんと学習し，確実に解答できるようにしておきましょう。

6-1 サービスマネジメント

ITのサービスマネジメントの基本はシステムの運用管理ですが，それだけではありません。システムの運用や保守などを，顧客の要求を満たす「ITサービス」としてとらえて体系化し，効果的に提供するための統合されたサービスマネジメントシステムです。

6-1-1 サービスマネジメント

サービスマネジメントでは，サービスが期待どおり動くように管理します。サービスをただ実施するだけでなく，顧客にとっての価値を創造することが重要です。

サービスマネジメントの目的と考え方

ITILでは**サービスマネジメント**を「顧客に対し，サービスの形で価値を提供する組織の専門能力の集まり」と定義しています。システムの運用や保守などを**サービス**としてとらえて体系化し，適切な**サービス品質**で，**サービス価値**を提供します。ITILでは，サービスをコアサービス，実現サービス，強化サービスの3つに分類します。また，サービス提供者だけでなく，ユーザの遵守事項も決定します。

サービスマネジメントシステム

サービスマネジメントでは，確立，実践，維持及び継続的改善を行います。ITサービス全体をマネジメントする仕組みとして，**サービスマネジメントシステム**（SMS：Service Management System）を構築します。ITサービスを安定して提供するために，計画し（Plan），計画どおりに作業を進め（Do），計画と実績の差異を検証し（Check），差異の原因に対する処置を行う（Act），PDCAマネジメントサイクルで管理します。

サービスマネジメントの規格には，**JIS Q 20000シリーズ**（ISO/IEC 20000シリーズ）があります。JIS Q 20000-1:2020には，サービスマネジメントシステム要求事項がまとめられています。サービスマネジメントシステムは構築して終わりではなく，実践，維持，改善を繰り返します。パフォーマンスを改善するために繰

勉強のコツ

従来からの「運用管理」の考え方と，新しく運用や保守をとらえ直した「ITサービスマネジメント」の考え方の両方について出題されます。ITILのマネジメント手法を中心に，システム運用管理手法全般についての方法論を押さえておきましょう。知識としては，ITILのサービスマネジメントシステムのそれぞれの管理について出題されるので，一度しっかりそれぞれのサービスマネジメントシステムを押さえておくと確実です。

返し行われる活動のことを，**継続的改善**といいます。サービスマネジメント構築手法には以下のものがあります。

①ベンチマーキング

業務やプロセスのベストプラクティスを探し出して分析し，それを指標（**ベンチマーク**）にして現状の業務のやり方を評価し，変革に役立てる手法です。現状とベストプラクティスの差異を分析することをギャップ分析といいます。

②リスクアセスメント

サービスにかかわるリスクを洗い出し，リスクの大きさや，許容できるリスクかどうかということと，対策の優先順位などを評価します。

③CSFとKPIの定義

サービスマネジメントが成功したかどうかを，あいまいにせず確実に評価するため，**CSF**（Critical Success Factor：重要成功要因）を定義します。そして，そのCSFが実現できたかどうかを確認する指標として，**KPI**（Key Performance Indicator：重要業績評価指標）を設定します。

関連

CSFやKPIの考え方は，「8-1-3　ビジネス戦略と目標・評価」に出てくるバランススコアカードの評価指標と同じです。これは，ITサービスマネジメントは経営戦略の一部であるという考え方があるためです。CSFやKPIの詳しい内容は，8-1-3を参照してください。

6

それでは，次の問題を考えてみましょう。

問題

サービスマネジメントのプロセス改善におけるベンチマーキングはどれか。

ア　ITサービスのパフォーマンスを財務，顧客，内部プロセス，学習と成長の観点から測定し，戦略的な活動をサポートする。

イ　業界内外の優れた業務方法（ベストプラクティス）と比較して，サービス品質及びパフォーマンスのレベルを評価する。

ウ　サービスのレベルで可用性，信頼性，パフォーマンスを測定し，顧客に報告する。

エ　強み，弱み，機会，脅威の観点からITサービスマネジメントの現状を分析する。

（基本情報技術者試験（科目A試験）サンプル問題セット 問45）

解説

サービスマネジメントのプロセス改善におけるベンチマーキングでは，業務やプロセスの優れた業務方法（ベストプラクティス）を探し出して指標（ベンチマーク）にします。ベンチマークと現状の業務を比較し，サービス品質及びパフォーマンスのレベルを評価して，変革に役立てていきます。したがって，イが正解です。

ア バランススコアカードの説明です。

ウ SLA（Service Level Agreement）で記述する，顧客への状況報告に関する内容です。

エ SWOT分析の説明です。

≪解答≫イ

過去問題をチェック

サービスマネジメントシステムについて，基本情報技術者試験では次の出題があります。

【サービスマネジメントシステム】

・平成28年秋午前問56

・令和元年秋午前問55

【ベンチマーキング】

・平成31年春午前問55

・サンプル問題セット科目A問45

ITIL

ITIL（Information Technology Infrastructure Library）は，サービスマネジメントのフレームワークで，サービスマネジメントに対するベストプラクティスがまとめられたものです。現在，デファクトスタンダードとして世界中で活用されています。ITILがベストプラクティスとして，「このようにすればよい」という手法を示すのに対して，JIS Q 20000はITSMS適合性評価制度として，SMSが適切に運用されていることを認定するために使用します。

ITILの最新版ITIL4では，「**ITはビジネスと共にある**」として，ITとビジネスの柔軟性にフォーカスしており，サービスマネジメントを次の4つの側面と6つの外部要因で捉えています。

発展

6つの外部要因は，政治的要因（Political）・経済的要因（Economic）・社会的要因（Social）・技術的要因（Technological）・法的要因（Legal）・環境的要因（Environmental）です。頭文字を取って，PESTLEフレームワークと呼ばれます。

サービスマネジメントの4つの側面とは，

①組織と人材
②情報と技術
③パートナとサプライヤ
④バリューストリームとプロセス

です。プラクティスをグループ化したものをプロセス，複数プラクティスからプロセスを組み合わせて作り上げた業務をバリューストリームといいます。

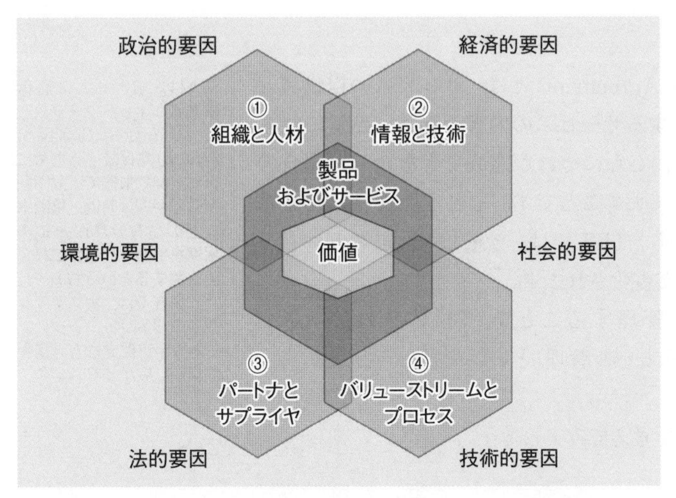

図6.1　サービスマネジメントの4つの側面と6つの外部要因

ITILでは，IT組織が必要とする業務をサービスマネジメントプラクティス，一般的マネジメントプラクティス，技術的マネジメントプラクティスに分類して定義しています。このうち，サービスマネジメントプラクティスには，次のものがあります。

サービスマネジメントプラクティス一覧

- 可用性管理
- 事業分析
- キャパシティおよびパフォーマンス管理
- 変更実現
- インシデント管理
- IT資産管理
- モニタリングおよびイベント管理
- 問題管理
- リリース管理
- サービスカタログ管理
- サービス構成管理
- サービス継続性管理
- サービスデザイン
- サービスデスク
- サービスレベル管理
- サービス要求管理
- サービスの妥当性管理およびテスト

ITIL及びJIS Q 20000のそれぞれのプラクティスについては，「6-1-2　サービスマネジメントシステムの計画及び運用」で詳し

ITILの最新バージョンは，2019年にリリースされたITIL4です。ITIL3では，「ITがビジネスを支える」で，IT部門はサポーターだったのが，ITIL4では事業部門と対等のパートナという位置付けになっています。
また，情報処理技術者試験のカリキュラムは，JIS Q 20000-1：2020を基準に作成されているので，ITILとは少し違いがあります。

く学習します。

SLA

発展

SLAは，もともとは通信事業者がネットワークサービスのQoS（Quality of Service）を保証するために行った契約形態で，故障回復時間や遅延時間，稼働率などの品質要件が一定の水準を下回った場合に料金を返還するというものでした。現在では，ホスティングやアウトソーシング，ソフトウェア開発など，様々な場面に広がっています。

SLA（Service Level Agreement）とは，サービスの提供者と委託者との間で，提供するサービスの**内容と範囲，品質に対する要求事項**を明確にし，さらにそれが**達成できなかった場合のルール**も含めて合意しておくことです。それを明文化した文書や契約書もSLAと呼ばれ，ITILでは，サービス設計のサービスレベル管理プロセスで文書化されます。

サービスレベルを管理することを，**SLM**（Service Level Management：サービスレベル管理）といいます。

それでは，次の問題を考えてみましょう。

過去問題をチェック

SLAについて，基本情報技術者試験では次の出題があります。

【SLA】

・平成22年春午前問56
・平成23年秋午前問57
・平成25年秋午前問56
・平成26年春午前問57
・平成30年秋午前問57

問題

次の条件でITサービスを提供している。SLAを満たすことができる，1か月のサービス時間帯中の停止時間は最大何時間か。ここで，1か月の営業日数は30日とし，サービス時間帯中は，保守などのサービス計画停止は行わないものとする。

〔SLAの条件〕

・サービス時間帯は，営業日の午前8時から午後10時までとする。

・可用性を99.5%以上とする。

ア 0.3　　イ 2.1　　ウ 3.0　　エ 3.6

（平成30年秋 基本情報技術者試験 午前 問57）

解説

SLA（Service Level Agreement）とは，サービスの提供者と委託者との間で取り決める合意事項です。〔SLAの条件〕から，1か月のサービス時間帯中の最大停止時間は，「可用性を99.5%以上とする」から，残りの0.5%（0.005）以内の時間です。「サービス時間帯は，営業日の午前8時から午後10時まで」なので，午後10時（22時）までの稼働時間は22－8＝14時間です。問題文の「1か月の営業日数は30日」と合わせると，最大停止時間は次の式で計算できます。

14［時間／日］× 30［日］× 0.005 = 2.1［時間］

したがって，**イ**が正解です。

≪解答≫イ

覚えよう！

- □ ITILはベストプラクティス，JIS Q 20000は評価の基準
- □ SLAは，サービスの提供者と委託者の間での合意

6-1-2 サービスマネジメントシステムの計画及び運用

サービスマネジメントシステムでは，サービスポートフォリオを管理し，関係及び合意の形成，供給及び需要の管理，サービスの設計・構築・移行の実施，解決及び実現のため継続的な管理を行います。さらに，サービス保証や情報セキュリティ管理を行い，適切に管理されていることを確認します。

サービスマネジメントシステムの計画と支援

サービスマネジメントシステムでは，サービスマネジメントシステムの計画を作成し，実施及び維持することでPDCAサイクルを回します。このとき，文書化した情報，知識を共有し，コミュニケーションを正確に行うことが大切です。

サービスの計画

サービスの要求事項を決定し，利用可能な資源を考慮して，変更要求及び新規サービスまたはサービス変更の提案の優先順位付けを行います。特定の市場や顧客に向けたサービスの状態（計画中，開発中，稼働中，廃止など）の一覧である**サービスパイプライン**を作成し，どの顧客にどのようなサービスを提供するのかを考えます。

サービスポートフォリオ

サービスポートフォリオとは，提供するすべてのサービスの一

覧です。どのようなサービスがあるのかを把握し，適切なレベルで資源を配分し，何に重点を置くのかを決定します。サービスポートフォリオの管理では，サービスの提供や計画，サービスライフサイクルに関与する関係者の管理，資産管理，構成管理を行います。

サービスカタログ管理

顧客に提供するサービスについての文書化した情報として，**サービスカタログ**を作成し，維持します。サービスカタログには，サービスの意図した成果や，サービス間の依存関係を説明する情報を含めます。サービスカタログはすべて公開するのではなく，顧客，利用者及びその他の利害関係者に対して，サービスカタログの適切な部分へのアクセスを提供します。

資産管理

サービスマネジメントシステムの計画における要求事項及び義務を満たすために，サービスを提供するために使用されている資産を確実に管理します。アセットマネジメントとは，アセット（資源・資産）を適正に数量も数えて管理することです。**ITアセットマネジメント**（ITAM:IT Asset Management），ソフトウェアアセットマネジメント（SAM）を行い，IT資産やソフトウェアを管理します。さらに，ライセンスマネジメントも行い，ライセンス数も適切に管理します。

構成管理

構成管理では，サービスや製品を構成するすべての**CI**（Configuration Item：構成品目）を識別し，維持管理します。構成管理では，大規模で複雑なITサービスとインフラを管理するため，CMS（Configuration Management System：構成管理システム）を構築して一元管理します。CMSで使われるデータベースを**CMDB**（Configuration Management DataBase：構成管理データベース）といい，プロジェクト情報やツール，イベントなど様々な情報を一元管理します。

事業関係管理

顧客関係を管理し，顧客満足を維持し，顧客及び他の利害関係者との間のコミュニケーションのための取り決めを確立します。サービスのパフォーマンス傾向やサービスの成果のレビューを行い，サービス満足度の測定，サービスに対する苦情の管理を行います。

サービスレベル管理

サービスレベル管理（SLM：Service Level Management）の最終目標は，現在のすべてのITサービスに対して合意されたレベルを達成すること，そして将来のサービスが，合意された**サービスレベル指標**で，達成可能な**サービスレベル目標**を満たすように提供されることです。SLMでは，サービスの利用者とサービスの提供者の間で**SLA**を締結し，PDCAマネジメントサイクルでサービスの維持，向上を図ります。

さらに，あらかじめ決められた間隔で，サービスレベル目標に照らしたパフォーマンスや実績の周期的な変化を監視し，レビューし，報告を行います。

供給者管理

サービス提供者が委託などにおいて，さらにサービスマネジメントプロセスの導入や移行のために供給者（サプライヤ）を用いる場合には，その供給者の管理が必要です。運用を委託する場合や，内部での提供でも別の部署として管理する場合には，運用レベルを保証するため**OLA**（Operation Level Agreement：運用レベル合意書）を作成します。また，アウトソーシングとして，SaaS，PaaS，IaaSなどのクラウドサービスの利用も増えてきています。

関連
SaaS，PaaS，IaaSなどのクラウドサービスについては，「7-1-3 ソリューションビジネス」で詳しく取り上げます。

サービスの予算業務及び会計業務

財務管理の方針に従って，サービス提供費用の予算を計画・管理する予算業務を行います。ITサービスのコストを明確にし，事業を行う者がその内容を確実に理解するようにします。

サービス指向の会計機能により，サービスに直接的に寄与するコストである**直接費**と，直接的には確認できない**間接費**を求めます。そして，サービスごとに必要なコストを算出し，基本的にはサービスの受益者（利用者）が負担するように課金を行います。サービスを実施するコストだけでなく，ランニングコストなどの必要な経費を含めた総保有コストである**TCO**（Total Cost of Ownership：総所有費用）を意識することが大切です。

需要管理

サービスに対する現在の需要を決定し，将来の需要を予測することが需要管理です。あらかじめ定めた間隔で，サービスの需要及び消費を監視し報告します。特定の顧客の要望に合わせて，提供するサービスを組み合わせたものをサービスパッケージといいます。コアサービス，実現サービス，強化サービスを組み合わせて，提供するサービスの需要管理を行います。

容量・能力管理

資源の容量，能力などシステムの容量（キャパシティ）を管理し，最適なコストで合意された需要を満たすために，サービス提供者が十分な能力を備えることを確実にする一連の活動が**容量・能力管理**（**キャパシティ管理**）です。CPU使用率，メモリ使用率，ディスク使用率，ネットワーク使用率などの管理指標を計画し，それぞれのリソースのしきい値（閾値）を設定します。また，容量・能力の利用状況を監視し，容量・能力及びパフォーマンスデータを分析し，パフォーマンスを改善するためのポイントを特定していきます。

変更管理

変更管理は，サービスやコンポーネント，文書の変更を安全かつ効率的に行うための管理です。事業やITからの**RFC**（Request for Change：変更要求）を受け取り，対応します。すべての変更はもれなくCMDBに記録し，反映させる必要があります。また，成功しなかった変更を戻すまたは修正する活動を計画し，可能であれば試験する必要があります。変更を戻す作業を，**ロールバック**（**切り戻し**）といい，あらかじめ手順などを決めておく必要があります。

ITサービスに変更を加える要因には，単純なオペレーションだけでなく事業戦略やビジネスプロセスの変更など，様々なものがあります。そのため，顧客やユーザ，開発者，システム管理者，サービスデスクなどの様々な立場の利害関係者が定期的に集まり，サービスの追加，廃止または提案を含む変更をアセスメントする**CAB**（Change Advisory Board：変更諮問委員会）が開かれます。

サービスの設計及び移行

サービスの設計及び移行では，まず新規サービスまたはサービス変更の計画を立て，設計を行った後，構築及び移行を行います。それぞれの段階で行うことは，次のとおりです。

①新規サービスまたはサービス変更の計画

サービス計画で決定した新規サービスや，サービス変更についてのサービスの要求事項を用いて，新規サービスまたはサービス変更の計画を立案します。

②設計

サービス計画で決定したサービスの要求事項を満たすようにサービス受入れ基準を決定してサービスを設計し，サービス設計書として文書化します。このとき，SLAやサービスカタログ，契約書なども必要に応じて新設，更新を行います。

③構築及び移行

文書化した設計に適合する構築を行い，サービス受入れ基準を満たしていることを検証するために，受入れテストや運用テストなどの試験を行います。リリース及び展開管理を使用して，新規サービスやサービス変更を，稼働環境に展開していきます。システムは段階的に移行させる方式や一斉移行方式があります。一斉移行方式では，一度に変更するのでコストを減らすことができますが，失敗した場合の影響が大きいので慎重に行う必要があります。

リリース及び展開管理

変更管理プロセスで承認された変更内容を，ITサービスの本番環境に正しく反映させる作業（リリース作業）を行うのがリリース管理及び展開管理です。移行時には，移行成功の場合だけではなく失敗した場合のことも考え，失敗した場合の**ロールバック**（**切り戻し**）の判断基準や手順を決めておく必要があります。

リリース管理では，本番環境にリリースした確定版のすべてのソフトウェアのソースコードや手順書，マニュアルなどのCI（構成品目）を1か所にまとめて管理します。

それでは，次の問題を考えてみましょう。

過去問題をチェック

変更や移行について，基本情報技術者試験では次の出題があります。

【システムの移行計画】
・令和元年秋午前問56

【一斉移行方式】
・平成21年春午前問55
・平成24年秋午前問55
・平成26年春午前問55

【移行テスト】
・平成31年春午前問56

【バージョンアップ】
・平成21年春午前問57

問題

システムの移行計画に関する記述のうち，適切なものはどれか。

ア　移行計画書には，移行作業が失敗した場合に旧システムに戻す際の判断基準が必要である。

イ　移行するデータ量が多いほど，切替え直前に一括してデータの移行作業を実施すべきである。

ウ　新旧両システムで環境の一部を共有することによって，移行の確認が容易になる。

エ　新旧両システムを並行運用することによって，移行に必要な費用が低減できる。

（令和元年秋 基本情報技術者試験 午前 問56）

解説

システムの移行では，成功する場合だけではなく，失敗する場合も考え，切り戻しできる（元に戻せる）ようにする必要があります。移行に失敗した場合にスムーズに行動できるように，移行計画書には，旧システムに戻す際の判断基準が必要となります。したがって，**ア**が正解です。

イ　移行するデータ量が多い場合は，一括ではなく少しずつ移行作業を行い，切り戻しの量を少なくします。

ウ　新旧両システムで環境の一部を共有すると，移行部分が旧システムと重なるので，移行の確認は難しくなります。

エ 並行運用では両方のシステムを同時期に稼働させるので，移行に必要な費用は増加します。

≪解答≫ア

インシデント管理

サービスマネジメントシステムにおけるインシデントとは，サービスに対する計画外の中断，サービスの品質の低下だけでなく，顧客または利用者へのサービスにまだ影響していないが今後影響する可能性のある事象のことです。インシデントの対応手順は，次のようになります。

1. **記録し，分類する**
2. **影響及び緊急度を考慮して，優先順位付けをする**
3. **必要であれば，エスカレーションする**
4. **解決する**
5. **終了する**

エスカレーションとは，自身で解決できない問題を他の人に引き継ぐことです。技術部など他の部署などに引き継ぐことを**機能的エスカレーション**，上司など上の立場の人に引き継ぐことを**階層的エスカレーション**といいます。インシデントが発生したときに早急に行われる，サービスへの影響を低減または除去する方法のことを，**回避策（ワークアラウンド）**といいます。また，重大なインシデントを特定する基準を決定しておくことも大切です。重大なインシデントは，文書化された手順に従って分類して管理し，トップマネジメントに通知する必要があります。

サービス要求管理

サービス要求管理では，サービス要求に対して，次の事項を実施します。

1. **記録し，分類する**
2. **優先順位付けをする**
3. **実現する**

4. 終了する

また，サービス要求の実現に関する指示書を，サービス要求の実現に関与する要員が利用できるようにする必要があります。

問題管理

1つまたは複数のインシデントの**根本原因**のことを問題といいます。その問題を突き止めて，登録し管理するのが**問題管理**です。問題を特定するために，インシデントのデータ及び傾向を分析し，根本原因の分析を行い，インシデントの発生または再発を防止するための処置を決定します。問題管理は，次の事項を実施します。

1. 記録し，分類する
2. 優先順位付けをする
3. 必要であれば，エスカレーションする
4. 可能であれば，解決する
5. 終了する

問題管理に必要な変更は，変更管理の方針に従って管理されます。根本原因が特定されても問題が恒久的に解決されていない場合には，問題がサービスに及ぼす影響を低減，除去するための処置を決定する必要があります。また，既知の誤りは記録しておき，再度調査しないようにすることも大切です。

それでは，次の問題を考えてみましょう。

問題

ITサービスマネジメントの活動のうち，インシデント及びサービス要求管理として行うものはどれか。

ア　サービスデスクに対する顧客満足度が合意したサービス目標を満たしているかどうかを評価し，改善の機会を特定するためにレビューする。

イ　ディスクの空き容量がしきい値に近づいたので，対策を検討する。

ウ　プログラム変更を行った場合の影響度を調査する。

エ　利用者からの障害報告を受けて，既知の誤りに該当するかどうかを照合する。

（平成29年春 基本情報技術者試験 午前 問57）

過去問題をチェック

インシデント管理，サービス要求管理・問題管理について，基本情報技術者試験では次の出題があります。

【インシデント管理】
- 平成22年春午前問54
- 平成23年特別午前問56

【インシデント管理及びサービス要求管理】
- 平成29年春午前問57

【問題管理】
- 平成24年秋午前問56
- 平成30年春午前問55

解説

ITサービスマネジメントの活動では，インシデント管理ではインシデントを，サービス要求管理ではサービス要求を受け付けます。どちらも，利用者からの報告を受けて，分類します。既知の誤りに該当するかどうかを照合し，既知の誤りであれば対応方法を確認します。したがって，**エ**が正解です。

ア　サービスレベル管理として行うものです。
イ　容量・能力管理（キャパシティ管理）として行うものです。
ウ　変更管理として行うものです。

≪解答≫エ

サービス可用性管理

すべてのサービスで提供されるサービス可用性のレベルが，費用対効果に優れた方法であり，合意されたビジネスニーズに合致するように実行するための管理が**サービス可用性管理**です。サービス可用性管理では，次の4つの側面をモニタ，測定，分析，報告します。

サービス可用性 …… 必要なときに合意された機能を実行する能力（指標例：稼働率）
信頼性 …………………… 合意された機能を中断なしに実行する能力（指標例：MTBF）
保守性 …………………… 障害の後，迅速に通常の稼働状態に戻す回復力（指標例：MTTR）
サービス性 …………… 外部プロバイダが契約条件を満たす能力

サービス継続管理

顧客と合意したサービス継続をあらゆる状況の下で満たすことを確実にするための活動が**サービス継続管理**です。サービス継続に関する要求事項は，事業計画や**SLA**，リスクアセスメントに基づいて決定します。サービス継続管理では，災害のインパクトを定量化するために**ビジネスインパクト分析**や，サービス継続性に関するリスク分析を行います。

また，災害発生時に最小時間でITサービスを復旧させ，事業を継続させるために事業継続計画（BCP）を立て，事業継続管理（BCM）を実施します。

関連
事業継続計画（BCP）や事業継続管理（BCM）については，「7-1-1　情報システム戦略」で，詳しく取り上げます。

情報セキュリティ管理

情報資産の機密性，完全性，可用性を保つように，情報セキュリティを管理します。ISO/IEC 27000シリーズ（及びそれに基づき制定されているJIS規格群）をもとに**ISMS**を構築し，情報セキュリティマネジメントに関する作業を適切に実施します。

覚えよう！

- □ 移行時には，失敗時にロールバック（切り戻し）できるようにしておく
- □ インシデント管理はとりあえず復旧，問題管理で根本的原因を解明

6-1-3 パフォーマンス評価及び改善

サービスマネジメントシステムでは，パフォーマンスを定期的に評価し，改善していく必要があります。サービスマネジメントシステムのパフォーマンスを適切に監視し，測定しておくことで，評価や改善につながります。

パフォーマンス評価

サービスマネジメントシステムのパフォーマンスは，サービスマネジメントの目的に合わせて有効性を評価する必要があります。このとき，目的に合わせて作成したサービスの要求事項と照らし合わせ，監視，測定，分析，評価を行います。パフォーマンスの評価は，定期的に行い，継続的改善に役立てます。

パフォーマンス評価を行うための手法としては，内部監査やマネジメントレビューがあります。監査項目を設定し，サービスの要求事項を満たしているかを監査します。また，報告の要求事項や目的に沿って作成された，サービスマネジメントシステムやサービスのパフォーマンスや有効性に関するサービスの報告を作成する必要があります。

改善

パフォーマンス評価で不適合が発生した場合には，不適合を管理し修正するための処置を行う必要があります。不適合によって起こった結果に対処する処置，不適合が再発しないようにするための処置のことを是正処置といいます。

パフォーマンスの改善は，一度で終わりではなく，継続的改善を行っていくことが大切です。サービスマネジメントシステムやサービスの適切性，妥当性及び有効性を継続的に改善するために，改善の機会に適用する評価基準を決定しておくことで，承認された改善活動を管理することが可能になります。評価基準には，CSF，KPIなどがあります。

それでは，次の問題を考えてみましょう。

問題

ITILでは，可用性管理における重要業績評価指標（KPI）の例として，保守性を表す指標値の短縮を挙げている。この指標に該当するものはどれか。

ア 一定期間内での中断の数
イ 平均故障間隔
ウ 平均サービス・インシデント間隔
エ 平均サービス回復時間

（平成28年秋 基本情報技術者試験 午前 問57）

解説

可用性管理における重要業績評価指標（KPI：Key Performance Indicator）の例として，保守性を表す指標値を考えます。保守性（Serviceability）とは，障害時のメンテナンスのしやすさ，復旧の速さを表します。具体的な指標としては，MTTR（Mean Time To Repair：平均復旧時間）やMTRS（Mean Time to Restore Service：平均サービス回復時間）が用いられます。したがって，**エ**が正解です。

ア 一定期間内での中断の数は，故障や障害の発生しにくさを表す信頼性（Reliability）の指標になります。
イ MTBF（Mean Time Between Failure：平均故障間隔）は，信頼性（Reliability）の指標になります。
ウ MTBSI（Mean Time Between System Incidents：平均システムインシデント間隔）は，信頼性（Reliability）の指標になります。

≪解答≫エ

過去問題をチェック
パフォーマンスの評価について，基本情報技術者試験では次の出題があります。
【保守性を表す指標値】
・平成27年春午前問56
・平成28年秋午前問57
【稼働率測定に適切な時期】
・平成21年春午前問56

関連
MTBFやMTTRなどのシステムの評価指標については，「2-2-2 システムの評価指標」で取り上げています。
CSF，KPIなどの評価指標については，「6-1-1 サービスマネジメント」で取り上げています。

▶▶▶覚えよう！

□ **事業目的に合わせてパフォーマンスの評価指標を決定して評価**

6-1-4 サービスの運用

サービスの運用では，システム運用管理者の役割が重要になってきます。通常時の運用と障害時の運用の両方を考える必要があります。また，システムの導入，移行においても，あらかじめ手順を決めておくことが大切です。

システム運用管理者の役割

システム運用管理者の役割は，業務を行うユーザに対してITサービスを提供し，業務に役立ててもらうことです。従来は依頼があったときに対応する**リアクティブ**（受動的）な運用が主でしたが，最近は自発的に貢献する**プロアクティブ**（能動的）な取り組みが推奨されます。

システム運用管理者が，運用以外にもプロアクティブに関わっていくことで，よりよいITサービスを提供できるようになります。

スケジュール設計

通常時の運用では，**日次処理**，**週次処理**，**月次処理**など，段階別に運用内容を決定しておく必要があります。運用ジョブに対しても，プロジェクトマネジメントの場合と同様に，先行ジョブとの関連を考え，ジョブネットワーク（ジョブのつながり方）を考慮してスケジュール設計を行います。

障害時運用設計

障害時には，待機系の切り替え，データの回復などを行いますが，その手法はあらかじめ設計しておく必要があります。BCPを策定し，**RTO**（Recovery Time Objective：目標復旧時間），**RPO**（Recovery Point Objective：目標復旧時点）を決めておきます。RPOとは，障害時にどの時点までのデータを復旧できるようにするかという目標です。災害などによる致命的なシステム障害から情報システムを復旧させることや，そういった障害復旧に備えるための復旧措置のことを**ディザスタリカバリ**（災害復旧）と呼びます。

関連

BCP（Business Continuity Planning：事業継続計画）については，「7-1-1 情報システム戦略」でも取り上げています。運用管理もシステム戦略の一環ととらえ，障害時の計画を立てておく必要があります。

また，障害が起こると業務に重大な影響があるため24時間365日常に稼働し続ける必要があるシステムを**ミッションクリ**

ティカルシステムといいます。ミッションクリティカルシステムでは，システム障害が起こっても停止しないように待機系を複数用意するなど，万全の対策が求められます。

運用オペレーション

運用オペレーションでは，システムを安定稼働させるために，定められた手順に沿ってシステムの監視・操作・状況連絡を実施する必要があります。システムの操作を確実に実行するために，**作業指示書**を作成し，それに従って操作を実行します。

また，運用オペレーションでは，バックアップを定期的に取得します。障害発生時には，バックアップからの復元を確実に行えるようにすることも重要です。

それでは，次の問題を考えてみましょう。

問題

ディスク障害時に，フルバックアップを取得してあるテープからディスクにデータを復元した後，フルバックアップ取得時以降の更新後コピーをログから反映させてデータベースを回復する方法はどれか。

ア　チェックポイントリスタート　　イ　リブート
ウ　ロールバック　　エ　ロールフォワード

（基本情報技術者試験（科目A試験）サンプル問題セット 問46）

解説

データベースのディスク障害時に，ログの更新後コピーからコミットが完了したデータを復元させる方法をロールフォワードといいます。したがって，**エ**が正解です。

ア　チェックポイントから再始動させる方法です。
イ　再起動のことです。
ウ　更新前コピーでデータを元に戻す方法です。

≪解答≫エ

過去問題をチェック

バックアップについて，基本情報技術者試験のサービスマネジメント分野では次の出題があります。
【バックアップ】
・平成23年特別午前問55
・平成25年秋午前問57
・平成29年秋午前問56
・平成30年春午前問57

関連

バックアップの方法については「2-3-3　ファイルシステム」で，データベースのバックアップからの復元方法については「3-3-4　トランザクション処理」で学習しています。
サービスマネジメントでは，今まで学んだ内容をもとに，実際の運用オペレーションに応用させる問題が出題されます。

サービスデスク

サービスデスクとは，様々なサービスやイベントに関わるスタッフを擁する機能です。ユーザにとっては，問題が起こったときに連絡する**単一窓口**（SPOC：Single Point Of Contact）です。サービスデスクで問合せの内容をすぐに解決できない場合には，エスカレーションを行います。

サービスデスクの構造には，次のものがあります。

①中央サービスデスク

サービスデスクを1拠点または少数の場所に集中する方法です。コストを抑え，効率的に管理することができます。

②ローカルサービスデスク

サービスデスクを拠点ごとに，利用者の近くに配置する方法です。コストはかかりますが，きめ細かいサービスができます。

③バーチャルサービスデスク

通信技術を利用して，複数の拠点に分散したサービスデスクを単一のサービスデスクに見せる方法です。

④フォロー・ザ・サン

時差がある分散拠点にサービスデスクを配置し，統括して管理することで，24時間対応のサービスを提供するという方法です。

それでは，次の問題を考えてみましょう。

問題

サービスデスク組織の構造とその特徴のうち，ローカルサービスデスクのものはどれか。

ア サービスデスクを1拠点又は少数の場所に集中することによって，サービス要員を効率的に配置したり，大量のコールに対応したりすることができる。

イ サービスデスクを利用者の近くに配置することによって，言語や文化の異なる利用者への対応，専用要員によるVIP対応などができる。

ウ サービス要員が複数の地域や部門に分散していても，通信技術を利用によって単一のサービスデスクであるかのようにサービスが提供できる。

エ 分散拠点のサービス要員を含めた全員を中央で統括して管理することによって，統制のとれたサービスが提供できる。

（平成30年春 基本情報技術者試験 午前 問56）

過去問題をチェック

サービスデスクについて，基本情報技術者試験では次の出題があります。

【ローカルサービスデスク】

・平成23年秋午前問56
・平成25年春午前問55
・平成27年秋午前問55
・平成30年春午前問56

【バーチャルサービスデスク】

・平成28年秋午前問55

解説

サービスデスク組織のうち，ローカルサービスデスクとは，利用者の近くサービスデスクを配置する構造です。言語や文化の異なる地域ごとに配置することで，利用者への対応，専用要員によるVIP対応などが可能となります。したがって，**イ**が正解です。

ア 中央サービスデスクの構造です。
ウ バーチャルサービスデスクの構造です。
エ フォロー・ザ・サンを実現するために必要な内容です。

≪解答≫イ

覚えよう！

- □ **サービスデスクは単一窓口（SPOC）で，他の部署にエスカレーション**
- □ **ローカルサービスデスクは利用者の近く，バーチャルサービスデスクは1箇所に見せる**

6-1-5 ファシリティマネジメント

ファシリティマネジメントとは，経営の視点から業務用不動産（土地や建物や設備など）を保有，運用し，維持するための総合的な管理手法です。単なる施設管理ではなく，施設を適切に使っていくためのあらゆるマネジメントを含みます。

施設管理・設備管理

データセンタなどの施設や，コンピュータ，ネットワークなどの設備を管理し，コストの削減，快適性，安全性などを管理します。また，停電時に数分間電力を供給し，システムを安定して停止させることができる**UPS**（Uninterruptible Power Supply：無停電電源装置）や停電時に自力で電力を供給できるようにする**自家発電装置**などを利用した電源管理も行います。落雷などの災害によって発生する過電圧で機器が故障するのを防止するため，**サージ防護デバイス**（SPD：Surge Protective Device）を利用することも必要です。

PCなどにワイヤを取り付ける**セキュリティワイヤ**の利用などにより，物理的なセキュリティを確保します。

それでは，次の問題を考えてみましょう。

過去問題をチェック

過電圧の被害対策について，基本情報技術者試験では次の出題があります。

【過電圧の被害対策】

・平成21年秋午前問57
・平成25年春午前問56
・平成28年春午前問58
・平成29年秋午前問57

問題

落雷によって発生する過電圧の被害から情報システムを守るための手段として，有効なものはどれか。

ア　サージ保護デバイス（SPD）を介して通信ケーブルとコンピュータを接続する。

イ　自家発電装置を設置する。

ウ　通信線を，経路が異なる２系統とする。

エ　電源設備の制御回路をディジタル化する。

（平成29年秋 基本情報技術者試験 午前 問57）

解説

過電圧から電気回路を保護する装置に，サージ防護デバイス(SPD：Surge Protective Device)があります。SPDを介して通信ケーブルとコンピュータを接続することで，落雷によって発生する過電圧の被害から情報システムを守ることができます。したがって，**ア**が正解です。

イ　自家発電装置は，停電時に自力で電力を供給できるようにする装置です。

ウ　一方の経路で通信障害が発生した場合に，全体の障害を防ぐ対策となります。

エ　制御回路のデジタル化は，消費電力の減少や高機能化に役立ちます。

≪解答≫ア

環境側面

環境側面では，地球環境に配慮したIT製品やIT基盤，環境保護や資源の有効活用につながるIT利用を推進することが大切です。この思想のことをグリーンITといいます。

覚えよう！

□　**落雷対策にサージ保護デバイス(SPD)が必要**

6-2 システム監査

システム監査とは，情報システムに関する監査です。システム監査では，システム監査基準やシステム管理基準などの基準に則り，情報システムの監査を行います。

6-2-1 システム監査

システム監査を行うことで，対象の組織体（企業や政府など）が情報システムにまつわるリスクに対するコントロールを適切に整備・運用しているかどうかをチェックします。そうすることで，情報システムが組織体の経営方針や戦略目標を実現し，組織体の安全性，信頼性，効率性を保つために機能できるようになります。

勉強のコツ
システム監査基準に出てくるシステム監査の考え方や手順について，主に問われます。監査の独立性や専門性などの考え方と，監査調書や監査証跡，指摘事項など，用語は正確に押さえておきましょう。

監査業務

監査とは，ある対象に対し，遵守すべき法令や基準に照らし合わせ，業務や成果物がそれに則っているかについて証拠を収集し，評価を行って利害関係者に伝達することです。

監査の業務には，その対象によって，**システム監査**，会計監査，**情報セキュリティ監査**，**個人情報保護監査**，コンプライアンス監査など，様々なものがあります。

また，社外の独立した第三者が行う**外部監査**と，その組織自体の内部で行われる**内部監査**の2種類に分けられます。さらに，基準に照らし合わせて適切であることを保証する**保証型監査**と，問題点を検出して改善提案を行う**助言型監査**という分け方もあります。

システム監査の目的と手順

システム監査とは，監査人が，**一定の基準に基づいて**ITシステムの利活用にかかわる**検証・評価**を行い，一定の保証や改善のための助言を行うものです。

システム監査の目的は，システム監査基準で，次のように定義されています。

6

システム監査の目的は，ITシステムに係るリスクに適切に対応しているかどうかについて，監査人が検証・評価し，もって保証や助言を行うことを通じて，組織体の経営活動と業務活動の効果的かつ効率的な遂行，さらにはそれらの変革を支援し，組織体の目標達成に寄与すること，及び利害関係者に対する説明責任を果たすことである。

経営者がシステム監査を指示し，**システム監査人**が**検証・評価**を行って経営者に報告します。

システム監査のイメージは，次のようになります。

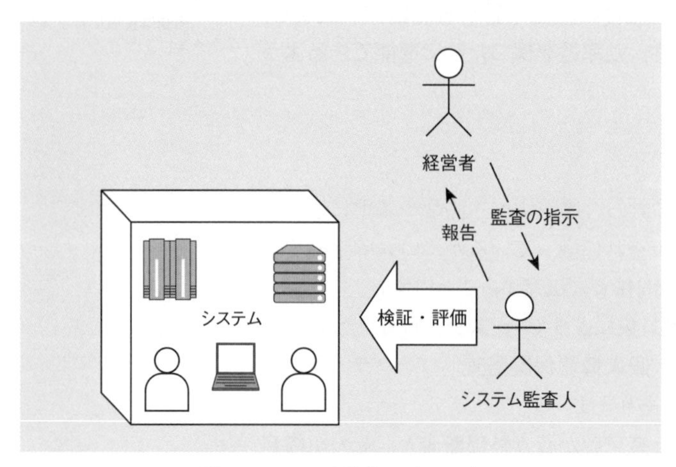

図6.2　システム監査のイメージ

システム監査は，監査計画の策定，監査の実施，監査報告とフォローアップという流れで行われます。

システム監査で最も大切なのは，**独立性**です。内部監査の場合でも，システム監査は社内の独立した部署で行われます。システム監査人は監査対象のシステムから独立していなければなりません。身分上独立している**外観上の独立性**だけでなく，公正かつ客観的に監査判断ができるよう**精神上の独立性**も求められます。また，システム監査人は，**職業倫理**と**誠実性**，そして**専門能力**をもって職務を実施する必要があります。

それでは，次の問題を考えてみましょう。

問題

経営者が社内のシステム監査人の外観上の独立性を担保するために講じる措置として，最も適切なものはどれか。

ア　システム監査人にITに関する継続的学習を義務付ける。
イ　システム監査人に必要な知識や経験を定めて公表する。
ウ　システム監査人の監査技法研修制度を設ける。
エ　システム監査人の所属部署を内部監査部門とする。

（基本情報技術者試験（科目A試験）サンプル問題セット 問47）

解説

社内のシステム監査人の外観上の独立性を担保とするためには，監査対象から独立して見えることが重要です。システム監査人の所属部署を内部監査部門とし，社内のシステムに関する部署とは異なる部署に配属することによって，外観上の独立性を担保することができます。したがって，**エ**が正解です。
ア　ITに関する専門性を担保するための措置です。
イ　システム監査人の専門性を向上させるためには有効です。
ウ　監査に関する能力を高めるために有効です。

≪解答≫エ

過去問題をチェック
システム監査の目的やシステム監査人，独立性について，基本情報技術者試験では次の出題があります。
【システム監査を実施する目的】
・平成25年春午前問58
・平成28年春午前問60
【最終的な承認者】
・平成22年春午前問57
【システム監査人の行為】
・平成30年春午前問58
・令和元年秋午前問60
【システム監査人の役割】
・平成21年春午前問58
・平成26年秋午前問59
【システム監査人の責任】
・平成21年秋午前問58
【外観上の独立性】
・平成22年秋午前問59
・平成31年春午前問59
・サンプル問題セット科目A問47
【システム監査人の独立性】
・平成22年春午前問58
・平成24年春午前問58
・平成27年春午前問60
・平成30年春午前問59
【システム監査の実施体制】
・平成23年特別午前問59
・平成26年春午前問58
・平成27年秋午前問58
・平成29年春午前問60

システム監査の対象業務

システム監査の対象業務は，情報システムのコントロールとマネジメントだけでなく，ガバナンス（企業統治）にまで及びます。さらに，情報システムの企画・開発（アジャイル開発を含む）・運用・保守・廃棄のプロセス，外部サービスの調達・利活用のプロセスなどにも及びます。様々な対象範囲を，専門知識に基づいて監査していきます。

システム監査計画の策定

システム監査人は，実施するシステム監査の目的を有効かつ効率的に達成するために，監査手続の内容，時期及び範囲などについて適切な監査計画を立案します。監査計画は，事情に応じて修正できるよう，弾力的に運用します。

それでは，次の問題を考えてみましょう。

問題

システムテストの監査におけるチェックポイントのうち，最も適切なものはどれか。

ア　テストケースが網羅的に想定されていること
イ　テスト計画は利用者側の責任者だけで承認されていること
ウ　テストは実際に業務が行われている環境で実施されていること
エ　テストは利用者側の担当者だけで行われていること

（令和元年秋 基本情報技術者試験 午前 問58）

過去問題をチェック

監査計画について，基本情報技術者試験では次の出題があります。

【資産管理監査のチェックポイント】
・平成25年春午前問59
・平成26年秋午前問60

【監査する際のチェックポイント】
・平成23年秋午前問58
・平成26年春午前問59
・平成27年秋午前問60
・平成28年春午前問61
・平成29年春午前問59

関連

テストの具体的な内容については，「4-1-4　統合・テスト」で取り上げています。監査では，テストに関する専門知識を前提に，適切に行われているかどうかをチェックします。

解説

システムテストは，プログラムを統合した後に，システム全体を検証するためのテストです。システムテストが適切に行われているかどうかを確認するチェックポイントとしては，テストケースに抜けがなく，網羅的に想定されていることが挙げられます。したがって，**ア**が正解です。

イ　システムテストは開発者側での統合テストです。テスト計画は，開発者側の責任者が承認する必要があります。
ウ　運用テストなど，ソフトウェアを導入するときに行うテストに関するチェックポイントです。
エ　受入れテストなど，利用者が確認するテストでのチェックポイントです。

≪解答≫ア

システム監査の実施（予備調査，本調査，評価，結論）

監査手続は，十分な監査証拠を入手するための手続です。システム監査人は適切かつ慎重に監査手続を実施し，監査結果を裏付けるのに十分かつ適切な監査証拠を入手します。そして，監査手続の結果とその関連資料を**監査調書**として作成します。監査調書は，監査結果の裏付けとなるため，監査の結論に至った過程がわかるように記録し，保存します。

それでは，次の問題を考えてみましょう。

問題

システム監査人がインタビュー実施時にすべきことのうち，最も適切なものはどれか。

ア　インタビューで監査対象部門から得た情報を裏付けるための文書や記録を入手するよう努める。

イ　インタビューの中で気が付いた不備事項について，その場で監査対象部門に改善を指示する。

ウ　監査対象部門内の監査業務を経験したことのある管理者をインタビューの対象者として選ぶ。

エ　複数の監査人でインタビューを行うと記録内容に相違が出ることがあるので，1人の監査人が行う。

（平成31年春 基本情報技術者試験 午前 問58）

解説

インタビューは，システム監査技法の1つで，監査対象部門から直接話を聞いて情報を得ます。インタビューの内容を監査証拠とするためには，情報を裏付けるための文書や記録を入手することが必要です。したがって，アが正解です。

イ　改善事項についてはその場で指示するのではなく，監査報告書にまとめて指摘事項とします。

ウ　監査の独立性の観点から，監査業務とは関係ない人から対象者を選ぶ必要があります。

エ　視点の違う複数の監査人でインタビューを行うことは，監査対象のチェック漏れを防ぐ意味でも適切です。

≪解答≫ア

過去問題をチェック

システム監査の実施について，基本情報技術者試験では次の出題があります。

【システム監査人が実施するヒアリング】

・平成22年秋午前問58
・平成23年特別午前問60
・平成25年秋午前問60
・平成29年秋午前問59

【システム監査人が実施するインタビュー】

・平成31年春午前問58

【システム監査で提出すべき資料】

・平成24年春午前問59

システム監査の報告とフォローアップ

システム監査人は，実施した監査についての**監査報告書**を作成し，監査の依頼者（組織体の長）に提出します。監査報告書には，実施した監査の対象や概要，保証意見または助言意見，制約などを記載します。また，監査を実施した結果において発見された**指摘事項**と，その改善を進言する**改善勧告**について明瞭に記載します。

システム監査人は，監査の結果に基づいて改善できるよう，監査報告に基づく改善指導（フォローアップ）を行います。

それでは，次の問題を考えてみましょう。

過去問題をチェック

監査報告書での指摘事項について，基本情報技術者試験では次の出題があります。

【指摘事項】
- 平成22年秋午前問60
- 平成23年秋午前問59
- 平成24年春午前問60
- 平成29年春午前問58
- 平成29年秋午前問58
- 平成30年秋午前問58
- 平成30年秋午前問59
- 平成31年春午前問60
- 令和5年度科目A問14

問題

A社では，自然災害などの際の事業継続を目的として，業務システムのデータベースのバックアップを取得している。その状況について，"情報セキュリティ管理基準（平成28年）"に従って実施した監査結果として判明した状況のうち，監査人が指摘事項として監査報告書に記載すべきものはどれか。

ア　バックアップ取得手順書を作成し，取得担当者を定めていた。

イ　バックアップを取得した電子記録媒体からデータベースを復旧する試験を，事前に定めたスケジュールに従って実施していた。

ウ　バックアップを取得した電子記録媒体を，機密保持を含む契約を取り交わした外部の倉庫会社に委託保管していた。

エ　バックアップを取得した電子記録媒体を，業務システムが稼働しているサーバの近くで保管していた。

（平成31年春 基本情報技術者試験 午前 問60）

解説

"情報セキュリティ管理基準（平成28年）"は，「JIS Q 27001:2014及びJIS Q 27002:2014」に基づいて整合を取り作成された管理基準です。12.3 バックアップには，「12.3.1.6 バックアップ情報は，主事業所の災害による被害から免れるために，十分離れた場所に保管する」という記述があります。バックアップを取得した電子記録媒体を，業務システムが稼働しているサーバの近くで保管することは，十分離れた場所に保管していることにはならないので，指摘事項にあたります。したがって，**エ**が正解です。

ア「12.3.1.4 バックアップ情報の正確かつ完全な記録及び文書化したデータ復旧手順を作成する」とあり，バックアップ取得手順書を作成して管理することは適切です。

イ「12.3.1.8 バックアップに用いる媒体は，必要になった場合の緊急利用について信頼できることを確実にするために，定めに従って試験する」とあり，復旧する試験を行うことは適切です。

ウ 外部委託については，「4.5.4.5 組織は，外部委託するプロセスを決定し，かつ，管理する」とあり，適切な契約を取り交わして行うなら問題ありません。

≪解答≫エ

監査証跡とコントロール

監査証跡とは，監査対象システムの入力から出力に至る過程を追跡できる一連の仕組みと記録です。情報システムに対して，**信頼性**，**安全性**，**効率性**のコントロールが適切に行われていることを実証するために用いられます。

監査における**コントロール**とは，統制を行うための手続きです。コントロールの具体例としては，画面上で入力した値が一定の規則に従っているかどうかを確認する**エディットバリデーションチェック**や，数値情報の合計値を確認することでデータに漏れや重複がないかを確認する**コントロールトータルチェック**などがあります。

システム監査技法

システム監査の技法としては，一般的な資料の閲覧・収集，ドキュメントレビュー（査閲），チェックリスト，質問書･調査票，インタビューなどのほかに次のような方法があります。

①統計的サンプリング法

母集団からサンプルを抽出し，そのサンプルを分析して母集団の性質を統計的に推測します。

②監査モジュール法

監査対象のプログラムに監査用のモジュールを組み込んで，プログラム実行時の監査データを抽出します。

③ITF（Integrated Test Facility）法

稼働中のシステムにテスト用の架空口座（ID）を設置し，システムの動作を検証します。実際のトランザクションとして架空口座のトランザクションを実行し，正確性をチェックします。

④ウォークスルー法

データの生成から入力，処理，出力，活用までのすべてのプロセスや，組み込まれているコントロールについて，書面上で，または実際に追跡する技法です。

⑤コンピュータ支援監査技法（CAAT：Computer Assisted Audit Techniques）

監査のツールとしてコンピュータを利用する監査技法の総称です。③のITF法もCAATの一例であり，テストデータ法など様々な技法があります。

監査関連法規・標準

システム監査に関連する標準や法規としては主に以下のものがあります。

①システム監査基準

システム監査人のための行動規範です。最新版は令和5年度版で，システム監査の基準として，システム監査の属性，実施，報告の3つの分野にかかる基準が定義されています。

関連

システム監査基準の最新版は，令和5年に公表されました。システム監査基準の内容は，経済産業省のホームページ（下記）に掲載されています。
https://www.meti.go.jp/policy/netsecurity/sys-kansa/sys-kansa-2023r.pdf

②システム管理基準

システム監査基準に従って判断の尺度に使う項目です。情報戦略，企画業務，開発業務，運用業務，保守業務，共通業務について，システム管理基準の項目を活用しながらシステム監査を行っていきます。

関連

法律や標準については「9-2 法務」でも解説しています。そちらも参照してください。

③情報セキュリティ監査基準

情報セキュリティ監査人のための行動規範です。システム監査基準の情報セキュリティバージョンといえます。

④情報セキュリティ管理基準

情報セキュリティ監査基準に従って判断の尺度に使う項目です。「ISMS適合性評価制度」で用いられる適合性評価の尺度と整合するように配慮されています。

⑤個人情報保護関連法規

個人情報保護に関する法律や，プライバシーマーク制度で使われるJIS Q 15001などのガイドラインは，個人情報保護に関する監査に対して利用されます。

⑥知的財産権関連法規

システム監査では権利侵害行為を指摘する必要があるため，著作権法，特許法，不正競争防止法などの知的財産権に関する法律を参考にします。

⑦労働関連法規

システム監査では法律に照らして労働環境における問題点を指摘する必要があるので，労働基準法，労働者派遣法，男女雇用機会均等法などの労働に関する法律を参考にします。

⑧法定監査関連法規

システム監査は，会計監査などの法定監査との連携を図りながら実施する必要があるため，株式会社の監査等に関する商法の特例に関する法律や金融商品取引法，商法など法定監査に関わる法律も参考にします。

⑨クラウド情報セキュリティ管理基準

JASA（クラウドセキュリティ推進協議会）が作成した，クラウドサービスに関する情報セキュリティ管理基準です。

それでは，次の問題を考えてみましょう。

問題

A社では，従業員が自宅のPCからインターネット経由で自社のネットワークに接続して仕事を行うテレワーキングの実施を計画している。A社が定めたテレワーキング運用規程について，情報セキュリティ管理基準（平成28年）に従って監査を実施した。判明した事項のうち，監査人が，指摘事項として監査報告書に記載すべきものはどれか。

ア テレワーキング運用規程に従うことを条件に，全ての従業員が利用できる。

イ テレワーキングで従業員が使用するPCは，A社から支給されたものに限定する。

ウ テレワーキングで使用するPCへのマルウェア対策ソフト導入の要不要は，従業員それぞれが判断する。

エ テレワーキングで使用するPCを，従業員の家族に使用させない。

（令和5年度 基本情報技術者試験 公開問題 科目A 問14）

過去問題をチェック

監査関連法規・標準について，基本情報技術者試験では次の出題があります。

【システム監査基準】
- 平成25年春午前問58
- 平成28年春午前問60

【システム管理基準】
- 平成21年春午前問59
- 平成21年秋午前問66
- 平成22年秋午前問62
- 平成23年特別午前問58
- 平成23年秋午前問67
- 平成24年秋午前問61
- 平成25年春午前問62
- 平成26年春午前問60
- 平成26年春午前問65
- 平成26年秋午前問61
- 平成28年春午前問63
- 平成28年秋午前問58

【情報セキュリティ管理基準】
- 平成31年春午前問60
- 令和5年度科目A問14

解説

テレワーキングで使用されるPCが安全であることを確保するためには，マルウェア対策ソフトの導入は必須です。情報セキュリティ管理の観点では，ソフトの導入について従業員それぞれに判断を委ねることは，リスクが高まるため適切ではありません。したがって，**ウ**が正解です。

ア 適切な規程の遵守を条件にテレワーキングの利用を許可するものであり，特に問題はありません。

イ PCを支給することは，情報セキュリティを強化するための適切な措置です。

エ 従業員の家族がPCを使用することで，情報の漏えいなどのリスクが発生する可能性があるため，適切です。

≪解答≫ウ

▶▶▶ 覚えよう！

□ **システム監査では独立性が大切**

□ **監査証拠を集め監査調書を作り，監査報告書にまとめフォローアップ**

6-2-2 内部統制

内部統制は，内部監査と密接な関係があります。内部統制の実現には，業務プロセスの明確化，職務分掌，実施ルールの設定，チェック体制の確立が必要です。

内部統制

内部統制とは，健全かつ効率的な組織運営のための体制を，企業などが自ら構築し運用する仕組みです。

内部統制のフレームワークの世界標準は，米国のトレッドウェイ委員会組織委員会（COSO：the Committee of Sponsoring Organization of the Treadway Commission）が公表した**COSOフレームワーク**です。日本では，金融庁の企業会計審議会・内部統制部会が，「財務報告に係る内部統制の評価及び監査の基準」及び「財務報告に係る内部統制の評価及び監査に関する実施基準」を制定し，日本における内部統制の実務の基本的な枠組みを定めています。この基準によると，内部統制の意義は次の4つの目的を達成することです。

4つの目的

①業務の有効性及び効率性

事業活動の目的の達成のため，業務の有効性及び効率性を高めること

②財務報告の信頼性

財務諸表及び財務諸表に重要な影響を及ぼす可能性のある情報の信頼性を確保すること

③事業活動に関する法令等の遵守

事業活動に関わる法令その他の規範の遵守を促進すること

④資産の保全

資産の取得，使用及び処分が正当な手続及び承認の下に行わ

れるよう，資産の保全を図ること

そして，内部統制の目的を達成するために，次の6つの基本的要素が定められています。

6つの基本的要素

①統制環境

組織の気風を決定する倫理観や経営者の姿勢，経営戦略など，他の基本的要素に影響を及ぼす基盤

②リスクの評価と対応

リスクを洗い出し，評価し，対応する一連のプロセス

③統制活動

経営者の命令や指示が適切に実行されることを確保するための要素。**職務の分掌**などの方針や手続が含まれる

④情報と伝達

必要な情報が識別，把握，処理され，組織内外の関係者に正しく伝えられることを確保するための要素

⑤モニタリング

内部統制が有効に機能していることを継続的に評価するプロセス

⑥ITへの対応

組織の目標を達成するために適切な方針や手続を定め，それを踏まえて組織の内外のITに適切に対応すること。IT環境への対応とITの利用及び統制から構成される。COSOフレームワークにはない**日本独自の追加要素**

用語

職務の分掌とは，業務を実行する人とそれを承認する人を分けるなど，業務を1人で完了できないようにすることです。職務の分掌を行うことによって，**「内部牽制」**と呼ばれる，内部で不正が行われないように相互にチェックして未然に防ぐ体制を実現できます。

役割と責任

内部統制に関係する人には，次のような役割があり，責任範囲が決まっています。

- **経営者**

組織のすべての活動について最終的な責任があり，取締役会が決定した基本方針に基づき内部統制を整備及び運用する役割と責任があります。

・取締役会

内部統制の整備及び運用に係る基本方針を決定します。経営者による内部統制の整備及び運用に対して監督責任があります。

・監査役等

独立した立場から，内部統制の整備及び運用状況を監視，検証する役割と責任があります。

・内部監査人

内部統制の目的をより効果的に達成するために，モニタリングの一環として，内部統制の整備及び運用状況を検討，評価し，改善を促す職務を担っています。

・組織内のその他の者

内部統制は，組織内のすべての者が遂行するプロセスなので，有効な内部統制の整備及び運用に一定の役割を担っています。

それでは，次の問題を考えてみましょう。

過去問題をチェック
内部統制について，基本情報技術者試験では次の出題があります。
【内部統制】
・平成22年春午前問60
・平成27年春午前問59
・平成30年秋午前問60
【IT統制】
・平成21年春午前問60
・平成23年秋午前問60
【職務の分掌（相互牽制）】
・平成22年春午前問60
・平成27年秋午前問57

問題

我が国の証券取引所に上場している企業において，内部統制の整備及び運用に最終的な責任を負っている者は誰か。

ア 株主　　イ 監査役　　ウ 業務担当者　　エ 経営者

（平成30年秋 基本情報技術者試験 午前 問60）

解説

内部統制とは，健全かつ効率的な組織運営のための体制を，企業などが自ら構築し運用する仕組みです。内部統制では，組織のすべての活動について最終的な責任があるのは経営者です。取締役会が決定した基本方針に基づき内部統制を整備及び運用する役割と責任があります。したがって，**エ**が正解です。

ア 株主は外部の関係者なので，内部統制の範囲外です。

イ 独立した立場から，内部統制の整備及び運用状況を監視，検証する役割と責任があります。

ウ 有効な内部統制の整備及び運用に一定の役割を担っています。

≪解答≫エ

ITガバナンス

ITガバナンスとは，企業などが競争力を高めることを目的として情報システム戦略を策定し，戦略実行を統制する仕組みを確立するための組織的な仕組みです。より一般的なコーポレートガバナンス(企業統治)は，企業価値を最大化し，企業理念を実現するために企業の経営を監視し，規律する仕組みです。そのための手段として，**内部統制**やコンプライアンス(法令遵守)が実施されます。

ITガバナンスのベストプラクティス集(フレームワーク)には **COBIT** (Control Objectives for Information and related Technology)があります。

法令遵守状況の評価・改善

情報システムの構築，運用は，システムにかかわる法令を遵守して行う必要があります。そのために，適切なタイミングと方法で遵守状況を継続的に評価し，改善していきます。

内部統制報告制度は，財務報告の信頼性を確保するために金融商品取引法に基づき義務付けられる制度です。また，**CSA** (Control Self Assessment：統制自己評価)は，内部統制等に関する統制活動の有効性について，維持・運用している人自身が自らの活動を主観的に検証・評価する手法です。

▶▶▶ 覚えよう！

- □ **内部統制は，企業自らが構築し運用する仕組みで，経営者に責任**
- □ **ITガバナンスは，IT戦略をあるべき方向に導く組織能力**

6-3 演習問題

問1 Actに該当するもの CHECK ▶ □□□

サービスマネジメントシステムにPDCA方法論を適用するとき，Actに該当するものはどれか。

ア サービスの設計，移行，提供及び改善のためにサービスマネジメントシステムを導入し，運用する。
イ サービスマネジメントシステム及びサービスのパフォーマンスを継続的に改善するための処置を実施する。
ウ サービスマネジメントシステムを確立し，文書化し，合意する。
エ 方針，目的，計画及びサービスの要求事項について，サービスマネジメントシステム及びサービスを監視，測定及びレビューし，それらの結果を報告する。

問2 初期状態に戻して再開する方法 CHECK ▶ □□□

システム障害が発生したときにシステムを初期状態に戻して再開する方法であり，更新前コピー又は更新後コピーの前処理を伴わないシステム開始のことであって，初期プログラムロードとも呼ばれるものはどれか。

ア ウォームスタート　イ コールドスタート
ウ ロールバック　エ ロールフォワード

問3 インシデント発生後に要する時間 CHECK ▶ □□□

事業継続計画で用いられる用語であり，インシデントの発生後，次のいずれかの事項までに要する時間を表すものはどれか。

(1) 製品又はサービスが再開される。
(2) 事業活動が再開される。
(3) 資源が復旧される。

ア MTBF　イ MTTR　ウ RPO　エ RTO

問4 データのバックアップ CHECK ▶ □□□

サーバに接続されたディスクのデータのバックアップに関する記述のうち，最も適切なものはどれか。

ア 一定の期間を過ぎて利用頻度が低くなったデータは，現在のディスクから消去するとともに，バックアップしておいたデータも消去する。
イ システムの本稼働開始日に全てのデータをバックアップし，それ以降は作業時間を短縮するために，更新頻度が高いデータだけをバックアップする。
ウ 重要データは，バックアップの媒体を取り違えないように，同一の媒体に上書きでバックアップする。
エ 複数のファイルに分散して格納されているデータは，それぞれのファイルへの一連の更新処理が終了した時点でバックアップする。

問5 システム監査人の独立性 CHECK ▶ □□□

情報システム部が開発して経理部が運用している会計システムの運用状況を，経営者からの指示で監査することになった。この場合におけるシステム監査人についての記述のうち，最も適切なものはどれか。

ア 会計システムは企業会計に関する各種基準に準拠すべきなので，システム監査人を公認会計士とする。
イ 会計システムは機密性の高い情報を扱うので，システム監査人は経理部長直属とする。
ウ システム監査を効率的に行うために，システム監査人は情報システム部長直属とする。
エ 独立性を担保するために，システム監査人は情報システム部にも経理部にも所属しない者とする。

問6 アクセス制御監査でのシステム監査人の行為 CHECK ▶ □□□

アクセス制御を監査するシステム監査人の行為のうち，適切なものはどれか。

ア ソフトウェアに関するアクセス制御の管理台帳を作成し，保管した。
イ データに関するアクセス制御の管理規程を閲覧した。
ウ ネットワークに関するアクセス制御の管理方針を制定した。
エ ハードウェアに関するアクセス制御の運用手続を実施した。

問7 可用性を確認するチェック項目 CHECK ▶ □□□

情報セキュリティ監査において，可用性を確認するチェック項目はどれか。

ア 外部記憶媒体の無断持出しが禁止されていること
イ 中断時間を定めたSLAの水準が保たれるように管理されていること
ウ データ入力時のエラーチェックが適切に行われていること
エ データベースが暗号化されていること

問8 業務部門と情報システム部門の業務 CHECK ▶ □□□

業務部門が起票した入力原票を，情報システム部門でデータ入力する場合，情報システム部門の業務として，適切なものはどれか。

ア 業務部門が入力原票ごとの処理結果を確認できるように，処理結果リストを業務部門に送付している。
イ 入力原票の記入内容に誤りがある場合は，誤りの内容が明らかなときに限り，入力担当者だけの判断で入力原票を修正し，入力処理している。
ウ 入力原票は処理期日まで情報システム部門で保管し，受領枚数の点検などの授受確認は，処理期日直前に一括して行うことにしている。
エ 入力済みの入力原票は，不正使用や機密情報の漏えいなどを防止するために，入力後直ちに廃棄することにしている。

6

演習問題の解答

問1　（令和元年秋 基本情報技術者試験 午前 問55）

《解答》イ

サービスマネジメントシステムは，ITサービス全体をマネジメントする仕組みです。PDCA方法論を適用し，確立（Plan），実践（Do），維持（Check）及び継続的改善（Act）を行います。サービスマネジメントシステム及びサービスのパフォーマンスを継続的に改善するための処置を実施することは，継続的改善（Act）に該当します。したがって，**イ**が正解です。

ア　実践（Do）に該当します。

ウ　確立（Plan）に該当します。

エ　維持（Check）に該当します。

問2　（平成30年秋 基本情報技術者試験 午前 問56）

《解答》イ

システム障害が発生したときにシステムを再開する方法のうち，電源が入っていない状態で初期状態に戻して開始する方法をコールドスタートといいます。初期プログラムロードとも呼ばれます。したがって，**イ**が正解です。

ア　電源を切らずにシステムを再始動させる方法です。コールドスタートよりも高速に再開できます。

ウ　更新前コピー（更新前ログ）を利用し，トランザクション開始前に戻して再開する方法です。

エ　更新後コピー（更新後ログ）を利用し，完了したトランザクションを復元してから再開する方法です。

問3　（令和元年秋 基本情報技術者試験 午前 問57）

《解答》エ

事業継続計画で用いられる用語のうち，インシデントの発生後にサービスや事業活動が再開するまでの時間の目標のことを，RTO（Recovery Time Objective：目標復旧時間）といいます。したがって，**エ**が正解です。

ア　MTBF（Mean Time Between Failure：平均故障間隔）は，故障が復旧してから次の故障までにかかる時間の平均です。

イ　MTTR（Mean Time To Repair：平均復旧時間）は，故障したシステムの復旧にかかる時間の平均です。

ウ　RPO（Recovery Point Objective：目標復旧時点）は，障害時にどの時点までのデータを復旧できるようにするかという目標です。

問4　（平成30年春 基本情報技術者試験 午前 問57）

《解答》エ

サーバに接続されたディスクのデータのバックアップでは，複数のファイルに分散して格納することで，処理性能を上げることができます。全体で1つのバックアップなので，途中で終了するとデータの不整合が起こるおそれがあります。そのため，それぞれのファイルへの一連の更新処理が終了した時点でバックアップすることが大切です。したがって，**エ**が正解となります。

ア　現在のディスクから消去したデータも，保全のためバックアップを保管しておく必要があります。

イ　更新頻度が低くても，更新した差分はすべてバックアップします。

ウ　バックアップデータを誤って消去しないように，媒体を変えてバックアップした方が安全です。

問5　（令和元年秋 基本情報技術者試験 午前 問59）

《解答》エ

システム監査では，外観上の独立性を担保するために，被監査部門とは独立した監査人が必要となります。情報システム部が開発して経理部が運用している会計システムの運用状況を監査する場合，情報システム部にも経理部にも所属しないシステム監査人が必要となります。したがって，**エ**が正解です。

ア　会計システムの「運用状況」を調べるシステム監査なので，公認会計士である必要はありません。

イ　経理部長直属だと，独立性の観点から不適切です。

ウ　情報システム部長直属だと，独立性の観点から不適切です。

問6　（令和元年秋 基本情報技術者試験 午前 問60）

《解答》イ

システム監査人は，監査対象から独立して，情報システムにまつわるリスクに対するコントロールを適切に整備・運用しているかどうかをチェックします。調査するだけで，直接業務に関わることはできません。データに関するアクセス制御の管理規程を閲覧することは，調査に該当するので，システム監査人の行為として適切です。したがって，**イ**が正解となります。

ア　システム監査人は，自身で管理台帳を作成することはできません。
ウ　システム監査人は，自身で管理方針を制定することはできません。
エ　システム監査人は，自身で運用手続を実施することはできません。

問7　（基本情報技術者試験（科目A試験）サンプル問題セット 問48）

《解答》イ

情報セキュリティ監査において，可用性を確認するには，システムが継続的に利用可能かどうかをチェックします。中断時間を定めたSLA（Service Level Agreement）の水準が保たれるように管理されていることは，可用性のチェック項目として適切です。したがって，**イ**が正解となります。

ア　機密性を確認するチェック項目となります。
ウ　完全性を確認するチェック項目となります。
エ　機密性を確認するチェック項目となります。

問8　（平成27年秋 基本情報技術者試験 午前 問57）

《解答》ア

内部統制の統制活動では，職務の分掌を行い，業務を実行する人とそれを承認する人を分けることが必要です。業務部門が起票した入力原票を，情報システム部門でデータ入力する場合には，情報システム部門で入力原票を変更することはできません。業務部門が入力原票ごとの処理結果を確認できるように，処理結果リストを業務部門に送付することは，お互いの職務を逸脱しないので問題ありません。したがって，**ア**が正解です。

イ　情報システム部門のデータ入力担当者が，入力原票を修正することは不適切です。
ウ　入力原票は業務部門の管理なので，情報システム部門で保管することは不適切です。
エ　入力原票は，証拠保全のために一定期間保管しておく必要があります。

第7章

システム戦略

この章から，ストラテジ系の分野に入ります。ITに関連する戦略について学ぶ分野がシステム戦略で，内容は「システム戦略」と「システム企画」の2つです。
システム戦略では，様々な情報システムについて，経営戦略に合わせた情報戦略の考え方や手法を学びます。システム企画では，システムを企画し，要件定義を行って調達する手法について学びます。
ストラテジ系の分野の中でも，システム戦略はシステム開発との関連が強いので，これまでの学習で身につけた内容が役に立ちます。復習も行いながら，今まで得た知識に新しい知識を関連付けていきましょう。

7-1 システム戦略

システム戦略の分野では，経営戦略のうち情報システムに関わる戦略と，組織の業務に関わる情報システムについて学びます。

7-1-1 情報システム戦略

情報システム戦略の目的は，経営戦略を実現させることです。そのため，経営戦略に沿って効果的な情報システム戦略を策定することが重要になります。

勉強のコツ

DXやエンタープライズアーキテクチャなどでの全体最適化や，SaaS，IaaSなどのクラウドコンピューティングが出題の中心です。経営戦略に沿って全体最適化を行い，情報システムを構築していくという考え方をしっかり押さえておきましょう。出題の中心は知識問題なので，用語をしっかり押さえるとよいでしょう。

情報システム戦略

情報システム戦略は，**経営戦略に基づいて策定**する，情報に関する戦略です。情報システム戦略の策定では，経営陣の1人である**CIO**（Chief Information Officer：最高情報責任者）が中心となり，全体システム化計画や情報化投資計画を策定します。

また，情報システム戦略では，ビジネスの課題を洗い出し，問題解決を行う**ビジネスアナリシス**が重要です。この実践においては，ビジネスアナリシスの計画やモニタリングをはじめとする7つの知識エリアをまとめた知識体系である**BABOK**（Business Analysis Body of Knowledge）を活用するのが効率的です。

DX

DX（Digital Transformation）とは，スウェーデンのウメオ大学のエリック・ストルターマン教授が提唱した概念で，人々によい生活（Good life）を実現させる，ITを中心としたテクノロジーを指します。

具体的には，AIやIoT，VRなどの先進的な技術と，クラウドやスマートフォンなどのプラットフォームなどを組み合わせて，既存の業界のビジネスモデルを脱却し，ITを活用して新たなビジネス価値を創造することをDXと呼びます。DXでは，経営陣の1人である**CDO**（Chief Digital Officer：最高デジタル責任者）が中心となり，社内だけでなく顧客や競争相手まで視野に入れて行動します。

経済産業省が取りまとめた"デジタル経営改革のための評価指標(**DX推進指標**)"は，経営者や社内の関係者がDXの推進に向けた現状や課題に対する認識を共有し，アクションにつなげるための気付きの機会を提供するものです。DX推進指標では，「DX推進のための経営のあり方，仕組み」と「DXを実現する上で基盤となるITシステムの構築」の2つに関して，定性指標と定量指標が示されています。

参考

DX推進指標については，次のページに詳細が掲載されています。
https://www.ipa.go.jp/digital/dx-suishin/index.html
IPAは「DX推進指標 自己診断フォーマット」の配布，自己診断結果の収集及び分析を行っています。

DXを進める基盤としてITシステムに求められる主要な要素は，次の3つです。

1. **データ活用**
   データをリアルタイム等，使いたい形で使えるか
2. **スピード・アジリティ**
   変化に迅速に対応できるデリバリースピードを実現できるか
3. **全体最適**
   データを，部門を超えて全体最適で活用できるか

情報システム化基本計画

情報システム化基本計画では，ITガバナンスの実現のため，情報システム全体についてのシステム化計画を立てます。情報システムで目指すべき将来像を，中長期の情報システム化基本計画としてまとめていきます。

To-Beモデルといわれる，情報システムのあるべき姿を明確にした業務モデルを作成します。組織で進行している複数のプロジェクトを有機的に組み合わせ，全体として最適化を図る**プログラムマネジメント**の考え方も大切です。情報セキュリティ方針や標準化方針，品質方針も決定していきます。

発展

情報システム戦略についての指針や考え方は，**システム管理基準**にまとめられています。試験問題ではよく，「システム管理基準によれば」という書き出しで登場するので，一度原本を眺めてみるのもおすすめです。

情報システム投資計画

情報システム投資計画(情報化投資計画)では，情報化投資に関する予算を適切に配分します。経営戦略との整合性を考慮して策定することと，投資対効果の算出方法を明確にすることが

求められます。情報システムの全体的な業績や個別のプロジェクトの業績を財務的な観点から評価し，ITの投資効果をマネジメントする**IT投資マネジメント**の観点も大切です。初期費用だけではなく，毎年発生する**ランニングコスト**も含め，全体のコストを算出することも大切です。

ITポートフォリオとは，組織全体の観点から情報化資産を適切に配分することです。情報化投資をリスクや投資価値の類似性でいくつかのカテゴリに整理し，経営戦略実現のための最適な資源配分を管理します。

それでは，次の問題を考えてみましょう。

問題

情報化投資において，リスクや投資価値の類似性でカテゴリ分けし，最適な資源配分を行う際に用いる手法はどれか。

ア 3C分析　　イ ITポートフォリオ
ウ エンタープライズアーキテクチャ　　エ ベンチマーキング

（令和元年秋 基本情報技術者試験 午前 問61）

過去問題をチェック
情報システム投資について，基本情報技術者試験では次の出題があります。
【情報化投資】
・平成22年秋午前問62
・平成25年春午前問61
【ランニングコスト】
・平成22年春午前問65
・平成24年秋午前問65
【全体のコスト】
・平成29年秋午前問66
【ITポートフォリオ】
・平成24年春午前問61
・平成29年春午前問61
・令和元年秋午前問61

解説

情報化投資では，組織全体の観点から情報化資産を適切に配分することが大切です。資産配分の方法にはITポートフォリオがあり，リスクや投資価値の類似性でカテゴリ分けして配分します。したがって，**イ**が正解です。

ア 市場（Customer），競合（Competitor），自社（Company）に分けて行うマーケティング分析です。
ウ 組織全体の業務とシステムを統一的な手法でモデル化する設計・管理手法です。
エ 業務やプロセスのベストプラクティスを指標にして現状の業務のやり方を評価する手法です。

≪解答≫イ

個別の開発計画（個別計画）

情報システム化基本計画に従って，個別の開発計画を立案します。企業の戦略性を向上させ，企業全体または事業活動の統合管理を実現するシステムとしては次のようなものがあります。

①ERP（Enterprise Resource Planning：企業資源計画）

企業全体の経営資源を**統合的に管理**して経営の効率化を図るための手法です。会計システムや生産・調達・在庫システムなど，企業の基幹となるシステムを統合し，効率化します。ERPを実現するためのソフトウェアをERPパッケージと呼びます。

②SCM（Supply Chain Management）

原材料の調達から最終消費者への販売に至るまでの調達→生産→物流→販売の一連のプロセスを，企業の枠を超えて統合的にマネジメントするシステムです。一連のプロセスで在庫，売行き，販売・生産計画などの情報を共有することで，余分な在庫の削減が可能となり，ムダな物流が減少します。

③CRM（Customer Relationship Management：顧客関係管理）

顧客との関係を構築することで顧客満足度を向上させる経営手法です。実現するためのシステムがCRMシステムで，詳細な顧客情報の管理や分析，問合せやクレームへの対応などを一貫して管理することが可能になります。

④SFA（Sales Force Automation）

営業支援のための情報システムです。商談の進捗管理や営業部内の情報共有などを行います。CRMの一環として扱われることも多くなっています。

過去問題をチェック

企業のシステムに関する内容について，基本情報技術者試験では次の出題があります。

【ERP】
・令和5年度科目A問17
【SCM】
・平成26年春午前問66
【CRM】
・平成21年秋午前問70
・平成24年秋午前問70
・平成28年秋午前問69
【SFA】
・平成23年特別午前問68

エンタープライズアーキテクチャ

EA（Enterprise Architecture：エンタープライズアーキテクチャ）は，組織全体の業務とシステムを統一的な手法でモデル化し，業務とシステムを同時に改善することを目的とした，組織の設計・管理手法です。

全体最適化を図るために，アーキテクチャモデルを作成し，目標を明確に定めていきます。エンタープライズアーキテクチャでは，まず，業務の現状をAs-Isモデルとしてまとめます。次に，最終目標のあるべき姿をTo-Beモデルとし，そのギャップを分析します。そして，より現実的な次期モデル（Targetモデル）を作成し，それを構築します。

エンタープライズアーキテクチャ（EA）では，アーキテクチャモデルとして，次の4つの分類体系で整理する方法がとられています。

①ビジネスアーキテクチャ

ビジネスアーキテクチャ（BA：Business Architecture）は，組織の目標や業務を体系化したアーキテクチャです。機能構成図（DMM：Diamond Mandala Matrix）や業務流れ図（WFA：Work Flow Architecture）を作成します。DFD（Data Flow Diagram）やUML（Unified Modeling Language）の**アクティビティ図**を用いて業務流れ図を作成することもあります。

②データアーキテクチャ

データアーキテクチャ（DA：Data Architecture）は，組織の目標や業務に必要となるデータの構成，データ間の関連を体系化したアーキテクチャです。データ定義表や情報体系整理図（UMLの**クラス図**），**E-R図**を作成します。

③アプリケーションアーキテクチャ

アプリケーションアーキテクチャ（AA：Application Architecture）は，組織としての目標を実現するための業務と，それを実行するアプリケーションの関係を体系化したアーキテクチャです。情報システム関連図や情報システム機能構成図を作成します。

④テクノロジアーキテクチャ

テクノロジアーキテクチャ（TA：Technology Architecture）は，業務を実行するためのハードウェア，ソフトウェア，ネットワークなどの技術を体系化したアーキテクチャです。ソフトウェア構成図，ハードウェア構成図，ネットワーク構成図を作成します。

それぞれの体系の関連を図にすると，以下のようになります。

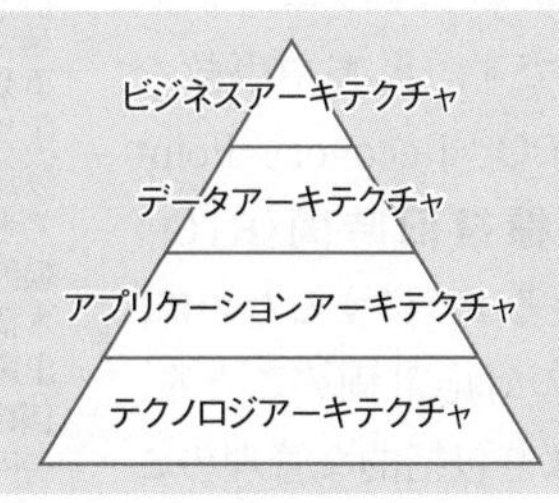

図7.1 アーキテクチャモデル

それでは，次の問題を考えてみましょう。

問題

エンタープライズアーキテクチャの“四つの分類体系”に含まれるアーキテクチャは，ビジネスアーキテクチャ，テクノロジアーキテクチャ，アプリケーションアーキテクチャともう一つはどれか。

ア システムアーキテクチャ　イ ソフトウェアアーキテクチャ
ウ データアーキテクチャ　エ バスアーキテクチャ

（平成28年春 基本情報技術者試験 午前 問62）

過去問題をチェック
エンタープライズアーキテクチャについて，基本情報技術者試験では次の出題があります。
【エンタープライズアーキテクチャ】
・平成21年春午前問61
・平成21年秋午前問61
・平成22年秋午前問61
・平成23年特別午前問61
・平成23年秋午前問62
・平成25年秋午前問62
・平成27年秋午前問61
・平成28年春午前問62
・平成28年秋午前問61
・平成31年春午前問61

解説

エンタープライズアーキテクチャの“四つの分類体系”は，ビジネスアーキテクチャ，データアーキテクチャ，アプリケーションアーキテクチャ，テクノロジアーキテクチャの四つです。足りないのはデータアーキテクチャなので，**ウ**が正解です。

ア ソフトウェアとハードウェアを含めたシステムに関するアーキテクチャです。

イ ソフトウェアに関するアーキテクチャで，エンタープライズアーキテクチャではアプリケーションアーキテクチャに該当します。

エ ハードウェアを接続するバスに関するアーキテクチャです。USB（Universal Serial Bus）などが該当します。

≪解答≫ウ

事業継続計画(BCP)

BCP(Business Continuity Plan:事業継続計画)は，企業が事業の継続を行う上で基本となる計画です。災害や事故などが発生したときに，**目標復旧時点**(RPO:Recovery Point Objective)以前のデータを復旧し，**目標復旧時間**(RTO:Recovery Time Objective)以内に再開できるようにするために，**事前に計画を策定**しておきます。緊急時の対応計画のことを，**コンティンジェンシープラン**といいます。より包括的な管理のことをBCM(Business Continuity Management:事業継続管理)ともいいます。この場合は，事前にリスク分析を行い，対応策を決定しておきます。

過去問題をチェック

事業継続計画については，ITサービスマネジメントや経営戦略など，様々な分野で考える必要があり，分野横断的に出題されます。基本情報技術者試験では次の出題があります。

【事業継続計画(BCP)】
・平成22年秋午前問42
・平成23年秋午前問61
・平成24年春午前問42
・平成28年秋午前問60
・令和元年秋午前問74

【RTO】
・令和元年秋午前問57

▶▶▶ 覚えよう!

- □ ITポートフォリオで最適な資源配分を行う
- □ EAは，ビジネス・データ・アプリケーション・テクノロジの4つのアーキテクチャ

7-1-2 業務プロセス

業務プロセスの改善と問題解決においては，既存の組織構造や業務プロセスを見直し，効率化を図ります。それとともに，情報技術を活用して，業務・システムを最適化します。

業務プロセスの改善

業務プロセスの改善では，既存の組織構造や業務プロセスを見直し，効果的なシステム活用と合わせて，業務やシステムの最適化を図る必要があります。

業務プロセスの改善手法には，以下のものがあります。

①BPR(Business Process Reengineering)

顧客の満足度を高めることを主な目的とし，最新の情報技術を用いて業務プロセスを**抜本的に改革**することです。品質・コスト・スピードの3つの面から改善し，**競争優位性を確保**します。

②BPMS（Business Process Management System）

BPM（Business Process Management）は，業務分析，業務設計，業務の実行，モニタリング，評価のサイクルを繰り返し，継続的なプロセス改善を遂行する経営手法です。BPMSは，BPMを実現するために，業務プロセスの可視化・標準化・自動化などを行うシステムです。

③BPO（Business Process Outsourcing）

企業などが自社の業務の一部または全部を，**外部の専門業者に一括して委託**することです。業務を外部に出すことで，**経営資源をコアコンピタンスに集中**できます。海外の事業者や子会社に開発をアウトソーシングする**オフショア**開発も一般的です。

コアコンピタンスについては，「8-1-1　経営戦略手法」を参照してください。

オフショアとは，もともとは「沖合」を意味します。沖合を航海する船は課金されないことから，それが転じて無税もしくはほとんど課税されない地域のことを指すようになりました。さらに，システム開発を海外のコストの安い地域に委託することをオフショア開発と呼びます。

④RPA（Robotic Process Automation）

PCの中でロボット的な動作を行うソフトウェアを用いて，業務の自動化を行う仕組みです。RPAを用いることで，業務の最適化を図ることができます。

それでは，次の問題を考えてみましょう。

問題

自社の経営課題である人手不足の解消などを目標とした業務革新を進めるために活用する，RPAの事例はどれか。

ア　業務システムなどのデータ入力，照合のような標準化された定型作業を，事務職員の代わりにソフトウェアで自動的に処理する。

イ　製造ラインで部品の組立てに従事していた作業員の代わりに組立作業用ロボットを配置する。

ウ　人が接客して販売を行っていた店舗を，ICタグ，画像解析のためのカメラ，電子決済システムによる無人店舗に置き換える。

エ　フォークリフトなどを用いて人の操作で保管商品を搬入・搬出していたものを，コンピュータ制御で無人化した自動倉庫システムに置き換える。

（令和元年秋 基本情報技術者試験 午前 問62）

過去問題をチェック

業務プロセスについて，基本情報技術者試験では次の出題があります。

【BPR】
・平成21年秋午前問62

【BPM】
・平成23年特別午前問62
・平成24年秋午前問62
・平成27年春午前問62
・平成28年秋午前問63

【BPO】
・平成22年春午前問61
・平成26年秋午前問62
・平成30年秋午前問62

【RPA】
・令和元年秋午前問62

7

解説

RPA（Robotic Process Automation）は，PCの中でロボット的な動作を行うソフトウェアを用いて，業務の自動化を行う仕組みです。業務システムなどのデータ入力，照合のような標準化された定型作業を，事務職員の代わりにソフトウェアで自動的に処理することは，RPAで実現可能となります。したがって，アが正解です。

イ　FMS（Flexible Manufacturing System）などでの，組立作業の自動化で可能になります。

ウ　無人店舗では，AI（Artificial Intelligence）による画像解析や，電子決済システムの構築など，複雑なシステム連携が必要となり，RPAでは難しいです。

エ　自動倉庫システムを活用した事例です。

≪解答≫ア

覚えよう！

- □ BPRは抜本的に改革，BPOは業務をアウトソーシング
- □ RPAでソフトウェアを用いて業務を自動化

7-1-3 ソリューションビジネス

ソリューションビジネスでは，顧客の経営課題を解決するサービスを提案します。クラウドサービスで提供されるものが一般的です。

ソリューションビジネス

ソリューションビジネスとは，顧客の経営課題をITと付加サービスを通して解決する仕組みです。最新のITを活用して，顧客の経営課題を解決するサービスを提供します。ソリューションビジネスでは，顧客の経営課題を解決するサービスを提案するので，業種別，業務別，課題別など様々なサービスの形態があります。

ソリューションビジネスでサービスを利用するときの考え方に，「**提供されるサービスに業務を合わせる**」というものがあります。自社の業務に合わせてシステムを構築するという従来の考え方では，業務自体の改革ができません。ERPパッケージなどのソリューションサービスは，先進的なサービスを研究し，理想的な業務モデルを基に開発されています。そのため，サービスに合わせて業務を変えることで，同時に業務改善も実現できることになります。ERPパッケージなどで，追加の開発（アドオン）を行わず，業務をERPの標準機能に合わせていくやり方を，**Fit to Standard**といいます。

SOA

SOA（Service Oriented Architecture：サービス指向アーキテクチャ）とは，ソフトウェア機能をサービスと見立て，そのサービスをネットワーク上で連携させてシステムを構築する手法です。この方法により，ユーザの要求に合わせてサービスを提供することができます。

それでは，次の問題を考えてみましょう。

過去問題をチェック

SOAについて，基本情報技術者試験では次の出題があります。

【SOA】
- 平成21年秋午前問64
- 平成22年秋午前問63
- 平成23年秋午前問49
- 平成25年春午前問63
- 平成26年春午前問63
- 平成27年秋午前問63
- 平成29年秋午前問62
- 平成30年春午前問62
- 平成30年秋午前問63

問題

SOAを説明したものはどれか。

ア　業務体系，データ体系，適用処理体系，技術体系の四つの主要概念から構成され，業務とシステムの最適化を図る。

イ　サービスというコンポーネントからソフトウェアを構築することによって，ビジネス変化に対応しやすくする。

ウ　データフローダイアグラムを用い，情報に関するモデルと機能に関するモデルを同時に作成する。

エ　連接，選択，反復の三つの論理構造の組合せで，コンポーネントレベルの設計を行う。

（平成30年秋 基本情報技術者試験 午前 問63）

解説

SOA（Service Oriented Architecture：サービス指向アーキテクチャ）とは，ソフトウェア機能をサービスと見立て，そのサービスをネットワーク上で連携させてシステムを構築する手法です。サービスからソフトウェアを構築することによって，ビジネス変化に対応しやすくすることができます。したがって，**イ**が正解です。

ア　エンタープライズアーキテクチャの説明です。

ウ　プロセス中心アプローチでのモデル作成手法です。

エ　ダイクストラの基本3構造に関する内容です。

≪解答≫イ

クラウドサービス

クラウドサービスとは，ソフトウェアやデータなどを，インターネットなどのネットワークを通じて，サービスという形で必要に応じて提供する方式です。クラウドコンピューティングに対して，自社でサーバを立ててサービスを構築することを**オンプレミス**といいます。

クラウドサービスの種類

クラウドサービスのうち，インターネット上に公開されるものを**パブリッククラウド**，組織内などで限定して使用されるものを**プライベートクラウド**といいます。パブリッククラウドとプライベートクラウドを組み合わせ，連携させて利用する，ハイブリッドクラウドという形態もあります。

クラウドサービスや環境の利用を前提としたシステムやサービスのことを，**クラウドネイティブ**といいます。**クラウドバイデザイン**で，デザインの段階からクラウドを意識し，複数のクラウドサービスを利用する**マルチクラウド**で全体をデザインします。さらに，自国内の事業者が運営する**ソブリンクラウド**を利用し，データの安全性を高めることも考慮する必要があります。

クラウドサービスの形態

クラウドサービスの代表的なサービスの形態には，次のようなものがあります。

- SaaS（Software as a Service）
  ソフトウェア（アプリケーション）をサービスとして提供する
- PaaS（Platform as a Service）
  OSやミドルウェアなどの基盤（プラットフォーム）を提供する
- IaaS（Infrastructure as a Service）
  ハードウェアやネットワークなどのインフラを提供する

図にすると，次のような形になります。

アプリケーションソフトの機能をネットワーク経由で顧客に提供するサービスに**ASP**（Application Service Provider）があります。基本的にはSaaSと同じ意味で，従来からあったサービスです。ビジネスとして重要度が増してきたことから，マーケティングの観点から，SaaSという新たな名前で再登場したと考えられます。

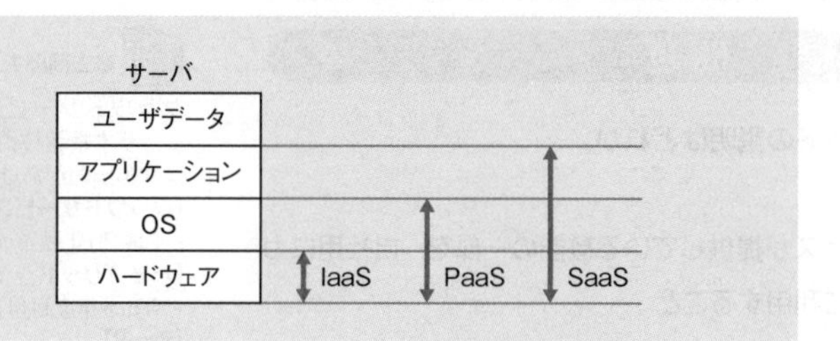

図7.2 SaaS, PaaS, IaaSで提供される構成要素

様々なクラウドサービス

クラウドサービスでは，仮想的なサーバを提供する形態以外にも，様々なサービスが提供されています。代表的なサービスには，次のものがあります。

- **DaaS（Desktop as a Service）**
  仮想デスクトップ環境（VDI：Virtual Desktop Infrastructure）をネットワーク越しに提供するサービス
- **FaaS（Function as a Service）**
  機能（関数）のみを記述するだけで，サーバレスでアプリケーション開発を行うサービス
- **IDaaS（IDentity as a Service）**
  ID，パスワードなどの認証情報や，利用できるサービスやリソースなどの認可情報を一元管理するサービス

それでは，次の問題を考えてみましょう。

問題

ハイブリッドクラウドの説明はどれか。

ア　クラウドサービスが提供している機能の一部を，自社用にカスタマイズして利用すること
イ　クラウドサービスのサービス内容を，消費者向けと法人向けの両方を対象とするように構成して提供すること
ウ　クラウドサービスのサービス内容を，有償サービスと無償サービスとに区分して提供すること
エ　自社専用に使用するクラウドサービスと，汎用のクラウドサービスとの間でデータ及びアプリケーションソフトウェアの連携や相互運用が可能となる環境を提供すること

（令和5年度 基本情報技術者試験 公開問題 科目A 問15）

過去問題をチェック

クラウドサービスについて，基本情報技術者試験では次の出題があります。

【クラウドサービス】
・平成29年秋午前問14
【ハイブリッドクラウド】
・令和5年度科目A問15
【SaaS】
・平成22年春午前問64
・平成23年秋午前問64
・平成24年秋午前問63
・平成25年秋午前問64
・平成28年春午前問41
・平成29年秋午前問14
【VDI】
・サンプル問題セット科目A問49

解説

ハイブリッドクラウドとは，プライベートクラウド（自社専用のクラウドサービス）と，パブリッククラウド（汎用のクラウドサービス）の組み合わせのことで，両者の間でデータやアプリケーションの連携を実現します。したがって，**エ**が正解です。

ア　クラウドのカスタマイズに関することで，ハイブリッドクラウドとは異なります。
イ　サービスのターゲット層に関するもので，ハイブリッドクラウドとは異なります。
ウ　サービスの料金モデルに関するもので，ハイブリッドクラウドとは異なります。

≪解答≫エ

▶▶▶覚えよう！

- □　SOAでは，ソフトウェア機能をサービスと見立てて連携
- □　SaaSはソフトウェア，PaaSはプラットフォーム，IaaSはインフラを提供

7-1-4 システム活用促進・評価

情報システムを有効に活用し，経営に生かすためには，情報システムの構築時から活用促進活動を継続的に行い，情報システムの利用実態を評価，検証して改善していく必要があります。

システム活用促進

システム活用を促進するために，個人所有のスマートフォンやPCを業務利用する**BYOD**（Bring Your Own Device）という方法があります。また，会話に応じて自動で応答する**チャットボット**などを用いて，問合せを行いやすくする方法も有効です。

過去問題をチェック
システム活用促進について，基本情報技術者試験では次の出題があります。
【BYOD】
・平成25年秋午前問40
・平成26年秋午前問64
・平成28年春午前問42
・平成29年春午前問64

普及啓発

パソコンやインターネットなどの利用においては，使いこなせる人と使いこなせない人に生じる格差，**デジタルディバイド**ができてしまいがちです。そのため，情報システムを活用するためには，各人に合わせた教育・訓練の実施などで，全社員の**デジタルリテラシー**（デジタル技術を活用する能力）を向上させるための普及啓発活動を行う必要があります。

どのように人材を育成するかについて人材育成計画を立て，講習会などを開いて利用方法を説明します。また，教育訓練の手法として，従来の集合研修の他にも，ネット上で学習を行う**eラーニング**や，課題解決などにゲームデザインを活用する**ゲーミフィケーション**などが利用されます。

それでは，次の問題を考えてみましょう。

7

問題

デジタルディバイドを説明したものはどれか。

ア PCなどの情報通信機器の利用方法が分からなかったり，情報通信機器を所有していなかったりして，情報の入手が困難な人々のことである。

イ 高齢者や障がい者の情報通信の利用面での困難が，社会的又は経済的な格差につながらないように，誰もが情報通信を利活用できるように整備された環境のことである。

ウ 情報通信機器やソフトウェア，情報サービスなどを，高齢者・障がい者を含む全ての人が利用可能であるか，利用しやすくなっているかの度合いのことである。

エ デジタルリテラシーの有無やITの利用環境の相違などによって生じる，社会的又は経済的な格差のことである。

（令和元年秋 基本情報技術者試験 午前 問69改）

過去問題をチェック

普及啓発について，基本情報技術者試験では次の出題があります。

【デジタルディバイド】

・平成21年春午前問72
・平成22年秋午前問72
・平成24年秋午前問72
・平成25年秋午前問71
・平成26年春午前問64
・平成27年春午前問71
・平成28年春午前問71
・令和元年秋午前問69

解説

デジタルディバイドとは，パソコンやインターネットなどの利用において，使いこなせる人と使いこなせない人に生じる格差です。情報リテラシの有無やITの利用環境の相違などによって，社会的，経済的な格差な格差が生じます。したがって，エが正解です。

ア 情報弱者の説明です。
イ 情報バリアフリーの説明です。
ウ アクセシビリティの説明です。

≪解答≫エ

情報システム利用実態の評価・検証

情報システムは投資対効果を分析し，システムの利用実態を調査して評価します。評価指標としては，投資に対する利益の割合となるROI（Return On Investment：投資利益率）や，利用者満足度などがあります。

関連

ROIなどの指標については「9-1-3 会計・財務」で学びます。

それでは，次の問題を考えてみましょう。

問題

投資案件において，5年間の投資効果をROI（Return On Investment）で評価した場合，四つの案件a～dのうち，最もROIが高いものはどれか。ここで，割引率は考慮しなくてもよいものとする。

a

年目		1	2	3	4	5
利益		15	30	45	30	15
投資額	100					

b

年目		1	2	3	4	5
利益		105	75	45	15	0
投資額	200					

c

年目		1	2	3	4	5
利益		60	75	90	75	60
投資額	300					

d

年目		1	2	3	4	5
利益		105	105	105	105	105
投資額	400					

ア a　　イ b　　ウ c　　エ d

（基本情報技術者試験（科目A試験）サンプル問題セット 問50）

過去問題をチェック

投資の評価について，基本情報技術者試験では次の出題があります。

【ROI】

・平成24年秋午前問64
・平成25年春午前問61
・平成27年秋午前問65
・平成27年秋午前問70
・平成31年春午前問65
・令和元年秋午前問77
・サンプル問題セット科目A問50

【投資額の回収期間】

・平成28年秋午前問62

解説

ROI（Return On Investment）は，利益／投資額で求められます。4つの投資案件a～dで，5年間のROIを，割引率を考慮せずに求めると次のようになります。

a　(15＋30＋45＋30＋15)／100＝135／100＝1.35

b　(105＋75＋45＋15＋0)／200＝240／200＝1.2

c　(60＋75＋90＋75＋60)／300＝360／300＝1.2

d　(105＋105＋105＋105＋105)／400＝525／400＝1.3125

最もROIが高いものは，aの1.35（135％）となります。したがって，アが正解です。

≪解答≫ア

覚えよう！

- □ BYODで，個人所有のスマートフォンを業務に利用
- □ デジタルディバイドは，デジタルリテラシーの格差による分断

7-2 システム企画

システム企画で扱う内容は，ソフトウェアライフサイクルプロセスでの企画プロセス，要件定義プロセス，及び供給プロセスに当たります。第４章で学んだ開発プロセスと関連する内容で，エンジニアリングとは異なる視点でのシステム開発について学習します。

7-2-1 システム化計画

システム化構想とシステム化計画の立案は，ソフトウェアライフサイクルプロセスの企画プロセスに該当します。企画プロセスの目的は，要求事項を集めて合意し，システム化の方針を決め，システムの実施計画を策定することです。

勉強のコツ
ソフトウェアライフサイクルプロセスの内容と，RFPを中心とした調達関連が出題の中心です。要件定義プロセスと開発プロセスでのシステム要件定義の違いなどは押さえておきましょう。また，調達についての出題が多いので，調達の実施手順を知っておくと頭に入りやすくなります。

ソフトウェアライフサイクルプロセス

第4章で取り上げた**ソフトウェアライフサイクルプロセス**のうち，**企画プロセス**や**要件定義プロセス**については，ここで取り扱います。ソフトウェアライフサイクルプロセスは，システム開発関連のプロセス群を次の3つの視点によって定義しています。

①企画と要件定義の視点

システムの企画と要件定義を行うプロセスです。**企画プロセス**と**要件定義プロセス**が含まれます。

企画プロセスでは，システムが関与する**システム化構想の立案**，**システム化計画の立案**などを行います。要件定義プロセスでは，システムが実現する仕組みに関わる要件を定義します。

②エンジニアリングの視点

ソフトウェアを中心としたシステムの開発を行うプロセスです。**開発プロセス**と**保守プロセス**が含まれます。

③運用の視点

システムを運用する**運用プロセス**が含まれます。

情報システム戦略で定義するのは，①の企画と要件定義の視点です。

システム化構想の立案

システム化構想の立案では，**経営要求・課題**の確認，事業環境・業務環境の調査分析，現行業務・システムの**調査分析**，情報技術動向の調査分析，**対象となる業務の明確化**，業務の新全体像の作成，システム化構想の文書化と承認，**システム化推進体制の確立**を行います。経営層や各部門などいろいろな方向からシステムに関係する要求事項が集められ，合意されます。

システム化構想の立案の段階で考えるべきシステム設計に，次の3つがあります。

- **SoR（Systems of Records）**
  記録のシステム。社内の情報を記録する
- **SoE（Systems of Engagement）**
  顧客とつながるシステム。社外のユーザとのつながりを意識する
- **SoI（Systems of Insight）**
  SoR，SoEの情報から新たな洞察や知見を引き出すシステム

システム化計画の立案

システム化計画の立案での目的は，システムを実現するための実施計画を得ることです。全体システム化計画，個別システム化計画を行うことによって全体最適化を図ります。また，システムの目的や適用範囲，開発範囲を決め，業務モデルを作成します。サービスレベルと品質に対する基本方針や開発プロジェクト体制も策定します。

システム化計画における検討事項には次のものがあります。

①全体開発スケジュール

対象となったシステムを必要に応じてサブシステムに分割し，サブシステムごとに優先順位を付けます。また，要員，納期，コスト，整合性などを考え，各サブシステムについて開発スケジュールの大枠を作成します。

②要員教育計画

業務・システムに関する教育訓練について，教育訓練体制やスケジュールなどの基本的な要件を明確にします。

③開発投資対効果（IT投資効果）

システム実現時の定量的，定性的な効果予測を行います。また，期間・体制などの大枠を予測し，費用を見積もります。このとき，**ITポートフォリオ**やシステムライフサイクルを意識します。

④情報システム導入リスク分析

情報システムの導入に伴うリスクの種類や大きさを分析します。

それでは，次の問題を考えてみましょう。

問題

システム化計画の立案において実施すべき事項はどれか。

ア　画面や帳票などのインタフェースを決定し，設計書に記載するために，要件定義書を基に作業する。

イ　システム構築の組織体制を策定するとき，業務部門，情報システム部門の役割分担を明確にし，費用の検討においては開発，運用及び保守の費用の算出基礎を明確にしておく。

ウ　システムの起動・終了，監視，ファイルメンテナンスなどを計画的に行い，業務が円滑に遂行していることを確認する。

エ　システムを業務及び環境に適合するように維持管理を行い，修正依頼が発生した場合は，その内容を分析し，影響を明らかにする。

（平成30年秋 基本情報技術者試験 午前 問64）

過去問題をチェック

システム化計画について，基本情報技術者試験では次の出題があります。

【企画プロセス】
・平成21年春午前問66
・平成21年秋午前問65
・平成23年特別午前問63
・平成24年秋午前問66
・平成25年春午前問64
・平成27年春午前問66

【システム化構想の立案】
・平成26年春午前問61

【システム化計画の立案】
・平成21年春午前問65
・平成23年秋午前問66
・平成30年秋午前問64

【全体最適化計画】
・平成21年秋午前問66
・平成25年春午前問62
・平成25年秋午前問63
・平成26年春午前問65
・平成28年春午前問63

解説

システム化計画の立案の目的は，システムを実現するための実施計画を得ることです。システム構築の組織体制を策定することは，システム化計画の立案で実施すべき内容です。業務部門，情報システム部門の役割分担を明確にし，費用の検討においては開発，運用及び保守の費用の算出基礎を明確にしておくことは，スムーズに開発を進めるために必要な作業となります。したがって，イが正解です。

ア ソフトウェア実装プロセスで実施すべき事項です。

ウ 運用サービスプロセスで実施すべき内容です。

エ 支援プロセスで実施すべき内容です。

≪解答≫イ

▶▶▶覚えよう！

- □ **システム化構想では，いろいろ分析して推進体制を作る**
- □ **システム化計画では，全体の大枠の計画を立てる**

7-2-2 要件定義

システムへの要求を洗い出して分析することを要求分析といいます。要求分析の結果をまとめて明確にし，定義するのが要件定義です。

要求分析

要求分析は，要求項目の洗出し，分析，システム化ニーズの整理，前提条件や制約条件の整理という手順で行います。このときに，**ステークホルダ**（利害関係者）から提示されたユーザのニーズや要望を識別し，整理します。

要件定義

要件定義の目的は，**システムや業務全体の枠組みやシステム化の範囲と機能を明らかにすることです**。共通フレームの要件定義プロセスでは，プロセス開始の準備，利害関係者の識別，要件の識別，要件の評価，要件の合意，要件の記録の6つが定義されています。

①要件定義で明確化する内容

要件定義で明確化する内容には，大きく分けて**機能要件**と**非機能要件**があります。機能要件は，業務要件を実現するために必要なシステムの機能です。**非機能要件**とは，**機能として明確にされない要件**です。

情報・データ要件や移行要件など，システム以外に関連する様々な要件についても定義します。セキュリティを意識して全体的なデザインを行う**セキュリティバイデザイン**や，プライバシーを意識して全体的なデザインを行うプライバシーバイデザインも考慮する必要があります。

②要件定義の手法

要件定義の手法には，**構造化分析手法**や**データ中心分析手法**，**オブジェクト指向分析手法**などがあります。プロセス仕様を明らかにしてDFDなどを記述するのが構造化分析手法です。データ中心分析手法では，E-R図を記述してデータの全体像を把握します。オブジェクト指向分析手法ではUMLを利用します。

③利害関係者への要件の確認

要件定義者は，定義された要件の実現可能性を十分に検討した上で，ステークホルダに要件の合意と承認を得ます。

それでは，次の問題を考えてみましょう。

問題

システム開発の上流工程において，システム稼働後に発生する可能性がある個人情報の漏えいや目的外利用などのリスクに対する予防的な機能を検討し，その機能をシステムに組み込むものはどれか。

ア　情報セキュリティ方針　　イ　セキュリティレベル
ウ　プライバシーバイデザイン　　エ　プライバシーマーク

（令和元年秋 基本情報技術者試験 午前 問64）

過去問題をチェック

要件定義について，基本情報技術者試験では次の出題があります。

【要件定義プロセス】
- 平成23年秋午前問65
- 平成26年秋午前問66
- 平成29年春午前問66
- 平成30年秋午前問65

【要件定義の段階で行う内容】
- 平成22年春午前問66

【リスクに対する予防的な機能】
- 令和元年秋午前問64

【利害関係者要件の確認】
- 平成22年秋午前問65

解説

システム開発の上流工程から開発プロセス全体で，プライバシーを意識したデザインを行う考え方を，プライバシーバイデザインといいます。システム稼働後に発生する可能性がある個人情報の漏えいや目的外利用などのリスクに対する予防的な機能をシステムに組み込むことは，プライバシーバイデザインに該当します。したがって，ウが正解です。

ア 情報セキュリティに対する組織の基本的な考え方や方針を示すものです。

イ セキュリティの重要度やレベルを段階的に示したものです。

エ 個人情報の取り扱いが適切であると認定された事業者に提供されるマークです。

≪解答≫ウ

非機能要件

非機能要件とは，システム要件のうち，機能要件以外の要件です。その要件に対する要求を非機能要求といいます。機能要求に比べて非機能要求は顧客の意識に上がってこないことが多いため，要求分析時に見落とされやすく，トラブルの原因になりがちです。そのため，意識して非機能要求を洗い出す必要があります。

非機能要件には，次の6つのカテゴリがあります。

- **可用性**：システムを継続的に利用可能にするための要件
- **性能・拡張性**：システムの性能と将来のシステム拡張に関する要件
- **運用・保守性**：システムの運用と保守のサービスに関する要件
- **移行性**：現行システム資産の移行に関する要件
- **セキュリティ**：構築する情報システムの安全性の確保に関する要件
- **システム環境・エコロジー**：システムの設置環境やエコロジーに関する要件

それでは，次の問題を考えてみましょう。

問題

非機能要件の定義で行う作業はどれか。

ア　業務を構成する機能間の情報（データ）の流れを明確にする。
イ　システム開発で用いるプログラム言語に合わせた開発基準，標準の技術要件を作成する。
ウ　システム機能として実現する範囲を定義する。
エ　他システムとの情報授受などのインタフェースを明確にする。

（令和元年秋 基本情報技術者試験 午前 問65）

解説

非機能要件とは，機能として明確にされない要件です。システム環境は非機能要件のカテゴリの1つで，システム開発で用いるプログラム言語に合わせた開発基準，標準の技術要件は，非機能要件で定義する内容です。したがって，イが正解です。
ア，ウ，エ　機能として明確にされる要件なので，機能要件として定義します。

≪解答≫イ

過去問題をチェック
非機能要件について，基本情報技術者試験では次の出題があります。
【非機能要件】
・平成21年秋午前問67
・平成22年秋午前問64
・平成25年春午前問65
・平成25年秋午前問65
・平成26年秋午前問65
・平成29年春午前問65
・平成31年春午前問66
・令和元年秋午前問65

▶▶▶ 覚えよう！
□　要件定義プロセスでは，全体的なデザインを考えステークホルダを調整
□　機能以外の要件を非機能要件といい，システム環境や可用性・セキュリティなどを意識

7-2-3 調達計画・実施

調達には，開発するシステムに必要な製品やサービスの購入だけでなく，組織内部や外部委託によるシステム開発なども含まれます。開発するシステムの用途，規模，取組方針，前提や制約条件に応じた調達方法を考える必要があります。

調達計画

調達計画の策定では，調達の対象，調達の条件，調達の要求事項などを定義します。また，要件定義を踏まえ，既存の製品またはサービスの購入，組織内部でのシステム開発，外部委託によるシステム開発などから調達方法を選択します。このとき，何を社内で実施し，社外には何を委託するかを決める内外作基準を作成します。

調達の方法

調達の代表的な方法には，企画競争，一般競争入札，**総合評価落札方式**などがあります。総合評価落札方式では，入札価格や技術，納期などから，あらかじめ決めておいた計算式で算出した点数をもとに，総合評価を行います。

調達の実施

調達の実施では，次のような情報をやり取りし，調達先を選定して契約を締結します。

情報提供依頼書（RFI）

調達にあたって，ベンダー企業に対し，システム化の目的や業務内容を示し，RFP（次項参照）を作成するための情報の提供を依頼するRFI（Request For Information：情報提供依頼書）を作成します。ベンダー企業は，RFIに対して情報を提供します。

提案依頼書（RFP）

ベンダー企業に対し，調達対象システム，提案依頼事項，調達条件などを示したRFP（Request For Proposal：提案依頼書）を提示し，提案書・見積書の提出を依頼します。

RFPには，システムの対象範囲やモデル，サービス要件，目標スケジュール，契約条件，ベンダの経営要件，ベンダのプロジェクト体制要件，ベンダの技術及び実績評価などを含みます。

提案書・見積書

ベンダー企業では，提案依頼書を基にシステム構成，開発手法などを検討し，提案書や見積書を作成して発注元に提案します。このとき，見積りを依頼するために**RFQ**（Request For Quotation：見積依頼書）を作成することもあります。

調達選定

提案書や見積書の内容をもとに，調達先を選定します。調達先の選定にあたっては，提案評価基準や要求事項適合度の重み付けを行う選定手順を確立する必要があります。

契約締結

選定したベンダー企業と契約について交渉を行い，納入システム，費用，納入時期，発注元とベンダー企業の役割分担などを確認し，契約を締結します。

それでは，次の問題を考えてみましょう。

問題

図に示す手順で情報システムを調達するとき，bに入れるものはどれか。

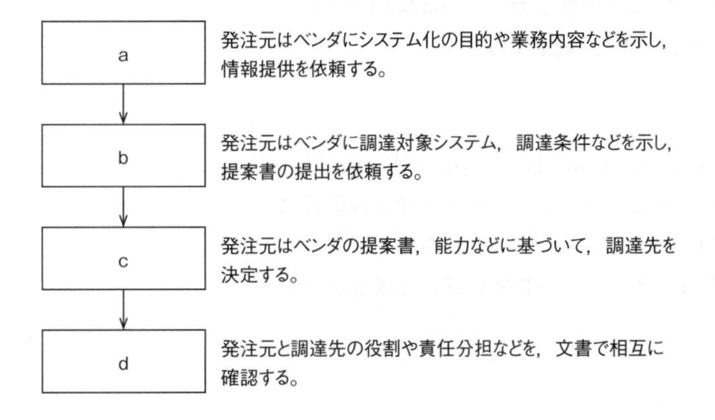

ア RFI　　　　イ RFP
ウ 供給者の選定　　　　エ 契約の締結

（平成30年秋 基本情報技術者試験 午前 問66）

過去問題をチェック

調達について，基本情報技術者試験では次の出題があります。

【総合評価落札方式】
・平成27年秋午前問66

【情報システムの調達手順】
・平成22年春午前問67
・平成24年春午前問66
・平成30年秋午前問66

【RFI】
・平成23年特別午前問64

【RFP提示時に実行すべきこと】
・平成28年秋午前問66

解説

情報システムを調達するとき，発注元がベンダに提案書の提出を依頼するときに提示するものを，RFP（Request For Proposal：提案依頼書）といいます。したがって，イが正解です。

ア aに入れるもので，RFI（Request For Information：情報提供依頼書）に該当します。
ウ cに入れるもので，RFCの内容をもとに，調達先（供給者）を選定します。
エ dに入れるもので，文書で契約を締結します。

≪解答≫イ

調達リスク分析

調達に当たっては，コストや納期以外も意識する必要があります。調達先に関するリスク管理が必要であり，リスクを分析し，評価し，対策を立てる必要があります。

具体的には，次のような内容を検討します。

内部統制，法令遵守

法令遵守（**コンプライアンス**）の観点から，内部統制がきちんと行われている，信頼できる企業を選択します。

CSR調達

CSR（Corporate Social Responsibility：企業の社会的責任）とは，企業が利益を追求するだけでなく，社会へ与える影響にも責任をもち，利害関係者（ステークホルダ）からの要求に対して適切な意思決定をすることです。CSRを意識した調達がCSR調達です。

グリーン購入

購入前に必要性を考慮し，環境への負担が少ないものから優先的に選択して購入することです。グリーン調達ともいいます。

それでは，次の問題を考えてみましょう。

問題

国や地方公共団体が，環境への配慮を積極的に行っていると評価されている製品・サービスを選んでいる。この取組を何というか。

ア CSR　　イ エコマーク認定
ウ 環境アセスメント　　エ グリーン購入

（基本情報技術者試験（科目A試験）サンプル問題セット 問51）

過去問題をチェック
調達リスクについて，基本情報技術者試験では次の出題があります。
【CSR調達】
・平成26年秋午前問67
・平成28年秋午前問65
【グリーン購入（調達）】
・平成25年春午前問66
・平成25年秋午前問66
・平成27年春午前問75
・平成28年春午前問66
・平成29年秋午前問64
・平成30年春午前問65
・平成31年春午前問75
・サンプル問題セット科目A問51

解説

国や地方公共団体などで実施されている，環境への配慮を積極的に行っていると評価されている製品・サービスを優先的に選んで購入することを，グリーン購入といいます。したがって，**エ**が正解です。

ア CSR（Corporate Social Responsibility：企業の社会的責任）とは，企業が利益を追求するだけでなく，社会へ与える影響にも責任をもち，利害関係者（ステークホルダ）からの要求に対して適切な意思決定をすることです。

イ グリーン購入の目安となる，環境保全に役立つと認定された商品につけられるマークです。

ウ 環境影響評価のことで，開発事業に対して，どのように環境に影響を与えるのかを，あらかじめ事業者が調査し，予測と評価を行います。

≪解答≫エ

請負契約と準委任契約

情報システムの取引において業務を委託するときに締結する契約には，請負契約と準委任契約の2種類があります。**請負契約**では，頼んだ仕事を**完成させる責任がベンダー企業**にあるのに対し，**準委任契約**では，**完成責任は発注者側**にあり，ベンダー企業には仕事の完成ではなく業務の実施が求められます。

業務の委託ではなく労働力を提供してもらうときに締結する契約には，派遣契約と**出向契約**があります。どちらも指揮命令は発注者側が行います。労働条件（残業するかどうかなど）を受

過去問題をチェック
調達での契約について，基本情報技術者試験では次の出題があります。
【請負契約】
・平成21年春午前問67
・平成21年秋午前問68
契約の法律的な内容については，「9-2-3 労働関連・取引関連法規」で取り扱っています。

注者(派遣会社など)が決めるのが派遣契約，発注者(出向先企業など)が決めるのが出向契約です。

情報システムの契約のモデルとなる契約書については，IPAが「情報システム・モデル取引・契約書」を公開しています。そこでは，要件定義やシステム開発などの工程ごとに個別契約を行う多段階契約の考え方が示されています。

「情報システム・モデル取引・契約書」の最新版は第二版です。以下から参照できます。
https://www.ipa.go.jp/digital/model/index.html
実例を知りたい方は，こちらを参考にしてみてください。

▶▶▶ 覚えよう！

- □ RFIで情報をもらって，RFPで提案書を提出する
- □ 企業の社会的責任でCSR調達，環境を優先してグリーン購入

7-3 演習問題

問1 ERP CHECK ▶ □□□

ERPを説明したものはどれか。

ア 営業活動にITを活用して営業の効率と品質を高め，売上・利益の大幅な増加や，顧客満足度の向上を目指す手法・概念である。
イ 卸売業・メーカが小売店の経営活動を支援することによって，自社との取引量の拡大につなげる手法・概念である。
ウ 企業全体の経営資源を有効かつ総合的に計画して管理し，経営の効率向上を図るための手法・概念である。
エ 消費者向けや企業間の商取引を，インターネットなどの電子的なネットワークを活用して行う手法・概念である。

問2 ワークフローを表すことができる図 CHECK ▶ □□□

UMLをビジネスモデリングに用いる場合，ビジネスプロセスの実行順序や条件による分岐などのワークフローを表すことができる図はどれか。

ア アクティビティ図　　イ オブジェクト図
ウ クラス図　　エ コンポーネント図

問3 BPO CHECK ▶ □□□

BPOを説明したものはどれか。

ア 自社ではサーバを所有せずに，通信事業者などが保有するサーバの処理能力や記憶容量の一部を借りてシステムを運用することである。
イ 自社ではソフトウェアを所有せずに，外部の専門業者が提供するソフトウェアの機能をネットワーク経由で活用することである。
ウ 自社の管理部門やコールセンタなど特定部門の業務プロセス全般を，業務システムの運用などと一体として外部の専門業者に委託することである。
エ 自社よりも人件費の安い派遣会社の社員を活用することによって，ソフトウェア開発の費用を低減させることである。

問4 VDI CHECK ▶ □□□

テレワークで活用しているVDIに関する記述として，適切なものはどれか。

ア PC環境を仮想化してサーバ上に置くことで，社外から端末の種類を選ばず自分のデスクトップPC環境として利用できるシステム
イ インターネット上に仮想の専用線を設定し，特定の人だけが利用できる専用ネットワーク
ウ 紙で保管されている資料を，ネットワークを介して遠隔地からでも参照可能な電子書類に変換・保存することができるツール
エ 対面での会議開催が困難な場合に，ネットワークを介して対面と同じようなコミュニケーションができるツール

問5 BYOD CHECK ▶ □□□

BYOD（Bring Your Own Device）の説明はどれか。

ア 会社から貸与された情報機器を常に携行して業務に当たること
イ 会社所有のノートPCなどの情報機器を社外で私的に利用すること
ウ 個人所有の情報機器を私的に使用するために利用環境を設定すること
エ 従業員が個人で所有する情報機器を業務のために使用すること

問6 企画プロセスで定義するもの CHECK ▶ □□□

共通フレームによれば，企画プロセスで定義するものはどれか。

ア 新しい業務の在り方や業務手順，入出力情報，業務を実施する上での責任と権限，業務上のルールや制約などの要求事項
イ 業務要件を実現するために必要なシステムの機能や，システムの開発方式，システムの運用手順，障害復旧時間などの要求事項
ウ 経営・事業の目的，目標を達成するために必要なシステムに関係する経営上のニーズ，システム化，システム改善を必要とする業務上の課題などの要求事項
エ システムを構成するソフトウェアの機能及び能力，動作のための環境条件，外部インタフェース，運用及び保守の方法などの要求事項

問7 要件定義プロセスで実施すべきもの CHECK ▶ □□□

企画，要件定義，システム開発，ソフトウェア実装，ハードウェア実装，保守から成る一連のプロセスにおいて，要件定義プロセスで実施すべきものはどれか。

ア システムに関わり合いをもつ利害関係者の種類を識別し，利害関係者のニーズ及び要望並びに課せられる制約条件を識別する。
イ 事業の目的，目標を達成するために必要なシステム化の方針，及びシステムを実現するための実施計画を立案する。
ウ 目的とするシステムを得るために，システムの機能及び能力を定義し，システム方式設計によってハードウェア，ソフトウェアなどによる実現方式を確立する。
エ 利害関係者の要件を満足するソフトウェア製品又はソフトウェアサービスを得るための，方式設計と適格性の確認を実施する。

問8 グリーン調達 CHECK ▶ □□□

グリーン調達の説明はどれか。

ア 環境保全活動を実施している企業がその活動内容を広くアピールし，投資家から環境保全のための資金を募ることである。

イ 第三者が一定の基準に基づいて環境保全に資する製品を認定する，エコマークなどの環境表示に関する国際規格のことである。

ウ 太陽光，バイオマス，風力，地熱などの自然エネルギーによって発電されたグリーン電力を，市場で取引可能にする証書のことである。

エ 品質や価格の要件を満たすだけでなく，環境負荷が小さい製品やサービスを，環境負荷の低減に努める事業者から優先して購入することである。

演習問題の解答

問1 （令和５年度 基本情報技術者試験 公開問題 科目A 問17）
《解答》ウ

ERP（Enterprise Resource Planning）は，企業資源計画などと訳され，企業全体の経営資源を統合的に管理して経営の効率化を図るための手法・概念です。したがって，**ウ**が正解です。

ア　SFA（Sales Force Automation）の説明です。
イ　SCM（Supply Chain Management）の説明です。
エ　EC（Electronic Commerce:電子商取引）の説明です。

問2 （平成30年春 基本情報技術者試験 午前 問64）
《解答》ア

UML（Unified Modeling Language：統一モデリング言語）は，オブジェクト指向で使われる表記法です。UMLの図のうち，ビジネスプロセスの実行順序や条件による分岐などのワークフローを表すことができる図には，アクティビティ図があります。アクティビティ図は，一連の処理における制御の流れを表現する図です。したがって，**ア**が正解です。

イ　システムの内容を具体的なオブジェクトで表す図です。
ウ　クラスの仕様とクラス間の関連を表現する図です。
エ　システムを構成する部品の構造を表す図です。

問3 （平成30年秋 基本情報技術者試験 午前 問62）
《解答》ウ

BPO（Business Process Outsourcing）は，企業などが自社の業務の一部または全部を，外部の専門業者に一括して委託することです。自社の管理部門やコールセンタなど特定部門の業務プロセス全般を委託します。したがって，**ウ**が正解です。

ア　クラウドサービスの利用のうち，IaaS（Infrastructure as a Service）に関する内容です。
イ　クラウドサービスの利用のうち，SaaS（Software as a Service）に関する内容です。
エ　アウトソーシングに関する内容です。

問4 （基本情報技術者試験（科目A試験）サンプル問題セット 問49）

《解答》ア

VDI（Virtual Desktop Infrastructure：デスクトップ仮想化）とは，仮想化したデスクトップPC環境です。アプリケーションやデータをVDIサーバで管理し，社外から端末の種類を選ばず自分のデスクトップPC環境に接続できます。したがって，**ア**が正解です。

イ　VPN（Virtual Private Network）に関する記述です。

ウ　ペーパーレス文書管理システムなど，書類のデジタル化やクラウドでの保管などを含めたサービスに関する記述です。

エ　Zoomなどの，ビデオ会議システムに関する記述です。

問5 （平成29年春 基本情報技術者試験 午前 問64）

《解答》エ

BYOD（Bring Your Own Device）とは，個人所有のスマートフォンなどの機器を業務利用することです。従業員が個人で所有する情報機器を業務のために使用することは，BYODに該当します。したがって，**エ**が正解です。

ア　会社貸与の情報機器で業務を行うことは，通常の方法です。

イ　通常は，会社所有のノートPCの私的利用は禁止されています。

ウ　通常の個人端末の個人使用です。

問6 （平成27年春 基本情報技術者試験 午前 問66）

《解答》ウ

共通フレームによれば，企画プロセスでは，要求事項を集めて合意し，システム化の方針を決め，システムの実施計画を策定します。経営・事業の目的，目標を達成するために必要なシステムに関係する経営上のニーズ，システム化，システム改善を必要とする業務上の課題などの要求事項は，企画プロセスで定義する内容です。したがって，**ウ**が正解となります。

ア，イ　要件定義プロセスで定義するものです。

エ　システム開発プロセスで定義するものです。

問7 (平成30年秋 基本情報技術者試験 午前 問65)

《解答》ア

要件定義プロセスでは，プロセス開始の準備，利害関係者の識別，要件の識別，要件の評価，要件の合意，要件の記録の6つのアクティビティが定義されています。システムに関わり合いをもつ利害関係者の種類を識別することは，利害関係者の識別に該当し，要件定義プロセスで実施すべきものです。したがって，**ア**が正解です。

イ　企画プロセスで実施すべきものです。

ウ，エ　システム開発プロセスで実施すべきものです。

問8 (平成29年秋 基本情報技術者試験 午前 問64)

《解答》エ

グリーン調達とは，製品やサービスなどを調達するときに，環境への負担が少ないものから優先的に選択することです。品質や価格の要件を満たすだけでなく，環境負荷の小さい製品やサービスを，環境負荷の低減に努める事業者から優先して購入することは，グリーン調達に該当します。したがって，**エ**が正解です。

ア　CSR（Corporate Social Responsibility：企業の社会的責任）をアピールした資金調達に関する内容です。

イ　エコマークやバイオマスマークなどの，環境マークに関する内容です。

ウ　グリーン電力証書の説明です。

第8章

経営戦略

この章では，企業を経営する上で大切な経営戦略を学びます。情報システムを構築・運営するためには，技術だけでなく経営的な視点をもつことも大切です。

経営戦略では，純粋に経営に関することと，それをITなどの技術とどう結び付けていくかについて学びます。分野は3つ，「経営戦略マネジメント」「技術戦略マネジメント」と「ビジネスインダストリ」です。経営戦略マネジメントでは，経営戦略やマーケティングなど，経営全般の知識や手法について，技術戦略マネジメントでは，技術中心の経営マネジメント手法について，最後にビジネスインダストリでは，実際のビジネスや製品の応用例について学びます。

ITとは関連性が薄い部分が多く，経営に関する分野を学んできていない方にとっては見慣れない知識が出てきます。あせらず1つひとつ確実にステップアップしていきましょう。

8-1 経営戦略マネジメント

経営戦略マネジメントでは，経営戦略全体をマネジメントすることについて学びます。経営戦略の手法やマーケティング，ビジネス戦略，経営管理システムなど，経営に関する様々な内容が出題されます。

8-1-1 経営戦略手法

科目Aでのみ出題される分野で，内容は知識問題が中心です。PPMやSWOT分析，BSCなどの定番用語を中心に，経営戦略でよく使う用語を押さえておきましょう。

経営戦略は大きく，全社戦略，事業戦略（ビジネス戦略），機能戦略に階層的に分類されます。企業は，経営理念や経営ビジョンに沿って能動的に行動することが求められます。

経営戦略

経営戦略ではまず，**企業理念**に合った戦略を考えます。複数の事業で**多角化**を行い，多数の製品を生産していきます。複数の製品を生産するときには，製品同士の組合せで効果を高める**シナジー効果**や，生産量が多くなることで規模の経済によりコストが安くなる**スケールメリット**について考慮します。最強の競合相手または先進企業と比較して，製品，サービス及びオペレーションなどを定性的・定量的に把握する**ベンチマーキング**も重要です。

また，組織で働く様々な人たちの多様性，例えば年齢や性別，人種などの違いを競争優位の源泉として活用する**ダイバーシティマネジメント**も大切です。さらに，利益だけではなく，地球環境に配慮し，持続可能な世界を実現するために，**SDGs**(Sustainable Development Goals：持続可能な開発目標）を意識することも重要になってきます。

企業では，新しい製品やサービスを普及させるイノベーションが大切になってきます。

イノベータ理論

イノベータ理論とは，新しい製品やサービスの普及の過程を5つの区分で表したものです。5つの区分とは，**イノベータ**，**アーリーアダプター**，**アーリーマジョリティ**，**レイトマジョリティ**，

ラガードで，それぞれの区分の利用者によって商品に対する価値観（新しいものへの反応）が異なります。

イノベータとアーリーアダプタを初期市場，アーリーマジョリティからラガードをメインストリーム市場とし，特にハイテク製品では，2つの市場の間には**キャズム**と呼ばれる深い溝があるというキャズム理論が提唱されています。

それでは，次の問題を考えてみましょう。

問題

イノベータ理論では，消費者を新製品の購入時期によって，イノベータ，アーリーアダプタ，アーリーマジョリティ，レイトマジョリティ，ラガードの五つに分類する。アーリーアダプタの説明として，適切なものはどれか。

ア　新しい製品及び新技術の採用には懐疑的で，周囲の大多数が採用している場面を見てから採用する層

イ　新商品，サービスなどを，リスクを恐れず最も早い段階で受容する層

ウ　新商品，サービスなどを早期に受け入れ，消費者に大きな影響を与える層であり，流行に敏感で，自ら情報収集を行い判断する層

エ　世の中の動きに関心が薄く，流行が一般化してからそれを採用することが多い層であり，場合によっては不採用を貫く，最も保守的な層

（令和5年度 基本情報技術者試験 公開問題 科目A 問18）

解説

アーリーアダプタは新しい製品や技術を早期に採用する傾向があり，彼らは一般的にリスクを取ることを恐れず，新しいものを試すことにオープンです。また，アーリーアダプタはその採用行動を通じて他の消費者に影響を及ぼし，新しいトレンドや情報を拡散させる役割を果たします。したがって，**ウ**が正解です。

ア　レイトマジョリティの説明です。

過去問題をチェック

経営戦略について，基本情報技術者試験では次の出題があります。

【スケールメリットとシナジー効果】
・平成30年春午前問67

【ベンチマーキング】
・平成21年春午前問68
・平成23年秋午前問68
・平成28年春午前問68
・平成31年春午前問55
・サンプル問題セット科目A問45

【イノベータ理論】
・令和5年度科目A問18

イ イノベータの説明です。

エ ラガードの説明です。

≪解答≫ウ

全社戦略

全社戦略ではまず，企業の事業領域である**ドメイン**を決めます。ドメイン内ではほかの企業に対して競争優位性をもつことが重要であり，その源泉が**コアコンピタンス**です。事業を効率化し，ITの力でよい方向に変化させるためにも，**DX**（Digital Transformation）が大切になってきます。

ドメイン以外のものは，積極的に外部に出すことも大切です。複数の組織で共通に実施している業務を組織から切り離し，別会社として独立させて共同で利用する**シェアドサービス**を利用し，業務の効率化を図ることもあります。

用語

コアコンピタンスとは，経営資源を組み合わせて企業の独自性を生み出す組織能力のことです。

参考

DXについては，「7-1-1 情報システム戦略」で取り上げています。

ベンチャービジネス

それまでになかった新しいビジネスを展開することを**ベンチャービジネス**といいます。ベンチャービジネスは事業に必要なスキルがないと失敗するリスクが高いので，支援を行う**インキュベータ**という組織や制度があります。また，新規ビジネスを立ち上げるときに，Webサイトに公表して不特定多数の人から投資を募る**クラウドファンディング**という手法もよく使われます。

また，**M&A**（Mergers and Acquisitions）とは，企業の合併・買収のことです。企業が行う統合の手段として利用されます。

それでは，次の問題を考えてみましょう。

問題

インターネットを活用した仕組みのうち，クラウドファンディングを説明したものはどれか。

ア　Webサイトに公表されたプロジェクトの事業計画に協賛して，そのリターンとなる製品や権利の入手を期待する不特定多数の個人から小口資金を調達すること

イ　Webサイトの閲覧者が掲載広告からリンク先のECサイトで商品を購入した場合，広告主からそのWebサイト運営者に成果報酬を支払うこと

ウ　企業などが，委託したい業務内容を，Webサイトで不特定多数の人に告知して募集し，適任と判断した人々に当該業務を発注すること

エ　複数のアカウント情報をあらかじめ登録しておくことによって，一度の認証で複数の金融機関の口座取引情報を一括して表示する個人向けWebサービスのこと

（令和元年秋 基本情報技術者試験 午前 問72）

解説

クラウドファンディングは，多くの人々から資金を集める方法の1つです。Webサービスを通じて行われることが多く，新しいプロジェクトの事業計画を公表して募集します。リターンとなる製品や権利に，不特定多数の個人から資金を提供する形態となります。したがって，**ア**が正解です。

イ　アフィリエイトの説明です。

ウ　クラウドソーシングの説明です。

エ　アカウントアグリゲーションの説明です。

≪解答≫ア

過去問題をチェック

全社戦略について，基本情報技術者試験では次の出題があります。

【コアコンピタンス】
・平成22年春午前問62
・平成24年春午前問68
・平成25年春午前問68
・平成25年秋午前問68
・平成26年秋午前問68
・平成28年春午前問75
・平成29年春午前問67
・平成31年春午前問67
・サンプル問題セット科目A問52

【M&A】
・平成21年春午前問75

【クラウドファンディング】
・令和元年秋午前問72

【プロダクトポートフォリオマネジメント】
・平成22年春午前問68
・平成23年特別午前問65
・平成24年春午前問67
・平成25年春午前問67
・平成25年秋午前問69
・平成28年春午前問69

プロダクトポートフォリオマネジメント

PPM（Product Portfolio Management：**プロダクトポートフォリオマネジメント**）は，戦略の策定に用いられる手法です。次のようなチャートを作成し，商品や事業の戦略を考えます。

発展

PPMは，BCG（ボストン・コンサルティング・グループ）によって開発されたツールです。企業が多角化により複数の事業を展開するときの指針となるものです。

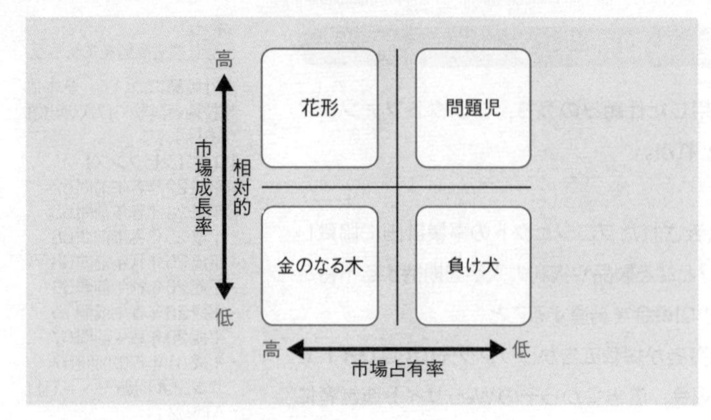

図8.1 プロダクトポートフォリオのチャート

各カテゴリの内容は以下のとおりです。

①問題児

市場が成長しているので資金流出が大きく，市場占有率が低いため，キャッシュフローはマイナスです。**資金を投入して**，相対的市場占有率を上げることで**花形に移行**します。

発展

すべての問題児が，資金を投入すれば花形に育つわけではありません。また，研究開発などを行うことで，最初から花形の事業を作ることもできます。どの事業に注力するか，その選別が重要となります。

②花形

資金流入も資金流出も大きく，キャッシュフローの源ではありません。成熟期になって市場成長率が低くなると**金のなる木に移行**するので，それまで投資を続ける必要があります。

③金のなる木

資金流入が多く，資金流出が少ないので，キャッシュフローの源です。ここの資金を花形や問題児に投資します。

④負け犬

資金流入，資金流出がともに少ないので，撤退するのが基本です。ただ，残存者利益を獲得できる場合もあります。

競争優位の戦略

競争相手に対して優位性を築くための戦略として，米国の経済学者であるマイケル・ポーターは以下の3つの基本戦略を提唱しています。

①コストリーダシップ戦略

競争企業よりも，低いコストで生産・販売する戦略です。技術が成熟し，価格以外で差別化ができなくなるコモディティ化した製品でよく選択されます。

②差別化戦略

買い手にとって魅力的な独自性を打ち出す戦略です。

③集中戦略

市場を細分化し，一部のセグメントに焦点を当てる戦略です。その市場において差別化やコストの面で優位に立ちます。

これらの基本戦略以外に，競争の激しい既存市場を避けて，未開拓市場を切り開くブルーオーシャン戦略などがあります。

■競争地位別戦略

業界での市場占有率によって企業は次の4つに分類され，それぞれの位置付けにおける基本戦略が示されています。

①リーダー戦略

業界内で最大の市場占有率を誇るので，製品はフルライン化し，非価格対応を行います。

> **用語**
> 非価格対応とは，価格を高くするということではなく，値崩れを起こさないよう適切な価格を維持することです。業界が低価格競争に巻き込まれると，最も利益が減少するのはリーダー企業なので，リーダーは非価格対応が基本です。

②フォロワ戦略

リーダーに追随し，危険を冒さず，低価格化で対応します。

③チャレンジャ戦略

リーダーに果敢に挑戦し，差別化を図ります。

④ニッチ戦略

特定市場のみに**集中化**し，資源もそこに集中させます。ニッチ戦略を行う企業のことを，ニッチャともいいます。

それでは，次の問題を考えてみましょう。

8

問題

特定顧客，特定製品のセグメントに資源を集中し，専門化を図る戦略はどれか。

ア　チャレンジャ戦略　　イ　ニッチ戦略
ウ　フォロワ戦略　　エ　リーダ戦略

（平成31年春 基本情報技術者試験 午前 問68）

解説

競争地位別戦略のうち，特定顧客，特定製品のセグメントに資源を集中し，専門化を図る戦略のことをニッチ戦略といいます。したがって，**イ**が正解です。

ア　リーダーに果敢に挑戦し，差別化を図る戦略です。
ウ　リーダーに追随し，危険を冒さず，低価格化で対応を図る戦略です。
エ　業界内で最大の市場占有率を誇るので，製品を揃え，非価格対応を行う戦略です。

≪解答≫イ

過去問題をチェック
競争戦略について，基本情報技術者試験では次の出題があります。
【リーダー戦略】
・平成29年秋午前問68
【フォロワ戦略】
・平成22年秋午前問67
【ニッチ戦略（ニッチャ）】
・平成21年春午前問69
・平成22年春午前問69
・平成26年春午前問67
・平成27年秋午前問67
・平成29年春午前問68
・平成30年春午前問66
・平成31年春午前問68

ファイブフォース分析

前出のマイケル・ポーターによると，特定の事業分野における競争要因には次の5つがあり，それらを分析することをファイブフォース分析といいます。

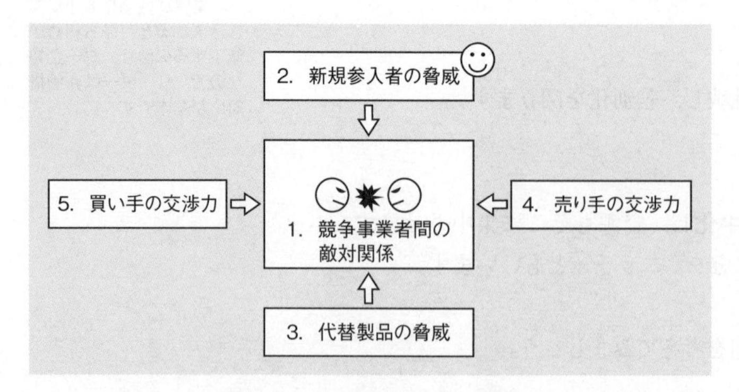

図8.2　ファイブフォースの要素

発展
新規参入者の脅威に対し，既存企業が利益の減少などを防ぐために築くものに参入障壁があります。規模の経済性があり，規模が増大するに従ってコストが減少していく場合には，新規参入の参入障壁は高くなります。

SWOT分析

SWOT分析は，影響を与える要因を次の4つの要素に整理して分析する手法です。

表8.1 SWOT分析の4つの要素

	外部環境	内部環境
良い影響	機会（Opportunity）	強み（Strength）
悪い影響	脅威（Threat）	弱み（Weakness）

発展

SWOT分析ではまず，業界や市場の動向などの外部環境を分析し，機会と脅威を整理します。次に，自社と競合他社を比較して内部環境を分析し，自社の強みと弱みを整理します。SWOT分析によって，事業のKSF（Key Success Factor：成功要因）と自社のコアコンピタンスを見極めます。

バリューチェーン分析

バリューチェーン分析は，企業が提供する製品やサービスの付加価値が，事業活動のどの部分で生み出されているかを分析する手法です。企業の事業活動には，主活動である

購買物流→製造→出荷物流→販売・マーケティング→サービス

の5つに加え，**支援活動**として人事・労務管理，技術開発，調達活動，全般管理の4つがあります。それぞれの活動の役割やコスト，**事業戦略への貢献度を明確にする**ことがポイントです。

過去問題をチェック

分析の手法について，基本情報技術者試験では次の出題があります。

【SWOT分析】
- 平成23年特別午前問66
- 平成24年秋午前問67
- 平成25年秋午前問67
- 平成27年春午前問67
- 平成27年秋午前問68
- 平成28年春午前問67
- 平成29年秋午前問67

【バリューチェーン分析】
- 平成26年秋午前問69
- 平成27年春午前問68

【成長マトリクス】
- 平成29年春午前問69

成長マトリクス

成長マトリクスは，経営戦略の展開エリアを4つに分類したマトリクスです。製品と市場の2軸に，既存と新規という基準を重ね合わせたものです。

表8.2 成長マトリクスにおける4つの展開エリア

		製品（技術）	
	既存／新規	既存	新規
市場	既存	市場浸透戦略	製品開発戦略
	新規	市場開拓戦略	多角化戦略

発展

バリューチェーンは価値の連鎖なので，一部の活動だけで低コストや差別化を実現しても，その有効性はあまりありません。全体として連結させた上ではじめて，その価値を顧客まで届けることができます。

- **市場浸透戦略**：既存市場に既存製品を投入していく戦略
- **市場開拓戦略**：新しい顧客層，地域など新規市場に展開する戦略
- **製品開発戦略**：新しい特徴をもった新製品を既存市場に投入する戦略
- **多角化戦略**　：新規市場に新製品を投入していく戦略

発展

市場浸透戦略では，マーケティングを有効活用し，市場でのシェアを拡大します。

8

▶▶▶ 覚えよう！

□ 企業の競争優位性の源泉はコアコンピタンス

□ PPMは問題児→花形→金のなる木，そして負け犬

8-1-2 マーケティング

マーケティングとは，売るための仕組み作りです。販売やプロモーションだけでなく，消費者のニーズを認識し，魅力的な商品を開発し，流通経路を確保するなどの一連のプロセスを構築します。

マーケティングマネジメントプロセス

適切なマーケティングを行い続けるには，**マーケティングマネジメントプロセス**が必要です。マーケティングマネジメントプロセスでは，以下の一連のプロセスを実現します。

1. 市場機会の分析
2. 標本市場の選定
3. マーケティングミックス戦略の開発
4. マーケティング活動の管理

マーケティング分析

マーケティング分析では，市場規模，顧客ニーズ，自社の経営資源，競合関係などの分析を行います。代表的な手法には次のものがあります。

①3C分析

3Cとは，**市場**（Customer），**競合**（Competitor），**自社**（Company）の頭文字を取ったもので，これらを個別に具体的に分析する際のフレームワークを**3C分析**といいます。市場分析と競合分析が外部分析，自社分析が内部分析に相当します。

②RFM分析

RFM分析とは，顧客に対して，**最終購買日**(Recency)，**購買頻度**(Frequency)，**購買金額**(Monetary)という3つの観点でポイントを付け，その合計点で顧客をランク付けしていく手法です。

③マーケティングリサーチ(市場調査)

マーケティングリサーチとは，マーケティングに必要な情報を体系的に収集，分析，評価するための活動です。データの収集方法には，質問法，観察法，実験法があります。また，全数調査を行うかサンプリングを行うかは状況に応じて決定します。

④消費者行動モデル(AIDMA)

消費者行動モデルのAIDMAとは，消費者がある商品を知って購入に至るまでの段階を，**注意**(Attention)，**関心**(Interest)，**欲求**(Desire)，**記憶**(Memory)，**行動**(Action)の5つに分けたモデルです。それぞれの段階で消費者に対するアプローチの仕方が異なるので，段階に応じたマーケティングが大切です。

⑤コンジョイント分析

仮説検証に用いるデータ分析手法の1つで，消費者の意思決定に商品のどの部分がどのくらい影響しているのかを検証します。商品がもつ価格，デザイン，使いやすさなど，購入者が重視している複数の属性の組合せについて，それぞれの属性の影響の大きさを求めることができます。

⑥STP分析

市場を細分化(**セグメンテーション**)し，その中から最も効果的な市場を標的(**ターゲティング**)とし，その市場の中で自社がいかにして優位に立つか(**ポジショニング**)を検討する分析です。

■マーケティングミックス

マーケティングミックスとは，マーケティングの要素である4Pの適切な組合せです。また，売り手側の4Pに合わせて，買い手側に4Cの要素があるという考え方があります。4Pと対応する4Cは次のとおりです。

用語

質問法は調査対象者に質問することでデータを収集します。面接法，電話法，郵送法，留置法などがあります。
観察法は，動線調査や他店調査，通行量調査など，観察対象者の行動や反応を直接観察する方法です。
実験法は，ある変数(マーケティング要素)を操作することで，別の変数へ影響するかどうかを調査する方法です。

過去問題をチェック

マーケティングミックスについて，基本情報技術者試験では次の出題があります。
【マーケティングミックス】
・平成23年秋午前問69
・平成28年秋午前問68

8

表8.3 マーケティングミックスの4Pと4C

売り手側の4P	内容	買い手側の4C
製品（Product）	市場のニーズにマッチした製品を提供するための戦略	**顧客価値**（Customer Value）
価格（Price）	最適な市場投入価格を策定するための戦略	**顧客コスト**（Customer Cost）
チャネル・流通（Place）	消費者に製品を届けるために流通を最適化するための戦略	**利便性**（Convenience）
プロモーション（Promotion）	様々な手段を用いて認知や購買促進を図る戦略	**コミュニケーション**（Communication）

CX（Customer Experience：顧客体験）デザイン

経済が成熟し，消費が高度化するに伴い，顧客に精神的，主観的な満足を感じさせることが企業の重要課題になっています。**CRM**（Customer Relationship Management）では，顧客の購買履歴などで顧客を分類し，積極的な関係構築を図ります。

CX（Customer Experience：顧客体験）デザインは，顧客が，企業・製品・サービスとの全ての接点で経験するあらゆる体験において，精神的，主観的な満足を感じるための考え方です。

製品戦略

製品戦略は，製品に対する戦略です。製品戦略を立てる上で大切な考え方に，**プロダクトライフサイクル**（PLC：Product Life Cycle）があります。プロダクトライフサイクルとは，製品が市場に投入され，廃棄されるまでの生命周期のことで，**導入期**，**成長期**，**成熟期**，**衰退期**の4段階に分けられます。それぞれの段階と売上高の関係は次の図のようになります。

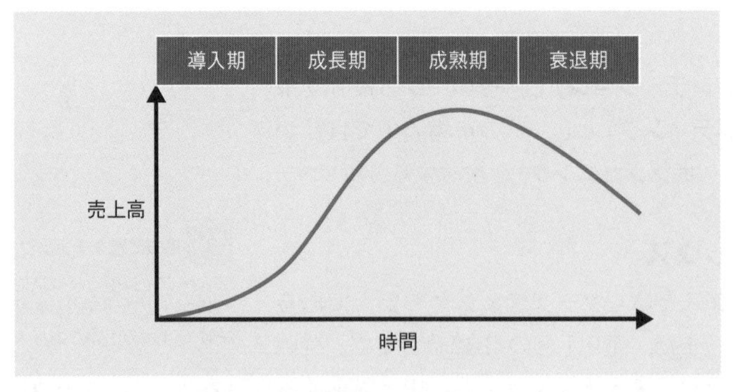

図8.3 プロダクトライフサイクル

プロダクトライフサイクルへの対策に**計画的陳腐化**があります。製品のモデルチェンジを頻繁に行い，消費者に対して常に新製品を提供していくという戦略です。また，新製品を作成する場合には，自社の製品が他の自社製品と競合してしまい，ともにマーケットシェアを落としてしまう**カニバリゼーション**を避ける必要があります。逆に，製品寿命を延ばしてロングセラー化を実現しようとする取り組みのことをライフサイクルエクステンション（製品寿命の延命化）といいます。また，製品が一般化し，他と差別化が図れなくなることを**コモディティ化**といいます。商品をブランド化し，価値を上げる**ブランド戦略**も重要です。

それでは，次の問題を考えてみましょう。

過去問題をチェック

製品戦略について，基本情報技術者試験では次の出題があります。

【プロダクトライフサイクル】
- 平成21年春午前問70
- 平成22年秋午前問68
- 平成24年秋午前問69
- 平成25年秋午前問70
- 平成26年春午前問68
- 平成26年秋午前問70
- 平成27年秋午前問69
- 平成30年春午前問68
- 平成30年秋午前問67

【商品体系の変更】
- 平成22年春午前問70
- 平成23年秋午前問70
- 平成25年春午前問69
- 平成30年秋午前問69

問題

プロダクトライフサイクルにおける成長期の特徴はどれか。

ア　市場が製品の価値を理解し始める。製品ラインもチャネルも拡大しなければならない。この時期は売上も伸びるが，投資も必要である。

イ　需要が大きくなり，製品の差別化や市場の細分化が明確になってくる。競争者間の競争も激化し，新品種の追加やコストダウンが重要となる。

ウ　需要が減ってきて，撤退する企業も出てくる。この時期の強者になれるかどうかを判断し，代替市場への進出なども考える。

エ　需要は部分的で，新規需要開拓が勝負である。特定ターゲットに対する信念に満ちた説得が必要である。

（平成30年秋 基本情報技術者試験 午前 問67）

解説

プロダクトライフサイクルは，導入期，成長期，成熟期，衰退期の段階に分けられます。成長期は，市場が製品の価値を理解し始め，売上が伸びる時期です。製品ラインもチャネルも拡大しなければならないので，投資も必要となります。したがって，**ア**が正解です。
イ 成熟期の特徴です。
ウ 衰退期の特徴です。
エ 導入期の特徴です。

≪解答≫ア

価格戦略

価格戦略は，価格を設定する戦略です。価格設定方法には大きく分けて，次の3種類があります。

①コスト（原価）志向型

コスト（原価）に適切な利益を加算し，価格を決定する方式です。製造原価または仕入原価に一定のマージンを乗せて価格を決定する**コストプラス価格決定法**が代表例です。また，目標とする投資収益率を実現するように価格を決定する**ターゲットリターン価格設定**という方法もあります。

②需要志向型

消費者がその商品に対して感じている価値（カスタマーバリュー）を基準に価格を決定する方式です。消費者がどれだけの価値を知覚するかに合わせる知覚価値法があります。また，顧客層，時間帯，場所など市場セグメントごとに異なった価格を決定する**差別価格設定**もあります。消費者の需要に合わせて，製品を売るのではなく使用権を販売し，必要な期間だけ提供する**サブスクリプションモデル**を使用することもできます。価格を調査する方法には，消費者にアンケートを実施して4通りの価格帯を探り，そこから最適な価格を導出するPSM（Price Sensitivity Measurement）分析という手法（価格感度測定の手法）があります。

③競争志向型

競合他社がいることを前提に，市場ベースでの価格決定を行う方式です。現在の市場価格に合わせる実勢価格設定法などがあります。新製品を浸透させるため，低価格戦略と積極的なプロモーションによって新製品のマーケットシェアの増大を図る**浸透価格戦略**を用いる方法もあります。

逆に，先に製品を発売したときには，先行者利益を獲得するために，製品投入の初期段階で高価格を設定する**スキミングプライシング**という戦略を用いることもあります。さらに，複数の製品に対して5,000円均一，10,000円均一などの製品ランクごとに販売する**プライスライニング戦略**を用いる方法もあります。

それでは，次の問題を考えてみましょう。

問題

コストプラス価格決定法を説明したものはどれか。

ア 買い手が認める品質や価格をリサーチし，訴求力のある価格を決定する。

イ 業界の平均水準や競合企業の設定価格を参考に，競争力のある価格を決定する。

ウ 製造原価又は仕入原価に一定のマージンを乗せて価格を決定する。

エ 目標販売量を基に，総費用吸収後に一定の利益率を確保できる価格を決定する。

（平成30年春 基本情報技術者試験 午前 問69）

解説

コストプラス価格決定法とは，コストを基準に考える方法です。製造原価または仕入原価に，一定のマージンを乗せて価格を決定します。したがって，**ウ**が正解です。

ア 知覚価値価格決定法に関する説明です。

イ 実勢価格設定法に関する説明です。

エ ターゲットリターン価格設定法に関する説明です。

≪解答≫ウ

過去問題をチェック

価格戦略について，基本情報技術者試験では次の出題があります。

【コストプラス価格設定法】

・平成24年秋午前問68
・平成27年春午前問69
・平成28年秋午前問67
・平成30年春午前問69

Webマーケティング戦略

インターネットやWebメディアによる広告,販売促進では,様々な新しい手法が考えられています。

インターネット広告では，検索エンジンと連動した**リスティング広告**や，位置情報と連動した**ジオターゲティング広告**などを利用し，ユーザーごとに異なる広告を出すことができます。成功報酬型の**アフィリエイト**を利用した広告や，**SEO**（Search Engine Optimization：検索エンジン最適化），LPO（Landing Page Optimization：ランディングページ最適化）を利用した戦略も考えられます。

ディスプレイに映像，文字などの情報を表示する**デジタルサイネージ**を利用し，店舗などで変化に富んだ広告を出すことも可能です。

マーケティング手法

マーケティング手法としては，これまで出てきたマスマーケティングやターゲットマーケティングのほかに次のようなものがあります。

①ワントゥワンマーケティング

顧客との対話により把握した**個々の顧客**の属性，ニーズや嗜好,購買履歴などに合わせてマーケティングを展開することです。顧客シェアが拡大しても，情報技術を駆使して**マスカスタマイゼーション**を行うことで実現できます。

②リレーションシップマーケティング

企業と外部（顧客，取引先，社会など）との関係に注目し，**長期的な相互利益と成長**を目指すという概念です。

③ダイレクトマーケティング

流通業者を経由せずに直接消費者に販売を実施していく手法です。1人ひとりを対象にマーケティング活動を行います。

④バイラルマーケティング

製品やサービスの**口コミ**を意図的に広める手法です。

過去問題をチェック

マーケティング手法について，基本情報技術者試験では次の出題があります。

【リレーションシップマーケティング】
・令和元年秋午前問66

【ソーシャルメディアのビジネス活用】
・平成27年秋午前問73

【デジタルサイネージ】
・平成31年春午前問74

用語

マスカスタマイゼーションとは，大量生産とカスタムを合成したものです。製品のモジュール化などで，大量生産と豊富なバリエーションの両方を実現し，個々の顧客ニーズに対応します。

⑤インバウンドマーケティング

ブログや動画などの有益なコンテンツをWebサイトで公開し，ソーシャルメディアでシェアされたりして注目を集めることで自社製品を広める方法です。

▶▶▶覚えよう！

- □ プロダクトライフサイクルは導入期，成長期，成熟期，衰退期の4段階
- □ コストプラス法ではコストにマージンを加えて価格決定

8-1-3 ビジネス戦略と目標・評価

ビジネス戦略（事業戦略）とは，ビジネスを実際に行う上での戦略です。企業理念や企業ビジョン，全社戦略を踏まえ，ビジネス環境分析，ビジネス戦略立案を行い，具体的な戦略目標を定めます。

ビジネス戦略と目標の設定・評価

ビジネス戦略を立てる上では，まず企業・組織のビジョンを明確にする必要があります。そして，どのようにしてビジョンを実現するか，どの分野に力を入れるかという戦略を立て，具体的な戦略目標を定めます。そして，目標達成のために重点的に取り組むべき**CSF**（Critical Success Factor：重要成功要因）を明確にします。最後に，目標達成の度合いを測る指標を設定し，評価します。また，新規ビジネスを立ち上げる上では，新規ビジネスの採算性や実行可能性を投資前に分析して評価するフィージビリティスタディも大切です。

広告なども，費用対効果を考える必要があります。**ROAS**（Return On Advertising Spend）は，広告の費用対効果を示し，広告費あたりの利益で求めます。

ビジネスモデルキャンバス

ビジネスモデルを全体的に考える手法に，**ビジネスモデルキャンバス**があります。ビジネスモデルキャンバスでは，次のようなかたちで，3分野，9つの視点でビジネスを分析していきます。

8

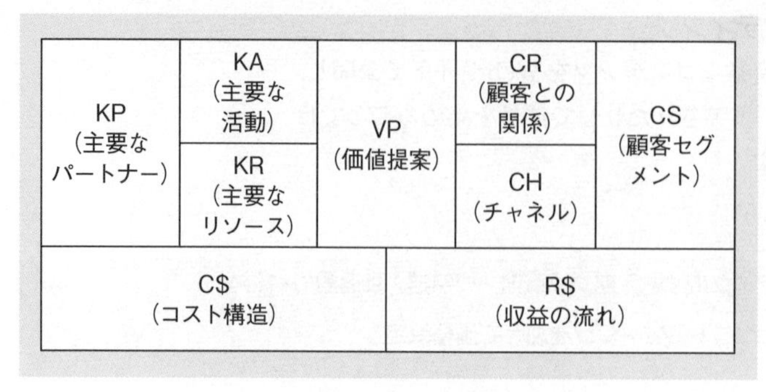

図8.4 ビジネスモデルキャンバスの例

組織体制・マネジメント(KP, KA, KR)と,**マーケティング**(VP, CR, CH, CS),**収益・コスト構造**(C$, R$)を整理し,どのような価値を提案し,収益を上げていくのかを見極めていきます。

バランススコアカード

バランススコアカード(BSC:Balanced Score Card)は,企業の業績評価システムです。企業のもつ要素が企業のビジョンや戦略にどのように影響し,業績に表れているかを評価します。具体的には,従来の評価の視点は**財務**のみであることが多かったため,それ以外の**顧客**,**内部ビジネスプロセス**,**学習と成長**を合わせた**4つの視点**で評価します。

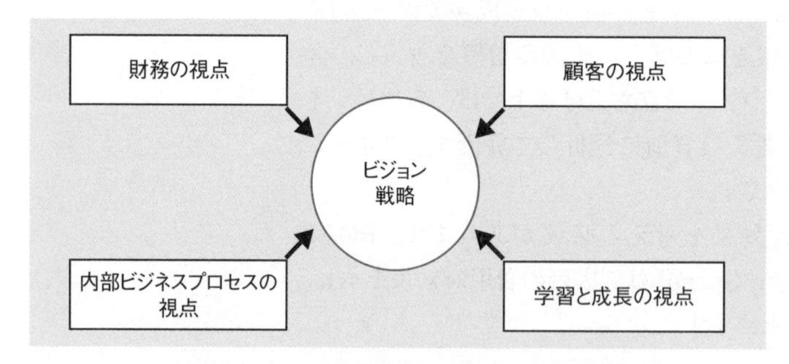

図8.5 バランススコアカードの4つの視点

財務,顧客,内部ビジネスプロセス,学習と成長という4つの視点ごとに課題や施策,目標の因果関係などを表現する戦略マップを作成し,それぞれの視点での戦略目標を決めます。そして,その目標が達成されたかを確認する指標として，**KGI**（Key Goal Indicator：重要目標達成指標）を決めます。例えば，財務の視点では「利益率の向上」などを指標とします。そして，KGIを達成するために決定的な影響を与えるCSFを決定します。例えば，KGI「利益率の向上」に対しては，「既存顧客の契約高の向上」などがCSFになります。そして，業務プロセスの実施状況をモニタリングするために設定される指標が，**KPI**（Key Performance Indicator：重要業績評価指標）です。例えば，KGI「利益率の向上」に対しては，「当期純利益率」や「保有契約高」などがKPIです。そして，KPIを達成するために具体的なアクションプランを立て，それを実行します。

それでは，次の問題を考えてみましょう。

問題

バランススコアカードの内部ビジネスプロセスの視点における戦略目標と業績評価指標の例はどれか。

ア　持続的成長が目標であるので，受注残を指標とする。
イ　主要顧客との継続的な関係構築が目標であるので，クレーム件数を指標とする。
ウ　製品開発力の向上が目標であるので，製品開発領域の研修受講時間を指標とする。
エ　製品の製造の生産性向上が目標であるので，製造期間短縮日数を指標とする。

（令和元年秋 基本情報技術者試験 午前 問67）

過去問題をチェック
ビジネス戦略と目標・評価について，基本情報技術者試験では次の出題があります。
【バランススコアカード】
・平成22年秋午前問69
・平成24年春午前問69
・平成26年秋午前問71
・平成27年春午前問65
・平成29年春午前問70
・令和元年秋午前問67
【投資分類とKPI】
・平成27年秋午前問70
【ROAS】
・平成31年春午前問69

解説

バランススコアカードの4つの視点のうち，内部ビジネスプロセスの視点では，組織が効率的かつ効果的に運営されているかを評価します。製品の製造の生産性向上は内部ビジネスプロセスの視点での目標となるので，製造期間短縮日数を指標とします。したがって，**エ**が正解です。
ア　財務の視点での指標例です。

イ 顧客の視点での指標例です。
ウ 学習と成長の視点での指標例です。

≪解答≫エ

覚えよう！

- ☐ バランススコアカードは財務，顧客，内部ビジネスプロセス，学習と成長の4視点
- ☐ KGIは最終的な目標，KPIは中間的なモニタリング指標

8-1-4 経営管理システム

経営管理システムは，企業の経営に関する情報を収集して分析を行い，経営課題の解決に役立てるシステムです。経営管理システムには，全社を対象としたものだけでなく，特定の部門を対象としたシステムもあります。

経営管理システムの例

経営管理システムの代表例には，KMS，ERP，CRM，SFA，SCMなどがあります。サプライチェーンマネジメント（SCM）では，購買，生産，販売及び物流を結ぶ一連の業務を，企業間で全体最適の視点から見直し，納期短縮や在庫削減を図ります。また，**EIP**（Enterprise Information Portal：企業内情報ポータル）など，企業内の情報を集めたポータルサイトも経営管理システムです。

関連
ERP，CRM，SFA，SCMの説明については，「7-1-1 情報システム戦略」で取り上げています。

ナレッジマネジメント

ナレッジマネジメントとは，個人のもつ暗黙知を形式知に変換することにより知識の共有化を図り，より高いレベルの知識を生み出すという考え方です。ナレッジマネジメントを行うためのシステムを，**KMS**（Knowledge Management System）といいます。

ナレッジマネジメントのフレームワークとしてSECIモデルがあり，次の4段階のプロセスが定義されています。

①共同化（Socialization）

暗黙知を共同作業などを通じて共有します

②表出化（Externalization）

暗黙知を言語化，文書化することで形式知にします

③結合化（Combination）

形式知を集め，分類することで，新しい形式知にまとめます

④内面化（Internalization）

形式知を実践していくことで暗黙知とします

暗黙知とは，言葉で表現できる知識の背景にある，暗黙のうちに「知っている」「わかっている」状態にある知識のことです。暗黙知を言葉で表現できる**形式知**にすることで，その知識を人と共有できるようになります。

ナレッジマネジメントでは，4段階のプロセスを連続的に行うことで，ナレッジを共有化し，活用することができます。

それでは，次の問題を考えてみましょう。

問題

ナレッジマネジメントを説明したものはどれか。

ア　企業内に散在している知識を共有化し，全体の問題解決力を高める経営を行う。

イ　迅速な意思決定のために，組織の階層をできるだけ少なくしたフラット型の組織構造によって経営を行う。

ウ　優れた業績を上げている企業との比較分析から，自社の経営革新を行う。

エ　他社にはまねのできない，企業独自のノウハウや技術などの強みを核とした経営を行う。

（平成30年春 基本情報技術者試験 午前 問70）

過去問題をチェック

経営管理システムについて，基本情報技術者試験では次の出題があります。

【サプライチェーンマネジメント】

・平成22年秋午前問70
・平成24年春午前問65
・平成25年春午前問70
・平成29年秋午前問69

【ナレッジマネジメント】

・平成22年春午前問71
・平成24年秋午前問71
・平成27年春午前問70
・平成30年春午前問70

解説

ナレッジマネジメントとは，個人のもつ暗黙知を形式知に変換することにより知識の共有化を図り，より高いレベルの知識を生み出すという考え方です。企業内に散在している知識を共有化することで，全体の問題解決力を高める経営を行います。したがって，**ア**が正解です。

イ　フラットマネジメントの説明です。

8

ウ ベンチマーキングによるマネジメントの説明です。

エ コアコンピタンス経営の説明です。

≪解答≫ア

▸▸▸ 覚えよう！

□ ナレッジマネジメントでは，暗黙知を形式知に変換して共有

8-2 技術戦略マネジメント

企業の持続的な発展のためには，技術開発への投資とともにイノベーションを促進し，技術と市場ニーズとを結び付けて事業を成功に導く技術開発戦略が重要です。

8-2-1 技術開発戦略の立案

経営戦略や事業戦略の下で技術開発戦略を立案します。技術開発は長期にわたることが多いため，中心となるコア技術を見極め，柔軟に外部資源を活用する必要があります。

技術開発戦略

企業の持続的発展のためには，技術開発への投資とともにイノベーションを促進し，技術と市場ニーズとを結び付けて事業を成功へ導く技術開発戦略が重要です。技術戦略マネジメントは，MOT（Management of Technology：技術経営）ともいわれます。

技術開発では，コストをそれほどかけず，最小限の実用性をもつ製品を短期間で作り，それを改善していくリーンスタートアップという手法があります。

それでは，次の問題を考えてみましょう。

勉強のコツ

知識問題が中心であり，基本的には科目Aの出題のみです。技術系のいろいろな新用語が登場し，カタカナ用語やアルファベットの略語が多いので，用語の意味と英語の意味を結び付けて押さえておくのがおすすめです。

用語

MOTとは，経営戦略や事業戦略の下で，企業の技術を確立するための技術戦略を構築し，その技術戦略に沿った事業活動を行うことです。
MOTプログラムとして教育プログラムが開発されており，これは経営学修士（MBA）の工学版としても位置付けられています。

問題

新しい事業に取り組む際の手法として，E.リースが提唱したリーンスタートアップの説明はどれか。

ア　国・地方公共団体など，公共機関の補助金・助成金の交付を前提とし，事前に詳細な事業計画を検討・立案した上で，公共性のある事業を立ち上げる手法
イ　市場環境の変化によって競争力を喪失した事業分野に対して，経営資源を大規模に追加投入し，リニューアルすることによって，基幹事業として再出発を期す手法
ウ　持続可能な事業を迅速に構築し，展開するために，あらかじめ詳細に立案された事業計画を厳格に遂行して，成果の検証や計画の変更を最小限にとどめる手法
エ　実用最小限の製品・サービスを短期間で作り，構築・計測・学習というフィードバックループで改良や方向転換をして，継続的にイノベーションを行う手法

（基本情報技術者試験（科目Ａ試験）サンプル問題セット 問53）

過去問題をチェック

技術経営について，基本情報技術者試験では次の出題があります。

【リーンスタートアップ】
・サンプル問題セット科目A問53

【プロセスイノベーション】
・平成31年春午前問70

【プロダクトイノベーション】
・平成23年秋午前問71
・令和元年秋午前問68

【技術のSカーブ】
・平成28年秋午前問70
・平成30年秋午前問70

【コア技術】
・平成29年秋午前問70

解説

エリック・リースが提唱したリーンスタートアップとは，新しい事業を行うベンチャービジネスでよく利用される手法です。最初にコストをそれほどかけず，実用最小限の実用性をもつ製品を短期間で作ります。その後，構築・計測・学習というフィードバックループで改良や方向転換をしていき，継続的にイノベーションを行います。したがって，**エ**が正解です。

ア　ソーシャルビジネス支援資金などを利用した，ソーシャルビジネスを立ち上げる手法です。
イ　既存の企業での資源配分の選択と集中による，事業の再出発のための経営手法で，リーンスタートアップではありません。
ウ　通常の事業計画を詳細に立てた経営手法で，リーンスタートアップではありません。

≪解答≫エ

イノベーション

イノベーションとは，新しい技術の発明や創造的なアイディアを実行に移すことで新たな利益や社会的に大きな変化をもたらす変革です。イノベーションの類型としては次の4つが挙げられます。

①プロダクトイノベーション

これまでにない**新製品**を開発するための技術革新です。

②プロセスイノベーション

生産工程や技術を改良する革新です。

③ラディカルイノベーション

従来にはない，まったく異なる価値を市場にもたらす革新です。一般に，最初はなかなか評価されない変革です。

④オープンイノベーション

自社でのイノベーションにとどまらず，**他社や研究機関**などの異分野のアイディアや知見を活用する革新です。オープンに行うことで，個人でものづくりを行う人も含め，様々な人が3Dプリンタやレーザーカッターなどを活用して，新しい製品を作るメイカームーブメントが起こっています。

技術経営での価値創出

技術経営では，技術開発を経済的価値に結び付けるためには，**技術・製品価値創造**(Value Creation)，**価値実現**(Value Delivery)，**価値利益化**(Value Capture)の3要素が重要であるという考え方があります。

技術経営での価値創出においてポイントとなる概念を以下に示します。

①技術のSカーブ

1つの製品の技術進歩のパターンを追っていくと，次のようなS字型の曲線をたどるのが一般的です。

ある技術の確立に先行し成功した企業は，その技術に固執し，成熟期になっても移行できず，次世代技術に対応した後発企業に追い抜かれてしまうことがよくあります。このことをイノベーションのジレンマと呼びます。

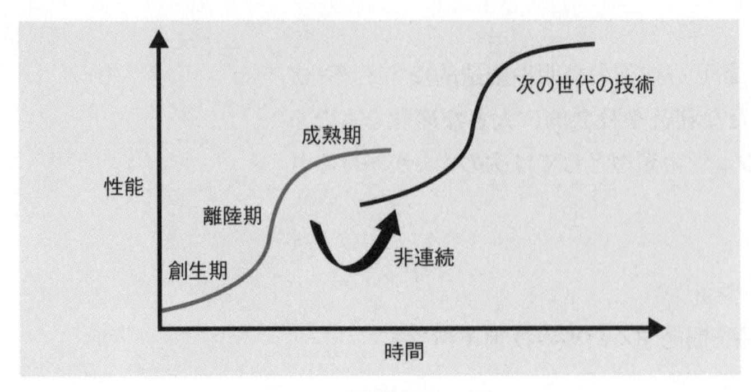

図8.6 技術のSカーブ

技術開発を行うと，当初は緩やかなペースでしか技術進歩が進みません（**創生期**）。それが，あるポイントを過ぎると急激に成長します（**離陸期**）。そして，しばらくすると再び成長が鈍化します（**成熟期**）。古い技術が新しい技術に取って代わるとき，**それぞれのS字カーブは非連続**であることがほとんどで，技術とともに主役である企業が交代することが多くあります。

②魔の川，死の谷，ダーウィンの海

技術を基にしたイノベーションを実現するためには，研究成果が実用化され，使える技術として確立されるまでに，次のような様々な障壁を越えることになります。

- **魔の川（Devil River）**
  研究段階から開発段階に移行するときに存在する障壁

- **死の谷（Valley of Death）**
  開発段階から事業化の段階に移行するときに存在する障壁

- **ダーウィンの海（Darwinian Sea）**
  事業化のあと，その事業を成功させるときに存在する障壁

③PoC，PoV

新しい概念やアイディアを実証するために，試作品の前段階として，概念が正しいかどうかの検証として，**PoC**（Proof of Concept：概念実証）を行います。また，概念やアイディアが実

際に価値を提供するかどうかを**PoV**（Proof of Value：価値実証）によって確かめます。

技術開発戦略の立案手順

技術開発戦略の立案に先立ち，製品動向，技術動向，標準化動向などを分析しておく必要があります。また，自社の核となる技術である**コア技術**を見極めることが大切です。

コア技術以外の技術開発や商品開発にはなるべく手を出さず，他社の成功事例などの外部資源を積極的に活用していく必要があります。また，柔軟に技術開発戦略を行うためには，従来のやり方にとらわれない発想法も大切です。

▶▶▶覚えよう！

- □　リーンスタートアップで小さく始めて短期間で実践
- □　新しい製品開発はプロダクトイノベーション

8-2-2 技術開発計画

経営戦略や技術開発戦略に基づいて作成されるのが技術開発計画です。技術開発は長期にわたるので，未来像を時系列で描くロードマップが必要となります。

技術開発計画

経営戦略や技術開発戦略に基づいて，技術開発計画が作成されます。技術開発計画では，技術開発投資計画や技術開発拠点計画，人材計画などを作成します。開発プロセスを同時並行的に行う**コンカレントエンジニアリング**や，試験的に製品を生産する**パイロット生産**などの手法も検討します。

それでは，次の問題を考えてみましょう。

問題

コンカレントエンジニアリングの説明として，適切なものはどれか。

ア 機能とコストとの最適な組合せを把握し，システム化された手順によって価値の向上を図る手法
イ 製品開発において，設計，生産計画などの工程を同時並行的に行う手法
ウ 設計，製造，販売などのプロセスを順に行っていく製品開発の手法
エ 対象のシステムを解析し，その仕様を明らかにする手法

（平成26年秋 基本情報技術者試験 午前 問72）

解説

コンカレントエンジニアリングとは，製品開発プロセスにおいて設計，製造や関連プロセスを同時並行的に行う手法です。効率化と市場投入時間の短縮を目指します。したがって，イが正解です。

ア バリューエンジニアリングの説明です。
ウ シーケンシャルエンジニアリングの説明です。
エ リバースエンジニアリングの説明です。

≪解答≫イ

技術開発のロードマップ

技術開発の具体的なシナリオとして，科学的裏付けとコンセンサス（同意）のとれた未来像を時系列で描くのがロードマップです。ロードマップの種類には以下のものがあります。

参考

技術ロードマップは，民間企業が1社で作成するものだけでなく，業界団体が共通で行うもの，政府が行うものなどいろいろな意味合いのものがあります。日本において政府が策定する技術ロードマップとしては，経済産業省が発表している「技術戦略マップ」があります。

①技術ロードマップ

企業が計画している技術開発や，周りの技術動向をまとめたものです。

②製品応用ロードマップ

技術開発を製品に応用していく過程を表したものです。

③特許取得ロードマップ

開発した技術に特許を取得する過程を表したものです。

覚えよう！

- □ コンカレントエンジニアリングは，同時並行的にプロセスを実施
- □ 技術開発のロードマップは，コンセンサスのとれた未来像

8-3 ビジネスインダストリ

ビジネスインダストリとは，その職種や専門分野において押さえておくべき知識のことで，主に業界に特化したシステムや標準などに関する業務知識，業界知識のことです。

8-3-1 ビジネスシステム

いろいろなビジネス分野で用いられる情報システムについて取り上げるのがビジネスシステムの分野です。

社内業務支援システム

社内業務で活用される情報システムには，会計・経理・財務システム，人事・給与システム，営業支援システム，グループウェア，ワークフローシステム，Web会議システムなどがあります。

財務報告用の情報を作成・流通・再利用できるように標準化されたXMLベースの規格に**XBRL**（eXtensible Business Reporting Language）があります。金銭にまつわる情報を標準化することで，情報のサプライチェーンを実現できます。

基幹業務支援システム及び業務パッケージ

業務を支援する代表的な情報システムには，流通情報システム，物流情報システム，金融情報システム，医療情報システム，**POS**（Point of Sales）システム，EOS（Electronic Ordering System：電子補充発注システム），販売管理システム，購買管理システム，在庫管理システム，顧客情報システム，**ERP**，電子カルテなどがあります。

また，様々な機器にコンピュータチップとネットワークが埋め込まれ，人間がコンピュータの存在を意識することなく利用できる**ユビキタスコンピューティング**を利用した業務システムも開発されました。例えば，流通情報システムでは，物品にコンピュータチップを埋め込むことで，生産段階から消費段階，廃棄段階まで流通経路を追跡するトレーサビリティを実現できます。

勉強のコツ

生産管理やNC（Numerical Control：数値制御）など，計算問題が結構出されます。やり方を押さえ，本番であわてずに解けるようにしておきましょう。また，どんどん新しくなっていく分野なので，見慣れない用語はしっかり押さえておくことが大切です。システムや機器の具体例はあまり覚えなくてもいいので，「こんなのがあるんだ」というイメージをつかんでおきましょう。

行政システム及び公共情報システム

行政で使用される代表的な情報システムには，有価証券報告書等の電子開示システムである**EDINET**（Electronic Disclosure for Investors' Network）や，電波管理業務システム，出入国管理システム，登記情報システム，社会保険オンラインシステム，特許業務システム，地域気象観測システム（アメダス），公共情報システム，住民基本台帳ネットワークシステム，公的個人認証サービスなどがあります。

公共分野における代表的な情報システムには，**GPS**（Global Positioning System：全地球測位システム）応用システム，**VICS**（Vehicle Information and Communication System：道路交通情報通信システム），**ETC**（Electronic Toll Collection System：自動料金支払システム），座席予約システムなどがあります。

AI（Artificial Intelligence：人工知能）の利活用

AIをよりよい形で社会実装し，共有するためには基本原則を守ることが必要です。内閣府のホームページに掲載されている「**人間中心のAI社会原則**」では，次の3つの価値を理念として尊重することが示されています。

1. **人間の尊厳が尊重される社会（Dignity）**
2. **多様な背景を持つ人々が多様な幸せを追求できる社会（Diversity & Inclusion）**
3. **持続性ある社会（Sustainability）**

AIの活用領域及び活用目的

AIシステムは，研究開発・調達・製造・物流・販売・マーケティング・サービス・金融・インフラ・公共・ヘルスケアなど様々な領域（生産，消費，文化活動）で活用されています。

AIの利活用目的には，仮説検証，知識発見，原因究明，計画策定，判断支援，活動代替などがあります。AIの具体的な活用例としては，次のものがあります。

関連
機械学習やディープラーニングなどのAIに関連する技術については，「1-1-3 情報に関する理論」で取り上げています。

①教師あり学習による予測

機械学習の**教師あり学習**を利用し，売上予測，罹患予測，成約予測，離反予測などを行います。**ディープラーニング**による，自動運転技術なども含まれます。

②教師なし学習によるグルーピング

機械学習の**教師なし学習**を利用し，顧客セグメンテーション，店舗クラスタリングなどを行います。

③生成AIの活用

生成AIを利用し，文章の添削・要約，アイディアの提案，科学論文の執筆，プログラミング，画像生成などを行います。

それでは，次の問題を考えてみましょう。

過去問題をチェック
ビジネスシステムについて，基本情報技術者試験では次の出題があります。
【XBRL】
・平成22年秋午前問71
【POS】
・平成30年春午前問72
【機械学習の活用事例】
・令和元年秋午前問73
【ディープラーニング】
・平成29年秋午前問74

問題

生産現場における機械学習の活用事例として，適切なものはどれか。

ア　工場における不良品の発生原因をツリー状に分解して整理し，アナリストが統計的にその原因や解決策を探る。
イ　工場の生産設備を高速通信で接続し，ホストコンピュータがリアルタイムで制御できるようにする。
ウ　工場の生産ロボットに対して作業方法をプログラミングするのではなく，ロボット自らが学んで作業の効率を高める。
エ　累積生産量が倍増するたびに工場従業員の生産性が向上し，一定の比率で単位コストが減少する。

（令和元年秋 基本情報技術者試験 午前 問73）

解説

機械学習では，ルールをプログラミングして制御を行うのではなく，データを学ぶことでルールを作成します。工場の生産ロボットに対して，作業の流れをロボットが観察してデータを集め，そのデータからルールを機械学習することで，ロボット自らが作業を改善できるようになります。したがって，**ウ**が正解です。

ア　統計学を用いたデータサイエンスの活用事例です。

イ　生産設備のネットワーク化による業務改善の事例です。

エ　工場従業員（人間）が学習することの効果となります。

≪解答≫ウ

▶▶▶覚えよう！

- □　**XBRLは，財務報告用の情報のXML規格**
- □　**機械学習を応用し，データからルールを学んで業務改善**

8-3-2 エンジニアリングシステム

エンジニアリングシステムは，生産や開発，設計などの工学分野で情報技術を利用したシステムです。

生産の自動制御

生産工程を自動制御し，生産を自動化することでコストを削減できます。また，危険を伴う作業を機械化できるという利点もあります。生産方式には以下のようなものがあります。

①ライン生産方式

生産ライン上の各作業ステーションに作業を割り当て，品物がラインを移動することで加工が進んでいく方式です。

②セル生産方式

異なる機械をまとめた機械グループ（セル）を構成して工程を編成する生産方式です。多品種少量生産に向いています。

③かんばん方式

すべての工程において，必要なものを，必要なときに，必要な量だけ生産する生産方式です。**JIT**（Just In Time：ジャストインタイム）生産方式ともいわれます。

また，生産の自動制御を行う際，その動作を数値情報で指令する制御方式を**NC**（Numerical Control：数値制御）といいます。

それでは，次の問題を考えてみましょう。

問題

“かんばん方式”を説明したものはどれか。

ア　各作業の効率を向上させるために，仕様が統一された部品，半製品を調達する。
イ　効率よく部品調達を行うために，関連会社から部品を調達する。
ウ　中間在庫を極力減らすために，生産ラインにおいて，後工程の生産に必要な部品だけを前工程から調達する。
エ　より品質が高い部品を調達するために，部品の納入指定業者を複数定め，競争入札で部品を調達する。

（令和元年秋 基本情報技術者試験 午前 問70）

解説

“かんばん方式”とは，すべての工程において，必要なものを，必要なときに，必要な量だけ生産する生産方式です。JIT（Just In Time）生産方式とも呼ばれ，後工程の生産に必要な部品だけを前工程から調達します。したがって，**ウ**が正解です。
ア　標準化に関する説明です。
イ　サプライチェーン内での内部調達に関する説明です。
エ　競争入札による調達に関する説明です。

≪解答≫ウ

過去問題をチェック
生産の自動制御について，基本情報技術者試験では次の出題があります。
【セル生産方式】
・平成22年秋午前問73
・平成24年秋午前問73
・平成27年秋午前問71
・平成30年春午前問73
【かんばん方式】
・平成29年春午前問72
・令和元年秋午前問70

■生産システム

生産システムとは，生産に関わる情報システムの総称で，中心となる工場の生産管理にその関連情報システムが含まれます。具体的には，品質管理，工程管理，日程管理，在庫管理，設計管理，積算支援，調達管理，原価管理，利益管理，戦略管理などのシステムから構成されます。主な生産システムには，次のようなものがあります。

①CAD（Computer Aided Design）／CAM（Computer Aided Manufacturing）／CAE（Computer Aided Engineering）

コンピュータ支援による設計（CAD）／生産（CAM）／解析（CAE）システムです。

②MRP（Material Requirement Planning）

資材所要量計画を行います。資材所要量計画とは，製品を作る上で必要な資材の量を計算して求めることです。

③FMC（Flexible Manufacturing Cell）

個々の工程を行う機械を組み合わせたものです。

④FMS（Flexible Manufacturing System）

生産設備の全体をコンピュータで統括的に管理します。

⑤FA（Factory Automation）

FMSに資材調達，設計データの管理や受渡し，間接業務などを加え，すべて自動化するシステムのことです。

それでは，次の問題を考えてみましょう。

過去問題をチェック

生産システムについて，基本情報技術者試験では次の出題があります。

【CAD】
・平成26年秋午前問73

【MRP】
・平成22年春午前問73
・平成23年秋午前問74
・平成24年春午前問71
・平成28年春午前問72
・平成29年春午前問71
・平成29年秋午前問72

【能力不足となる工程】
・平成23年特別午前問71
・平成26年秋午前問74

問題

MRPの特徴はどれか。

ア　顧客の注文を受けてから製品の生産を行う。
イ　作業指示票を利用して作業指示，運搬指示をする。
ウ　製品の開発，設計，生産準備を同時並行で行う。
エ　製品の基準生産計画を基に，部品の手配数量を算出する。

（平成29年秋 基本情報技術者試験 午前 問72）

解説

MRP（Material Requirement Planning：資材所要量計画）とは，製品を作る上で必要な資材の量を計算して求めることです。製品の基準生産計画を基に,部品の手配数量を算出します。したがって,**エ**が正解です。

ア MTO（Make to Order：受注生産）の特徴です。

イ かんばん方式に関する説明です。

ウ コンカレントエンジニアリングに関する説明です。

《解答》エ

覚えよう！

- □ かんばん方式は，必要なときに，必要な量だけ生産
- □ MRPで必要な資材の量を計算

8-3-3 e-ビジネス

インターネットを介して行うビジネスがe-ビジネスです。EC（Electronic Commerce：電子商取引）とは，インターネットなどのネットワーク上で，情報通信によって商品やサービスを売買，分配する仕組みです。

電子決済システム

電子決済システムとは，現金を用いずに電子的なデータ交換で料金を支払うシステムで，**キャッシュレス化**を実現できます。金融取引では，インターネットバンキングや**EFT**（Electronic Funds Transfer：電子資金移動）システムが利用されています。インターネット上のクレジットカードの標準規格である**SET**（Secure Electronic Transaction）はPKIを利用した仕組みで，暗号化やデジタル署名を行います。

金融システムに情報技術を組み合わせたテクノロジーに，**フィンテック**（FinTech）があります。フィンテックのサービスとしては，複数の金融機関の口座（アカウント）を一元管理する**アカウントアグリゲーション**や，AIを活用した投資助言サービスである**ロボアドバイザー**などがあります。また，ブロックチェーンや暗号技術などを利用した財産的価値をもつものに，**暗号資産（仮想通貨）**があります。仮想通貨では，ブロックチェーンの検証を

用語

インターネットバンキングは顧客と銀行間のシステムです。EFTシステムは，預金口座間の資金振替や銀行間の決済を処理するシステムです。

関連

PKI（公開鍵基盤）やデジタル署名,SSLの詳細は「3-5-1 情報セキュリティ」で説明しています。SETでは，暗号化にDESとRSA，デジタル署名にRSAが採用されています。

参考

電子決済システムでは，通信回線のセキュリティを確保するため，SSL/TLSを用いて通信することが一般的です。

行うことで仮想通貨を得る**仮想通貨マイニング**が行われるものもあります。

ICカード

電子マネーなどに利用して，情報の記録や演算を行うためにICを組み込んだカードに**ICカード**があります。ICカードには，カードリーダなどで接触させて読み込む必要がある**接触型**と，無線通信を利用して接触しなくても利用できる**非接触型**の2種類があります。

RFID

物品などに接続された**RFタグ**から，読み取り機となる**RFリーダ**を使って無線通信で情報をやり取りする仕組みが**RFID**（Radio Frequency IDentification）です。無線通信を使用するので非接触型で，物体の状態や形に関係なく情報を読み取ることができます。

RFIDのタグ（無線ICタグ）の種類には，RFリーダからの電波をエネルギー源として動作するため電池を内蔵する必要がない**パッシブ方式**のRFタグと，電池を内蔵する**アクティブ方式**のRFタグがあります。

それでは，次の問題を考えてみましょう。

問題

ICタグ（RFID）の特徴はどれか。

ア　GPSを利用し，現在地の位置情報や属性情報を表示する。
イ　専用の磁気読取り装置に挿入して使用する。
ウ　大量の情報を扱うので，情報の記憶には外部記憶装置を使用する。
エ　汚れに強く，記録された情報を梱包の外から読むことができる。

（平成30年秋 基本情報技術者試験 午前 問72）

過去問題をチェック

RFIDについて，基本情報技術者試験では次の出題があります。

【RFID】
・平成22年春午前問74
・平成23年特別午前問13
・平成24年春午前問73
・平成25年春午前問72
・平成25年秋午前問73
・平成27年秋午前問72
・平成30年秋午前問72

【RFIDの活用事例】
・平成23年秋午前問24
・平成28年春午前問22

解説

RFID（Radio Frequency IDentification）は，製品などに取り付けられたICタグ（RFタグ）から無線通信で情報を取得する仕組みです。汚れに強く，記録された情報を梱包の外から読むことができます。したがって，エが正解です。

ア　ジオタグの特徴です。

イ　磁気ストライプカードなどの特徴です。

ウ　RFIDでは，ICタグに設定される情報は，識別のための最小限のものになります。

《解答》エ

---

e-ビジネスの進め方

e-ビジネスは，**企業**（Business），**消費者**（Customer）及び**政府**（Government）の3種類の役割の間で進めます。企業対企業の取引が**B to B**（Business to Business），インターネットショッピングなどの企業と消費者の取引が**B to C**（Business to Consumer）です。インターネットネットオークションなどの顧客同士の取引は**C to C**（Consumer to Consumer）となります。また，政府と企業や消費者が取引する**G to B**（Government to Business）や**G to C**（Government to Citizen）もあります。

e-ビジネスでは距離の制約がなくなるので，従来とは違うビジネスも可能になります。例えば，売れ筋商品に絞り込んで販売するのではなく，多品種少量販売を行う**ロングテール**によって利益を得ることができます。

それでは，次の問題を考えてみましょう。

問題

ロングテールの説明はどれか。

ア Webコンテンツを構成するテキストや画像などのデジタルコンテンツに，統合的・体系的な管理，配信などの必要な処理を行うこと

イ インターネットショッピングで，売上の全体に対して，あまり売れない商品群の売上合計が無視できない割合になっていること

ウ 自分のWebサイトやブログに企業へのリンクを掲載し，他者がこれらのリンクを経由して商品を購入したときに，企業が紹介料を支払うこと

エ メーカや卸売業者から商品を直接発送することによって，在庫リスクを負うことなく自分のWebサイトで商品が販売できること

（基本情報技術者試験（科目A試験）サンプル問題セット 問55）

解説

ロングテールとは，売上の全体に対して，あまり売れない商品の売上合計の占める割合が無視できない割合になっていることです。インターネットショッピングでは，品ぞろえを増やすことができるので，ロングテールの恩恵をうけることができます。したがって，**イ**が正解です。

ア CMS（Content Management System）の説明です。

ウ アフィリエイトの説明です。

エ ドロップシッピングの説明です。

≪解答≫イ

過去問題をチェック

e-ビジネスについて，基本情報技術者試験では次の出題があります。

【ロングテール】
- 平成24年秋午前問74
- 平成26年春午前問73
- 平成28年春午前問74
- 平成30年春午前問74
- サンプル問題セット科目A問55

【EDI】
- 平成21年秋午前問74
- 平成23年特別午前問72
- 平成25年秋午前問72
- 平成28年秋午前問74

【O to O】
- 平成30年秋午前問73

【G to B】
- 平成23年特別午前問70
- 平成27年春午前問72

オンラインマーケティング

e-ビジネスではオンラインでのマーケティングが行われます。インターネット上では検索によってそのビジネスを見つけてもらう必要があるので，検索エンジンでの表示順位を上げるための**SEO**（Search Engine Optimization）対策を行います。広告を出

してアクセスを増やすときには，その効果を測定する必要があります。Webサイトに訪問した人の中で成約した人の割合である**コンバージョン率**や，広告にかけた費用に対する利益の割合である**CPA**（Cost Per Action）など，様々な指標があります。

また，お勧め商品を提案する**レコメンデーション**では，**ポピュラリティ**（人気ランキング）を利用する方法や，顧客の利用履歴を分析して類似した傾向をもつ他の顧客が購入したものを勧める**協調フィルタリング**などの方法があります。オンラインでの顧客を店舗などのオフラインに誘導する**O to O**（Online to Offline）も，ネットビジネスでは重要です。

さらに，複数の企業が提供するサービスを集約（Aggregation）して1つのサービスとしたものを**アグリゲーションサービス**といいます。ワンストップでのサービス提供によって，顧客の利便性が高まります。

EDI

EDI（Electronic Data Interchange：電子データ交換）は，標準化したプロトコルに基づいて電子文書を通信回線上でやり取りする規格です。EDI規格は次の4レベルがあります。

表8.4 EDIの4レベル

レベル	内容
レベル4　取引基本規約	EDIにおける取引の有効性を確立するための契約書
レベル3　業務運用規約	業務やシステムの運用に関する取り決め
レベル2　情報表現規約	対象となる情報データを互いのコンピュータで理解できるようにする取り決め
レベル1　情報伝達規約	ネットワーク回線の種類や伝送手順などに関する取り決め

基本的に，レベル3，4は当事者間で取り決めます。レベル2の情報表現規約として代表的なものに，UN/CEFACTが取り決めた**UN/EDIFACT**などがあります。また，レベル1の情報伝達規約としては，**JCA**（Japan Chain Stores Association：日本チェーンストア協会）**手順**や全国銀行協会手順（**全銀手順**）などがあります。

UN/CEFACT（United Nations Centre for Trade Facilitation and Electronic Business：貿易簡易化と電子ビジネスのための国連センター）は，国際連合の下位機関で，商取引や貿易の促進を目的に，世界規模で活動しています。

■ソーシャルメディア

ソーシャルメディアとは，個人による情報発信や個人間のコミュニケーションなどの社会的な要素を含んだメディアのことです。個人が情報発信するための手段としての**ブログ**やミニブログがあり，コンテンツを管理するためのシステムとして**CMS**（Content Management System：コンテンツ管理システム）があります。掲示板やクチコミサイトなど，消費者が参加して作り上げるメディアとして，**CGM**（Consumer Generated Media）があります。

個人間のコミュニケーションの場としては，**SNS**（Social Networking Service）があります。SNSでは，利用者が好ましいと思う情報が多く表示されるため，実社会とは隔てられた情報空間となる**フィルタバブル**に取り込まれがちになります。

また，ソーシャルメディアのデータはビッグデータとなるので，利活用が進んでいます。個人が利用してよい企業や目的を決めた上でデータを提供し，データを活用した企業が見返りとして個人に合わせたサービスや商品を提供する枠組みとして**情報銀行**があります。

それでは，次の問題を考えてみましょう。

問題

CGM（Consumer Generated Media）の例はどれか。

ア　企業が，経営状況や財務状況，業績動向に関する情報を，個人投資家向けに公開する自社のWebサイト

イ　企業が，自社の商品の特徴や使用方法に関する情報を，一般消費者向けに発信する自社のWebサイト

ウ　行政機関が，政策，行政サービスに関する情報を，一般市民向けに公開する自組織のWebサイト

エ　個人が，自らが使用した商品などの評価に関する情報を，不特定多数に向けて発信するブログやSNSなどのWebサイト

（基本情報技術者試験（科目A試験）サンプル問題セット 問56）

過去問題をチェック

ソーシャルメディアについて，基本情報技術者試験では次の出題があります。

【ソーシャルメディア】
- 平成25年春午前問73
- 平成27年秋午前問73

【CGM】
- 平成27年春午前問73
- 平成28年秋午前問73
- 平成29年春午前問73
- 平成31年春午前問72
- サンプル問題セット科目A問56

解説

CGM（Consumer Generated Media）とは，掲示板やクチコミサイトなど，消費者が参加して作り上げるメディアです。個人が，自らが使用した商品などの評価に関する情報を，不特定多数に向けて発信するブログやSNSなどのWebサイトは，CGMの例となります。したがって，エが正解です。

ア IR（Investor Relations）サイトの例です。

イ コーポレートサイトなど，通常の企業サイトに関する例です。

ウ 行政機関Webサイトの例です。

≪解答≫エ

▶▶▶ 覚えよう！

☐ Bは企業，Cは消費者，Gは政府

☐ CGMは，消費者が参加して作り上げるメディア

8-3-4 民生機器

民生機器とは，一般家庭で使用される電化製品のことです。

IoTシステム・組み込みシステム

民生機器や産業機器にはコンピュータが組み込まれており，これらを制御するために組み込みシステムが必要です。ビジネス戦略として組み込みシステムをとらえた場合には，設計や製造などで複数のメーカーから電子機器の受託生産を行う**EMS**（Electronics Manufacturing Service）が挙げられます。

関連

組み込みシステムの技術的な内容については，「2-4-1 ハードウェア」などで解説しています。

民生機器

民生機器には，コンピュータ周辺機器やOA機器，民生用通信端末機器，情報家電などがあります。幅広い製品にコンピュータが組み込まれ，組込みシステムにより，細かな制御を実現しています。

特に，情報機器の小型化，ネットワーク化が進み，**個人用情報機器**（携帯電話，**スマートフォン**，**タブレット端末**など）が

参考

スマートフォン，タブレット端末などを総称して，スマートデバイスと呼ぶこともあります。高性能でPCと同様のことができる反面，PCと同様にセキュリティを守る必要があることなどを意識することが大切です。

普及しました。拡張現実を実現するための**AR**（Augmented Reality）グラスや，音声で様々な操作を行う**スマートスピーカ**なども登場しています。

家庭用のシステムとしては，家庭で使うエネルギーを管理するシステムとして，**HEMS**（Home Energy Management System）があります。ホームネットワークを利用してテレビなどの映像をスマートフォンなどで視聴できる**DLNA**（Digital Living Network Alliance）などの技術もあります。

それでは，次の問題を考えてみましょう。

問題

IoTの応用事例のうち，HEMSの説明はどれか。

ア　工場内の機械に取り付けたセンサで振動，温度，音などを常時計測し，収集したデータを基に機械の劣化状態を分析して，適切なタイミングで部品を交換する。

イ　自動車に取り付けたセンサで車両の状態，路面状況などのデータを計測し，ネットワークを介して保存し分析することによって，効率的な運転を支援する。

ウ　情報通信技術や環境技術を駆使して，街灯などの公共設備や交通システムをはじめとする都市基盤のエネルギーの可視化と消費の最適制御を行う。

エ　太陽光発電装置などのエネルギー機器，家電機器，センサ類などを家庭内通信ネットワークに接続して，エネルギーの可視化と消費の最適制御を行う。

（基本情報技術者試験（科目A試験）サンプル問題セット 問54）

過去問題をチェック

民生機器について，基本情報技術者試験では次の出題があります。

【IoT】
- 平成28年春午前問65
- 平成29年秋午前問71
- 平成30年春午前問71
- 平成30年秋午前問71

【組込みシステムの用途】
- 平成21年春午前問74

【EMS】
- 平成28年春午前問70

【HEMS】
- 平成29年秋午前問73
- 平成31年春午前問71
- サンプル問題セット科目A問54

解説

HEMS（Home Energy Management System）とは，家庭で使うエネルギーを管理するシステムです。太陽光発電装置などのエネルギー機器，家電機器，センサ類などを家庭内通信ネットワークに接続して，エネルギーの可視化と消費の最適制御を行います。したがって，**エ**が正解です。

ア 工場内でのIoT応用事例で，機械学習などを利用して，最適な予防保守を行います。

イ IoTセンサネットワークの応用事例で，運転支援を行います。

ウ 都市基盤全体のエネルギー最適化の事例です。

≪解答≫エ

▶▶▶覚えよう！

- □ 電子機器の受託生産を行うEMS
- □ 家庭用のエネルギーを管理するHEMS

8-3-5 産業機器

産業機器は産業で使用される機器で，幅広い製品にコンピュータが組み込まれています。

産業機器

産業機器とは，産業で使用される機器のことです。産業機器では，幅広い製品にコンピュータが組み込まれ，組込みシステムによる細かな分析，計測，制御を実現しています。また近年は，省力化，無人化，ネットワーク化などが行われています。

産業機器の例

産業機器の例としては，**ルータ**，**MDF**（Main Distributing Frame：主配電盤）などの通信設備機器，船舶，航空機などの運輸機器，薬物検知，水質調査などを行う分析機器，計測機器，空調などの設備機器，建設機器などがあります。

スマートグリッド（次世代送電網）とは，電力の流れを供給する側と利用する側の両方から制御し，最適化する仕組みです。利用者の住宅には，通信機能や管理機能を備えた電力システムである**スマートメータ**が設置され，機器の稼働状況などを電力会社が管理します。スマートメータを様々な機器を組み合わせて自動化することで，工場全体を**スマートファクトリー**にすることもできます。機器の近くにサーバを分散配置するエッジコンピューティングを利用して，処理の遅延を防ぎ，通信の最適化を行うこともできます。

また，自動車を制御する自動車制御システムも，産業機器の例です。自動車内には車載ネットワークとして**CAN**（Controller Area Network）が装備されており，車内で様々な情報をやり取りしています。自動運転を支援するために，車車間通信（Vehicle-to-Vehicle：**V2V**）を行うこともあります。このような，車外からのデータを取り込むICT端末としての機能を備えた自動車を，**コネクテッドカー**といいます。

それでは，次の問題を考えてみましょう。

過去問題をチェック
産業機器について，基本情報技術者試験では次の出題があります。
【スマートグリッド】
・平成26年秋午前問63
【スマートメータ】
・平成27年秋午前問74

問題

通信機能及び他の機器の管理機能をもつ高機能型の電力メータであるスマートメータを導入する目的として，適切でないものはどれか。

ア　自動検針によって，検針作業の効率を向上させる。
イ　停電時に補助電源によって，一定時間電力を供給し続ける。
ウ　電力需要制御によって，ピーク電力を抑制する。
エ　電力消費量の可視化によって，節電の意識を高める。

（平成27年秋 基本情報技術者試験 午前 問74）

解説

通信機能及び他の機器の管理機能をもつ高機能型の電力メータであるスマートメータでは，遠隔地から情報を取得することができます。そのため，アのように，自動検針によって，検針作業の効率を向上させることができます。また，取得したデータによる電力需要制御によって，ピーク電力を抑制することもできます。さらに，電力消費量を可視化することによって，節電の意識を高めることも可能です。

しかし，スマートメータは測定する装置なので，停電時の補助電源とはなりません。一定時間電力を供給し続けるためには，UPS（Uninterruptible Power Supply：無停電電源装置）などを使用する必要があります。したがって，イが正解です。

≪解答≫イ

▶▶▶ 覚えよう！

□　スマートメータを用いて，スマートグリッドを実現させる

8-4 演習問題

問1 コアコンピタンスの説明 CHECK ▶ □□□

コアコンピタンスの説明はどれか。

ア 競合他社にはまねのできない自社ならではの卓越した能力
イ 経営を行う上で法令や各種規制，社会的規範などを遵守する企業活動
ウ 市場・技術・商品（サービス）の観点から設定した，事業の展開領域
エ 組織活動の目的を達成するために行う，業務とシステムの全体最適化手法

問2 ニッチ戦略 CHECK ▶ □□□

企業経営におけるニッチ戦略はどれか。

ア キャッシュフローの重視　　イ 市場の特定化
ウ 垂直統合　　エ リードタイムの短縮

問3 デジタルサイネージ CHECK ▶ □□□

デジタルサイネージの説明として，適切なものはどれか。

ア 情報技術を利用する機会又は能力によって，地域間又は個人間に生じる経済的又は社会的な格差
イ 情報の正当性を保証するために使用される電子的な署名
ウ ディスプレイに映像，文字などの情報を表示する電子看板
エ 不正利用を防止するためにデータに識別情報を埋め込む技術

問4 サプライチェーンマネジメント CHECK ▶ □□□

サプライチェーンマネジメントを説明したものはどれか。

ア 購買，生産，販売及び物流を結ぶ一連の業務を，企業内，企業間で全体最適の視点から見直し，納期短縮や在庫削減を図る。
イ 個人が持っているノウハウや経験などの知的資産を組織全体で共有して，創造的な仕事につなげていく。
ウ 社員のスキルや行動特性を把握し，人事戦略の視点から適切な人員配置・評価などのマネジメントを行う。
エ 多様なチャネルを通して集められた顧客情報を一元化し，活用することによって，顧客との関係を密接にしていく。

問5 プロダクトイノベーション CHECK ▶ □□□

技術経営におけるプロダクトイノベーションの説明として，適切なものはどれか。

ア 新たな商品や他社との差別化ができる商品を開発すること
イ 技術開発の成果によって事業利益を獲得すること
ウ 技術を核とするビジネスを戦略的にマネジメントすること
エ 業務プロセスにおいて革新的な改革をすること

問6 POSデータの収集・分析で確認できるもの CHECK ▶ □□□

コンビニエンスストアにおいて，ポイントカードなどの個人情報と結び付けられた顧客ID付きPOSデータを収集・分析することによって確認できるものはどれか。

ア 商品の最終的な使用者
イ 商品の店舗までの流通経路
ウ 商品を購入する動機
エ 同一商品の購入頻度

問7 セル生産方式の利点が生かせる対象 CHECK ▶ □□□

セル生産方式の利点が生かせる対象はどれか。

ア 生産性を上げるために，大量生産が必要なもの
イ 製品の仕様が長期間変わらないもの
ウ 多種類かつフレキシブルな生産が求められるもの
エ 標準化，単純化，専門家による分業が必要なもの

問8 仮想通貨マイニング CHECK ▶ □□□

ブロックチェーンによって実現されている仮想通貨マイニングの説明はどれか。

ア 仮想通貨取引の確認や記録の計算作業に参加し，報酬として仮想通貨を得る。
イ 仮想通貨を売買することによってキャピタルゲインを得る。
ウ 個人や組織に対して，仮想通貨による送金を行う。
エ 実店舗などで仮想通貨を使った支払や決済を行う。

問9 ネットビジネスでのO to O CHECK ▶ □□□

ネットビジネスでのO to Oの説明はどれか。

ア 基本的なサービスや製品を無料で提供し，高度な機能や特別な機能については料金を課金するビジネスモデルである。
イ 顧客仕様に応じたカスタマイズを実現するために，顧客からの注文後に最終製品の生産を始める方式である。
ウ 電子商取引で，代金を払ったのに商品が届かない，商品を送ったのに代金が支払われないなどのトラブルが防止できる仕組みである。
エ モバイル端末などを利用している顧客を，仮想店舗から実店舗に，又は実店舗から仮想店舗に誘導しながら，購入につなげる仕組みである。

問10 IoTの構成要素 CHECK ▶ □□□

IoTの構成要素に関する記述として，適切なものはどれか。

ア　アナログ式の機器を除く，ディジタル式の機器が対象となる。
イ　インターネット又は閉域網に接続できる全てのものが対象となる。
ウ　自律的にデータを収集してデータ分析を行う機器だけが対象となる。
エ　人や生物を除く，形のある全てのものが対象となる。

演習問題の解答

問1 （基本情報技術者試験（科目A試験）サンプル問題セット 問52）

《解答》ア

企業では，ほかの企業に対して競争優位性をもつことが重要であり，その源泉がコアコンピタンスです。競合他社にはまねのできない自社ならではの卓越した能力は，コアコンピタンスとなります。したがって，**ア**が正解です。

イ　CSR（Corporate Social Responsibility：企業の社会的責任）に関する説明です。

ウ　事業ドメインに関する説明です。

エ　ERP（Enterprise Resource Planning）の説明です。

問2 （平成30年春 基本情報技術者試験 午前 問66）

《解答》イ

企業経営におけるニッチ戦略では，市場の特定化を行って，資源を集中させます。したがって，**イ**が正解です。

ア　キャッシュフロー経営に関する内容です。

ウ　サプライチェーンマネジメントに関する内容です。

エ　在庫削減によるコスト削減に関する内容です。

問3 （平成31年春 基本情報技術者試験 午前 問74改）

《解答》ウ

デジタルサイネージとは，ディスプレイに映像，文字などを表示する電子看板です。したがって，**ウ**が正解です。

ア　デジタルディバイドの説明です。

イ　デジタル署名の説明です。

エ　デジタルウォーターマーク（電子透かし）の説明です。

問4 （平成29年秋 基本情報技術者試験 午前 問69）

《解答》ア

サプライチェーンマネジメント（SCM:Supply Chain Management）とは，サプライチェーン全体で連携して全体最適化を図るという考え方です。購買，生産，販売及び物流を結ぶ一連の業務を，企業内，企業間で全体最適の視点から見直し，納期短縮や在庫削減を図ります。したがって，**ア**が正解です。

イ　ナレッジマネジメントの説明です。

ウ　ヒューマンリソースマネジメント（HRM:Human Resource Management）の説明です。

エ　CRM（Customer Relationship Management）の説明です。

問5　（令和元年秋 基本情報技術者試験 午前 問68）

《解答》ア

技術経営におけるプロダクトイノベーションとは，これまでにない新製品を開発するための技術革新です。新たな商品や他社との差別化ができる商品を開発することは，プロダクトイノベーションに該当します。したがって，**ア**が正解です。

イ　テクノロジーコマーシャライゼーションに関する説明です。

ウ　技術経営（MOT：Management of Technology）に関する説明です。

エ　プロセスイノベーションの説明です。

問6　（平成30年春 基本情報技術者試験 午前 問72）

《解答》エ

POS（Point of Sale）データとは，物品が販売された実績を商品が販売された時点で単品単位で記録したものです。ポイントカードなどの個人情報と結び付けられた顧客IDとPOSデータを結びつけることで，顧客ごとの同一商品の購入頻度を確認できます。したがって，**エ**が正解です。

ア　POSデータで収集できるのは購入者情報なので，最終的な使用者はわかりません。

イ　販売時点のPOSデータには，流通経路は記録されていません。

ウ　動機については，記録されないので確認できません。

問7　（平成30年春 基本情報技術者試験 午前 問73）

《解答》ウ

セル生産方式とは，異なる機械をまとめた機械グループ（セル）を構成して工程を編成する方式です。多種類かつフレキシブルな生産が求められる，多品種少量生産に向いています。したがって，**ウ**が正解です。

ア，イ，エ　生産ラインで大量生産する，ライン生産方式の利点が生かせる対象です。

問8 (令和元年秋 基本情報技術者試験 午前 問71)

《解答》ア

ブロックチェーンによって実現されている仮想通貨マイニングとは，仮想通貨を得るための手法です。仮想通貨取引の確認や記録の計算作業に参加し，報酬として仮想通貨を得ることができます。したがって，**ア**が正解です。

イ　仮想通貨での投資に関する内容です。

ウ，エ　仮想通貨を利用する場面の説明です。

問9 (平成30年秋 基本情報技術者試験 午前 問73)

《解答》エ

ネットビジネスでのO to O（Online to Offline）とは，オンラインの顧客をオフラインにつなげる仕組みです。モバイル端末などを利用している顧客を，仮想店舗から実店舗に，または実店舗から仮想店舗に誘導しながら，購入につなげる仕組みは，O to Oに該当します。したがって，**エ**が正解です。

ア　フリーミアムに関する説明です。

イ　MTO（Make to Order：受注生産）に関する説明です。

ウ　エスクローサービスに関する説明です。

問10 (平成30年秋 基本情報技術者試験 午前 問71)

《解答》イ

IoT（Internet of Things）は，インターネットにすべての人とモノがつながり，様々な知識や情報が共有されるという考え方です。IoTの構成要素には，インターネットまたは閉域網に接続できる全てのものが対象となります。したがって，**イ**が正解です。

ア　アナログ式の機械も含まれます。

ウ　自律的でない機器も対象です。

エ　人や生物も含みます。

第9章

企業と法務

この章では，ストラテジ系の締めくくりとして，企業と法務について学びます。企業を適切に運営していくには，会計や財務，法律についての知識を身につけておくことが必要です。分野は2つ，「企業活動」と「法務」です。
企業活動では，企業が業務を継続させていくのに必要な考え方について学びます。法務では，会社を運営していく上で必要な法律や標準について学びます。業務分析・データ利活用と会計・財務については，ただ覚えるだけでなく，理解して使いこなすことが求められます。実際に手を動かしながら考え方を理解していきましょう。

9-1 企業活動

企業では，部品や材料など必要なものを調達し，それを消費者のニーズに合ったものに変えて提供します。そのためには資金や人員が必要になるので，資金調達をし，従業員を雇用していきます。こういった一連の活動が企業活動です。

9-1-1 経営・組織論

企業では，企業理念の下，目的を実現するために企業活動を行います。その際に大切になる経営資源には，ヒト・モノ・カネ・情報の４つがあり，これを管理するのが経営管理です。

勉強のコツ

科目Ａで最もよく出題されるのは，会計・財務の分野です。利益の計算，経営分析の方法など，会計・財務の基本を押さえておきましょう。用語はほかの分野と重なる部分も多いので，復習も兼ねて知識をつなげていくことが大切です。

企業活動と経営資源

企業は営利活動を行う組織です。単に利益を追求するだけでなく，企業理念をもち，**CSR**（Corporate Social Responsibility：企業の社会的責任）を果たすことも重要です。また，地球環境に配慮したIT活用を行う**グリーンIT**の思想も大切です。

企業形態

法人化された企業を会社と呼びます。現在，日本で設立できる会社の形態は，合資会社，合名会社，合同会社（LLC：Limited Liability Company），**株式会社**の4種類です。株式会社では，市場で株式の売買を行えるよう，株式公開（**IPO**：Initial Public Offering）ができます。

企業の特徴

企業が将来にわたって無期限に事業を継続することを前提とした考え方が**ゴーイングコンサーン**（継続的事業体）です。

企業の特性や個性を明確に提示し，共通したロゴやメッセージなどを発信することで社会に向けたイメージを形成していくことを**コーポレートアイデンティティ**といいます。

企業は一般投資家や株主，債権者などに情報を開示する必要があります。その投資家向け広報が**IR**（Investor Relations）です。

発展

1つの取引しか行わない期限のある企業の場合は，収支を精算して終わりになります。しかし，ゴーイングコンサーンを前提にすると企業に終わりはないので，収支の算出は，一定期間ごとに意図的に行う必要があります。それが**会計期間**です。

企業は1社だけで活動するのではなく，様々な利害関係者（ステークホルダ）との相互作用で成り立っています。そのため，企業に対する利害関係者の視点から，企業経営の社会性や政治性を確保する必要があります。この考え方をコーポレートガバナンスといい，利害関係者は企業の経営者が適切にマネジメントを行っているかをチェックします。コーポレートガバナンスにおいて，ガイドラインとして参照すべき原則・指針を示したものを，**コーポレートガバナンス・コード**といいます。

経営管理

経営管理のマネジメントでは，他のマネジメントと同様，PDCA（Plan，Do，Check，Act）サイクルを回していくことが基本です。PDCA以外にも**OODAループ**という考え方もあります。OODAとは，Observe（観察），Orient（方向づけ），Decide（意思決定），Act（行動）の頭文字を取ったもので，先の読めない状況で意思決定を行う方法を示すものです。

ヒューマンリソースマネジメント

経営管理においては，ヒューマンリソースマネジメント（**HRM**：Human Resource Management：人的資源管理）がとても大切です。HRMには，人事管理や労務管理だけでなく，組織の設計や教育・訓練，報酬体系の設計，福利厚生など様々な内容が総合的に含まれます。

ダイバーシティマネジメントは，職場における多様性（性別，人種，年齢など）を積極的に尊重し，活用する経営戦略です。異なる背景を持つ従業員の能力を最大限に引き出し，組織全体のイノベーションとパフォーマンス向上を目指します。

従業員1人当たりの勤務時間短縮，仕事配分の見直しによる雇用確保の取り組みを，ワークシェアリングといいます。

ヒューマンリソースマネジメントを技術で解決する方法も増えてきており，人事や採用などを行うためのテクノロジーのことをHRテック（Human Resource Tech）といいます。

従業員の教育も大切で，**eラーニング**や**アダプティブラーニング**など，状況に合わせた教育が必要となっています。

従来は能力主義だった人事制度は徐々に，具体的な成果を基準とする成果主義に変わってきました。成果主義では**MBO**

アダプティブラーニング（適応学習）とは，学習者1人ひとりの状況や理解度に応じて，学習内容やレベルを調整する仕組みです。

(Management by Objectives：目標管理制度）などが導入され，評価の公平性や透明性を上げています。さらに，**コンピテンシ**に重点が置かれるようになっています。コンピテンシの高い人材を採用する，またコンピテンシで従業員を評価するといった概念の導入も進んでいます。

それでは，次の問題を考えてみましょう。

用語
コンピテンシとは，高い業務成果を生み出す顕在化された個人の行動特性です。職種別に高い業績を上げている個人の行動特性（例えば「ムードメーカー」「論理思考」など）を分析し，その行動特性を評価基準として従業員を評価します。

過去問題をチェック
ヒューマンリソースマネジメントについて，基本情報技術者試験では次の出題があります。
【ダイバーシティマネジメント】
・令和5年度科目A問16
【ワークシェアリング】
・平成26年秋午前問75
・平成27年春午前問76

問題

ダイバーシティマネジメントの説明はどれか。

ア　従業員が仕事と生活の調和を図り，やりがいをもって業務に取り組み，組織の活力を向上させることである。
イ　性別や年齢，国籍などの面で従業員の多様性を尊重することによって，組織の活力を向上させることである。
ウ　自ら設定した目標の達成を目指して従業員が主体的に業務に取り組み，その達成度に応じて評価が行われることである。
エ　労使双方が労働条件についての合意を形成し，協調して収益の増大を目指すことである。

（令和5年度 基本情報技術者試験 公開問題 科目A 問16）

解説

ダイバーシティマネジメントとは，個人や集団の持つ多様性（ダイバーシティ）を競争優位の源泉として活かすためのマネジメントです。性別や年齢，国籍などの面での従業員の多様性を尊重することによって，組織の活力を向上させることができます。したがって，**イ**が正解です。

ア　ワークライフバランスの説明です。
ウ　目標マネジメントの説明です。
エ　労使による協調のマネジメントの説明となります。

≪解答≫イ

行動科学

リーダーシップ，コミュニケーション，ネゴシエーションなど企業組織における人間行動のあり方の理論に，行動科学があります。

行動科学の代表的な理論に，マクレガーが提唱したXY理論があります。**X理論**とは，「人間は本来ナマケモノなので，放っておくと仕事をしない。だから命令や懲罰で管理する必要がある」という考え方です。**Y理論**は，「人間は本来進んで働きたがる生き物であり，自己実現のために自ら行動する」という考え方です。生理的欲求など，低次の欲求が満たされている現代では，**Y理論に基づいた経営手法が望ましい**とされています。

また，部下の成熟度によって有効なリーダシップは異なるというSL理論（Situational Leadership Theory）があります。SL理論では，仕事志向の強さと人間志向の強さを基準に，次の4つのリーダシップスタイルに分類します。

- **教示的リーダシップ（仕事志向が高く，人間志向が低い場合）**
- **説得的リーダシップ（仕事志向と人間志向が共に高い場合）**
- **参加的リーダシップ（仕事志向が低く，人間志向が高い場合）**
- **委任的リーダシップ（仕事志向と人間志向が共に低い場合）**

経営組織

経営者の職能のうち，すべての業務を統括する役員のことをCEO（Chief Executive Officer：最高経営責任者）といいます。

情報を統括する役員はCIO（Chief Information Officer：最高情報責任者）です。

DX（デジタルトランスフォーメーション）を実現するための役員としての**CDO**（Chief Digital Officer：最高デジタル責任者）や，情報セキュリティを統括する役員である**CISO**（Chief Information Security Officer：最高情報セキュリティ責任者）などの役職もあります。

経営組織の構造には，経営者，部長，課長，平社員といった階層型組織や，人事，営業，情報システムなどの職能で分ける**職能別組織**，製品やサービスごとに事業部を分ける**事業部制組織**などがあります。また，職能別組織と事業部制組織を合わせ

CEO，CIOという呼び方は米国由来のもので，日本では法的な効力はもちません。日本では，最高責任者は代表取締役となります。

た**マトリックス組織**という形態もあります。事業分野ごとの仮想企業を作り，経営資源配分の効率化，意思決定の迅速化，創造性の発揮を促進する**社内カンパニー制**を導入する企業もあります。

それでは，次の問題を考えてみましょう。

問題

CIOの果たすべき役割はどれか。

ア　各部門の代表として，自部門のシステム化案を情報システム部門に提示する。
イ　情報技術に関する調査，利用研究，関連部門への教育などを実施する。
ウ　全社的観点から情報化戦略を立案し，経営戦略との整合性の確認や評価を行う。
エ　豊富な業務経験，情報技術の知識，リーダシップをもち，プロジェクトの運営を管理する。

（令和元年秋 基本情報技術者試験 午前 問75）

解説

CIO（Chief Information Officer：最高情報責任者）は，情報を統括する役員です。全社的観点から情報化戦略を立案する役割を持ち，経営戦略との整合性の確認や評価を行います。したがって，**ウ**が正解です。

ア　各部門の部長が果たすべき役割です。
イ　情報システム部など，情報に関する部署が果たすべき役割です。
エ　プロジェクトマネージャが果たすべき役割です。

≪解答≫ウ

過去問題をチェック
経営組織について，基本情報技術者試験では次の出題があります。
【CIO】
・平成21年秋午前問75
・平成23年秋午前問75
・平成25年春午前問74
・平成27年秋午前問75
・平成28年秋午前問75
・平成29年秋午前問75
・平成30年秋午前問74
・令和元年秋午前問75
・令和5年度科目A問19
【組織形態】
・平成22年秋午前問74
・平成23年特別午前問73
・平成26年春午前問75
・平成28年秋午前問76
・平成31年春午前問76

経営環境の変化

社会環境の変化により，仕事だけを一生懸命するのではなく，ワークライフバランスに考慮した勤務形態を実現する必要が出てきました。そのために，遠隔勤務のできるオフィスであるサテライトオフィスや自宅でビジネスを行う**SOHO**（Small Office Home Office）や**テレワーク**，在宅勤務といった形態が発展してきました。

また，国際化により，企業が株主から委託された資金を適正な使途に配分し，その結果を説明する責任があるとする**アカウンタビリティ**も大切になっています。投資家も，単に利益を追求するのではなく，経営陣に対して**CSR**に配慮した経営を求めていく**SRI**（Socially Responsible Investment：社会的責任投資）を行う必要があります。

用語

ワークライフバランスとは，1人ひとりが仕事上の責任を果たすとともに，家庭や地域生活などにおいても多様な生き方を実現できるようにするという考え方です。仕事と生活を調和させ，仕事のために他の私生活を犠牲にしないようにする必要があります。

Society5.0

Society5.0とは，内閣府が提唱している科学技術政策の1つで，「サイバー空間（仮想空間）とフィジカル空間（現実空間）を高度に融合させたシステムにより，経済発展と社会的課題の解決を両立する，人間中心の社会（Society）」です。第5期科学技術基本計画において我が国が目指すべき未来社会の姿として提唱されました。

Society5.0で実現する社会では，**IoT**（Internet of Things）ですべての人とモノがつながり，様々な知識や情報が共有され，今までにない新たな価値を生み出すことができます。IoTがもたらす効果は，監視，制御，最適化，自律化の4段階に分類されます。IoTやブロックチェーンなどを適切に活用することで**超スマート社会**が実現できます。さらに，IoTを活用し，現実の物理空間と同じものを仮想空間で実現させるデジタルツインや，センサーからのデータを活用して仮想世界を構築するサイバーフィジカルシステム（**CPS**：Cyber-Physical System）も実現できます。

また，AI（人工知能）により，必要な情報が必要なときに提供されるようになり，ロボットや自動運転などの技術で，少子高齢化，地方の過疎化，貧富の格差などの様々な課題を克服します。

覚えよう！

- ☐ **ダイバーシティマネジメントで，多様性を重視した経営**
- ☐ **CIOは，情報を全体的に統括する役員**

9-1-2 業務分析・データ利活用

企業経営では，データの利活用によって問題を解決する必要があります。ORやIEの手法を用い，データの収集，整理，分析，ビジュアル表現を行っていきます。

OR・IE

OR（Operations Research）とは，数学的・統計的モデルやアルゴリズムなどを利用して，様々な計画に対して最も効率的な方法を決定する技法です。

IE（Industrial Engineering）とは，企業が経営資源をより効率的・効果的に運用できるよう，作業手順や工程，管理方法などを分析・評価して，改善策を現場に適用できるようにする技術です。生産工学，経営工学などと訳されます。

ここでは，OR・IEの代表的な手法を見ていきます。

線形計画法（LP）

ORの手法の1つに**線形計画法**（LP：Linear Programming）があります。線形計画法とは，いくつかの一次式を満たす変数の中で，ある一次式を最大化または最小化する値を求める方法です。

具体的には，次に示す問題のような例が線形計画法になります。一緒に解いていきましょう。

過去問題をチェック

線形計画法など数式を使う問題について，基本情報技術者試験では次の出題があります。

【最大利益】
- 平成21年秋午前問72
- 平成23年秋午前問72
- 平成25年春午前問76
- 平成25年秋午前問75
- 平成26年春午前問71
- 平成28年秋午前問71
- 令和元年秋午前問76
- サンプル問題セット科目A問57

【線形計画問題の定式化】
- 平成24年春午前問75

【設定価格と需要の関係】
- 平成21年秋午前問69
- 平成23年特別午前問67
- 平成26年春午前問69
- 平成30年秋午前問68

【定量発注方式の発注量の変更】
- 平成28年秋午前問78

問題

製品X及びYを生産するために2種類の原料A，Bが必要である。製品1個の生産に必要となる原料の量と調達可能量は表に示すとおりである。製品XとYの1個当たりの販売利益が，それぞれ100円，150円であるとき，最大利益は何円か。

原料	製品Xの1個当たりの必要量	製品Yの1個当たりの必要量	調達可能量
A	2	1	100
B	1	2	80

ア 5,000　イ 6,000　ウ 7,000　エ 8,000

（基本情報技術者試験（科目A試験）サンプル問題セット 問57）

解説

問題文の条件から，製品X，Yの個数をそれぞれx，yとすると，原料からの条件は以下のような式になります。

原料A：$2x + y \leqq 100$，原料B：$x + 2y \leqq 80$

2つの範囲をグラフにすると，次のようになります。

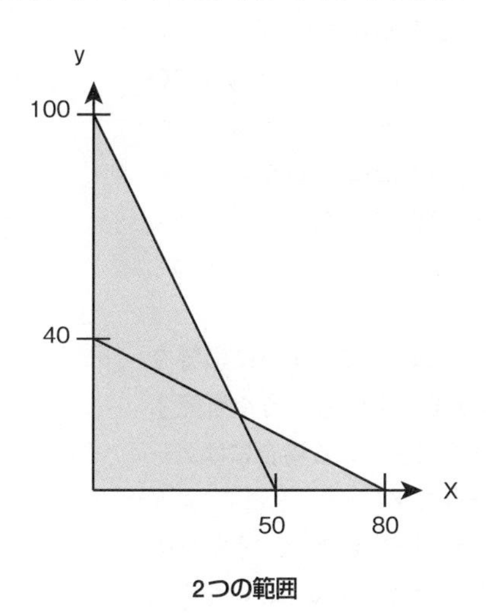

2つの範囲

2つの直線が交わったところが，最も効率的に原料を活用できると考えられます。2つの直線の交点を求めるには，次の連立方程式を解きます。

$2x + y = 100$…①，$x + 2y = 80$…②

$-3y = -60$…①$-2 \times$②

したがって，$y = 20$，$x = 40$となります。

販売利益は$100x + 150y$で求まります。$x = 40$，$y = 20$では，

$100 \times 40 + 150 \times 20 = 4{,}000 + 3{,}000 = 7{,}000$

となります。したがって，**ウ**が正解です。

≪解答≫ウ

線形計画法は数学の問題で，連立方程式を立てて解くものが多くなります。中学レベルの数学ですが，通常の計算問題よりは難しいので，練習してできるようにしておきましょう。

9

在庫問題

商品の発注の考え方には，一定期間ごとに必要量の発注を行う**定期発注方式**と，期間は定めず一定量の発注を行う**定量発注方式**の2種類があります。在庫を切らさないため，**安全在庫**は確保しておく必要があります。

在庫は，もっているだけで在庫費用がかかります。そのため，定期発注方式の場合は，発注費用と在庫費用を最小化する**EOQ**(Economic Ordering Quantity：経済的発注量)を考えることが重要です。定量発注方式の場合には，在庫がこの数を切ったら発注するという**発注点**を考えることが大切になります。

ゲーム理論

ゲーム理論とは，ある特定の条件下において，互いに影響を与え合う複数のプレイヤーの間での意思決定の考え方を研究するものです。ビジネスの分野でも，競争相手がいる場合にはゲーム理論を応用できる場面はいろいろあります。

ゲーム理論では，ゲームを支配するルールを決め，その行動戦略がいくつかあり，プレイヤーがそれを選択する，という枠組みの中でどう意思決定すると利得(利益などの効用)を最大化できるかを考えます。

戦略の例として，毎回同じ行為をする**純粋戦略**と，毎回異なった行為をする**混合戦略**があります。また，意思決定を行う際の判断基準として，最悪の場合の利得を最大とする基準を**マクシミン原理**，最良の場合の利得を最大とする基準を**マクシマックス原理**といいます。また，各プレイヤーが自己の利得を最大化することを考え，どのプレイヤーも戦略変更によってより高い利得を得ることができなくなった戦略の組合せのことを**ナッシュ均衡**といいます。

IE分析手法

IE (Industrial Engineering：経営工学) 分析手法とは，科学的な分析によって，生産性を向上する手法です。稼働分析は，IEの代表的な作業測定方法で，一定の期間内での生産活動の中で，人または機械がどのような作業にどれだけの時間を掛けているかを明らかにする分析です。稼働分析の手法として基本的なものには，実際の作業動作そのものをストップウォッチで数回反復測定して，作業時間を調査する**ストップウォッチ**(Stop Watch)**法**があります。すべてを調査するのではなく，観測回数・観測時刻を設定し，実地観測によって観測された要素作業数の比率などから，統計的理論に基づいて作業時間を見積もる**ワークサンプリング法**もあります。

検査手法

検査を行うとき，あるロットのすべての物品を調べるのではなく，**抜取検査**で少数の標本を調べることがあります。しかし，単純に不良品がn個以下のロットを合格とすると,抜き取り方によって品質にばらつきが出てしまうので，そのロットの合格確率を統計的に求めます。

このとき，横軸にロットの不良率，縦軸にロットの合格確率をとった曲線を**OC**（Operating Characteristic：検査特性）**曲線**といいます。OC曲線を見れば，ある不良率をもったロットがどの程度の確率で合格するのかを判断できます。

装置の故障は，時間の経過により，初期故障期，偶発故障期，摩耗故障期の3つに分けられます。**バスタブ曲線**とは故障率曲線のことで，機械や装置の時間経過に伴う故障率の変化を表したものです。通常，偶発故障期の故障率は低く，その前後の故障率が高く，グラフがバスタブのような形になることから，この名前が付けられています。

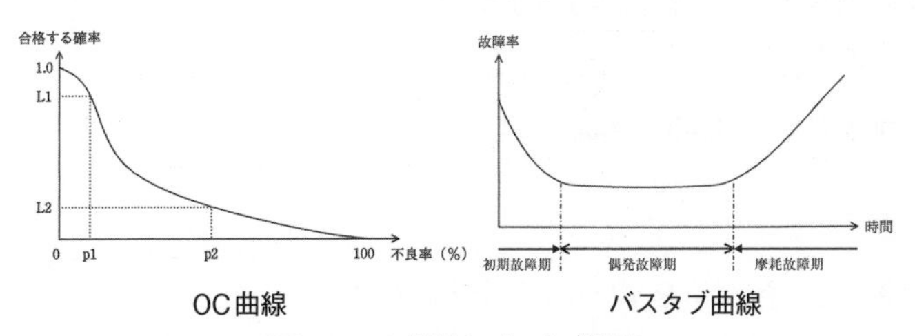

図9.1　OC曲線とバスタブ曲線

品質管理手法

品質管理手法において，主に**定量分析**に用いられるものが**QC7つ道具**です。また，主に**定性分析**に用いられるのが**新QC7つ道具**です。

QC7つ道具

①層別

母集団をいくつかの層に分割することです。

②ヒストグラム

データの分布状況を把握するのに用いる図です。データの範囲を適当な間隔に分割し，度数分布表を棒グラフ化します。

③パレート図

項目別に層別して，出現頻度の高い順に並べるとともに，累積和を示して，累積比率を折れ線グラフで表す図です。売上高などの指標をもとに，順にA，B，Cの3つに分類し，能率的に管理を行う**ABC分析**（パレート分析）に利用されます。

ABC分析では，商品を売上高が多い順にA，B，Cの3つに分類し，能率的に管理を行います。品目，売上高，売上高累積構成比をグラフにすると，以下のようなグラフになります。

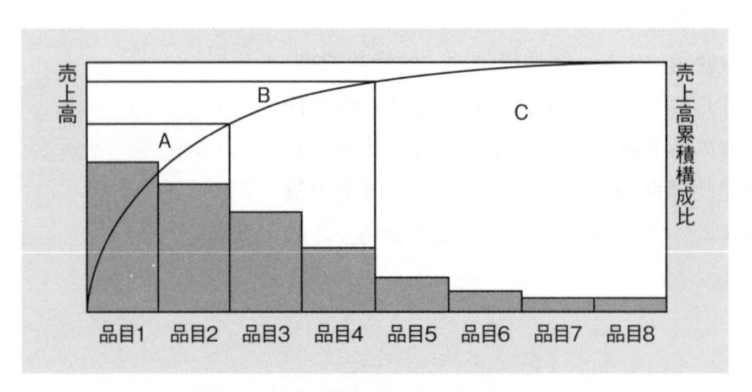

図9.2 ABC分析を行ったパレート図

④散布図

2つの特性を横軸と縦軸とし，観測値をプロットします。相関関係や異常点を探るのに用いられます。

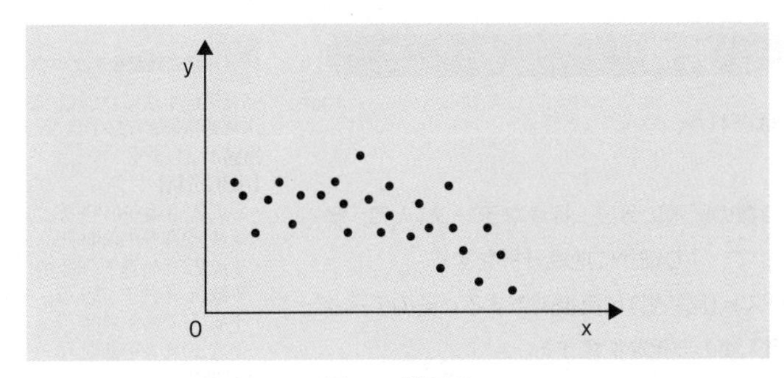

図9.3 散布図

点の散らばり方に**直線的な関係**があるときには，xとyの間に相関があるといわれます。右肩上がりのときは**正の相関**，右肩下がりのときは**負の相関**です。統計分析によって**相関係数**を求めることもあり，正の相関のときには相関係数は正，負の相関のときには相関係数は負の値になります。

関連
相関係数については，「1-1-2 応用数学」で取り上げています。

⑤特性要因図

ある特性をもたらす一連の原因を階層的に整理するものです。[原因]→[結果]のかたちで，矢印の先に結果を記入して，因果関係を図示します。

⑥チェックシート

事実を区分して，詳しく定量的にチェックするためにデータをまとめてグラフ化する手法です。

⑦管理図

連続した量や数値などのデータを時系列に並べ，異常かどうかの判断基準を管理限界線として引いて管理する図です。

それでは，次の問題を考えてみましょう。

問題

ABC分析手法の説明はどれか。

ア　地域を格子状の複数の区画に分け，様々なデータ（人口，購買力など）に基づいて，より細かに地域分析をする。
イ　何回も同じパネリスト（回答者）に反復調査する。そのデータで地域の傾向や購入層の変化を把握する。
ウ　販売金額，粗利益金額などが高い商品から順番に並べ，その累計比率によって商品を幾つかの階層に分け，高い階層に属する商品の販売量の拡大を図る。
エ　複数の調査データを要因ごとに区分し，集計することによって，販売力の分析や同一商品の購入状況などを分析する。

（平成30年春 基本情報技術者試験 午前 問75）

解説

ABC分析手法とは，売上高などの指標をもとに，順にA，B，Cの3つに分類し，能率的に管理を行う手法です。販売金額，粗利益金額などが高い商品から順番に並べ，その累計比率によって商品をいくつかの階層に分ける手法はABC分析手法です。高い階層に属する商品に重点を置くことで，販売量の拡大を図ります。したがって，**ウ**が正解です。
ア　グリッド分析の説明です。
イ　パネル調査の説明です。
エ　クロス集計分析の説明です。

≪解答≫ウ

 **過去問題をチェック**

品質管理手法について，基本情報技術者試験では次の出題があります。

【ABC分析】
・平成21年春午前問76
・平成22年秋午前問75
・平成23年特別午前問74
・平成26年秋午前問76
・平成27年春午前問77
・平成30年春午前問75

【OC曲線】
・平成28年秋午前問77
・平成30年春午前問76

【パレート図】
・平成21年秋午前問28
・平成23年特別午前問54
・平成23年秋午前問54
・平成24年春午前問74
・平成29年秋午前問54

【ヒストグラム】
・平成22年秋午前問76

【散布図】
・平成22年秋午前問77
・平成23年秋午前問54
・平成24年秋午前問77

【管理図】
・平成23年秋午前問54

【特性要因図】
・平成25年秋午前問76
・平成31年春午前問77

【親和図法】
・平成24年秋午前問78
・平成26年春午前問70
・平成29年春午前問76

【連関図法】
・平成30年秋午前問76

新QC7つ道具

①親和図法

多くの散乱した情報から，言葉の意味合いを整理して問題を確定する手法です。

②連関図法

問題が複雑にからみ合っているときに，問題の因果関係を明確にすることで原因を特定する手法です。

③系統図法

目的と手段を多段階に展開する手法です。

④マトリックス図法

目的や現象と，手段や要因のそれぞれの対応関係を多元的に整理する手法です。

⑤マトリックスデータ解析法

問題に関係する特性値間の相関関係を手がかりに総合特性を見つけ，個体間の違いを明確にする手法です。

⑥PDPC（Process Decision Program Chart）法

プロセス決定計画図と訳され，計画を実行する上で，事前に考えられる様々な結果を予測し，プロセスをできるだけ望ましい方向に導く手法です。

⑦アローダイアグラム法

クリティカルパス法やPERTで使われている手法です。

データ分析手法

データ分析手法には様々なものがあります。代表的な分析手法は以下のとおりです。

①回帰分析

相互関係がある2つの変数の間の関係を統計的な手法で推測します。最小二乗法などが用いられます。

②クラスタ分析

対象の集合を似たようなグループに分け，その特徴となる要因を分析する手法です。

③モンテカルロ法

乱数を用いてシミュレーションや数値演算を行うことで答えを求める手法です。

データの収集

データの利活用では，目的に応じたデータを収集する必要があります。収集するデータには，調査データ，実験データ，人の行動ログデータ，機械の稼働ログデータ，ソーシャルメディアデータ，GISデータなど，様々なものがあります。

データの分析と活用

データの加工・分析では，データ分析のために**前処理**があります。扱うデータのドメイン知識（専門分野の知識）が重要となります。情報システムに蓄積されたデータは，データサイエンスの手法によって分析し，今後の事業戦略に活用します。

データサイエンスの手法には，**データマイニング**，**ナレッジマネジメント**，BI（Business Intelligence）などがあります。**BI**は，企業内の膨大なデータを蓄積し，分類・加工・分析をすることで企業の迅速な意思決定に活用しようとする手法です。

活用するデータとしては，**ビッグデータ**や**オープンデータ**，個人の**パーソナルデータ**を扱うことが増えています。

データサイエンスの手法で分析を行う専門家に，データサイエンティストがいます。データサイエンティストに必要とされるスキルカテゴリは，次の3つとなります。

関連
データマイニングとビッグデータについては「3-3-5　データベース応用」で，ナレッジマネジメントについては「8-1-4　経営管理システム」で取り上げています。

用語
オープンデータとは，原則無償で利用できる形で公開された官民データのことです。営利・非営利の目的を問わず二次利用が可能という利用ルールが定められており，編集や加工をする上で機械判読に適した形式（CSVやXML，RDFなど）で公開されます。気象庁が公開している気象データなどが代表例です。

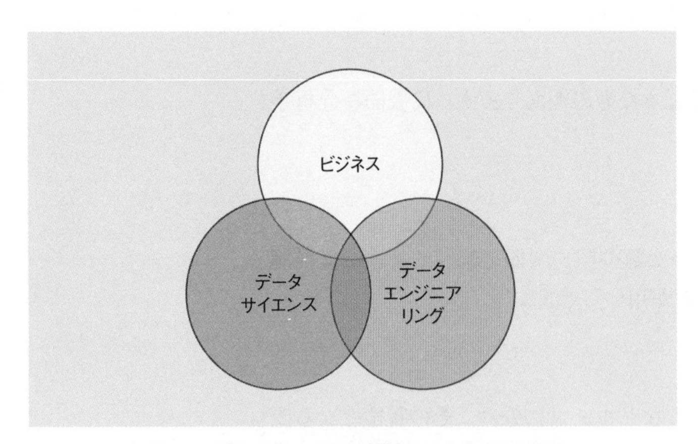

図9.4　データサイエンス領域のスキルカテゴリ

データサイエンティストには，統計学やAIなどのデータサイエンスのスキルだけでなく，データベースなどの情報技術を扱う

データエンジニアリングや，ビジネスを理解して解決する**ビジネス**のスキルが求められます。

それでは，次の問題を考えてみましょう。

問題

BI（Business Intelligence）の活用事例として，適切なものはどれか。

ア　競合する他社が発行するアニュアルレポートなどの刊行物を入手し，経営戦略や財務状況を把握する。
イ　業績の評価や経営戦略の策定を行うために，業務システムなどに蓄積された膨大なデータを分析する。
ウ　電子化された学習教材を社員がネットワーク経由で利用することを可能にし，学習・成績管理を行う。
エ　りん議や決裁など，日常の定型的業務を電子化することによって，手続を確実に行い，処理を迅速にする。

（平成31年春 基本情報技術者試験 午前 問63）

解説

BI（Business Intelligence）とは，業務システムなどから得られるビジネスにおける大量のデータを蓄積して分析・加工し，企業の意思決定に活用するという概念です。業績の評価や経営戦略の策定を行うために，業務システムなどに蓄積された膨大なデータを分析することは，BIの活用事例となります。したがって，**イ**が正解です。

ア　競合分析に関する内容です。
ウ　企業内eラーニングシステムの活用事例です。
エ　ワークフロー管理を行うシステムの活用事例です。

≪解答≫イ

過去問題をチェック

データの利活用について，基本情報技術者試験では次の出題があります。

【ビッグデータの活用事例】
・平成29年春午前問29
・平成29年秋午前問63
・平成31年春午前問64

【ビッグデータの特徴に沿った取扱い】
・令和元年秋午前問63

【ビッグデータ活用の発展過程】
・平成30年春午前問63

【BI】
・平成29年秋午前問65
・平成31年春午前問63

【データマイニング】
・平成24年春午前問64
・平成27年秋午前問64

▶▶▶ 覚えよう！

- □ 線形計画法では，図を描いて交点を求める連立方程式を解く
- □ ABC分析，パレート図では，重要なものに重点を置く

9-1-3 会計・財務

企業の財政状態や利益を計算するための方法が会計です。そして，企業の資金の流れに関する活動が財務です。会計・財務では，この両方について学びます。

企業活動と会計

企業会計には，法律に定められた情報公開の仕組みである**財務会計**と，企業活動の見直しや経営計画の策定に使われる**管理会計**があります。

売上と利益の関係

企業では，売上高＝利益となるわけではありません。売上を上げるために様々な費用がかかっているからです。売上を上げるためにかかる費用を**売上原価**といい，**固定費**と**変動費**に分けられます。**固定費**は，売上高にかかわらず固定でかかる費用，**変動費**は，売上高に連動して変わる費用です。

また，**売上高－売上原価＝売上総利益**で売上総利益が求まります。売上総利益が0となる点のことを**損益分岐点**といいます。

それでは，次の問題を考えてみましょう。

過去問題をチェック

売上と利益の関係について，基本情報技術者試験では次の出題があります。

【損益分岐点】
- ・平成22年春午前問77
- ・平成24年春午前問77
- ・平成26年春午前問78

【必要な売上高】
- ・平成23年秋午前問77
- ・平成24年春午前問77
- ・令和元年秋午前問78
- ・サンプル問題セット科目A問59

【売上総利益の計算式】
- ・平成23年特別午前問77

問題

売上高が100百万円のとき，変動費が60百万円，固定費が30百万円掛かる。変動費率，固定費は変わらないものとして，目標利益18百万円を達成するのに必要な売上高は何百万円か。

ア 108　　イ 120　　ウ 156　　エ 180

（基本情報技術者試験（科目A試験）サンプル問題セット 問59）

解説

売上高が100百万円のとき，変動費が60百万円ということは，変動比率は60[百万円]／100[百万円]＝0.6です。変動費率，固定費(30[百万円])は変わらないので，目標利益18[百万円]に必要な売上高をx[百万円]とすると，次の式で求められます。

売上高－変動費－固定費＝利益

$x - 0.6x - 30 = 18$

$0.4x = 48$，$x = 120$[百万円]

したがって，**イ**が正解です。

≪解答≫イ

決算の仕組み

決算とは，一定期間の収支を計算し，利益(または損失)を算出することです。そのために**財務諸表**を作成します。半年ごとの決算を**中間決算**，3か月ごとの決算を**四半期決算**といいます。会計基準には日本独自のものもありますが，国際的な会計基準として**IFRS**（International Financial Reporting Standards：国際財務報告基準)があります。

財務諸表

企業が作成を義務づけられている財務諸表の代表的なものに，**貸借対照表**と**損益計算書**があります。また，上場企業では**キャッシュフロー計算書**も求められます。

貸借対照表では，ある時点における企業の財政状態を表します。バランスシート(Balance Sheet：B/S)ともいいます。その名のとおり，会社の資産と負債，純資産(資本)の関係が**資産＝負債＋純資産**となり，完全に等しくなります。

<table>
<tr><td rowspan="2">資産</td><td>負債</td></tr>
<tr><td>純資産(資本)</td></tr>
</table>

図9.5　貸借対照表の構成

損益計算書では，一定期間における企業の経営成績を表します。利益（Profit）と損失（Loss）を表すことから，P/Lともいいます。損益計算書では，次のような計算を行います。

売上高－売上原価		＝売上総利益
さらに	**－販売費及び一般管理費**	＝営業利益
さらに	**＋営業外収益－営業外費用**	＝経常利益
さらに	＋特別収益－特別損失	＝税引前当期純利益
さらに	－法人税，住民税及び事業税	＝当期純利益

図9.6 損益計算書の計算

用語

営業活動によるキャッシュフローは，本業で稼いだキャッシュの増減です。投資活動によるキャッシュフローは，固定資産の取得や売却，投資などによるキャッシュの増減です。財務活動によるキャッシュフローは，資金の調達や返済によるキャッシュの増減です。

キャッシュフロー計算書では，一定期間のキャッシュの増減を表します。具体的には，**営業活動**によるキャッシュフロー，**投資活動**によるキャッシュフロー，**財務活動**によるキャッシュフローの3つに分けて表されます。また，キャッシュフロー計算書の「現金及び現金同等物の期末残高」は，貸借対照表（期末）の「現金及び預金」の合計額と一致します。

過去問題をチェック

財務諸表について，基本情報技術者試験では次の出題があります。

【貸借対照表】
・平成23年秋午前問78
・平成25年春午前問77
・平成28年春午前問78
・平成29年秋午前問77
・平成30年春午前問77
【損益計算書】
・平成24年春午前問76
【キャッシュフロー計算書】
・平成29年春午前問77
【キャッシュフローを改善する行為】
・平成27年秋午前問76

資産管理

資産管理を行うときは，在庫や固定資産をどのように管理するかを決めておくことが大切です。**棚卸資産評価**を行うときには，在庫の取得原価を求める方法を決めます。方法としては，先に取得したものから順に吐き出される**先入先出法**，合計金額を総数で割って平均を求める総平均法，仕入れのたびに購入金額と受入数量の合計から単価の平均を計算する**移動平均法**などがあります。

それでは，次の問題を考えてみましょう。

問題

ある商品の前月繰越と受払いが表のとおりであるとき，先入先出法によって算出した当月度の売上原価は何円か。

日付	概要	受払個数		単価（円）
		受入	払出	
1日	前月繰越	100		200
5日	仕入	50		215
15日	売上		70	
20日	仕入	100		223
25日	売上		60	
30日	翌月繰越		120	

ア 26,290　イ 26,450　ウ 27,250　エ 27,586

（平成30年秋 基本情報技術者試験 午前 問77）

解説

表の内容から，先入先出法によって算出した当月度の売上原価を求めます。当月の売上個数は，払出個数の合計で，70＋60=130[個]となります。先入先出法なので，最初に前月繰越の受入100個を割り当てます。この100個は，単価が200円です。残りの30個は，5日の仕入の50個よりも少ないので，すべて5日の単価215円の仕入分が割り当てられます。そのため，売上原価を合計すると，次の式で計算できます。

200[円／個]×100[個]＋215[円／個]×30[個]

＝20,000[円]＋6,450[円]＝26,450[円]

したがって，**イ**が正解です。

≪解答≫イ

過去問題をチェック

資産管理について，基本情報技術者試験では次の出題があります。

【先入先出法】

・平成21年春午前問77
・平成23年特別午前問76
・平成25年秋午前問77
・平成26年秋午前問78
・平成27年秋午前問78
・平成29年秋午前問78
・平成30年春午前問78
・平成30年秋午前問77

減価償却

設備などの**固定資産**は，その年に買った経費とするのではなく，利用する期間にわたって費用配分するという**減価償却**という考え方があります。減価償却の主な方法には，毎年均等額を計上する**定額法**や，毎年期末残高に一定の割合を掛けて求めた額

9

を計上する**定率法**などがあります。

それでは，次の問題を考えてみましょう。

 **過去問題をチェック**

減価償却について，基本情報技術者試験では次の出題があります。

【減価償却費】
・平成29年春午前問78

【固定資産売却損】
・平成27年秋午前問77
・サンプル問題セット科目A問58

【帳簿価額】
・平成23年秋午前問76

問題

令和2年4月に30万円で購入したPCを3年後に1万円で売却するとき，固定資産売却損は何万円か。ここで，耐用年数は4年，減価償却は定額法，定額法の償却率は0.250，残存価額は0円とする。

ア 6.0　　イ 6.5　　ウ 7.0　　エ 7.5

（基本情報技術者試験（科目A試験）サンプル問題セット 問58）

解説

30万円で購入したPCを耐用年数4年，定額法の償却率0.250，残存価値0円で減価償却すると，1年での減価償却が30万円×0.250＝7.5万円になります。3年経つと7.5万円×3年＝22.5万円が減価償却されるので，残存価値は30－22.5＝7.5万円になります。これを1万円で売却すると，7.5－1＝6.5万円で，6.5万円の固定資産売却損が出ることになります。したがって，**イ**が正解です。

≪解答≫イ

経営分析

経営分析とは，財務諸表の数値を用いて計算・分析し，企業の収益性や効率性などを評価・判定するための技法です。企業内部の経営者・管理者が行うのが**内部分析**で，企業の現状の把握や経営戦略立案に役立てます。企業外部のステークホルダが行うのが**外部分析**で，投資などに役立てます。経営分析の主な視点には，**収益性分析**，**安全性分析**，**生産性分析**などがあります。それぞれの分析で用いられる主な指標は，次のとおりです。

1. 収益性指標

企業の収益獲得能力に関する指標です。利益を絶対額ではなく比率として見ることで，企業規模に関係なく比較できます。主な収益性指標には，以下のものがあります。

①ROI（Return on Investment：投資利益率）

$$\text{ROI} = \frac{\text{利益}}{\text{投資資本}} \times 100\ [\%]$$

投資した資本に対して，どれだけの利益を獲得したかを表します。

②ROA（Return On Assets：総資産利益率）

$$\text{ROA} = \frac{\text{事業利益}}{\text{総資本}} \times 100\ [\%]$$

事業利益とは，営業利益＋受取利息・配当金です。

③ROE（Return On Equity：自己資本利益率）

$$\text{ROE} = \frac{\text{当期純利益}}{\text{自己資本}} \times 100\ [\%]$$

株主が自ら出資した資本でどれだけの利益を獲得したかを示す指標です。

④売上高総利益率（粗利益率）

$$\text{売上高総利益率} = \frac{\text{売上総利益}}{\text{売上高}} \times 100\ [\%]$$

売上総利益は**粗利**ともいいます。企業が提供しているサービスそのものの収益性です。

収益性の指標で売上高を基に計算するものには，売上高総利益率のほかに，売上総利益の代わりに経常利益を使う売上高経常利益率や，当期純利益を使う売上高当期純利益率があります。

⑤総資本回転率

$$\text{総資本回転率} = \frac{\text{売上高}}{\text{総資本}}$$

総資本をどの程度効率的に使って売上高を獲得しているかを表す指標です。

⑥ROAS（Return On Advertising Spend：広告費用対効果）

$$\text{ROAS} = \frac{\text{売上高}}{\text{広告費}} \times 100\ [\%]$$

広告費に対する収益の割合を表す指標です。広告の効果測定や最適化に役立ちます。

2. 安全性指標

企業の支払能力や財務面での安全性に関する指標です。代表的な安全性指標には，以下のものがあります。

①流動比率

$$\text{流動比率} = \frac{\text{流動資産}}{\text{流動負債}} \times 100\ [\%]$$

1年以内に現金化できる流動資産がどれくらいあるかを示す指標で，200％以上が望ましく，少なくとも100％以上あることが必要とされています。

②当座比率

$$\text{当座比率} = \frac{\text{当座資産}}{\text{流動負債}} \times 100\ [\%]$$

流動資産を当座資産に置き換え，支払能力をより厳格に評価します。流動比率と当座比率の差が大きいと，将来の資金繰りの悪化が懸念されます。

③固定比率

$$\text{固定比率} = \frac{\text{固定資産}}{\text{自己資本}} \times 100\ [\%]$$

固定資産が，負債ではなく自己資本によってどれだけカバーされているかを示します。固定比率は低い方がより安全で，100％以下が安全な水準となります。

④固定長期適合率

$$\text{固定長期適合率} = \frac{\text{固定資産}}{\text{自己資本} + \text{固定負債}} \times 100\ [\%]$$

固定資産が長期資本によってどれだけカバーされているかを示します。固定長期適合率は100％以下であることが必要です。

⑤自己資本比率

$$自己資本比率=\frac{自己資本}{総資本}\times 100\ [\%]$$

総資本（負債＋自己資本）に占める自己資本の割合です。高いほうがより安全です。

3. 生産性指標

企業のインプット（経営資源，投入量）をどれだけアウトプット（産出量）に変換できたかを表す指標です。主な指標には，次のものがあります。

①労働生産性

$$労働生産性=\frac{付加価値額}{従業員数}$$

従業員1人当たりの付加価値（円／人）です。

②資本生産性（設備生産性）

$$資本生産性=\frac{付加価値額}{有形固定資産-建設仮勘定}$$

資本（生産設備）の投資効率です。

経済性計算

企業の設備投資にあたって設備投資の意思決定に用いるのが，設備投資の経済性計算です。**現在価値**と**将来価値**を区別し，**将来価値＝現在価値×（1＋金利）**と考え，資産をすべて現在価値に合わせて計算します。主な経済性計算を次に示します。

①DCF（Discounted Cash Flow：割引現金収入価値）法

資産価値は，その資産が将来にわたり生み出すキャッシュフローを一定の割引率で割り引いた現在価値になります。1年後，2年後，…，n年後のキャッシュフローをCF_1，CF_2，…，CF_nとすると，以下のようになります。rは割引率です。

$$現在価値=CF_1\times\frac{1}{1+r}+CF_2\times\frac{1}{(1+r)^2}\cdots+CF_n\times\frac{1}{(1+r)^n}$$

②NPV（Net Present Value：正味現在価値）法

DCFから初期投資額を差し引き，設備投資による正味の現在価値を計算します。式は次のとおりです。

NPV＝DCF－設備投資額

③IRR（Internal Rate of Return：内部利益率）法

NPVがゼロとなる割引率（r）です。

④PBP（Pay Back Period：回収期間）法

投資効果を評価するため，投資額が何年で回収されるかを算定します。算定方式は，次のとおりです。

$$回収期間（PBP）＝\frac{投資額}{年平均予想利益}$$

覚えよう！

- □ 損益分岐点は利益が0になる売上高
- □ 資産＝負債＋純資本で，左右でバランスをとる貸借対照表

9-2 法務

法務とは法律に関する業務です。知的財産権やセキュリティ関連，労働や取引関連の法律と，標準化やガイドラインについて学んでいきます。

9-2-1 知的財産権

知的財産権とは，ソフトウェアなどの知的財産を守るための権利です。知的財産の開発者の利益を守り，市場で適正な利潤を得られるようにするために法律が整備されています。

法律は，基本的には暗記分野なので，知っていれば答えられるというところではあります。ただ，その法律の意義や背景について理解していると，覚えやすく，実務にも役立ちます。

知的財産権

知的財産権とは，知的財産に関する様々な法令により定められた権利です。文化的な創作の権利には，**著作権**や著作隣接権があります。また，産業上の創作の権利には，**特許権**や実用新案権，**意匠権**，産業財産権などがあります。営業上の創作の権利には，商標権や**営業秘密**などがあります。

著作権法

著作権が保護する対象は著作物で，思想または感情を創作的に表現したものであって，文芸，学術，美術または音楽の範囲に属するものです。作成した**プログラム**や**データベース**は著作物に含まれますが，**アルゴリズムなどアイディアだけのものは除かれます**。

著作権は産業財産権と違い，**無方式主義**，つまり出願や登録といった手続は不要です。原始著作権は作成者に認められますが，会社など法人の業務で作成した著作物は，**作成した法人**に著作権があります。著作権の帰属は，契約で変更することができますが，尊厳などの**著作者人格権**は譲渡できません。

コンピュータプログラムの場合には，私的使用のための**複製権**は認められています。著作権の保護期間は，著作者の死後70年です。

それでは，次の問題を考えてみましょう。

問題

A社は，B社と著作物の権利に関する特段の取決めをせず，A社の要求仕様に基づいて，販売管理システムのプログラム作成をB社に委託した。この場合のプログラム著作権の原始的帰属はどれか。

ア　A社とB社が話し合って決定する。
イ　A社とB社の共有となる。
ウ　A社に帰属する。
エ　B社に帰属する。

（平成30年春 基本情報技術者試験 午前 問79）

解説

プログラム著作権の原始的帰属は，実際にプログラムを作成した人になります。企業で作成した場合には，プログラム作成を行った企業となるので，B社に帰属します。したがって，**エ**が正解です。

ア，イ，ウ　原始的帰属なので，話し合って契約を行うことで，A社に帰属させることや共有とすることもできます。

≪解答≫エ

過去問題をチェック
知的財産権について，基本情報技術者試験では次の出題があります。
【プログラム著作権の原始的帰属】
・平成25年秋午前問78
・平成30年春午前問79
【著作権法】
・平成21年春午前問78
・平成21年秋午前問78
・平成23年特別午前問78
・平成23年秋午前問79
・平成24年春午前問78
・平成24年春午前問79
・平成24年秋午前問79
・平成26年秋午前問79
・平成28年春午前問79
・平成28年秋午前問79
・平成29年春午前問79
【著作者人格権】
・平成31年春午前問79
【産業財産権】
・平成22年秋午前問78
【特許権】
・平成21年春午前問79
・平成23年特別午前問79

関連
ソフトウェア開発に関する著作権や特許については，「4-2-2　知的財産適用管理」でも説明しています。

産業財産権法

産業財産権には，**特許権**，実用新案権，意匠権，商標権の4つがあります。特許法では，自然法則を利用した技術的思想の創作のうち高度なものである**発明**を保護します。特許は発明しただけでは保護されず，**特許権の審査請求**を行い，審査を通過しなければなりません。特許の要件は，産業上の利用可能性，新規性，進歩性があり，先願（最初に出願）の発明であることなどです。発明のうち高度でないものは，実用新案法の対象になります。また，意匠（デザイン）に関するものは**意匠法**の対象で，商標に関するものは**商標法**の対象になります。

不正競争防止法

不正競争防止法は，事業者間の不正な競争を防止し，公正な競争を確保するための法律です。**営業秘密**に係る不正行為では，不正な手段によって営業秘密を取得し使用する，第三者に開示するなどの行為は禁じられています。営業秘密として保護を受けるためには，**秘密管理性**（秘密として管理されていること），**有用性**（有用であること），**非公知性**（公然と知られていないこと）の3つを満たす必要があります。

それでは，次の問題を考えてみましょう。

問題

不正競争防止法において，営業秘密となる要件は，“秘密として管理されていること”，“事業活動に有用な技術上又は経営上の情報であること”と，もう一つはどれか。

ア 営業譲渡が可能なこと　　イ 期間が10年を超えないこと
ウ 公然と知られていないこと　エ 特許出願をしていること

（平成29年春 基本情報技術者試験 午前 問80）

解説

不正競争防止法において，営業秘密となる要件は3つあります。秘密管理性（秘密として管理されていること），有用性（事業活動に有用な技術上または経営上の情報であること）の他には，非公知性（公然と知られていないこと）があります。したがって，**ウ**が正解です。

ア，イ，エ　営業秘密には，譲渡や期間，特許の有無は関係ありません。

≪解答≫ウ

過去問題をチェック
不正競争防止法について，基本情報技術者試験では次の出題があります。
【不正競争防止法】
・平成25年春午前問78
・平成29年春午前問80

▶▶▶ 覚えよう！

- □ 著作権ではアルゴリズムは保護されず，プログラムはOK
- □ 営業秘密は秘密管理性，有用性，非公知性を満たす必要がある

9-2-2 セキュリティ関連法規

セキュリティ関連の法律は新しい分野なので，日々進化しています。主に次のものがあります。

サイバーセキュリティ基本法

サイバーセキュリティ基本法は，国のサイバーセキュリティに関する施策の推進における基本理念や国の責務などを定めたものです。サイバーセキュリティとは何かを明らかにし，必要な施策を講じるための基本理念や基本的施策を定義しています。また，その司令塔として，**内閣にサイバーセキュリティ戦略本部**を設置することが定められています。サイバーセキュリティ協議会を発足し，政府機関や民間などでサイバーセキュリティ情報を共有する仕組みを構築しています。

国民には，基本理念にのっとり，サイバーセキュリティの重要性に関する関心と理解を深め，**サイバーセキュリティの確保に必要な注意を払うよう努めること**が求められています。

不正アクセス禁止法

不正アクセス禁止法は，不正アクセスを禁止するための法律です。刑法では，データの盗難，詐欺などの具体的な被害を起こす行為を対象にしています。不正アクセス禁止法では，**ネットワークへの侵入**，アクセスのためのパスワードなどの**情報提供**を処罰の対象としています。

セキュリティ侵害によって，お金が盗まれたり詐欺に遭ったりするなど，実際に被害があった場合は刑法で罰せられます。セキュリティ関連の法律では，刑法では被害とはならない部分に焦点を当てて立法しています。例えば，不正アクセス禁止法では，被害がなくても不正アクセスをしただけ，またはそれを助けただけで処罰の対象になります。

刑法

刑法は，社会に対する危険行為を，犯罪として定めた基本的な法律です。コンピュータ犯罪に関する条文があり，社会に危険な犯罪行為が定義されています。電磁的記録に関する詐欺行為は**電子計算機使用詐欺罪**として定義されています。

ウイルス作成・提供行為なども処罰の対象で，**不正指令電磁的記録に関する罪**（通称：ウイルス作成罪）として定められています。

それでは，次の問題を考えてみましょう。

問題

コンピュータウイルスを作成する行為を処罰の対象とする法律はどれか。

ア 刑法　　イ 不正アクセス禁止法
ウ 不正競争防止法　　エ プロバイダ責任制限法

（平成30年秋 基本情報技術者試験 午前 問78）

解説

コンピュータウイルスを作成する行為を処罰の対象とする罪状には，不正指令電磁的記録に関する罪（通称：ウイルス作成罪）があります。刑法の第十九章の二に記載されており，刑法の一部となります。したがって，**ア**が正解です。

イ ネットワークへの侵入，アクセス制御のための情報提供などを処罰の対象とした法律です。

ウ 事業者間の不正な競争を防止し，公正な競争を確保するための法律です。

エ インターネット上での誹謗中傷などが発生した場合の，プロバイダの責任を定めた法律です。

≪解答≫ア

過去問題をチェック

セキュリティ関連法規について，基本情報技術者試験では次の出題があります。

【刑法（ウイルス作成罪）】
・平成27年春午前問79
・平成28年秋午前問80
・平成30年秋午前問78

【不正アクセス禁止法】
・平成21年秋午前問79
・平成23年特別午前問80

【サイバーセキュリティ基本法】
・平成27年秋午前問79

【個人情報保護法】
・平成25年秋午前問80

個人情報保護法

個人情報保護法（個人情報の保護に関する法律）は，個人情報を適切に保護するための法律です。個人情報を保持し，事業に用いている事業者は個人情報取扱事業者とされ，適切な対処を行わなかった場合は，事業者が刑事的に処罰されます。個人情報取扱事業者は，以下のことを守る義務があります。

- **利用目的の特定**
- **利用目的の制限（目的外利用の禁止）**
- **適正な取得**
- **取得に際しての利用目的の通知**

- **本人の権利（開示・訂正・苦情など）への対応（窓口での苦情処理）**
- **漏えい等が発生した場合の個人情報保護委員会や本人への通知**

個人情報などの第三者への提供は原則“可”で，提供してほしくない場合には本人が拒否を通知する仕組みを**オプトアウト**といいます。これに対し，提供は原則“不可”で，提供するためには本人の同意を得る必要がある仕組みをオプトインといいます。個人情報保護法ではオプトインが基本で，オプトアウトを採用する場合は個人情報保護委員会への届出が必須です。また，「人種」「信条」「病歴」など，特別な配慮が必要となる情報を**要配慮個人情報**といいます。要配慮個人情報はオプトアウトでは提供できません。

2020年の個人情報保護法の改正では，個人情報の利活用についての規定が緩和されています。個人を特定できないようにするために，属性に対して削除，加工を行う**匿名化手法**を用いた**匿名加工情報**や，個人情報から氏名などの情報を取り除いた**仮名加工情報**は，データ分析のために利用条件が緩和されています。

個人情報保護委員会は，個人情報（特定個人情報を含む）の有用性に配慮しつつ，その適正な取扱いを確保するために設置された行政機関です。
設立当初は特定個人情報（マイナンバー）が対象でしたが，その後，個人情報全般について管理しています。
https://www.ppc.go.jp/

EU（European Union： 欧州連合）内での個人情報保護を規定する法律に，一般データ保護規則（GDPR：General Data Protection Regulation）があり，2018年より適用されています。EU経済圏に拠点がなくても，EU圏の個人にサービスを提供する場合はGDPRの対象範囲内となります。IPアドレスやCookieなども個人情報とみなされるなど，日本の個人情報保護法よりも高い保護レベルが求められます。

マイナンバー法

マイナンバー法（行政手続における特定の個人を識別するための番号の利用等に関する法律）は，国民1人ひとりにマイナンバー（個人番号）を割り振り，社会保障や納税に関する情報を一元的に管理するマイナンバー制度を導入するための法律です。個人情報をデータ分析などに活用する際には，**匿名加工情報**にする必要があります。

電子署名及び認証業務などに関する法律

インターネットを活用した商取引などでは，ネットワークを通じて社会経済活動を行います。そのために，相手を信頼できるかどうか確認する必要があり，**PKI**（公開鍵基盤）が構築されました。PKIを支え，電子署名に法的な効力をもたせる法律に**電子署名法**があります。電子署名で使う電子証明書を発行できる機関は**認定認証事業者**と呼ばれ，国の認定を受ける必要があります。

プロバイダ責任制限法

Webサイトの利用やインターネット上での商取引の普及，拡大に伴い，サイト上の掲示板などでの誹謗中傷，個人情報の不正な公開などが増えてきました。こういった行為に対し，プロバイダが負う損害賠償責任の範囲や，情報発信者の情報の開示を請求する権利を定めた法律が**プロバイダ責任制限法**です。正式名称は，「特定電気通信役務提供者の損害賠償責任の制限及び発信者情報の開示に関する法律」といいます。ここで定義されている特定電気通信役務提供者には，プロバイダだけでなく，Webサイトの運営者なども含まれます。

特定電子メール法

特定電子メール法は，広告などの迷惑メールを規制する法律です。あらかじめ同意を得た場合（オプトイン）以外には電子メールの送信が禁じられています。

情報セキュリティに関する基準

情報セキュリティに関する基準の代表的なものには，次のものがあります。

①サイバーセキュリティ経営ガイドライン

サイバーセキュリティ経営ガイドラインは，経済産業省が企業の経営者に向けて作成したガイドラインです。サイバー攻撃から企業を守る観点で，「経営者が認識すべき3原則」と，経営者がCISO（最高情報セキュリティ責任者）に指示すべき「サイバーセキュリティ経営の重要10項目」がまとめられています。

また，IPA（情報処理推進機構）では，中小企業の経営者を対象とした「**中小企業の情報セキュリティ対策ガイドライン**」を公開しています。

②コンピュータ不正アクセス対策基準

コンピュータ不正アクセスによる被害の予防，発見，復旧や拡

関連

サイバーセキュリティ経営ガイドラインの最新版Ver3.0は，以下で公開されています。
https://www.meti.go.jp/policy/netsecurity/downloadfiles/guide_v3.0.pdf

関連

中小企業の情報セキュリティ対策ガイドラインは，下記で公開されています。
https://www.ipa.go.jp/security/guide/sme/about.html
また，中小企業の情報セキュリティ対策ガイドラインに従って情報セキュリティ対策を行った企業がそれを宣言する「SECURITY ACTION」制度があります。
https://www.ipa.go.jp/security/security-action/

大，再発防止のために，企業などの組織や個人が実行すべき対策をとりまとめた基準です。

③コンピュータウイルス対策基準

コンピュータウイルスに対する予防，発見，駆除，復旧のために実効性の高い対策をとりまとめた基準です。

▸▸▸覚えよう！

- □ ウイルス作成罪は，刑法で定義されている犯罪
- □ 個人情報は個人を特定できる情報で，匿名加工情報にすれば該当しない

9-2-3 労働関連・取引関連法規

労働関連の法規は，労働者の生活・福祉の向上を目的とする法律です。労働基準法や労働者派遣法などがあります。取引関連の法規は会社の取引に関する法律で，下請法，民法，商法などがあります。

労働基準法

労働基準法では，労働者を保護するため，就業規則や労働時間などを規定しています。労働時間については，1日の法定労働時間の上限は8時間，1週間では40時間と定められています。また，労働基準法では，時間外労働（残業），休日労働は基本的に認められていません。労働者と使用者（経営者）の間で労使協定を結び，行政官庁に届け出ることによって，法定労働時間外の労働が認められるようになります。この協定のことを36（サブロク）協定といいます。

労働者派遣法

労働者を派遣する場合，**労働者**，**派遣元**，**派遣先**の三者で関係を結びます。具体的には，次の図のようになります。

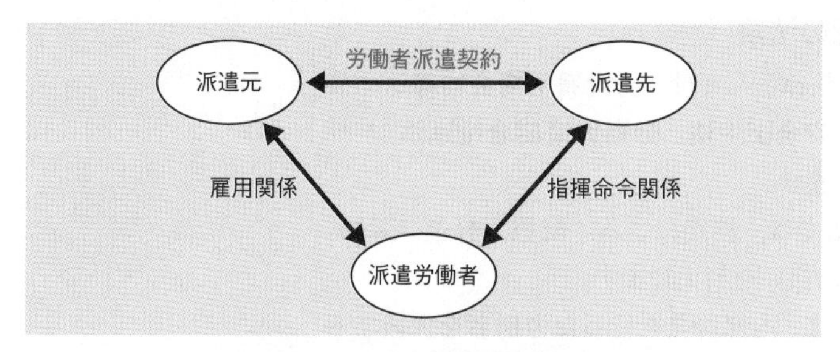

図9.7 労働者派遣法の概念

労働者派遣契約は，派遣元と派遣先の**企業同士**で結びます。指揮命令は，**労働者派遣の場合は，派遣先から**行います。請負契約など他の契約をしていても，指揮命令を派遣先（発注者側）が行う場合は労働者派遣とみなされます。

それでは，次の問題を考えてみましょう。

問題

請負契約を締結していても，労働者派遣とみなされる受託者の行為はどれか。

ア 休暇取得の承認を発注者側の指示に従って行う。
イ 業務の遂行に関する指導や評価を自ら実施する。
ウ 勤務に関する規律や職場秩序の保持を実施する。
エ 発注者の業務上の要請を受託者側の責任者が窓口となって受け付ける。

（平成30年秋 基本情報技術者試験 午前 問80）

解説

請負契約とは，ある仕事を完成することを約束する契約です。指揮命令は受諾者側の企業内で行い，発注者が行うことはできません。休暇取得の承認を発注者側の指示に従って行うことは，請負ではなく労働者派遣とみなされます。したがって，**ア**が正解です。
イ，ウ，エ 請負契約の受諾者側の行為として適切です。

≪解答≫ア

過去問題をチェック
労働関連法規について，基本情報技術者試験では次の出題があります。
【労働者派遣法】
・平成22年春午前問79
・平成22年秋午前問80
・平成24年秋午前問80
・平成30年春午前問80
・サンプル問題セット科目A問60
【労働者派遣とみなされる行為】
・平成25年春午前問79
・平成30年秋午前問80
【派遣元の責任】
・平成26年春午前問80
【偽装請負】
・平成25年秋午前問79

関連
請負契約や準委任契約などの契約に関しては，「7-2-3 調達計画・実施」で詳しく取り上げています。

その他の労働関連の法規

その他の労働関連の法律としては，**男女雇用機会均等法**や**公益通報者保護法**，**労働安全衛生法**，**労働施策総合推進法**（パワハラ防止法）などがあります。

男女雇用機会均等法では，性別による，配置，昇進，降格，教育訓練などへの差別的扱いを禁止します。

公益通報者保護法では，内部告発を行った労働者を保護するため，内部告発者に対する解雇や減給などの不利益な扱いを無効にします。

労働安全衛生法では，労働災害を防止し，労働者の安全と健康の確保や快適な職場環境の形成を促進することが定められています。

労働施策総合推進法では，職場におけるパワーハラスメント対策が企業の義務として定められています。

下請代金支払遅延等防止法（下請法）

下請代金支払遅延等防止法（下請法）とは，下請取引の公正化や，下請事業者の利益を保護するための法律です。下請業者が口約束で不利益を被らないように，親事業者には発注書面の交付義務があります。

インターネットを利用した取引

インターネットを利用した取引に関する法律には，**特定商取引法**や**電子消費者契約法**などがあります。

特定商取引法は，訪問販売や通信販売などを規制する法律です。消費者を守るために，**クーリングオフ**などのルールを定めています。**電子消費者契約法**は，電子商取引などによる消費者の操作ミスを救済するための法律です。

特定商取引法では，インターネットでの通信販売においては，引渡し時期，返品の可否と条件，代表者名などを公開する必要があることを定めています。

また，インターネットにおける新しい著作権ルールの普及を目指すプロジェクトに，著作者が自分で著作物の再利用を許可するためにライセンスを策定する**クリエイティブ・コモンズ**があります。**クリエイティブ・コモンズ・ライセンス**には，著作権がある状態と，著作権が消滅したり放棄されたりした状態であるパブリックドメインの中間に位置するものまで，様々なレベルのライセンスがあります。

ソフトウェア使用許諾契約（ライセンス契約）

ソフトウェアの知的財産権の所有者が第三者にソフトウェアの利用許諾を与える際に取り決める契約が，ソフトウェア使用許諾契約（ライセンス契約）です。許諾する条件により，次のような様々な形態の契約があります。

●ボリュームライセンス契約

1つのソフトウェアに複数の使用権（ライセンス）をまとめた契約

●サイトライセンス契約

特定の施設（サイト）内での使用を認める契約

●シュリンクラップ契約

包装（ラップ）を破った時点で成立する契約

それでは，次の問題を考えてみましょう。

問題

ボリュームライセンス契約の説明はどれか。

ア　企業などソフトウェアの大量購入者向けに，インストールできる台数をあらかじめ取り決め，ソフトウェアの使用を認める契約

イ　使用場所を限定した契約であり，特定の施設の中であれば台数や人数に制限なく使用が許される契約

ウ　ソフトウェアをインターネットからダウンロードしたとき画面に表示される契約内容に同意するを選択することによって，使用が許される契約

エ　標準の使用許諾条件を定め，その範囲で一定量のパッケージの包装を解いたときに，権利者と購入者との間に使用許諾契約が自動的に成立したとみなす契約

（令和5年度 基本情報技術者試験 公開問題 科目A 問20）

過去問題をチェック

契約について，基本情報技術者試験では次の出題があります。

【シュリンクラップ契約】
・令和元年秋午前問79

【ボリュームライセンス契約】
・令和5年度科目A問20

【売買契約】
・平成25年春午前問80

【準委任契約】
・平成26年秋午前問80

9

解説

ボリュームライセンス契約とは，1つのソフトウェアに複数の使用権(ライセンス)をまとめた契約です。企業などソフトウェアの大量購入者向けに，インストールできる台数をあらかじめ取り決めて，使用を認めます。したがって，**ア**が正解です。

イ　サイトライセンス契約など，社内LANなどのネットワーク単位でソフトウェアの利用を許可する形態が該当します。

ウ　エンドユーザライセンス契約など，ダウンロードなどの合意した条件で契約が成立する契約が該当します。

エ　シュリンクラップ契約の説明となります。

≪解答≫ア

AIやデータ分析が関わる取引

AIやデータ分析が関わる取引では，所有者の定義が難しくなるので，あらかじめ取り決めを行っておく必要があります。AIやデータの利用に関しては，経済産業省が公開している**AI・データの利用に関する契約ガイドライン**があります。

関連
AI・データの利用に関する契約ガイドラインをはじめ，リアルデータの共有・利活用に関するガイドラインやガイドブックは，以下のページで公開されています。
https://www.meti.go.jp/policy/mono_info_service/connected_industries/sharing_and_utilization.html

覚えよう！

- ☐ 派遣契約は企業間で締結，派遣労働者と派遣先は指揮命令関係
- ☐ ボリュームライセンスでは複数台のインストールが可能

9-2-4 その他の法律・ガイドライン・技術者倫理

これまでに取り上げていない法律にも，様々なものがあります。技術者は，法律を守るだけではなく技術者倫理をもち，責任をもって役割を果たすことが大切です。

デジタル社会形成基本法

デジタル社会形成基本法は，デジタル社会の形成に関する施策を迅速かつ重点的に推進し，日本経済の持続的かつ健全な発展と，国民の幸福な生活の実現に寄与することを目的として制定された法律です。多様な主体による情報の円滑な流通の確保，

高度情報通信ネットワークの利用及び情報通信技術を用いた情報の活用，公的基礎情報データベース（ベースレジストリ）の整備，サイバーセキュリティの確保，**デジタル庁の設置**などが示されています。

官民データ活用推進基本法

官民データ活用推進基本法は，官民データ活用の推進に関する施策を総合的かつ効果的に推進し，国民が安全で安心して暮らせる社会及び快適な生活環境の実現に寄与することを目的として制定された法律です。**行政手続に係るオンライン利用の原則化**，国・地方公共団体・事業者が自ら保有する官民データの活用の推進，情報通信技術の利用機会または活用に係る格差の是正などが示されています。

用語

官民データとは，国や事業者が活用するデータです。官民データ活用推進基本法第2条には，「電磁的記録に記録された情報であって，国若しくは地方公共団体又は独立行政法人若しくはその他の事業者により，その事務又は事業の遂行に当たり管理され，利用され，又は提供されるもの」と定義されています（電磁的記録とは，電子的方式，磁気的方式その他人の知覚によっては認識することができない方式で作られる記録のことです）。

技術者倫理

技術者倫理は，技術者がその職業上の活動を行うときに守るべき，道徳的価値や行動規範に関する原則です。技術者は，高度な技術的知識やスキルをもつため，社会に特有の役割を担っており，役割に伴う責任が発生します。

技術者倫理の遵守を妨げる要因としては，**集団思考**や**経済的圧力**があります。**集団思考**は，集団で合議を行う場合に，不合理あるいは危険な意思決定が容認されることです。**経済的圧力**は，企業や組織の利益を最優先にすることで，技術的な正当性や安全性，環境への影響などの倫理的な側面が犠牲になることです。

技術者は，グループ内での意思決定において**批判的思考**を維持して，集団思考や経済的圧力の罠に陥らないような注意が必要です。

製造物責任法（PL法）

製造物責任（PL：Product Liability）法は，製造物に欠陥があった場合に，消費者が製造業者に対して直接損害賠償を請求できることを定めた法律です。

製造物に欠陥があった場合に責任を取る責任主体は，**製造業者**です。ただし，複数の会社が関係している場合は，製造物に氏名，商号，商標などを表示した**表示製造業者**とされています。また，製造物に関する責任なので，**サービスやプログラムは対象外**です。ただし，欠陥のあるソフトウェアを組み込んだハードウェアなどは，PL法の対象になります。

それでは，次の問題を考えてみましょう。

問題

ソフトウェアやデータに瑕疵（かし）がある場合に，製造物責任法の対象となるものはどれか。

ア　ROM化したソフトウェアを内蔵した組込み機器
イ　アプリケーションソフトウェアパッケージ
ウ　利用者がPCにインストールしたOS
エ　利用者によってネットワークからダウンロードされたデータ

（令和元年秋 基本情報技術者試験 午前 問80）

解説

製造物責任（PL：Product Liability）法は，製造物に欠陥があった場合に，消費者が製造業者に対して直接損害賠償を請求できることを定めた法律です。ROM化したソフトウェアを内蔵した組み込み機器は製造物なので，製造物責任法の対象となります。したがって，**ア**が正解です。

イ，ウ，エ　ソフトウェアやデータは製造物とはならないので，製造物責任法の対象外です。

≪解答≫ア

過去問題をチェック
製造物責任法について，基本情報技術者試験では次の出題があります。
【製造物責任法】
・平成24年春午前問80
・令和元年秋午前問80

環境関連法

環境に配慮する法律のうち，システムやIT機器の取得，廃棄に関連する規制には，**廃棄物処理法**，**リサイクル法**などがあります。**リサイクル法**は，対象の種類ごとにいくつかの法律に分かれています。**パソコンリサイクル法**では，業務用PCだけでなく家庭用PCの回収と再資源化がPCメーカーに義務づけられています。

資金決済法

資金決済法とは，商品券やプリペイドカードなどの電子マネーを含む金券や，銀行業以外の資金移動に関する法律です。平成28年に改正された資金決済法では，**暗号資産**(仮想通貨)についても定義されています(第二条 5項)。資金決済法における暗号資産とは，不特定の者に対する代金の支払に使用可能で，電子的に記録・移転でき，法定通貨(国がその価値を保証している通貨)やプリペイドカードではない財産的価値のあるものです。日本では，暗号資産と法定通貨とを交換する業務を行う場合は**金融庁への登録が必要**となります。

ネットワーク関連法規

遠隔地とのデータ交換，情報ネットワークの構築を行う通信事業者には，免許の取得が必須など，様々な規則があります。電気通信事業を行うためには，**電気通信事業法**に示されている**通信事業者**の要件を満たす必要があります。また，**電波法**では，スマートフォンなどの電波を発する機器が満たすべき技術基準が定められています。基準に適合している無線機であることの証明として，**技適マーク**が付けられます。

輸出関連法規

IT機器やソフトウェアを輸出する場合には，海外の規制を守る必要があります。輸出関連の法規には，次のものがあります。

①CEマーク

欧州経済領域(EEA)内での製品の基準を満たしていることを示す認証マークです。製造業者は，製品が関連するEU指令や規制の要件を満たしていることを確認する必要があります。

②RoHS指令

RoHS (Restriction of Hazardous Substances) 指令は，電気・電子機器に含まれる特定の有害物質の使用を制限するための欧州連合(EU)の法的枠組みです。有害物質が環境にリリースされるのを防ぐことが目的です。

③外国為替及び外国貿易法(外為法)

日本の法律の1つで，外国為替の取引や外国貿易に関する事項を規定しています。外国為替及び外国貿易の秩序を確保し，日本の経済の健全な発展を図ることを目的としています。

▶▶▶ 覚えよう！

□ 製造物責任法では，製品が対象でソフトウェアは非対象

9-2-5 標準化関連

標準・規格は，標準化団体や関連機構が定めています。ここでは，代表的な標準化団体などについて学びます。

日本産業規格(JIS)

JIS (Japanese Industrial Standards：日本産業規格) は，日本の国家標準の1つで，工業やデータ，サービス，経営管理等に関する法律です。産業標準化法(JIS法)に基づき，JISC(Japanese Industrial Standards Committee：日本産業標準調査会)の答申を受けて主務大臣が制定します。情報処理についてはJIS X部門が，管理システムについてはJIS Q部門が管理を行っています。

国際規格(IS)

IS (International Standards：国際規格) は，ISO (International Organization for Standardization：国際標準化機構) で制定された世界の標準です。ISOは各国の代表的な標準化機関からなり，電気及び電子技術分野を除く工業製品の国際標準の策定を目的としています。

その他の標準

ISOでは電気及び電子技術がないので，その分野を補う国際規格として，ITU(International Telecommunication Union：国際電気通信連合)やIEC(International Electrotechnical Commission：国際電気標準会議)，IEEE(Institute of Electrical and Electronics Engineers：電気電子学会)などがあります。IEEEの規格とし

ては，イーサネットに関するIEEE 802や，FireWireに関するIEEE 1394などが有名です。

任意団体では，インターネットの標準を定める**IETF**（Internet Engineering Task Force：インターネット技術タスクフォース）があります。**RFC**（Request For Comments）を公開しており，TCP/IPなどのプロトコルやファイルフォーマットを主に扱います。また，日本のJISに対応する米国の標準化組織に**ANSI**（American National Standards Institute：米国規格協会）があり，ASCIIの文字コード規格や，C言語の規格などを定めています。

それでは，次の問題を考えてみましょう。

過去問題をチェック

標準化関連について，基本情報技術者試験では次の出題があります。

【RFCを策定する組織】

・平成31年春午前問80

【JISC】

・平成27年春午前問80

【ISO規格】

・平成21年秋午前問71

問題

インターネットで利用される技術の標準化を図り，技術仕様をRFCとして策定している組織はどれか。

ア ANSI　イ IEEE　ウ IETF　エ NIST

（平成31年春 基本情報技術者試験 午前 問80）

解説

インターネットで利用される技術の標準化を図り，技術仕様をRFC（Request For Comments）として策定している組織には，IETF（Internet Engineering Task Force）があります。IETFでは，TCP/IPなどのインターネットの標準を，RFCとして公開しています。したがって，**ウ**が正解です。

ア ANSI（American National Standards Institute）は，米国の規格協会です。

イ IEEE（Institute of Electrical and Electronics Engineers）は，米国の電気電子学会です。

エ NIST（National Institute of Standards and Technology）は，米国の国立標準技術研究所です。

≪解答≫ウ

デファクトスタンダード

公的に標準化されていなくても，事実上の規格，基準となっているものをデファクトスタンダードといいます。オブジェクト指向の**OMG**（Object Management Group）や，Webの標準を定める**W3C**（World Wide Web Consortium）などがその例です。

データの標準

電子データ交換を行うときに必要な文字コードやバーコードの代表的な標準には，次のようなものがあります。

文字コードには，**JISコード**，シフト**JIS**コード，**Unicode**などがあります。バーコードには，一次元のコードである**JAN**（Japanese Article Number）コードやITF（Interleaved Two of Five）コード，二次元コードの**QR**コードなどがあります。

Unicodeは，世界で使われているすべての文字を共通の文字集合で利用できるようにと作られた文字コードで，Windowsや macOS，Linuxなどで利用されています。

▶▶▶ 覚えよう！

- □ 国際規格はISO，日本の規格はJIS
- □ IETFのRFCはインターネット標準

9-3 演習問題

問1 CIOの説明 CHECK ▶ □□□

CIOの説明はどれか。

ア 経営戦略の立案及び業務執行を統括する最高責任者
イ 資金調達，財務報告などの財務面での戦略策定及び執行を統括する最高責任者
ウ 自社の技術戦略や研究開発計画の立案及び執行を統括する最高責任者
エ 情報管理，情報システムに関する戦略立案及び執行を統括する最高責任者

問2 特性要因図 CHECK ▶ □□□

図は特性要因図の一部を表したものである。a，bの関係はどれか。

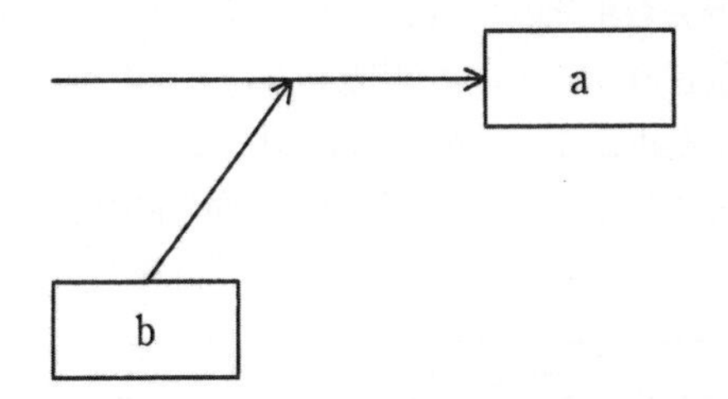

ア bはaの原因である。
イ bはaの手段である。
ウ bはaの属性である。
エ bはaの目的である。

問3 設定価格と需要の関係 CHECK ▶ □□□

ある製品の設定価格と需要との関係が1次式で表せるとき，aに入れる適切な数値はどれか。

(1) 設定価格を3,000円にすると，需要は0個になる。
(2) 設定価格を1,000円にすると，需要は60,000個になる。
(3) 設定価格を1,500円にすると，需要は［ a ］個になる。

ア 30,000　イ 35,000　ウ 40,000　エ 45,000

問4 ビッグデータの活用事例 CHECK ▶ □□□

ビッグデータの活用事例を，ビッグデータの分析結果のフィードバック先と反映タイミングで分類した場合，表中のdに該当する活用事例はどれか。

		分析結果の反映タイミング	
		一定期間ごと	即時
分析結果のフィードバック先	顧客全体	a	b
	顧客個々	c	d

ア　会員カードを用いて収集・蓄積した大量の購買データから，一人一人の嗜好を分析し，その顧客の前月の購買額に応じて，翌月のクーポン券を発行する。
イ　会員登録をした来店客のスマートフォンから得られる位置データと，来店客の購買履歴データを基に，近くの売場にある推奨商品をスマートフォンに表示する。
ウ　系列店の過去数年分のPOSデータから月ごとに最も売れた商品のランキングを抽出し，現在の月に該当する商品の映像を店内のディスプレイに表示する。
エ　走行中の自動車から，車両の位置，速度などを表すデータをクラウド上に収集し分析することによって，各道路の現在の混雑状況をWebサイトに公開する。

問5 ROI CHECK ▶ □□□

ROIを説明したものはどれか。

ア　一定期間におけるキャッシュフロー（インフロー，アウトフロー含む）に対して，現在価値でのキャッシュフローの合計値を求めるものである。
イ　一定期間におけるキャッシュフロー（インフロー，アウトフロー含む）に対して，合計値がゼロとなるような，割引率を求めるものである。
ウ　投資額に見合うリターンが得られるかどうかを，利益額を分子に，投資額を分母にして算出するものである。
エ　投資による実現効果によって，投資額をどれだけの期間で回収可能かを定量的に算定するものである。

問6 著作者人格権 CHECK ▶ □□□

著作者人格権に該当するものはどれか。

ア　印刷，撮影，複写などの方法によって著作物を複製する権利
イ　公衆からの要求に応じて自動的にサーバから情報を送信する権利
ウ　著作物の複製物を公衆に貸し出す権利
エ　自らの意思に反して著作物を変更，切除されない権利

問7 個人情報に該当しないもの

個人情報保護委員会“個人情報の保護に関する法律についてのガイドライン（通則編）平成28年11月（平成29年3月一部改正）”によれば，個人情報に**該当しない**ものはどれか。

ア　受付に設置した監視カメラに録画された，本人が判別できる映像データ
イ　個人番号の記載がない，社員に交付する源泉徴収票
ウ　指紋認証のための指紋データのバックアップデータ
エ　匿名加工情報に加工された利用者アンケート情報

問8 シュリンクラップ契約 CHECK ▶ □□□

シュリンクラップ契約において，ソフトウェアの使用許諾契約が成立するのはどの時点か。

ア　購入したソフトウェアの代金を支払った時点
イ　ソフトウェアの入ったDVD-ROMを受け取った時点
ウ　ソフトウェアの入ったDVD-ROMの包装を解いた時点
エ　ソフトウェアをPCにインストールした時点

演習問題の解答

問1 （令和5年度 基本情報技術者試験 公開問題 科目A 問19）

《解答》エ

CIO（Chief Information Officer）は，企業において情報技術（IT）の戦略と実施を担当する役職です。情報システムに関する戦略の立案及び実施の最高責任者となります。したがって，**エ**が正解です。

ア　CEO（Chief Executive Officer）の説明です。

イ　CFO（Chief Financial Officer）の説明です。

ウ　CTO（Chief Technology Officer）の説明です。

問2 （平成31年春 基本情報技術者試験 午前 問77）

《解答》ア

特性要因図は，ある特性をもたらす一連の原因を階層的に整理するものです。矢印を使って，[原因]→[結果]のかたちで図示します。図では，[b]→[a]のかたちになっているので，bはaの原因となります。したがって，**ア**が正解です。

問3 （平成30年秋 基本情報技術者試験 午前 問68）

《解答》エ

ある製品の設定価格xと需要yの関係が1次式で表せるときには，y=ax＋bのかたちとなります。「設定価格を3,000円にすると，需要は0個になる」「設定価格を1,000円にすると，需要は60,000個になる」を設定し，a，bの値を求めると，次のようになります。

$0 = 3{,}000a + b$…①

$60{,}000 = 1{,}000a + b$…②

$-60{,}000 = 2{,}000a$…①－②

$a = -30,\ b = 90{,}000$

ここから，$y = -30x + 90{,}000$の一次式を導くことができます。設定価格xを1,500[円]とすると，需要y[個]は，次の式で計算できます。

$-30 \times 1{,}500 + 90{,}000 = -45{,}000 + 90{,}000 = 45{,}000$

したがって，**エ**が正解です。

問4 （平成31年春 基本情報技術者試験 午前 問64）

《解答》イ

ビッグデータの活用事例を，ビッグデータの分析結果のフィードバック先と反映タイミングで分類した場合について考えます。表中のdは，分析結果のフィードバック先が顧客個々で，分析結果の反映タイミングが即時の活用事例です。会員登録をした来店客のスマートフォンから得られる位置データと，来店客の購買履歴データを基に，近くの売場にある推奨商品をスマートフォンに表示することは，個々の顧客に即時に反映する事例なので，表中のdに該当します。したがって，**イ**が正解です。

ア　表中のcに該当する事例です。

ウ　表中のaに該当する事例です。

エ　表中のbに該当する事例です。

問5 （令和元年秋 基本情報技術者試験 午前 問77）

《解答》ウ

ROI（Return on Investment：投資利益率）は，投資した資本に対して，どれだけの利益を獲得したかを表す値です。投資額に見合うリターンが得られるかどうかを，利益額を分子に，投資額を分母にして算出します。したがって，**ウ**が正解です。

ア　NPV（Net Present Value：正味現在価値）の説明です。

イ　IRR（Internal Rate of Return：内部利益率）の説明です。

エ　PBP（Pay Back Period：回収期間）の説明です。

問6 （平成31年春 基本情報技術者試験 午前 問79）

《解答》エ

著作者人格権は，著作者がもつ名誉などの人格的な利益を保護する権利です。自らの意思に反して著作物を変更，切除されない権利は，著作者人格権に該当します。したがって，**エ**が正解です。

ア　複製権に該当します。

イ　公衆送信権に該当します。

ウ　貸与権に該当します。

問7 (平成30年秋 基本情報技術者試験 午前 問79)

《解答》エ

個人情報の保護に関する法律についてのガイドラインでは，匿名加工情報は「当該個人情報を復元することができないようにしたもの」で，個人情報には該当しません。利用者アンケート情報は，匿名加工情報に加工された場合には，個人情報に該当しなくなります。したがって，**エ**が正解です。

ア　本人が判別できるものは個人情報です。

イ，ウ　個人が特定できるので，個人情報です。

問8 (令和元年秋 基本情報技術者試験 午前 問79)

《解答》ウ

シュリンクラップ契約とは，購入したソフトウェアの入った入れ物の包装を破った時点で使用許諾契約が成立するとする契約です。ソフトウェアの入ったDVD-ROMの包装を解いた時点で，ソフトウェアの使用許諾契約が成立します。したがって，**ウ**が正解です。

付録

模擬試験
科目A 問題

試験時間	90分
問題番号	問1～問60
選択方法	全問必須

問題文中で共通に使用される表記ルール

各問題文中に注記がない限り，次の表記ルールが適用されているものとする。

1．論理回路

図記号	説明
	論理積素子（AND）
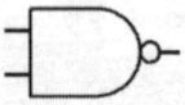	否定論理積素子（NAND）
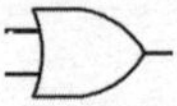	論理和素子（OR）
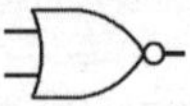	否定論理和素子（NOR）
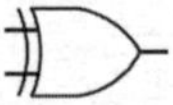	排他的論理和素子（XOR）
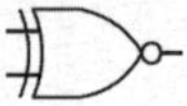	論理一致素子
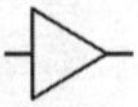	バッファ
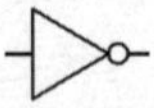	論理否定素子（NOT）
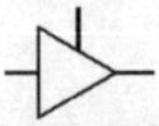	スリーステートバッファ
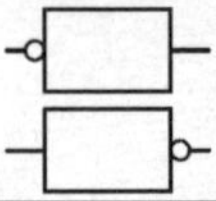	素子や回路の入力部又は出力部に示される○印は，論理状態の反転又は否定を表す。

2．回路記号

図記号	説明
	抵抗（R）
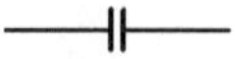	コンデンサ（C）
	ダイオード（D）
	トランジスタ（Tr）
	接地
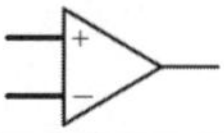 + −	演算増幅器

問1 16進数の小数0.248を10進数の分数で表したものはどれか。

ア $\frac{31}{32}$　　イ $\frac{31}{125}$　　ウ $\frac{31}{512}$　　エ $\frac{73}{512}$

問2 最上位をパリティビットとする8ビット符号において，パリティビット以外の下位7ビットを得るためのビット演算はどれか。

ア 16進数0FとのANDをとる。
イ 16進数0FとのORをとる。
ウ 16進数7FとのANDをとる。
エ 16進数FFとのXOR（排他的論理和）をとる。

問3 a及びbを定数とする関数$f(t)=\frac{a}{t+1}$及び$g(t)=\frac{b}{t^2-t}$に対して，$\lim_{t \to \infty} \frac{g(t)}{f(t)}$はどれか。ここで，$a \neq 0$，$b \neq 0$，$t > 1$とする。

ア 0　　イ 1　　ウ $\frac{b}{a}$　　エ ∞

問4 機械学習における教師あり学習の説明として，最も適切なものはどれか。

ア 個々の行動に対しての善しあしを得点として与えることによって，得点が最も多く得られるような方策を学習する。
イ コンピュータ利用者の挙動データを蓄積し，挙動データの出現頻度に従って次の挙動を推論する。
ウ 正解のデータを提示したり，データが誤りであることを指摘したりすることによって，未知のデータに対して正誤を得ることを助ける。
エ 正解のデータを提示せずに，統計的性質や，ある種の条件によって入力パターンを判定したり，クラスタリングしたりする。

問5 フィードバック制御の説明として，適切なものはどれか。

ア あらかじめ定められた順序で制御を行う。
イ 外乱の影響が出力に現れる前に制御を行う。
ウ 出力結果と目標値とを比較して，一致するように制御を行う。
エ 出力結果を使用せず制御を行う。

問6　2分探索木として適切なものはどれか。ここで，1～9の数字は，各ノード(節)の値を表す。

ア

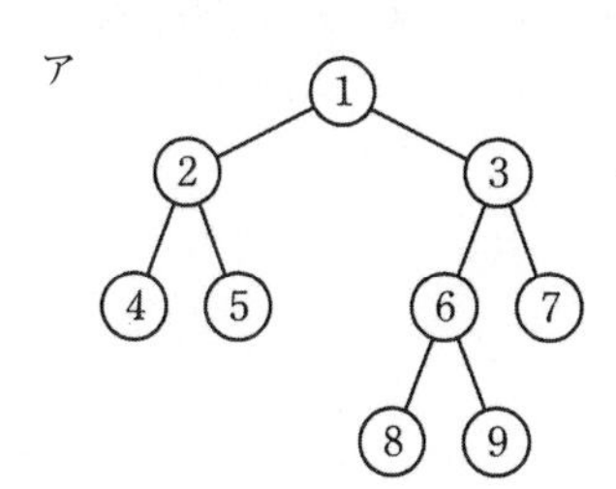

イ

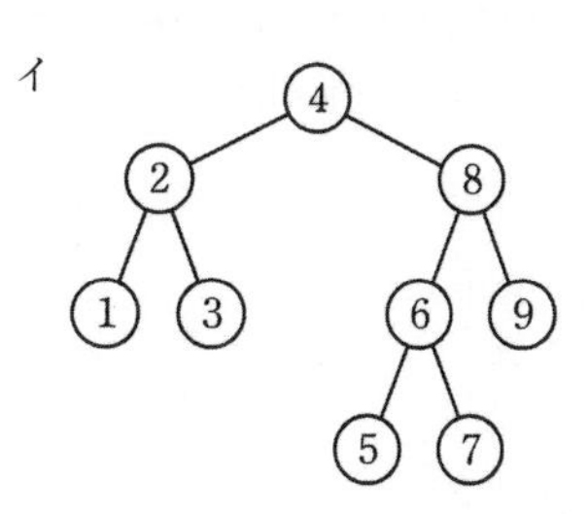

ウ

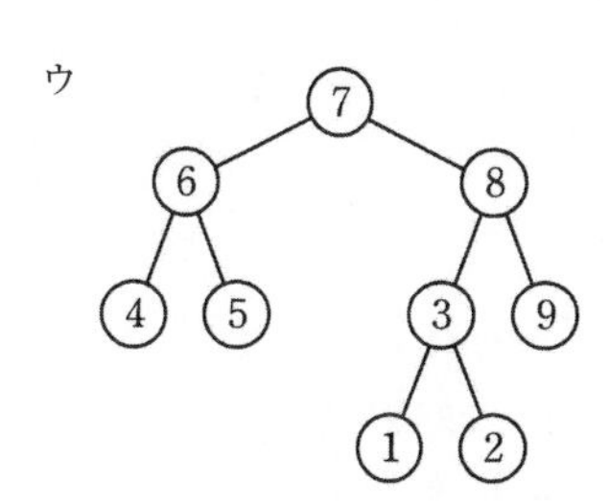

エ

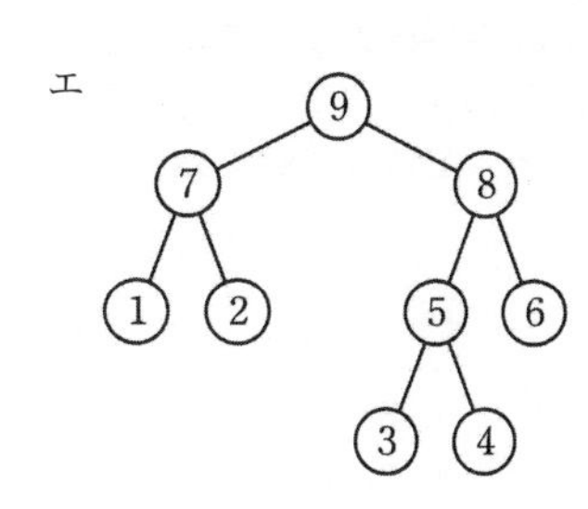

問7　表探索におけるハッシュ法の特徴はどれか。

ア　2分木を用いる方法の一種である。
イ　格納場所の衝突が発生しない方法である。
ウ　キーの関数値によって格納場所を決める。
エ　探索に要する時間は表全体の大きさにほぼ比例する。

問8 三つのスタックA, B, Cのいずれの初期状態も[1, 2, 3]であるとき，再帰的に定義された関数f()を呼び出して終了した後のBの状態はどれか。ここで，スタックが，$[a_1, a_2, \cdots, a_{n-1}]$の状態のときに$a_n$をpushした後のスタックの状態は$[a_1, a_2, \cdots, a_{n-1}, a_n]$で表す。

```
f () {
  Aが空ならば{
    何もしない。
  }
  そうでない場合{
    Aからpopした値をCにpushする。
    f ()を呼び出す。
    Cからpopした値をBにpushする。
  }
}
```

ア [1, 2, 3, 1, 2, 3]　　イ [1, 2, 3, 3, 2, 1]
ウ [3, 2, 1, 1, 2, 3]　　エ [3, 2, 1, 3, 2, 1]

問9 HTML文書の文字の大きさ，文字の色，行間などの視覚表現の情報を扱う標準仕様はどれか。

ア CMS　　イ CSS　　ウ RSS　　エ Wiki

問10 メイン処理，及び表に示す二つの割込みA，Bの処理があり，多重割込みが許可されている。割込みA，Bが図のタイミングで発生するとき，0ミリ秒から5ミリ秒までの間にメイン処理が利用できるCPU時間は何ミリ秒か。ここで，割込み処理の呼出し及び復帰に伴うオーバヘッドは無視できるものとする。

割込み	処理時間（ミリ秒）	割込み優先度
A	0.5	高
B	1.5	低

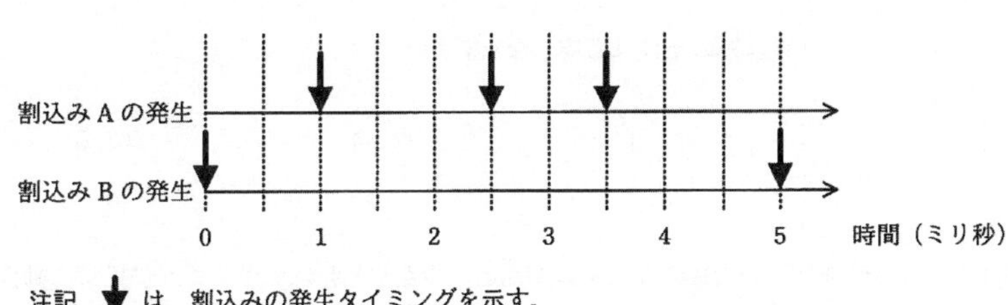

ア 2　　イ 2.5　　ウ 3.5　　エ 5

問11 DRAMの説明として，適切なものはどれか。

ア 1バイト単位でデータの消去及び書込みが可能な不揮発性のメモリであり，電源遮断時もデータ保持が必要な用途に用いられる。
イ 不揮発性のメモリでNAND型又はNOR型があり，SSDに用いられる。
ウ メモリセルはフリップフロップで構成され，キャッシュメモリに用いられる。
エ リフレッシュ動作が必要なメモリであり，PCの主記憶として用いられる。

付録

問12 96dpiのディスプレイに12ポイントの文字をビットマップで表示したい。正方フォントの縦は何ドットになるか。ここで，1ポイントは1／72インチとする。

ア 8　　イ 9　　ウ 12　　エ 16

問13 仮想化マシン環境を物理マシン20台で運用しているシステムがある。次の運用条件のとき，物理マシンが最低何台停止すると縮退運転になるか。

〔運用条件〕

(1) 物理マシンが停止すると，そこで稼働していた仮想マシンは他の全ての物理マシンで均等に稼働させ，使用していた資源も同様に配分する。

(2) 物理マシンが20台のときに使用する資源は，全ての物理マシンにおいて70%である。

(3) 1台の物理マシンで使用している資源が90%を超えた場合，システム全体が縮退運転となる。

(4) (1) ～ (3) 以外の条件は考慮しなくてよい。

ア 2　　イ 3　　ウ 4　　エ 5

問14 2台の処理装置から成るシステムがある。少なくともいずれか一方が正常に動作すればよいときの稼働率と，2台とも正常に動作しなければならないときの稼働率の差は幾らか。ここで，処理装置の稼働率はいずれも0.9とし，処理装置以外の要因は考慮しないものとする。

ア 0.09　　イ 0.10　　ウ 0.18　　エ 0.19

問15 図のメモリマップで，セグメント2が解放されたとき，セグメントを移動（動的再配置）し，分散する空き領域を集めて一つの連続領域にしたい。1回のメモリアクセスは4バイト単位で行い，読取り，書込みがそれぞれ30ナノ秒とすると，動的再配置をするために必要なメモリアクセス時間は合計何ミリ秒か。ここで，1kバイトは1,000バイトとし，動的再配置に要する時間以外のオーバヘッドは考慮しないものとする。

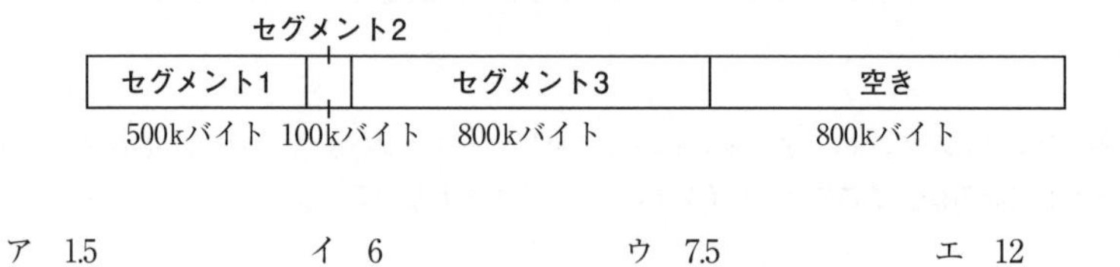

ア 1.5　　イ 6　　ウ 7.5　　エ 12

問16 三つの媒体A～Cに次の条件でファイル領域を割り当てた場合，割り当てた領域の総量が大きい順に媒体を並べたものはどれか。

〔条件〕

(1) ファイル領域を割り当てる際の媒体選択アルゴリズムとして，空き領域が最大の媒体を選択する方式を採用する。

(2) 割当て要求されるファイル領域の大きさは，順に90, 30, 40, 40, 70, 30（Mバイト）であり，割り当てられたファイル領域は，途中で解放されない。

(3) 各媒体は容量が同一であり，割当て要求に対して十分な大きさをもち，初めは全て空きの状態である。

(4) 空き領域の大きさが等しい場合には，A，B，Cの順に選択する。

ア　A，B，C　　イ　A，C，B　　ウ　B，A，C　　エ　C，B，A

問17 リンカの機能として，適切なものはどれか。

ア　作成したプログラムをライブラリに登録する。

イ　実行に先立ってロードモジュールを主記憶にロードする。

ウ　相互参照の解決などを行い，複数の目的モジュールなどから一つのロードモジュールを生成する。

エ　プログラムの実行を監視し，ステップごとに実行結果を記録する。

問18 次の回路の入力と出力の関係として，正しいものはどれか。

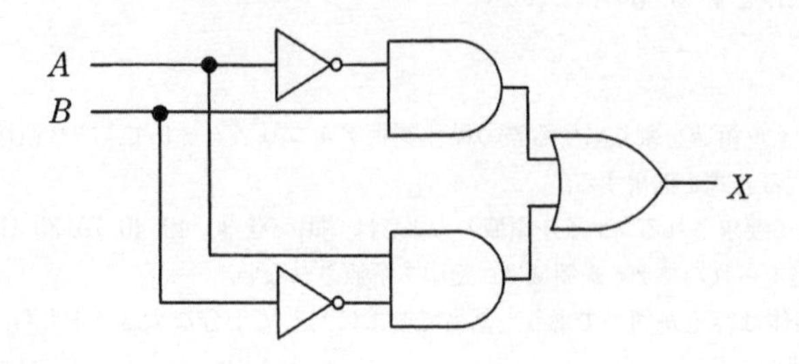

ア

入力		出力
A	*B*	*X*
0	0	0
0	1	0
1	0	0
1	1	1

イ

入力		出力
A	*B*	*X*
0	0	0
0	1	1
1	0	1
1	1	0

ウ

入力		出力
A	*B*	*X*
0	0	1
0	1	0
1	0	0
1	1	0

エ

入力		出力
A	*B*	*X*
0	0	1
0	1	1
1	0	1
1	1	0

問19 列車の予約システムにおいて，人間とコンピュータが音声だけで次のようなやり取りを行う。この場合に用いられるインタフェースの種類はどれか。

〔凡例〕
P：人間
C：コンピュータ

P “5月28日の名古屋駅から東京駅までをお願いします。”
C “ご乗車人数をどうぞ。”
P “大人2名でお願いします。”
C “ご希望の発車時刻をどうぞ。”
P “午前9時頃を希望します。”
C “午前9時3分発，午前10時43分着の列車ではいかがでしょうか。”
P “それでお願いします。”
C “確認します。大人2名で，5月28日の名古屋駅午前9時3分発，東京駅午前10時43分着の列車でよろしいでしょうか。”
P “はい。”

ア 感性インタフェース
イ 自然言語インタフェース
ウ ノンバーバルインタフェース
エ マルチモーダルインタフェース

問20 音声のサンプリングを1秒間に11,000回行い，サンプリングした値をそれぞれ8ビットのデータとして記録する。このとき，512×10^6バイトの容量をもつフラッシュメモリに記録できる音声の長さは，最大何分か。

ア 77
イ 96
ウ 775
エ 969

付録

問21 DBMSが提供する機能のうち，データ機密保護を実現する手段はどれか。

ア 一連の処理を論理的単位としてまとめたトランザクションを管理する。
イ データに対するユーザのアクセス権限を管理する。
ウ データを更新するときに参照制約をチェックする。
エ データを更新する前に専有ロックをかける。

問22 データ項目の命名規約を設ける場合，次の命名規約だけでは回避できない事象はどれか。

〔命名規約〕

(1) データ項目名の末尾には必ず“名”，“コード”，“数”，“金額”，“年月日”などの区分語を付与し，区分語ごとに定めたデータ型にする。

(2) データ項目名と意味を登録した辞書を作成し，異音同義語や同音異義語が発生しないようにする。

ア データ項目“受信年月日”のデータ型として，日付型と文字列型が混在する。

イ データ項目“受注金額”の取り得る値の範囲がテーブルによって異なる。

ウ データ項目“賞与金額”と同じ意味で“ボーナス金額”というデータ項目がある。

エ データ項目“取引先”が，“取引先コード”か“取引先名”か，判別できない。

問23 “中間テスト”表からクラスごと，教科ごとの平均点を求め，クラス名，教科名の昇順に表示するSQL文中のaに入れる字句はどれか。

中間テスト(クラス名,教科名,学生番号,名前,点数)

〔SQL文〕

```
SELECT クラス名, 教科名, AVG(点数) AS 平均点
    FROM 中間テスト
```

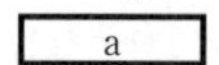

ア GROUP BY クラス名, 教科名 ORDER BY クラス名, AVG(点数)

イ GROUP BY クラス名, 教科名 ORDER BY クラス名, 教科名

ウ GROUP BY クラス名, 教科名, 学生番号 ORDER BY クラス名, 教科名, 平均点

エ GROUP BY クラス名, 平均点 ORDER BY クラス名, 教科名

問24 一つのトランザクションはトランザクションを開始した後，五つの状態(アクティブ，アボート処理中，アボート済，コミット処理中，コミット済)を取り得るものとする。このとき，**取ることのない**状態遷移はどれか。

	遷移前の状態	遷移後の状態
ア	アボート処理中	アボート済
イ	アボート処理中	コミット処理中
ウ	コミット処理中	アボート処理中
エ	コミット処理中	コミット済

問25 1.5Mビット／秒の伝送路を用いて12Mバイトのデータを転送するために必要な伝送時間は何秒か。ここで，伝送路の伝送効率を50%とする。

ア 16　　イ 32　　ウ 64　　エ 128

問26 OSI基本参照モデルのトランスポート層以上が異なるLANシステム相互間でプロトコル変換を行う機器はどれか。

ア ゲートウェイ　　イ ブリッジ　　ウ リピータ　　エ ルータ

問27 次のネットワークアドレスとサブネットマスクをもつネットワークがある。このネットワークをあるPCが利用する場合，そのPCに**割り振ってはいけない**IPアドレスはどれか。

ネットワークアドレス：200.170.70.16
サブネットマスク　　：255.255.255.240

ア 200.170.70.17　　イ 200.170.70.20
ウ 200.170.70.30　　エ 200.170.70.31

問28 インターネットにおける電子メールの規約で，ヘッダフィールドの拡張を行い，テキストだけでなく，音声，画像なども扱えるようにしたものはどれか。

ア HTML　　イ MHS　　ウ MIME　　エ SMTP

付録

問29 情報セキュリティにおいてバックドアに該当するものはどれか。

ア アクセスする際にパスワード認証などの正規の手続が必要なWebサイトに，当該手続を経ないでアクセス可能なURL
イ インターネットに公開されているサーバのTCPポートの中からアクティブになっているポートを探して，稼働中のサービスを特定するためのツール
ウ ネットワーク上の通信パケットを取得して通信内容を見るために設けられたスイッチのLANポート
エ プログラムが確保するメモリ領域に，領域の大きさを超える長さの文字列を入力してあふれさせ，ダウンさせる攻撃

問30 検索サイトの検索結果の上位に悪意のあるサイトが表示されるように細工する攻撃の名称はどれか。

ア DNSキャッシュポイズニング　　イ SEOポイズニング
ウ クロスサイトスクリプティング　　エ ソーシャルエンジニアリング

問31 CAPTCHAの目的はどれか。

ア Webサイトなどにおいて，コンピュータではなく人間がアクセスしていることを確認する。
イ 公開鍵暗号と共通鍵暗号を組み合わせて，メッセージを効率よく暗号化する。
ウ 通信回線を流れるパケットをキャプチャして，パケットの内容の表示や解析，集計を行う。
エ 電子政府推奨暗号の安全性を評価し，暗号技術の適切な実装法，運用法を調査，検討する。

問32 組織的なインシデント対応体制の構築や運用を支援する目的でJPCERT/CCが作成したものはどれか。

ア CSIRTマテリアル
イ ISMSユーザーズガイド
ウ 証拠保全ガイドライン
エ 組織における内部不正防止ガイドライン

問33 利用者情報を格納しているデータベースから利用者情報を検索して表示する機能だけをもつアプリケーションがある。このアプリケーションがデータベースにアクセスするときに用いるアカウントに与えるデータベースへのアクセス権限として，情報セキュリティ管理上，適切なものはどれか。ここで，権限の名称と権限の範囲は次のとおりとする。

〔権限の名称と権限の範囲〕
参照権限　：　レコードの参照が可能
更新権限　：　レコードの登録，変更，削除が可能
管理者権限：　テーブルの参照，登録，変更，削除が可能

ア 管理者権限　　イ 更新権限
ウ 更新権限と参照権限　　エ 参照権限

問34 SIEM（Security Information and Event Management）の機能はどれか。

ア　隔離された仮想環境でファイルを実行して，C&Cサーバへの通信などの振る舞いを監視する。
イ　様々な機器から集められたログを総合的に分析し，管理者による分析と対応を支援する。
ウ　ネットワーク上の様々な通信機器を集中的に制御し，ネットワーク構成やセキュリティ設定などを変更する。
エ　パケットのヘッダ情報の検査だけではなく，通信先のアプリケーションプログラムを識別して通信を制御する。

問35 SPF（Sender Policy Framework）の仕組みはどれか。

ア　電子メールを受信するサーバが，電子メールに付与されているディジタル署名を使って，送信元ドメインの詐称がないことを確認する。
イ　電子メールを受信するサーバが，電子メールの送信元のドメイン情報と，電子メールを送信したサーバのIPアドレスから，ドメインの詐称がないことを確認する。
ウ　電子メールを送信するサーバが，送信する電子メールの送信者の上司からの承認が得られるまで，一時的に電子メールの送信を保留する。
エ　電子メールを送信するサーバが，電子メールの宛先のドメインや送信者のメールアドレスを問わず，全ての電子メールをアーカイブする。

問36 UML2.0のシーケンス図とコミュニケーション図のどちらにも表現されるものはどれか。

ア　イベントとオブジェクトの状態
イ　オブジェクトがある状態にとどまる最短時間及び最長時間
ウ　オブジェクトがメッセージを処理している期間
エ　オブジェクト間で送受信されるメッセージ

問37 モジュール間の情報の受渡しがパラメタだけで行われる，結合度が最も弱いモジュール結合はどれか。

ア　共通結合　　イ　制御結合　　ウ　データ結合　　エ　内容結合

問38 ブラックボックステストに関する記述として，最も適切なものはどれか。

ア　テストデータの作成基準として，プログラムの命令や分岐に対する網羅率を使用する。
イ　被テストプログラムに冗長なコードがあっても検出できない。
ウ　プログラムの内部構造に着目し，必要な部分が実行されたかどうかを検証する。
エ　分岐命令やモジュールの数が増えると，テストデータが急増する。

問39 XP（Extreme Programming）のプラクティスの説明のうち，適切なものはどれか。

ア　顧客は単体テストの仕様に責任をもつ。
イ　コードの結合とテストを継続的に繰り返す。
ウ　コードを作成して結合できることを確認した後，テストケースを作成する。
エ　テストを通過したコードは，次のイテレーションまでリファクタリングしない。

問40 ソフトウェアのリバースエンジニアリングの説明はどれか。

ア　開発支援ツールなどを用いて，設計情報からソースコードを自動生成する。
イ　外部から見たときの振る舞いを変えずに，ソフトウェアの内部構造を変える。
ウ　既存のソフトウェアを解析し，その仕様や構造を明らかにする。
エ　既存のソフトウェアを分析し理解した上で，ソフトウェア全体を新しく構築し直す。

問41 プロジェクトスコープマネジメントにおいて，WBS作成のプロセスで行うことはどれか。

ア　作業の工数を算定して，コストを見積もる。
イ　作業を階層的に細分化する。
ウ　作業を順序付けして，スケジュールとして組み立てる。
エ　成果物を生成するアクティビティを定義する。

問42 図のプロジェクトの日程計画において，プロジェクトの所要日数は何日か。

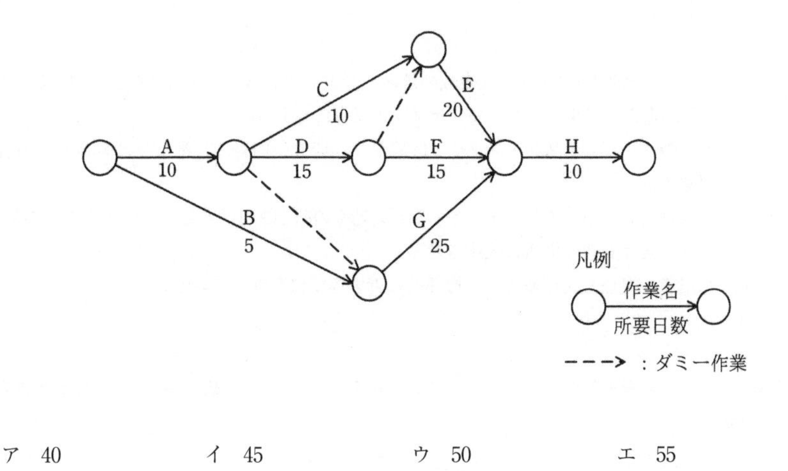

ア 40　　イ 45　　ウ 50　　エ 55

問43 ある新規システムの機能規模を見積もったところ，500FP（ファンクションポイント）であった。このシステムを構築するプロジェクトには，開発工数のほかに，システム導入と開発者教育の工数が，合計で10人月必要である。また，プロジェクト管理に，開発と導入・教育を合わせた工数の10%を要する。このプロジェクトに要する全工数は何人月か。ここで，開発の生産性は1人月当たり10FPとする。

ア 51　　イ 60　　ウ 65　　エ 66

問44 ITサービスマネジメントにおける問題管理で実施する活動のうち，事前予防的な活動はどれか。

ア インシデントの発生傾向を分析して，将来のインシデントを予防する方策を提案する。
イ 検出して記録した問題を分類して，対応の優先度を設定する。
ウ 重大な問題に対する解決策の有効性を評価する。
エ 問題解決後の一定期間，インシデントの再発の有無を監視する。

問45 ITILによれば，サービスデスク組織の特徴のうち，バーチャル・サービスデスクのものはどれか。

ア　サービスデスク・スタッフは複数の地域に分散しているが，通信技術を利用することによって，利用者からは単一のサービスデスクのように見える。
イ　専任のサービスデスク・スタッフは置かず，研究や開発，営業などの業務の担当者が兼任で運営する。
ウ　費用対効果の向上やコミュニケーション効率の向上を目的として，サービスデスク・スタッフを単一又は少数の場所に集中させる。
エ　利用者の拠点と同じ場所か，物理的に近い場所に存在している。

問46 システム監査実施体制のうち，システム監査人の独立性の観点から最も**避けるべきもの**はどれか。

ア　監査チームメンバに任命された総務部のAさんが，他のメンバと一緒に，総務部の入退室管理の状況を監査する。
イ　監査部のBさんが，個人情報を取り扱う業務を委託している外部企業の個人情報管理状況を監査する。
ウ　情報システム部の開発管理者から5年前に監査部に異動したCさんが，マーケティング部におけるインターネットの利用状況を監査する。
エ　法務部のDさんが，監査部からの依頼によって，外部委託契約の妥当性の監査において，監査人に協力する。

問47 IT投資評価を，個別プロジェクトの計画，実施，完了に応じて，事前評価，中間評価，事後評価を行う。事前評価について説明したものはどれか。

ア　計画と実績との差異及び原因を詳細に分析し，投資額や効果目標の変更が必要かどうかを判断する。
イ　事前に設定した効果目標の達成状況を評価し，必要に応じて目標を達成するための改善策を検討する。
ウ　投資効果の実現時期と評価に必要なデータ収集方法を事前に計画し，その時期に合わせて評価を行う。
エ　投資目的に基づいた効果目標を設定し，実施可否判断に必要な情報を上位マネジメントに提供する。

問48 エンタープライズアーキテクチャを構成するアプリケーションアーキテクチャについて説明したものはどれか。

ア　業務に必要なデータの内容，データ間の関連や構造などを体系的に示したもの
イ　業務プロセスを支援するシステムの機能や構成などを体系的に示したもの
ウ　情報システムの構築・運用に必要な技術的構成要素を体系的に示したもの
エ　ビジネス戦略に必要な業務プロセスや情報の流れを体系的に示したもの

問49 オンデマンド型のサービスはどれか。

ア　インターネットサイトで購入したDVDで視聴する映画
イ　出版社が部数を決めてオフセット印刷した文庫本
ウ　定期的に決められたスケジュールでスマートフォンに配信されるインターネットニュース
エ　利用者の要求に応じてインターネット上で配信される再放送のドラマ

問50 非機能要件項目はどれか。

ア　新しい業務の在り方や運用に関わる業務手順，入出力情報，組織，責任，権限，業務上の制約などの項目
イ　新しい業務の遂行に必要なアプリケーションシステムに関わる利用者の作業，システム機能の実現範囲，機能間の情報の流れなどの項目
ウ　経営戦略や情報戦略に関わる経営上のニーズ，システム化・システム改善を必要とする業務上の課題，求められる成果・目標などの項目
エ　システム基盤に関わる可用性，性能，拡張性，運用性，保守性，移行性などの項目

問51 企業経営で用いられるコアコンピタンスを説明したものはどれか。

ア　企業全体の経営資源の配分を有効かつ統合的に管理し，経営の効率向上を図ることである。
イ　競争優位の源泉となる，他社よりも優越した自社独自のスキルや技術などの強みである。
ウ　業務プロセスを根本的に考え直し，抜本的にデザインし直すことによって，企業のコスト，品質，サービス，スピードなどを劇的に改善することである。
エ　最強の競合相手又は先進企業と比較して，製品，サービス，オペレーションなどを定性的・定量的に把握することである。

問52　プロダクトライフサイクルにおける成熟期の特徴はどれか。

ア　市場が商品の価値を理解し始める。商品ラインもチャネルも拡大しなければならない。この時期は売上も伸びるが，投資も必要である。
イ　需要が大きくなり，製品の差別化や市場の細分化が明確になってくる。競争者間の競争も激化し，新品種の追加やコストダウンが重要となる。
ウ　需要が減ってきて，撤退する企業も出てくる。この時期の強者になれるかどうかを判断し，代替市場への進出なども考える。
エ　需要は部分的で，新規需要開拓が勝負である。特定ターゲットに対する信念に満ちた説得が必要である。

問53　プロセスイノベーションに関する記述として，適切なものはどれか。

ア　競争を経て広く採用され，結果として事実上の標準となる。
イ　製品の品質を向上する革新的な製造工程を開発する。
ウ　独創的かつ高い技術を基に革新的な新製品を開発する。
エ　半導体の製造プロセスをもっている企業に製造を委託する。

問54　車載機器の性能の向上に関する記述のうち，ディープラーニングを用いているものはどれか。

ア　車の壁への衝突を加速度センサが検知し，エアバッグを膨らませて搭乗者をけがから守った。
イ　システムが大量の画像を取得し処理することによって，歩行者と車をより確実に見分けることができるようになった。
ウ　自動でアイドリングストップする装置を搭載することによって，運転経験が豊富な運転者が運転する場合よりも燃費を向上させた。
エ　ナビゲーションシステムが，携帯電話回線を通してソフトウェアのアップデートを行い，地図を更新した。

問55 シェアリングエコノミーの説明はどれか。

ア　ITの活用によって経済全体の生産性が高まり，更にSCMの進展によって需給ギャップが解消されるので，インフレなき成長が持続するという概念である。
イ　ITを用いて，再生可能エネルギーや都市基盤の効率的な管理・運営を行い，人々の生活の質を高め，継続的な経済発展を実現するという概念である。
ウ　商取引において，実店舗販売とインターネット販売を組み合わせ，それぞれの長所を生かして連携させることによって，全体の売上を拡大する仕組みである。
エ　ソーシャルメディアのコミュニティ機能などを活用して，主に個人同士で，個人が保有している遊休資産を共有したり，貸し借りしたりする仕組みである。

問56 BCP（事業継続計画）の策定，運用に関する記述として，適切なものはどれか。

ア　ITに依存する業務の復旧は，技術的に容易であることを基準に優先付けする。
イ　計画の内容は，経営戦略上の重要事項となるので，上級管理者だけに周知する。
ウ　計画の内容は，自社組織が行う範囲に限定する。
エ　自然災害に加え，情報システムの機器故障やマルウェア感染も検討範囲に含める。

問57 連関図法を説明したものはどれか。

ア　事態の進展とともに様々な事象が想定される問題について，対応策を検討して望ましい結果に至るプロセスを定める方法である。
イ　収集した情報を相互の関連によってグループ化し，解決すべき問題点を明確にする方法である。
ウ　複雑な要因の絡み合う事象について，その事象間の因果関係を明らかにする方法である。
エ　目的・目標を達成するための手段・方策を順次展開し，最適な手段・方策を追求していく方法である。

問58　企業がマーケティング活動に活用するビッグデータの特徴に沿った取扱いとして，適切なものはどれか。

ア　ソーシャルメディアで個人が発信する商品のクレーム情報などの，不特定多数によるデータは処理の対象にすべきではない。
イ　蓄積した静的なデータだけでなく，Webサイトのアクセス履歴などリアルタイム性の高いデータも含めて処理の対象とする。
ウ　データ全体から無作為にデータをサンプリングして，それらを分析することによって全体の傾向を推し量る。
エ　データの正規化が難しい非構造化データである音声データや画像データは，処理の対象にすべきではない。

問59　商品の1日当たりの販売個数の予想確率が表のとおりであるとき，1個当たりの利益を1,000円とすると，利益の期待値が最大になる仕入個数は何個か。ここで，仕入れた日に売れ残った場合，1個当たり300円の廃棄ロスが出るものとする。

		販売個数			
		4	5	6	7
仕入個数	4	100%	−	−	−
	5	30%	70%	−	−
	6	30%	30%	40%	−
	7	30%	30%	30%	10%

ア　4　　イ　5　　ウ　6　　エ　7

問60　労働者派遣法に基づく，派遣先企業と労働者との関係（図の太線部分）はどれか。

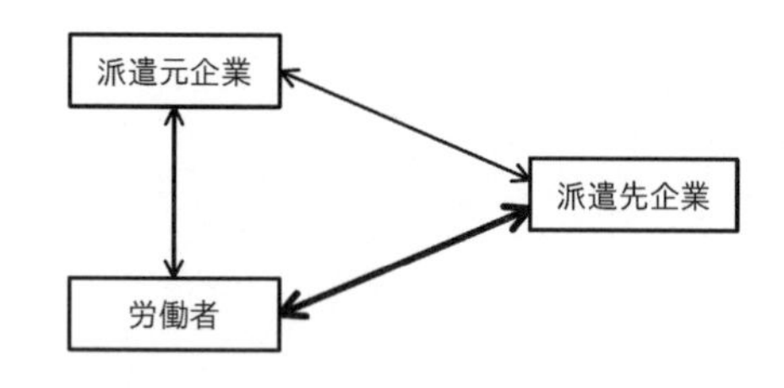

ア　請負契約関係　　イ　雇用契約関係
ウ　指揮命令関係　　エ　労働者派遣契約関係

模擬試験　科目A 問題の解説

問1　16進小数の分数表現　《解答》エ

（平成30年秋 基本情報技術者試験 午前 問1）

16進数の小数0.248は，小数第1位が16^{-1}の位，小数第2位が16^{-2}の位，小数第3位が16^{-3}の位なので，10進数の分数に直すと，次の式になります。

$$0.248_{(16)} = \frac{2}{16} + \frac{4}{16^2} + \frac{8}{16^3} = \frac{512+64+8}{4096} = \frac{584}{4096} = \frac{73}{512}$$

したがって，**エ**が正解です。

問2　パリティビット以外を求めるビット演算　《解答》ウ

（平成31年春 基本情報技術者試験 午前 問2）

ビット列から特定のビットを取り出す演算をマスク演算といい，取り出したいビットに1を設定してAND演算を行うことで実現できます。最上位をパリティビットとする8ビット符号で，パリティビット以外の下位7ビットを取り出すためには，下位7ビットを1としたビット列01111111を使用し，AND演算を実行します。16進数に直すには4桁ごとに区切り，$0111_{(2)}=7_{(16)}$，$1111_{(2)}=F_{(16)}$で16進数7Fとなります。したがって，**ウ**が正解です。

問3　関数同士の極限　《解答》ア

（令和元年秋 基本情報技術者試験 午前 問4）

関数f(t)，g(t)を当てはめて式を変形すると，次のようになります。

$$\lim_{t\to\infty}\frac{g(t)}{f(t)} = \lim_{t\to\infty}\frac{\frac{b}{t^2-t}}{\frac{a}{t+1}} = \lim_{t\to\infty}\frac{b(t+1)}{a(t^2-t)}$$

ここで，分母，分子ともにt^2で割り，$t\to\infty$とすると，次のようになります。

$$\lim_{t\to\infty}\frac{b(t+1)}{a(t^2-t)} = \lim_{t\to\infty}\frac{b(\frac{1}{t}+\frac{1}{t^2})}{a(1-\frac{1}{t})} = \frac{a(0+0)}{b(1-0)} = \frac{0}{b} = 0$$

したがって，0になるので**ア**が正解です。

問4　機械学習における教師あり学習　《解答》ウ

（平成31年春 基本情報技術者試験 午前 問4）

機械学習における教師あり学習とは，正解データを教師として学習する方法です。正解のデータを提示したり，それが正解ではない（誤りである）ことを指摘したりすることで，学習を行っていきます。したがって，**ウ**が正解です。

ア　強化学習の説明です。

イ　推論は，学習ではなく，学習済モデルの適用フェーズで行われることです。

エ　教師なし学習の説明です。

問5 フィードバック制御 《解答》ウ

(平成29年秋 基本情報技術者試験 午前 問3)

フィードバック制御とは，出力結果と目標値とを比較して，一致するように制御を行う方法です。出力の結果を見て，目標値と離れていた場合に，目標値に近づくように制御します。したがって，**ウ**が正解です。

ア　シーケンス制御に関する内容です。

イ　フィードフォワード制御の説明です。

エ　シーケンス制御では，出力結果を使用しません。

問6 2分探索木 《解答》イ

(平成31年春 基本情報技術者試験 午前 問5)

2分探索木は，データを探索するための木です。根や節となるデータの左側にはそのデータよりも小さい値，右側にはそのデータよりも大きい値が格納されます。そのため，根には左部分木のすべての値よりも大きい値，右部分木のすべての値よりも小さい値が入る必要があります。

イの2分木では，根の4より左側は1～3で，右側は5～9なので条件を満たしています。それぞれの部分木でも，左部分木＜節＜右部分木の条件を満たしているので，2分探索木であるといえます。したがって，**イ**が正解です。

ア　幅優先順で，根から順に値を入れた2分木です（幅優先選択については，「1-2-2　グラフのアルゴリズム」を参照）。

ウ，エ　部分木によって順番が異なり，不特定なかたちの2分木です。

問7 ハッシュ法 《解答》ウ

(平成30年春 基本情報技術者試験 午前 問7)

表探索におけるハッシュ法（ハッシュ表探索）では，ハッシュ関数を用いて，キーに対して関数値を計算し，その内容で格納場所を決めます。したがって，**ウ**が正解です。

ア　2分探索の説明です。

イ　ハッシュ関数の計算によって，格納場所の衝突が発生します。

エ　線形探索の説明です。

問8 再帰関数を終了した状態 《解答》ア

（平成31年春 基本情報技術者試験 午前 問6）

初期状態のA，B，Cは，次のように設定されます。

```
A = [1, 2, 3], B = [1, 2, 3], C = [1, 2, 3]
```

f()（1つ目）を実行すると，まず，「Aが空ならば」で，Aが空でないかどうかを確認します。

最初はAは空ではないため，「Aからpopした値をCにpushする」を実行してAからpopした値をCに追加して，f()（2つ目）を呼び出します。「Aからpopした値をCにpushする」の後，A，B，Cは，次のように変更されています。

```
A = [1, 2], B = [1, 2, 3], C = [1, 2, 3, 3]
```

f()（2つ目）を実行すると，まだAは空ではないため，もう一度「Aからpopした値をCにpushする」を実行してから，f()（3つ目）を呼び出します。「Aからpopした値をCにpushする」の後，A，B，Cは次のように変更されています。

```
A = [1], B = [1, 2, 3], C = [1, 2, 3, 3, 2]
```

さらにf()（3つ目）を実行すると，まだAは空ではないため，もう一度「Aからpopした値をCにpushする」を実行してから，f()（4つ目）を呼び出します。「Aからpopした値をCにpushする」の後，A，B，Cは次のように変更されています。

```
A = [], B = [1, 2, 3], C = [1, 2, 3, 3, 2, 1]
```

f()（4つ目）では，Aが空になったので，「何もしない」で元の位置のf()（3つ目）に戻ります。

戻った関数f()（3つ目）の次の行には，「Cからpopした値をBにpushする」があるので実行します。Cからpopした値をBに追加すると，A，B，Cは次のように変更されます。

```
A = [], B = [1, 2, 3, 1], C = [1, 2, 3, 3, 2]
```

f()（3つ目）はすべて終了したので，元の位置のf()（2つ目）に戻ります。

戻った関数f()（2つ目）の次の行には，「Cからpopした値をBにpushする」があるので実行します。Cからpopした値をBに追加すると，A，B，Cは次のように変更されます。

```
A = [], B = [1, 2, 3, 1, 2], C = [1, 2, 3, 3]
```

f()（2つ目）はすべて終了したので，元の位置のf()（1つ目）に戻ります。

戻った関数f()（1つ目）の次の行には，「Cからpopした値をBにpushする」があるので実行します。Cからpopした値をBに追加すると，A，B，Cは次のように変更されます。

付録

```
A = [], B = [1, 2, 3, 1, 2, 3], C = [1, 2, 3]
```

この状態で f()(1つ目)が終了し，全体の実行が完了となります。

したがって，Bの値は[1, 2, 3, 1, 2, 3]となり，**ア**が正解です。

問9 視覚表現情報の標準仕様 《解答》イ

（平成28年春 基本情報技術者試験 午前 問24）

HTML文書では，文章の構造とは別に，文字の大きさ，文字の色，行間などの視覚表現の情報を定義します。視覚表現を定義するスタイルシートの代表的なものに，CSS（Cascading Style Sheet）があります。したがって，**イ**が正解です。

ア CMS（Content Management System）は，ブログ等のコンテンツを管理するためのシステムです。

ウ RSS（Rich Site Summary）は，ウェブサイトの更新情報を配信するための形式です。

エ Wiki（ウィキ）は，ユーザーが共同で編集・作成できるWebページです。

問10 メイン処理が利用できるCPU時間 《解答》ア

（令和元年秋 基本情報技術者試験 午前 問13）

表より，割込みAは割込み優先度が高く，1回当たり0.5ミリ秒の処理時間がかかります。図では1秒，2.5秒，3.5秒の3回割込みが発生しており，それぞれ0.5ミリの割込み（1～1.5秒，2.5～3秒，3.5～4秒）で，合計0.5×3=1.5ミリ秒の割込みを行います。

割込みBは，図より，5ミリ秒までの間では，0ミリ秒で1回発生するだけです。表より，1.5ミリ秒実行します。割込み優先度が低いので，途中の1～1.5秒の間で割込みAに処理を譲りますが，その後1.5～2秒の間で実行し，終了します。

0ミリ秒から5ミリ秒までの間で，割込みAとBの両方が発生せず，メイン処理が利用できる時間は，割込みAとBの実行時間を引き，5−1.5−1.5=2[ミリ秒]となります。具体的には，2～2.5ミリ秒，3～3.5ミリ秒，4～5ミリ秒の間です。したがって，**ア**が正解となります。

問11 DRAM 《解答》エ

（平成30年秋 基本情報技術者試験 午前 問21）

DRAM（Dynamic Random Access Memory）は，メモリの書き換えが可能なRAMの一種で，一定時間経つとデータが消失してしまうメモリです。データの保持にはリフレッシュ動作が必要で，PCの主記憶として用いられます。したがって，**エ**が正解です。

ア EPROM（Erasable Programmable Read Only Memory）の説明です。

イ フラッシュメモリの説明です。

ウ SRAM（Static Random Access Memory）の説明です。

問12 正方フォントの縦 《解答》エ

（平成31年春 基本情報技術者試験 午前 問11）

96dpi（Dots per inch）は，1インチあたり96ビットの解像度という意味です。1ポイントが1／72インチのとき，12ポイントの文字をビットマップで表示するときのドット数は，次の式で計算できます。

$$12[ポイント] \times \frac{1}{72}[インチ／ポイント] \times 96[ビット／インチ] = 16[ビット]$$

したがって，**エ**が正解です。

問13 縮退運転になる停止台数 《解答》エ

（基本情報技術者試験（科目A試験）サンプル問題セット 問13）

仮想化マシン環境を物理マシン20台で運用しているシステムで，縮退運転になる故障台数を考えます。〔運用条件〕(2)より，全体で使用している資源は，20[台]×0.7=14[台]分です。

(3)より，14台分の資源を90[%]以下で稼働させるには，最低で14[台]÷0.9≒15.5[台]分の物理マシンが必要となります。

マシンは整数なので，16[台]までは問題ないですが，15[台]になると縮退運転になると考えられます。このときに停止した台数は，20－15＝5[台]となります。したがって，**エ**が正解です。

問14 稼働率 《解答》ウ

（令和元年秋 基本情報技術者試験 午前 問16）

2台の処理装置から成るシステムで，それぞれの装置の稼働率が0.9のときの2種類の稼働率を求めます。

少なくともいずれか一方が正常に動作すればよいときの稼働率①は，両方動いていないとき以外はOKなので，次の式で計算できます。

稼働率①＝1－(1－0.9)×(1－0.9)＝1－0.01＝0.99

2台とも正常に動作しなければならないときの稼働率②は，両方動いているときだけOKなので，次の式で計算できます。

稼働率②＝0.9×0.9＝0.81

稼働率①のほうが値が大きいので，2つの稼働率の差は，次の式で計算できます。

稼働率①－稼働率②＝0.99－0.81＝0.18

したがって，**ウ**が正解です。

問15 動的再配置に必要なメモリアクセス時間 《解答》エ

（平成29年秋 基本情報技術者試験 午前 問19）

図のメモリマップで，セグメント2が解放されたときは，セグメント3をセグメント1の直後に移動させることで，空き領域をまとめることができます。図より，セグメント3は800kバイトで，1回のメモリアクセスは4バイト単位で行うので，メモリアクセスの回数は，次の式で求められます。

800×10^3[バイト]÷4[バイト／回]＝200,000[回]

1回の読み取り，書き込みがそれぞれ30ナノ秒かかるので，動的再配置をするのに必要なメモリアクセス時間は次の式で計算できます。

$(30 + 30) \times 10^{-9}$[秒／回] × 200,000[回] = 12×10^{-3}[秒] = 12[ミリ秒]

したがって，**エ**が正解です。

問16 ファイル領域の割り当て 《解答》エ

（基本情報技術者試験（科目A試験）サンプル問題セット 問17）

三つの媒体A～Cに90，30，40，40，70，30（Mバイト）のファイルを順に割り当てます。最初は各媒体の容量が同一で，すべて空きの状態なので，空き領域の大きさが等しく，Aから順に選択されます。そのため，順番に空き領域が大きい媒体に割当てていくと，次のようになります。

媒体	割当て	総量
A	90	90
B	30，40，30	100
C	40，70	110

したがって，総量が大きい順に並べるとC，B，Aとなり，**エ**が正解です。

問17 リンカの機能 《解答》ウ

（平成30年秋 基本情報技術者試験 午前 問20）

リンカとは，プログラムの断片を結合し，実行可能なプログラムを作成するものです。相互参照の解決などを行い，複数の目的モジュールなどから1つのロードモジュールを生成することは，リンカの機能に含まれます。したがって，**ウ**が正解です。

ア　パッケージマネージャーなど，ライブラリを管理するツールの機能です。

イ　ローダの機能です。

エ　トレーサーの機能です。

問18 論理回路の入力と出力の関係 《解答》イ

（令和元年秋 基本情報技術者試験 午前 問22）

図の回路で，AとBがともに0のときには，AND回路への入力が1，0と0，1になるので，出力が両方とも0です。OR回路の入力が両方0となるので，Xは0となります。

Aが0，Bが1のときには，AND回路への入力が1，1と0，0になるので，上のAND回路では1，下のAND回路では0が出力されます。OR回路の入力が1と0になるので，Xは1となります。

Aが1，Bが0のときには，AND回路への入力が0，0と1，1になるので，上のAND回路では0，下のAND回路では1が出力されます。OR回路の入力が0と1になるので，Xは1となります。

AとBがともに1のときには，AND回路への入力が0，1と1，0になるので，出力が両方とも0です。OR回路の入力が両方0となるので，Xは0となります。

したがって，組み合わせが正しい**イ**が正解です。この回路全体では，XOR回路となります。

問19 インタフェースの種類 《解答》イ

（平成30年秋 基本情報技術者試験 午前 問24）

列車の予約システムにおいて，人間とコンピュータが音声だけでやり取りを行うとき，コンピュータは人間の話した言語の内容を解釈して，応答を作成する必要があります。人間の言語の内容を解析する処理を自然言語処理といい，その場合に用いられるインタフェースの種類を自然言語インタフェースといいます。したがって，**イ**が正解です。

ア　機械と人の気分や心理などの感性を結びつけるインタフェースです。

ウ　音声やテキストによらず，ノンバーバル（非言語）でやりとりするインタフェースです。具体的には，身振りや表情などを読み取るインタフェースが該当します。

エ　音声と映像など，複数の入力情報を組み合わせるインタフェースです。

問20 フラッシュメモリに記録できる音声の長さ 《解答》ウ

（平成31年春 基本情報技術者試験 午前 問25）

音声のサンプリングを1秒間に11,000回行い，サンプリングした値をそれぞれ8ビットのデータとして記録すると，1秒間に8［ビット／回］×11,000［回］のデータが生成されます。

このとき，512×10^6バイトの容量をもつフラッシュメモリに記録できる音声の長さは，次の式で計算できます。1バイトは8ビットです。

$$\frac{512 \times 10^6[\text{バイト}] \times 8[\text{ビット／バイト}]}{8[\text{ビット／回}] \times 11{,}000[\text{回／秒}] \times 60[\text{秒／分}]} = 775.75\cdots[\text{分}] \fallingdotseq 775[\text{分}]$$

問われているのは「最大何分か」なので，小数点以下は切り捨てて，775分になります。したがって，**ウ**が正解です。

問21 データ機密保護を実現する手段 《解答》イ

（平成30年春 基本情報技術者試験 午前 問27）

DBMSが提供する機能のうち，データ機密保護は，データの機密性を実現するために，必要な人以外にデータを見せない機能です。実現する手段の代表的なものに，データに対するユーザのアクセス権限を管理することがあります。したがって，**イ**が正解です。

ア，ウ，エ　データの整合性の確保を実現する手段です。

問22 命名規約で回避できない事象 《解答》イ

（平成30年秋 基本情報技術者試験 午前 問27）

データ項目の命名を，問題文の〔命名規約〕の2つの規約に従って行ったときに，ア～エの事象について回避できるかどうかを考えると，次のようになります。

ア　○　“受信年月日”のデータ型は，(1)の区分語“年月日”が付与されており，年月日に定めたデータ型にする規則です。区分語“年月日”のデータ型を日付型か文字列型のどちらかに定めることで，混在することは回避できます。

イ　×　データ項目の取り得る値の範囲については，〔命名規約〕のどこにも記載がないので，命名規約だけでは回避できません。データ辞書にデータの範囲を追加するなどで，別に管理する必要があります。

ウ ○ データ項目“賞与金額”と“ボーナス金額”は異音同義語なので，(2)の辞書を作成することで，発生を防ぐことができます。

エ ○ (1)の規則で，データ項目の末尾には必ず区分語が必要です。“取引先”には，“コード”か“名”の区分語を付与して命名することで，判別を確実に行うことができます。

したがって，命名規約だけでは回避できない事象は，**イ**となります。

問23 昇順に表示するSQL文 《解答》イ

（平成31年春 基本情報技術者試験 午前 問27）

“中間テスト”表からクラスごと，教科ごとの平均点を求めるときには，中間テストの列の中の，クラス名と教科名でグループ化する必要があります。そのため，「GROUP BY クラス名，教科名」とします。クラス名，教科名の昇順に表示する時には，ORDER BY 句を使って，「ORDER BY クラス名，教科名」とする必要があります。したがって，組み合わせの正しい，**イ**が正解です。

ア，ウ 平均点やAVG（点数）は，平均点の昇順に表示する時に必要となります。

エ 平均点は，グループごとに求める値なので，GROUP BY句には使用できません。

問24 トランザクションの状態遷移 《解答》イ

（令和元年秋 基本情報技術者試験 午前 問28）

1つのトランザクションはトランザクションを開始した後，5つの状態をとります。このとき，アボートは，トランザクションがうまくいかず，失敗した時にトランザクションを元に戻す操作です。コミットは，トランザクションが完全に整合したときに行う操作です。

アボート処理中になった場合には，処理の失敗は確定しているので，コミットに移行することはありません。そのため，アボート処理中→コミット処理中の状態遷移を撮ることはありません。したがって，**イ**が正解です。

ア アボート処理中→アボート済は，通常のアボート処理が完了するときの状態遷移です。

ウ コミット処理中に問題が発生したら，アボート処理中に遷移することはあります。

エ コミット処理中→コミット済は，通常のコミット処理が完了するときの状態遷移です。

問25 必要な伝送時間 《解答》エ

（平成30年秋 基本情報技術者試験 午前 問31）

1.5Mビット／秒の伝送路を用いて，伝送効率50%（＝0.5）で12Mバイトのデータを転送するために必要な伝送時間[秒]を求めると，次の式になります。ここで，1バイト＝8ビットで，1M＝10^6です。

$$\frac{12 \times 10^6[\text{バイト}] \times 8[\text{ビット／バイト}]}{1.5 \times 10^6[\text{ビット／秒}] \times 0.5} = 128[\text{秒}]$$

したがって，**エ**が正解です。

問26 プロトコル変換を行う機器 《解答》ア

（平成31年春 基本情報技術者試験 午前 問31）

LAN間接続機器のうち，OSI基本参照モデルのトランスポート層以上で，異なるLANシステム相互間でプロトコル変換を行う機器は，ゲートウェイと呼ばれます。したがって，**ア**が正解です。

イ　データリンク層で同じデータリンク間の通信を行う機器です。

ウ　物理層で電気信号を増幅・整形する機器です。

エ　ネットワーク層で，IPアドレスで経路選択を行う機器です。

問27 割り振ってはいけないIPアドレス 《解答》エ

（平成30年春 基本情報技術者試験 午前 問32）

サブネットマスクが255.255.255.240では，最後の1バイト目が$240_{(10)} = 11110000_{(2)}$なので，最後の1バイトの後ろの4ビットがホストアドレスです。ネットワークアドレスが200.170.70.16のとき，最後の1バイト目は$16_{(10)} = 00010000_{(2)}$で，最後の4ビットがホストアドレスとなります。ホストアドレスには，オールビット1（ブロードキャストアドレス）と，オールビット0（ネットワークアドレス）は割り当てられません。ホストアドレスを全部1にした$00011111_{(2)} = 31_{(10)}$はブロードキャストアドレスなので，200.170.70.31はPCに割り振ってはいけないIPアドレスとなります。したがって，**エ**が正解です。

ア，イ，ウ　200.170.70.17～200.170.70.30までは，PCに割り振ることができるIPアドレスです。

問28 音声・画像などを扱える仕組み 《解答》ウ

（平成30年秋 基本情報技術者試験 午前 問34）

インターネットにおける電子メールの規約で，ヘッダフィールドの拡張を行ったものに，MIME（Multipurpose Internet Mail Extensions）があります。MIMEを使用すると，テキストだけでなく，音声，画像なども扱えるようになります。したがって，**ウ**が正解です。

ア　HTML（HyperText Markup Language）は，Webページを記述するための言語です。

イ　MHS（Message Handling System）は，ITU-T X.400シリーズで勧告される，電子メールの規格です。インターネットの標準としては採用されていません。

エ　SMTP（Simple Mail Transfer Protocol）は，インターネットでメールを転送するプロトコルです。

問29 バックドアに該当するもの 《解答》ア

（令和元年秋 基本情報技術者試験 午前 問39）

バックドアとは，正規の手続き（ログインなど）を行わずに利用できる通信経路のことです。アクセスする際にパスワード認証などの正規の手続が必要なWebサイトに，当該手続を経ないでアクセス可能なURLは，バックドアに該当します。です。したがって，**ア**が正解です。

イ　ポートスキャナに該当します。

ウ　パケットキャプチャ，またはスニッフィングツールに該当します。

エ　バッファオーバーフロー攻撃に該当します。

問30 検索結果を細工する攻撃の名称 《解答》イ

（令和元年秋 基本情報技術者試験 午前 問41）

検索サイトの検索結果の上位にする手法として，SEO（Search Engine Optimization）があります。SEOの仕組みを悪用し，悪質なサイトが人気の高い検索キーワードで上位で表示されるようにする攻撃をSEOポイズニングといいます。したがって，**イ**が正解です。

ア DNSサーバのキャッシュに不正な情報を注入することで，不正なサイトへのアクセスを誘導する攻撃です。

ウ 悪意のあるスクリプトを，標的サイトに埋め込む攻撃です。

エ 人間の心理的，社会的な性質につけ込んで秘密情報を入手する手法です。

問31 CAPTCHA 《解答》ア

（平成31年春 基本情報技術者試験 午前 問36）

CAPTCHA（Completely Automated Public Turing test to tell Computers and Humans Apart）は，ユーザ認証のときに合わせて行うテストです。利用者がコンピュータでなく人間でことを確認するために使われます。したがって，**ア**が正解です。

イ ハイブリッド暗号方式の目的です。

ウ ネットワークのトラブルシューティング時に行う，パケット解析の目的です。

エ CRYPTREC（Cryptography Research and Evaluation Committees）の目的です。

問32 JPCERT/CCが作成したもの 《解答》ア

（平成30年秋 基本情報技術者試験 午前 問40）

情報セキュリティ問題を専門に扱うインシデント対応体制のことを，CSIRT（シーサート：Computer Security Incident Response Team）といいます。CSIRTマテリアルは，JPCERT/CC（Japan Computer Emergency Response Team Coordination Center）が公開した，CSIRTのための資料です。組織内の情報セキュリティ問題を専門に扱うインシデント対応チームである「組織内CSIRT」の運用を支援する目的で提供されています。したがって，**ア**が正解です。

イ JIPDEC（Japan Institute for Promotion of Digital Economy and Community：日本情報経済社会推進協会）が公開している，ISMS認証基準（JIS Q 27001:2014）の要求事項について一定の範囲でその意味するところを説明しているガイドです。

ウ デジタル・フォレンジック研究会が公開した，電磁的証拠の保全手続きについて，さまざまな事案の特性を踏まえた知見やノウハウをまとめたガイドラインです。

エ IPAセキュリティセンターが公開した，企業やその他の組織において必要な内部不正対策を効果的に実施可能とすることを目的としたガイドラインです。

問33 アカウントに与えるデータベース権限 《解答》エ

(平成30年春 基本情報技術者試験 午前 問43)

アクセス制限を行う時には，最小の権限を与えることが原則です。情報セキュリティ管理上，必要最小限のアクセス権限を与えることで，不要な攻撃を防ぐことができます。データベースから利用者情報を検索して表示する機能だけをもつアプリケーションには，検索に必要な参照権限だけを与える必要があります。したがって，**エ**が正解です。

ア　管理者権限はテーブルの参照もできますが，不必要な権限もあり，適切ではありません。

イ　更新権限だけでは，参照はできません。

ウ　更新権限は不必要です。

問34 SIEMの機能 《解答》イ

(令和元年秋 基本情報技術者試験 午前 問43)

SIEM (Security Information and Event Management) とは，ログデータを一元的に管理し，セキュリティイベントの監視者への通知と分析を行うシステムです。様々な機器から集められたログを総合的に分析し，管理者による分析と対応を支援する機能があります。したがって，**イ**が正解です。

ア　サンドボックスでのマルウェア解析を行うときに必要な機能です。

ウ　SDN (Software-Defined Networking) などを利用して実現する機能です。

エ　アプリケーションゲートウェイ型のファイアウォールが持つ機能です。

問35 SPFの仕組み 《解答》イ

(平成30年春 基本情報技術者試験 午前 問40)

SPF (Sender Policy Framework) とは，電子メールの認証技術の1つで，差出人のIPアドレスを基にメールのドメインの正当性を検証する仕組みです。電子メールを受信するサーバが，電子メールの送信元のドメイン情報と，電子メールを送信したサーバのIPアドレスから，ドメインの詐称がないことを確認します。したがって，**イ**が正解です。

ア　DKIM (Domain Keys Identified Mail) の仕組みです。

ウ　承認システムをもつメールサーバの仕組みです。

エ　メールのアーカイブを行うシステムの仕組みです。

問36 UMLのシーケンス図とコミュニケーション図 《解答》エ

(平成30年秋 基本情報技術者試験 午前 問46)

UML2.0のシーケンス図とコミュニケーション図は，どちらも振る舞い図に分類される，オブジェクトの動的な振る舞いを表現する図です。オブジェクト間で送受信されるメッセージについて，シーケンス図では時間を中心に，コミュニケーション図では構造を中心に表現します。したがって，**エ**が正解です。

ア　ステートマシン図などで表現されるものです。

イ，ウ　時間（期間）に関する内容は，時系列で処理を記述するシーケンス図のみで表現できます。

問37 結合度が最も弱いモジュール結合 《解答》ウ

(平成30年秋 基本情報技術者試験 午前 問48)

モジュール結合度の分類のうち，結合度が最も弱いモジュール結合はデータ結合です。モジュール間の情報の受渡しがパラメタだけで行われます。したがって，**ウ**が正解です。

ア データ構造をグローバル変数として宣言し，参照する結合です。

イ 制御情報を引数として与える結合です。

エ ほかのモジュールの内部を直接参照する結合です。

問38 ブラックボックステスト 《解答》イ

(平成31年春 基本情報技術者試験 午前 問47)

ブラックボックステストは，外部から見て仕様書どおりの機能をもつかどうかをテストするものです。被テストプログラムに冗長なコードがあっても，機能に違いはないので検出できません。したがって，**イ**が正解です。

ア，ウ，エ ホワイトボックステストに関する記述です。

問39 XPのプラクティス 《解答》イ

(平成30年秋 基本情報技術者試験 午前 問50)

XP (Extreme Programming) は，事前計画よりも柔軟性を重視する，難易度の高い開発や状況が刻々と変わるような開発に適した手法です。XPのプラクティスには継続的インテグレーションがあり，コードの結合とテストを継続的に繰り返します。したがって，**イ**が正解です。

ア 単体テストの仕様は，開発者が作成します。

ウ テスト駆動開発 (Test-Driven Development:TDD) で，先にテストケースを作成し，その後コードを作成します。

エ 完成済のコードを，動作を変更させずに改善するリファクタリングは，継続的に行います。

問40 リバースエンジニアリング 《解答》ウ

(平成29年秋 基本情報技術者試験 午前 問50)

ソフトウェアのリバースエンジニアリングとは，ソフトウェアの動作を解析して構造を分析し，ソースコードなどの仕様を明らかにすることです。したがって，**ウ**が正解となります。

ア コードの自動生成に関する説明です。

イ リファクタリングの説明です。

エ リエンジニアリングの説明です。

問41 WBS作成のプロセスで行うこと 《解答》イ

（平成27年春 基本情報技術者試験 午前 問53）

WBS（Work Breakdown Structure）は，成果物を中心に，プロジェクトチームが実行する作業を階層的に要素分解したものです。プロジェクトのスコープマネジメントにおいて，WBS作成のプロセスで行うことは，作業を階層的に細分化し，最小限の単位に分解していくこととなります。したがって，**イ**が正解です。

ア　コストのマネジメントで見積りのプロセスで行うことです。
ウ　スケジュールのマネジメントのプロセスで行うことです。
エ　WBS作成後に，具体的なアクティビティを定義します。

問42 プロジェクトの所要日数 《解答》エ

（平成30年秋 基本情報技術者試験 午前 問52）

図のプロジェクトの日程計画において，最も時間が掛かるクリティカルパスは，A→D→（ダミー作業）→E→Hの区間です。所要日数は合計して，10 + 15 + 20 + 10 = 55［日］となります。したがって，**エ**が正解です。

問43 ファンクションポイントと全工数 《解答》エ

（平成30年秋 基本情報技術者試験 午前 問54）

ファンクションポイント法（FP法）での見積りを，工数に変換していきます。開発規模が500FPで，問題文に「開発の生産性は1人月当たり10FPとする」とあるので，開発工数は次の式で計算できます。

$$\frac{500[\text{FP}]}{10[\text{FP}／\text{人月}]} = 50[\text{人月}]$$

「このシステムを構築するプロジェクトには，開発工数のほかに，システム導入と開発者教育の工数が，合計で10人月必要である」とあるので，プロジェクトに要する工数は，50 + 10 = 60［人月］となります。

さらに，「プロジェクト管理に，開発と導入・教育を合わせた工数の10%を要する」とあるので，10%の工数を追加すると，60 + 60 × 0.1 = 66［人月］となります。

したがって，**エ**が正解です。

問44 事前予防的な問題管理の活動 《解答》ア

（平成30年春 基本情報技術者試験 午前 問55）

ITサービスマネジメントにおける問題管理とは，インシデントの根本原因となる問題を突き止めて，登録し管理するプロセスです。問題管理での事前に行う予防的な活動には，インシデントの発生傾向を分析して，将来のインシデントを予防する方策を提案することが挙げられます。したがって，**ア**が正解です。

イ　問題が起こった場合の対応で，事前予防にはなりません。
ウ　解決策に関する対応で，事前予防にはなりません。
エ　事後の監視で，予防にはなりません。

問45 バーチャルサービスデスク 《解答》ア

(平成28年秋 基本情報技術者試験 午前 問55)

サービスデスク組織の特徴のうち，バーチャル・サービスデスクとは，通信技術を利用して，複数の拠点に分散したサービスデスクを単一のサービスデスクに見せる手法です。したがって，**ア**が正解です。

イ　サービスデスク組織がない場合の対応です。

ウ　セントラライズド・サービスデスク（中央サービスデスク）の特徴です。

エ　ローカルサービスデスクの特徴です。

問46 システム監査実施体制で避けるべきもの 《解答》ア

(平成30年春 基本情報技術者試験 午前 問59)

システム監査人では独立性が重視され，システム監査人は監査対象から独立していなければなりません。総務部のＡさんが，総務部の入退室管理の状況を監査することは，独立性の観点から避けるべきです。したがって，**ア**が正解です。

イ　外部企業の監査は，監査部が行って問題ありません。

ウ　Ｃさんは情報システム部と監査部に関係しているだけなので，マーケティング部の監査は問題ありません。

エ　専門性を持った法務部の方が監査に加わることは，監査の質の向上につながるので適切です。

問47 IT投資評価の事前評価 《解答》エ

(平成30年秋 基本情報技術者試験 午前 問61)

IT投資評価のうち，事前評価は個別プロジェクトの実施前に行う評価です。計画時に，投資目的に基づいた効果目標を設定し，実施可否判断に必要な情報を上位マネジメントに提供します。したがって，**エ**が正解です。

ア　事後評価についての説明です。

イ　中間評価についての内容です。

ウ　個別プロジェクトの実施前に，全体計画として行う内容です。

問48 EAのアプリケーションアーキテクチャ 《解答》イ

(平成31年春 基本情報技術者試験 午前 問61)

エンタープライズアーキテクチャを構成するアプリケーションアーキテクチャとは，組織としての目標を実現するための業務と，それを実行するアプリケーションの関係を体系化したアーキテクチャです。業務プロセスを支援するシステムの機能や構成などを体系的に示します。したがって，**イ**が正解です。

ア　データアーキテクチャの説明です。

ウ　テクノロジアーキテクチャの説明です。

エ　ビジネスアーキテクチャの説明です。

問49 オンデマンド型のサービス 《解答》エ

（平成31年春 基本情報技術者試験 午前 問62）

オンデマンド型のサービスとは，ユーザーの要求に応じて提供されるサービスです。利用者の要求に応じてインターネット上で配信される再放送のドラマは，オンデマンド型のサービスとなります。したがって，**エ**が正解です。

ア，イ，ウ　あらかじめ用意しておく必要があるので，オンデマンド型のサービスではありません。

問50 非機能要件項目 《解答》エ

（平成31年春 基本情報技術者試験 午前 問66）

非機能要件とは，要件定義プロセスで定義する，機能として明確にされない要件です。非機能要件のカテゴリには可用性，性能，拡張性，運用性，保守性，移行性などの項目があります。したがって，**エ**が正解です。

ア，ウ　要件定義より前に，企画プロセスなどで定義される項目です。

イ　要件定義の後に，システム開発プロセスで定義される項目です。

問51 コアコンピタンス 《解答》イ

（平成31年春 基本情報技術者試験 午前 問67）

企業経営で用いられるコアコンピタンスとは，ほかの企業に対して競争優位性をもつ源泉です。他社よりも優越した自社独自のスキルや技術などの強みは，コアコンピタンスとなります。したがって，**イ**が正解です。

ア　投資ポートフォリオの説明です。

ウ　ビジネスプロセスリエンジニアリング（BPR：Business Process Reengineering）の説明です。

エ　ベンチマークの説明です。

問52 プロダクトライフサイクルの成熟期 《解答》イ

（平成30年春 基本情報技術者試験 午前 問68）

プロダクトライフサイクルにおける成熟期とは，市場が成熟し，売上高が安定する時期です。需要が大きくなり，製品の差別化や市場の細分化が明確になっていきます。競争者間の競争も激化し，新品種の追加やコストダウンが重要となってきます。したがって，**イ**が正解です。

ア　成長期の特徴です。

ウ　衰退期の特徴です。

エ　導入期の特徴です。

問53 プロセスイノベーション 《解答》イ

（平成31年春 基本情報技術者試験 午前 問70）

プロセスイノベーションとは，生産工程や技術を改良する革新です。製品の品質を向上する革新的な製造工程を開発することは，プロセスイノベーションに該当します。したがって，**イ**が正解です。

ア　デファクトスタンダードの説明です。

ウ　プロダクトイノベーションに該当します。

エ　ファブレス企業が行う製造の委託に該当します。

問54 ディープラーニングを用いているもの 《解答》イ

（平成29年秋 基本情報技術者試験 午前 問74）

ディープラーニングとは，機械学習の一種で，複雑で精度の高いモデルを作成するものです。画像処理を得意としていて，システムが大量の画像を取得し処理することによって，歩行者と車をより確実に見分けることができるようになります。したがって，**イ**が正解です。

ア　センサの利用による性能向上の事例です。

ウ　オートアイドリングストップする装置の利用による性能向上の事例です。

エ　通信回線の利用によるソフトウェアアップデートでの性能向上の事例です。

問55 シェアリングエコノミー 《解答》エ

（平成31年春 基本情報技術者試験 午前 問73）

シェアリングエコノミーとは，個人や企業が所有する資源，サービス，スキルをインターネットのプラットフォームを通じて共有し，利用するモデルです。ソーシャルメディアのコミュニティ機能などを活用して，主に個人同士で，個人が保有している遊休資産を共有したり，貸し借りしたりする仕組みは，シェアリングエコノミーとなります。したがって，**エ**が正解です。

ア　ニューエコノミーの説明です。

イ　スマートシティ構想に関する内容です。

ウ　オムニチャネルに関する内容です。

問56 BCPの策定・運用 《解答》エ

（令和元年秋 基本情報技術者試験 午前 問74）

BCP（Business Continuity Plan：事業継続計画）は，災害や事故などが発生したときに，企業が事業の継続を行う上で基本となる計画です。自然災害に加え，情報システムの機器故障やマルウェア感染も検討範囲に含めることで，様々な場面での対応が可能となります。したがって，**エ**が正解です。

ア　優先付けでは，目標復旧時間（RTO：Recovery Time Objective）などを考慮し，業務の継続に重要な機能を優先します。

イ　いざというときに全員で取りかかれるよう，必要な関係者全員に周知します。

ウ　自社組織以外の範囲も含めて策定することもできます。

問57 連関図法 《解答》ウ

（平成30年秋 基本情報技術者試験 午前 問76）

連関図法は新QC7つ道具の1つで，問題が複雑にからみ合っているときに，問題の因果関係を明確にすることで原因を特定する手法です。したがって，**ウ**が正解です。

ア　PDPC（Process Decision Program Chart）法の説明です。

イ　親和図法の説明です。

エ　系統図法の説明です。

問58 ビッグデータの特徴に沿った取扱い 《解答》イ

(令和元年秋 基本情報技術者試験 午前 問63)

ビッグデータとは，通常のDBMS（関係データベースなど）で取り扱うことが困難な大きさのデータの集まりのことです。Webサイトのアクセス履歴などリアルタイム性の高いデータも含まれます。このようなビッグデータを企業が活用することで，より効果的なマーケティング活動が可能となります。したがって，**イ**が正解です。

ア　不特定多数によるデータも対象にします。

ウ　統計的サンプリングの特徴で，ビッグデータの活用とは異なります。

エ　音声データや画像データも，ビッグデータに含まれます。

問59 利益の期待値が最大になる仕入個数 《解答》ウ

(平成30年秋 基本情報技術者試験 午前 問75)

問題文より，売れたときの1個当たりの利益は1,000円で，売れ残った場合の1個当たりの廃棄ロスは300円です。表の予想確率をもとに，仕入個数ごとの予想利益を計算すると，次のようになります。

4個　$4 \times 1{,}000 = 4{,}000$[円]

5個　$(4 \times 1{,}000 - 1 \times 300) \times 0.3 + 5 \times 1{,}000 \times 0.7 = 1{,}110 + 3{,}500 = 4{,}610$[円]

6個　$(4 \times 1{,}000 - 2 \times 300) \times 0.3 + (5 \times 1{,}000 - 1 \times 300) \times 0.3 + 6 \times 1{,}000 \times 0.4$
$= 1{,}020 + 1{,}410 + 2{,}400 = 4{,}830$[円]

7個　$(4 \times 1{,}000 - 3 \times 300) \times 0.3 + (5 \times 1{,}000 - 2 \times 300) \times 0.3 + (6 \times 1{,}000 - 1 \times 300) \times 0.3 + 7 \times 1{,}000$
$\times 0.1 = 930 + 1{,}320 + 1{,}710 + 700 = 4{,}660$[円]

最も予想利益が高いのは，6個仕入れた場合となります。したがって，**ウ**が正解です。

問60 派遣先企業と労働者との関係 《解答》ウ

(基本情報技術者試験(科目A試験)サンプル問題セット 問60)

図の太線部分となる，労働者派遣法に基づく，派遣先企業と労働者との関係について考えます。派遣先企業は，派遣元企業から派遣されてきた労働者に，業務を遂行してもらいます。そのとき，何をするかを指揮命令するのは，派遣先企業です。そのため，派遣先企業と労働者の間には，指揮命令関係となります。したがって，**ウ**が正解です。

ア　請負契約は，派遣ではなく請負で業務を行うときに結ぶ契約です。

イ　雇用関係は，派遣元企業と労働者の間にあります。

エ　派遣契約は，派遣元企業と派遣先企業の間で結びます。

付録

模擬試験
科目B 問題

試験時間	100分
問題番号	問1～問20
選択方法	全問必須

擬似言語の記述形式（基本情報技術者試験用）

擬似言語を使用した問題では，各問題文中に注記がない限り，次の記述形式が適用されているものとする。

〔擬似言語の記述形式〕

記述形式	説明
○*手続名又は関数名*	手続又は関数を宣言する。
型名: *変数名*	変数を宣言する。
/* *注釈* */	注釈を記述する。
// *注釈*	
変数名 ← *式*	変数に*式*の値を代入する。
手続名又は関数名(*引数*, …)	手続又は関数を呼び出し，*引数*を受け渡す。

if (*条件式1*)
　処理1
elseif (*条件式2*)
　処理2
elseif (*条件式n*)
　処理n
else
　処理n＋1
endif
	選択処理を示す。
	　*条件式*を上から評価し，最初に真になった*条件式*に対応する*処理*を実行する。以降の*条件式*は評価せず，対応する*処理*も実行しない。どの*条件式*も真にならないときは，*処理n＋1*を実行する。
	　各*処理*は，0以上の文の集まりである。
	　elseif と*処理*の組みは，複数記述することがあり，省略することもある。
	　else と*処理n＋1*の組みは一つだけ記述し，省略することもある。

while (*条件式*)
　処理
endwhile
	前判定繰返し処理を示す。
	　*条件式*が真の間，*処理*を繰返し実行する。
	　*処理*は，0以上の文の集まりである。

do 　*処理* while (*条件式*)	後判定繰返し処理を示す。 　*処理*を実行し，*条件式*が真の間，*処理*を繰返し実行する。 　*処理*は，0以上の文の集まりである。

for (*制御記述*)
　処理
endfor
	繰返し処理を示す。
	　*制御記述*の内容に基づいて，*処理*を繰返し実行する。
	　*処理*は，0以上の文の集まりである。

〔演算子と優先順位〕

演算子の種類		演算子	優先度
式		() .	高
単項演算子		not ＋ −	↑
二項演算子	乗除	mod × ÷	│
	加減	＋ −	│
	関係	≠ ≦ ≧ ＜ ＝ ＞	│
	論理積	and	↓
	論理和	or	低

注記　演算子 . は，メンバ変数又はメソッドのアクセスを表す。
　　　演算子 mod は，剰余算を表す。

〔論理型の定数〕

true，false

〔配列〕

配列の要素は，"[" と "]" の間にアクセス対象要素の要素番号を指定することでアクセスする。なお，二次元配列の要素番号は，行番号，列番号の順に "," で区切って指定する。

"{" は配列の内容の始まりを，"}" は配列の内容の終わりを表す。ただし，二次元配列において，内側の "{" と "}" に囲まれた部分は，1行分の内容を表す。

〔未定義，未定義の値〕

変数に値が格納されていない状態を，"未定義" という。変数に "未定義の値" を代入すると，その変数は未定義になる。

問1 次のプログラム中の［ a ］～［ c ］に入れる正しい答えの組合せを，解答群の中から選べ。

関数fizzBuzzは，引数で与えられた値が，3で割り切れて5で割り切れない場合は“3で割り切れる”を，5で割り切れて3で割り切れない場合は“5で割り切れる”を，3と5で割り切れる場合は“3と5で割り切れる”を返す。それ以外の場合は“3でも5でも割り切れない”を返す。

〔プログラム〕

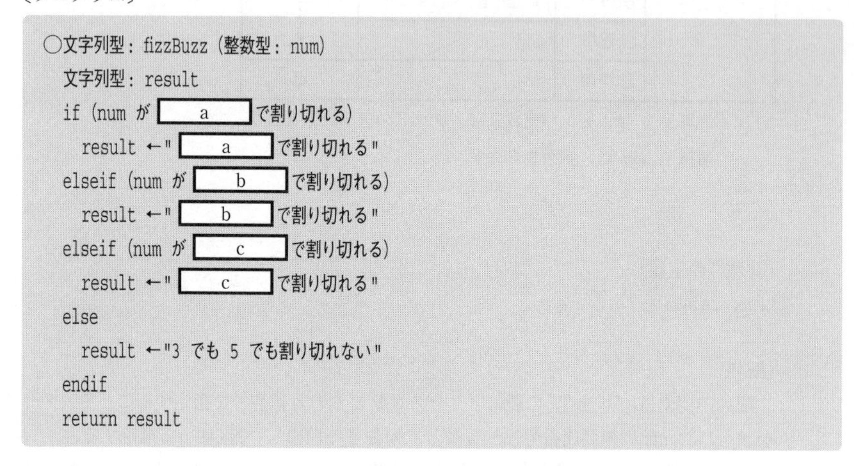

```
○文字列型: fizzBuzz (整数型: num)
  文字列型: result
  if (num が [ a ] で割り切れる)
    result ←"[ a ] で割り切れる"
  elseif (num が [ b ] で割り切れる)
    result ←"[ b ] で割り切れる"
  elseif (num が [ c ] で割り切れる)
    result ←"[ c ] で割り切れる"
  else
    result ←"3 でも 5 でも割り切れない"
  endif
  return result
```

解答群

	a	b	c
ア	3	3と5	5
イ	3	5	3と5
ウ	3と5	3	5
エ	5	3	3と5
オ	5	3と5	3

問2　次のプログラム中の［　a　］と［　b　］に入れる正しい答えの組合せを，解答群の中から選べ。ここで，配列の要素番号は1から始まる。

関数findPrimeNumbersは，引数で与えられた整数以下の，全ての素数だけを格納した配列を返す関数である。ここで，引数に与える整数は2以上である。

〔プログラム〕

```
○整数型の配列: findPrimeNumbers(整数型: maxNum)
  整数型の配列: pnList ← {}  // 要素数0の配列
  整数型: i, j
  論理型: divideFlag
  for (i を 2 から [  a  ] まで 1 ずつ増やす)
    divideFlag ← true

    /* iの正の平方根の整数部分が2未満のときは，繰返し処理を実行しない */
    for (j を 2 から iの正の平方根の整数部分 まで 1 ずつ増やす) // α
      if ([  b  ])
          divideFlag ← false
          αの行から始まる繰返し処理を終了する
      endif
    endfor
    if (divideFlag が true と等しい)
      pnListの末尾 に iの値 を追加する
    endif
  endfor
  return pnList
```

解答群

	a	b
ア	maxNum	i÷jの余り が 0 と等しい
イ	maxNum	i÷jの商 が 1 と等しくない
ウ	maxNum ＋ 1	i÷jの余り が 0 と等しい
エ	maxNum ＋ 1	i÷jの商 が 1 と等しくない

付録

問3 次のプログラム中の[a]～[c]に入れる正しい答えの組合せを，解答群の中から選べ。

関数gcdは,引数で与えられた二つの正の整数num1とnum2の最大公約数を,次の(1)～(3)の性質を利用して求める。

(1) num1とnum2が等しいとき，num1とnum2の最大公約数はnum1である。

(2) num1がnum2より大きいとき，num1とnum2の最大公約数は，(num1－num2)とnum2の最大公約数と等しい。

(3) num2がnum1より大きいとき，num1とnum2の最大公約数は，(num2－num1)とnum1の最大公約数と等しい。

〔プログラム〕

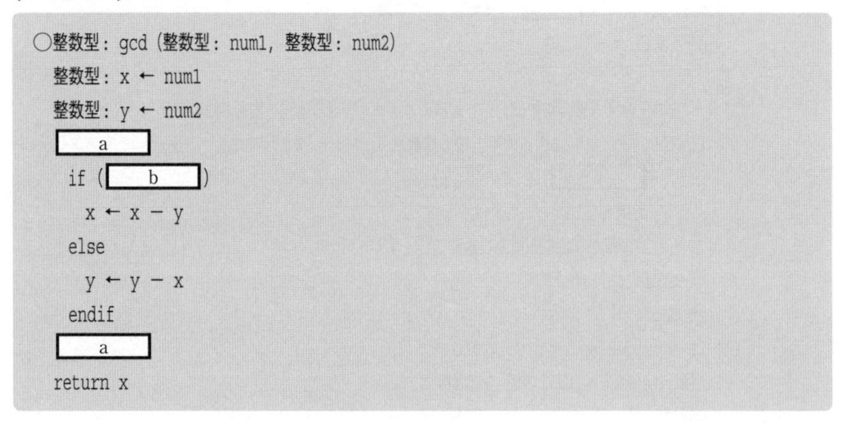

```
○整数型: gcd (整数型: num1, 整数型: num2)
  整数型: x ← num1
  整数型: y ← num2
  [    a    ]
   if ([   b   ])
     x ← x － y
   else
     y ← y － x
   endif
  [    a    ]
  return x
```

解答群

	a	b	c
ア	if (x≠y)	x<y	endif
イ	if (x≠y)	x>y	endif
ウ	while (x≠y)	x<y	endwhile
エ	while (x≠y)	x>y	endwhile

問4 次のプログラム中の[　　]に入れる正しい答えを，解答群の中から選べ。

関数calcは，正の実数xとyを受け取り，$\sqrt{x^2 + y^2}$の計算結果を返す。関数calcが使う関数powは，第1引数として正の実数aを，第2引数として実数bを受け取り，aのb乗の値を実数型で返す。

〔プログラム〕

```
○実数型: calc(実数型: x, 実数型: y)
  return [　　]
```

解答群

ア (pow(x, 2)＋pow(y, 2))÷pow(2, 0.5)
イ (pow(x, 2)＋pow(y, 2))÷pow(x, y)
ウ pow(2, pow(x, 0.5))＋pow(2, pow(y, 0.5))
エ pow(pow(pow(2, x), y), 0.5)
オ pow(pow(x, 2)＋pow(y, 2), 0.5)
カ pow(x, 2)×pow(y, 2)÷pow(x, y)
キ pow(x, y)÷pow(2, 0.5)

問5 次の記述中の［　　　］に入れる正しい答えを，解答群の中から選べ。

次のプログラムにおいて，手続proc2を呼び出すと，［　　　］の順に出力される。

〔プログラム〕

```
○proc1()
  "A" を出力する
  proc3()

○proc2()
  proc3()
  "B" を出力する
  proc1()

○proc3()
  "C" を出力する
```

解答群

ア “A”，“B”，“B”，“C”
イ “A”，“C”
ウ “A”，“C”，“B”，“C”
エ “B”，“A”，“B”，“C”
オ “B”，“C”，“B”，“A”
カ “C”，“B”
キ “C”，“B”，“A”
ク “C”，“B”，“A”，“C”

問6 次のプログラム中の[　　　　]に入れる正しい答えを，解答群の中から選べ。

関数revは8ビット型の引数byteを受け取り，ビットの並びを逆にした値を返す。例えば，関数revをrev（01001011）として呼び出すと，戻り値は11010010となる。

なお，演算子∧はビット単位の論理積，演算子∨はビット単位の論理和，演算子>>は論理右シフト，演算子<<は論理左シフトを表す。例えば，value>>nはvalueの値をnビットだけ右に論理シフトし，value<<nはvalueの値をnビットだけ左に論理シフトする。

〔プログラム〕

```
○8ビット型: rev (8ビット型: byte)
  8ビット型: rbyte ← byte
  8ビット型: r ← 00000000
  整数型: i
  for (i を 1 から 8 まで 1 ずつ増やす)
    [　　　　]
  endfor
  return r
```

解答群

ア　r ← (r << 1) ∨ (rbyte ∧ 00000001)
　　rbyte ← rbyte >> 1

イ　r ← (r << 7) ∨ (rbyte ∧ 00000001)
　　rbyte ← rbyte >> 7

ウ　r ← (rbyte << 1) ∨ (rbyte >> 7)
　　rbyte ← r

エ　r ← (rbyte >> 1) ∨ (rbyte << 7)
　　rbyte ← r

付録

問7 次のプログラム中の[ ]に入れる正しい答えを，解答群の中から選べ。

関数factorialは非負の整数nを引数にとり，その階乗を返す関数である。非負の整数nの階乗はnが0のときに1になり，それ以外の場合は1からnまでの整数を全て掛け合わせた数となる。

〔プログラム〕

```
○整数型: factorial (整数型: n)
  if (n = 0)
    return 1
  endif
  return [    ]
```

解答群

ア (n−1)×factorial (n)
イ factorial (n−1)
ウ n
エ n×(n−1)
オ n×factorial (1)
カ n×factorial (n−1)

問8　次の記述中の［　　　］に入れる正しい答えを，解答群の中から選べ。ここで，配列の要素番号は1から始まる。

次の手続sortは，大域の整数型の配列dataの，引数firstで与えられた要素番号から引数lastで与えられた要素番号までの要素を昇順に整列する。ここで，first＜lastとする。手続sortをsort(1, 5)として呼び出すと，/*** α ***/の行を最初に実行したときの出力は“［　　　］”となる。

〔プログラム〕

```
大域：整数型の配列：data←{2, 1, 3, 5, 4}

○sort（整数型：first，整数型：last）
  整数型：pivot, i, j
  pivot ← data[（first＋last）÷2の商]
  i ← first
  j ← last

  while（true）
    while（data[i] ＜ pivot）
      i ← i ＋ 1
    endwhile
    while（pivot ＜ data[j]）
      j ← j － 1
    endwhile
    if（i ≧ j）
      繰返し処理を終了する
    endif
    data[i]とdata[j]の値を入れ替える
    i ← i ＋ 1
    j ← j － 1
  endwhile
  dataの全要素の値を要素番号の順に空白区切りで出力する /*** α ***/
  if（first ＜ i － 1）
    sort（first, i － 1）
  endif
  if（j ＋ 1 ＜ last）
    sort（j ＋ 1, last）
  endif
```

解答群

ア　1 2 3 4 5　　　イ　1 2 3 5 4

ウ　2 1 3 4 5　　　エ　2 1 3 5 4

付録

問9 次の記述中の[　　　]に入れる正しい答えを，解答群の中から選べ。

優先度付きキューを操作するプログラムである。優先度付きキューとは扱う要素に優先度を付けたキューであり，要素を取り出す際には優先度の高いものから順番に取り出される。クラスPrioQueueは優先度付きキューを表すクラスである。クラスPrioQueueの説明を図に示す。ここで，優先度は整数型の値1, 2, 3のいずれかであり，小さい値ほど優先度が高いものとする。

手続prioSchedを呼び出したとき，出力は[　　　]の順となる。

コンストラクタ	説明
PrioQueue()	空の優先度付きキューを生成する。

メソッド	戻り値	説明
enqueue(文字列型: s, 整数型: prio)	なし	優先度付きキューに，文字列sを要素として，優先度prioで追加する。
dequeue()	文字列型	優先度付きキューからキュー内で最も優先度の高い要素を取り出して返す。最も優先度の高い要素が複数あるときは，そのうちの最初に追加された要素を一つ取り出して返す。
size()	整数型	優先度付きキューに格納されている要素の個数を返す。

図 クラスPrioQueueの説明

〔プログラム〕

```
○prioSched()
  PrioQueue: prioQueue←PrioQueue()
  prioQueue.enqueue("A", 1)
  prioQueue.enqueue("B", 2)
  prioQueue.enqueue("C", 2)
  prioQueue.enqueue("D", 3)
  prioQueue.dequeue() /* 戻り値は使用しない */
  prioQueue.dequeue() /* 戻り値は使用しない */
  prioQueue.enqueue("D", 3)
  prioQueue.enqueue("B", 2)
  prioQueue.dequeue() /* 戻り値は使用しない */
  prioQueue.dequeue() /* 戻り値は使用しない */
  prioQueue.enqueue("C", 2)
  prioQueue.enqueue("A", 1)
  while (prioQueue.size() が 0 と等しくない)
    prioQueue.dequeue() の戻り値を出力
  endwhile
```

解答群

ア "A", "B", "C", "D"
イ "A", "B", "D", "D"
ウ "A", "C", "C", "D"
エ "A", "C", "D", "D"

問10 次の記述中の[ ]に入れる正しい答えを，解答群の中から選べ。ここで，配列の要素番号は1から始まる。

手続orderは，図の2分木の，引数で指定した節を根とする部分木をたどりながら，全ての節番号を出力する。大域の配列treeが図の2分木を表している。配列treeの要素は，対応する節の子の節番号を，左の子，右の子の順に格納した配列である。例えば，配列treeの要素番号1の要素は，節番号1の子の節番号から成る配列であり，左の子の節番号2，右の子の節番号3を配列{2, 3}として格納する。

手続orderをorder(1)として呼び出すと，[ ]の順に出力される。

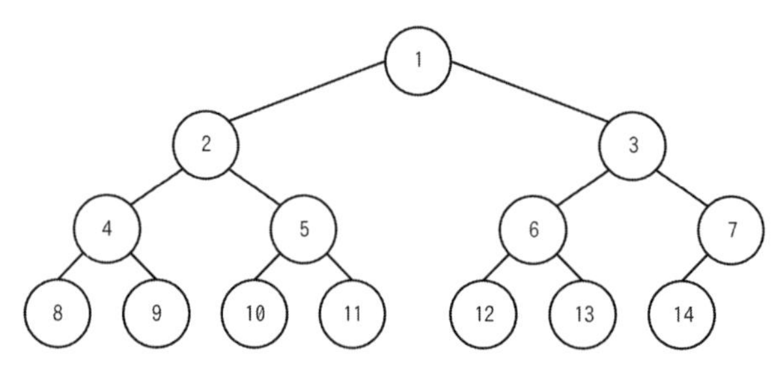

注記1：○の中の値は節番号である。
注記2：子の節が一つの場合は，左の子の節とする。

図 プログラムが扱う2分木

〔プログラム〕

```
大域: 整数型配列の配列: tree←{{2, 3}, {4, 5}, {6, 7}, {8, 9},
                              {10, 11}, {12, 13}, {14}, {}, {}, {},
                              {}, {}, {}, {}}  // {}は要素数0の配列
○order (整数型: n)
  if (tree[n]の要素数 が 2 と等しい)
    order (tree[n][1])
    nを出力
    order (tree[n][2])
  elseif (tree[n]の要素数 が 1 と等しい)
    order (tree[n][1])
    nを出力
  else
    nを出力
  endif
```

解答群

ア　1, 2, 3, 4, 5, 6, 7, 8, 9, 10, 11, 12, 13, 14

イ　1, 2, 4, 8, 9, 5, 10, 11, 3, 6, 12, 13, 7, 14

ウ　8, 4, 9, 2, 10, 5, 11, 1, 12, 6, 13, 3, 14, 7

エ　8, 9, 4, 10, 11, 5, 2, 12, 13, 6, 14, 7, 3, 1

問11　次のプログラム中の[　　　]に入れる正しい答えを，解答群の中から選べ。

手続delNodeは，単方向リストから，引数posで指定された位置の要素を削除する手続である。引数posは，リストの要素数以下の正の整数とする。リストの先頭の位置を1とする。

クラスListElementは，単方向リストの要素を表す。クラスListElementのメンバ変数の説明を表に示す。ListElement型の変数はクラスListElementのインスタンスの参照を格納するものとする。大域変数listHeadには，リストの先頭要素の参照があらかじめ格納されている。

クラスListElementのメンバ変数の説明

メンバ変数	型	説明
val	文字型	要素の値
next	ListElement	次の要素の参照 次の要素がないときの状態は未定義

〔プログラム〕

```
大域: ListElement: listHead // リストの先頭要素が格納されている

○delNode(整数型: pos) /* posは，リストの要素数以下の正の整数 */
  ListElement: prev
  整数型: i
  if (pos が 1 と等しい)
    listHead ← listHead.next
  else
    prev ← listHead
    /* posが2と等しいときは繰返し処理を実行しない */
    for (i を 2 から pos－1 まで 1 ずつ増やす)
      prev ← prev.next
    endfor
    prev.next ← [　　　]
  endif
```

解答群

ア　listHead
イ　listHead.next
ウ　listHead.next.next
エ　prev
オ　prev.next
カ　prev.next.next

問12 次の記述中の[   ]に入れる正しい答えを，解答群の中から選べ。ここで，配列の要素番号は1から始まる。

関数addは，引数で指定された正の整数valueを大域の整数型の配列hashArrayに格納する。格納できた場合はtrueを返し，格納できなかった場合はfalseを返す。ここで，整数valueをhashArrayのどの要素に格納すべきかを，関数calcHash1及びcalcHash2を利用して決める。

手続testは，関数addを呼び出して，hashArrayに正の整数を格納する。手続testの処理が終了した直後のhashArrayの内容は，[   ]である。

〔プログラム〕

```
大域: 整数型の配列: hashArray

○論理型: add(整数型: value)
  整数型: i ← calcHash1(value)
  if (hashArray[i] = −1)
    hashArray[i] ← value
    return true
  else
    i ← calcHash2(value)
    if (hashArray[i] = −1)
      hashArray[i] ← value
      return true
    endif
  endif
  return false

○整数型: calcHash1(整数型: value)
  return (value mod hashArrayの要素数) + 1

○整数型: calcHash2(整数型: value)
  return ((value + 3) mod hashArrayの要素数) + 1

○test ()
  hashArray←{5個の −1}
  add(3)
  add(18)
  add(11)
```

解答群

ア {−1, 3, −1, 18, 11}
イ {−1, 11, −1, 3, −1}
ウ {−1, 11, −1, 18, −1}
エ {−1, 18, −1, 3, 11}
オ {−1, 18, 11, 3, −1}

問13 次の記述中の[ ]に入れる正しい答えを，解答群の中から選べ。ここで，配列の要素番号は1から始まる。

関数searchは，引数dataで指定された配列に，引数targetで指定された値が含まれていればその要素番号を返し，含まれていなければ－1を返す。dataは昇順に整列されており，値に重複はない。

関数searchには不具合がある。例えば，dataの[ ]場合は，無限ループになる。

〔プログラム〕

```
○整数型: search(整数型の配列: data, 整数型: target)
  整数型: low, high, middle

  low ← 1
  high ← dataの要素数

  while (low ≦ high)
    middle ← (low + high) ÷2 の商
    if (data[middle] < target)
      low ← middle
    elseif (data[middle] > target)
      high ← middle
    else
      return middle
    endif
  endwhile

  return −1
```

解答群

ア 要素数が1で，targetがその要素の値と等しい
イ 要素数が2で，targetがdataの先頭要素の値と等しい
ウ 要素数が2で，targetがdataの末尾要素の値と等しい
エ 要素に－1が含まれている

問14 次の記述中の□に入れる正しい答えを，解答群の中から選べ。ここで，配列の要素番号は1から始まる。

要素数が1以上で，昇順に整列済みの配列を基に，配列を特徴づける五つの値を返すプログラムである。

関数summarizeをsummarize({0.1, 0.2, 0.3, 0.4, 0.5, 0.6, 0.7, 0.8, 0.9,1})として呼び出すと，戻り値は□である。

〔プログラム〕

```
○実数型: findRank(実数型の配列: sortedData, 実数型: p)
  整数型: i
  i ← (p × (sortedDataの要素数 − 1))の小数点以下を切り上げた値
  return sortedData[i + 1]

○実数型の配列: summarize (実数型の配列: sortedData)
  実数型の配列: rankData ← {} /* 要素数0の配列 */
  実数型の配列: p ← {0, 0.25, 0.5, 0.75, 1}
  整数型: i
  for (i を 1 から pの要素数 まで 1 ずつ増やす)
    rankDataの末尾 に findRank(sortedData, p[i])の戻り値 を追加する
  endfor
  return rankData
```

解答群

ア {0.1, 0.3, 0.5, 0.7, 1}
イ {0.1, 0.3, 0.5, 0.8, 1}
ウ {0.1, 0.3, 0.6, 0.7, 1}
エ {0.1, 0.3, 0.6, 0.8, 1}
オ {0.1, 0.4, 0.5, 0.7, 1}
カ {0.1, 0.4, 0.5, 0.8, 1}
キ {0.1, 0.4, 0.6, 0.7, 1}
ク {0.1, 0.4, 0.6, 0.8, 1}

問15 次のプログラム中の [a] と [b] に入れる正しい答えの組合せを，解答群の中から選べ。ここで，配列の要素番号は1から始まる。

コサイン類似度は，二つのベクトルの向きの類似性を測る尺度である。関数calcCosineSimilarityは，いずれも要素数がn(n≧1)である実数型の配列vector1とvector2を受け取り，二つの配列のコサイン類似度を返す。配列vector1が$\{a_1, a_2, \cdots, a_n\}$，配列vector2が$\{b_1, b_2, \cdots, b_n\}$のとき，コサイン類似度は次の数式で計算される。ここで，配列vector1と配列vector2のいずれも，全ての要素に0が格納されていることはないものとする。

$$\frac{a_1b_1 + a_2b_2 + \cdots + a_nb_n}{\sqrt{a_1^2 + a_2^2 + \cdots + a_n^2}\ \sqrt{b_1^2 + b_2^2 + \cdots + b_n^2}}$$

〔プログラム〕

```
○実数型: calcCosineSimilarity(実数型の配列: vector1, 実数型の配列: vector2)
  実数型: similarity, numerator, denominator, temp ← 0
  整数型: i
  numerator ← 0

  for (i を 1 から vector1の要素数 まで 1 ずつ増やす)
    numerator ← numerator + [ a ]
  endfor

  for (i を 1 から vector1の要素数 まで 1 ずつ増やす)
    temp ← temp + vector1[i]の2乗
  endfor
  denominator ← tempの正の平方根

  temp ← 0
  for (i を 1 から vector2の要素数 まで 1 ずつ増やす)
    temp ← temp + vector2[i]の2乗
  endfor
  denominator ← [ b ]

  similarity ← numerator ÷ denominator
  return similarity
```

解答群

	a	b
ア	(vector1[i] × vector2[i])の正の平方根	denominator × (tempの正の平方根)
イ	(vector1[i] × vector2[i])の正の平方根	denominator + (tempの正の平方根)
ウ	(vector1[i] × vector2[i])の正の平方根	tempの正の平方根
エ	vector1[i] × vector2[i]	denominator × (tempの正の平方根)
オ	vector1[i] × vector2[i]	denominator + (tempの正の平方根)
カ	vector1[i] × vector2[i]	tempの正の平方根
キ	vector1[i]の2乗	denominator × (tempの正の平方根)
ク	vector1[i]の2乗	denominator + (tempの正の平方根)
ケ	vector1[i]の2乗	tempの正の平方根

問16 次のプログラム中の[ ]に入れる正しい答えを，解答群の中から選べ。二つの[ ]には，同じ答えが入る。ここで，配列の要素番号は1から始まる。

Unicodeの符号位置を，UTF-8の符号に変換するプログラムである。本問で数値の後ろに“(16)”と記載した場合は，その数値が16進数であることを表す。

Unicodeの各文字には，符号位置と呼ばれる整数値が与えられている。UTF-8は，Unicodeの文字を符号化する方式の一つであり，符号位置が800(16)以上FFFF(16)以下の文字は，次のように3バイトの値に符号化する。

3バイトの長さのビットパターンを1110xxxx 10xxxxxx 10xxxxxxとする。ビットパターンの下線の付いた“x”の箇所に，符号位置を2進数で表した値を右詰めで格納し，余った“x”の箇所に，0を格納する。この3バイトの値がUTF-8の符号である。

例えば，ひらがなの“あ”の符号位置である3042(16)を2進数で表すと11000001000010である。これを，上に示したビットパターンの“x”の箇所に右詰めで格納すると，1110xx11 10000001 10000010となる。余った二つの“x”の箇所に0を格納すると，“あ”のUTF-8の符号11100011 10000001 10000010が得られる。

関数encodeは，引数で渡されたUnicodeの符号位置をUTF-8の符号に変換し，先頭から順に1バイトずつ要素に格納した整数型の配列を返す。encodeには，引数として，800(16)以上FFFF(16)以下の整数値だけが渡されるものとする。

〔プログラム〕

```
○整数型の配列: encode(整数型: codePoint)
  /* utf8Bytesの初期値は，ビットパターンの“x”を全て0に置き換え，
     8桁ごとに区切って，それぞれを2進数とみなしたときの値 */
  整数型の配列: utf8Bytes ← {224, 128, 128}
  整数型: cp ← codePoint
  整数型: i
  for (i を utf8Bytesの要素数 から 1 まで 1 ずつ減らす)
    utf8Bytes[i] ← utf8Bytes[i] + (cp ÷ [ ]の余り)
    cp ← cp ÷ [ ]の商
  endfor
  return utf8Bytes
```

解答群

ア ((4 − i) × 2)	イ (2の(4 − i)乗)	ウ (2のi乗)
エ (i × 2)	オ 2	カ 6
キ 16	ク 64	ケ 256

付録

問17 A社は，分析・計測機器などの販売及び機器を利用した試料の分析受託業務を行う分析機器メーカーである。A社では，図1の“情報セキュリティリスクアセスメント手順”に従い，年一度，情報セキュリティリスクアセスメントを行っている。

・情報資産の機密性，完全性，可用性の評価値は，それぞれ0～2の3段階とする。
・情報資産の機密性，完全性，可用性の評価値の最大値を，その情報資産の重要度とする。
・脅威及び脆（ぜい）弱性の評価値は，それぞれ0～2の3段階とする。
・情報資産ごとに，様々な脅威に対するリスク値を算出し，その最大値を当該情報資産のリスク値として情報資産管理台帳に記載する。ここで，情報資産の脅威ごとのリスク値は，次の式によって算出する。
　リスク値＝情報資産の重要度×脅威の評価値×脆弱性の評価値
・情報資産のリスク値のしきい値を5とする。
・情報資産ごとのリスク値がしきい値以下であれば受容可能なリスクとする。
・情報資産ごとのリスク値がしきい値を超えた場合は，保有以外のリスク対応を行う。

図1 情報セキュリティリスクアセスメント手順

A社の情報セキュリティリーダーであるBさんは，年次の情報セキュリティリスクアセスメントを行い，結果を情報資産管理台帳に表1のとおり記載した。

表1 A社の情報資産管理台帳（抜粋）

情報資産	機密性の評価値	完全性の評価値	可用性の評価値	情報資産の重要度	脅威の評価値	脆弱性の評価値	リスク値
(一)従業員の健康診断の情報	2	2	2	(省略)	2	2	(省略)
(二)行動規範などの社内ルール	1	2	1	(省略)	1	1	(省略)
(三)自社Webサイトに掲載している会社情報	0	2	2	(省略)	2	2	(省略)
(四)分析結果の精度を向上させるために開発した技術	2	2	1	(省略)	2	1	(省略)

設問 表1中の各情報資産のうち，保有以外のリスク対応を行うべきものはどれか。該当するものだけを全て挙げた組合せを，解答群の中から選べ。

解答群

ア (一)，(二)　　イ (一)，(二)，(三)　　ウ (一)，(二)，(四)
エ (一)，(三)　　オ (一)，(三)，(四)　　カ (一)，(四)
キ (二)，(三)　　ク (二)，(三)，(四)　　ケ (二)，(四)
コ (三)，(四)

問18 A社は，放送会社や運輸会社向けに広告制作ビジネスを展開している。A社は，人事業務の効率化を図るべく，人事業務の委託を検討することにした。A社が委託する業務（以下，B業務という）を図1に示す。

・採用予定者から郵送されてくる入社時の誓約書，前職の源泉徴収票などの書類をPDFファイルに変換し，ファイルサーバに格納する。
（省略）

図1 B業務

委託先候補のC社は，B業務について，次のようにA社に提案した。
・B業務だけに従事する専任の従業員を割り当てる。
・B業務では，図2の複合機のスキャン機能を使用する。

・スキャン機能を使用する際は，従業員ごとに付与した利用者IDとパスワードをパネルに入力する。
・スキャンしたデータをPDFファイルに変換する。
・PDFファイルを従業員ごとに異なる鍵で暗号化して，電子メールに添付する。
・スキャンを実行した本人宛てに電子メールを送信する。
・PDFファイルが大きい場合は，PDFファイルを添付する代わりに，自社の社内ネットワーク上に設置したサーバ（以下，Bサーバという）[1]に自動的に保存し，保存先のURLを電子メールの本文に記載して送信する。

注[1] Bサーバにアクセスする際は，従業員ごとの利用者IDとパスワードが必要になる。

図2 複合機のスキャン機能（抜粋）

A社は，C社と業務委託契約を締結する前に，秘密保持契約を締結した。その後，C社に質問表を送付し，回答を受けて，業務委託での情報セキュリティリスクの評価を実施した。その結果，図3の発見があった。

・複合機のスキャン機能では，電子メールの差出人アドレス，件名，本文及び添付ファイル名を初期設定[1]の状態で使用しており，誰がスキャンを実行しても同じである。
・複合機のスキャン機能の初期設定情報はベンダーのWebサイトで公開されており，誰でも閲覧できる。

注[1] 複合機の初期設定はC社の情報システム部だけが変更可能である。

図3 発見事項

そこで，A社では，初期設定の状態のままではA社にとって情報セキュリティリスクがあり，初期設定から変更するという対策が必要であると評価した。

設問 対策が必要であるとA社が評価した情報セキュリティリスクはどれか。解答群のうち，最も適切なものを選べ。

解答群

ア　B業務に従事する従業員が，攻撃者からの電子メールを複合機からのものと信じて本文中にあるURLをクリックし，フィッシングサイトに誘導される。その結果，A社の採用予定者の個人情報が漏えいする。

イ　B業務に従事する従業員が，複合機から送信される電子メールをスパムメールと誤認し，電子メールを削除する。その結果，再スキャンが必要となり，B業務が遅延する。

ウ　攻撃者が，複合機から送信される電子メールを盗聴し，添付ファイルを暗号化して身代金を要求する。その結果，A社が復号鍵を受け取るために多額の身代金を支払うことになる。

エ　攻撃者が，複合機から送信される電子メールを盗聴し，本文に記載されているURLを使ってBサーバにアクセスする。その結果，A社の採用予定者の個人情報が漏えいする。

問19 A社は旅行商品を販売しており，業務の中で顧客情報を取り扱っている。A社が保有する顧客情報は，A社のファイルサーバ1台に保存されている。ファイルサーバは，顧客情報を含むフォルダにある全てのデータを磁気テープに毎週土曜日にバックアップするよう設定されている。バックアップは2世代分が保存され，ファイルサーバの隣にあるキャビネットに保管されている。

A社では年に一度，情報セキュリティに関するリスクの見直しを実施している。情報セキュリティリーダーであるE主任は，A社のデータ保管に関するリスクを見直して図1にまとめた。

1. (省略)
2. (省略)
3. (省略)
4. バックアップ対象とするフォルダの設定ミスによって，データが復旧できなくなる。

図1 A社のデータ保管に関するリスク（抜粋）

E主任は，図1の4のリスクを低減するための対策を検討し，効果が期待できるものを選んだ。

設問 次の対策のうち，効果が期待できるものを二つ挙げた組合せを，解答群の中から選べ。

(一) 週1回バックアップを取得する代わりに，毎日1回バックアップを取得して7世代分保存する。
(二) バックアップ後に，磁気テープ中のファイルのリストと，ファイルサーバのバックアップ対象ファイルのリストとを比較し，合致しているかを確認する。
(三) バックアップ対象とするフォルダの設定を，必ず2名で行うようにする。
(四) バックアップ用の媒体を磁気テープから外付けハードディスクに変更する。
(五) バックアップを二組み取得し，うち一組みを遠隔地に保管する。

解答群

ア (一)，(二)　イ (一)，(三)　ウ (一)，(四)
エ (一)，(五)　オ (二)，(三)　カ (二)，(四)
キ (二)，(五)　ク (三)，(四)　ケ (三)，(五)
コ (四)，(五)

付録

問20 消費者向けの化粧品販売を行うA社では，電子メール（以下，メールという）の送受信にクラウドサービスプロバイダB社が提供するメールサービス（以下，Bサービスという）を利用している。A社が利用するBサービスのアカウントは，A社の情報システム部が管理している。

〔Bサービスでの認証〕

Bサービスでの認証は，利用者IDとパスワードに加え，あらかじめ登録しておいたスマートフォンの認証アプリを利用した2要素認証である。入力された利用者IDとパスワードが正しかったときは，スマートフォンに承認のリクエストが来る。リクエストを1分以内に承認した場合は，Bサービスにログインできる。

〔社外のネットワークからの利用〕

社外のネットワークから社内システム又はファイルサーバを利用する場合，従業員は貸与されたPCから社内ネットワークにVPN接続する。

〔PCでのマルウェア対策〕

従業員に貸与されたPCには，マルウェア対策ソフトが導入されており，マルウェア定義ファイルを毎日16時に更新するように設定されている。マルウェア対策ソフトは，毎日17時に，各PCのマルウェア定義ファイルが更新されたかどうかをチェックし，更新されていない場合は情報システム部のセキュリティ担当者に更新されていないことをメールで知らせる。

〔メールに関する報告〕

ある日の15時頃，販売促進部の情報セキュリティリーダーであるC課長は，在宅で勤務していた部下のDさんから，メールに関する報告を受けた。報告を図1に示す。

- 販売促進キャンペーンを委託しているE社のFさんから9時30分にメールが届いた。
- Fさんとは直接会ったことがある。この数か月頻繁にやり取りもしていた。
- そのメールは，これまでのメールに返信する形で作成されており，メールの本文には販売キャンペーンの内容やFさんがよく利用する挨拶文が記載されていた。
- 急ぎの対応を求める旨が記載されていたので，メールに添付されていたファイルを開いた。
- メールの添付ファイルを開いた際，特に見慣れないエラーなどは発生せず，ファイルの内容も閲覧できた。
- ファイルの内容を確認した後，返信した。
- 11時頃，Dさんのスマートフォンに，承認のリクエストが来たが，Bサービスにログインしようとしたタイミングではなかったので，リクエストを承認しなかった。
- 12時までと急いでいた割にその後の返信がなく不審に思ったので，14時50分にFさんに電話で確認したところ，今日はメールを送っていないと言われた。
- 現在までのところ，PCの処理速度が遅くなったり，見慣れないウィンドウが表示されたりするなどの不具合や不審な事象は発生していない。

・現在，PCは，インターネットには接続しているが，社内ネットワークへのVPN接続は切断している。
・Dさんはすぐに会社に向かうことは可能で，Dさんの自宅から会社までは1時間掛かる。

図1　Dさんからの報告

C課長は，すぐにPCを会社に持参し，オフラインでマルウェア対策ソフトの定義ファイルを最新版に更新した後，フルスキャンを実施するよう，Dさんに指示をした。スキャンを実行した結果，DさんのPCからマルウェアが検出された。このマルウェアは，マルウェア対策ソフトのベンダーが9時に公開した最新の定義ファイルで検出可能であることが判明した。

A社では，今回のマルウェア感染による情報セキュリティインシデントの問題点を整理し，再発を防止するための対策を講じることにした。

設問　A社が講じることにした対策はどれか。解答群のうち，最も適切なものを選べ。

解答群

ア　PCが起動したらすぐに自動的にVPN接続するように，PCを構成する。

イ　これまでメールをやり取りしたことがない差出人からメールを受信した場合は，添付されているファイルを開かず，すぐに削除するよう社内ルールに定める。

ウ　マルウェア定義ファイルは，10分ごとに更新されるように，マルウェア対策ソフトの設定を変更する。

エ　マルウェア定義ファイルは，8時にも更新されるように，マルウェア対策ソフトの設定を変更する。

オ　メールに添付されたファイルを開く場合は，一旦PCに保存し，マルウェア対策ソフトでスキャンを実行してから開くよう社内ルールに定める。

A 模擬試験 科目B 問題の解説

問1 関数FizzBuzz 《解答》ウ

(基本情報技術者試験(科目B試験)サンプル問題セット 問2)

関数fizzBuzzのif文の条件を順に考えていきます。問題文の条件を順に整理すると，次の4つとなります。

1. 3で割り切れて5で割り切れない場合は“3で割り切れる”を返す。
2. 5で割り切れて3で割り切れない場合は“5で割り切れる”を返す。
3. 3と5で割り切れる場合は“3と5で割り切れる”を返す。
4. それ以外の場合は“3でも5でも割り切れない”を返す。

これらの条件のうち，3番目の3と5で割り切れる場合を最初のif文で判定して取り除くと，elseif文以下には，3と5の両方で割り切れる数はたどり着きません。そのため，1番目の条件は3で割り切れるかどうかを判定するだけで，3で割り切れて5で割りきれない数となります。同様に，2番目の条件は5で割り切れるかどうかを判定するだけで，5で割り切れて3で割りきれない数となります。

まとめると，最初のif文の空欄aで，**3と5**で割り切れるかどうかを判定し，その後のelseif文の空欄bで**3**，空欄cで**5**で割り切れるかどうかを判定することで，4つのパターンを正確に場合分けすることができます。

したがって，組み合わせの正しい**ウ**が正解です。

問2 素数の配列を返す関数 《解答》ア

(令和5年度 基本情報技術者試験 公開問題 科目B 問1)

関数findPrimeNumbersのプログラム中での，空欄穴埋め問題です。空欄a，bそれぞれについて，当てはまる内容を考えると，次のようになります。

空欄a

最初のfor文での制御記述で，iをいくつまで増やすのかを考えます。問題文に，「関数findPrimeNumbersは，引数で与えられた整数以下の，全ての素数だけを格納した配列を返す関数」とあります。素数は2以上の数で，引数で与えられた変数はmaxNumなので，2からmaxNumまでの数を単純にiに代入していくことで，maxNumまでの判定を行うことができます。したがって，空欄aは**maxNum**です。

空欄b

2番目のfor文内での，if文の条件式を考えます。if ～ endifまでの記述をみると，この条件式にあてはまった場合には，divideFlagの値をfalseにして，*α*の行から始まる繰返し処理を終了することになります。

divideFlagは，最初のfor文内ではじめにtrueが設定されます。その後，2番目のfor文(*α*の行から始まる繰返し処理)の後のif文で，divideFlagの値がtrueなら，pnListの末尾にiの値を追加しています。最後にreturn pnListで，戻り値がpnListとなっているので，この配列が素数だけを格納した配列だと考えられます。つまり，divideFlagがfalseということは，素数でないことを指します。

素数でない数とは，2以上の自然数で割りきれる数です。変数jで割ったとき，i÷jの余りが0と等しいときには，素数ではないと判断できます。したがって，空欄bは**i÷jの余りが0と等しい**となります。

まとめると，組み合わせが正しい，**ア**が正解です。

問3 最大公約数を求める関数 《解答》エ

（基本情報技術者試験（科目B試験）サンプル問題セット 問4）

最大公約数を求める関数gcdで，プログラム中の空欄にあてはまる内容を考えます。それぞれの空欄について考えると，次のようになります。

空欄a，c

関数全体の処理が，選択処理（if文）か繰返し処理（while文）かについて考えます。関数gcdで利用する(1)～(3)の性質について，num1, num2をプログラムのとおりそれぞれx←num1, y←num2とした後で条件分けすると，次のようになります。

(1) x＝yのとき，最大公約数はx
(2) x＞yのときの最大公約数は，(x－y)とyの最大公約数
(3) x＜yのときの最大公約数は，(y－x)とxの最大公約数

つまり，最大公約数の値が求まるのは(1)のx＝yのときだけで，x≠yとなる(2)と(3)はxとyの値を変えて最大公約数を求める処理を繰り返す必要があります。そのため，空欄aを**while（x≠y）**，空欄cを**endwhile**として，繰返し処理を実行します。

空欄b

繰返し処理の中での条件式（if文）の条件を考えます。先ほど考えた(2)と(3)の条件の分岐だと考えられます。条件に当てはまったときには，「x←x－y」としているので，(2)の(x－y)とyの最大公約数を求めるための処理を行っていると考えられます。(2)はx＞yのときなので，**x＞y**が空欄bの答えとなります。

したがって，組み合わせの正しい**エ**が正解です。

問4 ルート演算の関数 《解答》オ

（基本情報技術者試験（科目B試験）サンプル問題セット 問5）

正の実数xとyを受け取り，$\sqrt{x^2+y^2}$の計算結果を返す関数calcを考えます。

関数powは，第1引数として正の実数aを，第2引数として実数bを受け取り，aのb乗の値を実数型で返します。そのため，x^2やy^2は，pow(x, 2)やpow(y, 2)で表すことができます。

ここで，平方根を使用した$\sqrt{a}$は，2乗するとaになる値を求める演算です。$(\sqrt{a})^2=a$なので，$(a^{0.5})^2=a$と表すことができ，$\sqrt{a}=a^{0.5}$です。そのため，関数powを使って，pow（a, 0.5）とすると，平方根を表すことができます。

そのため，$\sqrt{x^2+y^2}$は，pow(pow(x, 2)＋pow(y, 2), 0.5)で表すことが可能となります。したがっ

付録

て，**オ**が正解です。

問5　手続を呼び出した時の出力順　《解答》ク

（令和5年度 基本情報技術者試験 公開問題 科目B 問2）

〔プログラム〕の手続proc1，proc2，proc3のうち，proc2を呼び出した時の動作を考えます。

proc2では，1行目にproc3() があるので手続proc3を呼び出します。そこで，"C"を出力してproc2に戻り，2行目で"B"を出力します。3行目のproc1() で手続proc1を呼び出し，proc1の1行目にある"A"を出力します。2行目に再びproc3() があるので手続proc3を呼び出します。そこで，"C"を出力してproc1に戻り，さらにproc2に戻って終了となります。

図にすると，次のようなイメージです。

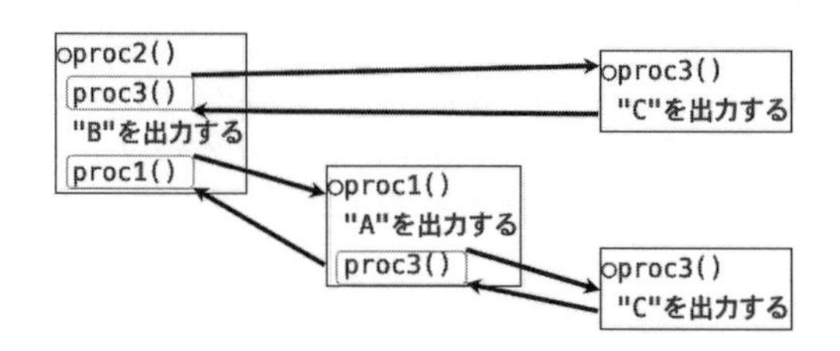

出力する順序は，“C”，“B”，“A”，“C”となり，**ク**が正解です。

問6　ビットの並びを逆にする関数　《解答》ア

（基本情報技術者試験（科目B試験）サンプル問題セット 問6）

関数revは8ビット型の引数byteを受け取り，ビットの並びを逆にした値を返します。〔プログラム〕の最終行で「return r」となっているので，ビットの並びを逆にした値は，変数rに格納されると考えられます。

〔プログラム〕を順に見ていくと，2行目で「8ビット型: rbyte ← byte」と変数rbyteに関数の引数byteの値を代入しています。3行目で「r ← 00000000」としているので，変数rの初期値はすべてのビットが0となっています。

順に値を設定するのは，□の前後のfor文だと考えられます。for文の制御記述（iを1から8まで1ずつ増やす）より，for文は8回繰り返されることがわかります。これは，1ビットずつ8回，値を設定すると考えられます。

(rbyte ∧ 00000001) とすると，ビットごとの論理積を計算して，変数rbyteの1番右の値だけを取り出すことができます。取り出した値を，変数rに1ビットずつ設定します。このとき，(r<<1) と，変数rの値を1ビットずつ左にずらしていくことによって，一番右のビットの値が順に，一番左のビットに移動します。

rbyteの値は，「rbyte ← rbyte>>1」とすることで，1ビットずつ右にずらしていくことができ，右のビットから順に，(rbyte ∧ 00000001) の演算で取り出すことができます。まとめると，「r ← (r<<1) ∨ (rbyte ∧ 00000001)」として取り出した1ビットをrに設定した後に，「rbyte ← rbyte>>1」で1ビットずつ右にずらすと，ビットの並びを逆順にした値を変数rに格納して返すことができます。したがって，**ア**が正解です。

問7 階乗を返す関数 《解答》カ

(基本情報技術者試験(科目B試験)サンプル問題セット 問7)

関数factorialは非負の整数nを引数にとり，その階乗を返す関数です。nの階乗とは，1からnまでのすべての整数の積で，

$n! = 1 \times 2 \times 3 \times \cdots \times (n-1) \times n$

となります。0! = 1と定義されています。

非負の整数nの階乗はnが0のときに1になり，それ以外の場合は1からnまでの整数を全て掛け合わせた数となります。

〔プログラム〕では，関数factorialが返す値を考えます。nの値を1から順に，どのような値を返すべきか整理すると，次のようになります。

factorial(1) = 1
factorial(2) = 1 × 2 = 2 × factorial(1)
factorial(3) = 1 × 2 × 3 = 3 × factorial(2)
…
factorial(n − 1) = 1 × 2 × 3 … × (n − 1)
= (n − 1) × factorial(n − 2)
factorial(n) = 1 × 2 × 3 … × (n − 1) × n
= n × factorial(n − 1)

そのため，関数factorial(n)では，「return n × factorial(n − 1)」と戻り値に設定することで，関数を再帰的に表現することができます。したがって，**カ**が正解です。

ここで，factorial(1)では1 × factorial(0)と実行します。n = 0では，factorial(0) = 1を返すので，プログラムの流れとしては問題ありません。

問8 整列プログラムの出力 《解答》エ

(令和5年度 基本情報技術者試験 公開問題 科目B 問3)

手続sortをsort(1, 5)として呼び出してプログラムをトレースし，/*** α ***/の行を最初に実行したときの出力を求めます。

大域変数として，整数型の配列dataが定義されており，初期値は{2, 1, 3, 5, 4}です。「配列の要素番号は1から始まる」とあるので，dataの要素番号と値は，次のようになります。

要素番号	1	2	3	4	5
data	2	1	3	5	4

関数sort(1, 5)を呼び出すと，firstに1，lastに5が代入されます。

最初の行で，変数pivotの値を求めます。(1 + 5) ÷ 2=3なので，pivotの値は3になります。続いてiにfirst, jにlastの値が代入されるので, iが1, jが5となります。それからwhile (true)のループに入ります。このwhile文は無限ループで，「繰返し処理を終了する」のところにたどり着かない限り，永遠にループを続けます。

付録

while（data[i]＜pivot）の比較では，i=1でdata[1]=2，pivotが3なので，2＜3が成立します。そのためi←i＋1を実行し，iを1増やして2とします。i=2でもdata[2]=1，pivotが3なので，1＜3が成立します。そのため，さらにiを1増やして3とします。i=3では，data[3]=3，pivotが3なので，3＜3は成立せず，while文を終了します。

while（pivot＜data[j]）の比較では，j=5でdata[5]=4，pivotが3なので，3＜4が成立します。そのためj←j－1を実行し，jを1減らして4とします。j=4でもdata[4]=5，pivotが3なので，3＜5が成立します。そのため，さらにjを1減らして3とします。i=3では，data[3]=3，pivotが3なので，3＜3は成立せず，while文を終了します。

続くif(i≧j)の判断では，i=3，j=3となっているので，i＝jが成立し，条件を満たします。そのため，繰返し処理を終了します。

if文の後のデータの入れ替えは1度も実行しないので，dataの内容はそのままです。αの部分で，「dataの全要素の値を要素番号の順に空白区切りで出力する」と，元のままの値が出力されるので，「2 1 3 5 4」となります。

したがって，**エ**が正解です。

問9 優先度付きキューの操作 《解答》エ

（基本情報技術者試験（科目B試験）サンプル問題セット 問8）

優先度付きキューを操作するプログラムで，〔プログラム〕手続prioSchedを呼び出した時の出力について考えます。クラスPrioQueueについては，プログラムは示されていないので，図の説明をもとに，コンストラクタやメソッドを利用していきます。

〔プログラム〕手続prioSchedでは，最初の行「PrioQueue: prioQueue←PrioQueue()」で，コンストラクタPrioQueue()を実行し，空の優先度付きキューprioQueueを生成します。

2行目から13行目までは，メソッドenqueueとdequeueを順に実行していきます。1行ずつ実行結果を確認すると，次のようになります。

prioQueue.enqueue（"A", 1）

enqueueを利用して，優先度付きキューprioQueueに，文字列"A"を要素として，優先度1で追加します。追加後のprioQueueは，次のようになります。

要素	A
優先度	1

prioQueue.enqueue（"B", 2）

enqueueを利用して，優先度付きキューprioQueueに，文字列"B"を要素として，優先度2で追加します。追加後のprioQueueは，次のようになります。

要素	A	B
優先度	1	2

prioQueue.enqueue("C", 2)

enqueueを利用して，優先度付きキューprioQueueに，文字列"C"を要素として，優先度2で追加します。追加後のprioQueueは，次のようになります。

要素	A	B	C
優先度	1	2	2

prioQueue.enqueue("D", 3)

enqueueを利用して，優先度付きキューprioQueueに，文字列"D"を要素として，優先度3で追加します。追加後のprioQueueは，次のようになります。

要素	A	B	C	D
優先度	1	2	2	3

prioQueue.dequeue() /* 戻り値は使用しない */

dequeueを利用して，優先度付きキューprioQueueから，最も優先度の高い要素を取り出して返します。現在prioQueueにある要素のうち，最も優先度が高いのは要素Aの優先度1なので，取り出して返します。戻り値は使用しないので，取り出し後のprioQueueは，次のようになります。

要素	B	C	D
優先度	2	2	3

prioQueue.dequeue() /* 戻り値は使用しない */

dequeueを利用して，優先度付きキューprioQueueから，最も優先度の高い要素を取り出して返します。現在prioQueueにある要素のうち，最も優先度が高いのは要素BとCの優先度2です。図に，「優先度の高い要素が複数あるときは，そのうちの最初に追加された要素を一つ取り出して返す」とあるので，最初に追加された要素Bを，取り出して返します。戻り値は使用しないので，取り出し後のprioQueueは，次のようになります。

要素	C	D
優先度	2	3

prioQueue.enqueue("D", 3)

enqueueを利用して，優先度付きキューprioQueueに，文字列"D"を要素として，優先度3で追加します。追加後のprioQueueは，次のようになります。

要素	C	D	D
優先度	2	3	3

prioQueue.enqueue(“B”, 2)

enqueueを利用して，優先度付きキュー prioQueueに，文字列“B”を要素として，優先度2で追加します。追加後のprioQueueは，次のようになります。

要素	C	D	D	B
優先度	2	3	3	2

prioQueue.dequeue() /* 戻り値は使用しない */

dequeueを利用して，優先度付きキュー prioQueueから，最も優先度の高い要素を取り出して返します。現在prioQueueにある要素のうち,最も優先度が高いのは要素CとBの優先度2で,最初に追加された要素はCです。そのため，要素Cのほうを，取り出して返します。戻り値は使用しないので，取り出し後のprioQueueは，次のようになります。

要素	D	D	B
優先度	3	3	2

prioQueue.dequeue() /* 戻り値は使用しない */

dequeueを利用して，優先度付きキュー prioQueueから，最も優先度の高い要素を取り出して返します。現在prioQueueにある要素のうち,最も優先度が高いのは要素Bの優先度2なので,取り出して返します。戻り値は使用しないので,取り出し後のprioQueueは,次のようになります。

要素	D	D
優先度	3	3

prioQueue.enqueue(“C”, 2)

enqueueを利用して，優先度付きキュー prioQueueに，文字列“C”を要素として，優先度2で追加します。追加後のprioQueueは，次のようになります。

要素	D	D	C
優先度	3	3	2

prioQueue.enqueue(“A”, 1)

enqueueを利用して，優先度付きキュー prioQueueに，文字列“A”を要素として，優先度1で追加します。追加後のprioQueueは，次のようになります。

要素	D	D	C	A
優先度	3	3	2	1

最後に，while文で，prioQueueの内容を出力します。このとき，prioQueue.size ()は要素の個数で，13行目まで終わった時点で4個です。prioQueue.dequeue ()を使用して順に4回戻り値を

出力すると，次のようになります。

1回目 prioQueue.dequeue()
優先度が最も高いのは，優先度1の要素Aです。そのため最初に“A”を出力します。
2回目 prioQueue.dequeue()
次に優先度が高いのは，優先度2の要素Cです。そのため最初に“C”を出力します。
3回目 prioQueue.dequeue()
次に優先度が高いのは，優先度3の要素Dが2つです。最初に入れた“D”を出力します。
4回目 prioQueue.dequeue()
最後に残った優先度3の要素Dを，“D”として出力します。

したがって，出力順“A”，“C”，“D”，“D”となり，**エ**が正解です。

問10 2分木の出力順 《解答》ウ

(基本情報技術者試験（科目B試験）サンプル問題セット 問9)

図のプログラムが扱う2分木に対して，プログラムにある手続orderをorder(1)として実行し，結果をトレースする問題です。
〔プログラム〕の最初に大域変数として，整数型配列の配列treeがあります。二次元配列treeに代入される値{{2, 3}, {4, 5}, {6, 7}, {8, 9}, {10, 11}, {12, 13}, {14}, {}, {}, {}, {}, {}, {}, {}}に，要素番号を付けると次のようになります。ここで，要素番号(左)は，tree[][]と表示するときの左側のカッコの要素番号，要素番号(右)は，右側のカッコの要素番号です。

素番号(左)	1	2	3	4	5	6	7	8	9	10	11	12	13	14
要素番号(右)	{1,2}	{1,2}	{1,2}	{1,2}	{1,2}	{1,2}	{1}							
値	{2, 3}	{4, 5}	{6, 7}	{8, 9}	{10, 11}	{12, 13}	{14}	{}	{}	{}	{}	{}	{}	{}

それでは，実際にプログラムをトレースしていきましょう。

1. order(1)
order[1]は{2, 3}で，要素数は2なので，if文の最初の条件に当てはまり，次の順を実行します。

```
order (tree[1][1]) # 値は2なので, order (2)
```

2. order(2)
order[2]は{4, 5}で，要素数は2なので，if文の最初の条件に当てはまり，次の順を実行します。

```
order (tree[2][1]) # 値は4なので, order (4)
```

3. order(4)
order[4]は{8, 9}で，要素数は2なので，if文の最初の条件に当てはまり，次の順を実行します。

付録

```
order (tree[4][1]) # 値は8なので, order (8)
```

4. order(8)

order[8]は{}で，要素数は0なので，if文のelse句を実行します。

```
8を出力
```

8を出力して，これで終わりなので，1つ前のorder(4)に戻ります。

5. order(4)

order(8)の実行が終わったので，次の行から実行します。

```
4を出力
order (tree[4][2]) # 値は9なので, order (9)
```

4を出力した後に，order(9)を実行します。

6. order(9)

order[9]は{}で，要素数は0なので，if文のelse句を実行します。

```
9を出力
```

9を出力して，これで終わりなので，1つ前のorder(4)に戻ります。

7. order(4)

order(9)の実行が終わったので，次の行から実行しますが，これで終わりなので，order(4)の呼び出し元となる，order(2)に戻ります。

8. order(2)

order(4)の実行が終わったので，次の行から実行します。

```
2を出力
order (tree[2][2]) # 値は5なので, order (5)
```

2を出力した後に，order(5)を実行します。

9. order(5)

order[5]は{10, 11}で，要素数は2なので，if文の最初の条件に当てはまり，次の順を実行します。

```
order (tree[5][1]) # 値は10なので, order (10)
```

10. order(10)

order[10]は{}で，要素数は0なので，if文のelse句を実行します。

```
10を出力
```

10を出力して，これで終わりなので，1つ前のorder(5)に戻ります。

11. order(5)

order(10)の実行が終わったので，次の行から実行します。

```
5を出力
order (tree[5][2]) # 値は11なので，order (11)
```

5を出力した後に，order(11)を実行します。

12. order(11)

order[11]は{}で，要素数は0なので，if文のelse句を実行します。

```
11を出力
```

11を出力して，これで終わりなので，1つ前のorder(5)に戻ります。

13. order(5)

order(11)の実行が終わったので，次の行から実行しますが，これで終わりなので，order(5)の呼び出し元となる，order(2)に戻ります。

14. order(2)

order(5)の実行が終わったので，次の行から実行しますが，これで終わりなので，order(2)の呼び出し元となる，order(1)に戻ります。

15. order(1)

order(2)の実行が終わったので，次の行から実行します。

```
1を出力
order (tree[1][2]) # 値は3なので，order (3)
```

1を出力した後に，order(3)を実行します。

16. order(3)

order[3]は{6, 7}で，要素数は2なので，if文の最初の条件に当てはまり，次の順を実行します。

```
order (tree[3][1]) # 値は6なので，order (6)
```

17. order(6)

order[6]は{12, 13}で，要素数は2なので，if文の最初の条件に当てはまり，次の順を実行します。

```
order (tree[6][1]) # 値は12なので，order (12)
```

18. order(12)

order[12]は{}で，要素数は0なので，if文のelse句を実行します。

```
12を出力
```

12を出力して，これで終わりなので，1つ前のorder(6)に戻ります。

19. order(6)

order(12)の実行が終わったので，次の行から実行します。

```
6を出力
order (tree[6][2]) # 値は13なので，order (13)
```

6を出力した後に，order(13)を実行します。

20. order(13)

order[13]は{}で，要素数は0なので，if文のelse句を実行します。

```
13を出力
```

13を出力して，これで終わりなので，1つ前のorder(6)に戻ります。

21. order(6)

order(13)の実行が終わったので，次の行から実行しますが，これで終わりなので，order(6)の呼び出し元となる，order(3)に戻ります。

22. order(3)

order(6)の実行が終わったので，次の行から実行します。

```
3を出力
order (tree[3][2]) # 値は7なので，order (7)
```

3を出力した後に，order(7)を実行します。

23. order(7)

order[7]は{14}で,要素数は1なので,if文のelseif句の条件に当てはまり,次の順を実行します。

```
order (tree[7][1]) # 値は14なので，order (14)
```

24. order(14)

order[14]は{}で，要素数は0なので，if文のelse句を実行します。

```
14を出力
```

14を出力して，これで終わりなので，1つ前のorder(7)に戻ります。

25. order(7)

order(14)の実行が終わったので，次の行から実行します。

7を出力

7を出力して，これで終わりなので，1つ前のorder(3)に戻ります。

26. order(3)

order(7)の実行が終わったので，次の行から実行しますが，これで終わりなので，order(3)の呼び出し元となる，order(1)に戻ります。

27. order(1)

order(3)の実行が終わったので，次の行から実行しますが，これで終わりです。元々呼び出したプログラムなので，これで終了となります。

出力を並べると，「8，4，9，2，10，5，11，1，12，6，13，3，14，7」となります。したがって，**ウ**が正解です。

なお，この手続orderの走査順は，中間順（左，根，右の順）の実行手順となります。また，選択肢は4つしかないので，6番目の「9を出力」のところまでトレースすれば，解答は一意に絞り込むことが可能です。

問11 リストの要素削除プログラム 《解答》カ

（基本情報技術者試験（科目B試験）サンプル問題セット 問10）

〔プログラム〕の手続delNodeで，空欄に入れる正しい答えを考えます。手続delNodeは，単方向リストから，引数posで指定された位置の要素を削除する手続です。リストの先頭の位置を1とします。

例えば，次のような単方向リストで，delNode（2）を実行し，2番目のvalがBの要素を削除することを考えてみます。

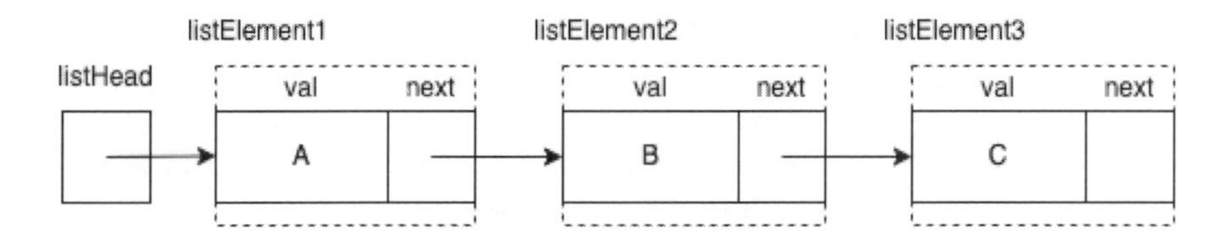

最初のif文は，posが1，つまり先頭の要素を削除する場合です。この場合は，最初のlistElement1を飛ばして，listElement2を示すようにすればいいだけです。そのため，listHeadの参照を変えるだけで終わります。今回は，posが2となるので，else句に進みます。

else句では最初，「prev←listHead」で，変数prevはlistHeadの参照，つまりlistElement1（値がAのリスト）を指すことになります。

次のfor文では，posが2の場合には，pos－1が1なので，制御構造が「iを2から1まで1ずつ増やす」となるので，コメントにもあるとおり，繰返し処理を実施しません。

最後のprev.nextに代入する値について考えます。posが2の場合，prev.nextとなるlistElement2を削除します。このとき，prev.nextは，listElement2の次となる，listElement3を指すようにする必要があります。listElement3はlistElement2.nextとなり，listElement2は削除される前のprev.nextとなるので，**prev.next.next**とすると，listElement3の参照を取得できます。

したがって，**カ**が正解です。

問12 ハッシュ値配列の内容 《解答》エ

（令和5年度 基本情報技術者試験 公開問題 科目B 問4）

手続testを順に実行して，終了した直後の配列hashArrayの内容を求めていきます。

手続testの最初の行に，「hashArray←{5個の−1}」とあるので，最初のhashArrayの状態は，{−1, −1, −1, −1, −1}です。hashArrayの要素数は5となります。

2行目で，add(3)を実行します。関数addの引数valueに3が設定され，「i←calcHash1(3)」で，関数calcHash1が呼び出されます。関数calcHash1の引数valueに3が設定され，「return (3 mod 5)+1」を実行し，3+1=4で，戻り値は4となります。そのため，関数addで，変数iに4が代入されます。次のif文で，「hashArray[4]=−1」は成り立つので，「hashArray[4]←3」で，hashArray[4]に3を設定してreturn文で終了します。この時点で，hashArrayの状態は，{−1, −1, −1, 3, −1}です。

同様に，3行目で，add(18)を実行します。関数addの引数valueに18が設定され，「i←calcHash1(18)」で，関数calcHash1が呼び出されます。関数calcHash1の引数valueに18が設定され，「return(18 mod 5)+1」を実行し，3+1=4で，戻り値は4となります。関数addで，変数iに4が代入されます。次のif文で，hashArray[4]にはすでに3が入っており，−1ではないので，else以降を実施します。「i←calcHash2(18)」で，関数calcHash2の引数valueに18が設定され，「return((18+3)mod 5)+1」を実行し，1+1=2で，戻り値は2となります。次のif文で，「hashArray[2]=−1」は成り立つので，「hashArray[2]←18」で，hashArray[2]に18を設定してreturn文で終了します。この時点で，hashArrayの状態は，{−1, 18, −1, 3, −1}です。

同様に，4行目で，add(11)を実行します。関数addの引数valueに11が設定され，「i←calcHash1(11)」で，関数calcHash1が呼び出されます。関数calcHash1の引数valueに11が設定され，「return(11 mod 5)+1」を実行し，1+1=2で，戻り値は2となります。関数addで，変数iに2が代入されます。次のif文で，hashArray[2]にはすでに18が入っており，−1ではないので，else以降を実施します。「i←calcHash2(11)」で，関数calcHash2の引数valueに11が設定され，「return((11+3) mod 5)+1」を実行し，4+1=5で，戻り値は5となります。次のif文で，「hashArray[5]=−1」は成り立つので，「hashArray[5]←11」で，hashArray[5]に11を設定してreturn文で終了します。この時点で，hashArrayの状態は，{−1, 18, −1, 3, 11}です。これで手続testは終了です。

手続testが終わった時点のhashArrayの状態は，{−1, 18, −1, 3, 11}となります。したがって，**エ**が正解です。

問13 探索で無限ループになる場合 《解答》ウ

（基本情報技術者試験（科目B試験）サンプル問題セット 問13）

関数searchの〔プログラム〕に含まれている不具合について答えます。解答群のそれぞれの場合について，どのような結果になるかを考えていきます。

選択肢 ア

dataの要素数が1の場合には，low←1，high←1なので，最初のwhile文でmiddle←(1+1)÷2=1となります。このときのdata[1]がtargetと一致している場合には，if文やelseif文の条件に当てはまらないので，elseのところに到達し，「return middle」で要素番号の1を返して正常終了します。

選択肢 イ

dataの要素数が2の場合には，low←1，high←2なので，最初のwhile文でmiddle←(1＋2)÷2=1となります。このときの先頭要素であるdata[1]がtargetと一致している場合には，if文やelseif文の条件に当てはまらないので，elseのところに到達し，「return middle」で要素番号の1を返して正常終了します。

選択肢 ウ

dataの要素数が2の場合には，low←1，high←2なので，最初のwhile文でmiddle←(1＋2)÷2=1となります。このときの末尾要素であるdata[2]がtargetと一致している場合には，dataは昇順に整列されているので，data[1]はtargetより小さい値のはずです。そのため，if文の条件「data[middle]＜target」に当てはまります。このとき，low←middleで，lowもmiddleも1なので，値が変わらないことになります。そのため，while文のループを繰り返し，無限ループとなってしまいます。

選択肢 エ

要素に－1が含まれている場合は，単純にdataの値がマイナスの値だとして判定を行うだけです。プログラムの流れでは，特にループに影響を与えません。

したがって，無限ループになる**ウ**が正解です。

問14 配列を特徴付ける５つの値 《解答》ク

（基本情報技術者試験（科目B試験）サンプル問題セット 問14）

関数summarizeを`summarize({0.1, 0.2, 0.3, 0.4, 0.5, 0.6, 0.7, 0.8, 0.9, 1})`として呼び出したときの戻り値を求める問題です。

〔プログラム〕には，関数findRankと関数summarizeの2つがあり，関数findRankは関数summarizeの中で呼び出されています。

`summarize({0.1, 0.2, 0.3, 0.4, 0.5, 0.6, 0.7, 0.8, 0.9, 1})`として呼び出すと，引数sortedDataに実数型の配列{0.1, 0.2, 0.3, 0.4, 0.5, 0.6, 0.7, 0.8, 0.9, 1}が格納されます。配列の要素番号は1から始まるので，sortedDataは次のような配列となります。

要素番号	1	2	3	4	5	6	7	8	9	10
要素の値	0.1	0.2	0.3	0.4	0.5	0.6	0.7	0.8	0.9	1

rankDataは，初期値で要素数0の空の配列です。
配列pは，次の値となります。

要素番号	1	2	3	4	5
要素の値	0	0.25	0.5	0.75	1

配列pの要素数は5なので，for文の制御構造は，「iを1から5まで1ずつ増やす」となり，5回実行されます。それぞれの実行結果は，次のようになります。

1回目

findRank(sortedData, p[1])を実行します。p[1]=0なので，findRankでの引数pの値は0となります。sortedDataの要素数は10なので

$0 \times (10-1)=0$

となり，小数点以下を切り上げた値は0となり，iに0が代入されます。

sortedData[0+1]=sortedData[1]=0.1

となるので，戻り値は0.1です。

関数summarizeに戻って，rankDataは空なので，末尾に戻り値0.1を追加し，rankData={0.1}となります。

2回目

findRank(sortedData, p[2])を実行します。p[2]=0.25なので，findRankでの引数pの値は0.25となります。sortedDataの要素数は10なので

$0.25 \times (10-1)=0.25 \times 9=2.25$

となり，小数点以下を切り上げた値は3となり，iに3が代入されます。

sortedData[3+1]=sortedData[4]=0.4

となるので，戻り値は0.4です。

関数summarizeに戻って，rankDataの末尾に戻り値0.4を追加し，rankData={0.1, 0.4}となります。

3回目

findRank(sortedData, p[3])を実行します。p[3]=0.5なので，findRankでの引数pの値は0.5となります。sortedDataの要素数は10なので

$0.5 \times (10-1)=0.5 \times 9=4.5$

となり，小数点以下を切り上げた値は5となり，iに5が代入されます。

sortedData[5+1]=sortedData[6]=0.6

となるので，戻り値は0.6です。

関数summarizeに戻って，rankDataの末尾に戻り値0.6を追加し，rankData={0.1, 0.4, 0.6}となります。

4回目

findRank (sortedData, p[4]) を実行します。p[4]=0.75なので, findRankでの引数pの値は0.75となります。sortedDataの要素数は10なので

0.75×(10−1)=0.75×9=6.75

となり, 小数点以下を切り上げた値は7となり, iに7が代入されます。

sortedData[7+1]=sortedData[8]=0.8

となるので, 戻り値は0.8です。

関数summarizeに戻って, rankDataの末尾に戻り値0.8を追加し, rankData={0.1, 0.4, 0.6, 0.8}となります。

4回目

findRank(sortedData, p[5]) を実行します。p[5]=1なので, findRankでの引数pの値は1となります。sortedDataの要素数は10なので

1×(10−1)=1×9=9

となり, 小数点以下を切り上げた値は9となり, iに9が代入されます。

sortedData[9+1]=sortedData[10]=1

となるので, 戻り値は1です。

関数summarizeに戻って, rankDataの末尾に戻り値1を追加し, rankData={0.1, 0.4, 0.6, 0.8, 1}となります。

以上で, 最終的なrankDataの内容が戻り値で, **{0.1, 0.4, 0.6, 0.8, 1}**となります。したがって, **ク**が正解です。

なお, この計算は, 統計学で, パーセンタイルを求める計算になります。統計におけるパーセンタイルとは, データを小さい順に並べたとき, 値の順位を百分率(パーセント表示)で表したものをいいます。

pが0.25の場合は第一四分位数(25パーセンタイル), pが0.5の場合は中央値(50パーセンタイル), pが0.75の場合は第三四分位数(75パーセンタイル)となります。

付録

問15 コサイン類似度を求める関数 《解答》エ

(令和5年度 基本情報技術者試験 公開問題 科目B 問5)

コサイン類似度を求める関数calcCosineSimilarityのプログラムに関する, 空欄穴埋め問題です。空欄a, bのそれぞれについて当てはまる内容を考えていくと, 次のようになります。

空欄a

最初のfor文の中で, 変数numeratorに加える値について考えます。numeratorは, 最初の行で初期値0が設定され, 最後から2行目で,「similarity←numerator ÷ denominator」として使われています。最後の行が「return similarity」なので, 変数similarityがコサイン類似度の値が入っていると考えられます。変数numeratorは, ÷の前なので問題文の分子の部分で,「$a_1b_1 + a_2b_2 +$

$\cdots + a_n b_n$」に対応すると考えられます。

関数calcCosineSimilarityの引数で，実数型の配列としてvector1，vector2が渡されており，問題文中で「配列vector1が{a_1, a_2, …, a_n}，配列vector2が{b_1, b_2, …, b_n}」とあります。そのため，$a_1 b_1$はvector1[1]×vector2[1]で表されることになります。for文の中でカウントアップする変数iを使用して，numerator ← numerator + vector1[i] × vector2[i]とすることで，コサイン類似度の計算式の分子の値をnumeratorに求めることができます。したがって，空欄aは**vector1[i] × vector2[i]**となります。

空欄b

変数denominatorに入れる値について考えます。次の行で「similarity ← numerator ÷ denominator」として使われており，denominatorはコサイン類似度の分母部分の「$\sqrt{a_1^2 + a_2^2 + \cdots + a_n^2}\sqrt{b_1^2 + b_2^2 + \cdots + b_n^2}$」の値が入ると考えられます。

プログラムの8行目にあたる，2番目のfor文の後の計算で，「denominator ← tempの正の平方根」としており，vector1[i]の2乗を足した値tempの平方根を加えています。これは，分母の左半分となる，「$\sqrt{a_1^2 + a_2^2 + \cdots + a_n^2}$」になると考えられます。3番目のループでは，「temp ← 0」でtempの値を0にリセットし，vector2[i]の2乗を足した値をtempで求めています。この時点のtempの値は「$b_1^2 + b_2^2 + \cdots + b_n^2$」に対応するので，tempの平方根をdenominatorの値に乗算して，「denominator ← denominator × (tempの正の平方根)」とすることで，コサイン類似度の分母の式と等しくなります。したがって，空欄bは**denominator × (tempの正の平方根)**となります。

したがって，組み合わせの正しい**エ**が正解です。

問16 UTF-8の符号変換プログラム 《解答》ク

(基本情報技術者試験(科目B試験) サンプル問題セット 問16)

Unicodeの符号位置を，UTF-8の符号に変換する関数encodeに対する空欄穴埋め問題です。問題文の内容を，プログラムにあてはめて考えていきます。

〔プログラム〕の1行目で，関数encodeは「encode (整数型: codePoint)」となっているので，引数codePointに，Unicodeの符号位置が渡されます。例えば，問題文にある，ひらがなの“あ”の符号位置は3042(16)で，2進数で表すと11000001000010となります。10進数に変換すると，12354です。この値を，UTF-8の符号に変換していきます。

関数の最初の行「整数型の配列: utf8Bytes ← {224, 128, 128}」は，コメントに説明があるとおり，2進数を変換した値です。2進数で表すと，utf8Bytesの各要素番号の値は，次のようになります。

要素番号	1	2	3
2進数の値	11100000	10000000	10000000

これは，問題文の「3バイトの長さのビットパターンを1110xxxx 10xxxxxx 10xxxxxxとする」の下線の付いたxを0に変換したものです。

次の行の「cp ← codePoint」で，codePointの値を，cpに代入します。cpは整数型なので，何進数でも表現できるのですが，わかりやすいので2進数で，11000001000010を入れておきます。

次のfor文では，制御記述が，「iをutf8Bytesの要素数から1まで1ずつ減らす」となっています。utf8Bytesの要素数は3なので，iは3から1まで，「3，2，1」と1ずつ減らして3回実行されます。そのため，最初のiは3です。

utf8Bytes[3]は，2進数で10000000です。ここの下6桁，10xxxxxxのxの部分に，codePointの下6桁を設定していきます。最初に代入したので，cp=codePointです。2進数の6桁は，2^6=64で，2進数で1000000です。この値でcpを割って，余りを求めることで，下6桁の000010を取り出すことができ，

utf8Bytes[3]＝10000000＋000010＝10000010

と，“あ”のUTF-8の符号の3番目を設定できます。

続いて，cpの値を64で割った商は，下6桁を取り除いたものになります。

cp←11000001000010÷1000000＝11000001

となり，次の繰返しに進むことになります。

for文の2回目では，iが2となり，utf8Bytes[2]は，2進数で10000000です。同様にcpを64（2進数で1000000）で割った余りを求めることで，下6桁の000001を取り出すことができ，

utf8Bytes[2]＝10000000＋000001＝10000001

と，“あ”のUTF-8の符号の2番目を設定できます。

続いて，cpの値を64で割った商は，

cp←11000001÷1000000＝11

となり，次の繰返しに進むことになります。

for文の3回目では，iが1となり，utf8Bytes[1]は，2進数で11100000です。次に設定するのは4桁だけなので，本来は2^4＝16，2進数で10000で割って余りを出すべきですが，cpの値が既に16以下なので，今までと同様に64で割っても問題ありません。

utf8Bytes[3]＝11100000＋000011＝11100011

と，“あ”のUTF-8の符号の1番目を設定できます。

つまり，どの繰返しでも，空欄に10進数の**64**を設定することで，問題文の例と同様の結果を得ることができます。

したがって，**ク**が正解です。

問17 保有以外のリスク対応 《解答》エ

（令和5年度 情報セキュリティマネジメント試験 公開問題 科目B 問13）

情報セキュリティマネジメントを行う問題です。表1中の（一）～（四）の情報資産のうち，保有以外のリスク対応を行うべきものを考えます。図1の情報セキュリティリスクアセスメント手順の内容をもとに，各情報資産の重要度を求め，リスク値を計算して判定すると，次のようになります。

(一) ○

(一)"従業員の健康診断の情報"についての情報資産の重要度を考えます。図1に「情報資産の機密性，完全性，可用性の評価値の最大値を，その情報資産の重要度とする」とあり，表1の(一)での機密性，完全性，可用性の評価値はそれぞれ2，2，2です。最大値は2なので，情報資産の重要度は2となります。

リスク値は，図1に「リスク値＝情報資産の重要度×脅威の評価値×脆弱性の評価値」とあるので，次の式で計算できます。

　リスク値＝2×2×2＝8

図1に，「情報資産のリスク値のしきい値を5とする」とあり，「情報資産ごとのリスク値がしきい値を超えた場合は，保有以外のリスク対応を行う」とあります。(一)のリスク値は8なので，保有以外のリスク対応を行う必要があります。

(二) ×

(二)"行動規範などの社内ルール"についての情報資産の重要度を考えます。表1の(二)での機密性，完全性，可用性の評価値はそれぞれ1，2，1です。最大値は2なので，情報資産の重要度は2となります。

リスク値は，図1の式で，次のように計算できます。

　リスク値＝2×1×1＝2

リスク値が2で，しきい値は5です。図1に「情報資産ごとのリスク値がしきい値以下であれば受容可能なリスクとする」とあるので，リスク保有で問題ありません。

(三) ○

(三)"自社Webサイトに掲載している会社情報"についての情報資産の重要度を考えます。表1の(三)での機密性，完全性，可用性の評価値はそれぞれ0，2，2です。最大値は2なので，情報資産の重要度は2となります。

リスク値は，図1の式で，次のように計算できます。

　リスク値＝2×2×2＝8

しきい値は5で，リスク値が8なので，保有以外のリスク対応を行う必要があります。

(四) ×

(四)"分析結果の精度を向上させるために開発した技術"についての情報資産の重要度を考えます。表1の(四)での機密性，完全性，可用性の評価値はそれぞれ2，2，1です。最大値は2なので，情報資産の重要度は2となります。

リスク値は，図1の式で，次のように計算できます。

　リスク値＝2×2×1＝4

リスク値が4で，しきい値が5なので，受容可能なリスクです。リスク保有で問題ありません。

まとめると，(一)，(三)が保有以外のリスク対応を行うべきものとなります。したがって，**エ**が正解です。

問18 対策が必要なセキュリティリスク 《解答》ア

(令和5年度 基本情報技術者試験 公開問題 科目B 問6)

図3の発見事項の内容をもとに，対策が必要だとA社が判断したセキュリティリスクについて考えます。問題文の最後には，「A社では，初期設定の状態のままではA社にとって情報セキュリティリスクがあり，初期設定から変更するという対策が必要であると評価した」とあるので，初期設定から変更するという対策が必要なリスクが解答となります。

図3には，「複合機のスキャン機能では，電子メールの差出人アドレス，件名，本文及び添付ファイル名を初期設定の状態で使用しており，誰がスキャンを実行しても同じである」とあります。図3に，「初期設定情報はWebサイトで公開」とあり簡単に確認できるため，攻撃者は，電子メールの差出人アドレス，件名，本文及び添付ファイル名を，C社の複合機と同じものにして送信することができます。そのため，C社でB業務に従事する従業員が，攻撃者からの電子メールを複合機からのものと信じる可能性があります。

従業員が攻撃者の電子メールで，本文中にあるURLをクリックし，フィッシングサイトに誘導されてしまった結果，A社の採用予定者の個人情報が漏えいする危険があります。そのため，電子メールの差出人アドレスや件名などを初期設定から変更し，不正なメールと見分けることができるようにする対策が有効となります。したがって，**ア**が正解です。

イ　業務の遅延は，情報セキュリティリスクとは異なります。A社は業務委託をする側なので，業務時間については意識しないと考えられます。

ウ　複合機から送信される電子メールが暗号化された場合でも，もう一度スキャンして送信することが可能です。なお，身の代金を要求するマルウェアをランサムウェアといいます。

エ　PDFファイルの保存先は自社の社内ネットワーク上に設置したBサーバです。URLがわかっても，通常はファイアウォールなどの設定によって，外部の攻撃者がアクセスすることはできません。

問19 バックアップフォルダ設定ミス対策 《解答》オ

(令和5年度 情報セキュリティマネジメント試験 公開問題 科目B 問14)

図1にあるA社のデータ保管に関するリスクのうち，4.「バックアップ対象とするフォルダの設定ミスによって，データが復旧できなくなる」の対策について考えます。設問の(一) ～ (五)について，リスクを低減する効果が期待できるかどうかを考えると，次のとおりとなります。

(一)　×

週1回バックアップを取得する代わりに，毎日1回バックアップすることで，バックアップ取得時から障害発生までに失われるデータの量を減らすことはできます。しかし，バックアップ対象とするフォルダが設定ミスで変わってしまうと，間違ったデータをバックアップすることになるので，データが新しくても復旧はできません。

(二)　○

磁気テープ中のファイルのリストと，ファイルサーバのバックアップ対象ファイルのリストとを比較すると，フォルダの設定ミスでバックアップするファイルを間違っていた場合には気づくことができます。そのため，合致しているかを確認する作業は，リスクの低減に有効です。

(三)　○

バックアップ対象とするフォルダの設定を，2名で行うようにすると，1名が設定ミスをしたときに，

付録

確認したもう1名がミスを指摘することができます。相互に確認することで，設定ミスの可能性を減らすことができるので，リスクの低減に有効です。

(四) ×

バックアップ用の媒体を磁気テープから外付けハードディスクに変更することで，バックアップの復元は高速化できます。しかし，設定ミスで間違ったファイルをバックアップした場合には，復元できません。

(五) ×

バックアップを二組み取得し，うち一組みを遠隔地に保管することで，災害が発生した場合でもデータの消失を防ぐことができます。しかし，設定ミスでバックアップするファイル自体が間違っていると，遠隔地にバックアップがあっても復元できません。

したがって，効果があるのは(二)，(三)となり，**オ**が正解です。

問20 マルウェア対策で講じる対策 《解答》ウ

(令和5年度 情報セキュリティマネジメント試験 公開問題 科目B 問15)

クラウドサービス利用時の，マルウェア感染に関する問題です。A社が講じることにした対策について，問題文や図1の内容をもとに考えていきます。

〔PCでのマルウェア対策〕に，「従業員に貸与されたPCには，マルウェア対策ソフトが導入されており，マルウェア定義ファイルを毎日16時に更新するように設定されている」とあり，マルウェア定義ファイルは1日1回，夕方に更新されます。

図1のDさんからの報告では，「9時30分にメールが届いた」とあり，その後「メールに添付されていたファイルを開いた」とあるので，当日の9時30分以降にマルウェア感染したと考えられます。

図1の後の本文で，Dさんが出社した後，「スキャンを実行した結果，DさんのPCからマルウェアが検出された」とあります。「このマルウェアは，マルウェア対策ソフトのベンダーが9時に公開した最新の定義ファイルで検出可能であることが判明した」とあるので，9時～9時30分の間に最新の定義ファイルに更新していれば，マルウェア感染前に検知可能でした。

マルウェア定義ファイルは頻繁に更新されるので，1日1回の更新では少なすぎます。10分ごとにマルウェア定義ファイルが更新されるように，マルウェア対策ソフトの設定を変更していれば，今回のマルウェア感染は防げたと考えられます。したがって，**ウ**が正解です。

その他の選択肢については，次のとおりです。

- ア VPN接続については，マルウェア感染とは関係ありません。マルウェアは，VPN経由でも感染します。
- イ 今回の差出人であるE社のFさんについては，図1に，「Fさんとは直接会ったことがある。この数か月頻繁にやり取りもしていた」とあります。これまでメールをやり取りしたことがない差出人ではないので関係ありません。
- エ 今回のマルウェアに対応したマルウェア定義ファイルの更新は9時だったので，8時に更新されるようにしていても検出できません。
- オ マルウェア対策ソフトでスキャンを実行してから開くようにしても，マルウェア対策ソフトの定義ファイルが古いままだと検出できません。

INDEX

索引

け

こ

さ

し

そ

た

ち

と

な

に

ぬ

ね

の

は

ひ

ふ

へ

れ

ろ

わ

■著者
瀬戸 美月（せと みづき）

株式会社わくわくスタディワールド代表取締役。

最新の技術や研究成果，データ分析結果などをもとに，単なる試験対策にとどまらず，これからの時代に必要なスキルを身につけるための「本質的な，わくわくする学び」を提供する。

AIやPythonでのプログラミング，情報セキュリティや情報処理技術者試験対策などに関するセミナーを中心に手がけている。

保有資格は，情報処理技術者試験全区分，狩猟免許（わな猟），データサイエンス検定（リテラシーレベル），データサイエンス数学ストラテジスト（中級☆☆☆）他多数。著書は，『徹底攻略 基本情報技術者の科目B実践対策』『徹底攻略 応用情報技術者教科書』『徹底攻略 情報処理安全確保支援士教科書』『徹底攻略　ネットワークスペシャリスト教科書』『徹底攻略　データベーススペシャリスト技術者教科書』『徹底攻略 情報セキュリティマネジメント教科書』（以上，インプレス），『新 読む講義シリーズ8 システムの構成と方式』『インターネット・ネットワーク入門』『新版アルゴリズムの基礎』（以上，アイテック）他多数。

わく☆すたAI

わくわくスタディワールド社内で開発されたAI（人工知能）。
自然言語処理，機械学習を中心に，学びを効果的にするための仕組みを構築。
内部でChatGPTも活用。
今回は，原稿の校正に加えて，問題解説の作成にも少しチャレンジ。

ホームページ：https://wakuwakustudyworld.co.jp

STAFF

編集	小宮雄介
	片元 諭、小田麻矢、瀧坂亮
校正協力	瀬尾拓未
イラスト	ケイコモス
DTP 制作	SeaGrape
表紙デザイン	馬見塚意匠室
編集長	玉巻秀雄

■商品に関する問い合わせ先

このたびは弊社商品をご購入いただきありがとうございます。本書の内容などに関するお問い合わせは、下記のURLまたは二次元バーコードにある問い合わせフォームからお送りください。

https://book.impress.co.jp/info/

上記フォームがご利用いただけない場合のメールでの問い合わせ先
info@impress.co.jp

※お問い合わせの際は、書名、ISBN、お名前、お電話番号、メールアドレス に加えて、「該当するページ」と「具体的なご質問内容」「お使いの動作環境」を必ずご明記ください。なお、本書の範囲を超えるご質問にはお答えできないのでご了承ください。

●電話やFAX でのご質問には対応しておりません。また、封書でのお問い合わせは回答までに日数をいただく場合があります。あらかじめご了承ください。
●インプレスブックスの本書情報ページ https://book.impress.co.jp/books/1123101063 では、本書のサポート情報や正誤表・訂正情報などを提供しています。あわせてご確認ください。
●本書の奥付に記載されている初版発行日から4年が経過した場合、もしくは本書で紹介している製品やサービスについて提供会社によるサポートが終了した場合はご質問にお答えできない場合があります。

■落丁・乱丁本などの問い合わせ先
FAX 03-6837-5023
service@impress.co.jp
※古書店で購入された商品はお取り替えできません。

徹底攻略 基本情報技術者教科書
令和6年度

2024年 4月 1日 初版発行

著　者　株式会社わくわくスタディワールド　瀬戸美月

発行人　高橋 隆志

発行所　株式会社インプレス
〒101-0051　東京都千代田区神田神保町一丁目105番地
ホームページ　https://book.impress.co.jp/

印刷所　日経印刷株式会社

ISBN978-4-295-01886-5 C3055

Printed in Japan